SolidWorks 3D 모델링 &
AutoCAD 2D 도면 그리기

일반기계기사
작업형 실기

김재중 저

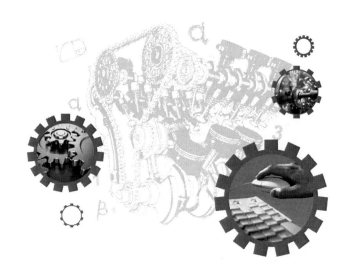

일진사

preface

소박한 양초의 불꽃은 어둠 속에서도 빛을 발하지만
다이아몬드는 그 소박한 불꽃조차 없으면 결코 빛날 수 없단다.

-마이클 패러데이 크리스마스 강연 中-

기계 기능장 · 기사 · 산업기사 · 기능사 작업형 실기 시험에 자신감을 갖자!

국가기술자격시험과 실무 교육을 15년간 강의하면서 수험생들에게서 느꼈던 여러 가지 경험 등을 전달하고 도움이 되고자 본 책을 집필하게 되었습니다.

1980년대 드래프터(drafter)를 사용한 수작업 제도 자격시험에서 1990년대 컴퓨터를 사용한 2차원 평면설계 자격시험을 거쳐, 2000년대 2차원 자격시험에 3차원이 일부만 추가되었다가 현재는 2차원과 3차원이 통합되어 국가기술자격시험이 시행되고 있다는 것을 여러분들도 잘 알고 있으리라 생각합니다. 이렇듯 최근 한국산업인력공단에서 시행하고 있는 국가기술자격시험의 작업형 실기 시험의 구성이 전반적으로 많이 변경이 되었습니다.

그러나 많은 교재들이 과거의 방식대로 2차원과 3차원으로 분류되어 3차원은 따라하기 방식으로, 2차원쪽은 아직도 문제도와 해설이 없는 모범 답안만 나와 있어 작업형 실기 시험을 준비 중인 수험생들에게 3차원보다는 2차원 설계 작업이 아주 큰 걸림돌이 되고 있는 실정입니다.

본 책은 새로 개정된 국가기술자격검정기준에 맞추어 2여 년을 준비하여 다음과 같은 내용에 중점을 두고 출판하게 되었습니다.

① 3차원 CAD이면서 전세계적으로 가장 인지도가 높은 SolidWorks를 채택하여 SolidWorks 튜터리얼과 똑같은 따라하기 방식으로 3차원을 작성하였습니다.
② 2차원 또한 3차원과 마찬가지로 AutoCAD를 사용하여 체계적으로 따라할 수 있도록 정리하였습니다.
③ 지금까지 출제되었던 작업형 실기 도면의 출제경향을 분석하여 최적의 도면만을 엄선해서 수록하였습니다.

마이클 패러데이는 영국 국민이 가장 사랑하는 과학자입니다. 하류층 아이로 태어나 겨우 읽고 쓰는 교육만을 받았지만 자신의 꿈을 향해 똑같은 실험을 수백 번, 수천 번, 수만 번 반복하면서 마침내 어떤 과학자도 하지 못했던 새로운 발견, 바로 자기장을 전기로 변환시키는 기술을 대중화시켰습니다. 본 책을 이용하시는 수험생들이 꿈을 향해 나아갈 때 자격증이 암초가 되지 않도록 하였으면 하는 바람으로 이 책이 조금이나마 작은 밑알이 되고자 합니다.

마지막으로 이 책이 세상에 나오기까지 도움을 주신 한홍걸 원장님과 한백학원의 류명현 실장님 이하 동료직원들 그리고 처음부터 끝까지 많은 도움을 주신 도서출판 **일진사** 여러분들께 머리 숙여 감사드립니다.

김재중 major72@hanmail.net

Contents

Chapter

4 편심 구동 장치

Chapter

5 기어 박스

부록 **알아두기**

SolidWorks 시작하기

- SolidWorks의 실행
- SolidWorks의 사용자 인터페이스
- 그래픽영역의 화면을 확대/축소하는 여러 가지 방법
- 작업 명령어 사용하는 방법
- SolidWorks의 작업 용어 설명
- SolidWorks의 작업 기반 및 스케치 정의

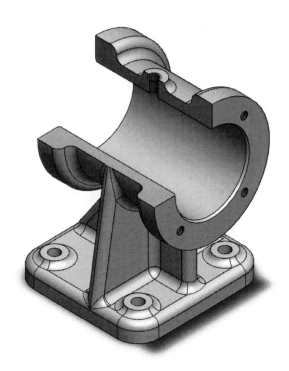

① SolidWorks의 실행

바탕화면의 SolidWorks를 실행하여  새 문서를 클릭하면 아래 그림과 같이 [SolidWorks 새 문서] 대화창이 뜹니다.

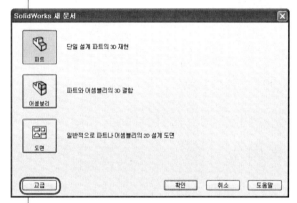

초보 모드
기본적인 작업환경에서 파트, 어셈블리, 도면 작업을 할 수가 있습니다.

고급 모드
기본적인 작업환경뿐만 아니라 사용자의 작업 스타일에 맞게 작업 템플릿(Templates)을 만들어 사용할 수가 있습니다.

○ SolidWorks에서 3차원 모델링하는 방법은 'Bottom-Up방식'과 'Top-Down방식(역설계)'으로 크게 2가지가 있습니다.

● **Bottom-Up방식의 모델링 방법** : 테트리스 블록이나 레고(Lego) 블록을 하나하나 쌓아가는 것처럼 미리 만들어져 있는 데이터를 이용해서 새로운 제품을 만드는 작업을 Bottom-Up방식이라고 합니다.

상향 전개해 가면서 상세하게 설계를 하는 방식으로 일반적으로 대부분의 사용자가 쉽게 접근 할 수 있는 디자인 방식입니다.

● **Top-Down방식(역설계)의 모델링 방법** : 어떠한 컨셉이나 상대물 데이터 혹은 그 외의 디자인 데이터, Package Data 등을 바탕으로 제품이 설계되어 내려오는 하향 전개식 설계 방식을 Top-Down방식이라고 합니다. 초기 신제품 개발이나 제품의 레이아웃 잡을 때 접근하는 디자인 방식입니다.

자격증 수검시에는 대부분의 사용자가 쉽게 접근할 수 있는 Bottom−Up방식으로 모델링하는 것을 권장하며 그 작업순서는 다음과 같습니다.

1. 파트 작업 ➡ 2. 어셈블리 작업 ➡ 3. 도면 작업

파트   어셈블리   도면

● **파트(Part)** : SolidWorks프로그램에서 사용되는 기본적인 블록으로 개별적인 부품들을 작업할 때 사용합니다.
● **어셈블리(Assembly)** : 작업한 하나하나의 파트를 불러들여 조립을 하거나 하위 어셈블리와 같은 기타 어셈블리를 포함하여 이루어집니다.
● **도면(Drawing)** : 3차원으로 작업한 파트나 어셈블리를 규격에 맞게 2차원으로 도면화 하고자 할 때 사용합니다.

SolidWorks 3D 파트

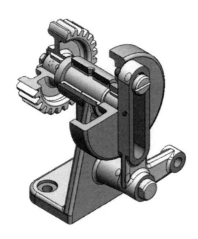

SolidWorks 3D 어셈블리

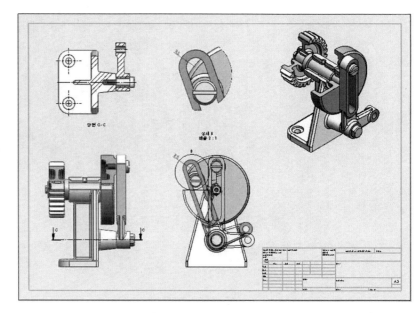

3D 모델로부터 생성한 SolidWorks 2D 도면

② SolidWorks의 사용자 인터페이스

SolidWorks의 화면 구성은 아래 그림과 같이 윈도 기반을 바탕으로 이루어져 있으며 각각의 명칭은 다음과 같습니다.

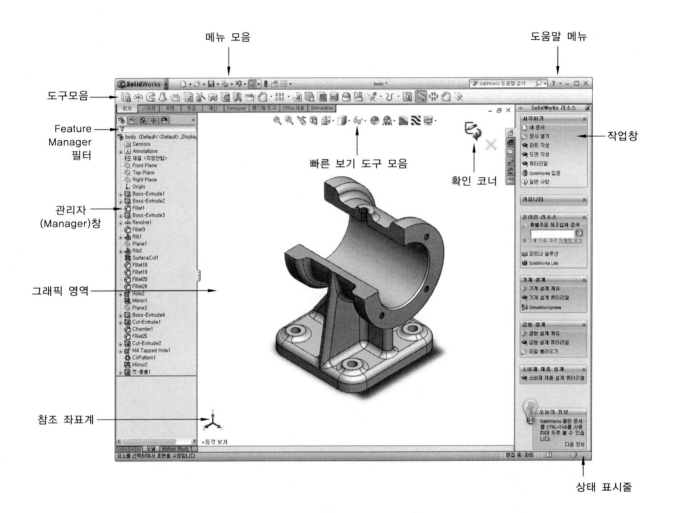

● FeatureManager 디자인 트리 🐾 : 파트나 어셈블리에서 생성된 특징 형상의 정보를 관리하는 곳으로써 작업한 내용을 한 눈에 확인할 수가 있는 히스토리창입니다.

왼쪽 구역 창 상단에 있는 관리자창에 대한 설명입니다.

FeatureManager
디자인 트리

- **PropertyManager** 📋 : 피처나 요소의 속성을 관리하며 옵션 선택 및 수치 값을 입력할 수가 있습니다.
- **ConfigurationManager** 📇 : 파트나 어셈블리 작업 시 여러 가지 설정을 추가하거나 필요한 것만 선택적으로 볼 수가 있습니다.
- **DimXpertManager** ⊕ : 파트용 DimXpert로 정의된 치수와 공차 피처가 나열되며 도면에 치수와 공차를 불러올 수도 있습니다.
- **DisplayManager** 🌑 : 현재 모델에 적용된 색상, 매핑, 재질, 데칼, 조명, 화면, 카메라가 표시되며 항목을 추가, 편집 및 삭제할 수 있습니다.

PropertyManager

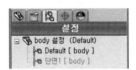

Configuration Manager

③ 그래픽 영역의 화면을 확대/축소하는 여러 가지 방법

SolidWorks에서 마우스와 키보드를 사용한 뷰(View) 변경과 기본적인 단축키를 사용하면 좀 더 편리하게 모델링 작업을 수행할 수가 있습니다.

마우스의 기능

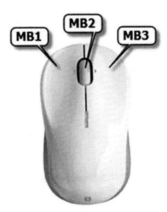

MB1	메뉴 및 도구 등 각종 개체들을 선택합니다.
MB2	화면 확대/축소, 화면 회전, 전체 보기(더블클릭)나 Shift 나 Ctrl 그리고 Alt 키와 조합으로 모델의 뷰을 변경합니다.
MB3	상황별로 바로가기 메뉴(Pop-up Menu)를 사용할 수가 있습니다. SolidWorks 2011부터는 MB3에 마우스 제스처 기능이 추가되었습니다.
Shift + MB2	실시간적으로 화면을 확대/축소합니다.
Ctrl + MB2	화면의 중심을 이동합니다.
Alt + MB2	현재 화면를 회전축으로 하여 모델을 회전시킵니다.

마우스 제스처는 스케치, 파트, 어셈블리, 도면에서 키보드의 바로가기 키를 사용하는 것과 같이 명령을 실행합니다.

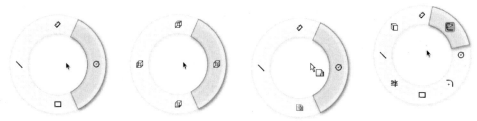

| 스케치에서의 제스처 | 파트나 어셈블리에서의 제스처 | 도면에서의 제스처 | 도구 〉 사용자 정의 옵션에서 8개의 제스처 설정 |

Tip >>
그래픽 영역에서 마우스 MB3를 드래그하여 마우스 제스처를 사용할 수가 있으며 취소하려면 마우스 제스처 가이드 안에서 마우스 버튼을 놓으면 됩니다.

키보드의 기능

Ctrl + 방향키	화면 중심을 이동합니다.
Shift + →	모델을 중심으로 오른쪽으로 90°씩 회전합니다.
Shift + ←	모델을 중심으로 왼쪽으로 90°씩 회전합니다.
Alt + →	모델의 중심을 기준으로 반시계방향으로 15°씩 회전합니다.
Alt + ←	모델의 중심을 기준으로 시계방향으로 15°씩 회전합니다.
스페이스 바	'뷰 방향 메뉴'를 사용하여 모델의 뷰(View) 방향을 변경하거나 마우스로 회전시킨 임의의 방향을 저장하여 사용할 수도 있습니다.

스페이스 바를 클릭하여 〈뷰 방향 메뉴〉로 다음 그림과 같이 뷰(View) 방향을 자유자재로 변경할 수가 있습니다.

※ 〈면에 수직으로 보기〉는 평평한 면을 선택 후 더블클릭 시 해당 면의 직각으로 빠르게 뷰를 변경할 수가 있습니다.

⚓ Ctrl + 8

※ 임의의 뷰를 저장하고자 할 때 〈새 뷰 🐾〉를 사용합니다.

정면 🔲 Ctrl + 1	후면 🔲 Ctrl + 2	좌측면 🔲 Ctrl + 3
우측면 🔲 Ctrl + 4	윗면 🔲 Ctrl + 5	아랫면 🔲 Ctrl + 6
등각 보기 🔲 Ctrl + 7	트리메트릭	디메트릭

Tip ≫

〈뷰 방향 메뉴〉뿐만 아니라 〈표준 보기 방향〉 도구 모음이나 단축키로도 뷰(View)를 변경할 수가 있습니다.

〈표준 보기 방향〉 도구 모음

일반적으로 사용되는 바로가기 단축키

Shift + Z	모델이 점증적으로 확대됩니다.
Z	모델이 한 단계씩 축소됩니다.
F	전체 보기 = MB2 더블클릭과 같습니다.
Ctrl + Z	잘못한 작업을 한 단계씩 실행 취소합니다.
Ctrl + B	모델을 재생성 🔲 합니다.
Enter	방금 실행한 명령을 반복합니다.

④ 작업 명령어 사용하는 방법

Window 기반 소프트웨어들은 작업의 편의성을 위해 많은 도구 모음(Toolbar)들이 존재하며 사용자가 원하는 도구 모음을 올리거나 원하지 않는 도구 모음은 화면상에서 제거시킬 수가 있으며 작업화면 상하좌우 어느 곳이나 마우스로 드래그(Drag)하여 위치시킬 수가 있습니다.

SolidWorks에서는 기본 도구 모음 이외에 신속하게 모델링 작업을 하기 위해 Command-Manager나 바로가기 바 및 상황별 도구 모음을 지원합니다.

● **도구 모음(Toolbar)** : 모델링을 하기 위한 기본적인 도구 모음이 개별적인 그룹으로 나열되어 있습니다.

● **CommandManager** : 그룹별 도구 모음을 탭으로 이동해가며 사용할 수가 있어 작업화면을 효율적으로 사용할 수가 있습니다.

SolidWorks화면상의 도구 모음 아이콘들 중에 마우스 커서를 위치시켜 오른쪽 버튼을 클릭하면 아래 그림과 같은 도구 모음 목록이 나열됩니다.

• CommandManager 체크 시

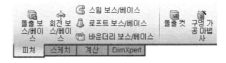

• 문자가 있는 큰 버튼 사용 체크 시

Tip >>
키보드 기능키 F10을 클릭하여 작업 화면상에 있는 모든 도구 모음들을 on/off 시킬 수가 있습니다.

사용자 정의 대화상자에 있는 도구 모음 탭의 항목에서도 필요한 툴 바를 체크시켜 작업 화면에 불러올 수가 있습니다.

Location 풀다운 메뉴 [보기-도구 모음] 또는 [도구-사용자 정의/도구 모음]

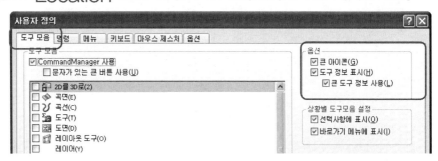

• **큰 아이콘** : 체크 시 작업 화면상의 모든 툴 바들이 2배 정도 크기가 커집니다.
• **도구 정보 표시** : 체크 시 아이콘들의 이름을 풍선 도움말로 표시해 줍니다.
• **큰 도구 정보 사용** : 체크 시 아이콘들의 세부적인 기능을 풍선 도움말로 표시해 줍니다.

● **바로가기 바** : 작업 상태에 따라 다르게 표시되는 아이콘들로 바로가기 키를 사용하기 위해서는 작업 중에 키보드의 'S'키를 누르면 나타납니다.

● **상황별 도구 모음** : 그래픽 영역(작업 영역) 또는 FeatureManager디자인 트리의 항목을 선택하면 상황별 도구 모음이 표시가 되어 신속한 작업을 할 수가 있습니다.

Tip ››
앞서 설명한 '사용자 정의' 대화상자의 '도구 모음' 탭에서 상황별 도구 모음을 on/off 시킬 수가 있습니다.

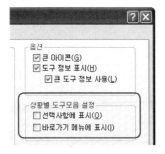

• **선택 사항에 표시** : 체크 시 작업한 모델을 클릭하면 상황별 도구 모음이 표시됩니다.
• **바로가기 메뉴에 표시** : 체크 시 FeatureManager 디자인 트리의 항목이나 팝업 메뉴 상단에 상황별 도구 모음이 표시됩니다.

도구 모음(Toolbar)에 없는 아이콘 등록하는 방법

도구 모음 아이콘 중에는 풀다운 메뉴에는 있는데 툴바에는 없는 아이콘이 있으며 사용 빈도에 따라 해당 아이콘을 툴바에 옮겨 놓고 사용해야 작업을 편리하게 할 수가 있습니다.

Location 풀다운 메뉴 [도구–사용자 정의/명령] 또는 [보기–도구 모음–사용자 정의/명령]

아래 그림과 같이 스케치 도구 모음에 동적 대칭 복사 아이콘을 추가해 보고자 합니다.

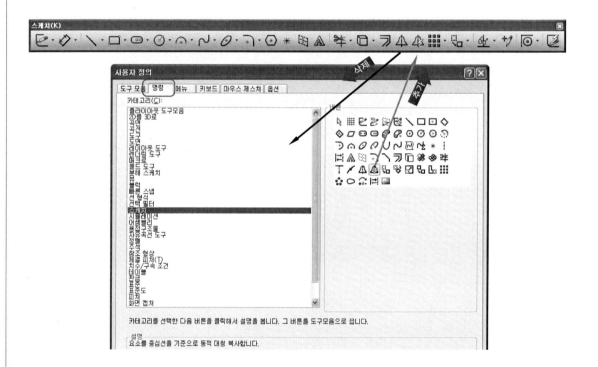

카테고리에서 스케치를 선택하면 스케치에 관련된 아이콘들이 오른쪽에 나열됩니다. 나열된 아이콘 중에서 옮기고자 하는 아이콘을 마우스로 드래그(Drag)하여 스케치 도구 모음에 넣으면 아이콘이 생성이 됩니다. 필요 없는 아이콘을 삭제하려면 반대로 해당 아이콘을 드래그(Drag)하여 명령창 아무 곳에나 넣으면 삭제가 됩니다.

단축키(바로가기) 만드는 방법

자주 사용하는 명령어는 단축키를 만들어 사용할 경우 더욱 더 효율적인 작업을 할 수가 있으므로 단축키를 만드는 방법을 배워보겠습니다.

Location 풀다운 메뉴 [도구–사용자 정의/키보드] 또는 [보기–도구 모음–사용자 정의/키보드]

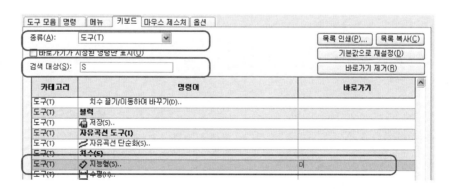

- **종류** : 풀다운 메뉴 등 그 항목에 속한 아이콘들로만 분류시켜 정렬해서 볼 수가 있습니다.
- **바로가기가 지정된 명령만 표시** : 체크 시 '종류'에 선택된 카테고리 안의 지정된 단축키들로만 정렬해 줍니다.
- **검색 대상** : 키워드를 입력하면 곧바로 해당 명령어 항목이 필터링되어 보여집니다.
  (단, 한글과 숫자로는 검색할 수가 없다.)

지능형 치수 ◇를 키보드 키 'D'에 배정하여 바로가기 키로 만들어 보겠습니다.

종류에서 〈도구(T)〉를 선택하면 쉽게 해당 카테고리 안의 명령어들로만 필터링되어 보여지며 검색 대상에 〈S〉를 입력하면 좀 더 세부적으로 필터링되어 찾기가 쉬워집니다.

그림과 같이 필터링된 명령어 항목에서 지능형(S)…을 찾아 선택한 후 〈D〉를 입력하면 곧바로 단축키가 적용되어 사용할 수가 있습니다.

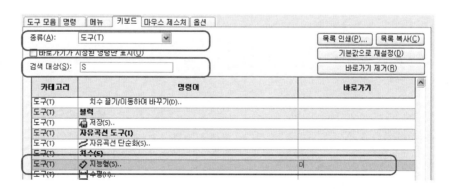

만약 사용하고자 하는 키 또는 키 조합이 이미 지정되어 있다면 다음과 같은 메시지가 나타납니다.

'예'를 클릭 시 새 명령에 사용하고자 하는 단축키가 적용이 되며, 기존 명령에서는 해당키가 자동으로 삭제됩니다.

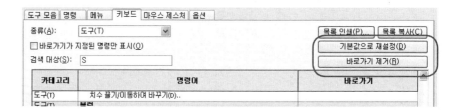

• **바로가기 제거 :** 현재 선택된 단축키를 제거합니다.
• **기본값으로 재설정 :** 모든 단축키를 처음 설정된 상태로 되돌립니다. (Reset 기능)

> **Tip** >>
>
> 단축키의 키보드 키 입력은 다음과 같이 입력할 수가 있습니다.
>
> | 단독적인 키로 입력 | 예를 들어 S, K, C 등 |
> |---|---|
> | 키 조합으로 입력 | 예를 들어 Ctrl + s　　　(Ctrl을 누른 채 s를 누름)
Alt + s　　　(Alt를 누른 채 s를 누름)
Ctrl + Shift + s　(Ctrl를 누른 채 Shift와 s를 누름) |
>
> 단축키 입력 글자는 대문자, 소문자 상관없이 입력이 되며 화면상에서는 항상 대문자로만 표시가 됩니다.

⑤ SolidWorks의 작업 용어 설명

SolidWorks에서 모델링 작업 시 여러 가지 형태로 표시되는 기호들의 용어를 알아보겠습니다.

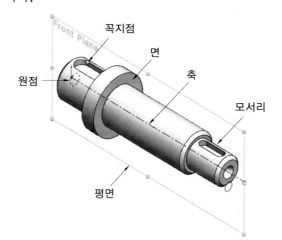

포인터 피드백
꼭지점, 모서리선, 면과 같은 개체의 유형에 따라 자동 인식하여 심벌로 표시(피드백)하기 때문에 더욱 정확한 스케치를 할 수가 있습니다.

✎ : 스케치 선이나 모서리의 중간점임을 표시

✎▢ : 사각형 스케치임을 표시

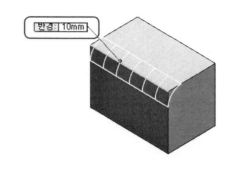

● **속성 표시기** : 속성 표시기는 특정 도구를 사용할 때
그래픽 영역에 나타나는 〈텍스트 표시 상자〉로 서로
다른 요소를 구별하거나 요소의 크기를 조정할 수
있도록 편집할 수 있는 수치를 표시해 줍니다.

● **핸들** : 핸들을 클릭하고 해당 방향으로 포인터 화살
촉을 끌어 끈 길이만큼 동적 미리보기로 돌출시킬
수가 있습니다. 한 쪽 핸들에는 1개의 화살촉이 있고
다른 한 쪽에는 2개의 화살촉이 있어 핸들이 적용되는 방향을 구별할 수가 있습니다. 음영
미리보기와 동적 미리보기가 되어 모델이 어떻게 변하는지를 확인할 수가 있으며 동적 미리
보기 시에는 눈금자가 표시되어 길이값 입력 없이도 정확한 작업이 가능합니다.

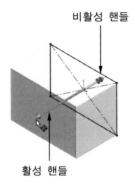

비활성 핸들

활성 핸들

스케치 상태에서의 동적 미리보기   피처 상태에서의 동적 미리보기

● **롤백 바** : FeatureManager 디자인 트리에서 롤백 바를 위 아래로
끌어 일시적으로 이전 상태로 되돌려 원하는 롤백 바 위치에서 새
피처를 추가하거나 기존 피처를 편집할 수가 있습니다. 롤백된 피
처의 아이콘이 회색으로 되고 롤백된 후에는 해당 피처를 사용할 수
없게 됩니다.

⑥ SolidWorks의 작업 기반 및 스케치 정의

작업 기반

SolidWorks에서의 설계 방식은 '특징형상 기반 설계'와 '관계 기반 설계'로 나누어집니다.

● **특징형상 기반 설계(Feature Based Design)** : 특징형상, 즉 피처를 상호간에 붙이거나 또는 자르는 방법을 통해 3차원 형상을 구축하는 기법을 말하며 스케치 피처와 논 스케치 피처로 이루어져 있습니다.

스케치   베이스 피처   보스 피처

● **관계 기반 설계(Rational Based Design)** : 완성된 모델링에서 해당 스케치를 수정했을 때 관련되는 피처와 파트가 자동적으로 수정되는 것을 말합니다.

01 **구속조건으로 관계 부가** : Property Manager창의 구속조건 부가 항목을 사용하여 모델링 형상을 완성할 수가 있습니다.

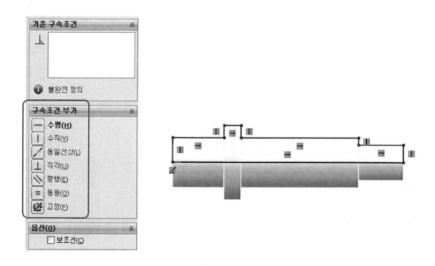

02 **지능형 치수** ✐ **를 이용하여 관계 부가** : 지능형 치수를 사용하여 모델링의 정확한 크기를 정의할 수가 있습니다.

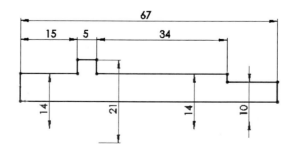

스케치 정의

SolidWorks에서는 스케치 요소의 상태를 다른 색으로 '완전 정의', '불완전 정의', '초과 정의' 등으로 구분해서 표시해주기 때문에 문제가 있는 스케치의 특정 부분을 쉽게 편집할 수가 있습니다.

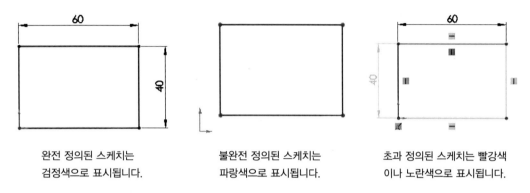

완전 정의된 스케치는 검정색으로 표시됩니다. | 불완전 정의된 스케치는 파랑색으로 표시됩니다. | 초과 정의된 스케치는 빨강색이나 노란색으로 표시됩니다.

● **완전 정의** : 스케치가 '관계 기반 설계'(구속조건, 치수)로 아무런 문제없이 정의되어 있다는 것을 의미하며 파트를 완성하는데 가장 좋은 정의 방식입니다.

● **불완전 정의** : 스케치의 일부 구속조건이나 치수가 완전하게 정의되지 않았다는 것을 의미하며 파랑색으로 표시된 끝점이나 선 등을 드래그하여 스케치 형상을 임의로 변경을 할 수가 있습니다.

Tip ››

수검 시에는 불완전 정의 상태에서도 파트를 완성하는데 아무런 문제가 없지만 실무에서는 완성된 파트를 수정 시 관련된 피처가 자동으로 수정될 때 문제가 될 경우가 많기 때문에 가급적 스케치를 완전 정의시키는 것이 좋습니다.

● **초과 정의** : 스케치에 중복 치수나 충돌되는 구속조건이 포함되어 있다는 것을 의미하며, 초과 정의(빨강색)된 치수나 구속조건를 삭제함으로써 문제를 해결할 수가 있습니다.

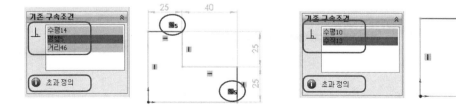

이 외에도 오류가 있는 요소는 댕글링(삭제되거나 미해결된 요소를 참조하는 치수나 구속조건)은 갈색, 미해결은 분홍색, 타당치 않음은 빨간색, 고동색으로 표시됩니다.

초과 정의된 스케치를 SketchXpert로 쉽게 해결하는 방법은 다음과 같습니다.

초과 정의된 스케치가 발생될 경우에는 상태 표시줄에 ⚠해결책이 없습니다. 가 표시되며 그 표시된 글자를 클릭하면 SketchXpert PropertyManager창이 아래 그림과 같이 나타납니다.

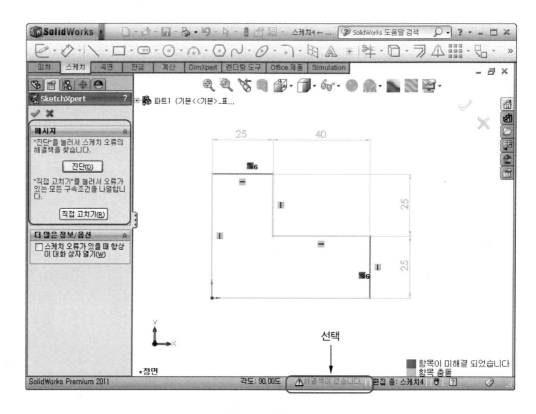

• **진단** : 해결 가능한 방법을 '결과' 항목 아래에 `<<` 또는 `>>`를 번갈아 클릭하면서 해결책을 찾습니다.

• **직접 고치기** : 모든 충돌된 부분이 Property Manager 창 '충돌하는 구속조건/치수' 항목에 표시가 되어 작업자가 직접 골라가면서 해결을 해야 합니다.

> **Tip** >>
> '진단'은 해결책이 적용되는 상태가 그래픽 영역에 동적으로 업데이트가 되어 표시해 주기 때문에 쉽게 초과 정의된 부분을 찾을 수가 있습니다.

동력 전달 장치

- SolidWorks에서 동력 전달 장치 3차원 모델링하기

- SolidWorks에서 동력 전달 장치 3차원 도면화 작업하기

- AutoCAD에서 동력 전달 장치 2차원 도면화 작업하기

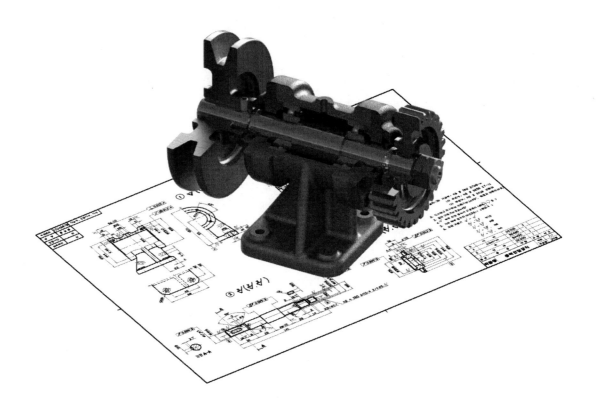

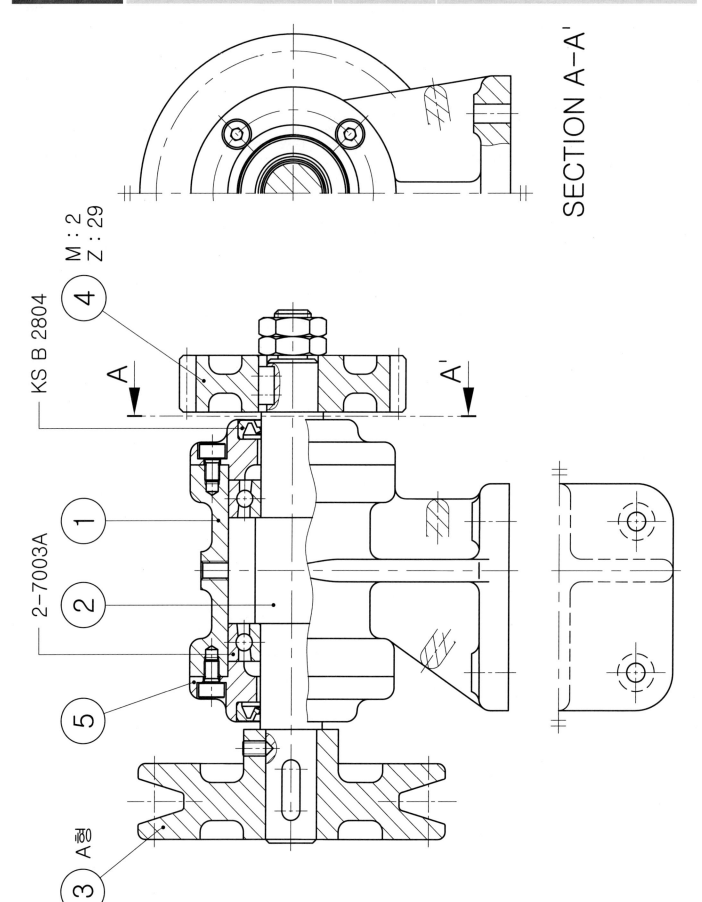

SECTION A-A'

KS B 2804

④ M : 2
Z : 29

A

A'

2-7003A

①

②

⑤

③ A항

동력 전달 장치의 등각 투상도

동력 전달 장치 부품들의 조립되는 순서 이해하기

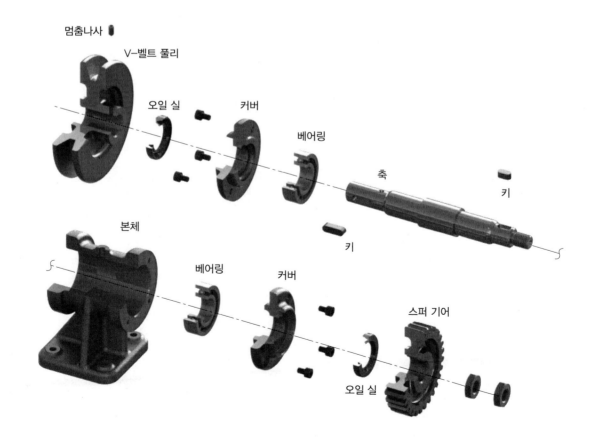

1 본체(Body) 모델링하기

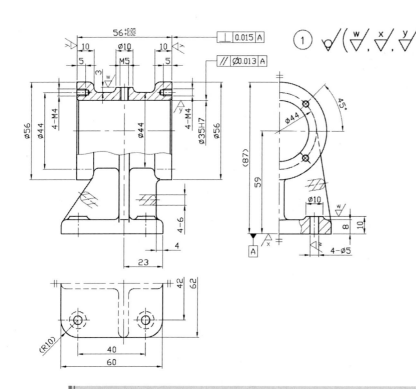

본체를 모델링하는 방법은 바닥(Base) 부분을 먼저 만들고 리브(Rib)와 회전체를 만들고 나서 절반으로 절단한 다음 나머지 부분을 완성하여 최종적으로 대칭 복사하여 마무리하는 작업으로 진행합니다.

네비게이터 navigator

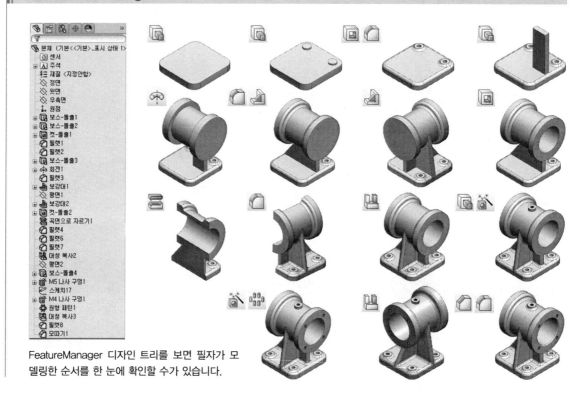

FeatureManager 디자인 트리를 보면 필자가 모델링한 순서를 한 눈에 확인할 수가 있습니다.

본체(Body) 모델링의 첫 번째 피처는 스케치된 사각형 프로파일에서 돌출 피처로 생성된 박스(Box)로 본체의 베이스(Base)가 됩니다.

01 표준 도구 모음에서 새 문서 를 클릭합니다.

 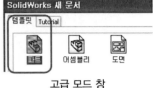

[단축키 : Ctrl+N]

　[SolidWorks 새 문서] 대화상자가 나타납니다.

초보 모드 창　　　　고급 모드 창

02 파트를 선택한 후 확인을 클릭합니다.

03 FeatureManager 디자인 트리의 [윗면]을 선택하고 스케치 도구 모음에서 스케치 를 클릭합니다.

04 스케치 도구 모음에서 중심 사각형 을 클릭한 후 마우스 포인터를 원점 으로 가져갑니다.

　마우스 포인터 모양이 으로 바뀝니다. (사각형의 중심과 원점 사이에 일치 구속 조건이 부여된다는 것을 의미합니다.)

05 클릭하여 원점에 사각형을 대략적인 크기로 스케치 합니다.

x = 56.36, y = 55.72

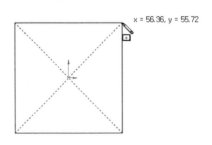

06 스케치 도구 모음에서 지능형 치수 를 클릭합니다. 마우스 포인터 모양이 으로 바뀝니다. (치수를 부가할 도형을 선택하면 현재 도형의 크기에 맞는 치수가 일시적으로 표시가 되며 포인터를 움직여 적당한 위치에 치수를 배치(클릭)시키면 [수정] 상자가 나타납니다. 그 상자에 정확한 치수를 부가하여 스케치를 완성하면 됩니다.)

07 가로 선과 세로 선을 각각 선택하여 [수정] 상자에 가로 '60', 세로 '62'를 입력합니다. (치수를 입력 후 적용 시 을 클릭하거나 키보드 Enter 키를 누릅니다.)

　스케치 도구 모음에서 스케치 필렛 을 클릭합니다. 스케치 필렛 PropertyManager창이 왼쪽에 열리며 〈필렛 변수〉 항목에 반지름 '10'을 입력 후 사각형 4군데 모서리를 선택하고 을 클릭하여 라운드 처리한 후 다시 을 클릭하여 스케치 필렛을 종료합니다.

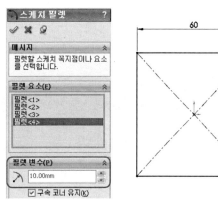

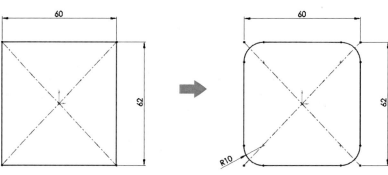

08 피처 도구 모음에서 돌출 보스/베이스 를 클릭합니다.

그래픽 영역의 도형을 바라보는 시점이 자동으로 등각 보기로 변경이 되면서 왼쪽 구역 창이 돌출 설정 옵션을 입력할 수 있는 PropertyManager창으로 표시가 됩니다.

09 PropertyManager 창의 방향1 아래에서

① 마침 조건으로 〈블라인드 형태〉를 선택합니다.

② 깊이 를 '8'로 입력합니다.

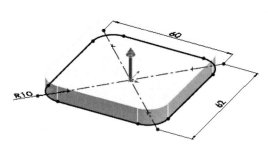

깊이를 지정하고 Enter 를 누르면 지정한 깊이로 정확하게 돌출 음영 미리보기가 표시됩니다.

10 (확인)을 클릭합니다.

첫 피처가 완성이 되었으며 왼쪽에 있는 FeatureManager 디자인 트리창에 〈보스-돌출1〉이 표시됩니다.

11 베이스의 윗면을 선택하고 스케치 도구 모음에서 스케치 를 클릭합니다.

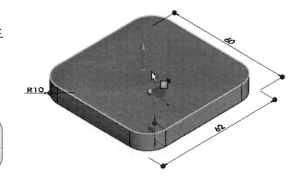

Tip >>
반대로 스케치 도구 모음에서 스케치 를 클릭한 후 베이스의 윗면을 선택해도 됩니다.

12 표준 보기 방향 도구 모음에서 ▨(윗면)을 클릭합니다. [단축키 : Ctrl+5]

13 스케치 도구 모음에서 원 ◎ 을 클릭합니다.

14 베이스 윗쪽 모서리 두 곳의 중심에 동심으로 원을 대략적인 크기로 스케치를 한 후 스케치 한 두 개의 원을 선택합니다.

> **Tip ››**
> 구속조건을 부가하기 위해선 우선적으로 1개의 원을 선택한 후 그 다음 원은 키보드의 Ctrl 키를 누른 상태에서 선택해야 합니다.

15 PropertyManager창의 **구속조건 부가** 아래에서 : = 동등(0) 구속조건을 선택합니다.

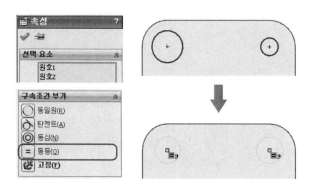

> **Tip ››**
> = 동등(0) 구속조건은 선택된 2개 이상의 도형 요소의 크기가 같다는 것을 나타냅니다.

16 스케치 도구 모음에서 지능형 치수 ◇ 를 클릭합니다.
둘 중 한 개의 원을 선택하여 '10'을 입력합니다.

모서리 라운드 중심에 동심으로 원을 그리는 2가지 방법

커서를 1초 이상 모서리 라운드에 위치시키면 해당 라운드에 적용할 수가 있는 여러 스냅이 나타나며, 그 중에 중심을 선택 후 도형을 스케치하면 됩니다.

원을 임의의 위치에 적당한 크기로 스케치한 후 모서리 라운드와 원을 선택한 다음 PropertyManager창에서 ◎ 동심(N) 구속조건을 부가하면 됩니다.

잘못 부가된 구속조건 지우는 3가지 방법

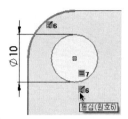

첫째, 해당 도형을 클릭하면 그 도형에 구속된 스케치 구속조건이 모두 표시되는데 여기에서 필요 없는 구속조건을 선택 후 키보드 [DEL]키를 눌러 지우면 됩니다.

둘째, 해당 도형을 클릭하면 화면 왼쪽에 PropertyManager 창이 표시가 되며 표시된 창의 〈기존 구속조건〉 항목에서 필요 없는 구속조건을 선택 후 마우스 우측 버튼을 누르면 나오는 메뉴에서 '삭제'를 클릭하거나 키보드 [DEL]키를 눌러 지우면 됩니다.

셋째, 방금 전에 잘못 부가했던 구속조건을 신속하게 바로 지우고자 할때는 [Ctrl]+Z를 누르면 됩니다.

17 표준 보기 방향 도구 모음에서 🔲(등각보기)를 클릭합니다. [단축키 : [Ctrl]+7]

18 피처 도구 모음에서 돌출 보스/베이스 🔲를 클릭합니다.

19 PropertyManager창의 방향1 아래에서

① 마침 조건으로 〈블라인드 형태〉를 선택합니다.

② 깊이 🔩를 '2'로 입력합니다.

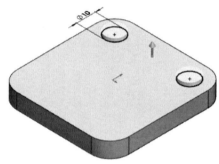

20 🔲(확인)을 클릭합니다.

두 번째 피처가 완성이 되었으며 왼쪽에 있는 FeatureManager 디자인 트리창에 〈보스-돌출2〉가 표시됩니다.

21 2mm돌출된 상단 면을 선택하고 스케치 도구 모음에서 스케치 🔲를 클릭합니다.

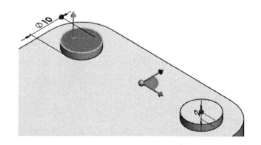

22 표준 보기 방향 도구 모음에서 🔲(윗면)을 클릭합니다. [단축키 : [Ctrl]+5]

23 스케치 도구 모음에서 원 🔲을 클릭합니다.

24 2mm돌출된 원기둥의 중심에 동심으로 스케치를 한 후 두 개의 원을 [Ctrl]키를 누른 상태에서 선택하고 🔲 동등(U) 구속조건을 부가합니다. (작업 14번과 15번을 참조 바랍니다.)

25 스케치 도구 모음에서 지능형 치수 를 클릭합니다.

둘 중 한 개의 원을 선택하여 '5'를 입력합니다.

26 표준 보기 방향 도구 모음에서 🔲(등각보기)을 클릭합니다. [단축키 : Ctrl+7]

27 피처 도구 모음에서 돌출 컷 🔲 을 클릭합니다.

28 PropertyManager창의 방향1 아래에서

마침 조건으로 〈다음까지〉를 선택합니다.

29 🔲(확인)을 클릭합니다.

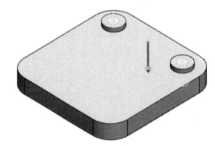

세 번째 피처가 완성이 되었으며 왼쪽에 있는 FeatureManager 디자인 트리창에 〈컷-돌출1〉이 표시됩니다.

30 피처 도구 모음에서 필렛 🔲 를 클릭합니다.

31 PropertyManager창의 필렛할 항목 아래에서

반경 🔲 을 '3'으로 입력합니다.

32 베이스 상단 모서리 한 개를 선택합니다.

33 🔲(확인)을 클릭합니다.

왼쪽에 있는 FeatureManager 디자인 트리창에 〈필렛1〉이 표시됩니다.

34 피처 도구 모음에서 필렛 🔲 를 클릭합니다.

35 베이스 상단에 돌출된 원기둥의 내측 모서리 2개소를 선택합니다.

36 🔲(확인)을 클릭합니다.

왼쪽에 있는 FeatureManager 디자인 트리창에 〈필렛2〉가 표시됩니다.

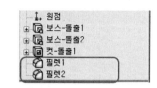

Tip >>

작업 **30**번과 작업 **34**번 필렛을 동시에 못한 이유는 양쪽으로 'R3'이 나오기 위해선 최소 거리가 6mm 이상이 되어야 하기 때문입니다. 양쪽 R값보다 최소 거리가 짧을 경우에는 지금처럼 필렛 작업을 개별적으로 해주면 짧은 거리도 문제없이 필렛이 됩니다.

본체(Body) 모델링의 첫 번째 모델링 작업인 베이스가 완성이 되었습니다. 베이스에 볼트 구멍이 총 4개로 2개만 작업한 이유는 본체를 어느 정도 모델링한 후 절반으로 절단하여 최종적으로 대칭복사로 완성하고자 하기 때문입니다.

스케치와 피처를 수정하는 여러 가지 방법

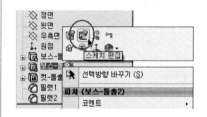

FeatureManager 디자인 트리창에서 스케치를 수정할 피처 작업을 마우스 오른쪽을 클릭하여 나타나는 메뉴에서 스케치 편집 🖉 을 선택하거나 마우스 왼쪽 클릭 시 나타나는 '상황별 도구 모음'에서도 스케치 편집 🖉 을 선택하여 스케치를 수정할 수가 있습니다.

똑같은 방법으로 피처 편집 🖼 를 선택하여 피처 조건을 수정할 수가 있습니다.

작업한 도형에서 수정하고자 하는 특정 면을 마우스 왼쪽이나 오른쪽을 클릭해서도 스케치 편집 🖉 이나 피처 편집 🖼 를 선택하여 수정할 수가 있습니다.

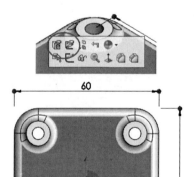

작업한 도형의 특정 면을 선택하거나 FeatureManager 디자인 트리창에서 작업된 피처를 선택하면 스케치와 피처 작업 시 입력했던 치수가 표시되는데 이때 수정하고자 하는 치수를 더블클릭하여 나타난 수정 상자에 새로운 치수값을 입력하면 됩니다.

단, 이때는 꼭 재생성 🖲 버튼[단축키: Ctrl+B]을 클릭해야 새로운 값이 적용이 됩니다.

⬤ **이번에는 베이스 상단 면을 기준으로 리브(Rib)를 만들어 보겠습니다.**

01 베이스 상단 면을 선택하고 스케치 도구 모음에서 스케치 ⬚ 를 클릭합니다.

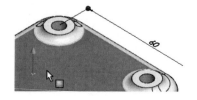

02 표준 보기 방향 도구 모음에서 ⬚(윗면)을 클릭합니다.

[단축키 : Ctrl+5]

03 스케치 도구 모음에서 중심 사각형 □을 클릭합니다.

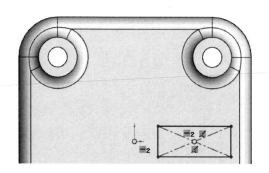

04 그림과 같이 사각형을 대략적인 크기로 스케치를 하고 [Esc]키를 한 번 누르고 나서 사각형의 중심과 원점을 [Ctrl]키를 누른 상태에서 선택하고 ─ 수평(H) 구속조건을 부가합니다.

05 스케치 도구 모음에서 지능형 치수 ◇를 클릭합니다. 그림과 같이 치수값(19, 23, 6)을 입력합니다.

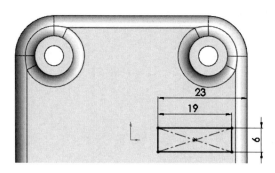

Tip >>

처음에는 스케치가 파란색이었지만 치수를 빠짐없이 모두 준 경우에는 검정색으로 변경이 되며 이것은 완전 정의가 되었다는 것을 의미합니다.

---

06 피처 도구 모음에서 돌출 보스/베이스 ▣를 클릭합니다.

07 표준 보기 방향 도구 모음에서 ▣(등각보기)를 클릭합니다. [단축키 : [Ctrl]+7]

08 **PropertyManager창의 방향 1 아래에서**
   ① 마침 조건으로 〈블라인드 형태〉를 선택합니다.
   ② 깊이 ◇를 '51'로 입력합니다.

09 ✔(확인)을 클릭합니다.

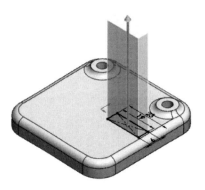

네 번째 피처가 완성이 되었으며 왼쪽에 있는 FeatureManager 디자인 트리창에 〈보스-돌출3〉이 표시됩니다.

본체(Body) 모델링의 두 번째 모델링 작업인 리브(Rib)가 만들어 졌습니다. 완전한 완성은 아니며 우선적으로 본체의 회전체(Body)를 작업하기 위해 기준이 되는 피처를 하나 완성한 것입니다.

다음으로 리브 상단 면을 기준으로 회전체(Body)를 만들어 보겠습니다.

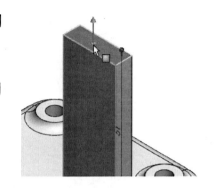

01 리브 상단 면을 선택하고 스케치 도구 모음에서 스케치 ∅를 클릭합니다.

02 표준 보기 방향 도구 모음에서 ⬚(윗면)을 클릭합니다. [단축키 : Ctrl+5]

03 스케치 도구 모음에서 선＼을 클릭합니다.

04 그림과 같이 대략적인 크기로 스케치를 한 후 양쪽 10mm 구간의 두 개의 수평선을 Ctrl 키를 누른 상태에서 선택하고 = 동등(Q) 과 ／ 동일선상(L) 구속조건을 부가합니다.

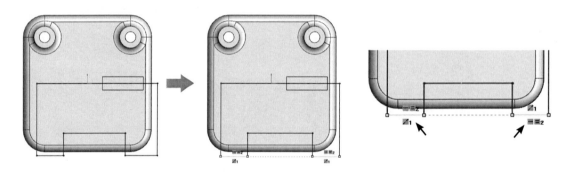

> **Tip >>**
> ／동일선상(L) 구속조건은 선과 선을 선택해야 적용할 수가 있으며, 선택된 선과 선이 같은 연장선상에 있어야 된다는 것을 나타냅니다.

／동일선상(L) 구속조건과 동일한 조건으로 적용할 수가 있는 구속조건

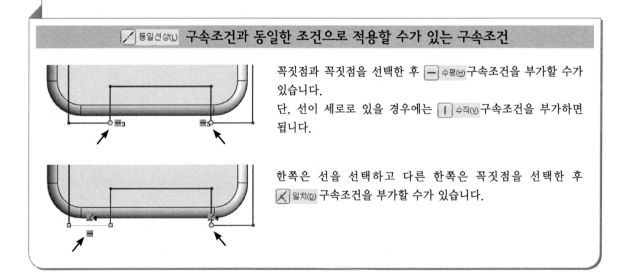

꼭짓점과 꼭짓점을 선택한 후 ─수평(H)구속조건을 부가할 수가 있습니다.
단, 선이 세로로 있을 경우에는 │수직(V)구속조건을 부가하면 됩니다.

한쪽은 선을 선택하고 다른 한쪽은 꼭짓점을 선택한 후 ✕일치(D)구속조건을 부가할 수가 있습니다.

05 회전시키는 축으로 사용할 수평선을 선택하여 보조선┠┨으로 변경합니다.

마우스 오른쪽(왼쪽) 버튼으로 클릭 시 나타나는 '상황별 도구 모음'에서 보조선┠┨을 선택하면 됩니다.

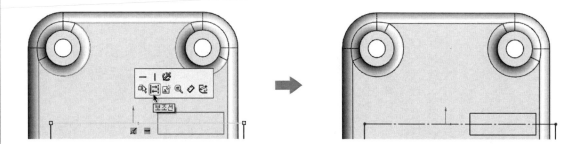

> **Tip** ››
>
> 회전 보스/베이스⚙ 작업을 할 경우에는 가급적 보조선을 사용하는 것이 편리합니다. 보조선이 있을 경우에 한해서만 지능형 치수⟡를 사용하여 지름 치수 기입을 할 수가 있습니다. 보조선이 없을 경우에는 반지름으로만 치수 기입이 가능합니다.

06 스케치 도구 모음에서 지능형 치수⟡를 클릭합니다.

다음 그림과 같이 치수 값(10, 5, 56, 44, 56)을 입력합니다.

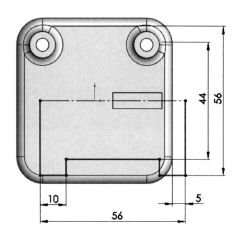

> **Tip** ››
>
> 지름 치수 기입을 하기 위해서는 선택 순서에는 상관없이 치수 기입할 선과 보조선을 선택한 후 마우스 포인터의 위치를 보조선보다 먼 곳으로 위치시키면 됩니다.

회전 보스/베이스  피처 작업을 하기 위해 회전축을 정의하는 2가지 방법

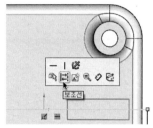

보조선으로 변경할 선을 클릭 시 나타나는 상황별 도구 모음 중에서 보조선 을 선택하거나 아니면 PropertyManager창의 옵션 항목에서 '보조선'을 선택할 수가 있습니다.

만약 보조선이 2개 이상일 경우라면 회전 시 회전축이 될 보조선을 마우스로 지정하여 주면 됩니다.

보조선이 없어도 회전시킬 수가 있습니다. 보조선이 없을 경우에는 회전 보스/베이스 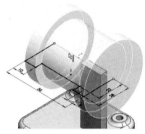 선택 후 PropertyManager창이 열린 상태에서 회전축이 될 선을 마우스로 지정하여 주면 됩니다.

07 피처 도구 모음에서 회전 보스/베이스를 클릭합니다.

> **Tip** >>
> 닫힌 형태의 스케치에서 보조선으로 변경한 경우에는 다음과 같은 메시지가 표시됩니다. 이유는 보조선은 피처 작업 시 아무런 영향을 주지 않기 때문에 스케치가 열린 상태가 되기 때문이며 '예(Y)'를 클릭하여 닫힌 형태의 스케치로 자동으로 만들어 주어야 회전시킬 수가 있습니다.

08 표준 보기 방향 도구 모음에서 🔷 (등각보기)를 클릭합니다. [단축키 : Ctrl+7]

09 PropertyManager창의 **방향1** 아래에서
① 회전 유형을 〈블라인드 형태〉로 선택합니다.
② 방향1의 각도를 '360'도로 입력합니다.

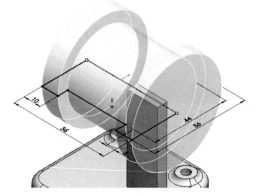

10 ✔(확인)을 클릭합니다.

다섯 번째 피처가 완성이 되었으며 왼쪽에 있는 FeatureManager 디자인 트리창에 〈회전 1〉이 표시됩니다.

11 피처 도구 모음에서 필렛▨를 클릭합니다.

12 **PropertyManager창의 필렛할 항목 아래에서 :** 반경✕을 '3'으로 입력합니다.

13 회전체의 안쪽 모서리 4개를 선택합니다.

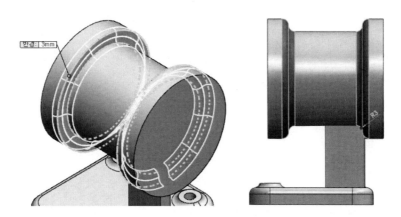

Tip ››

모서리 선택 시 ▨ 포인터 모양이 나타납니다. 포인터가 ▨ 와 같은 모양이 나타나면 '모서리'가 아닌 '면'을 선택한다는 의미로 좀 더 빠르고 쉽게 면 주위의 모서리들을 선택할 수가 있지만 정확한 곳에 사용을 하지 않을 경우, 문제가 될 소지가 많기 때문에 가급적 필렛이나 모따기 작업은 '모서리' 선택을 권장합니다.

---

14 ✔(확인)을 클릭합니다.

왼쪽에 있는 FeatureManager 디자인 트리창에 〈필렛3〉이 표시됩니다.

본체(Body) 모델링의 세 번째 모델링 작업인 회전체(Body)가 만들어 졌습니다. 완전히 완성된 것은 아니며 우선적으로 나머지 리브(Rib)를 작업하기 위해 기준이 되는 피처를 완성한 것입니다.

○ **다음으로 나머지 리브(Rib)와 기본적인 본체의 윤곽을 피처를 추가하여 만들어 보겠습니다.**

01 FeatureManager 디자인 트리에서 [정면]을 선택합니다. 스케치 도구 모음에서 스케치 ✎를 클릭합니다.

02 표준 보기 방향 도구 모음에서 ▣(정면)을 클릭합니다.
[단축키 : Ctrl+1]

03 스케치 도구 모음에서 선＼을 클릭합니다.

04 그림과 같이 대략적으로 스케치를 한 후 ⟨ᴎ⟩**탄젠트(A)** 와 ⟨✗⟩**일치(D)** 로 구속조건을 부가합니다.

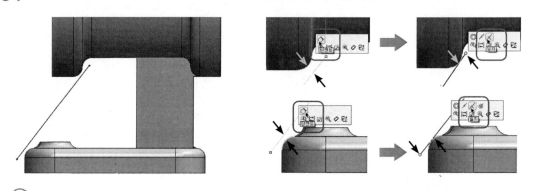

> **Tip** >>
> ⟨ᴎ⟩**탄젠트(A)** 는 선과 물체의 모서리 선을 선택하고 ⟨✗⟩**일치(D)** 는 선의 끝점과 물체의 모서리 선을 선택해야만 구속조건을 부가할 수가 있습니다.

05 스케치 도구 모음에서 선＼을 클릭합니다.

06 그림과 같이 구속된 선의 오른쪽 끝점을 클릭하여 수직 선을 회전체(Body) 안쪽까지 대략적으로 그립니다.

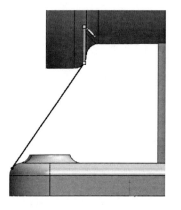

> **Tip** >>
> 수직선을 그리는 이유는 위쪽이 원통(=회전체)이므로 보강대 ▦ 피처 작업 시 빈 공간이 생겨 에러가 발생되기 때문입니다. 원통 부위에 보강대가 완전하게 파묻힐 수 있도록 선을 빼주어야 문제가 해결됩니다.

07 피처 도구 모음에서 보강대▦를 클릭합니다.

08 표준 보기 방향 도구 모음에서 ◈(등각보기)를 클릭합니다. [단축키 : Ctrl+7]

09 PropertyManager창의 파라미터 아래에서

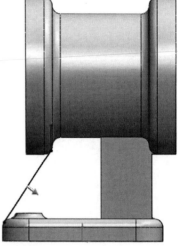

① 두께를 양면으로 선택합니다.

② 보강대 두께를 '6'으로 입력합니다.

③ 돌출 방향을 스케치에 평행으로 선택합니다.

10 ✔(확인)을 클릭합니다.

왼쪽에 있는 FeatureManager 디자인 트리창에 〈보강대1〉이 표시됩니다.

11 피처 도구 모음에서 참조 형상의 기준면을 클릭합니다.

12 베이스의 오른쪽 측면을 선택합니다.

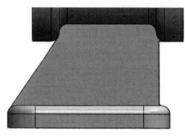

13 PropertyManager창의 제1참조 아래에서

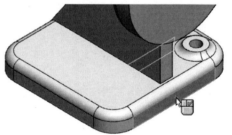

① 오프셋 거리를 '23'으로 입력합니다.

② 뒤집기를 체크하여 오프셋 방향을 본체 안쪽으로 맞춰 줍니다.

14 ✔(확인)을 클릭합니다.

왼쪽에 있는 FeatureManager 디자인 트리창에 〈평면 1〉이 표시됩니다.

15 FeatureManager 디자인 트리에서 ◈ 평면1를 선택합니다.
스케치 도구 모음에서 스케치를 클릭합니다.

16 표준 보기 방향 도구 모음에서 (우측면)를 클릭합니다. [단축키 : Ctrl+4]

17 보기 도구 모음에서 표시 유형을 실선 표시로 선택합니다.

18 스케치 도구 모음에서 선﹨을 클릭합니다.

19 그림과 같이 대략적으로 스케치를 한 후 작업 4번과 동일한 방법으로 ⬡탄젠트(A) 와 ✕일치(D)로 구속조건을 부가합니다.

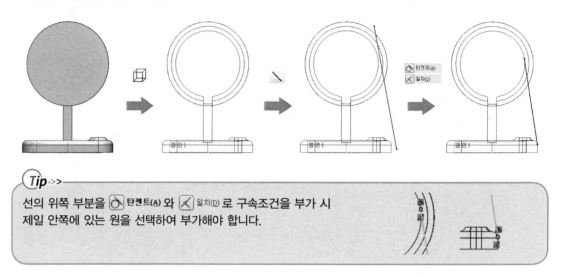

(Tip)>>
선의 위쪽 부분을 ⬡탄젠트(A) 와 ✕일치(D) 로 구속조건을 부가 시
제일 안쪽에 있는 원을 선택하여 부가해야 합니다.

20 보기 도구 모음에서 표시 유형▦·을 모서리 표시 음영▦으로 선택합니다.

21 표준 보기 방향 도구 모음에서 ◈(등각보기)를 클릭합니다. [단축키 : Ctrl+7]

(Tip)>>
등각보기를 하면 스케치가 반대편에 보입니다. 이때는 마우스 휠(가운데 버튼)을 누른 상태에서 움직여 스케치가 잘 보이는 쪽으로 물체를 회전시켜 보는 것이 좋습니다.

22 피처 도구 모음에서 보강대▦를 클릭합니다.

23 PropertyManager창의 파라미터 아래에서
 ① 두께를 양면▦으로 선택합니다.
 ② 보강대 두께▦를 '6'으로 입력합니다.
 ③ 돌출 방향을 스케치에 평행▦으로 선택합니다.

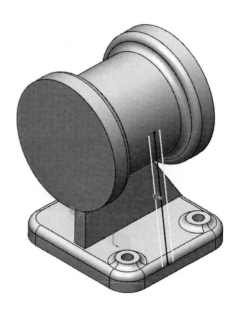

24 ✔(확인)을 클릭합니다.
 왼쪽에 있는 FeatureManager 디자인 트리창에
〈보강대2〉가 표시됩니다.

빠른 보기 도구 모음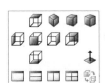

그래픽 영역 상단 중앙에 있는 도구 모음으로 화면 뷰(View)에 대한 여러 가지 조건(전체보기, 영역 확대, 이전 뷰, 단면도 등)을 설정할 수가 있습니다.

표시 유형 · 5가지 조건의 뷰　'모서리 표시 음영, 음영 처리, 은선 제거, 은선 표시, 실선 표시'로 변경할 수가 있습니다.

뷰 방향 · 설정 조건의 뷰　현재의 뷰 방향이나 화면 분할 수를 변경할 수가 있습니다.

Tip ›>

뷰 방향 · 설정은 빠른 보기 도구 모음보다는 키보드 '스페이스 바'를 클릭 시 나타나는 방향창의 메뉴를 사용하는 것이 더 편합니다.

25 기준면으로 생성된 ◇ 평면1 을 숨겨주어야 작업이 편리합니다.

　　FeatureManager 디자인 트리창에서 ◇ 평면1 을 선택하거나 모델에 표시된 〈평면1〉을 클릭하면 나타나는 상황별 도구 모음 중에 숨기기 로 숨겨줍니다.

26 회전체(Body) 앞부분 면을 선택하고 스케치 도구 모음에서 스케치 를 클릭합니다.

27 스케치 도구 모음에서 원 을 클릭합니다.

28 표준 보기 방향 도구 모음에서 (우측면)를 클릭합니다. [단축키 : Ctrl+4]

29 회전체의 중심에 동심으로 대략적인 크기로 스케치를 합니다.

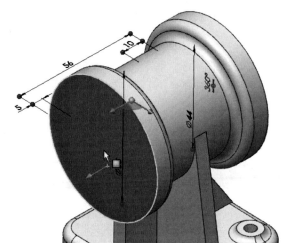

30 스케치 도구 모음에서 지능형 치수◇를 클릭합니다.
오른쪽 그림과 같이 치수값(35)을 입력합니다.

31 표준 보기 방향 도구 모음에서 ◉(등각보기)를 클릭합니다.
[단축키 : Ctrl+7]

32 피처 도구 모음에서 돌출 컷▣을 클릭합니다.

33 PropertyManager창의 방향1 아래에서 : 마침 조건으로 〈다음까지〉를 선택합니다.

34 ◇(확인)을 클릭합니다.
여덟 번째 피처가 완성이 되었으며, 왼쪽에 있는 FeatureManager 디자인 트리창에 〈컷-돌출2〉가 표시됩니다.

35 FeatureManager 디자인 트리에서 [정면]을 선택합니다.

36 메뉴바의 [삽입-잘라내기-곡면으로 자르기▤]를 선택합니다.

37 컷 뒤집기▨로 자르고자 하는 앞부분으로 방향을 지정합니다.

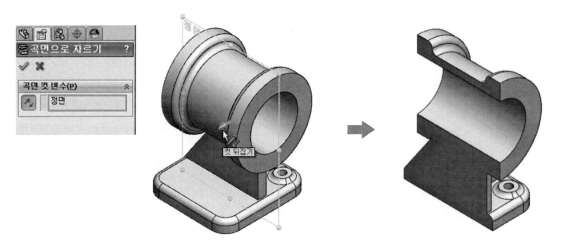

38 ◇(확인)을 클릭합니다.

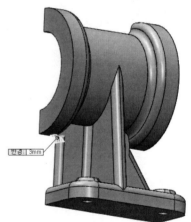

왼쪽에 있는 FeatureManager 디자인 트리창에 〈곡면으로 자르기1〉이 표시됩니다.

Tip ≫
본체의 절반을 절단하는 이유는 필렛 작업이 편리하며 반복되는 작업의 작업 시간을 단축할 수가 있고 시스템 메모리 관리도 할 수가 있어 유용하기 때문입니다.

39 피처 도구 모음에서 필렛🔲를 클릭합니다.

40 **PropertyManager창의 필렛할 항목 아래에서**
반경📐을 '3'으로 입력합니다.

41 그림과 같이 6개의 모서리를 선택합니다.

Tip ≫
모서리가 잘 보이는 쪽으로 마우스 휠(가운데 버튼)을 누른 상태에서 움직여 물체를 회전시켜가며 선택합니다.

42 ✓(확인)을 클릭합니다.
왼쪽에 있는 FeatureManager 디자인 트리창에 〈필렛4〉가 표시됩니다.

43 피처 도구 모음에서 필렛🔲을 클릭합니다.

Tip ≫
방금 전에 사용한 필렛을 재 사용 시 키보드의 [Enter] 키를 눌러서도 사용할 수가 있습니다.

44 그림과 같이 1개의 모서리를 선택합니다.

45 ✓(확인)을 클릭합니다.
왼쪽에 있는 FeatureManager 디자인 트리창에 〈필렛5〉가 표시됩니다.

46 피처 도구 모음에서 필렛🔲을 클릭합니다.

47 그림과 같이 4개의 모서리를 선택합니다.

48 ✓(확인)을 클릭합니다.

왼쪽에 있는 FeatureManager 디자인 트리창에 〈필렛6〉이 표시됩니다.

Tip >>
위와 같이 필렛 작업 순서를 맞추어 주어야 문제없이 필렛을 할 수가 있습니다.

49 표준 보기 방향 도구 모음에서 🔲(등각보기)를 클릭합니다. [단축키 : Ctrl+7]

50 피처 도구 모음에서 대칭 복사 🔛를 클릭합니다.

51 대칭 시 기준이 되는 면인 절단된 면을 선택합니다.

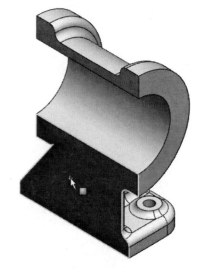

52 PropertyManager창의 〈대칭 복사할 바디〉를 클릭 후 본체를 선택합니다.

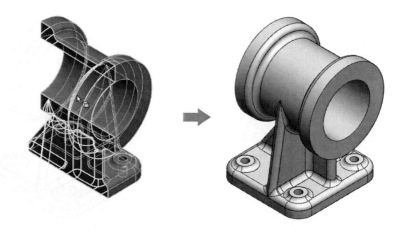

53 ✅(확인)을 클릭합니다.

왼쪽에 있는 FeatureManager 디자인 트리창에 〈대칭 복사1〉이 표시됩니다.

전체적인 본체(Body) 모델링이 만들어 졌습니다. 단, 완전한 완성은 아니므로 다음 장에서 작업할 구멍 가공 마법사까지 추가하여 본체(Body) 모델링을 완료해야 합니다.

이번 장에서는 구멍 가공 마법사 작업과 나머지 필렛과 모따기 작업을 추가하여 본체를 완성하도록 하겠습니다.

01 FeatureManager 디자인 트리에서 〈윗면〉을 선택합니다.

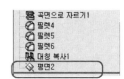

02 피처 도구 모음에서 참조 형상 의 기준면 을 클릭합니다.

03 **PropertyManager창의 제1참조 아래에서** 오프셋 거리 를 '84'로 입력합니다.

04 (확인)을 클릭합니다.

왼쪽에 있는 FeatureManager 디자인 트리창에 〈평면2〉가 표시됩니다.

05 FeatureManager 디자인 트리에서 평면2를 선택합니다.
스케치 도구 모음에서 스케치 를 클릭합니다.

06 표준 보기 방향 도구 모음에서 (윗면)을 클릭합니다.
[단축키 : Ctrl +5]

07 스케치 도구 모음에서 원 을 클릭합니다.

08 그림과 같이 원점 옆에 대략적인 크기로 스케치를 한 후 Ctrl 키를 누른 상태에서 원의 중심점과 원점을 선택하여 수평(H) 구속조건을 부가합니다.

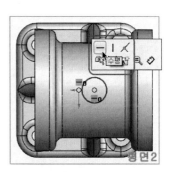

09 스케치 도구 모음에서 지능형 치수 를 클릭합니다.
오른쪽 그림과 같이 치수 값(10, 28)을 입력합니다.

10 피처 도구 모음에서 돌출 보스/베이스 를 클릭합니다.

11 표준 보기 방향 도구 모음에서 (등각보기)를 클릭합니다. [단축키 : Ctrl +7]

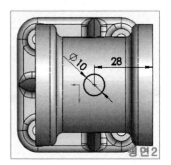

12 PropertyManager창의 방향1 아래에서

① 반대 방향 을 클릭하여 돌출 방향이 아래쪽을 향하게 합니다.

② 마침 조건으로 〈다음까지〉를 선택합니다.

13 ✔(확인)을 클릭합니다.

> **Tip** >>
>
> 돌출 방향이 물체가 있는 쪽을 향하고 있어야만 마침 조건에 〈다음까지〉가 나타납니다.

14 FeatureManager 디자인 트리창에서 ◇ 평면2 를 선택하거나 모델에 표시된 〈평면2〉를 클릭하면 나타나는 상황별 도구 모음 중에 숨기기 👓로 숨겨줍니다.

아홉 번째 피처가 완성이 되었으며, 왼쪽에 있는 FeatureManager 디자인 트리창에 〈보스-돌출4〉가 표시됩니다.

15 피처 도구 모음에서 구멍 가공 마법사 🛠를 클릭합니다.

16 PropertyManager창의 유형 탭에 있는 구멍 유형 아래에서

① 구멍 유형으로 직선 탭 🔲을 선택합니다.

② 표준 규격은 〈KS〉로 선택하고, 유형은 〈탭 구멍〉으로 선택합니다.

● **구멍 스팩 아래에서 :** 크기를 〈M5〉로 선택합니다.

● **마침 조건 아래에서 :** 마침 조건을 〈다음까지〉로 선택합니다.

● **옵션 아래에서**

① 나사산 표시 🔲를 선택합니다.

② 〈속성 표시기 표시〉만 체크하고 나머지 3개는 체크 해제합니다.

17 PropertyManager창의 위치 탭을 선택합니다.

18 탭 구멍을 내기 위해 그림과 같이 돌출된 상단면 한 곳을 클릭합니다.

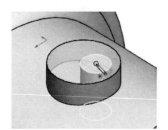

> **Tip** >>
>
> ● 마우스 휠을 굴리거나 빠른 보기 도구 모음에서 영역 확대 🔍를 클릭하여 돌출된 상단면 주위를 드래그하여 화면을 확대하면 포인트를 클릭하기가 훨씬 쉬워집니다.
>
> ● 정확하게 구멍의 위치를 클릭할 필요는 없습니다. 나중에 구멍의 중심점을 형상 구속조건으로 정의하면 됩니다.

19 키보드의 Esc 키를 한 번 눌러서 구멍 삽입을 종료합니다

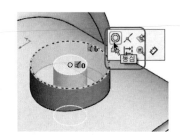

20 포인트와 돌출된 모서리를 Ctrl 키를 누른 상태에서 선택한 후 ◎ 동심(N) 구속조건을 부가합니다.

21 그래픽 영역 빈 공간을 마우스를 클릭하거나 ✔ 을 클릭하여 형상 구속조건 부가 정의를 종료합니다.

22 ✔ (확인)을 클릭하여 구멍 가공 마법사 PropertyManager창을 닫습니다.
왼쪽에 있는 FeatureManager 디자인 트리창에 〈M5 나사 구멍1〉이 표시됩니다.

나사산 음영 표시

탭 구멍을 만들고 나사산 음영을 표시하기 위해서는 FeatureManager 디자인 트리의 주석에서 마우스 오른쪽 버튼 클릭 시 나오는 〈세부 사항...〉에 들어가 주석 속성창에서 〈음영 나사산〉을 체크해 주어야 합니다.

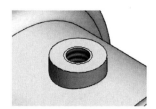

※ 음영 표시가 나타나지 않을 경우에는 '세부 사항...'밑에 〈주석 표시〉가 체크되어 있는지 확인해야 합니다.

Tip 》

빠른 보기 도구 모음에서 전체 보기 🔍 를 클릭하거나 단축키 'F'를 누르면 가까이 보거나 멀리 바라본 모델링 제품을 그래픽 영역 내에서 알맞은 크기로 바라볼 수가 있습니다.

23 회전체(Body) 앞부분 면을 선택하고 스케치 도구 모음에서 스케치 를 클릭합니다.

24 표준 보기 방향 도구 모음에서 (우측면)을 클릭합니다.
[단축키 : Ctrl +4]

25 스케치 도구 모음에서 원 을 클릭합니다.

26 회전체의 중심에 동심으로 대략적인 크기로 스케치를 합니다.

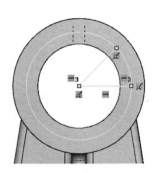

27 스케치 도구 모음에서 선＼을 클릭합니다.

28 그림과 같이 2개의 선을 원점에서부터 원에 일치가 되게 스케치합니다.

29 스케치 도구 모음에서 지능형 치수◇를 클릭합니다.
오른쪽 그림과 같이 치수 값(44, 45)를 입력합니다.

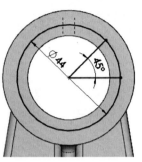

> **Tip** >>
> 각도 치수는 지능형 치수로 순서에 상관없이 2개의 선을 선택하면 자동으로 나타납니다.

30 그래픽 영역 오른쪽 상단에 있는 '확인 코너'의 ✎을 클릭하거나 스케치 도구 모음에서 스케치✎를 한 번 더 클릭하여 스케치를 종료합니다.
구멍 가공 마법사의 포인트 위치를 정확하게 선택하기 위한 스케치를 완료하였습니다.

31 표준 보기 방향 도구 모음에서 ◈(등각보기)를 클릭합니다. [단축키 : Ctrl +7]

32 피처 도구 모음에서 구멍 가공 마법사▨를 클릭합니다.

33 PropertyManager창의 유형 탭에 있는 구멍 스팩 아래에서
크기를 〈M4〉로 선택합니다.

● **마침 조건 아래에서**

① 마침 조건을 〈블라인드 형태〉로 선택합니다.
② 탭 나사선 깊이▨를 '5'로 입력합니다.

나머지 부분의 조건은 작업16번과 동일하게 부여합니다.

34 PropertyManager창의 〈위치〉 탭을 선택합니다.

35 오른쪽 그림과 같이 스케치 면 임의의 위치 한 곳에 포인트를 클릭합니다.

36 키보드의 Esc 키를 한 번 눌러서 구멍 삽입을 종료합니다.

37 포인트와 45°선 끝점을 Ctrl 키를 누른 상태에서 선택한 후 ⦅일치(D)⦆ 구속조건을 부가합니다.

38 그래픽 영역 빈 공간을 마우스로 클릭하거나 ✔을 클릭하여 형상 구속조건 부가 정의를 종료합니다.

39 ✔(확인)을 클릭하여 구멍 가공 마법사 PropertyManager창을 닫습니다. 왼쪽에 있는 FeatureManager 디자인 트리창에 〈M4 나사 구멍1〉이 표시됩니다.

40 구멍 가공 마법사의 포인트 위치를 선택하기 위해 스케치한 도형을 모델에서 클릭하여 상황별 도구 모음 중에 숨기기⦅⦆로 숨겨줍니다.

　탭 구멍이 총 4개이므로 나머지 3개는 '원형 패턴' 작업을 통해 배열하여 완성합니다.

41 피처 도구 모음에서 원형 패턴⦅⦆을 클릭합니다.

42 PropertyManager창의 패턴할 피처 아래에서 : 구멍 가공 마법사로 만든 M4 탭 구멍을 선택합니다.

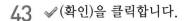

● **파라미터 아래에서**

① 패턴 축⦅⦆⬜ 란을 클릭한 후 회전 중심축이 되는 안쪽 원통면(35mm)을 선택합니다.

② 각도 합계⦅⦆를 '360'도로 입력합니다.

③ 인스턴스 수⦅⦆를 '4'개로 입력합니다.

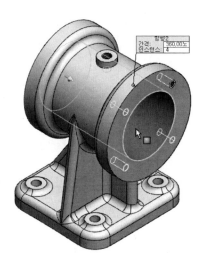

43 ✔(확인)을 클릭합니다.

왼쪽에 있는 FeatureManager 디자인 트리창에 〈원형 패턴1〉이 표시됩니다.

원형 패턴의 동등 간격

● 동등 간격 체크 시 ☑동등 간격(E)

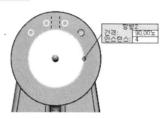

각도 합계 🗂에 입력된 각도 값이 전체 각도가 되어 인스턴스 수🏶에 입력된 개수가 각도 안에서 균등하게 배열이 됩니다.

● 동등 간격 체크를 하지 않을 시 ☐동등 간격(E)

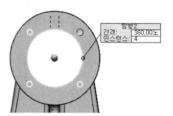

각도 합계 🗂에 입력된 각도값은 인스턴스 수🏶하나에 대한 개별적인 각도로 배열이 됩니다.

44 피처 도구 모음에서 대칭 복사🖺를 클릭합니다.

45 PropertyManager창 위 오른쪽에 있는 ⊞를 누르면 FeatureManager 디자인 트리가 나타나며 여기에서 대칭의 기준면이 될 ◈ 평면1을 선택합니다.

46 PropertyManager창의 대칭 복사 피처에서 오른쪽에 나타난 FeatureManager 디자인 트리 중 맨 마지막 작업인 〈원형 패턴1〉을 선택합니다.

47 ✔(확인)을 클릭합니다.

왼쪽에 있는 FeatureManager 디자인 트리창에 〈대칭 복사2〉가 표시됩니다.

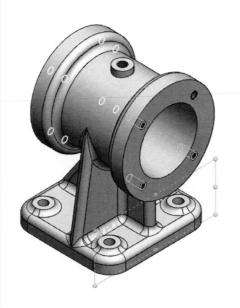

탭 구멍이 왼쪽으로
대칭된 모습

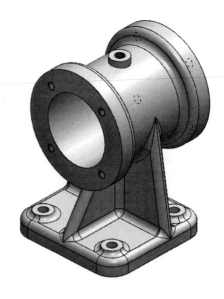

48 피처 도구 모음에서 필렛🔲을 클릭합니다.

49 PropertyManager창의 필렛할 항목 아래에서
반경✕을 '3'으로 입력합니다.

50 그림과 같이 회전체 상단 중간에 돌출된 내측 모서리 1개를 선택합니다.

51 ✅(확인)을 클릭합니다.
왼쪽에 있는 FeatureManager 디자인 트리창에 〈필렛7〉이 표시됩니다.

52 피처 도구 모음에서 모따기🔲를 클릭합니다.

53 PropertyManager창의 모따기 변수 아래에서
① 각도-거리를 선택합니다.
② 거리⚂를 '1'로 입력합니다.
③ 각도◣를 '45'도로 입력합니다.

54 그림과 같이 회전체(Body) 내
측 구멍(35mm)의 양끝 모서리 2개
를 선택합니다.

55 ✅(확인)을 클릭합니다.
왼쪽에 있는 FeatureManager 디자인 트리창에 〈모따
기1〉이 표시됩니다.

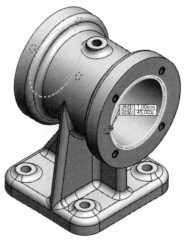

본체 모델링이 완성되었습니다. 자격증 시험 종목 중 기계 기사를 뺀 다른 종목에서는 단면 처리를 해야 하기 때문에 단면 처리하는 방법과 최종적으로 저장하는 방법을 배워 보겠습니다.

※ 전 작업 시 모델을 회전시켰다면 표준 보기 방향 도구 모음에서 ◈ (등각보기)를 클릭합니다.
　[단축키 : Ctrl +7]

01 회전체(Body) 앞부분 면을 선택하고 스케치 도구 모음에서 스케치 ✏를 클릭합니다.

02 스케치 도구 모음에서 코너 사각형 ☐을 클릭합니다.

03 표준 보기 방향 도구 모음에서 ⊟(우측면)를 클릭합니다. [단축키 : Ctrl +4]

04 첫 번째 포인트를 회전체 중심점(P1)에 정확히 선택하고 두 번째 포인트는 그림과 같이 대략적으로 회전체 왼쪽 바깥쪽 임의의 위치(P2)에 클릭합니다.

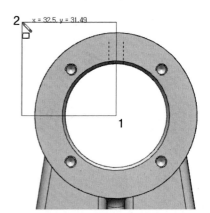

Tip >>
첫 번째 포인트를 정확히 회전체 중심에 선택을 못했다면 사각형을 그리고 나서 Ctrl 키를 누른 상태에서 사각형 오른쪽 아래 꼭지점과 회전체 바깥 모서리를 선택 한 후 ◎ 동심(N) 구속조건을 부가하면 됩니다.

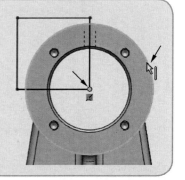

05 표준 보기 방향 도구 모음에서 ◈ (등각보기)를 클릭합니다. [단축키 : Ctrl +7]

06 피처 도구 모음에서 돌출 컷 을 클릭합니다.

07 PropertyManager창의 방향1 아래에서
마침 조건으로 〈다음까지〉를 선택합니다.

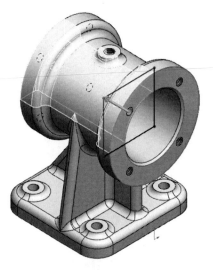

08 (확인)을 클릭합니다.

왼쪽에 있는 FeatureManager
디자인 트리창에 〈컷-돌출3〉이
표시됩니다.

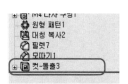

※ SolidWorks에서 단면처리를 도면 에서 할 수가 있지만 2차원 형
상만 가능하기 때문에 등각도(입체도)에 단면을 표현하기 위해서는
미리 파트에서 절단하여 사용해야 편합니다.

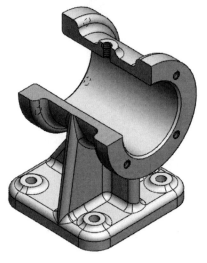

Tip 〉〉
나중에 중량을 계산할 때는 모델이 완전한 형상에서 해야 하기 때문에 그림과 같이 단면이 처리된 상태라
면 잠시 단면을 해제하고 중량을 계산해야 합니다.

FeatureManager 디자인 트리에서 단면을 잠시 해제하는 2가지 방법

● **롤백 바 사용**
FeatureManager 디자인 트리창 맨 밑에 있는 파란선을
롤백 바라 부르며 여기에 마우스를 갖다놓으면 로 변
경이 됩니다. 이 때 마우스를 위쪽으로 드래그(Drag)하여
단면에 사용된 피처를 숨길 수가 있습니다.

● **기능 억제 사용**
단면에 사용된 피처(컷-돌출3)를 클릭하면 나타나는 상황별 도구 모음 중에 기능 억
제 를 선택하여 숨길 수가 있습니다.

이제 완성된 파트를 저장합니다.

09 메뉴 모음에서 저장 을 클릭하거나 메뉴 바에서 '파일─저장'을 클릭합니다.
[단축키 : Ctrl+S]

10 대화 상자에서 적당한 경로에 파트를 저장할 폴더를 만듭니다. 폴더명은 '동력전달장치'
라고 명명합니다.

11 파일 이름을 '본체'라고 명명하고 저장을 클릭합니다.

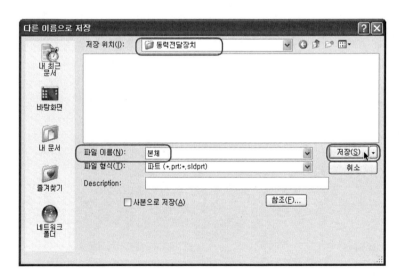

파일 이름에 확장명 .sldprt가 추가되어 '본체.sldprt'로 저장됩니다.

② 축(Shaft) 모델링하기

축을 모델링하는 방법은 회전체를 먼저 완성한 다음 키 홈, 나사 등을 완성하는 순으로 작업을 진행합니다.

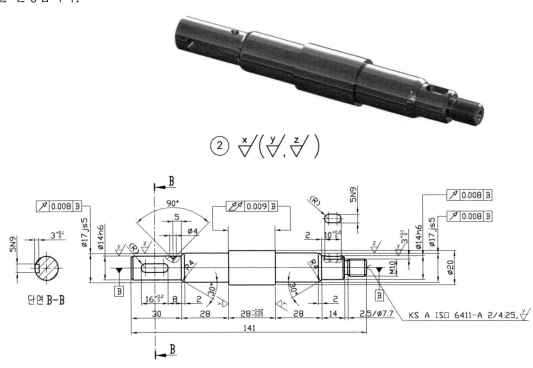

네비게이터 navigator

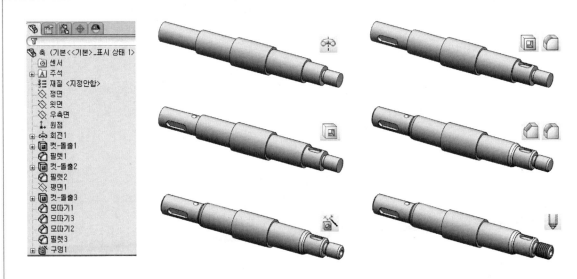

축(Shaft) 모델링의 첫 번째 피처는 축 단면 형상으로 스케치된 프로파일에서 회전 피처로 생성된 원통 형태입니다.

01 표준 도구 모음에서 새 문서 를 클릭합니다.

[단축키 : Ctrl+N]

[SolidWorks 새 문서] 대화상자가 나타납니다.

초보 모드 창 　　　　고급 모드 창

02 파트를 선택한 후 〈확인〉을 클릭합니다.

03 FeatureManager 디자인 트리의 〈정면〉을 선택하고 스케치 도구 모음에서 스케치를 클릭합니다.

04 스케치 도구 모음에서 선을 클릭한 후 마우스 포인터를 원점으로 가져갑니다.

마우스 포인터 모양이 으로 바뀝니다. (선의 시작점과 원점 사이에 일치 구속조건이 부여된다는 것을 의미합니다.)

05 클릭하여 그림과 같이 대략적으로 스케치합니다.

Tip>>

대략적으로 스케치를 할 경우라도 어느 정도 부품 크기에 근접하게 스케치를 해야 합니다. 그럴지 않을 경우 치수 기입 시 스케치가 꼬이게 됩니다. 근접하게 스케치하는 방법은 스케치 시 포인터 옆에 길이가 표시되는데 그것을 참조로 스케치하면 편합니다.

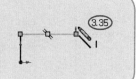

스케치 작성 시 스케치 피드백의 활용

수평 피드백

수직 피드백

수평 피드백과 수직 피드백을 사용하여 스케치를 하면 선을 그리는 동시에 수평(H), 수직(V) 구속조건이 자동으로 부가되므로 편리합니다.

06 회전시키는 축으로 사용할 수평선을 선택하여 보조선으로 변경합니다.
　마우스 오른쪽(왼쪽) 버튼으로 클릭 시 나타나는 '상황별 도구 모음'에서 보조선을 선택합니다.

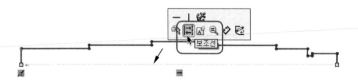

> **Tip** ››
> 회전 보스/베이스 작업을 할 경우에는 가급적 보조선(중심선)을 사용하는 것이 편리합니다. 자동적으로 보조선이 회전축이 되며 보조선이 있을 경우에 한해서만 지능형 치수를 사용하여 지름 치수 기입을 할 수가 있기 때문입니다.

07 스케치 도구 모음에서 지능형 치수를 클릭합니다. 그림과 같이 치수 값을 입력합니다.

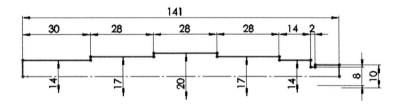

> **Tip** ››
> 처음에는 스케치가 파란색이었지만 치수를 빠짐없이 모두 준 경우에는 검정색으로 변경이 되며 이것은 완전 정의가 되었다는 것을 의미합니다.

08 피처 도구 모음에서 회전 보스/베이스를 클릭합니다. '예(Y)'를 클릭하여 닫힌 형태의 스케치로 자동으로 만들어 주어야 회전시킬 수가 있습니다.

09 PropertyManager창의 방향1 아래에서
　① 회전 유형을 〈블라인드 형태〉로 선택합니다.
　② 각도를 '360'도로 입력합니다.

10 ✔(확인)을 클릭합니다.
　첫번째 피처가 완성이 되었으며 왼쪽에 있는 FeatureManager 디자인 트리창에 〈회전1〉이 표시됩니다.

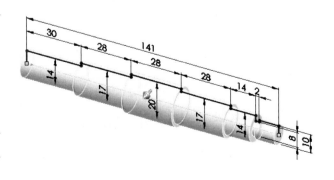

11 FeatureManager 디자인 트리의
〈윗면〉을 선택하고 스케치 도구 모음에서
스케치 📝를 클릭합니다.

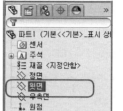

12 표준 보기 방향 도구 모음에서 📦
(윗면)을 클릭합니다. [단축키 : Ctrl+5]

13 스케치 도구 모음에서 코너 사각형□을 클릭합니다.

14 축 왼쪽 끝 부분에 그림과 같이 대략적으로 스케치를 합니다.

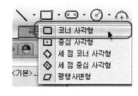
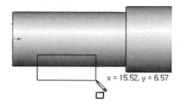

15 스케치 도구 모음에서 지능형 치수◇를 클릭합니다.
그림과 같이 치수 값(16, 8, 2.5)을 입력합니다.

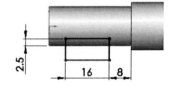

> **Tip** >>
> 치수가 한 개 빠져 사각형의 아래 있는 수평선이 파란색으로 남아 있어 불완전 정의가 되었지만, 이 상태에서 피처를 만들어도 전혀 문제가 없습니다.

16 피처 도구 모음에서 돌출 컷📦 을 클릭합니다.

17 표준 보기 방향 도구 모음에서 📦(등각보기)를 클릭합니다. [단축키 : Ctrl+7]

18 PropertyManager창의 방향1 아래에서
① 마침 조건으로 〈중간 평면〉을
선택합니다.
② 깊이 📏 를 '5'로 입력합니다.

19 ✔(확인)을 클릭합니다.

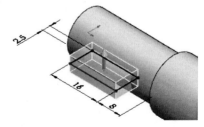

두 번째 피처가 완성이 되었으며 왼쪽에 있는 FeatureManager 디자인 트리창에 〈컷-돌출 1〉이 표시됩니다.

20 피처 도구 모음에서 필렛🗍를 클릭합니다.

21 **PropertyManager창의 필렛할 항목 아래에서**
반경↗을 '2.5'로 입력합니다.

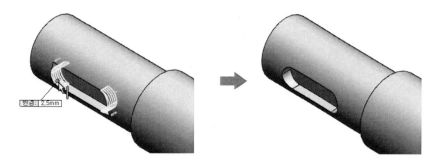

22 키 홈 라운드가 될 모서리 4개를 그림과 같이 선택합니다.

23 ✅(확인)을 클릭합니다.
왼쪽에 있는 FeatureManager 디자인 트리창에 〈필렛1〉이 표시됩니다.

평행키 홈을 만드는 또다른 방법

① FeatureManager 디자인 트리의 〈정면〉을 선택하고 그림과 같이 직선 홈
💿으로 스케치한 후 지능형 치수◇로 치수 값을 입력합니다.

② 피처 도구 모음에서 돌출 컷📷을 클릭하여 Property-
Manager의 시작 아래에서 오프셋을 선택하고 값을
'4.5'로 입력합니다. 방향1 아래에서 반대 방향↗을 클
릭하여 돌출 방향을 앞쪽으로 맞추고 마침 조건을 〈다음
까지〉로 선택하고 확인✅을 클릭합니다.

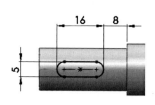

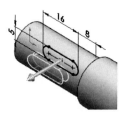

Tip ≫

치수 16mm와 같이 호의 사분점으로 치수 값을 입력하기 위해서는 키보드의 Shift 키를 누른 상태에서 원호
를 클릭하여야 합니다.

다음으로 스퍼 기어와 결합하여 회전력을 전달하는 축의 오른쪽에 있는 평행 키 홈을 만들어 보겠습니다.

24 FeatureManager 디자인 트리에서 〈정면〉을 선택합니다. 스케치 도구 모음에서 스케치✍를 클릭합니다.

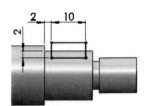

25 표준 보기 방향 도구 모음에서 ■(정면)을 클릭합니다. [단축키 : Ctrl+1]

26 스케치 도구 모음에서 코너 사각형□을 클릭합니다.

27 축 오른쪽에 그림과 같이 대략적으로 스케치를 합니다.

28 스케치 도구 모음에서 지능형 치수◇를 클릭합니다. 그림과 같이 치수 값(10, 2, 2)을 입력합니다.

29 표준 보기 방향 도구 모음에서 ◈(등각보기)를 클릭합니다. [단축키 : Ctrl+7]

30 피처 도구 모음에서 돌출 컷圖을 클릭합니다.

31 PropertyManager창의 방향1 아래에서
① 마침 조건으로 〈중간 평면〉을 선택합니다.
② 깊이◇를 '5'로 입력합니다.

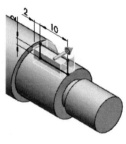

32 ✔(확인)을 클릭합니다.

세 번째 피처가 완성이 되었으며 왼쪽에 있는 FeatureManager 디자인 트리창에 〈컷–돌출 2〉가 표시 됩니다.

33 피처 도구 모음에서 필렛◎를 클릭합니다.

34 PropertyManager창의 필 렛할 항목 아래에서 : 반경〉을 '2.5'로 입력합니다.

35 키홈 라운드가 될 모서리 4 개를 그림과 같이 선택합니다.

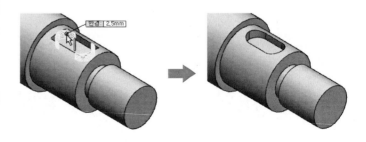

36 ✔️(확인)을 클릭합니다.

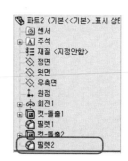

왼쪽에 있는 FeatureManager 디자인 트리창에 〈필렛2〉가 표시됩니다.

다음으로 V-벨트 풀리를 축 왼쪽에 고정하기 위해 사용하는 멈춤 나사(set screw)의 삽입 구멍을 만들어 보겠습니다.

37 FeatureManager 디자인 트리에서 〈정면〉을 선택하고 Ctrl 키를 누른 상태에서 축 왼쪽 끝인 키 홈이 있는 면을 선택합니다.

38 피처 도구 모음에서 참조 형상 의 기준면 을 클릭합니다.

39 PropertyManager창의 제2참조 아래에서 : 기준면이 밑에 있는 경우 〈뒤집기〉를 체크하여 기준면이 위쪽으로 가게 해줍니다.

40 ✔️(확인)을 클릭합니다.

Tip >>
원통면 상단에 기준면을 만들고자 할 경우에는 방금과 같은 방법을 이용하면 편리합니다.

왼쪽에 있는 FeatureManager 디자인 트리창에 〈평면1〉이 표시됩니다.

41 FeatureManager 디자인 트리에서 ◇ 평면1 를 선택합니다.
스케치 도구 모음에서 스케치 를 클릭합니다.

42 표준 보기 방향 도구 모음에서 (윗면)을 클릭합니다. [단축키 : Ctrl +5]

43 스케치 도구 모음에서 원 을 클릭합니다.

44 그림과 같이 원점 옆에 대략적인 크기로 스케치를 한 후 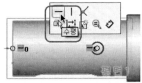 Ctrl 키를 누른 상태에서 원의 중심점과 원점을 선택하여 — 수평⒣ 구속조건을 부가합니다.

45 스케치 도구 모음에서 지능형 치수◇를 클릭합니다.
오른쪽 그림과 같이 치수 값(5, 4)을 입력합니다.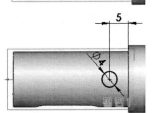

46 피처 도구 모음에서 돌출 컷🔲을 클릭합니다.

47 표준 보기 방향 도구 모음에서 🔷(등각보기)를 클릭합니다. [단축키 : Ctrl+7]

48 **PropertyManager창의 방향1 아래에서**
① 마침 조건으로 〈블라인드 형태〉를 선택합니다.
② 깊이⒟를 대략적으로 '10'으로 입력합니다.
③ 구배 켜기/끄기📐 아이콘을 클릭하고 '45'도를 입력합니다.

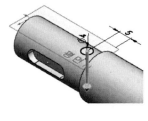

49 ✔(확인)을 클릭합니다.

50 기준면으로 생성된 ◇ 평면1을 FeatureManager 디자인 트리창에서 선택하거나 모델에 표시된 '평면1'을 클릭하여 상황별 도구 모음 중에 숨기기👓로 숨겨줍니다.

단면도로
단면한 모습

Tip >>
빠른 보기 도구 모음의 단면도🚪을 클릭해서 가상으로 절단하여 물체의 내부를 바라 볼 수가 있습니다.

네 번째 피처가 완성이 되었으며 왼쪽에 있는 FeatureManager 디자인 트리창에 〈컷-돌출 3〉이 표시됩니다.

51 피처 도구 모음에서 모따기🔲를 클릭합니다.

52 PropertyManager창의 모따기 변수 아래에서

① 〈각도-거리〉를 선택합니다.

② 거리 🎲 를 '1'로 입력합니다.

③ 각도 ⚒ 를 '45'도로 입력합니다.

53 그림과 같이 모서리 3개를 선택합니다.

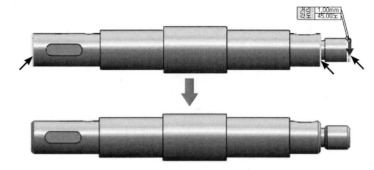

54 ✅(확인)을 클릭합니다.

왼쪽에 있는 FeatureManager 디자인 트리창에 〈모따기1〉이 표시됩니다.

55 피처 도구모음에서 모따기 🔷 를 클릭합니다.

> **Tip** ››
>
> 방금 전에 사용한 모따기를 재사용 시 키보드의 Enter 키를 눌러서도 사용할 수가 있습니다

56 PropertyManager창의 모따기 변수 아래에서

① 거리 🎲 를 '1'로 입력합니다.

② 각도 ⚒ 를 '30'도로 입력합니다.

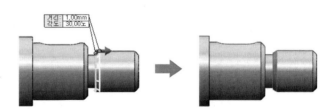

57 그림과 같이 오른쪽 나사 부분 모서리 1개를 선택합니다.

> **Tip** ››
>
> 거리 1mm를 축 길이 방향으로 반드시 맞추어 주어야 하기 때문에 분홍색 화살표를 클릭하거나 PropertyManager의 〈반대 방향〉을 체크하여 축길이(가로 방향) 방향으로 화살표가 향하도록 해야 합니다.

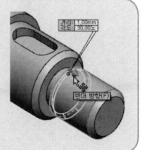

58 ✅(확인)을 클릭합니다.

왼쪽에 있는 FeatureManager 디자인 트리창에 〈모따기2〉가 표시됩니다.

59 피처 도구 모음에서 모따기◻를 클릭합니다.

60 PropertyManager창의 모따기 변수 아래에서

① 거리◇를 '2'로 입력합니다.
② 각도◻를 '30'도로 입력합니다.

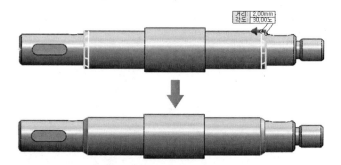

61 오일 실 삽입 모서리 2개를 그림과 같이 선택합니다.

Tip >>
거리 2mm를 축 길이 방향으로 반드시 맞추어 주어야 합니다.

62 ✅(확인)을 클릭합니다.

왼쪽에 있는 FeatureManager 디자인 트리창에 〈모따기3〉이 표시됩니다.

63 피처 도구 모음에서 필렛◻을 클릭합니다.

64 PropertyManager창의 필렛할 항목 아래에서

반경▷을 '4'로 입력합니다.

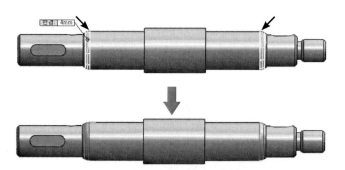

65 오일 실 삽입 모따기 상단 모서리 2개를 그림과 같이 선택합니다.

Tip >>
윤활유가 누유되는 것을 방지하는 오일 실 삽입 부위에 해당되는 축경에는 꼭 2mm의 30° 모따기와 반경 4mm의 필렛 작업을 해주어야 합니다.

66 ✔(확인)을 클릭합니다.

왼쪽에 있는 FeatureManager 디자인 트리창에 〈필렛3〉이 표시됩니다.

67 피처 도구 모음에서 구멍 가공 마법사 📷를 클릭합니다.

68 **PropertyManager창의 유형 탭에 있는 구멍 유형 아래에서**
① 구멍 유형으로 이전 버전용 구멍 🔯을 선택합니다.
② 유형은 〈카운터싱크 드릴〉로 선택합니다.
③ 단면 치수 값을 그림과 같이 입력합니다.
④ 마침 조건을 〈블라인드 형태〉로 선택합
니다.

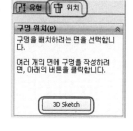

값	치수
2	지름
4	깊이
4.25	카운터-싱크 지름
60	카운터-싱크 각도
118도	드릴 각도

Tip 〉〉
단면 치수에 '깊이' 값을 변경할 때에는 마침 조건이 〈블라인드 형태〉로 되어 있
어야만 합니다.

69 PropertyManager창의 〈위치〉 탭을 선택합니다.

70 위치 탭의 〈3D Sketch〉 버튼을 클릭합니다.
※ 축 양쪽 끝부분에 센터 구멍 작업을 하기 위해서는 3D Sketch 버튼을 클릭하고 해야
만 합니다.

71 축의 양쪽 끝면 임의의 위치에 포인트를 클
릭합니다.

Tip 〉〉
● 마우스 휠(가운데 버튼)을 누른 상태에서 움직여 스케치가 잘 보이는 쪽으로 물체를 회전시키거나 휠을
굴려 물체를 확대/축소하면 포인트를 클릭하기가 훨씬 쉬워집니다.
● 정확하게 구멍의 위치를 클릭할 필요는 없습니다. 나중에 구멍의 중심점을 형상 구속조건으로 정의하면
됩니다.

72 키보드의 Esc키를 한 번 눌러서 구멍 삽입을 종료합니다.

73 포인트와 축 원통 모서리를 Ctrl 키를 누른 상태에서 선택한 후 ◎ 동심(N) 구속조건을 부가합니다.

74 그래픽 영역 빈 공간을 마우스로 클릭하거나 ✔을 클릭하여 형상 구속조건 부가 정의를 종료합니다.

센터 구멍 작업

75 ✔(확인)을 클릭하여 구멍 가공 마법사 PropertyManager창을 닫습니다.
다섯 번째 피처가 완성이 되었으며, 왼쪽에 있는 FeatureManager 디자인 트리창에 〈구멍 1〉이 표시됩니다.

76 나사산 표시 🔱를 클릭합니다.

나사산 표시 🔱 아이콘 불러오기

기본적으로 〈나사산 표시〉 아이콘이 화면에 없기 때문에 '사용자 정의'에서 불러와야 합니다.

메뉴 바의 '도구-사용자 정의'를 클릭하여 '명령'탭에서 '카테고리'의 〈주석〉을 클릭하면 주석과 관련된 아이콘들이 오른쪽에 나열되며 그 아이콘 중에 〈나사산 표시〉 아이콘을 찾아 드래그(Drag)하여 적당한 도구 모음에 넣어서 사용합니다.

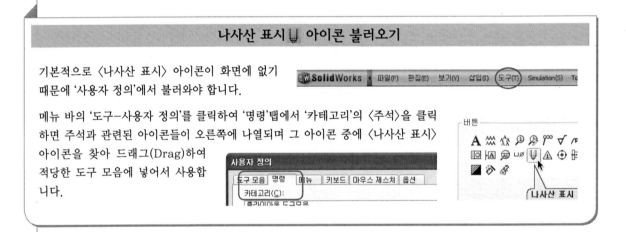

77 나사산이 표시될 축경(10mm)의 바깥쪽 모서리 1개를 클릭합니다.

78 PropertyManager창의 나사산 표시 설정 아래에서
① 표준 규격을 〈KS〉로 선택합니다.
② 유형은 〈기계 나사산〉으로 선택합니다.
③ 크기 값을 〈M10〉으로 선택합니다.
④ 마침 조건을 〈다음면까지〉로 선택합니다.

79 ✔(확인)을 클릭합니다.

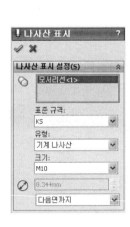

나사산 음영 표시

탭 구멍을 만들고 나사산 음영을 표시하기 위해서는 FeatureManager 디자인 트리의 주석에서 마우스 오른쪽 버튼 클릭 시 나오는 〈세부 사항…〉에 들어가 〈주석 속성〉 창에서 〈음영 나사산〉을 체크해 주어야 합니다.

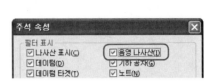

※ 음영 표시가 나타나지 않을 경우에는 '세부 사항…' 밑에 〈주석 표시〉가 체크되어 있는지 확인해야 합니다.

Tip >>

축은 3차원 등각도(입체도)를 표시할 때 절대 단면 처리를 하지 않습니다.

이제 완성된 파트를 저장합니다.

80 메뉴 모음에서 저장🖫을 클릭하거나 메뉴 바에서 '파일−저장'를 클릭합니다.

[단축키 : Ctrl+S]

81 전 작업에 만든 '동력전달장치' 폴더 안에 파일 이름을 '축'이라고 명명하고 저장을 클릭합니다.

파일 이름에 확장명 .sldprt가 추가되어 '축.sldprt'로 저장됩니다.

③ V-벨트 풀리(V-Belt Pulley) 모델링하기

V-벨트 풀리를 모델링하는 방법은 대칭인 부품이기 때문에 회전체를 절반만 만든 다음 완성한 후 대칭 복사하여 나머지 키 홈, 나사 등을 완성하여 마무리하는 작업으로 진행합니다.

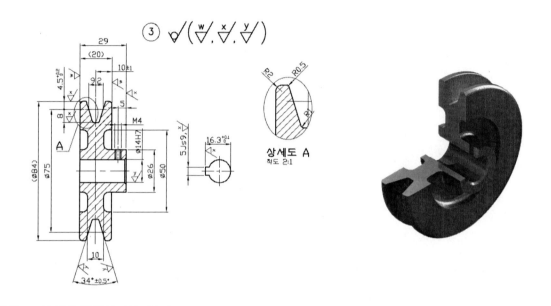

네비게이터 navigator

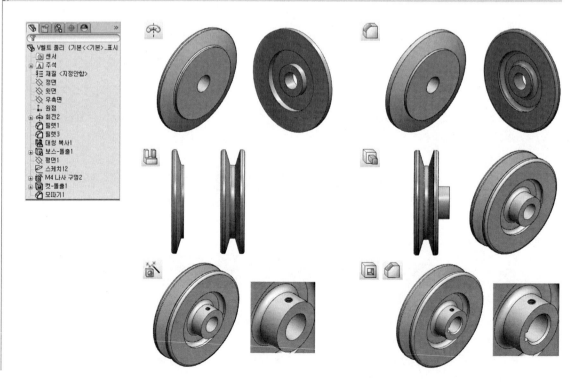

V-벨트 풀리(V-Belt Pulley) 모델링의 첫 번째 피처는 풀리의 1/4단면 형상으로 스케치된 프로파일에서 회전 피처로 생성된 1/2원통 형태입니다.

01 표준 도구 모음에서 새 문서□를 클릭합니다.

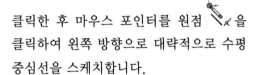

[단축키 : Ctrl+N]

[SolidWorks 새 문서] 대화상자가 나타납니다.

초보 모드 창

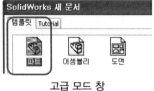
고급 모드 창

02 파트를 선택한 후 〈확인〉을 클릭합니다.

03 FeatureManager 디자인 트리의 [정면]을 선택하고, 스케치 도구 모음에서 스케치✐를 클릭합니다.

04 스케치 도구 모음에서 중심선┊을

클릭한 후 마우스 포인터를 원점┈을 클릭하여 왼쪽 방향으로 대략적으로 수평 중심선을 스케치합니다.

05 스케치 도구 모음에서 선╲을 클릭합니다.

06 오른쪽 그림과 같이 원점을 기준으로 왼쪽 방향에 대략적으로 스케치합니다.

> **Tip** ≫
> 대략적으로 스케치를 할 경우라도 어느 정도 부품 크기에 근접하게 스케치를 해야 합니다. 그렇지 않을 경우 치수 기입 시 스케치가 꼬이게 됩니다. 근접하게 스케치하는 방법은 스케치 시 ✐ 포인터 옆에 길이 값을 참조로 스케치하면 편합니다.

07 왼쪽 내측 부분의 수평선 2개를 Ctrl키를 누른 상태에서 선택하여 ═ 동등(Q) 구속조건을 부가합니다.

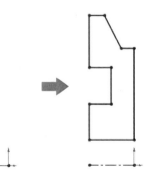

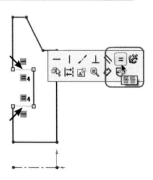

08 스케치 도구 모음에서 점 ✳ 을 클릭합니다.

09 경사선 임의의 위치에 포인트를 클릭합니다.

> **Tip >>**
> 절대 경사선 중간점에 점 ✳ 을 찍으면 안됩니다. 🗹 일치(D) 구속조건이 표시될 때 찍어야 치수 4.6mm과 75mm를 기입할 수가 있습니다.

10 스케치 도구 모음에서 지능형 치수 ✐ 를 클릭합니다.
그림과 같이 치수 값을 빠짐없이 입력하여 스케치를 완전 정의시킵니다.

> **Tip >>**
> 지능형 치수 ✐ 기입 시 치수 기입할 선이나 점을 선택하고 중심선을 선택하면 지름(∅) 값으로 치수 값을 입력할 수가 있으며 회전 보스/베이스 ⚙ 작업시 자동적으로 중심선(보조선)이 회전축이 됩니다.

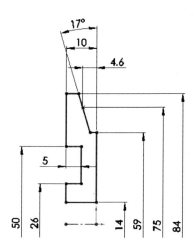

11 피처 도구 모음에서 회전 보스/베이스 ⚙ 를 클릭합니다.

12 PropertyManager창의 방향1 아래에서
① 회전 유형을 〈블라인드 형태〉로 선택합니다.
② 방향1의 각도 ⟳ 를 '360'도로 입력합니다.

13 ✔(확인)을 클릭합니다.

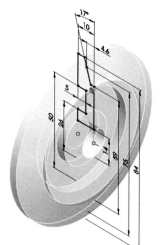

첫번째 피처가 완성이 되었으며 왼쪽에 있는 Feature-Manager 디자인 트리창에 〈회전1〉이 표시됩니다.

14 피처 도구 모음에서 필렛 🗋 을 클릭합니다.

15 PropertyManager창의 필렛할 항목 아래에서
반경 ⟋ 을 '3'으로 입력합니다.

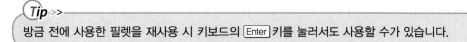

16 그림(작업 15번)과 같이 왼쪽 내측에 있는 1개의 면을 선택합니다.

Tip ≫
면이 잘 보이는 쪽으로 마우스 휠(가운데 버튼)을 누른 상태에서 움직여 물체를 회전시켜 선택합니다.

17 ✔(확인)을 클릭합니다.

왼쪽에 있는 FeatureManager 디자인 트리창에 〈필렛1〉이 표시됩니다.

18 피처 도구 모음에서 필렛⬜을 클릭합니다.

Tip ≫
방금 전에 사용한 필렛을 재사용 시 키보드의 Enter 키를 눌러서도 사용할 수가 있습니다.

19 **PropertyManager창의 필렛할 항목 아래에서 :** 〈다중 반경 필렛〉을 체크합니다.

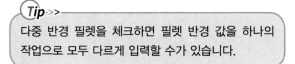

Tip ≫
다중 반경 필렛을 체크하면 필렛 반경 값을 하나의 작업으로 모두 다르게 입력할 수가 있습니다.

20 그림과 같이 3개의 모서리를 각각 선택하여 반경 값을 입력합니다.

Tip ≫
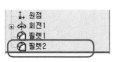 모서리 선택 시 표시되는 라벨 값을 클릭하여 필렛 반경 값을 변경합니다.

21 ✔(확인)을 클릭합니다.

왼쪽에 있는 FeatureManager 디자인 트리창에 〈필렛2〉가 표시됩니다.

22 표준 보기 방향 도구 모음에서 🔷 (등각보기)를 클릭합니다. [단축키 : Ctrl +7]

23 피처 도구모음에서 대칭 복사🔲를 클릭합니다.

24 대칭 시 기준이 되는 면인 오른쪽 면을 선택합니다.

25 PropertyManager창의 대칭 복사할 바디를 클릭 후 풀리를 선택합니다.

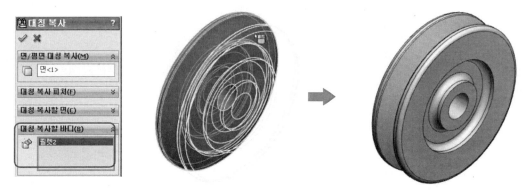

26 ✔(확인)을 클릭합니다.

왼쪽에 있는 FeatureManager 디자인 트리창에 〈대칭 복사1〉이 표시됩니다.

27 그림과 같이 오른쪽 면을 선택하고 스케치 도구 모음에서 스케치 📝를 클릭합니다.

28 스케치 도구 모음에서 요소 변환 🗇을 클릭합니다.

29 그림과 같이 오른쪽 2개의 모서리를 선택합니다.

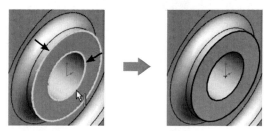

30 ✔(확인)을 클릭합니다.

> **Tip** >>
>
> 요소 변환 🗇 시 면을 선택하고 곧장 확인 ✔ 버튼을 누르면 선택 면의 외곽라인만 변환이 됩니다. 만약 내측 라인 모두를 한꺼번에 변환하고 싶다면 요소 변환 🗇 시 면을 선택하고 내측 모서리 한 개만 선택하면 루프 처리가 되어 연결된 모든 내측 라인을 변환시킬 수가 있습니다.

31 피처 도구 모음에서 돌출 보스/베이스 📧를 클릭합니다.

32 PropertyManager창의 **방향1** 아래에서

① 마침 조건으로 〈블라인드 형태〉를 선택합니다.

② 깊이 🔧를 '9'로 입력합니다.

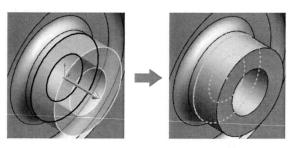

33 ✔(확인)을 클릭합니다.

두 번째 피처가 완성이 되었으며 왼쪽에 있는 FeatureManager 디자인 트리창에 〈보스-돌출1〉이 표시됩니다.

34 FeatureManager 디자인 트리에서 〈정면〉을 선택하고 Ctrl키를 누른 상태에서 풀리 오른쪽 보스 부분의 바깥 면을 선택합니다.

35 피처 도구 모음에서 참조 형상 ◈ 의 기준면 ◈ 을 클릭합니다.

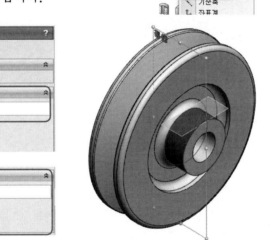

> **Tip** ››
> 만약 생성될 평면이 원통 밑에 표시될 경우에는 PropertyManager창의 〈뒤집기〉를 체크하여 방향을 변경할 수가 있습니다.

36 ✔(확인)을 클릭합니다.

왼쪽에 있는 FeatureManager 디자인 트리창에 〈평면1〉이 표시됩니다.

37 FeatureManager 디자인 트리에서 ◈ 평면1를 선택합니다.
스케치 도구 모음에서 스케치 ✑를 클릭합니다.

38 표준 보기 방향 도구 모음에서 ▥(윗면)을 클릭합니다.
[단축키 : Ctrl+5]

39 스케치 도구 모음에서 점 ✳을 클릭합니다.

40 그림과 같이 풀리 보스 임의의 위치에 포인트를 클릭합니다.

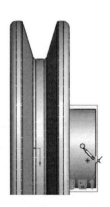

41 원점과 점을 Ctrl키를 누른 상태에서 선택하여 ─ 수평(H) 구속조건을 부가합니다.

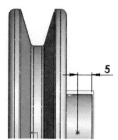
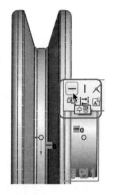

42 스케치 도구 모음에서 지능형 치수 ⌀를 클릭합니다.

오른쪽 그림과 같이 치수 값(5)을 입력합니다.

> **Tip >>**
> 치수 5mm 기입 시 오른쪽 모서리가 평면1 때문에 선택이 잘 안됩니다. 이럴 때는 치수 기입 전에 〈평면1〉을 클릭하면 나타나는 초록색 포인트를 드래그(Drag)하여 평면을 물체 모서리에 닿지 않게 크기를 조절한 다음 치수 기입을 해야 합니다.

43 그래픽 영역 오른쪽 상단에 있는 '확인 코너'의 ↳을 클릭하거나 스케치 도구 모음에서 스케치 ✏를 한 번 더 클릭하여 스케치를 종료합니다.

구멍 가공 마법사의 포인트 위치를 정확하게 선택하기 위한 스케치를 완료하였습니다.

44 표준 보기 방향 도구 모음에서 ▦(등각보기)를 클릭합니다. [단축키 : Ctrl+7]

45 FeatureManager 디자인 트리창에서 ◈ 평면1을 선택하거나 모델에 표시된 〈평면1〉을 클릭하면 나타나는 상황별 도구 모음 중에 숨기기 ☞로 숨겨줍니다.

46 피처 도구 모음에서 구멍 가공 마법사 ☞를 클릭합니다.

47 **PropertyManager창의 유형 탭에 있는 구멍 유형 아래에서**

① 구멍 유형으로 직선 탭 ⊍을 선택합니다.

② 표준 규격은 〈KS〉로 선택하고 유형은 〈탭 구멍〉으로 선택합니다.

● **구멍 스팩 아래에서** : 크기를 〈M4〉로 선택합니다.

● **마침 조건 아래에서** : 마침 조건을 〈다음까지〉로 선택합니다.

● **옵션 아래에서**

① 나사산 표시 ⊍ 를 선택합니다.

② 〈속성 표시기 표시〉만 체크하고 나머지 3개는 체크 해제합니다.

48 PropertyManager창의 〈위치〉 탭을 선택합니다.

49 오른쪽 그림과 같이 보스 원통면 임의의 위치 한 곳에 포인트를 클릭합니다.

> **Tip** ≫
> 작업 **39**번에서 미리 만들어 놓은 점을 클릭할 수가 없기 때문에 임의의 위치에 클릭하여 구속조건을 부가해야 합니다.

50 키보드의 Esc키를 한 번 눌러서 구멍 삽입을 종료합니다.

51 구멍 가공 마법사 포인트와 작업 **39**번에서 만든 점을 Ctrl키를 누른 상태에서 선택한 후 일치(D) 구속조건을 부가합니다.

52 그래픽 영역 빈 공간을 마우스를 클릭하거나 ✔을 클릭하여 형상 구속조건 부가 정의를 종료합니다.

53 ✔(확인)을 클릭하여 구멍 가공 마법사 PropertyManager창을 닫습니다.

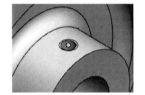

  왼쪽에 있는 FeatureManager 디자인 트리창에 세 번째 피처인 〈M4 나사 구멍1〉이 표시됩니다.

54 구멍 가공 마법사의 포인트 위치를 선택하기 위해 스케치한 점을 FeatureManager 디자인 트리에서 〈스케치3〉을 클릭하여 상황별 도구 모음 중에 숨기기👁로 숨겨줍니다.

나사산 음영 표시

탭 구멍을 만들고 나사산 음영을 표시하기 위해서는 FeatureManager 디자인 트리의 주석에서 마우스 오른쪽 버튼 클릭 시 나오는 〈세부 사항…〉에 들어가 주석 속성 창에서 〈음영 나사산〉을 체크해 주어야 합니다.

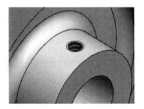

※ 음영 표시가 나타나지 않을 경우에는 '세부 사항…'밑에 〈주석 표시〉가 체크되어 있는지 확인해야 합니다.

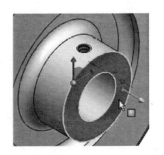

55 풀리 보스 오른쪽 측면을 선택하고 스케치 도구 모음에서 스케치 🖉를 클릭합니다.

56 스케치 도구 모음에서 중심 사각형 🔲을 클릭합니다.

57 표준 보기 방향 도구 모음에서 🗗(우측면)를 클릭합니다.
[단축키 : Ctrl+4]

58 그림과 같이 왼쪽에 중심 사각형을 스케치합니다.

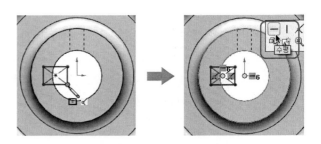

59 Esc 키를 한 번 누르고 스케치한 중심 사각형의 중심과 원점을 Ctrl 키를 누른 상태에서 선택한 후 — 수평(H) 구속조건을 부가합니다.

60 스케치 도구 모음에서 지능형 치수 ◇를 클릭합니다. 오른쪽 그림과 같이 치수 값(5, 9.3)을 입력합니다.

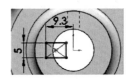

원의 사분점을 이용한 지능형 치수 ◇ 기입 방법

보통 원 모서리를 선택하여 지능형 치수 기입 시에는 원의 중심에서부터 치수가 기입됩니다.

원 사분점 모서리를 이용하여 지능형 치수 기입을 하고자 할 경우에는 선을 선택하고 나서 키보드 Shift 키를 누른 상태에서 원의 사분점 부분에 해당되는 모서리 근처를 선택하면 됩니다.

Shift 키를 사용하지 않음

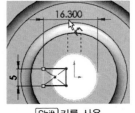
Shift 키를 사용

61 표준 보기 방향 도구 모음에서 🧊(등각보기)를 클릭합니다.
[단축키 : Ctrl+7]

62 피처 도구 모음에서 돌출 컷 🔳을 클릭합니다.

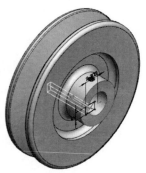

63 PropertyManager창의 방향1 아래에서 : 마침 조건으로 〈다음까지〉를 선택합니다.

64 ✅(확인)을 클릭합니다.

네 번째 피처가 완성이 되었으며 왼쪽에 있는 FeatureManager 디자인 트리창에 〈컷-돌출 1〉이 표시됩니다.

65 피처 도구 모음에서 모따기 를 클릭합니다.

66 PropertyManager창의 모따기 변수 아래에서
  ① 〈각도-거리〉를 선택합니다.
  ② 거리 를 '1'로 입력합니다.
  ③ 각도 를 '45'도 로 입력합니다.

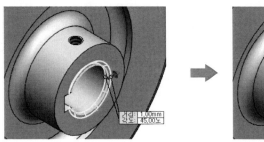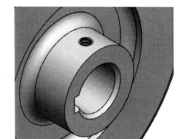

67 그림과 같이 오른쪽 축 구멍 모서리 1개를 선택합니다.

> **Tip** ››
> 축과 결합되는 방향이 명백히 결정되어 있기 때문에 결합되는 쪽에만 모따기를 해야 합니다.

68 ✅(확인)을 클릭합니다.
왼쪽에 있는 FeatureManager 디자인 트리창에 〈모따기1〉이 표시됩니다.

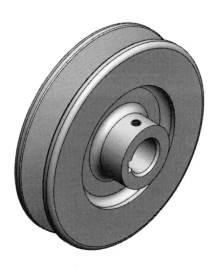

V-벨트 풀리 모델링이 완성되었습니다.

자격증 시험 종목 중 기계 기사를 뺀 다른 종목에서는 단면 처리를 해야 하기 때문에 단면 처리를 한 후 저장을 하겠습니다.

※ 전 작업 시 모델을 회전시켰다면 표준 보기 방향 도구 모음에서 🔘(등각보기)를 클릭합니다.
　[단축키 : Ctrl+7]

01 풀리 보스 오른쪽 측면을 선택하고 스케치 도구 모음에서 스케치 🖉를 클릭합니다.

02 스케치 도구 모음에서 코너 사각형☐을 클릭합니다.

03 표준 보기 방향 도구 모음에서 ⊞(우측면)를 클릭합니다. [단축키 : Ctrl+4]

04 첫 번째 포인트를 원점에 정확히 선택하고 두 번째 포인트는 그림과 같이 대략적으로 회전체 왼쪽 바깥쪽 임의의 위치에 클릭합니다.

05 표준 보기 방향 도구 모음에서 🔘(등각보기)를 클릭합니다. [단축키 : Ctrl+7]

06 피처 도구 모음에서 돌출 컷📐을 클릭합니다.

07 PropertyManager창의 방향1 아래에서 : 마침 조건으로 〈다음까지〉를 선택합니다.

08 ✔(확인)을 클릭합니다.

　왼쪽에 있는 FeatureManager 디자인 트리창에 〈컷-돌출2〉가 표시됩니다.

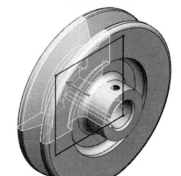

Tip >>
반드시 중량을 계산할 때는 모델이 완전한 형상에서 해야 합니다. 롤백 바🔩와 기능 억제↓▓를 통해 단면을 잠시 해제시킬 수가 있다는 것을 본체를 단면 처리할 때 배웠습니다.

이제 완성된 파트를 저장합니다.

09 메뉴 모음에서 저장📙을 클릭하거나 메뉴바에서 '파일-저장'을 클릭합니다.
[단축키 : Ctrl+S]

10 동력전달장치 폴더 안에 파일 이름을 'V-벨트 풀리'라고 명명하고 저장을 클릭합니다.
파일 이름에 확장명 .sldprt가 추가되어 'V-벨트 풀리.sldprt'로 저장됩니다.

④ 스퍼 기어(Spur Gear) 모델링하기

스퍼 기어를 모델링하는 방법은 기어 이 1개를 만든 후 잇수만큼 회전시켜 기어 형태를 먼저
완성한 다음 키홈 등을 작업하는 순서대로 진행합니다.

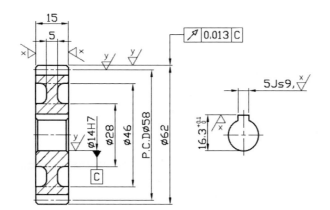

스퍼기어 요목표		
기 어 치 형		표준
공 구	모 듈	2
	치 형	보통이
	압력각	20°
전체이높이		4.5
피치원지름		P.C.DØ58
잇 수		29
다듬질방법		호브절삭
정 밀 도		KS B ISO 1328-1, 4급

네비게이터 navigator

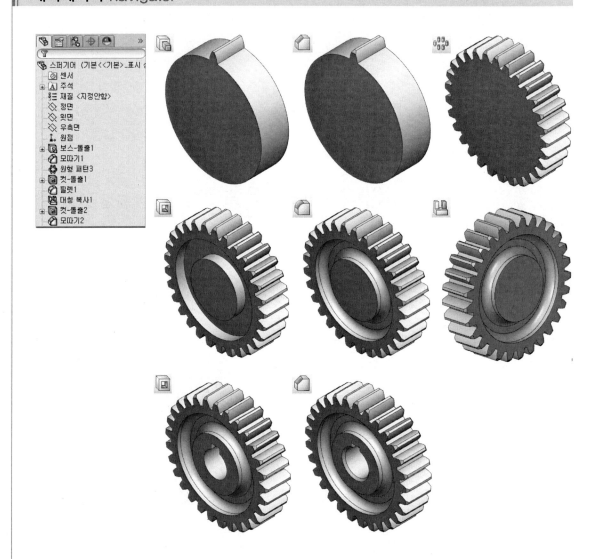

스퍼 기어(Spur Gear) 모델링의 첫 번째 피처는 기어 이 한 개를 스케치한 프로파일을 돌출시켜 만든 기어 이 단면 형상과 연결된 원통 형태가 됩니다.

01 표준 도구 모음에서 새 문서 를 클릭합니다.

[단축키 : Ctrl+N]

[SolidWorks 새 문서] 대화상자 가 나타납니다.

초보 모드 창

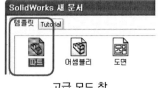

고급 모드 창

02 파트를 선택한 후 〈확인〉을 클릭합니다.

03 FeatureManager 디자인 트리의 〈정면〉을 선택하고 스케치 도구 모음에서 스케치를 클릭합니다.

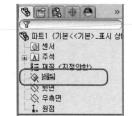

04 스케치 도구 모음에서 원을 클릭한 후 마우스 포인터를 원점을 클릭하여 대략적인 크기로 원을 스케치합니다.

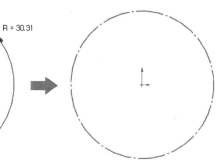

05 PropertyManager창의 〈보조선〉을 체크하여 스케치한 원을 보조선으로 변경합니다.

06 스케치 도구 모음에서 지능형 치수를 클릭합니다. 오른쪽 그림과 같이 치수 값(58)을 입력합니다.

Tip ≫
치수 58은 피치원 지름 값으로 '모듈(2) × 잇수(29)=58'로 계산되어야 합니다. 모듈(M)과 잇수(Z)는 수검 도면 스퍼 기어 품번 옆에 표기가 되어 있습니다.

07 스케치 도구 모음에서 요소 오프셋을 클릭합니다.

08 PropertyManager창의 파라미터 아래에서 : 오프셋 거리를 '2'로 입력합니다.

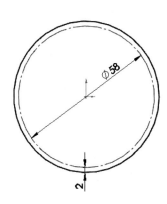

Tip ≫
여기서 2mm는 기어의 모듈(M) 값입니다.

09 보조선 원(∅58)을 클릭합니다. 오프셋 방향은 바깥쪽이며 기본적으로 바깥쪽으로 설정됩니다.

> **Tip >>**
> 요소 오프셋 PropertyManager창의 〈반대 방향〉을 체크하면 안쪽으로 방향이 변경됩니다.

10 ✔(확인)을 클릭합니다.

11 Enter를 누르거나 스케치 도구 모음에서 요소 오프셋 ㄱ을 다시 클릭합니다.

12 **PropertyManager창의 파라미터 아래에서**
오프셋 거리 ⟋를 '4.5'로 입력합니다.
〈반대 방향〉을 체크하여 오프셋 방향을 안쪽으로 변경합니다.

> **Tip >>**
> 여기서 4.5mm는 기어의 전체 이 높이 값입니다. 전체 이 높이는 '2.25
> ×모듈(2)=4.5'로 계산되어야 하며 식에서 2.25는 상수입니다.

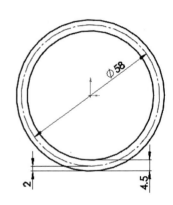

13 작업 7번에서 오프셋한 바깥쪽 원을 선택합니다. 오프셋 방향은 안쪽입니다.

14 ✔(확인)을 클릭합니다.

15 스케치 도구 모음에서 원 ◎을 클릭합니다.

16 마우스 포인터를 원점 ⟋을 클릭하여 피치원과 이뿌리원 사이에 원을 스케치합니다.

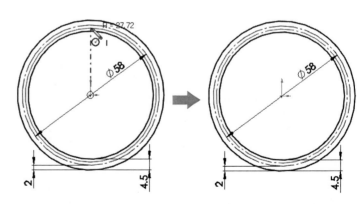

> **Tip >>**
> 지금 그린 원은 기어의 '기초원'이 됩니다.

17 PropertyManager창의 〈보조선〉을 체크하여 스케치한 원을 보조선으로 변경합니다.

18 스케치 도구 모음에서 중심선 ┃을 클릭합니다.

19 원점 ✎을 클릭하여 수직선과 임의의 선을 그림과 같이 수
직선 오른쪽에 스케치합니다.

선 ╲ 이나 중심선 ┆ 을 단일 선으로 종료 없이 그리는 3가지 방법

첫째, 포인트(P1)와 포인트(P2)를 클릭하여 선 한 가닥을 그리고 나서, 빈 영
역을 더블클릭하면 계속적으로 단일 선을 그릴 수가 있습니다.

둘째, 선 한 가닥을 그리고 나서, 마우스 오른쪽 버튼을 클릭하여 나타나는
메뉴 중 〈체인 끝(더블클릭)〉을 선택하면 계속적으로 단일 선을 그릴
수가 있습니다.

셋째, 선 한 가닥을 그릴 때 포인트 클릭이 아닌 드래그(Drag)하여 그려도 단일 선이 됩니다.

---

20 스케치 도구 모음에서 점 ✳을 클릭합니다.

21 피치원과 대각선의 교차된 곳 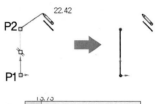을 클릭하여 교점을 만듭
니다.

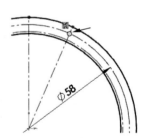

22 스케치 도구 모음에서 중심선 ┆ 을 클릭합
니다.

23 오른쪽 그림과 같은 방향으로 대략적인
위치에 단일 선으로 중심선을 스케치합니다.

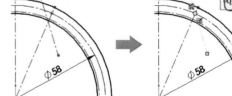

24 방금 그린 중심선과 작업 20번의 점을
Ctrl 키를 누른 상태에서 선택하여 ⬧ 일치(D)
구속조건을 부가합니다.

25 스케치 도구 모음에서 지능형 치수 ◈
를 클릭합니다.
　오른쪽 그림과 같이 치수 값(3.1°, 20°)을
입력합니다.

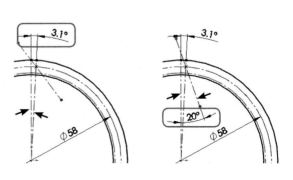

> **Tip** >>
> 여기서 3.1°는 '90°/잇수(29)=3.1°'로 계산되어야 하며 20°는 기어의 압력각입니다.

26 스케치 도구 모음에서 3점호 를 클릭합니다.

27 3점호의 시작점과 끝점을 이끝원과 이뿌리원에 일치 로 클릭하고 중간은 그림과 같이 대략적으로 클릭합니다.

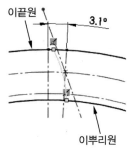

이끝원

3.1°

이뿌리원

> **Tip** >>
> 3점호 사용은 호의 양쪽 끝을 먼저 찍고 중간점을 나중에 찍어야 합니다.

28 오른쪽 그림과 같이 작업 22번의 중심선과 방금 그린 3점호를 [Ctrl] 키를 누른 상태에서 선택하여 탄젠트(A) 구속조건을 부가합니다.

29 오른쪽 그림과 같이 3점호와 점을 [Ctrl] 키를 누른 상태에서 선택하여 일치(D) 구속조건을 부가합니다.

30 오른쪽 그림과 같이 3점호의 중심점과 기초원을 [Ctrl] 키를 누른 상태에서 선택하여 일치(D) 구속조건을 부가합니다.

31 스케치 도구 모음에서 지능형 치수 를 클릭합니다.

오른쪽 그림과 같이 치수 값(9)을 입력하여 3점호를 완전 정의시킵니다.

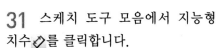

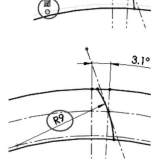

> **Tip** >>
> 여기서 9mm는 '전체 이 높이(4.5)×2=9'로 계산되어야 합니다.

32 3점호와 수직 중심선을 [Ctrl] 키를 누른 상태에서 선택합니다.

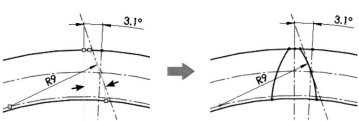

33 스케치 도구 모음에서 요소 대칭 복사 를 클릭합니다.

> **Tip** ›>
> 요소 대칭 복사는 지금처럼 대칭할 도형 요소들을 먼저 선택한 후 아이콘을 클릭하는 것이 편리합니다.
> 단, 지금과 같은 방법은 필히 대칭축이 되는 중심선이나 선 한 개가 포함되어 있어야 합니다.

34 피처 도구 모음에서 돌출 보스/베이스 를 클릭합니다.

35 자동적으로 선택 프로파일 상태가 되며, 이때 돌출할 2개의 내측 영역을 그림과 같이 클릭합니다.

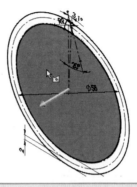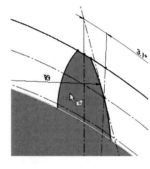

> **Tip** ›>
> 스케치가 한 개의 폐구간 형태가 아닌 여러 개의 폐구간으로 스케치가 되어 있을 경우에는 선택 프로파일 상태가 되며 이때는 폐구간 스케치 영역 안쪽을 클릭하거나 스케치한 도형 요소를 클릭할 수도 있습니다.

36 PropertyManager창의 방향1 아래에서
① 마침 조건으로 〈중간 평면〉을 선택합니다.
② 깊이 를 '15'로 입력합니다.

37 ✔(확인)을 클릭합니다.

첫 번째 피처가 완성이 되었으며 왼쪽에 있는 FeatureManager 디자인 트리창에 〈보스-돌출1〉이 표시됩니다.

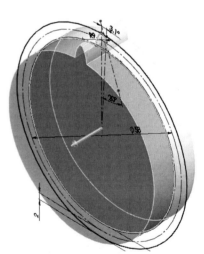

38 피처 도구 모음에서 모따기 를 클릭합니다.

39 PropertyManager창의 모따기 변수 아래에서
① 〈각도-거리〉를 선택합니다.
② 거리 를 '1'로 입력합니다.
③ 각도 를 '45'도로 입력합니다.

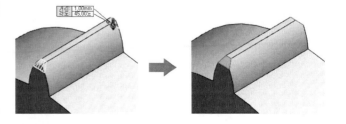

40 그림(작업 39번)과 같이 기어 이 양쪽 모서리 2개를 선택합니다.

41 ✔(확인)을 클릭합니다.

왼쪽에 있는 FeatureManager 디자인 트리창에 〈모따기1〉이 표시됩니다.

42 피처 도구 모음에서 원형 패턴 을 클릭합니다.

43 **PropertyManager창의 패턴할 피처 아래에서**

PropertyManager창 위 오른쪽에 있는 ⊞를 누르면 FeatureManager 디자인 트리가 나타나며 여기에서 원형 패턴시킬 〈보스-돌출1〉과 〈모따기1〉을 선택합니다.

● **파라미터 아래에서**

① 패턴 축 ⟳ [ ]란을 클릭한 후 회전 중심축이 되는 원통면을 선택합니다.

② 각도 합계 ⤢를 '360'도로 입력합니다.

③ 인스턴스 수 ✻를 '29'개로 입력합니다.

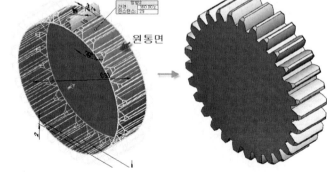

원통면

44 ✔(확인)을 클릭합니다.

왼쪽에 있는 FeatureManager 디자인 트리창에 〈원형 패턴1〉이 표시됩니다.

45 기어의 정면에 해당되는 면을 선택하고 스케치 도구 모음에서 스케치 ⌕를 클릭합니다.

46 표준 보기 방향 도구 모음에서 ⬚(정면)을 클릭합니다.
[단축키 : Ctrl+1]

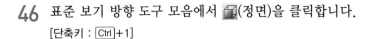

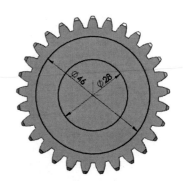

47 스케치 도구 모음에서 원⊙을 클릭합니다.

48 마우스 포인터를 원점 ⚓ 을 클릭하여 크기가 다른 2개의 원을 대략적으로 스케치합니다.

49 스케치 도구 모음에서 지능형 치수 ✎ 를 클릭합니다.
오른쪽 그림과 같이 치수 값(28, 46)을 입력합니다.

50 표준 보기 방향 도구 모음에서 🔷(등각보기)를 클릭합니다. [단축키 : Ctrl+7]

51 피처 도구 모음에서 돌출 컷▣을 클릭합니다.

52 **PropertyManager창의 방향1 아래에서**
① 마침 조건으로 〈블라인드 형태〉를
   선택합니다.
② 깊이 ⟋ 를 '5'로 입력합니다.

53 ✓(확인)을 클릭합니다.

두 번째 피처가 완성이 되었으며 왼쪽
에 있는 FeatureManager 디자인 트리
창에 〈컷-돌출1〉이 표시됩니다.

54 피처 도구 모음에서 필렛⟋을 클
릭합니다.

55 **PropertyManager창의 필렛할 항
목 아래에서 : 반경 ⟋ 을 '3'으로 입력합
니다.**

56 그림과 같이 정면 내측에 있는 1개의 면을 선택합니다.

57 ✓(확인)을 클릭합니다.

왼쪽에 있는 FeatureManager 디자인 트리창에 〈필렛1〉이 표시됩
니다.

58 FeatureManager 디자인 트리에서 〈정면〉을 선택합니다.

59 피처 도구 모음에서 대칭 복사 를 클릭합니다.

60 **PropertyManager창의 대칭 복사 피처 아래에서**

PropertyManager창 위 오른쪽에 있는 ⊞를 누르면 FeatureManager 디자인 트리가 나타나며 여기에서 원형 패턴시킬 〈컷-돌출1〉과 〈필렛1〉을 선택합니다.

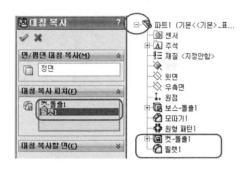
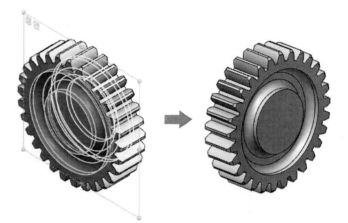

61 ✓(확인)을 클릭합니다.

왼쪽에 있는 FeatureManager 디자인 트리창에 〈대칭 복사1〉이 표시됩니다.

62 정면에 해당되는 물체의 면을 선택하고 스케치 도구 모음에서 스케치 를 클릭합니다.

63 표준 보기 방향 도구 모음에서 (정면)을 클릭합니다.
[단축키 : Ctrl+1]

64 스케치 도구 모음에서 원 을 클릭합니다.

65 마우스 포인터를 원점 을 클릭하여 1개의 원을 대략적으로 스케치합니다.

66 스케치 도구 모음에서 중심 사각형 을 클릭합니다.

67 그림과 같이 원의 위쪽에 중심 사각형을 대략적으로 스케치합니다.

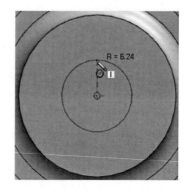
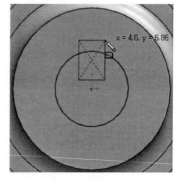

68 Esc키를 한 번 누르고 스케치한 중심 사각형의 중심과 원점을 Ctrl키를 누른 상태에서 선택한 후 | 수직(V) 구속조건을 부가합니다.

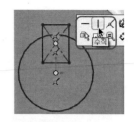

69 스케치 도구 모음에서 지능형 치수 를 클릭합니다. 오른쪽 그림과 같이 치수 값(14, 5, 16.3)을 입력합니다.

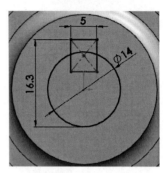

> **Tip** ≫
> 치수 16.3을 입력할 때는 위쪽 선을 클릭한 후 Shift키를 누른 상태에서 원의 아래 사분점 부분에 해당되는 모서리 근처를 클릭해야 합니다.

70 피처 도구 모음에서 돌출 컷 을 클릭합니다.

71 폐구간이 2개이기 때문에 자동적으로 선택 프로파일 상태가 되며, 이때 돌출할 3개의 내측 영역을 그림과 같이 클릭합니다.

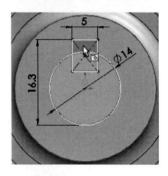

> **Tip** ≫
> 선택 프로파일 선택 시 폐구간 스케치 영역 안쪽을 클릭하지 않고 스케치한 도형 요소(원과 사각형)를 클릭할 수도 있습니다.

72 표준 보기 방향 도구 모음에서 (등각보기)를 클릭합니다. [단축키 : Ctrl+7]

73 PropertyManager창의 방향1 아래에서 : 마침 조건으로 〈다음까지〉를 선택합니다.

74 (확인)을 클릭합니다.

세 번째 피처가 완성이 되었으며 왼쪽에 있는 FeatureManager 디자인 트리창에 〈컷-돌출 2〉가 표시됩니다.

75 피처 도구모음에서 모따기 를 클릭합니다.

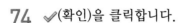

76 PropertyManager창의 모따기 변수 아래에서
① 거리 를 '1'로 입력합니다.
② 각도 를 '45'도로 입력합니다.

77 그림과 같이 축과 결합되는 구멍 양쪽 모서리 2개를 선택합니다.

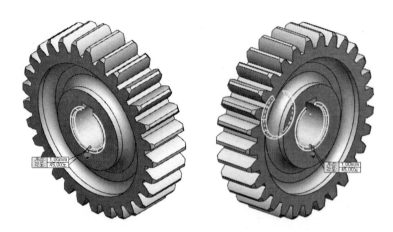

Tip >>

모서리가 잘 보이는 쪽으로 마우스 휠(가운데 버튼)을 누른 상태에서 움직여 물체를 회전시켜 선택합니다.

78 ✔(확인)을 클릭합니다.

왼쪽에 있는 FeatureManager 디자인 트리창에 〈모따기2〉가 표시됩니다.

스퍼 기어 모델링이 완성되었습니다.

자격증 시험 종목 중 기계 기사를 뺀 다른 종목에서는 단면 처리를 해야 하기 때문에 단 면 처리를 한 후 저장을 하겠습니다.

※ 전 작업 시 모델을 회전시켰다면 표준 보기 방향 도구 모음에서 ⬢(등각보기)를 클릭합니다. [단축키 : Ctrl +7]

01 기어에서 정면에 해당되는 면을 선택하고 스케치 도구 모음에서 스케치 ☑ 를 클릭합니다.

02 스케치 도구 모음에서 코 너 사각형 ☐ 을 클릭합니다.

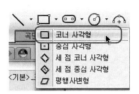

03 표준 보기 방향 도구 모 음에서 ☑(정면)을 클릭합니다. [단축키 : Ctrl +1]

04 첫 번째 포인트를 원점 ⬡ 에 정확히 선택하고 두 번째 포인트는 그림과 같이 대략적으로 회전체 오 른쪽 바깥쪽 임의의 위치에 클릭합니다.

Tip ≫>
단면이 정확히 보이는 쪽으로 스케치해야 하기 때문에 1/4분면에 사각형을 스케치합니다.

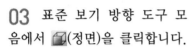

05 표준 보기 방향 도구 모음에서 ⬢(등각보기)를 클릭합니다. [단축키 : Ctrl +7]

06 피처 도구 모음에서 돌출 컷 ☐ 을 클릭합니다.

07 PropertyManager창의 방향 1 아래에서 : 마침 조건으로 〈다음까 지〉를 선택합니다.

08 ☑(확인)을 클릭합니다.

왼쪽에 있는 FeatureManager 디자인 트리창에 〈컷- 돌출3〉이 표시됩니다.

기어 이를 단면 처리에서 제외시키기

KS제도법상 기어 이는 단면 처리를 해서는 안 됩니다. 그러나 한쪽 단면도(반단면도)를 하다 보면 기어 이까지 어쩔 수 없이 되기 때문에 단면 처리된 이를 따로 작업을 추가해서 없애주어야 합니다. 그 방법을 배워보겠습니다.

1. 스케치 도구 모음에서 3D스케치 를 클릭합니다.

2. 보기 도구 모음에서 표시 유형 을 실선 표시 로 선택합니다.

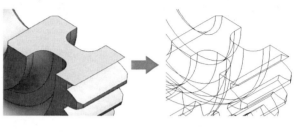

3. 그림과 같이 1개의 모서리를 정확히 선택합니다.

4. 스케치 도구 모음에서 요소 변환 을 클릭합니다.

5. (확인)을 클릭합니다.

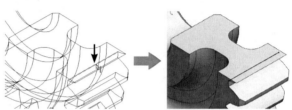

6. 보기 도구 모음에서 표시 유형 을 모서리 표시 음영 으로 선택합니다.

7. 피처 도구 모음에서 돌출 컷 을 클릭합니다.

8. **PropertyManager창의 방향1 아래에서 :** 돌출 방향 을 단면 처리된 윗면을 선택합니다. 방향2는 체크 해제합니다.

※ PropertyManager창의 상세 미리보기 를 클릭하여 작업 결과를 미리보기 할 수가 있습니다.

9. (확인)을 클릭합니다.

왼쪽 위에 절반으로 단면 처리된 기어 이도 방금 배웠던 방법으로 없애주면 됩니다.

※ 상세 미리보기 를 하여 잘리는 방향이 잘못되어 있는 경우에는 PropertyManager창의 〈자를 면 뒤집기〉를 체크하면 됩니다.

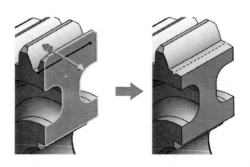

단면된 기어 이 처리를 하지 않을 경우   단면된 기어 이 처리를 한 경우

Tip ››
반드시 중량을 계산할 때는 모델이 완전한 형상에서 해야 합니다. 롤백 바와 기능 억제를 통해 단면을 잠시 해제시킬 수가 있습니다.

이제 완성된 파트를 저장합니다.

09 메뉴 모음에서 저장을 클릭하거나 메뉴바에서 '파일-저장'을 클릭합니다.
[단축키 : Ctrl+S]

10 동력전달장치 폴더 안에 파일 이름을 '스퍼 기어'라고 명명하고 저장을 클릭합니다.
파일 이름에 확장명 .sldprt가 추가되어 '스퍼 기어.sldprt'로 저장됩니다.

⑤ 커버(Cover) 모델링하기

커버를 모델링하는 방법은 회전체를 먼저 완성한 다음 외부의 모서리에 필렛을 한 후 구멍 가공 마법사로 깊은 자리파기를 만들고 원형 패턴으로 마무리 작업하는 순서대로 진행합니다.

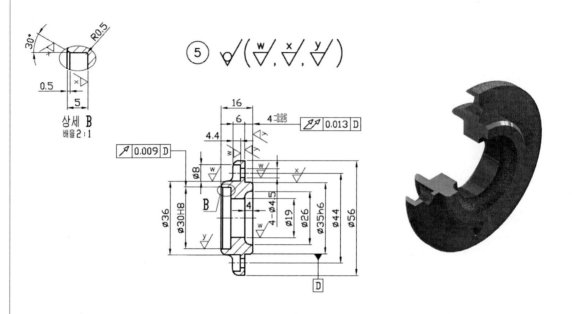

네비게이터 navigator

커버(Cover) 모델링의 첫 번째 피처는 커버 단면 형상으로 스케치된 프로파일에서 회전 피처로 생성된 원통 형태입니다.

01 표준 도구 모음에서 새문서 📄를 클릭합니다.

[단축키 : Ctrl+N]

[SolidWorks 새 문서] 대화상자가 나타납니다.

초보 모드 창

고급 모드 창

02 파트를 선택한 후 〈확인〉을 클릭합니다.

03 FeatureManager 디자인 트리의 〈정면〉을 선택하고 스케치 도구 모음에서 스케치 📝를 클릭합니다.

04 스케치 도구 모음에서 중심선 ┃을

클릭한 후 마우스 포인터를 원점 🖉을 클릭하여 대략적으로 수평 중심선을 스케치합니다.

05 스케치 도구 모음에서 선 ＼을 클릭합니다.

06 오른쪽 그림과 같이 원점 ┗을 기준으로 대략적으로 스케치합니다.

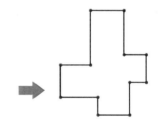

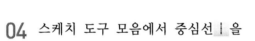

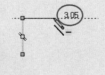
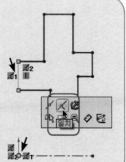

07 스케치 도구 모음에서 지능형 치수✎를 클릭합니다. 오른쪽 그림과 같이 치수 값을 입력합니다.

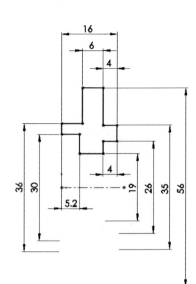

Tip>>
처음에는 스케치가 파란색이었지만 치수를 빠짐없이 모두 준 경우에는 검정색으로 변경이 되며, 이것은 완전 정의가 되었다는 것을 의미합니다.

08 피처 도구 모음에서 회전 보스/베이스▩를 클릭합니다.

09 **PropertyManager창의 방향1 아래에서**
① 회전 유형을 〈블라인드 형태〉로 선택합니다.
② 방향1의 각도▦를 '360'도로 입력합니다.

10 ✓(확인)을 클릭합니다.

첫번째 피처가 완성이 되었으며 왼쪽에 있는 Feature-Manager 디자인 트리창에 〈회전1〉이 표시됩니다.

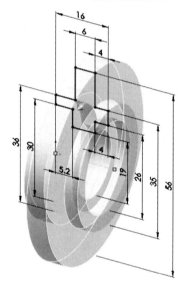

11 피처 도구 모음에서 필렛▩를 클릭합니다.

12 **PropertyManager창의 필렛할 항목 아래에서**
반경✐을 '3'으로 입력합니다.

13 그림과 같이 왼쪽 모서리 3개를 선택합니다.

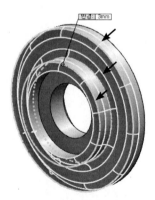

Tip>>
마우스 휠(가운데 버튼)을 누른 상태에서 움직여 물체의 왼쪽이 보이도록 회전시킨 후 선택합니다.

14 ✅(확인)을 클릭합니다.

왼쪽에 있는 FeatureManager 디자인 트리창에 〈필렛1〉이 표시됩니다.

필렛🗋 작업 시 알아두기

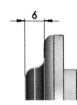

왼쪽 그림과 같이 6mm 구간에 필렛을 동시에 작업하기 위해선 필렛의 반경 값이 3mm와 같거나 작아야 합니다. 반경 값이 큰 경우에는 아래와 같이 오류창이 뜨면서 필렛을 할 수 가 없습니다.

한 번에 필렛이 되지 않을 경우에는 필렛 작업을 한 개의 모서리마다 개별적으로 해 주어야 필렛이 됩니다.

다음으로 커버를 본체와 결합시키기 위해 '육각 구멍붙이 둥근 머리 볼트(렌치볼트)'를 삽입하는 구멍(깊은 자리파기=카운터보링)을 만들어 보겠습니다.

15 피처 도구 모음에서 구멍 가공 마법사📷를 클릭합니다.

16 PropertyManager창의 유형 탭에 있는 구멍 유형 아래에서
　① 구멍 유형으로 카운터 보어🔩를 선택합니다.
　② 표준 규격은 〈KS〉로 선택하고 유형은 〈구멍붙이 볼트〉로 선택합니다.

● **구멍 스팩 아래에서** : 크기를 〈M4〉로 선택합니다.

● **마침 조건 아래에서** : 마침 조건을 〈다음까지〉로 선택합니다.

　옵션 항목은 모두 체크 해제합니다.

17 PropertyManager창의 위치 탭을 선택합니다.

18 그림과 같이 카운터보어가 생성될 왼쪽면의 위쪽에 포인트를 클릭합니다.

19 키보드의 Esc 키를 한 번 눌러서 구멍 삽입을 종료합니다.

20 표준 보기 방향 도구 모음에서 ⬜(좌측면)을 클릭합니다. [단축키 : Ctrl+3]

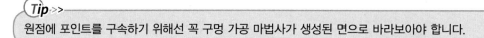
Tip >>
원점에 포인트를 구속하기 위해선 꼭 구멍 가공 마법사가 생성된 면으로 바라보아야 합니다.

21 구멍 가공 마법사 포인트와 원점 ⌐을 Ctrl 키를 누른 상태에서 선택한 후 ⎮ 수직(v) 구속조건을 부가합니다.

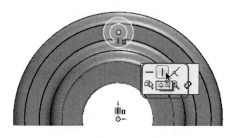

22 스케치 도구 모음에서 지능형 치수◇를 클릭합니다.

오른쪽 그림과 같이 치수 값(22)을 입력합니다.

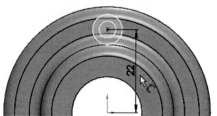

23 ✓(확인)을 클릭하여 구멍 가공 마법사 PropertyManager창을 닫습니다.

왼쪽에 있는 FeatureManager 디자인 트리창에 두 번째 피처인 〈M4 소켓 머리 캡 나사용 카운터보어1〉이 표시됩니다.

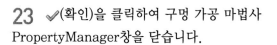
Tip >>
구멍가공 마법사 포인트에 문제가 생기거나 포인트 위치를 변경하고자 할 경우에는 FeatureManager 디자인 트리창 〈M4 소켓 머리 캡 나사용 카운터보어1〉 앞의 ⊞를 선택하여 '(−) 스케치3'을 클릭하고 스케치 편집◇에 들어가 기존 구속을 지우고 새롭게 부가하면 됩니다.

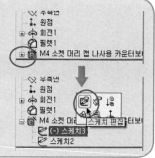

원점을 기준으로 한 구멍 가공 마법사 작업 시 알아두기

Ⓐ 구멍이 생성될 특정면을 먼저 마우스 포인트로 클릭하고 〈구멍 가공 마법사〉를 선택하면 그 위치에 바로 구멍이 만들어져 원점으로 부터 구속조건을 부여하기가 편리합니다.

Ⓐ 작업 시 상태

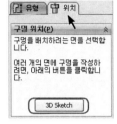

ⒷⒸ 작업 시 상태

Ⓑ 특정 포인트 클릭 없이 〈구멍 가공 마법사〉를 선택하여 위치 탭으로 들어갈 경우에만 〈3D Sketch〉가 표시되며 〈3D Sketch〉 버튼을 클릭 후 포인트를 지정할 경우에는 원점을 기준으로 한 구속이 기준면에 맞지 않으면 안되기 때문에 미리 구속될 위치에 스케치를 작업한 후에 위치 탭의 3D Sketch를 사용하는 것이 편리합니다.

Ⓒ 특정 포인트 클릭 없이 〈구멍 가공 마법사〉에 들어가 위치 탭에서 곧장 구멍이 생성될 특정 위치를 클릭하면 Ⓐ작업과 같은 방법으로 구속조건을 부여할 수가 있습니다.

24 카운터 보어를 작업한 왼쪽 면을 선택하고 스케치 도구 모음에서 스케치 를 클릭합니다.

25 표준 보기 방향 도구 모음에서 (좌측면)을 클릭합니다.
[단축키 : Ctrl+3]

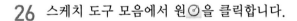

26 스케치 도구 모음에서 원 을 클릭합니다.

27 카운터 보어 구멍 옆을 그림과 같이 클릭하여 1개의 원을 스케치합니다.

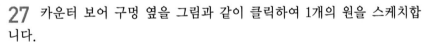

28 키보드의 Esc키를 눌러 원 스케치를 종료하고 스케치한 원과 카운터 보어 구멍 모서리를 Ctrl키를 누른 상태에서 선택한 후 동일원(R) 구속조건을 부가합니다.

> **Tip** 》》
>
> 동일원(R) 구속조건을 부여하기 위해서는 절대 스케치한 원의 중심점을 선택하면 안됩니다. 중심점이 아닌 원의 테두리를 선택해야 합니다.

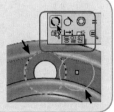

29 피처 도구 모음에서 돌출 컷 을 클릭합니다.

> **Tip** 》》
>
> 마우스 휠(가운데 버튼)을 누른 상태에서 움직여 커버의 왼쪽이 보이도록 회전시킵니다.

30 PropertyManager창의 방향1 아래에서
마침 조건으로 〈다음까지〉를 선택합니다.
반대 방향 을 클릭하여 왼쪽 방향으로 돌출
시킵니다.

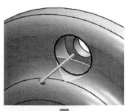

31 ✔(확인)을 클릭합니다.

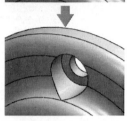

왼쪽에 있는 FeatureManager 디자인 트리창에 〈컷-돌출1〉이 표
시 됩니다.

> **Tip** >>
> 작업 **24**번부터 **31**번까지가 꼭 필요한 이유는 카운터 보어 구멍을 먼저 만들
> 고 필렛을 나중에 하면 제대로 필렛 모양이 나오지 않기 때문입니다.
>
> 카운터 보어를 먼저 작업하고
> 필렛을 나중에 준 결과 ▶

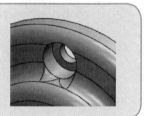

32 FeatureManager 디자인 트리에서 〈M4
소켓 머리 캡 나사용 카운터보어1〉과 〈컷-돌출
1〉을 Ctrl키를 누른 상태에서 선택합니다.

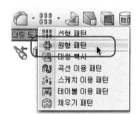

33 피처 도구 모음에서 원형 패턴 을 클릭합니다.

34 PropertyManager창의 파라미터 아래에서
① 패턴 축
란을 클릭한 후 회전 중
심축이 되는 커버 바깥지
름 면을 선택합니다.
② 각도 합계 를 '360'도로
입력합니다.
③ 인스턴스 수 를 '4'개로
입력합니다.

35 ✔(확인)을 클릭합니다.

왼쪽에 있는 FeatureManager 디자인 트리창에 〈원형 패턴1〉이 표시됩니다.

36 피처 도구 모음에서 모따기 를 클릭합니다.

37 PropertyManager창의 모따기 변수 아래에서

① 각도−거리를 선택합니다.

② 거리 ⟨를 '0.5'로 입력합니다.

③ 각도 ⟩를 '30'도로 입력합니다.

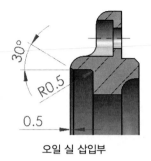

오일 실 삽입부

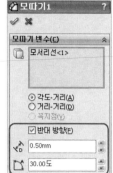

38 그림과 같이 1개의 모서리를 선택
합니다.

> **Tip** >>
> 화살표 방향을 길이 방향으로 맞추어야 합
> 니다.

39 ✓(확인)을 클릭합니다.

왼쪽에 있는 FeatureManager 디자
인 트리창에 ⟨모따기1⟩이 표시됩니다.

40 피처 도구 모음에서 필렛 ⟨을 클릭합니다.

41 PropertyManager창의 필렛할 항목 아래에서
⟨다중 반경 필렛⟩을 체크합니다.

42 그림과 같이 좌측 오일 실 삽입 구멍 안쪽 모서리에 '0.5'를 우측 내
측 모서리에 '3'으로 반경 값을 입력합니다.

선택 시 표시되는 라벨 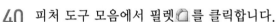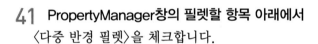값을 클릭하여 필렛 반경 값을 변경합
니다.

> **Tip** >>
> 마우스 휠(가운데 버튼)을 누른 상태에서 움직여 물체를 회전시키면서 선택합니다.

43 ✔(확인)을 클릭합니다.
　　왼쪽에 있는 FeatureManager 디자인 트리창에 〈필렛2〉가 표시됩니다.

44 피처 도구 모음에서 모따기▢를 클릭합니다.

45 PropertyManager창의 모따기
변수 아래에서

　　① 거리▨를 '1'로 입력합니다.
　　② 각도▨를 '45'도로 입력합니다.

46 오른쪽 끝단 1개의 모서리를 선
택합니다.

47 ✔(확인)을 클릭합니다.
　　왼쪽에 있는 FeatureManager 디자인 트리창에 〈모따기2〉가 표시됩니다.

　　커버 모델링이 완성되었습니다.

● **자격증 시험 종목 중 기계 기사를 뺀 다른 종목에서는 단면 처리를 해야 하기 때문에 단
면 처리를 한 후 저장을 하겠습니다.**

※ 전 작업 시 모델을 회전시켰다면 표준 보기 방향 도구 모음에서 ▦(등각보기)를 클릭합니다.
　　[단축키 : Ctrl+7]

01 커버 오른쪽 측면을 선택하고 스케치 도
구 모음에서 스케치▨를 클릭합니다.

02 스케치 도구 모음에서 코너 사각형▢을
클릭합니다.

03 표준 보기 방향 도구 모음에서 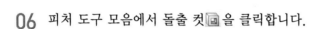(우측면)를 클릭합니다. [단축키 : Ctrl+4]

04 첫 번째 포인트를 원점에 정확히 선택하고 두 번째 포인트는 그림과 같이 대략적으로 회전체 왼쪽 바깥쪽 임의의 위치에 클릭합니다.

05 표준 보기 방향 도구 모음에서 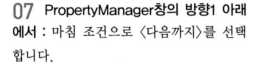(등각보기)를 클릭합니다. [단축키 : Ctrl+7]

06 피처 도구 모음에서 돌출 컷을 클릭합니다.

07 PropertyManager창의 방향1 아래에서 : 마침 조건으로 〈다음까지〉를 선택합니다.

08 ✔(확인)을 클릭합니다.

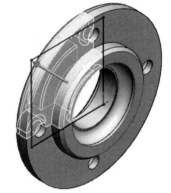

왼쪽에 있는 FeatureManager 디자인 트리창에 〈컷–돌출2〉가 표시됩니다.

Tip ≫

반드시 중량을 계산할 때는 모델이 완전한 형상에서 해야 합니다. 롤백 바와 기능 억제를 통해 단면을 잠시 해제시킬 수가 있습니다.

이제 완성된 파트를 저장합니다.

09 메뉴 모음에서 저장을 클릭하거나 메뉴 바에서 '파일–저장'를 클릭합니다.
[단축키 : Ctrl+S]

10 동력전달장치 폴더 안에 파일 이름을 '커버'라고 명명하고 저장을 클릭합니다.
파일 이름에 확장명 .sldprt가 추가되어 '커버.sldprt'로 저장됩니다.

3차원 도면화 작업

솔리드 모델링 후 형상이 잘 나타나도록 1개의 부품에 2곳의 방향에서 바라다본 등각투상도로 나타내야 합니다.

기계 기사를 뺀 다른 종목들은 수검 시 나누어 주는 유인물에 모델링 부품들 중 몇 개의 부품들은 단면 처리를 하라고 표기를 해주며 표기된 부품은 한쪽단면(1/4단면)으로 나타내야 합니다. 렌더링(음영) 처리를 하지 않고 출력할 경우에는 단면 처리된 부품의 단면 부위에는 해칭 처리를 해주어야 합니다.

수검 시 유인물에 비중이 주어지며 주어진 비중을 이용하여 부품들의 중량(kg 또는 g)을 구해서 부품란의 비고란에 기입을 해주어야 합니다. 단, 중량을 구할 때는 부품이 단면 상태가 아닌 완전한 형상에서 해야 합니다.

도면의 크기는 A2에 등각투상도를 배치해야 하며 출력할 때는 A3로 수검자가 직접 프린트해야 합니다. 부품들의 척도는 NS(none scale)로 실물의 형상과 배치를 고려하여 적당한 크기로 정하면 됩니다.

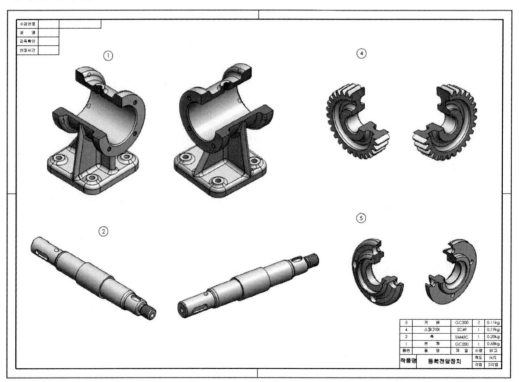

※ 수검 시 기본적으로 4~5개의 부품 투상으로 출제가 되기 때문에 여기서는 4개 부품만 배치하겠습니다.
(① 본체, ② 축, ④ 스퍼 기어, ⑤ 커버)

SolidWorks에서 위 그림과 같이 3차원 모델링 제품을 도면화하는 작업을 배워보겠습니다.

① 윤곽선과 표제란 등 만들기

우선적으로 윤곽선과 중심마크 그리고 수검란과 표제란 및 부품란을 작성한 후 3차원 모델링을 배치해야 합니다. AutoCAD에서 윤곽선과 표제란 등을 드로잉하여 SolidWorks로 불러들여 사용할 수도 있겠지만 여기에서는 SolidWorks에서 만들어 사용하는 것을 배워 보겠습니다.

01 표준 도구 모음에서 새 문서🗋를 클릭합니다.

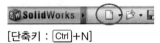

[단축키 : Ctrl +N]

[SolidWorks 새 문서] 대화상자가 나타납니다.

02 도면을 선택한 후 확인을 클릭합니다.

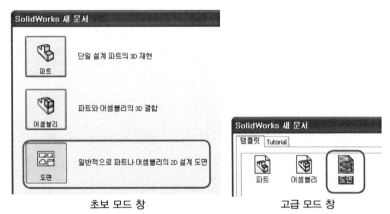

초보 모드 창   고급 모드 창

03 [시트 형식/크기] 대화상자에서 〈사용자 정의 시트 크기〉 항목을 체크합니다.

04 시트 크기를 A2규격의 크기로 입력한 후 확인 버튼을 누릅니다.

> **Tip** ≫
> A2 규격은 가로 594mm에 세로 420mm입니다.

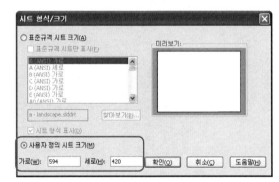

05 PropertyManager창의 시트1이나 그래픽 영역의 작업 시트지에서 마우스 오른쪽 버튼을 눌러 〈속성〉을 클릭합니다.

시트 속성 대화상자에서 배율은 1 : 1로, 투상법 유형은 '제3각법'을 체크하고 확인을 클릭합니다.

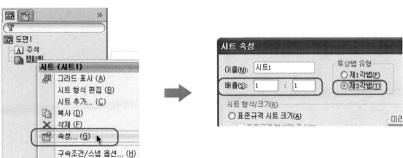

06 시트지에서 마우스 오른쪽 버튼을 눌러 〈시트 형식 편집〉을 클릭합니다.

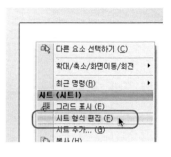

Tip >>
- 도면화 작업 시 기본 Form(윤곽선, 표제란, 부품란 등)은 꼭 〈시트 형식 편집〉에 들어가 작업하는 것이 좋습니다.
- 시트 형식 편집에 들어가면 SolidWorks 화면 오른쪽 상단에 그림과 같은 '확인 코너'가 표시됩니다.

07 메뉴 바의 〈도구-애드인〉을 선택합니다.

08 애드인 대화창에서 〈SolidWorks 2D Emulator〉를 체크하고 확인을 클릭합니다.

SolidWorks 작업 화면 아래에 명령어 입력줄(Command:)이 나타나며, 이것을 사용하여 정확한 위치에 윤곽선를 만들 수가 있습니다.

SolidWorks 작업 화면 아래에 명령어(Command) 입력창이 그림과 같이 표시됩니다.

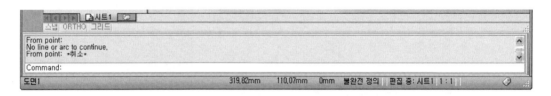

Tip >>
AutoCAD의 Command창과 같으며, 직접 AutoCAD 명령어를 입력하여 스케치를 합니다.

09 명령어 입력줄(Command:)에 오른쪽 그림과 같이 입력하여 윤곽선을 생성합니다.

10 생성된 윤곽선을 드래그(Drag)하여 모두 선택한 다음, PropertyManager창의 〈구속조건 부가〉 항목에서 [고정(F)] 구속조건을 부가하여 변경되는 것을 방지합니다.

Tip >>
파란색이었던 선들이 [고정(F)] 구속조건을 부가하면 완전 정의되어 검정색으로 변경됩니다.

11 메뉴 바의 〈보기-2D Command Emulator〉를 체크 해제 시켜 명령어 입력창을 닫습니다.

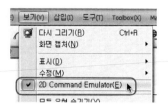

윤곽선을 스케치하는 또다른 방법

① 스케치 도구 모음에서 코너 사각형□을 클릭합니다.

② 시트지 안에 사각형을 대략적으로 스케치합니다.

③ Esc 키를 한 번 눌러 스케치를 종료합니다.

④ 스케치된 사각형의 왼쪽 아래 꼭지점을 클릭합니다.

⑤ PropertyManager창의 파라미터 항목에 X축 □ₓ 10, Y축 □ₓ 10을 입력합니다.

⑥ 구속조건 부가 항목에서 고정(F) 클릭하여 고정시킵니다.

⑦ 이번에는 사각형의 오른쪽 상단 꼭지점을 클릭합니다.

⑧ PropertyManager창의 파라미터 항목에 X축 □ₓ 584, Y축 □ₓ 410을 입력합니다.

⑨ 구속조건 부가 항목에서 고정(F) 클릭하여 고정시킵니다.

⑩ Esc 키나 빈 공간을 클릭하여 편집을 종료합니다.

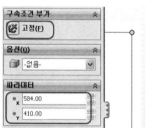

---

12 스케치 도구 모음에서 선\을 클릭합니다.

13 윤곽선 '중간점' 4곳에 중심마크가 될 선을 대략적으로 스케치합니다.

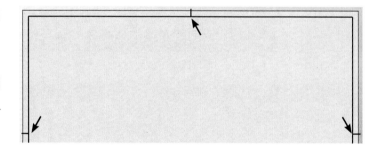

14 스케치한 4개의 선을 Ctrl 키를 누른 상태에서 선택한 후 PropertyManager창의 〈구속조건 부가〉 항목에서 = 동등(Q) 구속조건을 클릭합니다.

15 중심마크 4개의 선 중 1개를 선택하고 PropertyManager창 파라미터 항목에 길이 ◈ 를 10으로 입력합니다.

Esc 키나 빈 공간을 클릭하여 PropertyManager창을 닫습니다.

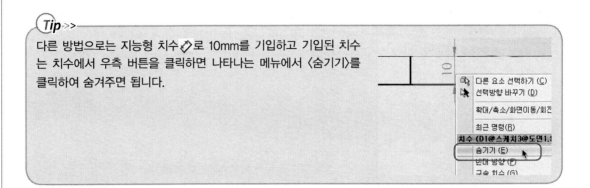

Tip >>
다른 방법으로는 지능형 치수✎로 10mm를 기입하고 기입된 치수는 치수에서 우측 버튼을 클릭하면 나타나는 메뉴에서 〈숨기기〉를 클릭하여 숨겨주면 됩니다.

16 윤곽선과 중심마크 선을 모두 드래그(Drag)하여 선택한 후 선 형식 도구 모음에서 선 두께▇를 클릭합니다.

선 두께 0.35mm을 클릭합니다.

Tip >>
수검 시 선 두께와 문자 및 숫자의 크기가 다음과 같이 주어집니다.

분 류	굵 기	문자 크기	용 도
굵은선	0.35mm	5mm	윤곽선, 부품번호, 외형선, 개별주서 등
중간선	0.25mm	3.5mm	숨은선, 치수문자, 일반주서 등
가는선	0.18mm	2.5mm	해칭, 치수선, 치수보조선, 중심선 등

※ 3차원 도면에서만 외형선과 부품 번호를 모두 가는선으로 표시해야 합니다.

17 스케치 도구 모음에서 선╲을 클릭합니다.

Tip >>
왼쪽 상단에 수검란을 만들기 편하게 하기 위해 빠른 보기 도구의 영역 확대🔍로 왼쪽 상단을 확대합니다.

18 그림과 같이 선을 스케치한 후 스케치 도구 모음에서 지능형 치수✎를 클릭하여 치수를 입력합니다.

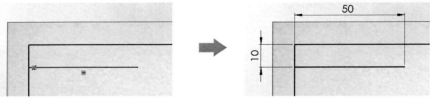

19 스케치 도구 모음에서 선형 스케치 패턴▦을 클릭합니다.

20 작업 18번에서 스케치한 50mm선을 클릭합니다.

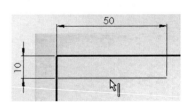

21 PropertyManager창의 방향1 아래에서

① 간격 를 '10'으로 입력합니다.

② 인스턴스 수 를 '4'개로 입력합니다.

③ 각도 를 '270'도로 입력합니다.

④ 〈간격 치수 삽입〉을 체크합니다.

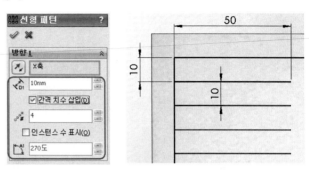

Tip ››

〈간격 치수 삽입〉을 체크해야지만 선형 패턴으로 스케치된 선 간격들이 구속이 됩니다.

22 ✓(확인)을 클릭합니다.

23 스케치 도구 모음에서 선 을 클릭하여 그림과 같이 스케치를 완성한 후 지능형 치수 로 치수를 부여하여 완전 정의시킵니다.

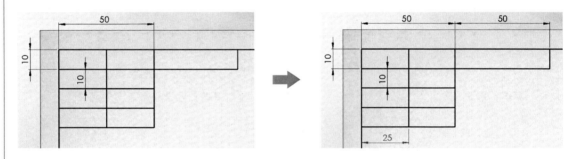

24 기입된 치수에서 우측 버튼을 클릭하면 나타나는 메뉴에서 〈숨기기〉를 클릭하여 치수를 모두 숨기고 수검란만 드래그(Drag)하여 선택한 후 선 형식 도구 모음에서 선 두께 를 0.18mm로 부여합니다.

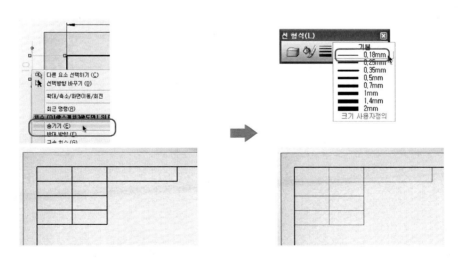

25 표제란과 부품란을 만들기 위해 오른쪽 하단을 빠른 보기 도구의 영역 확대🔍로 확대합니다.

26 스케치 도구 모음에서 선╲을 클릭합니다.

27 그림과 같이 선을 스케치한 후 스케치 도구 모음에서 지능형 치수◇를 클릭하여 치수를 입력합니다.

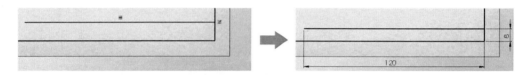

28 방금 그린 선을 클릭한 후 스케치 도구 모음에서 선형 스케치 패턴▦을 클릭합니다.

29 PropertyManager창의 방향1 아래에서

① 간격◇을 '8'로 입력합니다.

② 인스턴스 수◇를 '7'개로 입력합니다.

③ 각도◇를 '90'도로 입력합니다.

④ 〈간격 치수 삽입〉을 체크합니다.

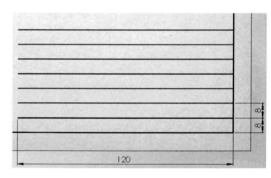

> **Tip** >>
> 인스턴스 수 7개는 수검 도면의 부품 4개를 그릴 때 적용됩니다.

30 ✔(확인)을 클릭합니다

31 스케치 도구 모음에서 선╲을 클릭하여 그림과 같이 스케치를 완성합니다.

> **Tip** >>
> 선 한 가닥을 스케치하고 나서 빈 영역을 더블클릭하면 계속적으로 선을 그릴 수가 있습니다.

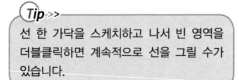

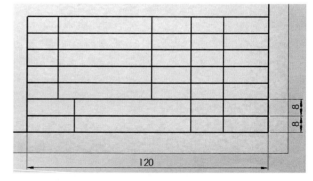

32 스케치 도구 모음에서 요소 잘라
내기♥을 클릭합니다.

33 PropertyManager창의 옵션 아래
에서 : 근접 잘라내기┼를 선택합니다.

34 그림과 같이 2곳을 클릭하여 잘라
냅니다.

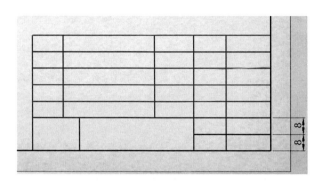

Tip ››

잘라낼 때 다음과 같은 창이 뜨면 〈예〉를 클릭합니다. 치수가 기입되어 있는 곳을 자르면 구속된 치수가 없
어져 구속이 해제가 된다는 뜻입니다.

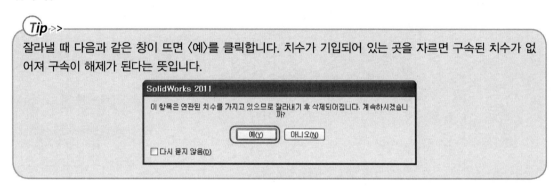

35 스케치 도구 모음에서 지능형 치수◇를 클릭하여 그림과 같이 치수를 입력하여 완전 정
의시키고 기입된 치수들은 모두 우측 버튼의 〈숨기기〉로 숨겨줍니다.

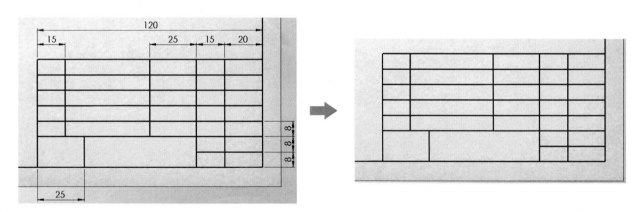

Tip ››

치수를 드래그(Drag)하여 선택하면 좀 더 편하게 치수를 숨길 수가 있습니다.

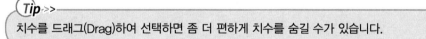

36 표제란과 부품란의 선 두께▬는 다음과 같이 설정해야 합
니다.

표제란과 부품란의 모든 선을 드래그(Drag)하여 선택합니다.

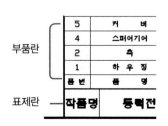

선 형식 도구 모음에서 선 두께를 0.18mm로 부여하고 그림과 같이 2곳의 선 두께를 다르게 설정해야 합니다.

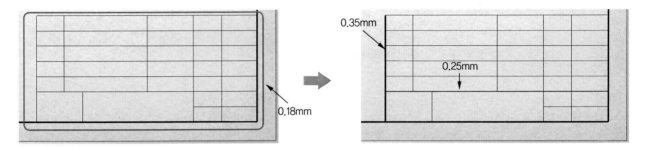

37 주석 도구 모음에서 노트 **A**를 클릭합니다.

38 글자를 기입할 빈 공간을 클릭하면 그림과 같은 〈서식〉 도구창이 뜨며 여기에서 글꼴은 〈Century Gothic〉으로 글자 크기는 〈3.5mm〉로 설정합니다.

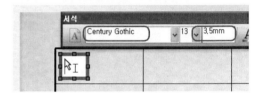

39 수검란과 표제란 및 부품란을 그림과 같이 기입합니다. 글자 위치는 정확하게 할 필요가 없습니다.

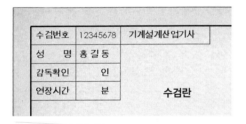

시험 시 수검번호와 수검자 성명을 정확히 기입해야 하며 시험 종목도 정확히 기재해야 합니다. 현재 시험 종목은 기계설계산업기사 시험에 응시했다는 가정 하에 기입하였습니다.

5	커 버	GC200	2
4	스퍼기어	SC480	1
2	축	SM45C	1
1	본 체	GC200	1
품번	품 명	재 질	수량	비고

표제란 & 부품란

자격증 시험 시 일반적으로 4개의 부품만을 그리기 때문에 4개의 부품들만 나열하였습니다.

40 노트를 작성한 후 깔끔한 정렬을 하기 위해 선 사이에 맞춤을 클릭합니다.

Tip >>

선 사이에 맞춤 아이콘은 따로 불러와야 하며 방법은 다음 장에 설명되어 있습니다.

41 글자와 윤곽선을 모두 드래그(Drag)하여 선택한 후 선 사이에 맞춤⊡을 선택하면 그림과 같이 대부분의 글자가 표 안에 바르게 정렬이 됩니다.

5	커 버	GC200	2	
4	스퍼기어	SC480	1	
2	축	SM45C	1	
1	본 체	GC200	1	
품번	품 명	재 질	수량	비고
작품명	동력전달장치		척도	N/S
			각법	3각법

➡

5	커 버	GC200	2	
4	스퍼기어	SC480	1	
2	축	SM45C	1	
1	본 체	GC200	1	
품번	품 명	재 질	수량	비고
작품명	동력전달장치		척도	N/S
			각법	3각법

선 사이에 맞춤⊡ 아이콘 불러오기

기본 〈맞춤〉 도구 모음에는 선 사이에 맞춤 아이콘이 없기 때문에 '사용자 정의'에서 불러와야 사용할 수가 있습니다.

메뉴 바의 '도구-사용자 정의'를 클릭하여 '명령'탭에서 '카테고리'의 정렬을 클릭하면 오른쪽에 나열된 아이콘 중에 〈선 사이에 맞춤〉 아이콘을 찾아 〈맞춤〉 도구 모음에 드래그(Drag)하여 넣어서 사용합니다.

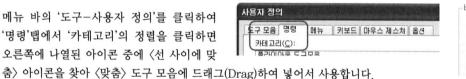

드래그(Drag)하는 2가지 방법

첫째, 왼쪽에서 오른쪽 대각선 방향으로 Drag를 하면 윈도 박스(실선으로 표시됨)가 되어 박스 안에 완전히 포함 되어 있는 도형들만 선택이 됩니다. 박스에 걸쳐 있거나 박스 밖에 있는 도형들은 선택이 안됩니다.

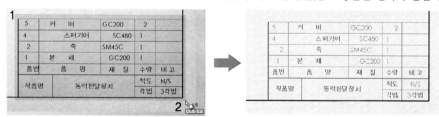

둘째, 오른쪽에서 왼쪽 대각선 방향으로 Drag를 하면 크로싱 박스(점선으로 표시됨)가 되어 박스 안에 완전히 포 함되어 있는 도형과 박스에 걸쳐 있는 도형까지 선택이 됩니다. 박스 밖에 있는 도형들만 선택이 안됩니다.

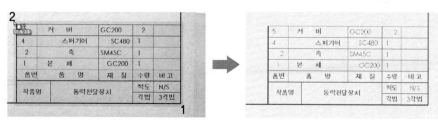

Tip >>
작업 41번 시 드래그(Drag)를 크로싱 박스(점선으로 표시됨)로 신택해야 하며, 정렬이 안 된 글자는 따로 선택하여 다시 〈선 사이에 맞춤〉으로 정렬을 해야 합니다.

42 크로싱 박스로 '품명' 주위를 그림과 같이 드래그하고 그림과 같이 Ctrl 키를 누른 상태에서 제외시킬 1개의 선을 클릭하고 선 사이에 맞춤⟨⟩을 클릭합니다.

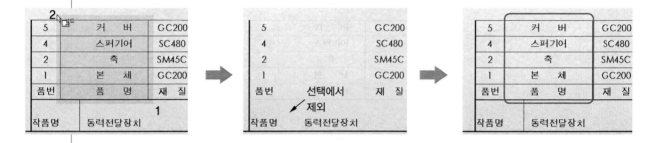

43 표제란의 작품명과 동력전달장치의 문자 크기는 5mm, 선 두께는 0.35mm로 변경해 주어야 합니다.

글자를 더블클릭하면 나타나는 〈서식〉 도구 모음에서 글자 크기를 5mm로 변경하고 굵게 **B**를 체크합니다.

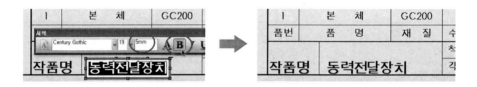

44 표제란의 작품명과 동력전달장치의 문자 주위를 크로싱 박스로 드래그(Drag)하여 선택하고 그림과 같이 필요없는 3개의 선을 제외한 후 선 사이에 맞춤⟨⟩을 클릭합니다.

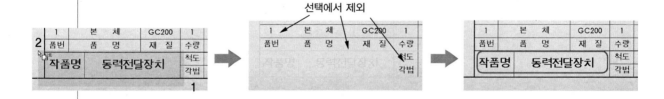

Tip >>
〈선 사이에 맞춤〉을 클릭하기 전에 정렬에 필요없는 선을 꼭 제외시켜야만 합니다.
선택에서 제외시킬 때는 Ctrl 키를 누른 상태에서 제외시킬 선택된 도형을 클릭하면 됩니다.

45 윤곽선 왼쪽 상단에 있는 수검란으로 이동합니다. 빠른 보기 도구의 전체 보기⟨⟩ [단축키 : F]를 클릭하고 영역 확대⟨⟩로 확대합니다.

46 수검란 주위를 크로싱 박스로 드래그(Drag)하여 선택하고 선 사이에 맞춤⊠을 클릭합니다.

3차원 모델링인 경우 기계기사를 뺀 다른 종목의 수검자들은 부품란의 '비고'란에 모델링한 모든 부품의 중량을 계산하여 기입하여야 합니다.

중량(=물성치)을 알아내기 위해 먼저 '본체'를 불러옵니다.

47 표준 도구모음에서 열기 를 클릭합니다. [단축키 : Ctrl+O]

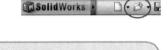

> **Tip** ≫
> 불러올 모델이 이미 SolidWorks상에 열려 있을 경우에는 Ctrl+Tab을 눌러 전환할 수가 있습니다.

48 [열기] 대화상자의 파일 형식에서 'SolidWorks 파일 (*.sldprt; *.sldasm; *.slddrw)'을 선택한 후 나열된 모델링 중 '본체'를 클릭하고 〈열기〉를 클릭합니다.

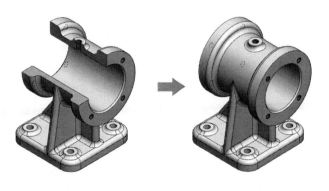

49 본체가 단면 처리된 상태라면 단면된 상태를 잠시 보류시킵니다.

> **중요** 절대 단면 처리한 상태에서 중량을 계산하지 않도록 주의해야 합니다.

FeatureManager 디자인 트리에서 단면을 잠시 해제하는 2가지 방법

● 롤백 바 사용

FeatureManager 디자인 트리창 맨 밑에 있는 파란선을 롤백 바라 부르며 여기에 마우스를 갖다놓으면 로 변경이 됩니다. 이 때 마우스를 위쪽으로 드래그(Drag)하여 단면에 사용된 피처를 숨길 수가 있습니다.

● 기능 억제 사용

단면에 사용된 피처(컷-돌출3)를 클릭하면 나타나는 상황별 도구 모음 중에 기능 억제를 선택하여 숨길 수가 있습니다.

> **Tip >>**
> 단면되어 있는 상태로 되돌아오기 위해서는 FeatureManager 디자인 트리상의 기능 억제된 피처를 클릭하여 기능 억제 해제를 하거나 롤백 바를 해제시킬 피처 밑으로 드래그(Drag)하여 내려놓으면 됩니다.

50 도구 도구 모음에서 물성치 ⚖ 를 클릭합니다.

51 [물성치] 대화상자가 나타나며 항목 중 〈옵션〉을 클릭합니다.

52 〈물성치/단면 속성 옵션〉 아래에서 단위, 재질 속성, 정확도를 그림과 같이 변경합니다.

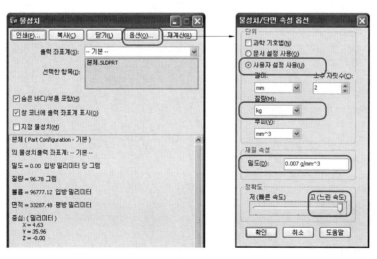

- 단위 : 사용자 설정 사용
  질량 −kg
- 재질 속성 : 밀도 − 0.007g/mm³
- 정확도 : 바(bar)를 오른쪽 끝으로 옮겨 '고(느린 속도)'를 사용

※ 수검 시 비중이 7로 주어졌을 때를 가정 하에 중량을 계산하였습니다.

> **Tip >>**
> 비중은 수검 시 수검 도면상에 주어지며 만약 비중이 7로 주어졌다면 밀도는 7g/cm³이지만 '재질 속성'란 단위가 g/mm³이기 때문에 〈비중/1000〉으로 계산해서 0.007로 입력하여야 합니다.

53 확인을 클릭하여 〈물성치/단면 속성 옵션〉창을 닫습니다.

본체 (Part Configuration - 기본)
의 물성치출력 좌표계: -- 기본 --
밀도 = 0.00 입방 밀리미터 당 킬로그램
질량 = 0.68 킬로그램
볼륨 = 96776.39 입방 밀리미터
면적 = 33287.26 평방 밀리미터

54 [물성치] 대화창에서 질량(중량)을 다음과 같이 확인할 수가 있습니다.

본체의 중량이 0.68kg으로 계산되었습니다.

※ 수검 시 유인물에 중량의 단위(kg 또는 g)와 소수점 자릿수 몇 자리까지 해야 한다고 표기가 되므로 필히 유인물을 읽어 확인해야 합니다. 여기서는 단위는 kg으로 소수점 자릿수는 2자리까지 해야 한다는 가정 하에 부품란에 기재하겠습니다.

55 Ctrl+Tab 을 눌러 현재 SolidWorks상에 열려있는 〈도면1〉로 전환합니다.

56 주석 도구 모음에서 노트**A**를 클릭합니다.
계산된 값을 비고란에 단위(kg)와 함께 입력합니다.

2	축	SM45C	1	
1	본 체	GC200	1	0.68kg
품번	품 명	재 질	수량	비 고
		척도	N/S	

57 다른 부품들(축, 스퍼 기어, 커버)도 작업 47번~작업 56번 방법으로 중량을 구해 비고란에 입력합니다.

글자 위치는 정확하게 할 필요는 없습니다.

5	커 버	GC200	2	0.11kg
4	스퍼기어	SC480	1	0.19kg
2	축	SM45C	1	0.20kg
1	본 체	GC200	1	0.68kg
품번	품 명	재 질	수량	비 고

58 크로싱 박스로 '비고' 주위를 그림과 같이 드래그하고 선 사이에 맞춤▭을 클릭합니다.

2	0.11kg
1	0.19kg
1	0.20kg
1	0.68kg
수량	비 고

→

2	0.11kg
1	0.19kg
1	0.20kg
1	0.68kg
수량	비 고

→

2	0.11kg
1	0.19kg
1	0.20kg
1	0.68kg
수량	비 고

각각의 부품들의 중량 기입이 완료되었습니다.

5	커 버	GC200	2	0.11kg
4	스퍼기어	SC480	1	0.19kg
2	축	SM45C	1	0.20kg
1	본 체	GC200	1	0.68kg
품번	품 명	재 질	수량	비 고
작품명	동력전달장치	척도	N/S	
		각법	3각법	

Tip ››
부품 재질의 내용은 AutoCAD에서 도면화 작업 시 설명하도록 하겠습니다.

59 시트지에서 마우스 오른쪽 버튼을 눌러 〈시트 편집〉을 클릭하거나 화면 오른쪽 상단에 있는 확인 코너의 🖳 아이콘을 클릭하여 시트 편집을 종료합니다.

시트 편집 확인 코너

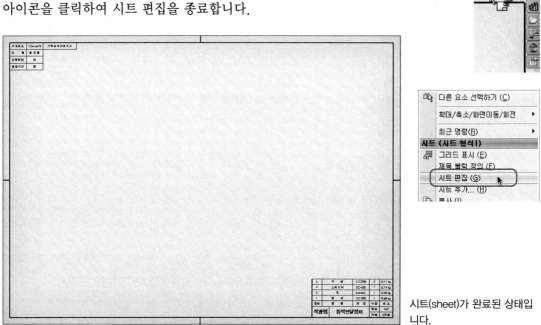

시트(sheet)가 완료된 상태입니다.

여기까지 완성된 시트(sheet)를 저장합니다.

60 메뉴 모음에서 저장🖫을 클릭하거나 메뉴 바에서 '파일-저장'를 클릭합니다. [단축키 : Ctrl+S]

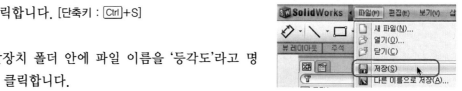

61 동력전달장치 폴더 안에 파일 이름을 '등각도'라고 명명하고 저장을 클릭합니다.

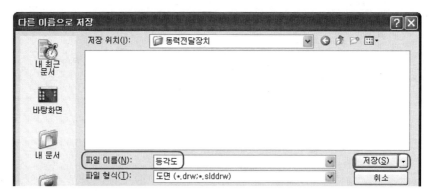

파일 이름에 확장명 .slddrw가 추가되어 '등각도.slddrw'로 저장됩니다.

다음 장에서는 완성된 시트(sheet)지에 3차원 모델링 부품들을 불러와 등각 투상도를 배치하는 방법을 배워보겠습니다.

② 시트지에 등각 투상도 배치하기

기계기사 종목을 뺀 나머지 종목 시험에서는 한쪽단면(1/4단면)을 해서 모델링한 부품들을 등각 투상도로 배치해야 합니다. 단, 축 종류에 해당되는 부품들은 절대 단면을 해서는 안되는 부품임을 숙지해야 합니다. 이제부터 등각 투상도를 시트지에 불러와 배치하는 방법을 배워보겠습니다.

01 표준 도구 모음에서 열기 📂를 클릭합니다. [단축키 : Ctrl+O]

> **Tip** ››
> 불러올 모델이 이미 SolidWorks상에 열려 있을 경우에는 Ctrl+Tab을 눌러 전환할 수가 있습니다.

02 [열기] 대화상자의 파일 형식에서 'SolidWorks 파일 (*.sldprt; *.sldasm; *.slddrw)'을 선택한 후 나열된 모델링 중 '본체'를 클릭하고 열기를 클릭합니다.

03 표준 보기 방향 도구 모음에서 🟦(등각보기)를 클릭합니다. [단축키 : Ctrl+7]

04 마우스 휠(가운데 버튼)을 누른 상태에서 움직여 본체의 왼쪽이 보이도록 그림과 같이 회전시킵니다.

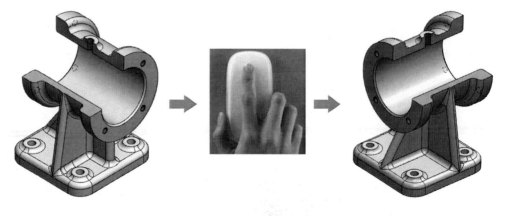

05 키보드의 스페이스 바를 눌러 [방향] 대화창에서 새 뷰 를 클릭하여 뷰 이름을 '본체2'라고 입력하고 확인을 클릭합니다.

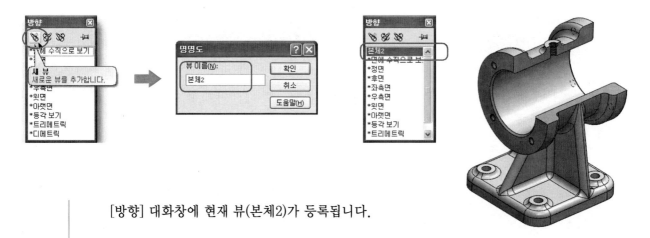

[방향] 대화창에 현재 뷰(본체2)가 등록됩니다.

> **Tip** >>
> 한 개의 부품에 각각 2곳에서 바라본 등각도를 배치해야 하기 때문에 반대쪽 등각 투상도를 나타내기 위해 작업 **4**번과 작업 **5**번을 해야 합니다.

06 표준 도구 모음에서 저장 (Ctrl+S)을 클릭합니다.

07 나머지 부품들(축, 스퍼 기어, 커버)도 작업 1번~작업 6번과 같이 부품의 반대쪽 등각도를 아래 그림과 같은 방향으로 회전시키고 [방향] 메뉴에 추가하여 줍니다.

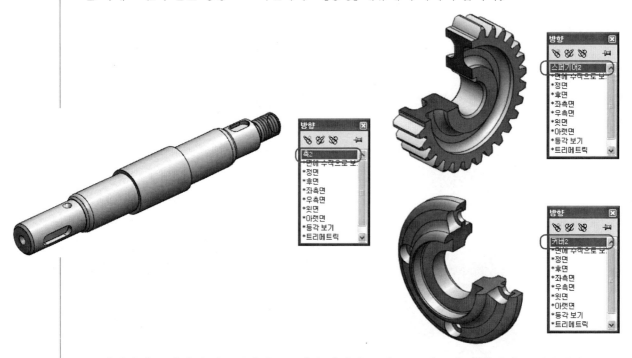

이제부터는 각각의 부품들마다 2곳에서 바라본 등각도를 시트지에 배치해 보겠습니다.

08 표준 도구 모음에서 열기 를 클릭합니다.
   [단축키 : Ctrl+O]

09 도면 시트(sheet)인 〈등각도〉를 불러옵니다.

Tip ››

불러올 시트가 이미 SolidWorks 상에 열려 있을 경우에는 Ctrl+Tab 을 눌러 전환할 수가 있습니다.

10 도면 도구 모음에서 모 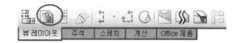 델 뷰 를 클릭합니다.

11 PropertyManager창의 나사산 표시 아래에서
   〈고품질〉을 체크합니다.

   삽입할 파트/어셈블리 항목의 '본체'를 더블클릭하거나 본체를 클릭
하고 창 왼쪽 상단의 다음 을 클릭하여 다음 창으로 넘어 갑니다.

Tip ››

모델 뷰 를 선택 시 〈삽입할 파트/어셈블리〉 아래의 문서 열기 항목에 파트가 표시되지 않을 경우에는 '찾아보기'를 선택하여 불러와야 합니다.

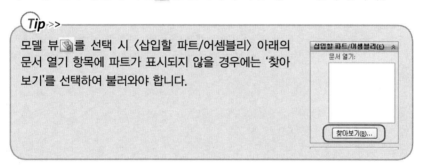

12 다음 PropertyManager창에서
• 방향의 표준 보기를 ' (등각 보기)'로
  클릭합니다.
• 표시 유형에서 ' (모서리 표시 음영)'
  을 클릭합니다.
• 배율을 사용자정의 배율로 1.4:1로 입
  력합니다.

13 시트지 상단 왼쪽 적당한 위치에 클
   릭하여 본체 등각 투상도를 배치합니다.

14 ✔(확인)을 클릭합니다.

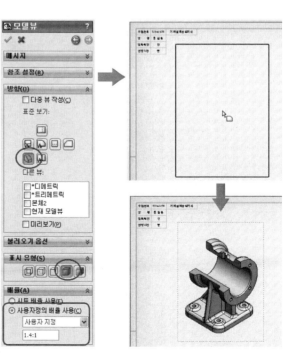

Tip >>

투상도 배율은 〈사용자정의 배율 사용〉을 체크하고 사용자 지정으로 선택하여 시트지 크기에 알맞은 적당한 배율을 입력하면 됩니다. 여기서는 '1.4:1'로 지정하도록 하겠습니다.

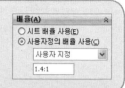

15 시트지에 배치한 본체를 선택하고 키보드의 Ctrl+C (복사하기)를 누른 다음 곧장 Ctrl+V (붙여넣기)를 누릅니다. 그림과 같이 바로 밑에 똑같은 본체 한 개가 복사됩니다.

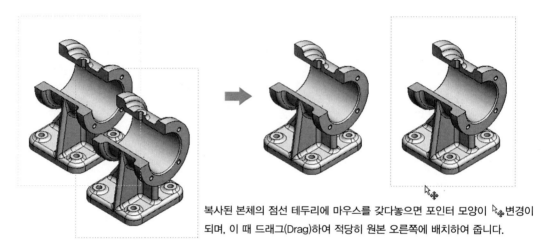

복사된 본체의 점선 테두리에 마우스를 갖다놓으면 포인터 모양이 변경이 되며, 이 때 드래그(Drag)하여 적당히 원본 오른쪽에 배치하여 줍니다.

16 다시 복사된 본체를 선택하고 PropertyManager창의 방향 아래의 〈다른 뷰:〉 항목에서 〈본체2〉를 체크합니다.

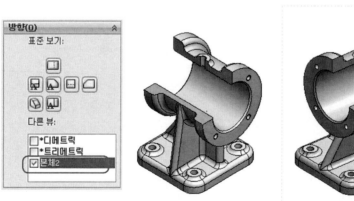

본체 등각도가
완료된 상태입니다.

Tip >>

등각도의 탭 구멍에 나사산 음영을 표시하기 위해서는 FeatureManager디자인 트리의 주석에서 마우스 오른쪽 버튼 클릭 시 나오는 〈세부 사항...〉에 들어가 〈주석 속성〉 창에서 〈음영 나사산〉을 체크해 주어야 합니다.

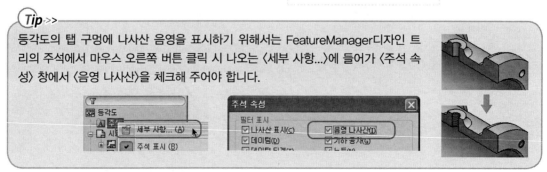

17 나머지 부품들(축, 스퍼 기어, 커버)도 작업 10번~작업 16번과 같은 방법으로 아래 그림과 같이 배치합니다.

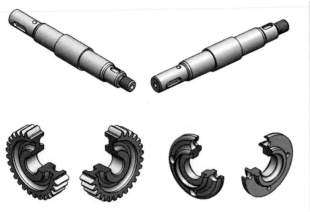

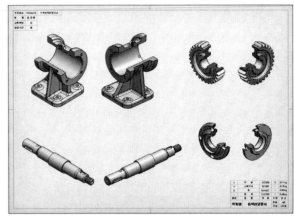

아주 쉬운 등각 투상도 방향 설정하는 또다른 방법

Ctrl+C(복사하기), Ctrl+V(붙여넣기)로 원본 오른쪽에 적당히 배치된 복사본이 있는 상태에서 SolidWorks 그래픽 영역 상단 중앙에 있는 〈빠른 보기 도구〉의 3D 도면뷰 를 클릭하여 복사본을 선택하면 선택된 물체에서만 시트지 안에서도 3차원적으로 회전 시킬 수가 있습니다.

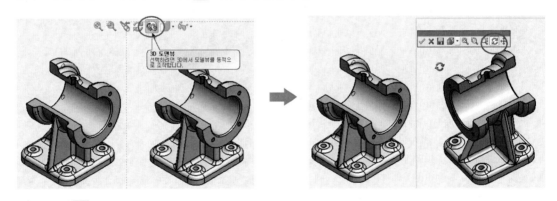

※ 3D 도면뷰 는 SolidWorks 2010 버전 이상부터 사용이 가능하며, 그 전까지의 버전은 회전은 되었지만 회전시킨 상태로 저장할 수가 없습니다.

등각 투상도를 모두 배치하였다면 마지막으로 각각의 부품마다 품번을 기재해야 합니다. 품번을 기재하기 위해 옵션에 들어가 품번의 글자 크기를 먼저 설정해야 합니다.

18 표준 도구 모음에서 옵션 을 클릭합니다.

19 옵션의 문서 속성 탭 아래에서

- 주석의 ⊞를 누르고 〈부품 번호〉를 클릭합니다.
- 텍스트 항목의 〈글꼴〉 버튼을 클릭합니다.

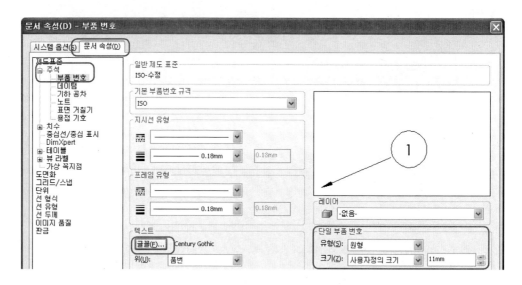

- [글꼴 선택] 대화창에서 높이의 단위에 '5mm'를 입력합니다.
- 확인을 클릭하여 [글꼴 선택] 대화창을 닫습니다.
- 〈단일 부품 번호〉 항목의 크기를 사용자정의 크기로 선택하고 '11mm'를 입력합니다.
- 확인을 클릭하여 옵션 대화창을 닫습니다.

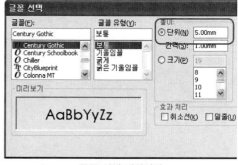

글꼴 선택 대화상자

20 주석 도구 모음에서 부품 번호⬢를 클릭합니다.

21 PropertyManager창의 부품 번호 세팅 아래에서

- 부품 번호 문자 항목에서 〈텍스트〉를 선택합니다.
- 사용자 정의 문자란에 '1'을 입력합니다.

22 본체 등각 투상도 윗부분 적당한 위치에 클릭합니다.

부품 번호 ①번이 생성이 됩니다.

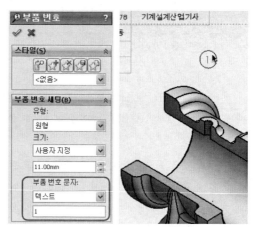

23 같은 방법으로 각각의 부품 마다의 품번(축 ②, 스퍼 기어 ④, 커버 ⑤)을 〈사용자 정의 문자〉란에 입력하면서 해당 부품 위에 부품 번호를 달아줍니다.

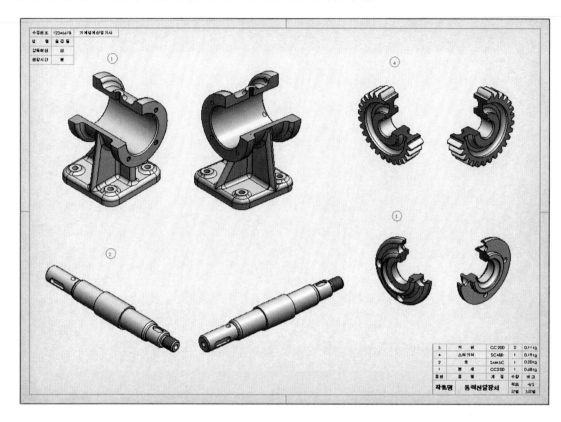

24 ✔(확인)을 클릭하여 부품 번호 PropertyManager창을 닫습니다.

③ 3차원 등각도 도면 출력하기

SolidWorks에서 그린 3차원 도면을 AutoCAD로 불러와 출력을 하면 렌더링(음영)된 상태가 아닌 형태로 프린트가 되기 때문에 가급적 3차원 모델링 도면은 SolidWorks에서 출력하는 것을 권장합니다. SolidWorks에서 출력하는 방법을 배워보도록 하겠습니다.

01 표준 도구 모음에서 인쇄🖨를 클릭합니다.
[단축키 : Ctrl+P]

02 [인쇄] 대화창에서
• 문서 프린터 항목의 〈이름〉에서 자격증 검정 장소에 설치된 프린터 기종을 선택해야 합니다.

- [페이지 설정]을 클릭하여 그림(용지에 맞춤, 고해상도, A3, 흑백, 가로방향)과 같이 설정합니다.
- 확인을 클릭하여 [페이지 설정] 대화창을 닫습니다.
- 문서 옵션 항목의 〈선 두께〉를 클릭하여 제대로 시험 규격에 맞게 굵기가 설정되어 있는지 확인합니다.
- 확인을 클릭하여 [문서 속성] 대화창을 닫습니다.

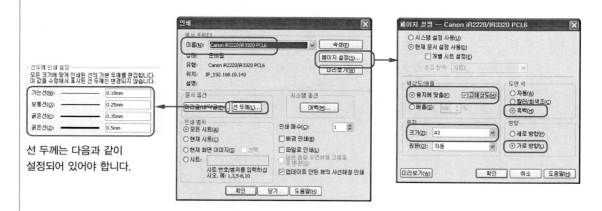

선 두께는 다음과 같이
설정되어 있어야 합니다.

03 〈미리보기〉를 클릭하여 인쇄 전에 출력 상태를 점검합니다.

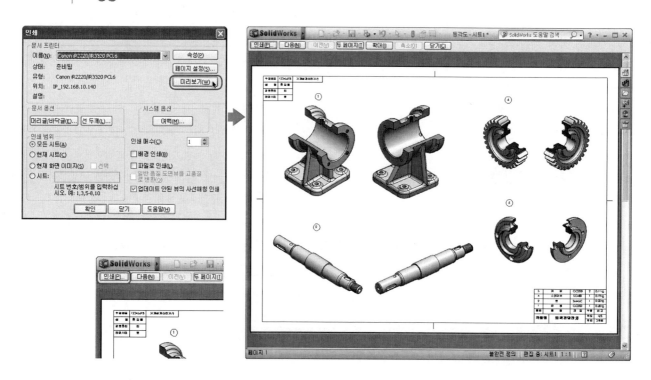

04 출력 상태가 문제가 없다면 미리보기창 왼쪽 상단의 〈인쇄〉를 클릭하고 확인를 눌러 출력을 합니다.

자격증 시험 시 인쇄물과 파일도 제출해야 합니다. 단, SolidWorks의 자체 파일로 저장해서 파일을 제출할 경우 다른 소프트웨어와 파일 교환이 되지 않으므로 문제가 됩니다. 그렇다고 해서 AutoCAD 파일인 dwg나 dxf로 저장해서 제출해도 안됩니다. 왜냐하면 AutoCAD 파일로 저장 시 음영처리(렌더링)가 없어지며 음영이 없는 등각도는 단면 부위에 해칭 표시를 해야 하기 때문입니다. 해결 방법은 아크로벳 PDF 파일로 저장하면 모든 문제가 해결됩니다.

PDF파일로 저장하는 방법을 배워보겠습니다.

05 표준 도구 모음에서 다른 이름으로 저장 🖫 을 클릭합니다.

06 다른 이름으로 저장 창에서
* 저장 위치를 인식된 USB드라이브를 지정해 줍니다.
* 파일 이름을 감독원이 지정해 준 이름으로 입력합니다.

Tip ››
수검장에서 USB를 나눠주며 파일 이름은 절대 아무 이름을 쓰면 안됩니다. 꼭 비번호가 들어가며 감독원이 지시하는 방법대로 저장해야만 합니다.

* 파일 형식을 'Adobe Portable Document Format (*.pdf)'로 선택합니다.
* 옵션을 클릭합니다.
* 내보내기 옵션 창에서 그림과 같이 PDF파일 저장 조건을 설정합니다.
* 확인을 클릭하여 내보내기 옵션 창을 닫습니다.
* 저장을 클릭합니다.

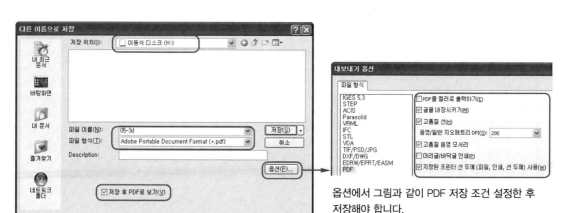

옵션에서 그림과 같이 PDF 저장 조건 설정한 후 저장해야 합니다.

Tip >>

저장 전 ☑ 저장 후 PDF로 보기(V) 를 체크하고 저장하면 저장된 화면 결과를 확인할 수가 있습니다. 단, Adobe Acrobat 소프트웨어가 컴퓨터상에 설치되어 있어야 합니다.

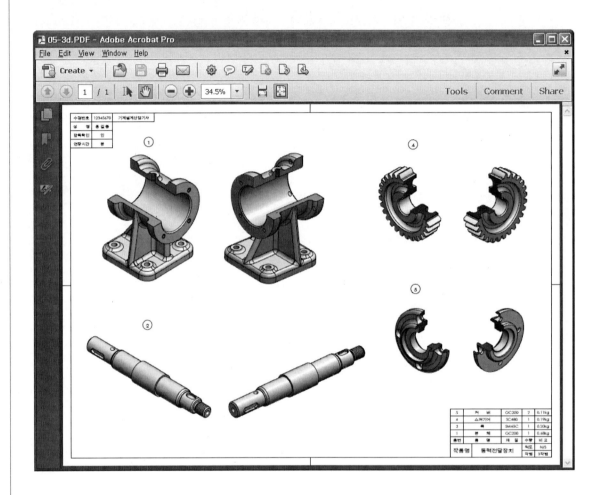

Adobe Acrobat 소프트웨어에서 저장된 결과물의 최종 상태를 확인합니다.

2차원 도면화 작업

　제3각법에 의해 A2 크기 영역 내에 1:1로 제도해야 하며 부품의 기능과 동작을 정확히 이해하여 투상도, 치수, 일반 공차와 끼워맞춤 공차, 표면거칠기 기호, 기하 공차 기호 등 부품 제작에 필요한 모든 사항을 기입하여 A3 용지에 출력해야 합니다.

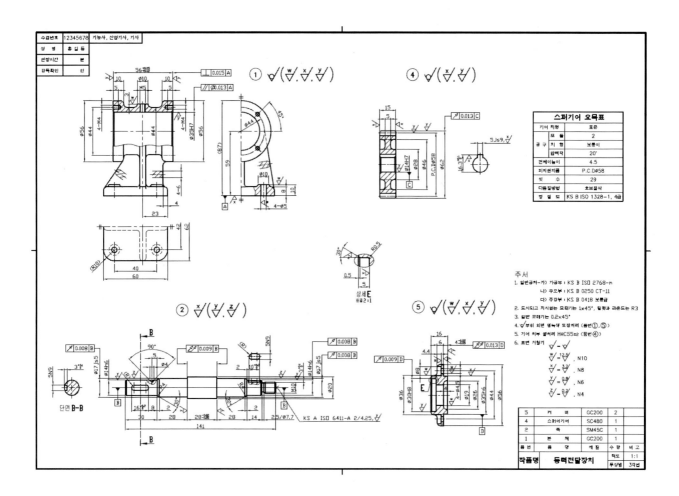

　SolidWorks에서 모델링한 제품을 AutoCAD로 보내 최종적으로 2차원 도면화하는 작업을 배워보겠습니다.

① SolidWorks에서 AutoCAD로 보내기 위한 준비 단계

SolidWorks에서 작업한 모델링 부품을 AutoCAD로 보내기 위해서는 투상법과 단면도 법을 정확히 이해하여 SolidWorks에서 각각의 부품투상도 배치와 단면을 미리 한 상태에서 AutoCAD로 보내는 것이 좋습니다.

01 표준 도구 모음에서 새 문서🗋를 클릭합니다.

[단축키 : Ctrl+N]

[SolidWorks 새 문서] 대화상자가 나타납니다.

02 〈도면〉을 선택한 후 확인을 클릭합니다.

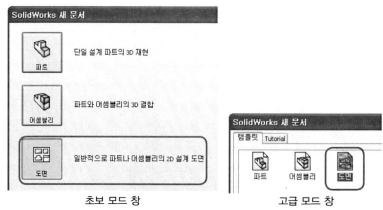

초보 모드 창   고급 모드 창

03 [시트 형식/크기] 대화상자에서 〈사용 자 정의 시트 크기〉 항목을 체크합니다.

04 시트 크기를 A2 규격의 크기로 입력한 후 확인 버튼을 누릅니다.

Tip >>
A2 규격은 가로 594mm에 세로 420mm입니다.

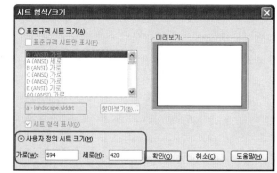

05 PropertyManager창의 〈시트1〉이나 그래픽 영역의 작업 시트지에서 마우스 오른쪽 버 튼을 눌러 속성을 클릭합니다.

[시트 속성] 대화상자에서 배율은 '1 : 1'로, 투상법 유형은 '제3각법'을 체크하고 확인을 클 릭합니다.

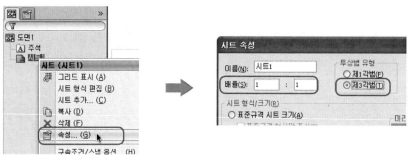

06 도면 도구 모음에서 모델 뷰  를 클릭합니다.

07 〈삽입할 파트/어셈블리〉 항목의 '본체'를 더블클릭하거나 본체를 클릭하고 창 왼쪽 상단의 다음 을 클릭하여 다음 창으로 넘어갑니다.

> (Tip)››
>
> 모델 뷰 를 선택 시 〈삽입할 파트/어셈블리〉 아래의 문서 열기 항목에 파트가 표시되지 않을 경우에는 '찾아보기'를 선택하여 불러와야 합니다.

08 다음 PropertyManager창에서
- 방향의 표준 보기를 '(정면)'으로 클릭합니다.
- 표시 유형에서 '(은선 제거)'를 클릭합니다.
- 배율을 〈시트 배율 사용〉으로 체크합니다.

09 시트지 상단 왼쪽 적당한 위치에 클릭하여 본체 정면도를 배치하고 마우스를 오른쪽으로 끌어 우측면도, 마우스를 정면도 아래 방향으로 끌어 저면도를 배치합니다.

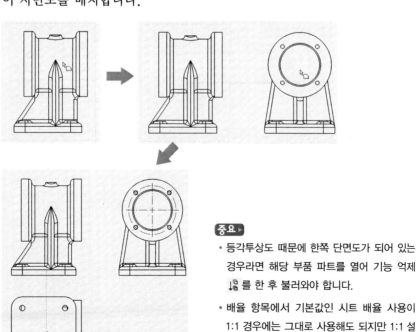

> 중요 ▶
> - 등각투상도 때문에 한쪽 단면도가 되어 있는 경우라면 해당 부품 파트를 열어 기능 억제 를 한 후 불러와야 합니다.
> - 배율 항목에서 기본값인 시트 배율 사용이 1:1 경우에는 그대로 사용해도 되지만 1:1 설정이 안된 경우에는 〈사용자정의 배율 사용〉을 체크하고 반드시 '1:1'로 선택해야 합니다.

10 ✅(확인)을 클릭합니다.

11 다른 부품(축, 기어, 커버)들도 작업 6번~작업 10번과 같이 실행하여 다음 그림과 같이 시트지 적당한 위치에 배치하여 줍니다.

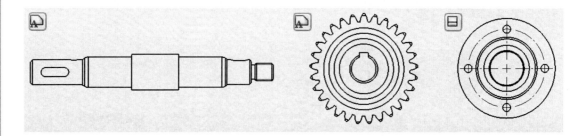

(Tip>>
축과 스퍼 기어는 보기 방향을 ▣(정면)으로, 커버는 ▣(우측면)으로 배치해 주어야 합니다.
스퍼 기어나 커버는 SolidWorks에서 단면도 ▯를 사용하여 정면도를 전단면도(=온단면도)로 생성해야 하기 때문에 우선적으로 측면도만 배치하여 줍니다.

V-벨트 풀리 방향은 다음과 같이 배치해야 합니다.

V-벨트 풀리도 단면도 ▯를 사용하여 정면도를 전단면도로 도시해야 하기 때문에 우선적으로 우측면▣만 배치하면 됩니다.

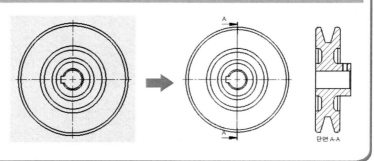

단면 A-A

● 지금부터는 2차원 제도법에 맞게 투상이 표현되도록 편집하는 것을 배워보겠습니다.

12 빠른 보기 도구의 영역 확대🔍로 본체 부분만을 확대합니다.

뷰 레이아웃 주석 스케치 계산 Office 제품

13 도면 도구 모음에서 부분 단면도🔲를 클릭합니다.
마우스 포인터가 ✎모양으로 바뀝니다.

14 오른쪽 그림과 같이 본체 정면도에 폐구간 형태로 스케치합니다.

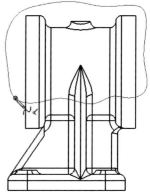

닫힌 형태  로 스케치가 완료됨과 동시에 부분 단면 PropertyManager창이 표시됩니다.

15 정면도 원통 상단 모서리에 마우스를 위치시켜 마우스 포인터가 모양일 때 클릭하고 PropertyManager창의 미리보기를 체크합니다.

16 ✔(확인)을 클릭합니다.

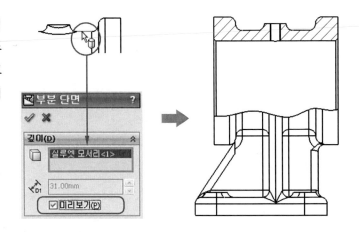

> **Tip** ≫≫
>
> 부분 단면의 포인터는 단면 깊이를 원통의 사분점을 이용하겠다는 의미이며 단면 깊이 값을 직접 PropertyManager창에서 입력할 수도 있습니다.

본체 단면에 경사 단면도가 아닌 부분 단면도를 사용한 이유

본체에 커버 결합 시 사용되는 탭 구멍이 표시되어야 하지만 경사 단면도 사용 시 본체의 리브(Rib)까지 절단되고 정면도 중앙 상단 부위에 있는 윤활유 주입 탭구멍도 없어지게 되어 잘못된 투상으로 채점 시 감점 요인이 됩니다.

그래서 어쩔 수 없이 부분 단면을 한 후 AutoCAD에서 추가적으로 탭구멍을 그려 주어야 합니다.

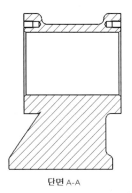
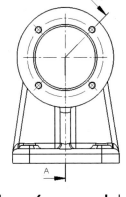

단면 A-A

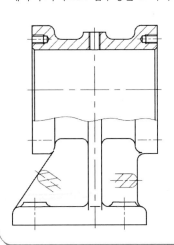

왼쪽 그림은 본체 정면도를 부분 단면 처리한 올바른 투상도입니다.

리브(Rib)는 회전 단면도만 가능하며 회전 단면도는 AutoCAD에서 도시해야 합니다.

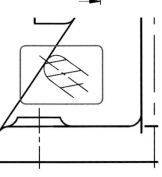

필렛 모서리나 라운드된 모서리 끝부분에는 접선이 생기며 이 접선은 2차원 도면상에서는 필요없는 선이기 때문에 꼭 숨겨주어야 합니다.

17 필요없는 모서리 부분의 접선을 숨길 때는 다음과 같은 3가지 방법을 사용할 수 있습니다.

접선을 숨기는 3가지 방법

첫째, 정면도에서 마우스 오른쪽을 클릭 후 접선의 〈접선 숨기기〉를 선택합니다.

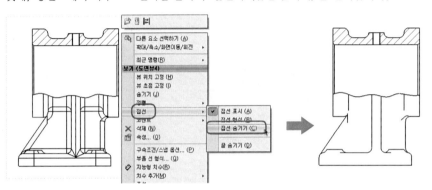

※ 결과와 같이 필요한 선까지 모두 숨겨주기 때문에 본체 부품에는 나쁜 결과가 됩니다.

둘째, 접선 표시를 포함하여 도면의 모서리 표시를 좀 더 세부적으로 제어하고자 한다면 선 형식 도구 모음의 모서리 숨기기/표시를 클릭한 후 본체를 선택합니다.

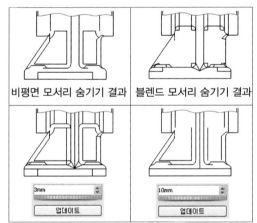

비평면 모서리 숨기기 결과 | 블렌드 모서리 숨기기 결과

※ 다음보다 짧은 모서리 숨기기 : 사용자가 지정한 길이보다 짧은 길이의 접선을 숨깁니다. 사용방법은 길이값을 입력하고 〈업데이트〉를 클릭한 후 확인을 클릭하면 숨길 수가 있습니다.

※ 선 형식 도구 모음의 모서리 숨기기/표시는 SolidWorks 2010버전부터 추가된 기능입니다.

셋째, 특정 부분의 접선을 숨기기 위해서는 숨길 해당 접선을 마우스 왼쪽이나 오른쪽으로 클릭 후 나타나는 아이콘에서 모서리 숨기기/표시 버튼을 클릭합니다.

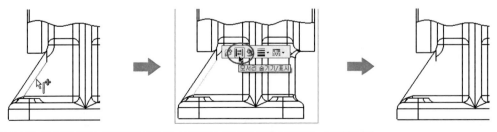

※ 접선이 몇 개 안될 경우 사용하면 좋지만 본체처럼 접선이 많을 경우에는 불편합니다.

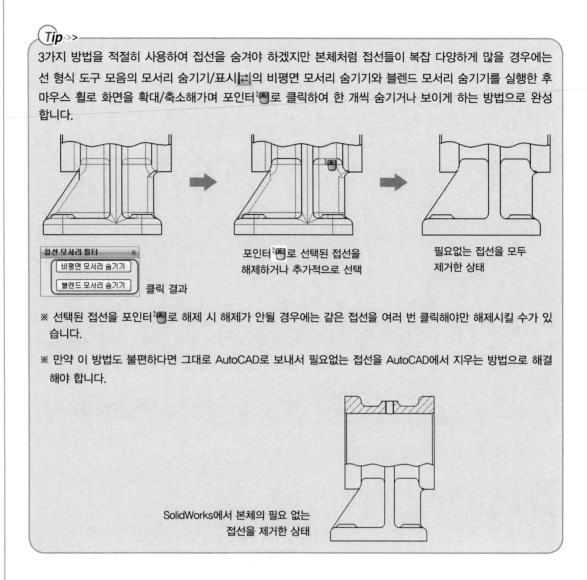

3가지 방법을 적절히 사용하여 접선을 숨겨야 하겠지만 본체처럼 접선들이 복잡 다양하게 많을 경우에는 선 형식 도구 모음의 모서리 숨기기/표시 의 비평면 모서리 숨기기와 블렌드 모서리 숨기기를 실행한 후 마우스 휠로 화면을 확대/축소해가며 포인터 로 클릭하여 한 개씩 숨기거나 보이게 하는 방법으로 완성합니다.

접선 모서리 필터
- 비평면 모서리 숨기기
- 블렌드 모서리 숨기기

클릭 결과

포인터 로 선택된 접선을
해제하거나 추가적으로 선택

필요없는 접선을 모두
제거한 상태

※ 선택된 접선을 포인터 로 해제 시 해제가 안될 경우에는 같은 접선을 여러 번 클릭해야만 해제시킬 수가 있습니다.

※ 만약 이 방법도 불편하다면 그대로 AutoCAD로 보내서 필요없는 접선을 AutoCAD에서 지우는 방법으로 해결해야 합니다.

SolidWorks에서 본체의 필요 없는
접선을 제거한 상태

18 주석 도구 모음에서 중심선 을 클릭합니다.

19 그림과 같이 위 아래 모서리를 클릭하면 그 중간에 중심선이 생기며 드래그(Drag)하여 길이를 맞추어 줍니다.

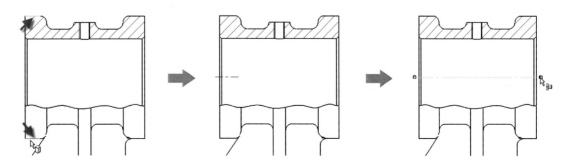

20 본체 정면도 다른 2곳에도 중심선⊞을 사용하여 중심선을 추가합니다.

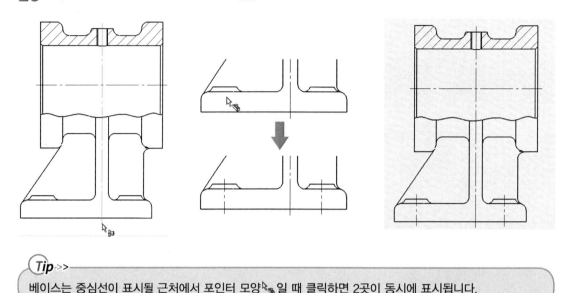

> **Tip** >>
> 베이스는 중심선이 표시될 근처에서 포인터 모양 🔖일 때 클릭하면 2곳이 동시에 표시됩니다.

중심 표시 ⊕

중심 표시 ⊕ 는 다음 그림과 같은 곳에 사용합니다.

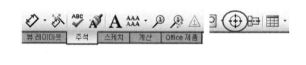

본체 우측면도가 좌우 대칭이므로 절반만 도시하여야 투상도 배치와 치수기입 시 유리합니다. 대칭인 부품을 절반만 도시하는 방법을 배워보겠습니다.

21 스케치 도구 모음에서 코너 사각형□을 클릭합니다.

22 절반만 보이게 될 본체의 우측면도 오른쪽에 그림과 같이 그립니다.

> **Tip** >>
> 정확히 그려야 하기 때문에 원의 사분점에서부터 시작되는 스냅 점선을 이용하여 커서를 위쪽으로 약간 떨어뜨려 코너 사각형을 그립니다.

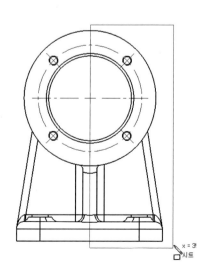

23 도면 도구 모음에서 부분도 를 클릭합니다. 코너 사각형 테두리 안쪽 부분만 남게 됩니다.

24 앞의 내용을 참조하여 필요없는 접선을 숨기고 중심선을 추가합니다.

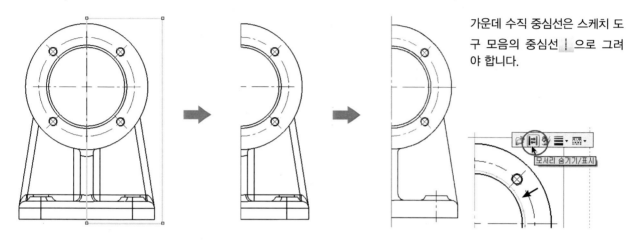

가운데 수직 중심선은 스케치 도구 모음의 중심선 ¦ 으로 그려야 합니다.

25 베어링 결합부 구멍의 바깥쪽에 모따기 선을 클릭하여 모서리 숨기기/표시 ⮕로 숨깁니다.

Tip ≫

절반만 도시할 경우에는 수직 중심선 양쪽 끝 부분에 대칭표시를 해야 하며 가급적 AutoCAD에서 표시하는 것을 권장합니다. 또한 리브(Rib)의 회전 단면도도 AutoCAD에서 표시하는 것을 권장합니다.

본체 우측면도의 베이스 구멍에 부분 단면도를 추가합니다.

26 도면 도구 모음에서 부분 단면도 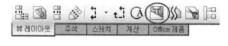를 클릭합니다. 마우스 포인터가 ⬚모양으로 바뀝니다.

27 그림과 같이 본체 우측면도 베이스에 폐구간 형태로 스케치합니다.

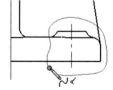

28 베이스 볼트 구멍 상단 모서리에 마우스를 위치시켜 마우스 포인터 가 ⬚ 모양일 때 클릭하고 PropertyManager창의 미리보기를 체크합니다.

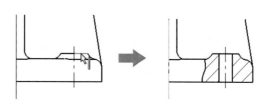

부분 단면도를 실행하고 나면 숨겼던 접선이 다시 보일 수가 있는데 이땐 다시 한 번 모서리 숨기기/표시 ⮕로 숨겨야 합니다.

29 ✔(확인)을 클릭합니다.

본체 저면도도 우측면도와 같이 상하 대칭이므로 절반만 도시하는 것이 좋습니다.

30 스케치 도구 모음에서 코너 사각형▢을 클릭합니다.

31 절반만 보이게 될 본체의 저면도 아래쪽에 그림과 같이 그립니다.

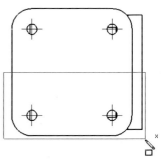

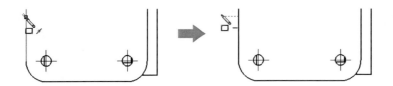

> **Tip** >>
> ● 정확히 그려야 하기 때문에 선의 중간점에서부터 시작되는 스냅 점선을 이용하여 커서를 왼쪽으로 약간 떨어뜨려 코너 사각형을 그립니다.
> ● 대칭일 경우 절반만 도시할 때 제도법에 따라 우측면도는 오른쪽을 남기고 저면도는 아래부분을 남겨야 합니다.

32 도면 도구 모음에서 부분도▨를 클릭합니다. 코너 사각형 테두리 안쪽 부분만 남게 됩니다.

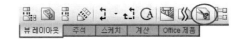

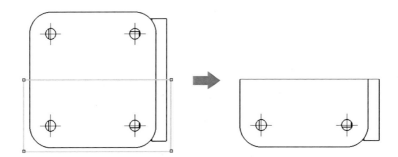

33 저면도 투상 시 필요없는 선을 그림과 같이 모서리 숨기기/표시▣로 숨겨주어야 합니다.

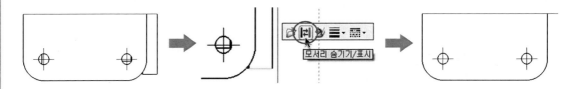

> **Tip** >>
> 구멍 안쪽에 있는 선까지 모두 모서리 숨기기/표시▣로 숨겨주어야 합니다.

34 스케치 도구 모음의 중심선 을 클릭하여 그림과 같이 중심선을 추가합니다.

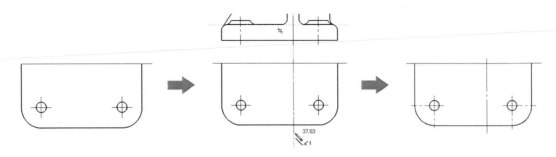

Tip >>
● 수직 중심선은 정면도의 리브의 중심에 맞추어 그려주어야 합니다.
● 구멍 중심은 기존 중심선을 드래그(Drag)하여 바깥쪽까지 빼주어야 합니다.

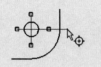

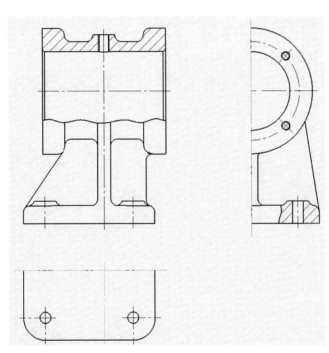

본체의 기본적인 투상이 완료된 상태

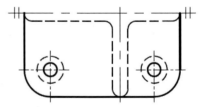

AutoCAD에서 최종적으로 완성된 저면도 모습
정면도의 탭 구멍이나 리브의 회전 단면, 우측면도의 숨은선 표시, 저면도의 숨은선이나 대칭 표시는 AutoCAD에서 따로 추가하여 완성해야 합니다.

다음으로 축 투상을 2차원 제도법에 맞게 편집하는 것을 배워보겠습니다.

35 빠른 보기 도구의 영역 확대  로 축 부분만을 확대합니다.

36 도면 도구 모음에서 부분 단면도 를 클릭합니다. 마우스 포인터가 모양으로 바뀝니다.

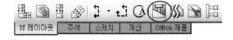

37 축을 클릭하고 나타난 PropertyManager창에서 표시 유형 항목의 은선 표시⊡를 클릭합니다.

<u>Tip</u> >>
안쪽에 있는 부분이 보여야 부분 단면도 선을 정확하게 그릴 수가 있습니다.

38 축의 오른쪽 키 홈 부위에 그림과 같이 폐구간 형태로 스케치합니다.

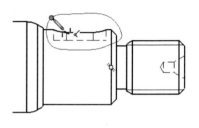

39 축 원통 상단 모서리에 마우스를 위치시켜 마우스 포인터가 ⬚모양일 때 클릭하고 PropertyManager창의 〈미리보기〉를 체크합니다.

40 ✔(확인)을 클릭합니다.

<u>Tip</u> >>
축은 키 홈 부분에 키 홈이 보일 수 있도록 단면도 처리를 해 주어야 하며, 더불어 멈춤나사 삽입 부위에도 부분 단면도를 해야 합니다.

41 도면 도구 모음에서 부분 단면도를 클릭합니다.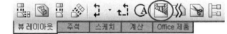

42 축 왼쪽 멈춤나사가 삽입될 노치 부분에 폐구간 형태로 스케치합니다.

43 축 원통 상단 모서리에 마우스를 위치시켜 마우스 포인터가 ⬚모양일 때 클릭하고 PropertyManager창의 〈미리보기〉를 체크합니다.

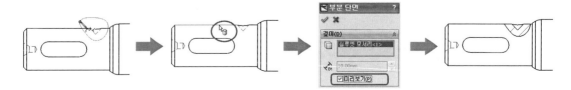

44 ✔(확인)을 클릭합니다.

Tip ≫
선반의 심압대가 삽입되는 센터구멍은 2차원 도면에서는 도시하지 않으니 부분 단면도 처리를 하면 안됩니다.

45 축에서 마우스 오른쪽을 클릭 후 접선의 접선 숨기기를 선택하여 접선을 모두 숨깁니다. PropertyManager창에서 은선 제거▢를 클릭하여 숨은선도 숨깁니다.

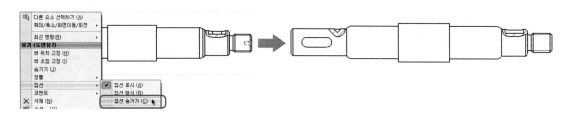

46 주석 도구 모음에서 중심선⫴을 클릭 합니다.

47 그림과 같이 중심선을 추가합니다.
축에 커서를 위치시킨 후 포인터 모양⫴일 때 클릭합니다. 축의 전체길이에 맞게 중심선이 추가됩니다.

왼쪽 멈춤나사 삽입부에도 양쪽 경사선을 선택하여 중심선을 추가합니다.

48 주석 도구 모음에서 중심 표시⊕를 클 릭합니다.

49 왼쪽 키 홈의 라운드진 부분을 클릭하여 2곳에 중심선을 추가합니다.

50 도면 도구 모음에서 투상도⫴를 클릭합니다.

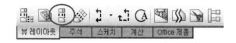

51 축을 클릭한 후 마우스를 위로 올려 평면도를 추가합니다.

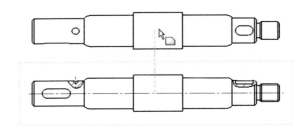

Tip >>
오른쪽 키 홈의 평면도를 나타내기 위한 작업을 수행하고자 평면도가 필요합니다.

52 ✔(확인)을 클릭합니다.

53 스케치 도구 모음에서 코너 사각형□을 클릭합니다.

54 축 평면도의 오른쪽 키 홈에 그림과 같이 사각형을 그립니다.

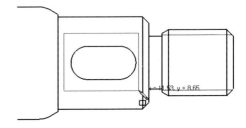

55 도면 도구모음에서 부분도�를 클릭합니다.
코너 사각형 테두리 안쪽 부분만 남게 됩니다.

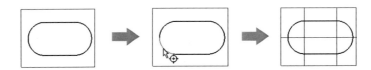

Tip >>
사각형 테두리는 AutoCAD에서 지워버려야 합니다.

56 주석 도구 모음에서 중심 표시⊕를 클릭합니다.

57 키 홈의 라운드진 부분을 클릭하여 2곳에 중심선을 추가합니다.

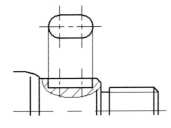

축 상단에 따로 키 홈만 투상한 것을 국부 투상도라고 부릅니다.
왼쪽 그림과 같이 나머지 부분은 AutoCAD에서 최종적으로 완성해야 합니다.

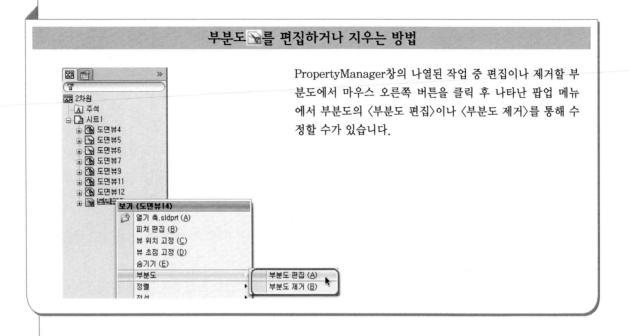

부분도 ✏를 편집하거나 지우는 방법

PropertyManager창의 나열된 작업 중 편집이나 제거할 부분도에서 마우스 오른쪽 버튼을 클릭 후 나타난 팝업 메뉴에서 부분도의 〈부분도 편집〉이나 〈부분도 제거〉를 통해 수정할 수가 있습니다.

58 도면 도구 모음에서 단면도 ↕를 클릭합니다.

59 그림과 같이 왼쪽 키 홈에 수직으로 절단선을 그린 다음 마우스를 왼쪽으로 옮겨 적당한 위치에 단면도를 배치합니다.

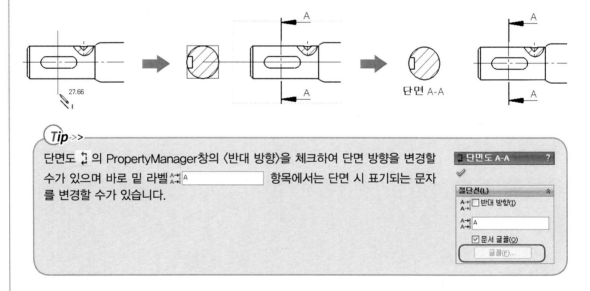

Tip ≫

단면도 ↕의 PropertyManager창의 〈반대 방향〉을 체크하여 단면 방향을 변경할 수가 있으며 바로 밑 라벨 ✎ A 항목에서는 단면 시 표기되는 문자를 변경할 수가 있습니다.

60 주석 도구 모음에서 중심 표시 ⊕를 클릭합니다.

61 단면도의 바깥쪽 원 테두리를 클릭하여 중심선을 추가합니다.

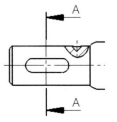

단면 A-A

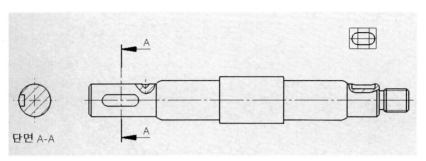

축의 기본적인 투상이 완료된 상태

다음으로 스퍼 기어 투상을 2차원 제도법에 맞게 편집하는 것을 배워보겠습니다.

62 도면 도구 모음에서 단면도 ⬍를 클릭합니다.

63 그림과 같이 정확히 절반으로 수직 절단선을 그린 다음 마우스를 왼쪽으로 옮겨 적당한 위치에 정면도가 될 단면도를 배치합니다.

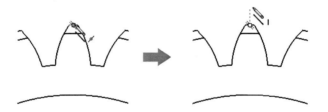

Tip >>
정확히 그려야 하기 때문에 스퍼 기어 사분점에서부터 시작되는 스냅 점선을 이용하여 커서를 위쪽으로 약간 떨어뜨려 절단선을 그립니다.

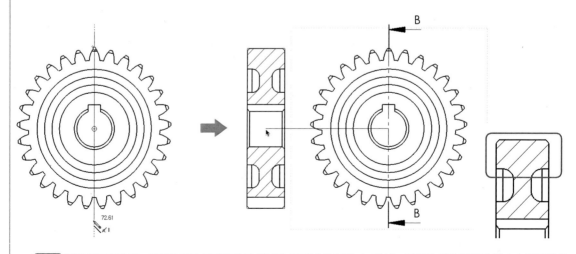

중요▶ 절대 제도법에서는 기어의 이를 단면하면 안 됩니다. 그러나 SolidWorks에서는 단면이 되기 때문에 꼭 AutoCAD에서 단면된 이를 단면이 없도록 수정을 해주어야 수검 시 감점이 안 됩니다.

64 단면도에서 마우스 오른쪽을 클릭 후 접선의 〈접선 숨기기〉를 선택하여 접선을 모두 숨깁니다.

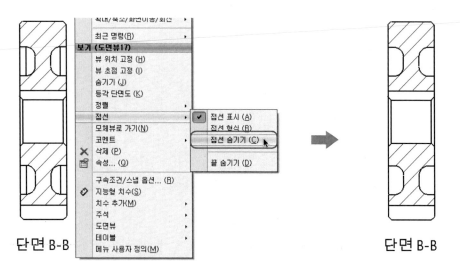

단면 B-B   단면 B-B

65 주석 도구 모음에서 중심선 을 클릭합니다.

66 그림과 같이 커서를 위치시킨 후 포인터 모양 일 때 클릭합니다. 기어 전체 길이에 맞게 중심선이 추가됩니다.

67 스케치 도구 모음에서 코너 사각형 을 클릭합니다.

68 키 홈 부위에 그림과 같이 사각형을 그립니다.

69 도면 도구 모음에서 부분도 를 클릭합니다.
코너 사각형 테두리 안쪽 부분만 남게 됩니다.

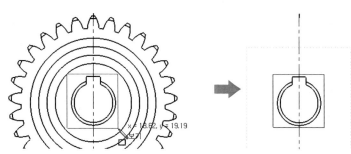

70 구멍의 바깥쪽에 모따기 선을 클릭하여 모서리 숨기기/표시 로 숨깁니다.

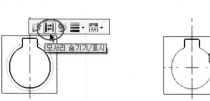

71 주석 도구 모음에서 중심 표시 를 클릭합니다.

72 부분도의 바깥쪽 원을 클릭하여 중심선을 추가합니다.

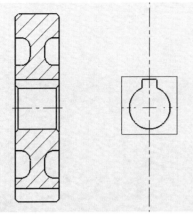

스퍼 기어의 기본적인 투상이 완료된 상태

※ 국부 투상도의 필요 없는 부분은 AutoCAD로 보내서 삭제를 해야 합니다.

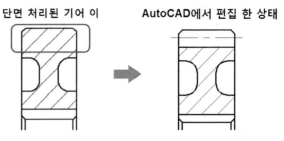

SolidWorks에서 단면된 이를 AutoCAD로 불러와 단면이 없도록 수정하여 최종적으로 마무리를 해야 합니다.

다음으로 커버 투상을 2차원 제도법에 맞게 편집하는 것을 배워보겠습니다.

73 도면 도구 모음에서 단면도  를 클릭합니다.

74 그림과 같이 정확히 절반으로 수직 절단선을 그린 다음 마우스를 왼쪽으로 옮겨 적당한 위치에 정면도가 될 단면도를 배치합니다.

> **Tip** >>
> 정확히 그려야 하기 때문에 커버의 윗부분 사분점에서부터 시작되는 스냅 점선을 이용하여 커서를 위쪽으로 약간 떨어뜨려 절단선을 그립니다.

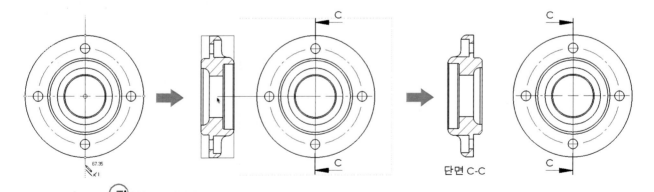

단면 C-C

> **Tip** >>
> 제도법에 의해 본체에 삽입되는 부위가 오른쪽에 배치되어 있어야 하므로 PropertyManager창의 〈반대 방향〉을 체크하여 절단 방향을 변경해야 합니다.

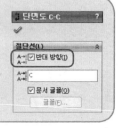

75 단면도에서 마우스 오른쪽을 클릭 후 접선의 〈접선 숨기기〉를 선택하여 접선을 모두 숨깁니다.

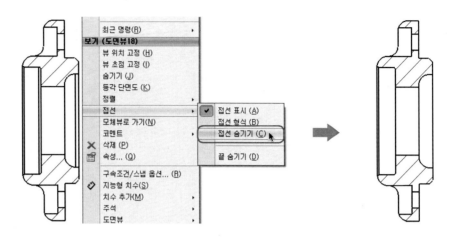

76 주석 도구 모음에서 중심선을 클릭합니다.

77 그림과 같이 커서를 위치시킨 후 포인터 모양일 때 클릭합니다.

커버 위쪽과 아래쪽에 있는 볼트 구멍에도 중심선을 추가합니다. 길이가 맞질 않으면 생성된 중심선 끝을 드래그(Drag)하여 맞추어 줍니다.

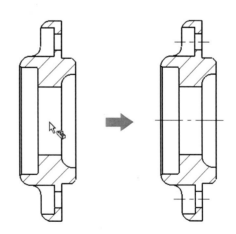

78 스케치 도구 모음에서 타원을 클릭합니다.

79 그림과 같이 오일 실 삽입 구멍 부위에 스케치를 합니다.

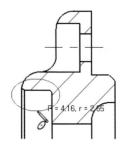

Tip >>
타원을 그리는 방법은 중심(P1)될 위치를 먼저 클릭하고 수평(P2)으로 적당한 위치에 클릭, 마지막으로 수직(P3)으로 타원 모양에 맞게 클릭하면 됩니다.

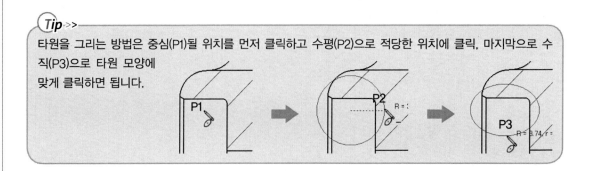

80 스케치한 타원을 클릭하고 도면 도구 모음에서 상세도 ⒶA를 클릭합니다.

81 PropertyManager창에서
- 상세도 원 항목에서 〈프로파일〉을 선택합니다.
- 상세도 항목에서 〈전체 테두리〉를 체크합니다.
- 배율 항목에서 〈사용자정의 배율 사용〉으로 2:1로 지정합니다.

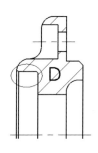

상세 D
배율 2 : 1

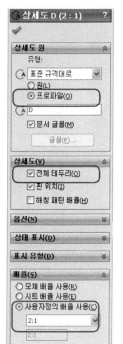

82 상세도를 적당한 위치에 배치하고 ✔(확인)을 클릭합니다.

Tip >>
오일 실이 들어가는 커버는 꼭 오일 실 삽입부에 상세도를 만들어 주어야 합니다.

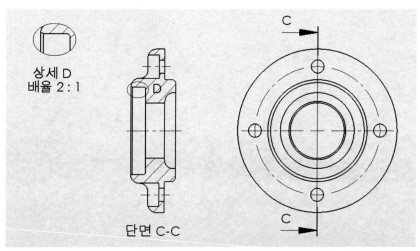

상세 D
배율 2 : 1

단면 C-C

커버의 투상이 완료된 상태

※ 현재 커버에는 우측 면도가 필요 없는 부품이므로 AutoCAD에서 우측면도를 지워버려야 합니다.

다음은 별도로 V−벨트 풀리를 2차원 제도법에 맞게 편집하는 것을 배워보겠습니다.

01 도면 도구 모음에서 단면도 ↕를 클릭합니다.

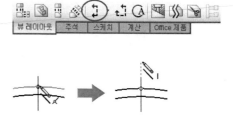

02 그림과 같이 정확히 절반으로 수직 절단선을 그린 다음 마우스를 왼쪽으로 옮겨 적당한 위치에 정면도가 될 단면도를 배치합니다.

> **Tip** >>
> 정확히 그려야 하기 때문에 풀리의 윗부분 사분점에서부터 시작되는 스냅 점선을 이용하여 커서를 위쪽으로 약간 떨어뜨려 절단선을 그립니다.

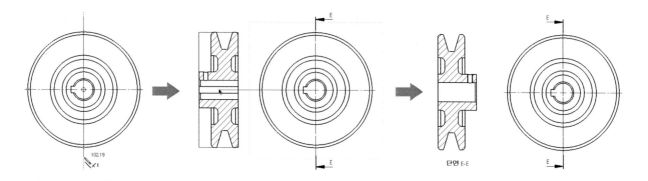

> **Tip** >>
> 제도법에 의해 보스(튀어나온 부분) 부위가 오른쪽에 배치되어 있어야 하므로 PropertyManager창의 〈반대 방향〉을 체크하여 절단 방향을 변경해야 합니다.

03 ✅(확인)을 클릭합니다.

04 단면도에서 마우스 오른쪽 클릭 후 접선의 〈접선 숨기기〉를 선택하여 접선을 모두 숨깁니다.

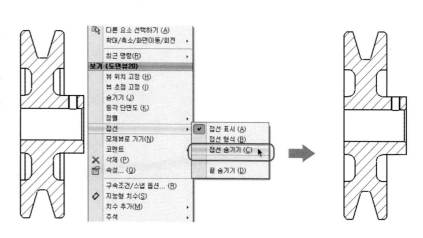

05 주석 도구 모음에서 중심선⊞을 클릭
합니다.

06 그림과 같이 커서를 위치시킨 후 포인터 모양⊱
일 때 클릭합니다.

멈춤나사 삽입 탭 구멍과 전체 높이 수직 중심선도
추가합니다. 길이가 맞질 않으면 생성된 중심선 끝을
드래그(Drag)하여 맞추어 줍니다.

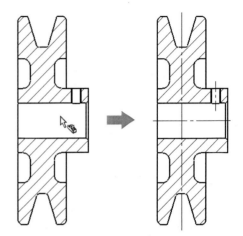

> **Tip** >>
> 전체 높이 수직 중심선을 추가하기 위해서는 양쪽으로 수직
> 외형선을 선택해야 합니다.
>
>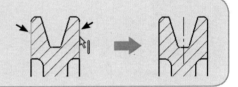

07 키 홈 구멍의 바깥쪽 모따기 선을 클릭
하여 모서리 숨기기/표시㉄로 숨깁니다.

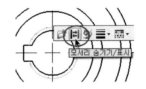

08 스케치 도구 모음에
서 코너 사각형▢을 클릭
합니다.

09 키 홈 부위에 그림과
같이 사각형을 그립니다.

10 도면 도구 모음에서
부분도🔪를 클릭합니다.

코너 사각형 테두리 안
쪽 부분만 남게 됩니다.

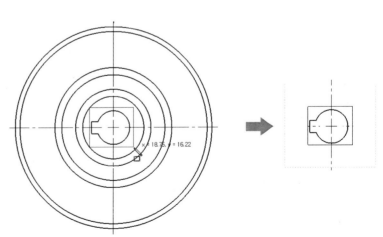

11 스케치 도구 모음에서 타원⌀을 클릭합니다.

12 그림과 같이 풀리 왼쪽 상단 부위에 스케치를 합니다.

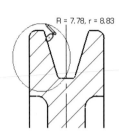

> **Tip** ≫
> 타원을 그리는 방법은 중심(P1)될 위치를 먼저 클릭하고 수평(P2)으로 적당한
> 위치에 클릭, 마지막으로 수직(P3)으로 타원 모양에 맞게 클릭하면 됩니다.

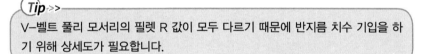

13 스케치한 타원을 클릭하고 도면 도구 모음에서 상세도Ⓐ를 클릭합니다.

14 PropertyManager창에서
- 상세도 원 항목에서 〈프로파일〉을 선택합니다.
- 상세도 항목에서 〈전체 테두리〉를 체크합니다.
- 배율 항목에서 〈사용자정의 배율 사용〉으로 2:1로 지정합니다.

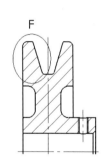

상세 F
배율 2 : 1

15 상세도를 적당한 위치에 배치하고 ✔(확인)을 클릭합니다.

> **Tip** ≫
> V-벨트 풀리 모서리의 필렛 R 값이 모두 다르기 때문에 반지름 치수 기입을 하기 위해 상세도가 필요합니다.

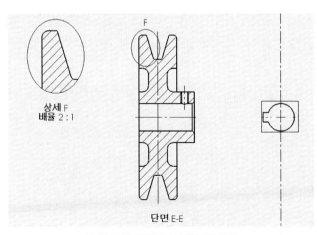

상세 F
배율 2 : 1

단면 E-E

V-벨트 풀리의 투상이 완료된 상태

※ 국부 투상도의 필요 없는 부분은 AutoCAD로
보내서 삭제를 해야 합니다.

다음으로 모든 투상이 SolidWorks에서 완료가 되었기 때문에 AutoCAD로 내보내기 위해 저장하는 방법을 배워보겠습니다.

01 표준 도구 모음에서 다른 이름으로 저장 🖫을 클릭합니다.

02 다른 이름으로 저장 창에서

• 저장 위치를 〈동력전달장치〉 폴더로 지정해 줍니다.

• 파일 이름을 '2d투상도'라고 입력합니다.

• 파일 형식을 'Dxf'로 선택합니다.

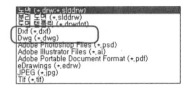

> **Tip** >>
> DWG 파일은 AutoCAD Drawing File(도면 파일)이며, DXF 파일은 도면 파일의 2진 또는 ASCII로 응용프로그램 간에 도면 데이터를 공유하는데 사용하므로 둘 중 하나로 저장하면 됩니다.

• 옵션을 클릭합니다.

• 〈내보내기 옵션〉 창에서 그림과 같이 DXF/DWG 파일 저장 조건을 설정합니다.

• 확인을 클릭하여 〈내보내기 옵션〉 창을 닫습니다.

• 저장을 클릭합니다.

※ 옵션에서 그림과 같이 DXF/DWG 파일 저장 조건으로 설정되어 있는지 확인하고 저장합니다.

> **Tip** >>
> 내보내기 옵션 항목 중 버전을 가급적 낮은 버전인 R2000~2002를 사용해야 AutoCAD에서 불러들일 때 문제가 없습니다.

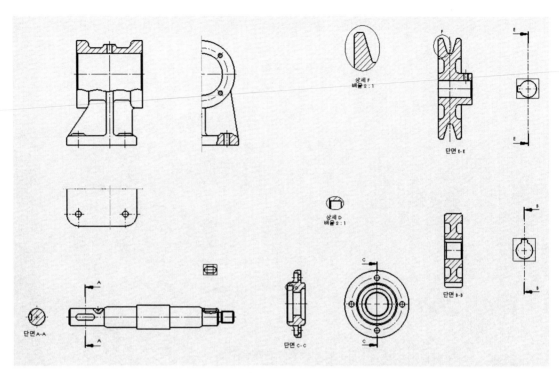

※ 최대한 SolidWorks에서 투상과 단면 그리고 상세도를 만든 다음 KS제도법에 맞게 AutoCAD에서 필요 없는 형상은
지우고 필요한 형상은 수정하거나 추가하여 완성해야 작업이 수월해집니다.

② AutoCAD에서 투상도의 수정 및 편집

SolidWorks에서 도면화 작업 시 KS제도법에 맞지 않는 불필요한 형상이 존재하는데 이것
을 AutoCAD로 불러와 수정해서 2차원 도면을 완성해야 합니다.

01 AutoCAD를 실행합니다.

02 Command명령어 입력줄에 〈OPEN〉을 입력합니다. [단축키 :
Ctrl+O] [Select File] 대화상자가 나타납니다.

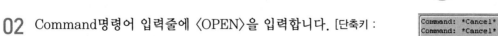

```
Command: *Cancel*
Command: *Cancel*

Command: OPEN
```

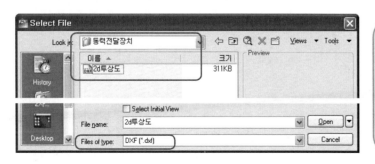

> **Tip** ≫
> SolidWorks에서 파일 형식을
> DXF로 저장했기 때문에 대화상
> 자에 보이질 않습니다. 대화상자
> 아래쪽에 있는 Files of type:을
> DXF(*.dxf)로 변경해 주어야 저
> 장된 파일이 나타납니다.

03 Look in: 항목에서 〈동력전달장치〉 폴더가 아닌 경우에는 있는 위치로 찾아가야 합니다.

04 SolidWorks에서 저장한 '2d투상도.dxf'를 불러옵니다.

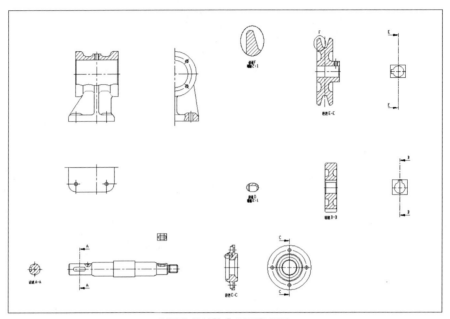

부품만 투상한 후 불러온 화면

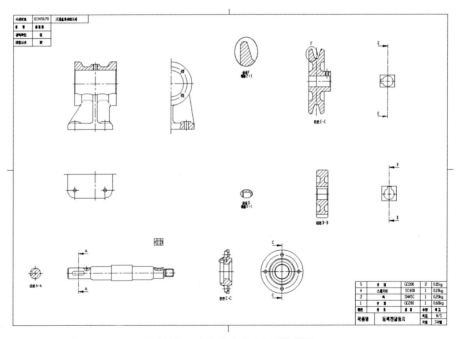

윤곽선과 표제란 등과 같이 불러온 화면

Tip >>

SolidWorks에서 3차원 도면화 작업 시 윤곽선과 표제란 등을 만들었다면 그 안에 2차원 도면화 작업을 함께 하여 AutoCAD로 불러오는 것이 수검 시간을 줄일 수 있는 방법입니다.

3차원 등각 투상도에 사용한 윤곽선과 표제란을 2차원 도면에 쉽게 적용하는 방법

① SolidWorks 안에서 3차원 등각도 파일을 불러옵니다.
② 메뉴 바에서 파일의 〈시트 형식 저장〉을 클릭합니다.

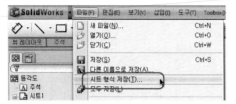

③ [시트 형식 저장] 대화상자에서 파일 이름만 '테두리'라고
　입력하고 저장을 클릭합니다.

④ 2차원 도면이 작업된 시트지로 이동합니다. 이미 시트지
　가 열려 있을 경우에는 [Ctrl]+[Tab]으로 이동할 수가 있으며
　열려 있지 않을 경우에는 표준 도구 모음에서 열기🗁[단축
　키 : [Ctrl]+O]를 클릭하여 시트지를 불러와야 합니다.
⑤ PropertyManager창의 〈시
　트1〉이나 그래픽 영역의 작업
　시트지에서 마우스 오른쪽 버
　튼을 눌러 〈속성〉을 클릭합니
　다. [시트 속성] 대화상자에서
　시트 형식/크기 항목의 〈표준
　규격 시트 크기〉에서 오른쪽
　스크롤 바를 내려 마지막에

　있는 〈테두리〉를 선택하고 확인을 클릭합니다.
⑥ 그림과 같이 수검란과 표제란 등이 2차원 도면에 삽입됩
　니다. 앞 내용을 참조하여 다른 이름으로 저장🖫 후
　AutoCAD로 불러오면 됩니다.

단, SolidWorks에서 작업한 도면을 AutoCAD로 불러오면
모든 선들의 색상이 흰색으로 들어오기 때문에 선 굵기를 다
시 AutoCAD에서 재지정해 주어야 합니다. AutoCAD에서는
선 굵기를 일반적으로 색상으로 지정하며 방법은 뒤에서 설
명하도록 하겠습니다.

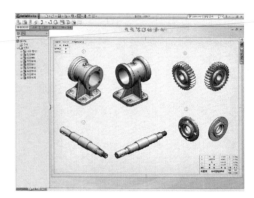

※ 파일 이름은 아무 이름이나 입력해도 되지만 가
　급적 현재 저장 위치인 sheetformat 폴더를 변경
　하지 않는 것이 좋습니다.

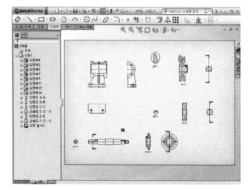

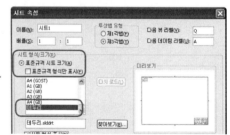

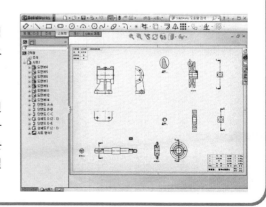

05 불러온 도면에서 우선적으로 각각의 부품마다 그림과 같이 필요 없는 형상을 지워줍니다.

필요 없는 도형을 클릭하고 키보드의 [Del]키를 누르거나 ERASE [단축키 : E]를 입력하고 [Enter]를 하여 지웁니다.

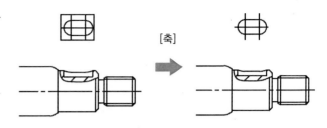

[축]

[스퍼 기어]

단면 B-B

[커버]

단면 C-C

상세 D
배율 2 : 1

[V-벨트 풀리]

단면 E-E

상세 F
배율 2 : 1

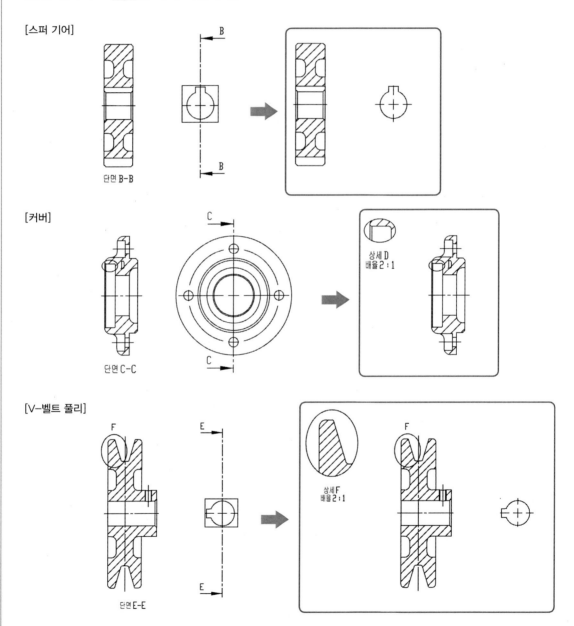

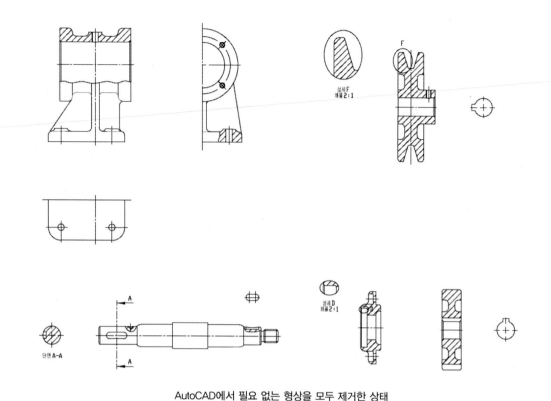

AutoCAD에서 필요 없는 형상을 모두 제거한 상태

박스(Box) 형태로 선택하는 2가지 방법

● **윈도 박스(Window Box)** : 좌(P1)에서 우(P2)로 클릭하거나 드래그하는 것을 말합니다. 실선 박스가 표시되며 박스 안에 완전히 포함되어 있는 도형 요소만을 선택합니다.

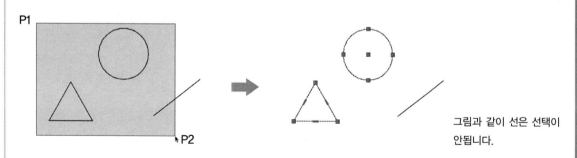

그림과 같이 선은 선택이 안됩니다.

● **크로싱 박스(Crossing Box)** : 우(P1)에서 좌(P2)로 클릭하거나 드래그하는 것을 말합니다. 점선 박스가 표시되며 박스 안과 박스 테두리에 걸쳐 있는 도형 요소까지 포함하여 선택할 수가 있습니다.

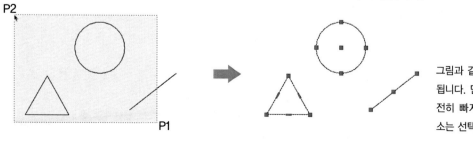

그림과 같이 모두 선택이 됩니다. 단, 박스 밖에 완전히 빠져 있는 도형 요소는 선택이 안됩니다.

타 소프트웨어(SolidWorks)에서 불러온 도면은 모든 도형 요소의 색상이 기본 값인 흰색이 됩니다. AutoCAD에서는 도형의 색상을 사용하여 출력할 때 선의 굵기를 정하기 때문에 색상을 정확히 변경해 주어야 합니다. 이때 레이어(Layer)를 사용하는 것이 좋으며 레이어를 사용하는 방법을 배워 보겠습니다.

06 Command 명령어 입력줄에 LAYER를 입력합니다. [단축키 : LA]

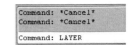

07 레이어 대화상자에서 ☞를 클릭하여 그림과 같이 3개(외형선, 숨은선, 중심선)의 레이어를 만듭니다.

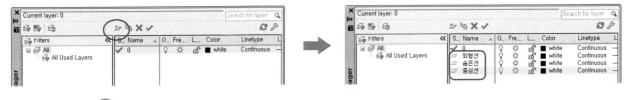

> **Tip** >>
> ☞ **New Layer** : 새로운 레이어 층을 만들고자 할 때 사용합니다.

08 생성된 3개의 레이어에 각각의 색상(외형선-초록색, 숨은선-노란색, 중심선-빨간색)을 부여합니다.

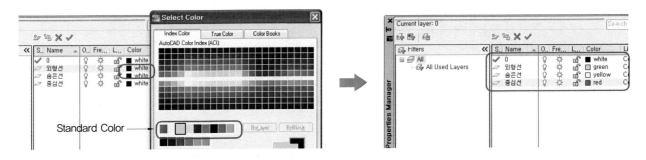

> **Tip** >>
> ● 해당 레이어의 색상 부위를 클릭하면 색상 팔레트가 나타나며 꼭 'StandardColor'의 색상만을 사용해야 합니다. 이유는 색상마다 고유의 색상 번호가 존재하기 때문에 출력 시 다른 굵기로 출력이 될 수가 있기 때문입니다.
>
> ● 자격증 시험 시 선의 굵기는 다음과 같이 주어집니다. 수검 종목에 따라 차이가 날 수가 있으므로 수검 시 나누어 주는 유인물을 읽어서 확인하길 바랍니다.
>
> | 분 류 | 굵 기 | 색 상 |
> |-------|--------|--------|
> | 굵은선 | 0.35mm | 초록색 |
> | 중간선 | 0.25mm | 노란색 |
> | 가는선 | 0.18mm | 흰색, 빨강 |

09 마지막으로 각각의 레이어에 선 형식(외형선-실선, 숨은선-파선, 중심선-일점쇄선)을 부여합니다.

외형선은 Continuous 그대로 사용하며 중심선은 CENTER2, 숨은선은 HIDDEN2로 변경합니다.

> **Tip** ≫
> 선 유형 비율이 용지의 크기와 맞질 않으면 중심선이나 숨은선으로 변경하여도 실선으로 보여지는 선이 그려지기 때문에 비율값이 가장 작은 CENTER2와 HIDDEN2를 사용합니다.

숨은선 레이어 오른쪽에 Continuous라고 표기된 부분을 클릭하면 선 유형들을 선택할 수가 있는 [Select Linetype] 대화상자가 나타납니다.

현재 [Select Linetype] 대화상자의 선 유형들은 SolidWorks에서 적용된 유형들이 AutoCAD로 불러오면서 들어 온 것으로 다른 유형을 원할 때는 해당 창의 'Load...' 버튼을 클릭하여 원하는 유형을 불러와 적용하면 됩니다. 'Load...' 버튼을 클릭하여 CENTER2와 HIDDEN2 선 유형을 불러옵니다.

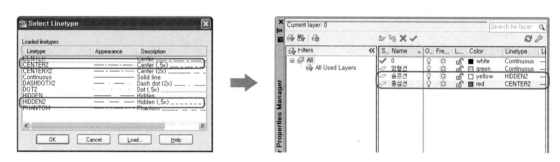

10 레이어 작업이 완료되었으므로 레이어창을 닫습니다.

◯ 다음으로 SolidWork에서 불러온 부품들을 각각의 레이어로 분류하는 작업을 하겠습니다.

11 Command 명령어 입력줄에 'FILTER'를 입력합니다. [단축키 : FI]

12 필터 대화상자에서 'Add Selected Object〈'를 클릭하고 도면에서 외형선 한 개를 선택하여 줍니다.

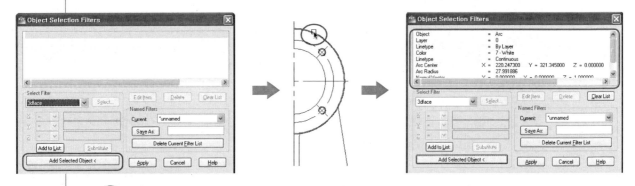

> **Tip**>>
> 필터(Filter) 명령을 사용하여 선택하고 싶은 도형 요소들을 한꺼번에 손쉽게 선택할 수가 있습니다. 'Add Selected Object〈'로 특정 도형 요소를 선택하면 선택된 도형의 모든 정보들이 해당 창 LIST 안에 나열됩니다.

13 LIST 안에 나열된 정보 중에 필요한 정보만을 오른쪽과 같이 남기고 나머지는 지워버립니다.

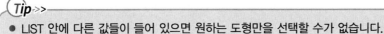

LIST 안에서 필요 없는 정보를 선택하고 해당 창의 [Delete] 버튼을 클릭하여 지웁니다.

> **Tip**>>
> ● LIST 안에 다른 값들이 들어 있으면 원하는 도형만을 선택할 수가 없습니다.
> ● 만약 잘못 지웠다면 해당 창 'Clear List' 버튼을 클릭하여 모두 지우고 다시 'Add Selected Object〈'로 도형을 선택하고 필요 없는 정보를 지우면 됩니다.

14 〈Apply〉를 클릭하여 필터 대화상자를 닫습니다. 'ALL'을 입력하고 [Enter], [Enter]를 합니다.

결과는 LIST 안의 내용과 일치한 도형들이 모두 선택되고 중심선만 선택에서 제외가 됩니다.

15 AutoCAD 화면 위쪽에 있는 Layer 툴 바에서 〈외형선〉을 선택합니다.

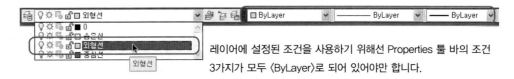

레이어에 설정된 조건을 사용하기 위해선 Properties 툴 바의 조건
3가지가 모두 〈ByLayer〉로 되어 있어야만 합니다.

레이어를 〈외형선〉으로 선택하고 나서 꼭 해당 툴 바 오른쪽의 조건 3가지도 모두 〈By-Layer〉로 변경해 주어야 합니다.

필터(Filter) 명령으로 선택된 모든 도형들이 레이어 도면층인 '외형선'의 속성으로 모두 변경된 것을 화면상에서 확인할 수가 있습니다.

Tip>>
필터(Filter) 명령을 사용하더라도 정확히 원하는 도형만을 선택하는 것은 쉽지가 않기 때문에 해칭선 등 변경이 안되는 도형들은 따로 개별적으로 변경해 주어야만 합니다.

이번에는 필터(Filter) 명령으로 화면 상에서 중심선을 모두 선택하여 레이어 도면층인 '중심선'으로 변경하도록 하겠습니다.

16 Command 명령어 입력줄에 'FILTER'를 입력합니다. [단축키 : FI]

17 필터 대화상자에서 'Clear List' 버튼을 눌러 기존의 내용을 모두 지워 버린 후 'Add Selected Object〈'를 클릭하고 도면에서 중심선 한 개를 선택합니다.

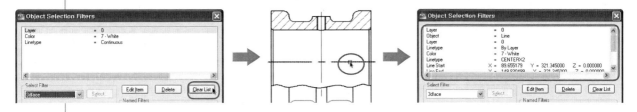

18 LIST 안에 나열된 정보 중에 필요한 정보만을 그림과 같이 남기고 나머지는 'Delete'로 지워버립니다.

19 〈Apply〉를 클릭하여 필터 대화상자를 닫습니다. 'ALL'을 입력하고 [Enter], [Enter]를 합니다.

결과는 LIST 안의 내용과 일치한 도형들이 모두 선택되고 외형선만 선택에서 제외가 됩니다.

20 AutoCAD 화면 위쪽에 있는 Layer 툴 바에서 중심선을 선택합니다.

레이어를 중심선으로 선택하고 나서 꼭 해당 툴 바 오른쪽의 조건 3가지도 모두 〈ByLayer〉로 변경해 주어야 합니다.

필터(Filter) 명령으로 선택된 모든 도형들이 레이어 도면층인 '중심선'의 속성으로 모두 변경된 것을 화면상에서 확인할 수가 있습니다.

선 유형(Linetype) 비율을 개별적으로 조절하는 방법

① 비율을 조절하고자 하는 숨은선이나 중심선을 선택합니다.

② Ctrl+1을 누르거나 Command 명령어 입력줄에 'PROPERTIES' [단축키 : PR]를 입력합니다.
③ 왼쪽에 나타난 [PROPERTIES] 대화상자에서 Linetype scale란의 1을 0.3으로 변경하고 Enter를 하고 마우스 커서를 도형으로 이동한 후 Esc키를 눌러 선택된 선들을 해제시킵니다.

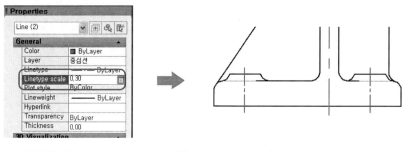

그림과 같이 중심선에 일점쇄선이 나타난 것을 확인할 수가 있습니다.

※ 개별적이 아니라 전체적으로 선 유형(CENTER, HIDDEN)을 적용하고자 할 경우에는 Command 명령어 입력줄에 'LTSCALE' [단축키 : LTS]를 입력하고 적당한 비율 값을 입력하면 됩니다.

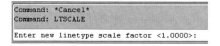

단, LTSCALE 명령은 기존에 있는 선까지 변경이 되어 너무 촘촘하게 간격이 표시되므로 주의해서 사용해야 합니다.

◯ 다음으로 필터(Filter) 명령으로 변경이 안된 도형들을 개별적으로 수정하는 방법을 배워보겠습니다. 본체(Body)를 먼저 수정하겠습니다.

21 Command 명령어 입력줄에 'MATCHPROP'를 입력합니다.
[단축키 : MA]

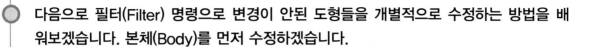

```
Command: *Cancel*
Command: *Cancel*
Command: MATCHPROP
```

22 그림과 같이 본체의 정면도에서 적용하고자 하는 속성을 가진 도형을 먼저 선택합니다. 커서 모양 이 변경이 되며, 이때 적용시킬 도형들을 선택하면 됩니다.

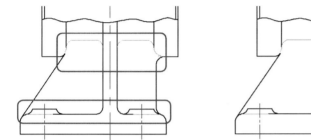 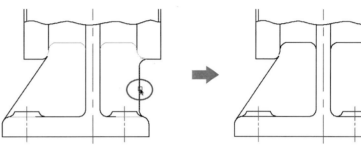

Tip ››
SolidWorks에서 접선을 모서리 숨기기/표시 로 숨긴 것을 보이게 하다보면 본체처럼 아주 복잡한 부품들은 외형선의 속성이 가는선으로 변경이 되어 AutoCAD로 들어오는데 이 부분을 외형선으로 변경해 주어야 합니다.

23 Enter를 눌러 명령을 종료합니다.

24 Command 명령어 입력줄에 'EXPLODE'를 입력합니다.
[단축키 : X]

```
Select source object:
Command: EXPLODE
Select objects:
```

25 본체 저면도의 중심선 2개를 클릭하여 하나의 도형을 개별적인 도형으로 만들어 줍니다. 그리고 ERASE나 Del키로 중심선과 겹쳐있는 외형선도 지워줍니다.

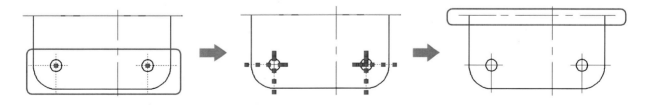

Tip ››
중심선들이 하나의 덩어리로 되어 있으면 속성이 제대로 변경이 안됩니다.

26 Command 명령어 입력줄에 'MATCHPROP'를 입력합니다.
[단축키 : MA]

```
Command: *Cancel*
Command: *Cancel*
Command: MATCHPROP
```

27 그림과 같이 저면도의 중심선을 수정하기 위해서 정면도의 중심선을 먼저 선택하고 커서 모양🖱이 변경되면 저면도에서 변경이 안된 중심선을 선택합니다.

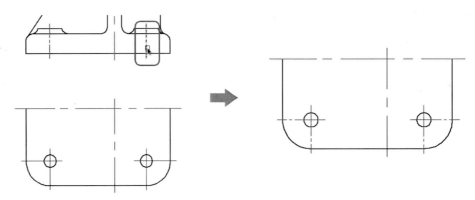

28 Enter를 눌러 명령을 종료합니다.

29 앞의 내용을 참조하여 본체의 우측면도도 그림과 같이 수정하여 줍니다.

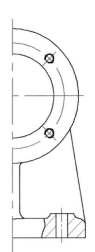

30 탭을 그리기 위해서 정면도의 해칭선을 ERASE나 Del 키로 지웁니다.
   탭(M4)을 그림과 같이 그린 후 반대편(오른쪽) 방향으로 MIRROR(대칭)합니다.

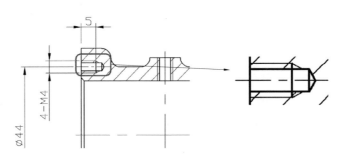

Tip >>
탭을 그리고 나서 해칭(BHATCH)을 나사산 안쪽(안지름)까지 해주어야 합니다.

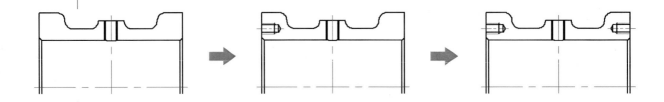

깊이가 있는 탭(TAP)을 그리는 방법

※ 레이어가 외형선인 상태에서 다음과 같이 따라해야 합니다.

`[외형선]  [ByLayer]  [——— ByLayer]  [——— ByLayer]`

① Command 명령어 입력줄에 'OFFSET'를 입력합니다. [단축키 : O] 탭의 피치원 지름이 φ44이므로 반경인 '22'를 입력합니다.

```
Command: OFFSET
Current settings: Erase source=No  Layer=Source  OFFSETGAPTYPE=0
Specify offset distance or [Through/Erase/Layer] <Through>: 22
```

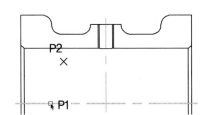

수평 중심선(P1)을 선택한 후 중심선 위쪽(P2)을 클릭합니다. Enter 를 눌러 명령을 종료합니다.

② Command 명령어 입력줄에 'RECTANGLE'를 입력합니다. [단축키 : REC] 아무곳이나 빈 공간을 찍고 상대좌표인 '@5,4'를 입력하고 Enter 를 칩니다.

```
Command: RECTANGLE
Specify first corner point or [Chamfer/Elevation/Fillet/Thicknes
Specify other corner point or [Area/Dimensions/Rotation]: @5,4
```

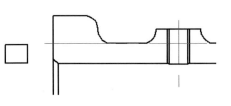

③ Command 명령어 입력줄에 'MOVE'를 입력합니다. [단축키 : M] 방금 그린 사각형을 선택하고 Enter 를 누르고 나서 그림과 같이 P1을 클릭하고 P2를 클릭하여 사각형을 이동시킵니다.
(※ OSNAP을 사용하여 이동해야 하므로 꺼져 있는 경우에는 F3 키를 눌러 OSNAP을 키고 이동해야 합니다.)

```
Command: M MOVE
Select objects: 1 found
Select objects:
Specify base point or [Displacement] <Displacement>:
```

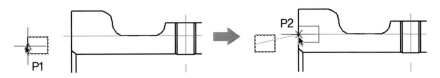

④ Command 명령어 입력줄에 'RECTANGLE'를 입력합니다. [단축키 : REC] 아무곳이나 빈 공간을 찍고 상대좌표인 '@7,3'를 입력하고 Enter 를 누릅니다. (※드릴 구멍 크기는 탭 깊이 5에 2를 더해 7이며 탭 호칭경 4에 1을 빼서 3이 됩니다.)

⑤ Command 명령어 입력줄에 'MOVE'를 입력합니다. [단축키 : M] 작업 ③번과 똑같은 방법으로 본체로 사각형을 이동시킵니다.

⑥ Command 명령어 입력줄에 'EXPLODE'를 입력합니다. [단축키 : X]
사각형 2개를 선택하여 개별적인 도형으로 만들어 줍니다. 왼쪽에 중복된 선을 윈도 박스(Window Box)로 선택해서 ERASE 나 Del 키로 지워줍니다.

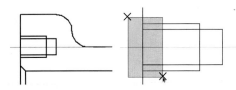

⑦ Command명령어 입력줄에 'LINE'를 입력합니다. [단축키 : L]
그림과 같이 P1을 클릭한 후 '〈30'을 입력하고 Enter 를 하고 마우스를 움직이면 30° 방향으로만 움직이며 이때 적당한 위치(P2)에 클릭합니다. Enter , Enter 를 하여 새롭게 LINE 명령을 실행합니다.

그림과 같이 P3를 클릭한 후 '⟨60'을 입력하고 [Enter]를 하고, 마우스를 움직이면 60°방향으로만 움직이며 이 때 적당한 위치(P4)에 클릭합니다.

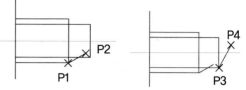

⑧ Command 명령어 입력줄에 'TRIM'을 입력합니다. [단축키 : TR]

객체를 선택하지 않고 [Enter]를 하여 넘어가면 전체가 기준이 되는 객체가 됩니다. 이때 그림과 같이 두 곳을 선택하여 자릅니다.

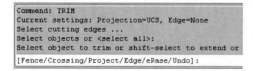

⑨ Command 명령어 입력줄에 'MIRROR'를 입력합니다. [단축키 : MI]

30°와 60° 선 두 개를 선택하고 [Enter]를 합니다.

그림과 같이 대칭축이 되는 P5와 P6을 선택하고 [Enter]를 합니다.

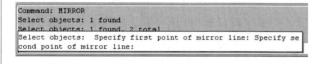

⑩ 그림과 같이 완전 나사부와 불완전 나사부를 선택한 후 레이어 도구상자의 색상에서 빨간색(가는선)을 선택합니다.

⑪ Command 명령어 입력줄에 'TRIM'을 입력합니다. [단축키 : TR]

그림과 같이 트림 시 기준이 되는 두 곳을 선택하고 [Enter]를 합니다.

기준선 바깥쪽에 있는 중심선 양쪽 끝을 클릭하여 트림을 합니다.

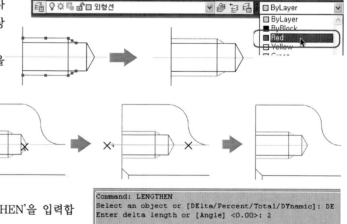

⑫ Command 명령어 입력줄에 'LENGTHEN'을 입력합니다. [단축키 : LEN]

'DE'를 입력하고 [Enter]를 합니다.

'2'를 입력하고 [Enter]를 합니다.

중심선 양쪽 끝부분을 클릭하여 중심선을 2mm 연장해 줍니다.

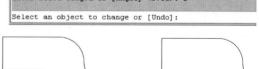

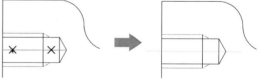

⑬ [Ctrl]+1을 누르거나 Command 명령어 입력줄에 PROPERTIES [단축키 : PR]를 입력합니다.

중심선을 선택하고 왼쪽에 나타난 [PROPERTIES] 대화상자에서 ⟨Linetype scale⟩란의 1을 0.3으로 변경하고 [Enter]를 하고 마우스 커서를 도형으로 이동한 후 [Esc]키를 눌러 선택을 해제시킵니다.

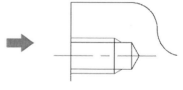

※ 해칭선을 그려 마무리하면 됩니다

31 가운데에 있는 윤활유 주입구 탭(M5) 구멍의 바깥선을 레이어 도구상자의 색상에서 빨간색(가는선)을 선택하여 변경합니다.

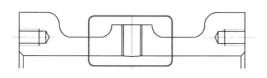 

32 Command 명령어 입력줄에 BHATCH를 입력합니다. [단축키 : H, BH]

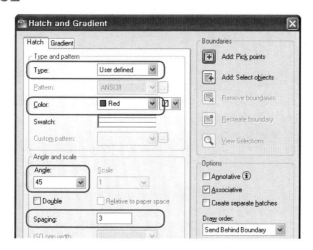

해칭 대화상자에서 작업조건을 다음과 같이 설정합니다.

- Type : User defined
- Color : Red
- Angle : 45
- Spacing : 3

※ 해칭에서 색상을 주는 것은 AutoCAD 2012버전부터 추가되었기 때문에 아래 버전을 사용할 경우에는 해칭을 한 후 따로 색상을 변경해 주어야 합니다.

33 해칭 대화상자 오른쪽 상단에 있는 〈⊞ Add: Pick points〉를 클릭하여 해칭할 폐구간 안을 선택하여 줍니다. 반드시 탭은 해칭을 나사산 안쪽(안지름)까지 해주어야 합니다.

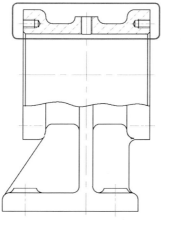 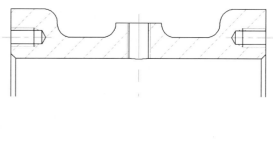

34 부분단면도의 파단선을 가는선(빨간색)으로 변경하고 리브(Rib)에 회전단면도를 추가해야 합니다. 그리고 리브와 베이스 부분이 접하는 곳에 접선 처리를 해서 마무리를 해주어야 합니다.

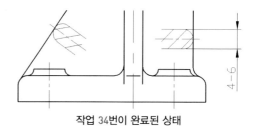

작업 34번이 완료된 상태

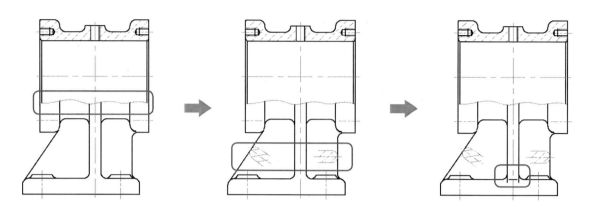

- 레이어 도구상자의 색상이나 MATCHPROP[단축키 : MA]를 사용하여 파단선을 가는선(빨간색)으로 변경하여 줍니다.

경사진 리브(Rib)에 회전 단면도 그리기

① Command 명령어 입력줄에 'LINE'를 입력합니다. [단축키 : L]
그림과 같이 대략적인 위치(P1)를 찍고 경사진 리브에 직각(PER)으로 선을 그립니다.

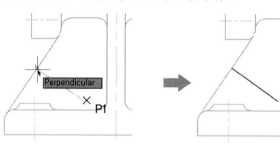

② Command 명령어 입력줄에 'RECTANGLE'를 입력합니다. [단축키 : REC]
아무곳이나 빈 공간을 찍고 상대좌표인 '@9,6'를 입력하고 Enter를 합니다.

```
Command: RECTANGLE
Specify first corner point or [Chamfer/Elevation/Fillet/Thickness/Width]:
Specify other corner point or [Area/Dimensions/Rotation]: @9,6
```

※ 리브의 길이는 대략 4:3 비율로 두께가 6이므로 9로 적용합니다.

③ Command 명령어 입력줄에 'LINE'를 입력합니다. [단축키 : L]
그림과 같이 사각형 중간점(MIDpoint)에 수평으로 선을 그립니다.

④ Command 명령어 입력줄에 'FILLET'를 입력합니다. [단축키 : F]
'R'를 입력하고 Enter를 합니다.
'3'을 입력하고 Enter를 합니다.
그림과 같이 사각형 왼쪽 두 모서리에 필렛을 합니다.

```
Command: FILLET
Current settings: Mode = TRIM, Radius = 10.00
Select first object or [Undo/Polyline/Radius/Trim/Multiple]: R
Specify fillet radius <10.00>: 3
Select first object or [Undo/Polyline/Radius/Trim/Multiple]:
```

⑤ Command 명령어 입력줄에 'LENGTHEN'을 입력합니다. [단축키 : LEN]

'DE'를 입력하고 Enter를 합니다.

'2'를 입력하고 Enter를 합니다.

가운데 수평선의 양쪽 끝부분을 클릭하여 중심선을 2mm 연장해 줍니다.

```
Command: LENGTHEN
Select an object or [DElta/Percent/Total/DYnamic]: DE
Enter delta length or [Angle] <5.00>: 2

Select an object to change or [Undo]:
```

⑥ Command 명령어 입력줄에 'MATCHPROP'를 입력합니다. [단축키 : MA]

베이스의 중심선을 먼저 선택(P2)한 후 그림과 같이 수평선을 선택(P3)하여 중심선으로 변경하여 줍니다.

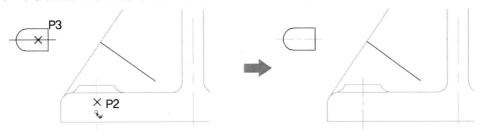

⑦ Command 명령어 입력줄에 'BHATCH'를 입력합니다. [단축키 : H, BH]

곳	Type	: User defined
	Color	: Red
	Angle	: 45
	Spacing	: 2

왼쪽 그림과 같이 해칭 조건을 설정 후 '⊞ Add: Pick points'를 클릭하여 사각형 안쪽 두을 선택하여 해칭을 합니다.

※ 물체가 작을 경우에는 해칭선 간격을 2mm로 설정합니다.

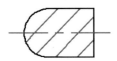

⑧ Command 명령어 입력줄에 'EXPLODE'를 입력합니다. [단축키 : X]

사각형 1개를 선택하여 개별적인 도형으로 만들어주고 ERASE나 Del키로 그림과 같이 오른쪽 수직선을 지워줍니다. 또한 레이어 도구상자의 색상이나 MATCHPROP [단축키 : MA]를 사용하여 회전단면도 외곽선을 가는선(빨간색)으로 변경해 주어야 합니다.

⑨ Command 명령어 입력줄에 ALIGN를 입력합니다. [단축키 : AL]

Select objects: 회전단면도를 모두 선택하고 Enter를 합니다.

Specify first source point: P4를 먼저 클릭하고 P5를 클릭합니다.

Specify second source point: P6를 먼저 클릭하고 P7을 클릭합니다.

Specify third source point or ⟨continue⟩: Enter , Enter 를 하여 명령을 종료합니다.

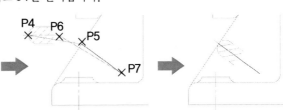

※ ALIGN 명령은 MOVE와 ROTATE 그리고 SCALE을 동시에 사용하는 명령어입니다.

⑩ ERASE나 Del키로 회전단면도를 정렬할 때 기준이 되었던 직선을 지워 마무리를 합니다.

※ 나머지 회전단면도도 학습했던 내용을 참조하여 그려야 합니다.

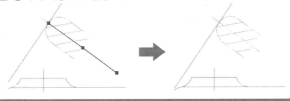

- 접선 처리는 LENGTHEN[단축키 : LEN] 명령과 LINE[단축
  키 : L] 명령을 사용하여 그려 줍니다.

  ※ LENGTHEN 명령으로 길이 4mm를 적용하여 리브 수직선을 늘려줍니다.
     LINE 명령으로 일정한 거리로 떨어뜨려 접선이 되는 수평선을 그려줍니다.

35 본체의 우측면도를 수정하겠습니다.

　바디와 연결된 리브를 숨은선으로 나타내주어야 하며 해칭과 파단선, 탭의 골지름을 가는선
(빨간색)으로 변경해 줍니다. 리브에 회전단면도를 추가하고 수직 중심선 위쪽과 아래쪽에 대
칭 표시를 해 주어야 합니다.

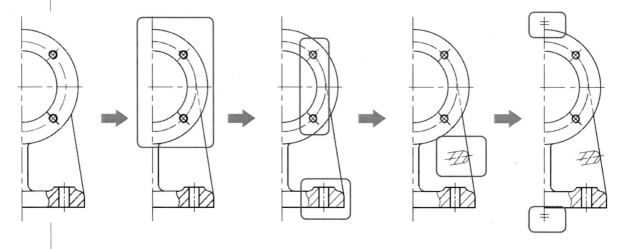

리브(Rib)에 숨은선 표시하는 방법

① 우측면도 볼트 피치원 지름을 SolidWorks에서 작업을 하면 하나의 객체가 되어 AutoCAD로 들어오기 때문
　에 EXPLODE [단축키 : X] 명령으로 분해시켜야 합니다.
② 그림과 같이 피치원 지름을 선택하고 레이어 도구상자에서 〈숨은선〉 층으로 변경해야 합니다.

레이어를 〈숨은선〉으로 선택하고 나서 꼭 해당 툴바 오른쪽의 조건 3가지도 모두 ByLayer로 변경해 주어야
합니다.

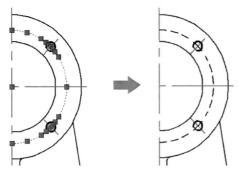

　　　　※ 중심선과 숨은선이 중복이 될 경우에는 제도법에 의해 중심
　　　　　선은 생략하고 숨은선을 도시해야 합니다.

　　　　※ SolidWorks에서 작업한 피치원을 EXPLODE시키면 객
　　　　　체들이 많이 끊어져 작업이 번거롭기 때문에 지워버리고
　　　　　CIRCLE [단축키 : C]로 다시 그려 사용하면 작업이 한결 수
　　　　　월합니다.

③ Command 명령어 입력줄에 'EXTEND'를 입력합니다. [단축키 : EX]
그림과 같이 숨은선을 선택(P1)하고 Enter를 합니다.
리브를 선택(P2)하여 숨은선까지 연장을 하고 Enter를 합니다.

④ Command 명령어 입력줄에 'BREAK'를 입력합니다. [단축키 : BR]
등분할 리브 선을 선택(P2)합니다.
'F'를 입력하고 Enter를 합니다.
그림과 같이 교차점(P3)을 선택합니다.
'@'를 입력하고 Enter를 합니다.

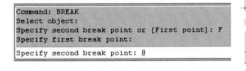

```
Command: BREAK
Select object:
Specify second break point or [First point]: F
Specify first break point:
Specify second break point: @
```

※ 교차점(P3)을 찍고 나서 @을 입력하면 똑같은
P3에 다시 한 번 찍는 결과가 됩니다. @는 최종점이기 때문입니다.

⑤ Command 명령어 입력줄에 'MATCHPROP'를 입력합니다. [단축키 : MA]
숨은선을 먼저 선택(P4)하고 그림과 같이 등분된 선을 선택(P5)하여 은선으로 변경합니다.

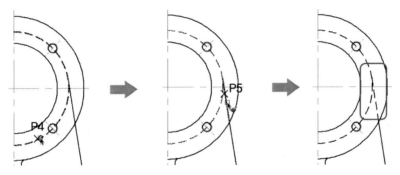

※ 숨은선으로 보이지 않는 부분을 표시하는 이유는 현재 리브(Rib)가 본체의 바디(Body)와 부드럽게 접해 있는지를
나타내기 위해서입니다.

• 탭(TAP)은 안지름은 굵은선(초록색)으로, 골지름(바깥쪽원)은 가는선(빨간색)으로 나타내야
합니다.

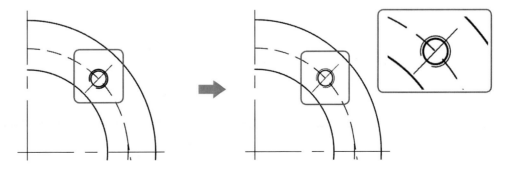

※ 레이어 도구상자의 색상을 사용하여 빨간색으로 변경합니다.

- 대칭표시 선은 가는선(빨간색)으로 해야 합니다.

  ① RECTANGLE [단축키 : REC]

  빈 공간에 @4,1.5 사각형을 그립니다.

  ② MOVE [단축키 : M]

  사각형을 대칭이 되는 중심선에 NEArest
  (임의점)으로 이동시킵니다.

  ③ 색상을 빨간색(가는선)으로 변경합니다.

  ④ EXPLODE [단축키 : X]

  사각형의 수직선 2개를 지웁니다.

  ⑤ COPY [단축키 : CO=CP]

  반대편으로 복사합니다.

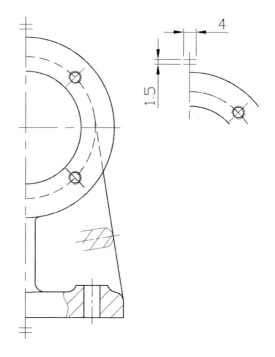

36 본체의 저면도를 수정하겠습니다.

저면도에 레이어 도면층인 숨은선으로 리브와 볼트 머리가 안장되는 구멍에 은선을 추가해
주고 수평 중심선 좌 · 우에 대칭 표시를 해주어야 합니다.

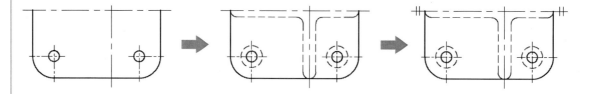

- 리브의 숨은선은 리브 두께가 6mm이므로 OFFSET[단축키 : O]을 사용하여 3mm씩 오프
  셋하여 FILLET[단축키 : F] 등으로 마무리하면 됩니다. 필렛 R값은 일반적인 라운드 값인
  3mm입니다.
- 구멍은 CIRCLE[단축키 : C]로 지름 10mm를 적용하여 그려주며 레이어 도면층이 숨은선을
  사용하여 원과 리브를 모두 숨은선으로 변경하여 줍니다.
- 대칭 표시는 바로 위에서 학습한 내용을 참조하여 그려주면 됩니다.

OFFSET이 아닌 MLINE(다중선) 명령으로도 리브(Rib) 두께 그리기

① 레이어 도면층을 숨은선으로 변경합니다.

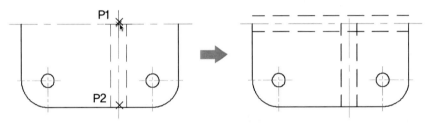

② Command 명령어 입력줄에 'MLINE'을 입력합니다. [단축키 : ML]

'J'를 입력하고 Enter 를 합니다.
'Z'를 입력하고 Enter 를 합니다.
'S'를 입력하고 Enter 를 합니다.
'6'을 입력하고 Enter 를 합니다.

※ 6은 리브의 두께입니다.

```
Command: MLINE
Current settings: Justification = Top, Scale = 75.00, Style = STANDARD
Specify start point or [Justification/Scale/STyle]: J
Enter justification type [Top/Zero/Bottom] <top>: Z
Current settings: Justification = Zero, Scale = 75.00, Style = STANDARD
Specify start point or [Justification/Scale/STyle]: S
Enter mline scale <75.00>: 6
Current settings: Justification = Zero, Scale = 6.00, Style = STANDARD
Specify start point or [Justification/Scale/STyle]:
```

그림과 같이 교차점 P1에서 P2를 클릭하면 두 가닥의 선이 그려집니다.

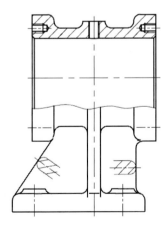

같은 방법으로 수평선도 그립니다.

③ Command 명령어 입력줄에 'EXPLODE'를 입력합니다. [단축키 : X]
MLINE(다중선)을 선택하여 분해시킨 후 FILLET [단축키 : F] 명령 등을 이용하여 마무리해주면 됩니다.

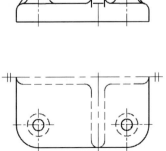
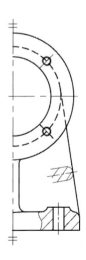

※ 본체의 수정을 모두 완료한 상태입니다.

37 다음으로 축을 수정하겠습니다.

[축의 왼쪽 부분]

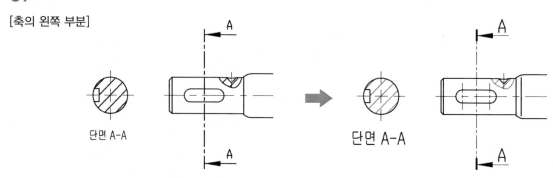

• 단면 A-A 해칭과 부분단면의 파단선과 해칭을 레이어 도구상자 색상의 빨간색(가는선)으로 변경합니다.

　※ MATCHPROP[단축키 : MA] 명령을 사용하면 편합니다.

• 단면 방향을 지시하는 화살표 끝에 굵은실선을 추가해야 합니다.

　① LINE [단축키 : L]

　　ENDpoint(끝점)와 NEArest(근처점) 스냅을 사용하여 절단선 양쪽 끝에 수직선을 그립니다.

　② PEDIT [단축키 : PE]

　　※ PLINE을 편집하는 명령어입니다.

　　방금 전에 그린 수직선을 선택하고 Enter 를 합니다.

　　'W'를 입력하고 Enter 를 합니다.

　　'0.5'를 입력하고 Enter , Enter 를 합니다.

　③ 색상은 선과 화살표 모두 빨간색으로 변경
　　합니다.

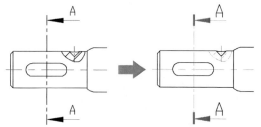

```
Command:  PEDIT Select polyline or [Multiple]:
Object selected is not a polyline
Do you want it into one? <Y>
Enter an option [Close/Join/Width/Edit vertex/Fit/Spline/Decu
gen/Reverse/Undo]: W
Specify new width for all segments: 0.5
```

• 단면 표기 글자의 크기를 5mm로, 굵기는 굵은선(초록색)으로
변경합니다.

Tip >>
글자 크기의 수정은 수정할 글자를 선택하고 PROPERTIES [단축키 PR
또는 Ctrl +1] 명령을 사용하여 〈Text height〉 항목에서 변경할 크기 값을
입력하고 Enter 를 합니다.

※ 단면에 표기되는 글자는 제목(TITLE)과 같은 크기(5mm)와 굵기(0.35mm)로 나타내야 합니다.

• 키 홈에 중심선을 LINE[단축키 : L]과 LENGTHEN[단축키 : LEN] 명령 등으로 추가합니다.

- 오일 실 삽입부의 접선을 OFFSET [단축키 : O] 명령을 사용하여 표시합니다.

  ① OFFSET [단축키 : O]

    '2'를 입력하고 Enter를 합니다.
    왼쪽의 수직선을 선택(P1)합
    니다.
    오른쪽 임의의 위치(P2)를 클
    릭합니다.

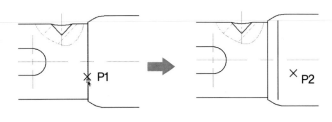

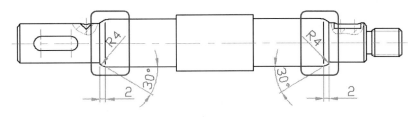

[축의 오른쪽 부분]

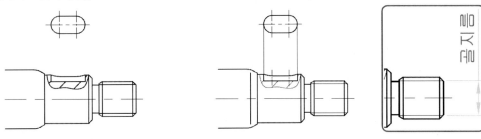

- 부분단면의 파단선과 해칭을 레이어 도구상자 색상의 빨간색(가는선)으로 변경합니다.

  ※ MATCHPROP[단축키 : MA] 명령을 사용하면 편합니다.

- 키 홈에 중심선을 LINE[단축키 : L]과 LENGTHEN[단축키 : LEN] 명령 등으로 추가합니다.
- 키 홈 국부투상도와 정면도 키 홈을 잇는 보조선(빨간색)을 LINE[단축키 : L] 명령으로 그립니다.
- 수나사 골지름을 레이어 도구상자 색상의 빨간색(가는선)으로 변경합니다.
- 오일 실 삽입부의 접선을 앞 내용을 참조하여 OFFSET[단축키 : O] 명령으로 표시합니다.

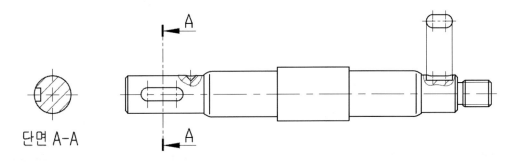

단면 A-A

※ 축의 수정을 모두 완료한 상태입니다.

38 다음으로 스퍼 기어를 수정하겠습니다.

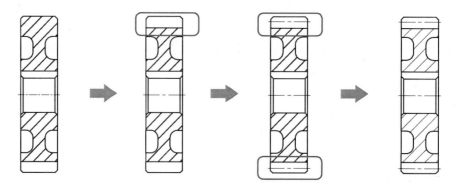

- 단면 처리된 기어 위쪽 이를 그린 다음 트림으로 해칭선을 자릅니다.
  ① OFFSET [단축키 : O]

    '4.5'를 입력하고 Enter를 합니다.

    위쪽 수평선을 선택하고 아래쪽으로 오프셋합니다.

  ② EXTEND [단축키 : EX]

    오프셋한 선의 떨어진 양쪽을 연장합니다.

  ③ TRIM [단축키 : TR]

    오프셋한 선을 기준으로 위쪽 해칭선을 선택하여 자릅니다.

    ※ 해칭을 트림하는 것은 AutoCAD버전 2006 이상에서만 가능합니다. 해칭이 트림 처리가 안될 경우에는 해칭선을 지우고 다시 해칭을 해야 합니다.

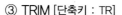

- 기어 피치원(중심선)을 OFFSET[단축키 : O]과 LENGTHEN[단축키 : LEN] 명령 등으로 추가합니다.
- 해칭선을 레이어 도구상자 색상의 **빨간색**(가는 선)으로 변경합니다.

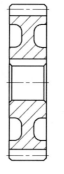

※ 스퍼 기어의 수정을 모두 완료한 상태입니다.

39 다음으로 커버를 수정하겠습니다.

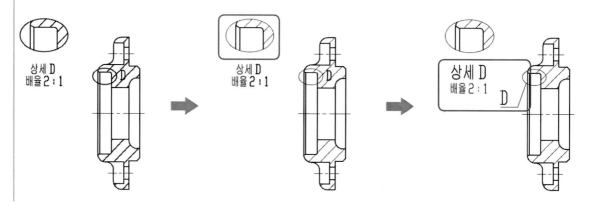

- 상세 테두리선과 해칭선을 모두 레이어 도구상자 색상의 빨간색(가는선)으로 변경합니다.
- 상세도를 지시하는 문자 D를 지우고 지시선(LEADER)으로 다시 D를 표시합니다.

지시선(LEADER) 사용하는 방법

① Command 명령어 입력줄에 LEADER를 입력합니다. [단축키 : LEAD]

② NEArest(근처점) 스냅을 사용하여 타원형을 선택합니다.

③ 그림과 같이 임의의 위치에 클릭합니다.

　※ Ortho(직교) 모드가 켜져 있으면 F8 키를 클릭하여 해제시켜야 합니다.

④ 'F'를 입력하고 Enter 를 합니다.

⑤ 'N'을 입력하고 Enter 를 합니다.

　※ 상세도 지시선 앞의 화살표는 없애야 합니다.

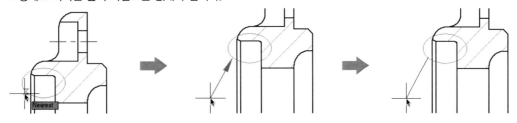

⑥ 글자를 쓰기 위해 다시 Enter 를 합니다.

⑦ 'D'을 입력하고 Enter 를 합니다.

　※ 수평선은 글자를 쓰면 자동으로 생성이 됩니다.

⑧ 다시 Enter 를 하여 지시선을 종료합니다.

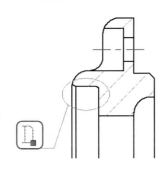

```
Command: LEADER
Specify leader start point: _nea to
Specify next point:   <Ortho off>
Specify next point or [Annotation/Format/Undo] <Annotation>: F
Enter leader format option [Spline/STraight/Arrow/None] <Exit>: N
Specify next point or [Annotation/Format/Undo] <Annotation>:
Enter first line of annotation text or <options>: D
```

※ 지시선 위치를 변경하고자 할 경우에는 문자를 클릭하고 그립(파란점)을 드래그하여 적당한 위치에 글자를 옮기면 지시선은 자동으로 따라옵니다. 그러나 지시선의 그립을 드래그하여 이동하면 문자는 이동이 안됩니다.

- 커버에 사용된 글자 중 '배율2 : 1'을 뺀 나머지 문자의 크기를 5mm로, 굵기는 굵은선(초록색)으로 변경합니다.
- '배율2 : 1'의 문자 크기는 그대로 하고, 중간굵기선(노란색)으로 변경해야 합니다.

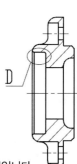

상세 D
배율2 : 1

D

※ 커버 수정을 모두 완료한 상태입니다.

40 마지막으로 V-벨트 풀리를 수정하겠습니다.

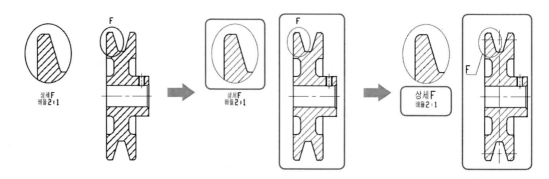

- 상세 테두리선과 해칭선을 모두 레이어 도구상자의 빨간색(가는선)으로 변경합니다.
- 상세도를 지시하는 문자 F를 지우고 지시선(LEADER)으로 다시 F를 표시합니다. (※ 앞 내용 참조)
- V-벨트 풀리에 사용된 글자 중 '배율2:1'을 뺀 나머지 문자의 크기를 5mm로, 굵기는 굵은 선(초록색)으로 변경합니다.
- '배율2:1'의 문자 크기는 그대로 하고 중간굵기선(노란색)으로 변경해야 합니다.
- 정면도에 피치원 지름 중심선과 수직 중심선을 추가해야 합니다.
  ※ 피치원 지름은 MLINE [단축키 : ML]을, 수직 중심선은 OFFSET [단축키 : O] 명령 등을 사용하면 됩니다.

① MLINE [단축키 : ML]

'J'를 입력하고 Enter 를 합니다.

'Z'를 입력하고 Enter 를 합니다.

'S'를 입력하고 Enter 를 합니다.

'75'를 입력하고 Enter 를 합니다.

풀리 가운데 수평 중심선 양쪽 끝을 클릭합니다.

② OFFSET [단축키 : O]

'10'을 입력하고 Enter 를 합니다.

풀리 왼쪽 수직선을 선택하여 오른쪽으로 오프셋합니다.

나머지는 TRIM(TR)과 LENGTHEN(LEN) 명령 등으로 마무리 합니다.

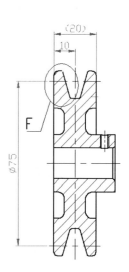

- 멈춤나사 삽입부의 탭 구멍의 골지름을 가는선(빨간색)으로 변경해야 합니다.

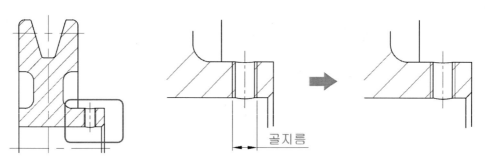

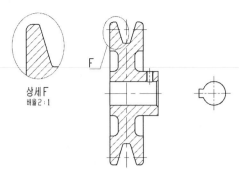

상세 F
배율 2:1

※ V-벨트 풀리 수정을 모두 완료한 상태입니다.

Tip 〉〉

스퍼 기어나 V-벨트 풀리 투상 시 중량을 줄이기 위해서 빈 공간
으로 되어 있는 곳에 왼쪽과 오른쪽 지름이 똑같다는 의미로 가상
선(가는 이점쇄선)으로 연결해서 표시해야 합니다.
가상선은 선 형식에서 PHANTOM2를 사용하면 됩니다. 그러나 수
검 시 무시해도 채점 시 별다른 영향이 없습니다.

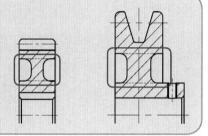

AutoCAD에서 모든 부품들의 투상도 편집이 완성되었습니다.

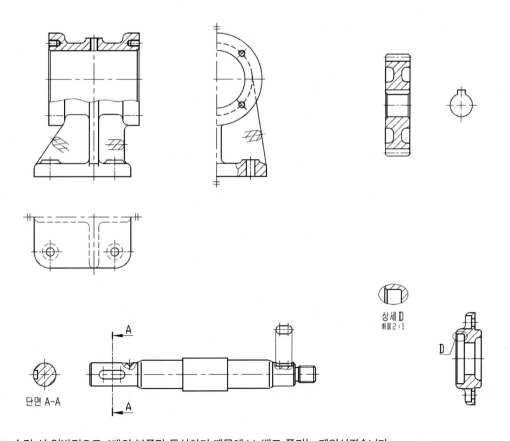

상세 D
배율 2:1

단면 A-A

※ 수검 시 일반적으로 4개의 부품만 투상하기 때문에 V-벨트 풀리는 제외시켰습니다.

③ 완성된 투상도에 치수 기입하기

치수 기입을 하면서 부품간의 결합되는 부위에 KS규격에 알맞는 끼워맞춤 공차와 일반 공차를 기입해야 하며 KS규격에 없는 공차는 자격증 시험 시 일반적으로 적용되는 범위의 공차를 기입해야 합니다.

치수 기입 전에 치수 환경이 먼저 설정되어 있어야 합니다.

01 Command 명령어 입력줄에 'DIMSTYLE'를 입력합니다. [단축키 : D 또는 DDIM]

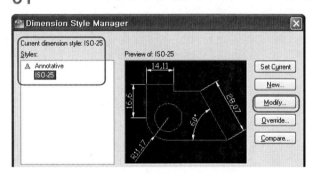

> **Tip** >>
> 기본 치수 유형이 미터(metric) 단위에서는 'ISO-25'로 설정되어 있습니다.
> 'Standard'로 유형이 나온다면 AutoCAD 실행 시 인치(inch) 단위로 도면을 열었기 때문입니다.

현재 치수 유형이 기본값인 'ISO-25'로 설정되어 있으며 이 유형을 KS제도법에 맞게 편집하기 위해 'Modify...' 버튼을 클릭합니다.

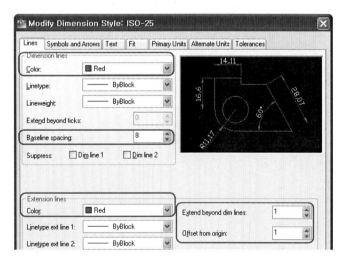

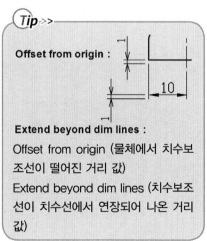

> **Tip** >>
> **Offset from origin :**
>
> **Extend beyond dim lines :**
> Offset from origin (물체에서 치수보조선이 떨어진 거리 값)
> Extend beyond dim lines (치수보조선이 치수선에서 연장되어 나온 거리 값)

Lines탭에서 그림과 같이 조건을 부여합니다.

'Dimension lines'(치수선)의 조건	: Color : Red(빨간색)
	Baseline spacing : 8 mm
'Extension lines'(치수 보조선)의 조건	: Color : Red(빨간색)
	Extend beyond dim lines : 1 mm
	Offset from origin : 1 mm

※ Baseline spacing은 DIM-BASELINE(병렬 치수 기입)이나 QDIM(신속 치수 기입) 명령을 사용하여 치수 기입 시 치수선과 치수선 사이의 간격을 일정(8mm)하게 자동으로 유지해줍니다.

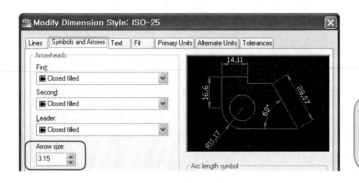

Symbols and Arrows탭에서 그림과 같이 조건을 부여합니다.

'Arrow size'(치수 화살표 크기) : 3.15 mm

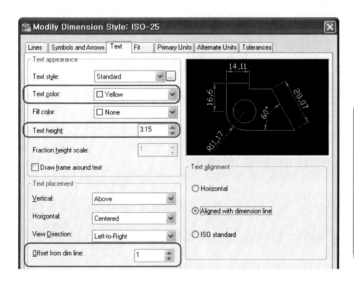

Text탭에서 그림과 같이 조건을 부여합니다.

'Text appearance'(문자 형태)의 조건 : Text color : Yellow(노란색)
Text height : 3.15 mm
'Text placement'(문자 배치)의 조건 : Offset from dim line : 1 mm

※ Offset from dim line은 치수선에서 치수 문자가 떨어진 거리 값 (1mm)을 설정합니다.

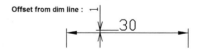

Primary Units탭에서 그림과 같이 조건을 부여합니다.

> 'Decimal separator'(소숫점 자리표시) : '.'(Period)

치수 기입 환경설정을 모두 완료하였습니다. OK 버튼을 클릭하여 DIMSTYLE창을 닫습니다.

02 치수 환경설정이 완료가 되었으므로 치수 기입을 시작합니다.

우선 치수 기입 시 가장 중요한 부분이 베어링 삽입부이기 때문에 수검 도면에서 베어링 계열번호를 확인하고 KS규격집에서 베어링의 안지름(d)×바깥지름(D)×폭(B) 치수를 찾습니다.

KS규격집'앵귤러 볼 베어링'항목

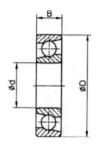

호칭 번호 (70계열)	치수				
	d	D	B	r	r₁
7000A	10	26	8	0.3	0.15
7001A	12	28	8	0.3	0.15
7002A	15	32	9	0.3	0.15
7003A	17	35	10	0.3	0.15
7004A	20	42	12	0.6	0.3
7005A	25	47	12	0.6	0.3
7006A	30	55	13	1	0.6
7007A	35	62	14	1	0.6

수검 도면의 앵귤러 볼 베이링의 계열번호가 7003A이므로 [안지름 17×바깥지름 35×폭 10]입니다.

※ 2012년부터는 모든 KS규격집을 수검장에 가지고 갈 수가 없으며 수검장 컴퓨터에 PDF파일로 저장되어 있어 그것을 보고 규격을 찾아 치수 기입을 해야만 합니다.

03 베어링과 연관된 부품들에 대한 치수 기입을 하겠습니다.

[본체]

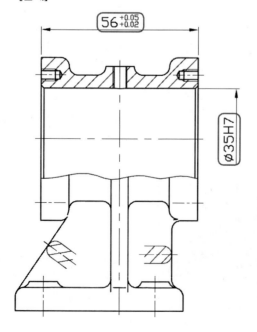

> **Tip** >>
> 가급적 치수 기입은 레이어 0층을 활성화하여 기입하는 것이 좋습니다.
>
> ▭ ♀ ☼ ▭ ▭ 0   ▭ ByL
>
> • DIMLINEAR [단축키 : DLI] : 수평 및 수직 치수 기입만 가능합니다.
> • 치수 문자 앞에 ∅는 특수 문자인 %%C를 입력하면 됩니다.

해설▶ 베어링 삽입부에 베어링 바깥지름인 φ35가 기입되어야 하며 외륜 정지 하중이므로 H7 끼워맞춤 공차가 들어갑니다.

KS규격집 '베어링의 끼워맞춤' 항목

하우징 구멍 공차		
외륜 정지 하중	모든 종류의 하중	H7
외륜 회전 하중	보통하중 또는 중하중	N7

몸통 길이 치수는 56으로 축(28mm)+베어링 폭(10mm-2개)+커버 결합부(4mm-2개)가 들어가기 때문입니다. 또한 윤활유가 밖으로 새지 않게 완전 밀봉시키기 위해 $^{+0.05}_{+0.02}$ 일반 공차가 들어갑니다. $56^{+0.05}_{+0.02}$ 치수의 $^{+0.05}_{+0.02}$ 공차는 수검 시 적용되는 일반 공차로 $^{+0.05}_{+0.02}$ 가 아닌 다른 공차 값으로도 기입할 수 있습니다. 단, 꼭 +값 공차만을 적용해야 합니다.

• φ35H7은 본체가 부분단면도이므로 밑부분이 보이지 않기 때문에 DIMLINEAR 명령으로 치수 기입을 하고 나서 EXPLODE[단축키 : X]시키고 아래쪽의 치수 보조선과 화살표를 지워주어야 합니다. 치수선도 치수문자에 알맞게 Grip(※도형을 클릭하면 나오는 파란색 점)을 사용하여 조절해 주어야 합니다.

일반 공차(허용한계 치수)를 적용하는 방법

① Command 명령어 입력줄에 'DIMLINEAR'를 입력합니다. [단축키 : DLI]
② 그림과 같이 치수 기입하고자 하는 P1과 P2를 ENDpoint로 클릭합니다.

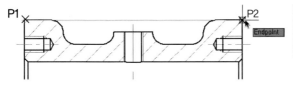

```
Command: DIMLINEAR
Specify first extension line origin or <select object>:
Specify second extension line origin:
Specify dimension line location or
[Mtext/Text/Angle/Horizontal/Vertical/Rotated]: M
```

③ 'M'을 입력하고 Enter 를 합니다.
 ※ 이미 치수 기입이 되어 있다면 DDEDIT[단축키 : ED] 명령으로 기입된 치수를 클릭하면 됩니다.
  다른 방법으로는 기입된 치수를 그냥 더블클릭하여도 되지만, AutoCAD 2011 버전부터 가능한 기능입니다.

④ 아래와 같이 허용한계 공차를 키보드로 입력한다.

56+0.05^+0.02

⑤ 입력한 공차를 드래그(P1)하여 선택하고나서 Stack 버튼(P2)을 누르면 분수 형태로 공차가 정렬됩니다.

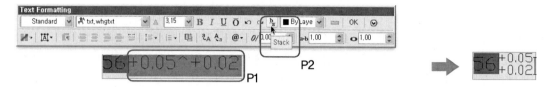

⑥ 분수 형태로 정렬된 공차를 클릭(P3)한 후 공차 문자높이를 2.5mm로 변경(P4)해야 하며, 공차 문자의 굵기
또한 가는선(0.18mm)인 빨간색(P5)으로 변경하여 주어야 합니다.

⑦ OK 버튼을 클릭하여 문자 편집창을 닫습니다.

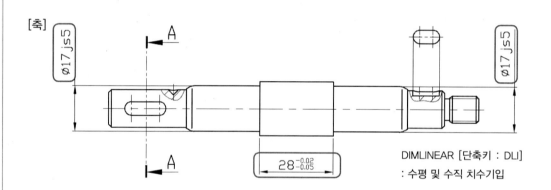

DIMLINEAR [단축키 : DLI]
: 수평 및 수직 치수기입

해설▶ 베어링 삽입부에 베어링 안지름인 ϕ17이 기입되어야 하며, 축경이 ϕ18 이하이므로
js5 끼워맞춤 공차가 들어갑니다.

KS규격집 '베어링의 끼워맞춤' 항목

내륜회전 하중 또는 방향 부정 하중(보통 하중)			
볼 베어링	원통, 테이퍼 롤러 베어링	자동조심 롤러 베어링	허용차 등급
축 지름			
18 이하	–	–	js5
18 초과 100 이하	40 이하	40 이하	k5

$28_{-0.05}^{-0.02}$ 치수는 본체의 몸통 길이 치수 $56_{+0.02}^{+0.05}$ 과 연관된 치수(56-20-8=28)이므로
중요 치수가 됩니다. 윤활유가 밖으로 새지 않게 완전 밀봉시키기 위해 $_{-0.05}^{-0.02}$ 일반 공차
가 들어갑니다. 비유하자면 $56_{+0.02}^{+0.05}$ 은 바구니가 되며 그 안에 들어 있는 축(28mm)과
커버(4mm)는 바구니 안에 들어가기 위해서 바구니보다 작아야 하기 때문에 – 값 공차
가 적용되는 것입니다.

$28_{-0.05}^{-0.02}$ 치수의 $_{-0.05}^{-0.02}$ 공차는 수검 시 적용되는 일반 공차로 $_{-0.05}^{-0.02}$ 가 아닌 다른 공차 값

으로도 기입할 수가 있습니다. 단, 꼭 - 값 공차만을 적용해야 합니다.

※ (56-20-8=28)에서 20은 베어링 폭 2개이며, 8은 커버의 결합부 4mm로 양쪽에 2개의 커버가 있어 8이 됩니다.

Tip ››
끼워맞춤 공차는 꼭 구멍은 **대문자** 알파벳(예 H7)으로, 축은 **소문자** 알파벳(예 js5)으로만 기입해야만 합니다.

[커버]

$4^{-0.02}_{-0.05}$

D

$\varnothing 35h6$

DIMLINEAR [단축키 : DLI] : 수평 및 수직 치수기입

Tip ››
기본적인 끼워맞춤 공차는 다음과 같습니다.

	구멍	축	적용하는 곳
헐거움 끼워맞춤		g6	운동과 마찰이 있는 결합부
중간 끼워맞춤	H7	h6	정지나 고정된 모든 결합부
억지 끼워맞춤		p6	탈선이 우려가 되는 결합부

해설 ▶ 베어링 바깥지름 삽입부에 같이 결합되는 부분에 $\varnothing 35$가 기입되어야 하며 결합부이기 때문에 공차는 h6으로 중간 끼워맞춤이 적용됩니다. $4^{-0.02}_{-0.05}$ 치수는 본체의 몸통 길이 치수 $56^{+0.05}_{+0.02}$과 연관된 치수(56-20-28=8)이므로 중요 치수가 됩니다. 윤활유가 밖으로 새지 않게 완전 밀봉시키기 위해 $^{-0.02}_{-0.05}$ 일반 공차가 들어갑니다.

※ (56-20-28=8)에서 8은 커버의 결합부 4mm로 양쪽에 2개의 커버가 있기 때문입니다.

04 베어링 못지않게 중요한 스퍼 기어의 중요 치수를 기입하겠습니다.

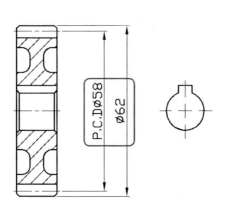

스퍼기어 요목표		
기어 치형		표준
공구	모 듈	2
	치 형	보통이
	압력각	20°
전체이높이		4.5
피치원지름		P.C.D⌀58
잇 수		29
다듬질방법		호브절삭
정 밀 도		KS B ISO 1328-1, 4급

P.C.D⌀58
⌀62

DIMLINEAR [단축키 : DLI] : 수평 및 수직 치수 기입

해설▶ 수검 시 수검 도면에 스퍼 기어의 모듈(M)과 잇수(Z)가 주어집니다.

(현재 도면의 M : 2, Z : 29입니다.)

피치원 지름($\phi\,58$) = 모듈(2)×잇수(29)

이끝원 지름($\phi\,62$) = 피치원($\phi\,58$) + 모듈(2×2개)

전체 이 높이(4.5) = 모듈(2)×2.25(※상수)

Tip >>
기어의 피치원 지름 치수 앞에는 꼭 대문자로 P.C.D(Pitch Center Diameter)라고 표기해야 합니다.

● 기어들은 꼭 요목표를 도면에 표기해야 하며 KS규격집 '요목표'에 형식이 나와 있으므로 수검 시 참조하면 됩니다. 단, 크기는 주어지지 않으므로 아래 내용을 학습해야 합니다.

스퍼 기어 요목표 그리는 방법

① Command 명령어 입력줄에 'STYLE'을 입력합니다. [단축키 : ST]

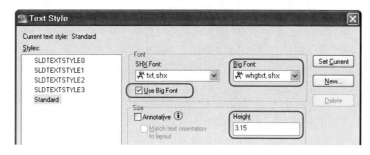

※ 한글을 사용하기 위해서는 글꼴을 다음과 같이 변경해주어야 합니다.

Font항목에서 〈Use Big Font〉를 체크합니다. 그러면 오른쪽에 Big Font항목이 활성화됩니다.

Big Font항목에서 정확히 〈whgtxt.shx〉로 변경해야 합니다.

Size항목의 Height값을 '3.15'로 입력합니다.

Apply 버튼을 클릭하고 Close 버튼을 클릭하여 STYLE 대화창을 종료합니다.

② Command 명령어 입력줄에 'LINE'을 입력합니다. [단축키 : L]

빈 공간을 클릭하고나서 '@85,0'을 입력하고 Enter를 합니다.

③ Command 명령어 입력줄에 'ARRAY'를 입력합니다. [단축키 : AR]

※ 여기서는 대화창이 없는 ARRAY를 사용하겠습니다. ARRAY 명령 앞에 −을 입력하면 대화창이 나타나지 않습니다. (−ARRAY 또는 −AR)

85mm 직선을 선택하고 Enter를 합니다.

'R'을 입력하고 Enter를 합니다.

'10'을 입력하고 Enter를 합니다.

두 번째는 그냥 Enter를 하여 기본값인 1을 적용합니다.

'8'을 입력하고 Enter를 합니다.

```
Command: -ARRAY
Select objects: 1 found
Select objects:
Enter the type of array [Rectangular/Polar] <R>: R
Enter the number of rows (---) <1>: 10
Enter the number of columns (|||) <1>:
Enter the distance between rows or specify unit cell (---): 8
Command:
```

④ Command 명령어 입력줄에 'OFFSET'을 입력합니다. [단축키 : O]
　'10'을 입력하고 [Enter]를 합니다.
　배열된 직선 중 맨 위쪽 직선을 선택합니다.
　위쪽 빈 공간을 선택하여 오프셋합니다.

⑤ Command 명령어 입력줄에 'LINE'를 입력합니다. [단축키 : L]
　수평선 양쪽 끝에 직선을 그려줍니다.

⑥ Command 명령어 입력줄에 'OFFSET'을 입력합니다. [단축키 : O]
　'15'를 입력하고 [Enter]를 합니다.
　왼쪽 수직선을 선택합니다.
　오른쪽 방향으로 15mm 간격으로 2개를 오프셋시킵니다.

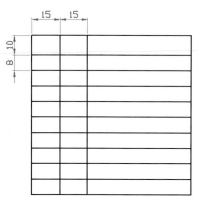

⑦ Command 명령어 입력줄에 'TRIM'을 입력합니다. [단축키 : TR]
　전체 도형을 기준으로 잡기 위해 그냥 [Enter]를 합니다.
　그림과 같이 트림할 도형을 선택하여 자릅니다.
　※ 트림한 후 남은 필요 없는 선은 [ERASE]나 [Del]키로 지웁니다.

⑧ 드래그하여 요목표 도형들을 모두 선택 후 레이어 도구상자의 빨
　간색(가는선)으로 변경합니다.
　요목표 바깥 테두리선 4개만 따로 선택하여 레이어 도구상자의 초
　록색(굵은선)으로 변경합니다.
　요목표 맨 위쪽 수평선 중에 2번째 수평선을 선택하여 레이어 도
　구상자의 노란색(중간굵기선)으로 변경합니다.

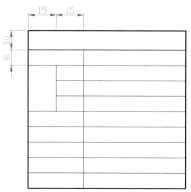

⑨ Command 명령어 입력줄에 'PLINE'를 입력합니다. [단축키 : PL]
　그림과 같이 폴리선을 그려줍니다.

⑩ Command 명령어 입력줄에 'DTEXT'를 입력합니다. [단축키 : DT]
　'MC'를 입력하고 [Enter]를 합니다.
　　※ MC : Middle Center

　그림과 같이 대각선 중간점(P1)에 클릭합니다.
　글자 쓰는 방향은 '0도'로 [Enter]를 하여 기본값을 사용합니다.
　'1'을 입력하고 [Enter]를 합니다.
　다시 한 번 [Enter]를 하여 DTEXT 명령을 종료합니다.

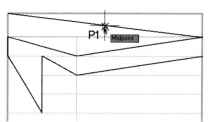

```
Command: DTEXT
Current text style:  "Standard"  Text height: 3.15  Annotative: No
Specify start point of text or [Justify/Style]: MC
Specify middle point of text:
Specify rotation angle of text <0.00>:
```

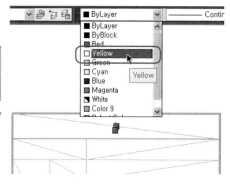

⑪ 글자 1을 선택하여 노란색(중간굵기선)으로 변경합니다.
⑫ Command 명령어 입력줄에 'COPY'를 입력합니다. [단축키 :
　CO 또는 CP]
　글자 '1'을 선택하고 [Enter]를 합니다.
　기준점(P2)을 선택합니다.
　각각의 대각선 중간점을 클릭하여 복사를 합니다.
⑬ 그려놓은 PLINE 선택하여 [ERASE]나 [Del]키로 지웁니다.
⑭ Command 명령어 입력줄에 'COPY'를 입력합니다.
　그림과 같이 2개의 글자 '1'을 선택하고 [Enter]를 합니다.
　기준점(P3)을 선택합니다.

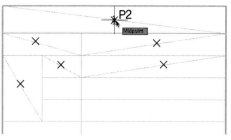

그림과 같이 P4와 P5를 클릭하여 복사를 합니다.

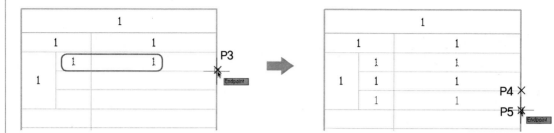

⑮ 다시 Enter를 하여 마지막에 실행했던 COPY 명령을 실행합니다.

그림과 같이 2개의 글자 '1'을 선택하고 Enter를 합니다.

기준점(P6)을 선택합니다.

그림과 같이 P7부터 P11을 순차적으로 클릭하여 복사를 합니다.

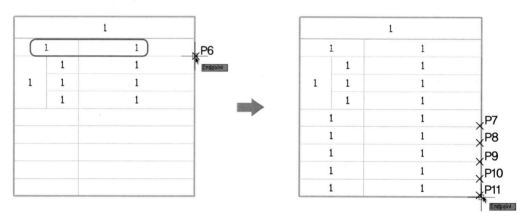

⑯ Command 명령어 입력줄에 'DDEDIT'를 입력합니다. [단축키 : ED]

※ 기입된 치수를 그냥 더블클릭하여도 되지만 AutoCAD 2011 버전부터 가능한 기능입니다.

글자를 클릭하여 다음 그림과 같이 변경합니다.

스퍼기어 요목표		
기어 치형		표준
공 구	모 듈	2
	치 형	보통이
	압력각	20°
전체이높이		4.5
피치원지름		P.C.DØ58
잇 수		29
다듬질방법		호브절삭
정 밀 도		KS B ISO 1328-1, 4급

※ 특수문자

ø 는 %%C를 입력합니다.

°는 %%D를 입력합니다.

±는 %%P를 입력합니다.

⑰ '스퍼기어 요목표' 글자를 클릭합니다.

Ctrl+1을 누르거나 Command 명령어 입력줄에 'PROPERTIES' [단축키 : PR]를 입력합니다.

색상(Color)을 초록색(굵은선)으로 선택합니다.

높이(Height)를 3.15에서 5로 변경합니다.

※ '스퍼기어 요목표' 글자는 제목(Title)에 해당됩니다.

스퍼기어 요목표		
기어 치형		표준
공 구	모 듈	2
	치 형	보통이

05　다음은 스퍼 기어와 축, 두 부품 간에 연관된 치수 기입을 하겠습니다.

　　가장 중요한 부위는 두 부품 간의 결합부 기준치수이며 평행 키(key) 홈 또한 중요 치수에 해당합니다.

[스퍼 기어]

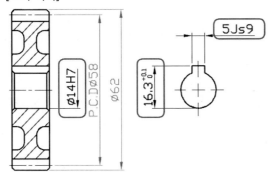

• **DIMLINEAR** [단축키 : DLI] : 수평 및 수직 치수 기입

※ 일반공차인 $^{+0.1}_{0}$을 기입하는 방법은 앞의 내용을 참조해서 기입합니다. 단, 자릿수를 맞추기 위해서 아래치수 허용차 0 앞을 한 칸 띄워서 Stack 버튼을 클릭해야 합니다.

해설 ▶　축과 결합되는 구멍을 스케일로 실척하여 ϕ14가 기입되었으며, 결합부 구멍이기 때문에 일반적인 구멍 공차 H7 끼워맞춤 공차가 들어갑니다. KS규격에서 키 홈의 b2을 찾아 키 홈 폭 5를, 끼워맞춤 공차는 Js9를 기입하였습니다. KS규격의 키 홈의 높이 t2값인 2.3에 구멍 지름(ϕ14)을 더해 16.3을 기입하고 공차 $^{+0.1}_{0}$를 규격에서 찾아서 기입합니다.

• ϕ14H7 치수는 구멍 위에 키 홈이 파져 있기 때문에 DIMLINEAR 명령으로 치수 기입을 하고 나서 EXPLODE[단축키 : X]시키고 위쪽의 치수 보조선과 화살표를 지워주어야 합니다. 치수선도 치수문자에 알맞게 Grip(※도형을 클릭하면 나오는 파란색 점)을 사용하여 조절해 주어야 합니다. 반드시 그림과 같이 화살표와 치수문자가 동일한 방향인 안쪽으로 배치되어 있어야 합니다.

Tip ＞＞
구멍을 스케일로 실척하여 나온 값이 예를 들어 ϕ12라면 KS규격에서 '적용하는 축 지름 d'의 범위가 '10~12'와 '12~17'로 두 개가 겹치는데 이때는 가급적 낮은 범위 '10~12'에서 찾아서 사용하는 것이 좋습니다.

[축]　　　　　　　　　　　　KS규격집 '평행 키(키 홈)' 항목

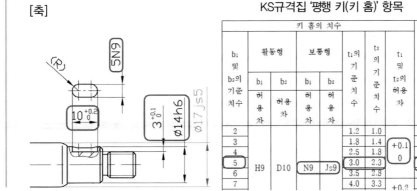

키 홈의 치수							
b1 및 b2의 기준 치수	활동형		보통형		t1의 기준 치수	t2의 기준 치수	t1 및 t2의 허용차	적용하는 축 지름 d (초과~이하)
	b1 허용차	b2 허용차	b1 허용차	b2 허용차				
2					1.2	1.0		6~8
3					1.8	1.4	+0.1 0	8~10
4					2.5	1.8		10~12
5	H9	D10	N9	Js9	3.0	2.3		12~17 ←
6					3.5	2.8		17~22
7					4.0	3.3	+0.2	20~25

해설▶ 스퍼 기어와 결합되는 축경이 Ø14이며 그 축경에 일반적인 중간 끼워맞춤인 h6이 적
용됩니다.

　　KS규격에서 키 홈의 b1을 찾아 키 홈 폭 5를, 끼워맞춤 공차는 N9를 기입하였습니다.

　　KS규격의 키 홈의 깊이 t1값인 3.0과 공차 $^{+0.2}_{0}$를 규격에서 찾아서 기입합니다.

Tip >>
축의 키 홈 길이 10은 스케일로 실척해서 나온 값이며, 공차는 시험 시 적용되는 일반 공차로 $^{+0.2}_{0}$을 무조건
기입합니다.

● 키 홈 국부투상도의 라운드진 곳에 반지름 치수 기입을 해야 하며 '(R)'으로 변경해서 기입해
야만 합니다.

　　※ R 치수 양쪽의 소괄호( )는 참고 치수를 의미합니다.

　　DIMRADIUS [단축키 : DRA] - 원호의 반지름 치수를 기입합니다.

06 축과 V-벨트 풀리, 두 부품 간에 연관된 치수 기입을 하겠습니다.

　　가장 중요한 부위는 두 부품 간의 결합부 기준 치수이며 평행 키(key) 홈 또한 중요 치수에
해당합니다.

[축]

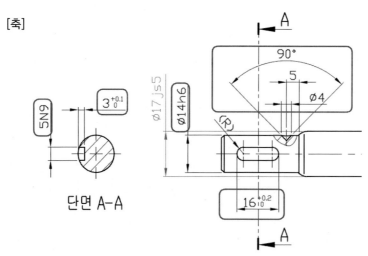

단면 A-A

● **DIMLINEAR** [단축키 : DLI] : 수평
　및 수직 치수를 기입합니다.
● **DIMANGULAR** [단축키 : DAN] :
　각도 치수를 기입합니다.
● **DIMRADIUS** [단축키 : DRA] : 원
　호의 반지름 치수를 기입합니다.

해설▶ V-벨트 풀리와 결합되는 축경을 스케일로 실척하여 Ø14가 나왔으니 키 홈의 치수와
공차 값을 축의 오른쪽과 똑같이 기입하면 됩니다.

　　V-벨트 풀리를 축에 고정시킬 때 사용하는 멈춤나사 안착부의 치수 Ø4는 멈춤나사
를 스케일로 실척하여 나온 M4와 같게 적용하며, 스케일로 실척한 거리 값 5를 V-벨
트 풀리에도 똑같이 기입해 주어야 됩니다. 멈춤나사의 뾰족한 부분이 안착되는 곳의
각도는 무조건 90°로 기입되어야 합니다.

[V-벨트 풀리]

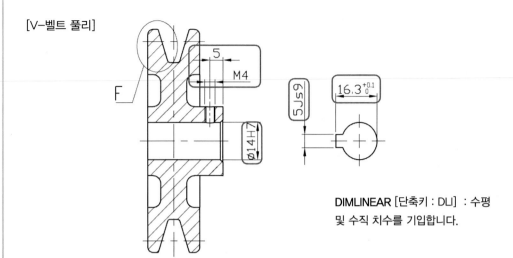

DIMLINEAR [단축키 : DLI] : 수평
및 수직 치수를 기입합니다.

해설▶ 축과 결합되는 V-벨트 풀리의 구멍 기준치수를 $\phi14$로 정확히 일치해야 하며, 키 홈
의 치수와 공차 값을 앞장에서 학습했던 스퍼 기어 작업을 참조하여 똑같이 기입하면
됩니다.

　　멈춤나사가 체결되는 탭 구멍의 치수 M4, 5 치수가 결합되는 축과 정확히 일치해야
만 합니다.

Tip >>
축과 결합되어 동력을 전달하는 부품들은 그 둘 간의 결합부에 중간 끼워맞춤을 사용해야 합니다. 중간 끼워
맞춤일 때 구멍은 H7이며, 축은 h6으로 기입되어야 합니다.

07 V-벨트 풀리의 거의 모든 부분 치수를 KS규격집에서 찾아 기입해야 합니다.

　KS규격집에서 V-벨트 풀리의 규격을 찾기 위해선 두 가지를 미리 알고 있어야 합니다. V-
벨트 풀리의 호칭지름과 형별(Type)로 호칭지름은 도면상에 주어지지 않았을 경우에는 직접
스케일로 실척하면 되고, 형별은 수검 도면의 V-벨트 풀리 품번 옆에 기재되어 출제됩니다.

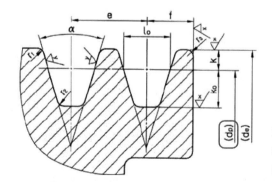

그림에서 '(dp)'가 호칭 지름(=피치원 지름)으로 이 곳을 스
케일로 실척하여 그 지름 값을 기입해야 하며, 나머지 부분
들을 KS규격집에서 찾아서 치수 기입을 해야 합니다.

　호칭 지름이 수검 도면상에 주어진 경우에는 그대로 그 치수를 기입하면 됩니다. 만약 형별
(Type)이 주어지지 않았다면 일반적으로 M형을 사용하면 됩니다.

KS규격집 'V 벨트 풀리' 항목

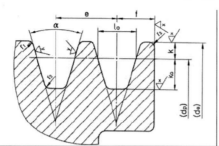

V벨트의 형별	α의 허용차(°)	k의 허용차	e의 허용차	f의 허용차
M			—	
A	±0.5	+0.2 0	±0.4	±1.0
B				

V벨트 형별	호칭 지름	α(°)	L_0	k	k_0	e	f	r_1	r_2	r_3	비 고
M	50이상~71이하 71초과~90이하 90초과	34 36 38	8.0	2.7	6.3	—	9.5	0.2~0.5	0.5~1.0	1~2	M형은 원칙적으로 한 줄만 걸친다.(e)
A	71이상~100이하 100초과~125이하 125초과	34 36 38	9.2	4.5	8.0	15.0	10.0	0.2~0.5	0.5~1.0	1~2	
	125이상~165이하	34									

수검 도면의 형별(Type)은 'A'형이며, 호칭 지름은 스케일로 실척해서 ϕ75가 나왔습니다.

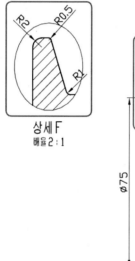

상세F
배율 2 : 1

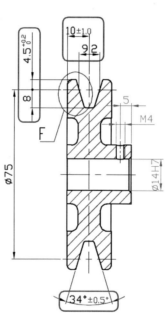

* **DIMLINEAR** [단축키 : DLI] : 수평 및 수직 치수를 기입합니다.
* **DIMRADIUS** [단축키 : DRA] : 원호의 반지름 치수를 기입합니다.

※ 특수문자
　ϕ는 %%C를 입력합니다.
　°는 %%D를 입력합니다.
　±는 %%P를 입력합니다.

해설▶ A형에 호칭 지름이 ϕ75이므로 각도는 34°이며 공차는 0.5°입니다. 나머지 부분도 지금과 같이 KS규격에서 찾아 치수 기입을 해야 하며, 그 중 다음 3가지 'a, k, f'는 꼭 공차 값도 KS규격에서 찾아 기입해야 합니다. 'r1, r2, r3'는 상세도(상세F)에 치수기입해야 보기가 좋으며 가급적 최대 R값을 적용합니다.

Tip >>
KS규격에서 e값은 V-벨트 풀리가 단열이 아닌 복열일 때 적용하는 것으로 현재 수검 도면의 V-벨트 풀리는 단열이므로 e값이 필요가 없습니다.

- 치수 8과 $4.5^{+0.2}_{0}$ 치수기입을 같은 줄에 할 경우 치수선 간격이 좁아 화살표가 치수보조선 바깥으로 빠지면서 중간에 있는 화살표가 잘못 표기가 되는데 이때는 아래와 같이 해야 합니다.

치수선 화살표가 바깥으로 빠지면서 잘못 표기된 화살표를 해결하는 방법

① 우선 DIMLINEAR [단축키 : DLI] 명령으로 치수기입을 합니다.
② Command 명령어 입력줄에 EXPLODE를 입력합니다. [단축키 : X]
   치수선 2개를 선택하여 분해시킵니다.
③ ERASE나 Del 키로 잘못 표기된 가운데
   화살표 2개를 지웁니다.

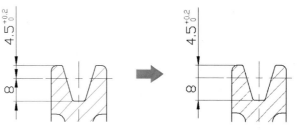

④ Command 명령어 입력줄에 'DONUT'을 입력합니다. [단축키 : DO]
   '0'을 입력하고 Enter를 합니다.
   '1'을 입력하고 Enter를 합니다.
   화살표를 지운 위치를 클릭하고 Enter를 합니다.

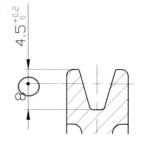

```
Command: DONUT
Specify inside diameter of donut <10.0000>: 0
Specify outside diameter of donut <20.0000>: 1

Specify center of donut or <exit>:
```

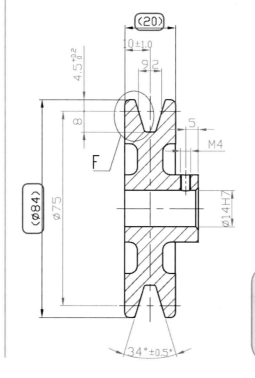

- **DIMLINEAR** [단축키 : DLI] : 수평 및 수직 치수를 기입합니다.
- 바깥지름(ϕ84) = 호칭 지름(ϕ75) + k값(4.5×2개)
- 풀리 폭(20) = f값(10) x 양쪽(2)

해설▶ V-벨트 풀리에서 2가지 치수는 KS규격에서 찾은 치수를 바탕으로 계산해서 기입해야 합니다. 그 중요한 2가지가 바깥지름(ϕ84)과 풀리의 폭(20) 치수입니다.

　　바깥지름과 폭 치수 기입을 한 후에 꼭 치수 값에 소괄호( )를 붙여주어야 하며, 그 이유는 기존의 치수 값과 중복이 되기 때문입니다.

Tip≫
치수 기입 시 중복 치수는 피해야 하며, 부득이 하게 중복 치수를 할 경우에는 참고 치수로 만들어 주어야 합니다. 치수 문자에 소괄호( )를 하면 참고 치수가 되므로 중복 치수가 되질 않습니다.

08 오일 실과 연관된 부품들의 치수 기입을 하겠습니다.

[커버]

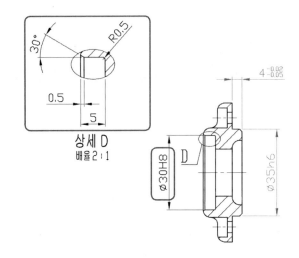

상세 D
배율 2 : 1

- **DIMLINEAR** [단축키 : DLI] : 수평 및 수직 치수를 기입합니다.
- **DIMANGULAR** [단축키 : DAN] : 각도 치수를 기입합니다.
- **DIMRADIUS** [단축키 : DRA] : 원호의 반지름 치수를 기입합니다.

해설 ▶ 오일 실 안지름과 접촉되는 축경(ϕ17)을 먼저 찾은 다음 KS규격에서 바깥지름(D)과 폭(B)값을 찾아 커버에 치수 기입을 해야 합니다. 오일 실 바깥지름과 결합되는 커버에 ϕ30 치수를 기입하고 무조건 오일 실 바깥지름에는 H8 끼워맞춤 공차를 적용해야 합니다.

상세도 치수에서 5는 오일 실 폭(B)이며 0.5는 오일 실 폭(5)×0.1=0.5로 계산해서 기입해야 합니다. 각도 30°와 R0.5는 오일 실 상세도에 그대로 적용해서 기입하면 됩니다.

KS규격집 '오일 실' 항목

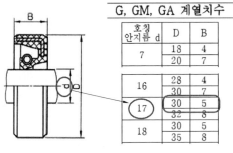

호칭 안지름 d	D	B
7	18	4
	20	7
16	28	4
	30	7
17	30	5
	32	8
18	30	5
	35	8

G, GM, GA 계열치수

※ 수검 시 오일 실은 G계열만을 사용하며 바깥지름(D)과 폭(B) 값을 작은 값으로 찾아 치수 기입을 합니다.

[축]

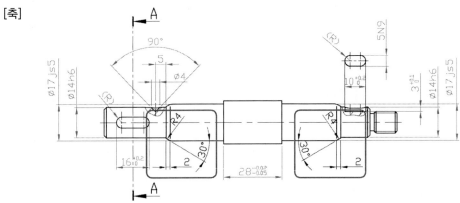

해설▶ 오일 실 안지름 부위가 축과 접촉하여 밀봉을 해주므로 축에 오일 실 결합 시 오일 실이 파손되는 것을 방지하기 위해 오일 실이 결합되는 축경 부위에 그림과 같이 모따기와 필렛 처리를 해야 합니다. 치수 기입은 그림과 같이 각도 30°, R4, 2를 그대로 기입하면 됩니다.

Tip >>
● 오일 실 바깥지름과 결합되는 커버 구멍의 끼워맞춤은 H8이며, 오일 실 안지름과 결합되는 축의 끼워맞춤은 h8입니다. 그러나 현재 축경 ⌀17에 베어링도 결합되기 때문에 공차가 중복된 경우에는 정밀한 부품의 공차를 우선적으로 적용합니다. 그래서 축에는 h8이 아닌 js5가 적용되었습니다.
● 오일 실의 용도는 본체 안에 부품들의 마찰을 최소화하기 위해 윤활유를 집어 넣는데 그 윤활유가 구동 부쪽 부품들의 틈새로 새지 않게 하기 위한 부품으로 재질은 합성고무로 되어 있습니다.
● 도면 상에서 오일 실 도시 방법은 그림과 같이 2가지 형태로 도시됩니다.

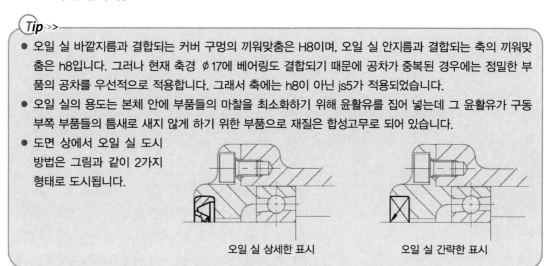

오일 실 상세한 표시　　　　오일 실 간략한 표시

09 본체와 커버의 연관된 치수기입을 하겠습니다.

우선 탭(TAP) 구멍과 연관된 커버의 깊은 자리파기 부분을 KS규격에서 찾아 치수 기입을 하겠습니다.

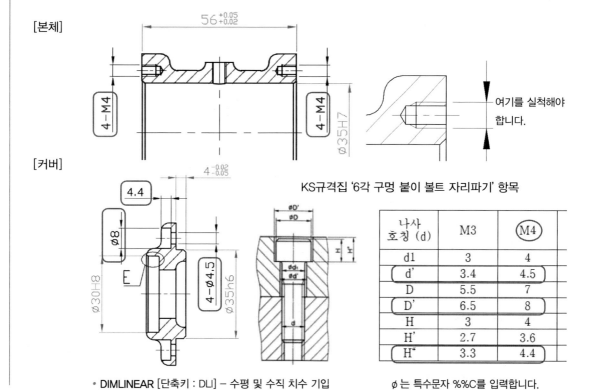

KS규격집 '6각 구멍 붙이 볼트 자리파기' 항목

나사 호칭 (d)	M3	M4
d1	3	4
d'	3.4	4.5
D	5.5	7
D'	6.5	8
H	3	4
H'	2.7	3.6
H''	3.3	4.4

• DIMLINEAR [단축키 : DLI] – 수평 및 수직 치수 기입　　　　⌀ 는 특수문자 %%C를 입력합니다.

해설▶ 본체에서 탭(TAP) 구멍을 스케일로 실척하여 나온 값(M4)을 치수기입한 후 KS규격에서 나사 호칭 M4열의 d′(4.5), D′(8), H″(4.4)값을 찾아 커버에 왼쪽 그림과 같이 치수기입을 합니다. 본체에 탭 구멍 치수 기입 시 구멍 개수도 같이 써 주어야 하며, 커버가 개별적으로 결합되기 때문에 양쪽에 따로 치수 기입을 해 주어야 합니다.

커버에 깊은 자리파기 치수 기입 시 φ4.5구멍에만 구멍 개수를 같이 써 주어야 합니다. 실제 제품 가공 시 제일 먼저 가공하는 부분(드릴 가공)에만 개수를 입력해 주어야 하기 때문입니다.

Tip >>
2013년도에 산업인력공단에서 배포한 KS 규격엔 **'6각 구멍 붙이 볼트 자리파기'** 항목이 빠져 있는데 이럴 땐 SolidWorks의 '구멍가공 마법사'로 작업한 치수로 바로 적용하여 사용하면 됩니다.

10 본체와 커버의 나머지 연관된 치수를 기입하겠습니다.

[본체]

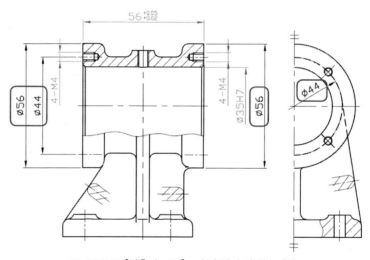

* DIMLINEAR [단축키 : DLI] : 수평 및 수직 치수기입
* DIMDIAMETER [단축키 : DDI] : 지름 치수기입

해설▶ 본체에서 스케일로 실척하여 그림과 같이 'φ44', 'φ56'을 치수 기입합니다.

커버가 개별적으로 결합되기 때문에 양쪽에 따로 치수 기입을 해 주어야 하며, 구멍 피치원 지름(φ44)은 측면도가 있을 경우에는 꼭 측면도에 지름치수(φ)로 치수 기입해야 합니다.

Tip >>
우측면도에 피치원 지름 치수 기입 시 반드시 치수선이 피치원 중심보다 더 밖으로 연장되게 해야 합니다.
① DIMDIAMETER(DDI)로 지름 치수 기입을 합니다.
② 지름 치수선을 EXPLODE(X) 시킵니다.
③ EXTEND(EX)로 중심선까지 치수선을 연장합니다.
④ LENGTHEN(LEN)으로 4mm 정도 늘립니다.

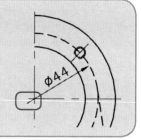

[커버]

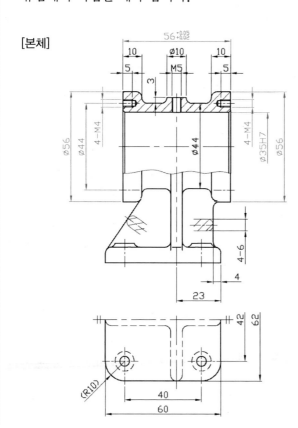

※ 부품 간의 연관된 치수들은 수검 시 아주 중요한 채점 포인트가 되므로 빠지거나 틀리지 않게 주의해야 합니다.

해설 ▶ 본체에서 스케일로 실척한 ϕ44, ϕ56 2개의 치수가 커버와 동일하게 맞아 떨어져야 합니다.

모든 부품 간의 연관된 치수가 끝났습니다.

11 다음으로는 부품마다의 개별적인 치수 기입을 하여 치수를 완성하겠습니다. 나머지 치수들은 대부분 스케일로 실척해서 기입되는 일반적인 치수들이며, 몇 개는 연관된 치수도 있으니 유념해서 기입을 해야 합니다.

[본체]

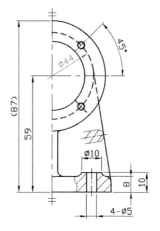

※ 부품들의 전체 길이와 전체 높이도 중요 치수이므로 빠짐없이 기입하도록 합니다.

• DIMLINEAR [단축키 : DLI] : 수평 및 수직 치수 기입
• DIMRADIUS [단축키 : DRA] : 원호 반지름 치수 기입
• DIMDIAMETER [단축키 : DDI] : 원호 지름 치수 기입
• DIMANGULAR [단축키 : DAN] : 각도 치수 기입

해설▶ 전체 높이 87은 우측면도 치수 59, 정면도 치수 $\phi56$과 중복이 되므로 참고 치수(87)로 해야 됩니다. 저면도의 R10도 저면도 치수 40과 60 그리고 42, 62와 중복이 되므로 참고 치수(R10)로 기입해야 합니다.

[축]

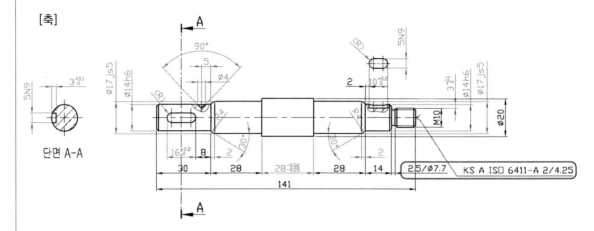

단면 A-A

해설▶ 축 길이 방향 치수 기입을 빠짐없이 해 주어야 하며, 축을 가공하는 공작기계가 선반이기 때문에 센터구멍에 대한 치수(KS A ISO 6411-A 2/4.25)를 축 크기에 상관없이 그대로 기입해야 합니다. 2.5/$\phi7.7$ 치수는 릴리프 홈에 대한 치수이며, 용도는 나사를 가공 시 바이트(공구)가 축과 충돌(간섭)하는 것을 방지하기 위해 나사 가공 전에 홈을 파내는 것입니다. 원래는 나사의 크기에 따라 KS 규격에서 찾아 치수를 기입해야 하나 수검장에서 배포하는 KS 규격에는 릴리프 홈이 없기 때문에 필자가 정한대로 기입하길 바랍니다.

> **Tip** >>
> 나사 호칭경을 스케일로 실척을 해서 호칭경에 맞는 릴리프 홈을 다음 표에서 찾아 적용하면 됩니다.
>
> | 릴리프 홈 | 홈 폭 | 홈 지름 |
> |---|---|---|
> | M6 | 1.6 | $\phi4.4$ |
> | M8 | 2 | $\phi6$ |
> | M10 | 2.5 | $\phi7.7$ |
> | M12 | 3 | $\phi9.4$ |
>
> ※ 릴리프 홈 치수 기입은 홈 폭과 홈 지름을 따로 기입하지 않고 같이 기입해야 합니다. 예) 2.5/$\phi7.7$

센터 구멍 치수기입하는 방법

① Command 명령어 입력줄에 'POLYGON'을 입력합니다. [단축키 : POL]
'3'을 입력하고 [Enter]를 합니다.
'E'를 입력하고 [Enter]를 합니다.
그림과 같이 기준점(P1)을 클릭합니다.

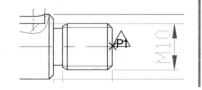

'@4<0'을 입력하고 Enter를 합니다.

```
Command: POLYGON
Enter number of sides <6>: 3
Specify center of polygon or [Edge]: E

Specify first endpoint of edge: Specify second endpoint of edge: @4<0
```

② Command 명령어 입력줄에 ROTATE를 입력합니다. [단축키 : RO]
  삼각형을 선택하고 Enter를 합니다.
  회전축을 삼각형을 만들 때 기준이 되었던 점(P1)을 클릭합니다.
  '-30도'를 입력하고 Enter를 합니다.

③ Command 명령어 입력줄에 'EXPLODE'를 입력합니다. [단축키 : X]
  삼각형을 분해한 후 오른쪽 수직선을 ERASE나 Del키로 지웁니다.

④ Command 명령어 입력줄에 'LEADER'를 입력합니다. [단축키 : LEAD]
  그림과 같이 삼각형 아래 끝점에 클릭합니다.
  Ortho 모드가 해제[F8]된 상태에서 대각선 방향으로 클릭합니다.
  'F'를 입력하고 Enter를 합니다.
  'N'을 입력하고 Enter를 합니다. (※ 화살표를 숨깁니다.)
  Enter를 하고나서 KS A ISO 6411-A 2/4.25를 입력하고 Enter, Enter를 하여 종료합니다.

※ 삼각형과 지시선 색상은 빨간색(가는색)이며, 지시선 앞의 화살표는 반드시 지워야 합니다.

[스퍼 기어]

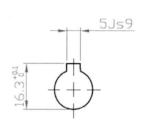

• DIMLINEAR [단축키 : DLI] : 수평 및 수직 치수 기입
• 치수문자 앞에 ∅는 특수문자인 %%C를 입력하면 됩니다.

해설 ▶ 치수 ∅28, ∅46 부위는 스퍼 기어 중량을 줄이기 위해 공간을 만든 부분으로 꼭 지름 치수로 입력해야만 합니다. 간혹 이 부분을 지름이 아닌 거리 치수로 기입하는 수검자도 있는데 그것은 완전 틀린 치수 기입법입니다.

Tip ≫

중량을 줄이기 위해 공간을 만든 부분이 두 곳이지만 치수 기입을 한 곳 했기 때문에 왼쪽, 오른쪽 직경이 같다는 표시로 '가상선(가는 이점쇄선)'으로 연결해 주어야 합니다. 단, 수검 시 생략해도 점수에는 큰 영향이 없습니다.

[커버]

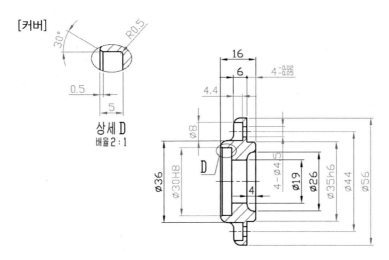

상세 D
배율 2 : 1

- DIMLINEAR [단축키 : DLI] : 수평
  및 수직 치수 기입
- ∅ 는 특수문자 %%C를 입력합니다.

해설 ▶ 커버의 나머지 치수는 그렇게 중요 포인트가 없지만 전체 길이인 16은 꼭 기입해야 합니다. 치수 ∅ 19, ∅ 26 부위는 동력전달장치를 작동 시 베어링과 커버와 맞닿은 부분에 간섭을 없애기 위해 공간을 만든 곳입니다.

Tip >>

치수 6과 $4^{-0.02}_{-0.05}$를 직렬로 치수 기입 시 치수선 화살표가 치수선 사이에 들어갈 수가 없어 표기가 잘못된 화살표로 치수 기입이 되는데 이때는 치수를 'EXPLODE[X]'시킨 후 잘못 표기된 가운데 화살표를 지우고 'DONUT[DO] : 안지름은 0, 바깥지름은 1'으로 점을 찍어 주어야 합니다.

※ EXPLODE[X]명령으로 분해하지 않고도 점을 찍을 수가 있습니다. 방법은 치수 변수를 사용하는 것입니다. 단, 수검 시에는 EXPLODE[X]로 분해하는 것을 더 권장합니다.

- DIMUPT : 치수 문자와 치수선의 위치를 수동으로 사용자가 원하는 위치에 위치시킵니다.
- DIMSAH : 치수 화살촉을 각각 다른 모양으로 적용을 합니다.
- DIMBLK1 or DIMBLK2 : 첫 번째 화살촉과 두 번째 화살촉의 모양을 변경합니다.
- 적용 예)
  DIMUPT = ON
  DIMSAH = ON
  DIMBLK2 = DOTSMALL

[V-벨트 풀리]

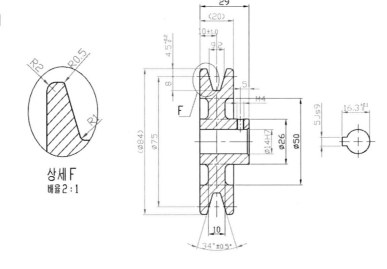

상세 F
배율 2 : 1

해설 ▶ 치수 ϕ26, ϕ50 부위는 풀리의 중량을 줄이기 위해 공간을 만든 부분으로 꼭 지름치수로 입력해야 합니다. 전체 길이 29는 꼭 기입해야 할 주요 치수이므로 누락되지 않게 주의해야 합니다.

Tip ››

중량을 줄이기 위해 공간을 만든 부분이 두 곳이지만 치수 기입을 한 곳만 했기 때문에 왼쪽, 오른쪽 직경이 같다는 표시로 '가상선'으로 연결해 주어야 합니다. 단, 수검 시 생략해도 점수에는 큰 영향이 없습니다.

※ AutoCAD에서 가상선은 LINETYPE[LT] 명령에서 'PHANTOM2'를 로드시켜 사용하면 됩니다.

이것으로써 모든 부품들의 치수 기입이 완료되었습니다.

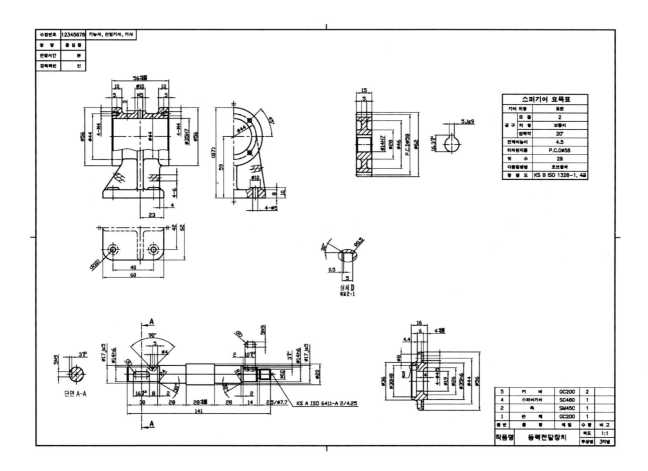

수검 시 일반적으로 4개의 부품만을 투상하기 때문에 도면상에 4개의 부품만을 나열하였습니다. 투상도 배치 시 유념해야 할 것은 기본적으로 '본체'와 '축'은 자리가 정해져 있다는 것으로써 '본체'는 도면 왼쪽 상단에 배치하고 '축'은 도면 왼쪽 하단에 배치해야만 합니다. 나머지 부품들은 적당히 오른쪽 빈 공간에 배치하면 됩니다.

④ 완성된 치수에 표면거칠기 기호 기입하기

부품들 표면의 매끄러운 정도(조도)를 나타내는 기호를 표면거칠기 기호(다듬질 기호)라고 부르며, 수검자가 각 부품들의 재질에 맞는 기호를 정확한 위치에 표기해야 합니다. 각 부품들의 재질도 수검자가 시험 보기 전 미리 숙지하여 수검 도면의 제품 용도에 따라 적당한 재질을 부품란에 기입해야 합니다.

표면거칠기 기호 기입 전 알아 두어야 할 내용입니다.

주물 상태 : GC(회주철)나 SC(주강) 등의 재질을 갖는 부품에 전체적으로 적용됩니다.

거친 다듬질 : 가공이 된 곳으로 중요 부품이 닿지 않는 면에 적용됩니다. 볼트 자리면 등

중간 다듬질 : 부품 간의 접촉면이나 결합부로 단 운동(마찰)이 없는 곳에만 적용됩니다.

고운 다듬질 : 부품 간의 접촉이나 결합이 되어 운동(마찰)이 있는 부분에 적용됩니다.

정밀 다듬질 : 초정밀 부품에 적용되며, 수검 시에는 오일 실과 닿는 축경에만 적용됩니다.

> **Tip >>**
> 고운 다듬질 ∀은 부품 간에 운동이 없는 정지면이라고 할지라도 결합되는 상대방 제품의 정밀도에 따라 적용할 수가 있습니다.
> 예 베어링의 바깥지름, 안지름, 측면에 닿은 부분에 적용

• **적용 예** ① ∀ (∀, ∀, ∀)

해설 ▶ 각각의 부품마다 품번 옆에 표면거칠기 기호를 표기해야 하며 괄호 안에 있는 기호는 부분적으로 적용되는 기호들이기 때문에 1개라도 개별적인 부품 안에 표기해야만 하며, 괄호 밖의 ∀는 전체에 적용되기 때문에 부품 안에는 절대 표기를 하면 안됩니다. 괄호 밖에는 한 개의 거칠기 기호만 적용할 수가 있습니다.

> **Tip >>**
> 주물 제품들은 무조건 괄호 밖에 ∀ 기호로만 표기해야 합니다.

품번	품 명	재 질	수량	비고
5	커 버	GC200	2	
4	스퍼어기어	SC480	1	
2	축	SM45C	1	
1	본 체	GC200	1	
품 번	품 명	재 질	수 량	비 고

작품명	동력전달장치	척도	1:1
		투상법	3각법

해설 ▶ 부품란에 부품들의 재질을 수검자가 수검 도면의 제품 용도에 알맞은 재질로 기입해야 하며, 이것을 바탕으로 각각의 부품들의 표면거칠기 기호를 결정해야 합니다.

Tip ››
KS규격집 '기계재료 기호 예시' 항목의 재질을 참조하여 부품마다 적절한 재료을 적용하면 됩니다. 부품에 알맞은 재료라면 다른 재료 기호를 사용해도 무방합니다.

위 내용을 숙지하고 다음으로 표면거칠기 기호를 도면상에 표기하는 방법 전에 Auto-CAD상에서 거칠기 기호를 그리는 방법을 먼저 배워보겠습니다.

거칠기 기호는 AutoCAD에서 기본적으로 제공이 되지 않기 때문에 수검자가 직접 만들어서 사용해야만 합니다.

표면거칠기 기호를 쉽게 그리는 방법

① Command 명령어 입력줄에 'POLYGON'를 입력합니다. [단축키 : POL]
  '6'(6각형)을 입력하고 Enter를 합니다.
  임의의 위치에 기준점을 찍습니다.
  'C'(외접)를 입력하고 Enter를 합니다.
  '7'(반지름)을 입력하고 Enter를 합니다.
② Command 명령어 입력줄에 'PLINE'를 입력합니다. [단축키 : PL]
  P1에서 P4까지 순차적으로 클릭합니다.
③ Command 명령어 입력줄에 'CIRCLE'를 입력합니다. [단축키 : C]
  왼쪽 꼭지점(P5)을 클릭합니다.
  '5.5'(반지름)를 입력하고 Enter를 합니다.
④ Command 명령어 입력줄에 'DTEXT'를 입력합니다. [단축키 : DT]
  'MC'를 입력하고 Enter를 합니다. ※ MC : Middle Center
  글자 삽입의 기준점(P5)을 클릭합니다.
  글자 쓰는 방향은 '0도'로 Enter를 하여 기본값을 사용합니다.

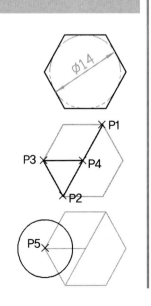

'1'을 입력하고 [Enter]를 합니다.
다시 한번 [Enter]를 하여 DTEXT 명령을 종료합니다.

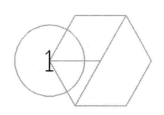

```
Command: DTEXT
Current text style:  "Standard"  Text height:  3.15  Annotative:  No
Specify start point of text or [Justify/Style]: MC
Specify middle point of text:
Specify rotation angle of text <0.00>:
```

※ STYLE 명령에서 글자 높이(3.15)를 미리 입력하였을 경우에는 DTEXT 명령에서 글자높이는 표시가 안 됩니다.

⑤ Command 명령어 입력줄에 MOVE를 입력합니다. [단축키 : M]
원(Ø11)과 글자(1)를 선택하고 [Enter]를 합니다.
적당히 보기 좋게 왼쪽 방향으로 이동시킵니다.

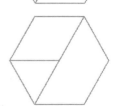

⑥ 글자(1)를 선택하고 PROPERTIES [단축키 PR 또는 [Ctrl]+1] 명령을 사용하여 'Text height' 항목에서 변경할 크기 값 5mm을 입력하고 [Enter]를 합니다.

⑦ Command 명령어 입력줄에 'LINE'를 입력합니다. [단축키 : L]
그림과 같이 수직선과 수평선을 그립니다.
Command 명령어 입력줄에 'ARC'를 입력합니다. [단축키 : A]
그림과 같이 P6-P7-P8 순서대로 클릭합니다.
※ P7은 중간점(MIDpoint)

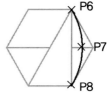

⑧ Command 명령어 입력줄에 'MIRROR'를 입력합니다. [단축키 : MI]
호(ARC)를 선택하고 [Enter]를 합니다.
대칭축으로 P6과 P8을 선택하고 [Enter]를 합니다.

⑨ [ERASE]나 [Del]키를 사용하여 육각형과 직선 2개를 지웁니다.
Command 명령어 입력줄에 'COPY'를 입력합니다. [단축키 : CP, CO]
글자(1)를 선택하고 [Enter]를 합니다.
기준점으로 원의 중심(P9)을 클릭합니다.
P10과 P11 위치로 복사합니다.

⑩ Command 명령어 입력줄에 'DDEDIT'를 입력합니다. [단축키 : ED]
※ 기입된 치수를 그냥 더블클릭하여도 되지만 AutoCAD 2011 버전부터 가능한 기능입니다.

글자를 클릭하여 다음 그림과 같이 변경합니다.
※ 반드시 거칠기 기호 w, x, y, z는 소문자로만 써야 합니다.

⑪ Command 명령어 입력줄에 MOVE를 입력합니다. [단축키 : M]
W와 콤마(,)를 적당하게 위쪽으로 이동시킵니다.

⑫ COPY[CP, CO]와 MOVE[M] 명령을 사용하여 나머지 부분을 완성합니다.
DDEDIT[ED] 명령으로 그림과 같이 변경합니다. 단, 소문자로만 써야 합니다.

⑬ Command 명령어 입력줄에 'CIRCLE'을 입력합니다. [단축키 : C]
3P를 입력하고 Enter를 합니다.
그림과 같이 P12-P13-P14를 클릭합니다. ※ P12, P13은 MIDpoint로, P14는 TANgent로 선택

⑭ EXPLODE[X] 명령으로 괄호 밖에 있는 기호만 선택하여 분해시킨 후 W와 수평선를 ERASE나 Del키로 지웁니다.

⑮ 모두 다 선택하고 색상을 초록색(굵은선)으로 변경합니다. 단, ∮11 원만 따로 선택하여 노란색(중간 굵기선)으로 변경하여 마무리합니다.

물체 안에 직접 표기하는 거칠기 기호는 다음과 같이 만듭니다.

01 방금 전에 만든 거칠기 기호 중 기호를 임의의 위치에 COPY[CO, CP]합니다.

02 SCALE[SC] 명령으로 복사한 기호를 선택하여 0.5로 축소하고 **빨간색(가는선)**으로 변경합니다.

```
Command: SCALE
Select objects: Specify opposite corner: 2 found
Select objects:
Specify base point:
Specify scale factor or [Copy/Reference]: 0.5
```

03 -ARRAY[-AR]
• 축소한 기호를 선택하고 Enter를 합니다.
• 'P'를 입력하고 Enter를 합니다.
• 회전 중심축을 그림과 같이 임의의 위치(P1)에 클릭합니다.

• '4'를 입력하고 [Enter], [Enter], [Enter]를 합니다.

```
Command: -ARRAY
Select objects: Specify opposite corner: 2 found
Select objects:  Enter the type of array [Rectangular/Polar] <R>: P
Specify center point of array or [Base]:
Enter the number of items in the array: 4
Specify the angle to fill (+=ccw, -=cw) <360>:
Rotate arrayed objects? [Yes/No] <Y>:
Command:
```

04 [ERASE]나 [Del]키를 사용하여 아래쪽과 오른쪽에 있는 W글자를 지웁니다.

※ 회전을 하면 글자가 뒤집혀 틀린 글자 표기가 되기 때문입니다.

05 COPY[CO, CP] 명령으로 위쪽 글자를 아래로, 왼쪽 글자를 오른쪽으로 복사합니다.

06 완성된 기호를 모두 선택하고 2개를 복사하여 x, y기호로 글자를 변경하여 사용합니다.

다음으로 표면거칠기 기호를 도면상에 표기하는 방법을 배워보겠습니다.

01 본체에 표면거칠기 기호를 표기하도록 하겠습니다.
본체는 재질이 GC200(회주철품)이기 때문에 맨 앞에 주물 기호◊/가 표기됩니다.

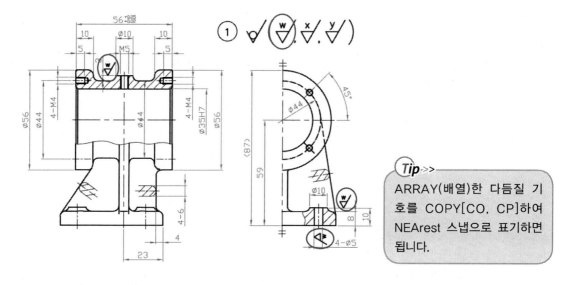

Tip >>
ARRAY(배열)한 다듬질 기호를 COPY[CO, CP]하여 NEArest 스냅으로 표기하면 됩니다.

해설 ▶ ☒/기호는 볼트와 결합되는 구멍이나 볼트 머리가 닿는 면에 적용합니다.
단, 탭(TAP) 구멍에는 절대 표면거칠기 기호를 표기할 수 없습니다. 이유는 다듬질은 우선적으로 제품을 가공하고 작업하는 후(後) 작업이기 때문이며 탭(TAP)은 후 작업을 할 수가 없습니다.

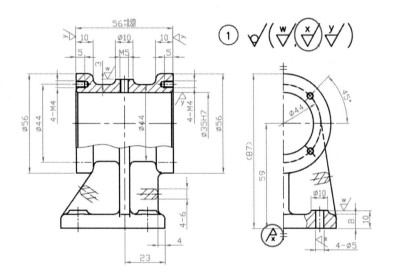

해설 ▶ 기호는 본체를 작업장 바닥에 고정하고 사용하기 때문에 본체 베이스 밑바닥에 적용합니다. 면과 면의 접촉부이므로 가공면이 울퉁불퉁하면 다른 부품에 동력을 전달 시 진동에 의해 문제가 되므로 꼭 가 들어가야 합니다.

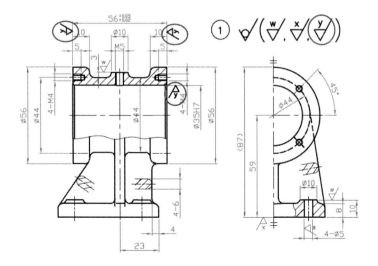

해설 ▶ 기호는 베어링 바깥지름 결합부의 구멍과 커버 측면의 접촉하는 양쪽면에 적용합니

다. 커버 측면과 접촉하는 면은 원래는 ✓기호가 들어가야 하지만 윤활유가 밖으로 새지 않게 하기 위해선 완전 밀봉을 시켜야 하기 때문에 현재 본체의 커버 접촉부에는 ✓가 들어가야 합니다.

Tip >>
반드시 제품 가공 방향에 맞게 다듬질 기호를 표기해야 합니다. 베어링이 결합되는 $\phi 35H7$은 내측 구멍이기 때문에 안쪽에 공구를 집어넣어 다듬질 해야 하므로 다듬질 기호 방향이 안쪽을 향해 있어야 합니다.

02 축에 표면거칠기 기호를 표기하도록 하겠습니다.

축은 재질이 SM45C(기계구조용 탄소강재)이며 주로 선반에서 가공하기 때문에 가장 많이 가공되는 다듬질 기호인 중간 다듬질 기호 ✓가 맨 앞에 표기됩니다.

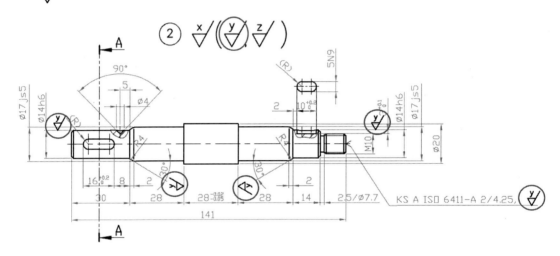

해설 ▶ ✓기호를 베어링 측면과 닿는 면 양쪽에 표기해야 하며, 왼쪽 끝에 V−벨트풀리와 결합되는 축경 그리고 오른쪽 끝 스퍼 기어와 결합되는 축경에도 표기해야 합니다. 또한 축 가공 시 선반의 심압대를 장착하는 센터 구멍(KS A ISO 6411−A 2/4.25)에도 표기되어야 합니다.

센터에 다듬질 기호 표기 시에는 'KS A ISO 6411−A 2/4.25' 치수 뒤에 꼭 콤마(,)를 찍고 표기해야 합니다.

Tip >>
치수선이나 지시선에 다듬질 기호 표기 시에는 콤마를 찍고 표기해야만 됩니다.

※ 축은 재질이 SM45C(기계구조용 탄소강재)이기 때문에 주물 ✓ 기호가 절대 들어가지 않습니다.

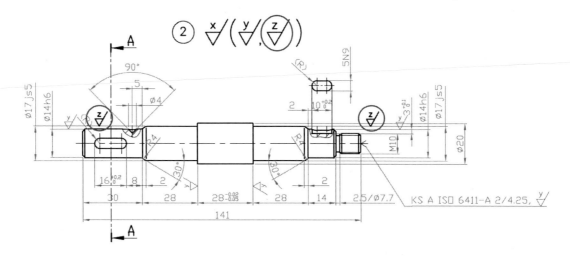

해설▶ ⨍기호를 베어링 안지름 결합부인 양쪽에 표기해야 합니다. 원래는 베어링과 접촉하는 부품에는 ⨍가 표기되어야 하지만 오일 실도 같이 그 축경에 결합되기 때문에 다듬질 기호가 서로 중복됐을 때 우선 순위가 정밀도가 높은 순이므로 ⨍가 표기되는 것입니다.

※ 수검 시 오일 실이나 O링이 접촉되는 축경 부위(밀봉이 되면서 구동이 되기 때문)에만 ⨍가 들어가므로 다른 부품에는 절대 ⨍를 사용하면 안 됩니다.

03 스퍼 기어에 표면거칠기 기호를 표기하도록 하겠습니다.
스퍼 기어의 재질이 SC480(탄소주강품)이기 때문에 ⨍기호가 맨 앞에 표기됩니다.

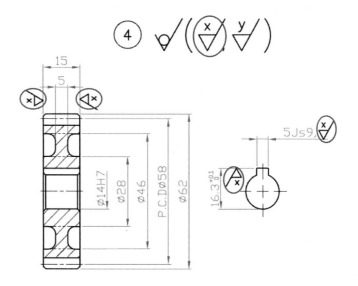

해설▶ ⨍기호를 키(key)가 결합되는 키 홈 부위에 그림과 같이 표기해야 하며, 기어 한쪽 측면이 축의 측면과 접촉이 되므로 그 부분도 표기해야 합니다. 원래는 스퍼 기어 오른쪽 측면에는 너트가 닿기 때문에 ⨍기호가 표기되어야 하지만, 스퍼 기어 양쪽이 구분이

안되 결합 시 문제가 되기 때문에 정밀도 우선 순위에 의해 ✓가 표기되어야 합니다.

> **Tip** >>
> 키 홈 치수 5Js9의 다듬질 기호는 치수 보조선 안쪽에 양쪽으로 들어가야 하지만 공간이 충분치 않으므로
> 이때만 예외적으로 치수선에 콤마를 찍고 표기하면 됩니다.

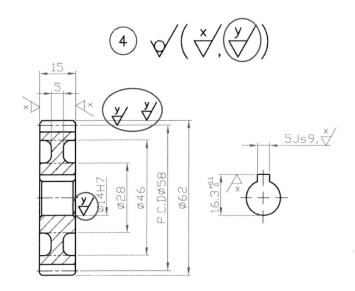

해설 ▶ ✓기호는 축과 결합되는 구멍에 표기되며, 스퍼 기어 피치원 지름과 이끝원 지름에도
표기되어야 합니다. 실제 스퍼 기어 구동 시 이끝원은 접촉이 되질 않지만 기하공차를
적용하기 위해선 해당 면의 조도가 매끄러워야 하기 때문에 예외로 ✓기호가 표기되는
것입니다.

04 커버에 표면거칠기 기호를 표기하도록 하겠습니다.
커버의 재질이 GC200(회주철품)으로 주물로 제작하여
가공하는 부품이기 때문에 맨 앞에 주물 기호✓가 표기됩니다.

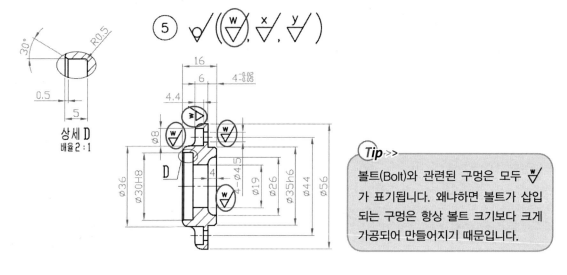

> **Tip** >>
> 볼트(Bolt)와 관련된 구멍은 모두 ✓
> 가 표기됩니다. 왜냐하면 볼트가 삽입
> 되는 구멍은 항상 볼트 크기보다 크게
> 가공되어 만들어지기 때문입니다.

해설 ▶ 기호는 볼트와 결합되는 구멍이나 볼트 머리가 닿는 면에 적용하기 때문에 깊은 자리파기 부위에 표기해야 합니다. 구멍 $\phi19$는 축과 끼워맞춤이 아닌 그냥 축이 지나가는 구멍이므로 축과 전혀 닿지가 않기 때문에 기호가 표기되는 것입니다.

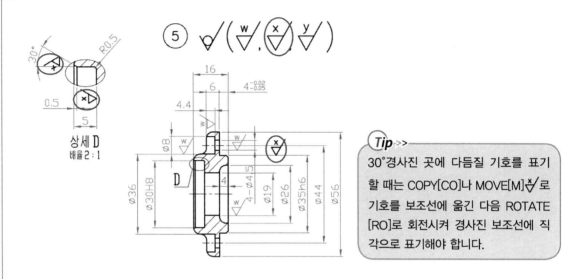

Tip ››

30°경사진 곳에 다듬질 기호를 표기할 때는 COPY[CO]나 MOVE[M] 로 기호를 보조선에 옮긴 다음 ROTATE [RO]로 회전시켜 경사진 보조선에 직각으로 표기해야 합니다.

해설 ▶ 기호는 오일 실 닿는 측면과 30°경사진 곳에 들어가야 하기 때문에 상세도에 표기하는 것이 좋습니다. 커버의 $\phi35h6$ 부위가 본체에 결합되므로 기호가 표기됩니다.

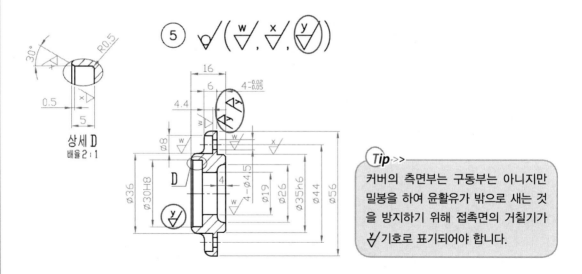

Tip ››

커버의 측면부는 구동부는 아니지만 밀봉을 하여 윤활유가 밖으로 새는 것을 방지하기 위해 접촉면의 거칠기가 기호로 표기되어야 합니다.

해설 ▶ 기호를 오일 실 바깥지름과 결합되는 구멍($\phi30H8$)에 표기하며, 완전 밀봉하여 윤활유가 새는 것을 방지하기 위해 본체와 접촉되는 부분, 베어링과 접촉되는 부분인 커버 오른쪽 측면부에도 표기해야 합니다.

05 V-벨트 풀리에 다듬질 기호를 표기하는 방법도 학습하겠습니다.

V-벨트 풀리는 재질이 GC200(회주철품)으로 주물로 제작하여 가공하는 부품이기 때문에 맨 앞에 주물 기호✓가 표기됩니다.

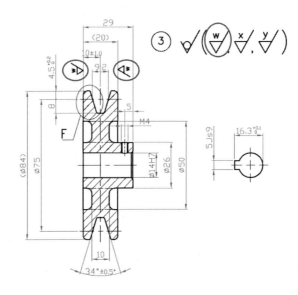

해설▶ ✓기호는 V-벨트 풀리 양쪽 측면부에 다른 부품이 접촉되지는 않지만 기본적으로 표기되어야 합니다.

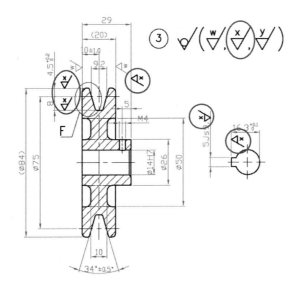

> **Tip** >>
> 키 홈 치수 5Js9의 다듬질 기호는 치수 보조선 안쪽에 양쪽으로 들어가야 하지만 공간이 충분치 않으므로 치수선에 콤마를 찍고 표기해야 합니다.

해설▶ ✓기호는 바깥지름(ϕ84)과 V홈 깊이(8)에 기본적으로 표기해야만 하며 풀리 오른쪽 측면이 축의 측면과 접촉되므로 그 곳도 표기가 되었습니다. 또한 키(key)와 접촉되는 오른쪽 국부 투상도의 키 홈 부위에도 ✓가 표기됩니다.

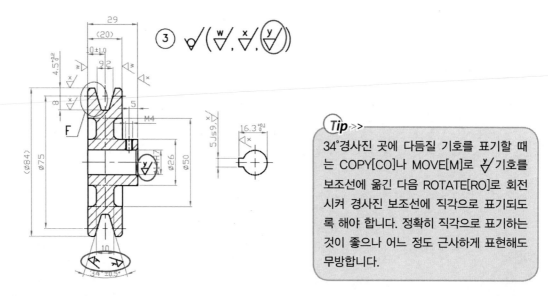

Tip ››

34° 경사진 곳에 다듬질 기호를 표기할 때
는 COPY[CO]나 MOVE[M]로 기호를
보조선에 옮긴 다음 ROTATE[RO]로 회전
시켜 경사진 보조선에 직각으로 표기되도
록 해야 합니다. 정확히 직각으로 표기하는
것이 좋으나 어느 정도 근사하게 표현해도
무방합니다.

해설 ▶ 기호는 축과 결합되는 구멍(⌀14H7)에 표기가 되며 V벨트가 장착이 되어 미끄럼
운동이 일어나는 V홈(34°±0.5°)양쪽 부위에도 표기가 되어야 합니다.

이것으로서 모든 부품들의 표면거칠기 기호(다듬질 기호)가 완료되었습니다.

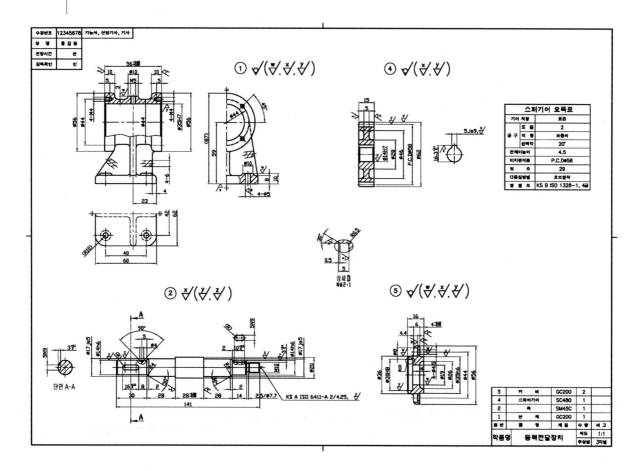

5 기하 공차(형상 기호) 기입하기

기계부품의 용도와 경제적이고 효율적인 생산성 등을 고려하여 기하 공차를 기입함으로써 부품들 간의 간섭을 줄여 결합 부품 상호 간에 호환성을 증대시키고 결합 상태가 보증이 되므로 정확하고 정밀한 제품을 생산할 수가 있습니다.

기하 공차를 기입 전 알아 두어야 할 내용입니다.
기하 공차의 종류에는 모양 공차, 자세 공차, 위치 공차, 흔들림 공차가 있으며 적용하는 형체에 따라 단독 형체와 관련 형체로 나누어 집니다.

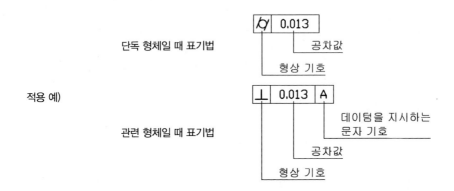

단독 형체는 기준이 되는 데이텀이 필요가 없으며, 관련 형체는 꼭 기준이 되는 데이텀이 있어야만 적용할 수가 있습니다.

수검 시 동력전달장치에서는 단독 형체의 원통도(공차) ⌀와 관련 형체의 평행도(공차) ∥, 직각도(공차) ⊥, 동심도(공차) ◎, 원주 흔들림(공차) ↗, 온 흔들림(공차) ⤴만을 알고 있으면 됩니다.

KS규격집 'IT공차' 항목

치수 \ 등급		IT4 4급	IT5 5급	IT6 6급
초과	이하			
–	3	3	4	6
3	6	4	5	8
6	10	4	6	9
10	18	5	8	11
18	30	6	9	13
30	50	7	11	16
50	80	8	13	19
80	120	10	15	22
120	180	12	18	25
180	250	14	20	29
250	315	16	23	32
315	400	18	25	36
400	500	20	27	40

※ 수검 시 공차 값은 부품마다의 기준 치수를 학습하여 IT공차 5등급에서 찾아 기입해야 합니다.

> **Tip** >>
> KS규격집의 IT공차 값은 단위가 μm이며 수검 도면의 기하 공차 값은 mm단위로 기입해야 합니다.
> 예 8μm = 0.008mm

　　수검 시 기하 공차 기호를 1개라도 기입하지 않았거나 기입된 모든 기하 공차 기호가 아무관계도 없는 위치에 기입한 수검 도면은 채점 대상에서 제외가 되므로 수검자는 이번 학습 과정에서 정확히 기하 공차 적용 방법을 숙달하여 기입하도록 노력해야 합니다.

● **다음으로 각각의 부품마다 기하 공차를 기입하는 방법을 배워보겠습니다.**

01 본체에 기하 공차를 표기하도록 하겠습니다.

　　우선 제일 먼저 데이텀을 정해야 합니다. 데이텀(DATUM)이란 자세 공차, 위치 공차, 흔들림 공차의 편차(공차) 값을 설정하기 위한 이론적으로 정확한 기하학적인 기준을 말합니다.

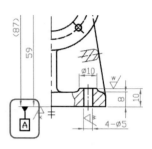

Tip ››
본체는 기본적으로 데이텀을 전체 높이 치수가 있는 치수 보조선에 표기해야 하기 때문에 우측면도에 표기했습니다.

해설▶ 본체에서는 우측면도 베이스 바닥에 데이텀을 표기해야 합니다. 세워져 있는 본체는 베이스 바닥에 데이텀을 표기하고 눕혀져 있는 본체는 베이스 측면에 데이텀을 표기해야만 합니다.

데이텀(DATUM) 그리는 방법

① Command 명령어 입력줄에 'PLINE'을 입력합니다. [단축키 : PL]

　　NEArest을 입력하고 Enter 를 합니다.

　　그림과 같이 치수보조선 임의의 위치(P1)에 클릭합니다.

　　F8(Ortho)을 On시킨 상태에서 마우스 커서를 아래쪽으로 내려놓습니다.

　　'W'(선굵기 설정)를 입력하고 Enter 를 합니다.

　　'4'(시작점의 선굵기)를 입력하고 Enter 를 합니다.

　　'0'(끝점의 선굵기)을 입력하고 Enter 를 합니다.

　　'3'(설정된 선굵기가 적용되는 거리)을 입력하고 Enter 를 합니다.

　　'4'를 입력하고 Enter , Enter 를 하여 PLINE 명령을 종료합니다.

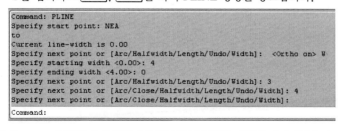

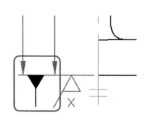

```
Command: PLINE
Specify start point: NEA
to
Current line-width is 0.00
Specify next point or [Arc/Halfwidth/Length/Undo/Width]:  <Ortho on> W
Specify starting width <0.00>: 4
Specify ending width <4.00>: 0
Specify next point or [Arc/Halfwidth/Length/Undo/Width]: 3
Specify next point or [Arc/Close/Halfwidth/Length/Undo/Width]: 4
Specify next point or [Arc/Close/Halfwidth/Length/Undo/Width]:
Command:
```

② Command 명령어 입력줄에 'TOLERANCE'를 입력합니다. [단축키 : TOL]

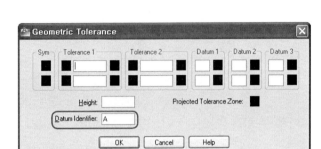

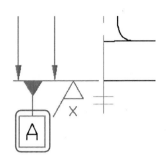

나타난 대화창에서 빈 칸 아무곳에 'A'라고 입력하고 〈OK〉를 클릭합니다.

방금 전에 그린 PLINE의 끝점 위치에 적당하게 클릭하여 데이텀을 완성합니다.

(정확하게 위치하고자 할 경우에는 따로 MOVE(M) 명령을 사용해서 옮겨야 합니다.)

③ 데이텀 기호의 색상은 모두 빨간색(가는선)으로 변경해야 합니다. 단, 글자만 노란색입니다.

※ 데이텀을 지시하는 문자 기호는 가나다 순이나 알파벳 순으로 사용할 수가 있으며 알파벳 순서대로 표기할 때는 대문자만 가능합니다.

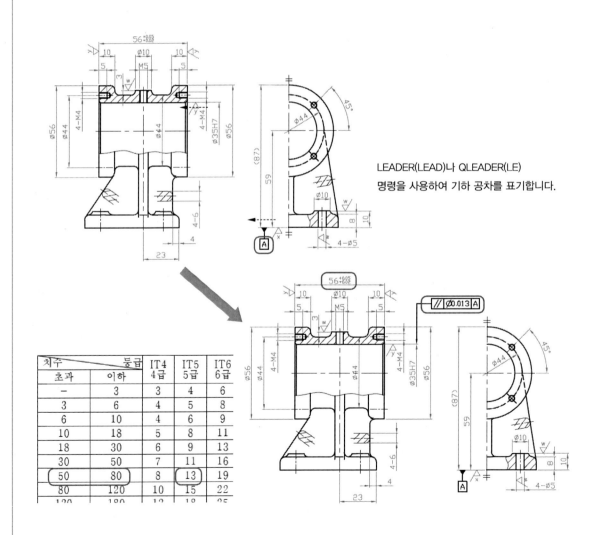

LEADER(LEAD)나 QLEADER(LE)
명령을 사용하여 기하 공차를 표기합니다.

해설▶ 제일 중요한 베어링 결합부 구멍(ϕ 35H7)이 데이텀 지시기호 A에 대해 평행하므로 평행도(//) 공차가 적용되어야 하며, 치수 $56^{+0.05}_{+0.02}$ 길이 안에 평행이 이루어져야 하기 때문에 IT공차 5등급에서 찾아 기준치수가 50~80일 때 13이므로 공차 값 0.013mm가 적용되었습니다. 또한 구멍이므로 공차역(0.013) 앞에 ϕ를 추가하여 정밀도를 높여 주어야 합니다.

> **Tip** ›>
> 형상 기호 선정 시 꼭 치수 보조선을 기준으로 수검자가 판단하여 기하 형상을 표기해야 합니다. 기하 공차 표기 시 지시선의 화살표를 치수선의 화살표와 일치하게 해야 하며, 가급적 치수 보조선에 직각으로 지시선을 표기해야 합니다.

기하 공차의 형상 기호와 공차 값을 입력하는 방법

① Command 명령어 입력줄에 'QLEADER'를 입력합니다. [단축키 : LE]
세팅(Settings)을 하기 위해서 Enter를 합니다.
※ QLEADER 명령을 사용하기 위해서는 작업환경에 알맞게 세팅하여 사용해야 합니다.

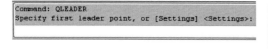

대화창의 Annotation Type 항목에서 〈Tolerance〉를 체크하고 〈OK〉를 클릭합니다.
F8(Ortho)를 On시킨 상태에서 베어링 결합부 구멍(ϕ 35H7)치수 화살표 (P1)에서부터 시작하여 P2와 P3를 클릭합니다.
※ P1에서 P3까지 클릭하면 자동적으로 Tolerance 대화창이 뜹니다.
P1과 P2만 클릭하고 나서 Tolerance 대화창이 나타나게 하고자 할 경우에는 Enter를 누르면 됩니다.

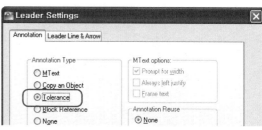

② Tolerance 대화창에서 다음과 같이 설정합니다.
Sym(심벌) 항목의 검정칸을 클릭하여 //(평행도)기호를 클릭합니다.
Tolerance 1 항목의 왼쪽 검정칸을 클릭하여 ϕ기호를 추가하고 다음 칸에 공차 '0.013'을 입력합니다.
Datum 1 항목 빈 칸에 데이텀을 지시하는 문자 기호인 'A'를 입력합니다.
〈OK〉 버튼을 클릭하여 종료합니다.

※ DDEDIT[단축키: ED] 명령으로 편집할 기하 공차를 클릭하여 입력한 값을 수정할 수 있습니다.

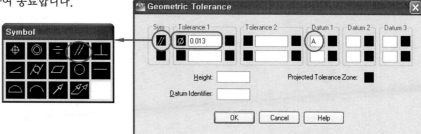

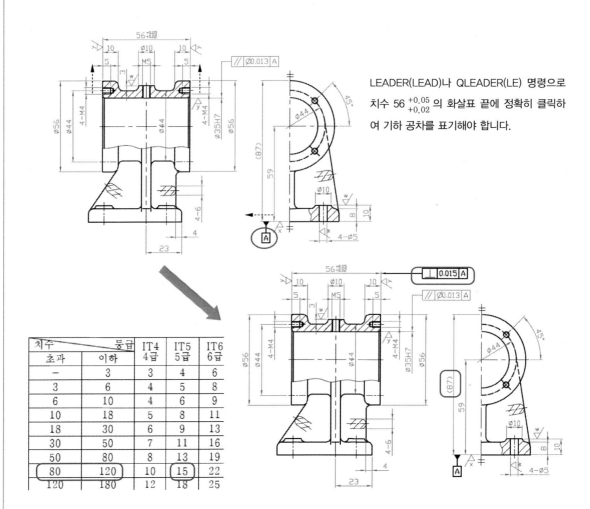

LEADER(LEAD)나 QLEADER(LE) 명령으로 치수 $56 \, ^{+0.05}_{+0.02}$ 의 화살표 끝에 정확히 클릭하여 기하 공차를 표기해야 합니다.

치수	등급	IT4 4급	IT5 5급	IT6 6급
초과	이하			
−	3	3	4	6
3	6	4	5	8
6	10	4	6	9
10	18	5	8	11
18	30	6	9	13
30	50	7	11	16
50	80	8	13	19
80	120	10	15	22
120	180	12	18	25

해설 ▶ 커버 측면과 접촉되는 본체의 치수 $56 \, ^{+0.05}_{+0.02}$ 부분의 양쪽 측면이 데이텀 지시기호 A에 대해 수직하므로 직각도(⊥) 공차가 적용되어야 하며 데이텀 A에서 수직이므로 전체 높이 치수 87이 기준치수가 되어 IT공차 5등급에서 80~120 범위에서 15를 찾아 공차 값 0.015mm가 적용되었습니다. 현재 직각도(⊥) 공차가 측면에 적용되기 때문에 공차값 앞에 절대 ϕ 를 추가하면 안 됩니다.

기하 공차 지시선의 화살표를 치수선 화살표와 일치하게 표기하는 이유는 한쪽만 지시해도 해당 치수선 양쪽으로 기하 공차가 적용되기 때문입니다. 그림에서 직각도(⊥) 공차를 오른쪽에만 표기했지만 화살표 끝에 표기했기 때문에 왼쪽에도 같이 적용되는 원리입니다.

Tip >>
평행도(//) 공차나 직각도(⊥) 공차는 치수 ϕ 에 적용할 때만 공차값 앞에 ϕ 가 표기됩니다.

02 다음으로 축에 기하 공차를 표기하도록 하겠습니다.

대부분의 수검자들이 축의 데이텀을 치수 기입을 모두 한 후 치수 맨 뒤에 표기하는데 그것은 좋지 않은 방식이며 그림과 같이 치수선 간격을 더 띄어 축 부품에 가깝게 표기하는 것이 옳은 방식입니다.

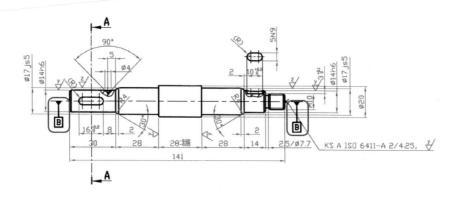

해설▶ 축은 데이텀을 축의 끝부분 중심에 양쪽으로 표기해야 합니다. 왜냐하면 축을 선반에서 가공 후 기울기 측정을 축의 양끝을 센터에 고정한 후 측정하기 때문입니다.

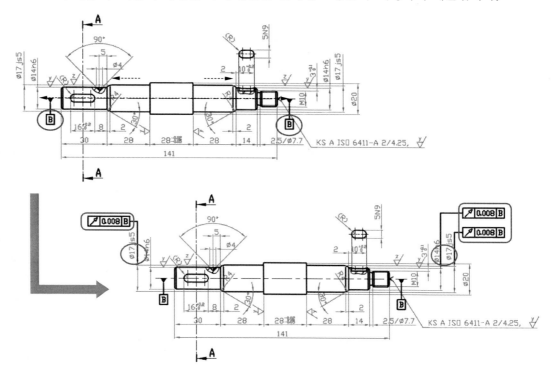

해설▶ 가장 중요한 베어링 결합부(∅17js5)가 데이텀 B를 기준으로 평행하지만 기하 공차는 평행도(//) 공차가 아닌 원주 흔들림(/) 공차가 표기되어야 합니다. 이유는 축은 중심보다는 축경 바깥지름의 기울기가 더 중요하기 때문입니다. 같은 이유로 오른쪽 스퍼기어가 결합되는 축경(∅14h6)에도 원주 흔들림(/) 공차가 표기됩니다.

흔들림 공차(/, //)는 축 바깥지름 기울기를 측정하기 때문에 기하 공차 값 앞에

절대 ϕ를 표기하면 안 됩니다. 흔들림은 기준치수가 축경이므로 IT공차 5등급에서
10~18 범위에서 찾아 8이 되어 공차 값이 0.008mm로 적용되었습니다.

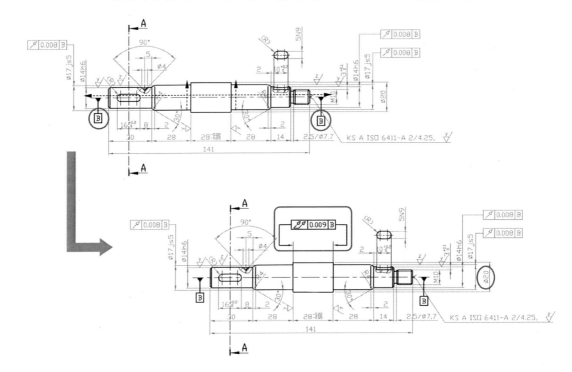

해설▶ 가장 중요한 베어링 측면이 접촉된 부위는 데이텀 B와 수직하므로 직각도($\perp$) 공차가
들어가야 하지만 축에서는 직각도보다 더 정밀한 기하 형체인 온 흔들림($\nearrow$) 공차가
표기되어야 합니다. 베어링이 양쪽으로 접촉되기 때문에 양쪽으로 흔들림 공차를 적용
해야 합니다. 기준치수가 ϕ20이므로 IT공차 5등급에서 18~30 범위에서 찾아 9가 되
어 공차 값이 0.009mm로 적용됩니다.

양쪽으로 기하 공차를 적용하기 위해선 $28\,^{-0.02}_{-0.05}$ 치수선 화살표에 기입하면 편하겠지만 그림
에서와 같이 다른 치수들과 직렬로 연결되어 있어서 치수선 화살표에 표기를 할 수가 없습니
다. 부득이한 경우에는 온 흔들림($\nearrow$) 공차를 그림과 같이 보조선(가는선)을 그려 양쪽으로 화
살표를 빼서 기하 공차를 표기해야 합니다.

● QLEADER(LE) 명령을 사용하여 양쪽으로 기하 공차를 적용하기 위해서는 포인트 클릭을
최대 4번까지 할 수 있게 해주야 하기 때문에 다음과 같이 세팅(Settings)을 해야만 합니다.

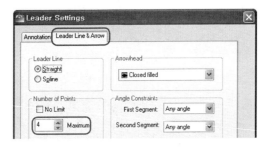

QLEADER 명령 입력 후 세팅(Settings)으로 들어가서
Leader Line & Arrow 탭의 Number of Points 항목의 값을
3에서 4로 변경한 후 기하 공차를 기입해야만 합니다.
한쪽에 기하 공차를 적용하고 반대편 지시선은 MIRROR(MI)
명령으로 대칭 복사시켜 사용하면 됩니다.

Tip ›〉

일반적으로 원주 흔들림(↗) 공차는 선 접촉으로 축경 지름 부위에 적용하고 온 흔들림(↗↗) 공차는 면 접촉으로 축의 측면 부위에 적용됩니다.

03 스퍼 기어에 기하 공차를 표기하도록 하겠습니다.

스퍼 기어처럼 둥근 부품일 때 몇 수검자들이 데이텀을 축과 같이 중심에 표기하는데 완전히 틀린 표기 방식이므로 주의하기 바랍니다. 축은 중심 부위가 막혀 있어서 데이텀을 중심선에 표기했지만 스퍼 기어처럼 중심 부위에 구멍이 있는 경우에는 그림과 같이 ∅14H7 치수 보조선에 데이텀을 표기해야만 합니다.

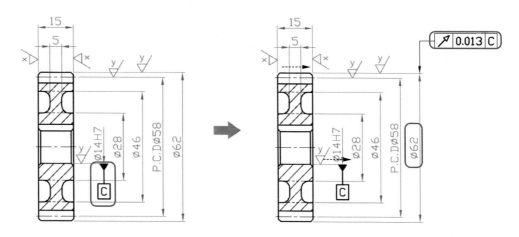

해설▶ 스퍼 기어는 필히 데이텀을 축이 결합되는 구멍(∅14H7)에 표기해야 합니다. 데이텀 C를 기준으로 이끝원에 원주 흔들림(↗) 공차를 꼭 표기해야 하며 공차 값은 기준 치수가 ∅62이므로 IT공차 5등급의 50~80 범위인 13 값을 적용하여 0.013mm로 적용되었습니다.

04 커버에 대한 기하 공차를 표기하도록 하겠습니다.

데이텀(Datum)은 이론적으로 정확한 기하학적 기준이므로 부품들의 용도와 결합되는 원리를 수검자가 파악하여 정확한 위치에 표기해야만 합니다.

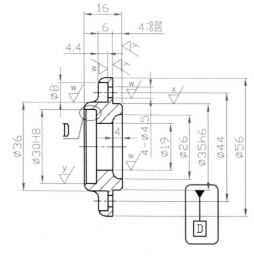

해설▶ 커버의 데이텀 위치는 본체와 결합되는 부분(∅35h6)에 표기해야만 합니다. 기하 공차는 부품들 상호 간의 호환성을 주는 곳에만 적용되어야 하기 때문에 상대 부품과 아무런 상관도 없는 곳에 주면 수검 시 감점 대상이 됩니다.

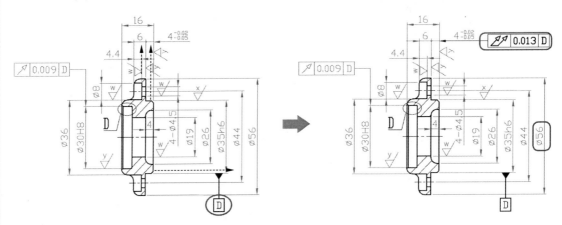

해설▶ 데이텀 D와 오일 실 결합부(∅30H8)가 평행하지만 형상 기호는 평행도 공차(//)가 아닌 원주 흔들림 공차(↗)가 표기되어야 합니다. 이유는 오일 실은 구멍의 중심보다는 구멍경(∅30H8)의 기울기가 더 중요하기 때문입니다. 그래야 윤활유가 외부로 유출되지 않게 밀봉할 수가 있습니다. 공차 값은 흔들림의 기준치수가 ∅30이므로 IT공차 5등급의 18~30 범위 9 값을 적용하여 0.009mm로 적용되었습니다.

해설▶ 커버를 결합 시 본체의 측면 및 베어링 측면에 접촉하는 커버의 오른쪽 면(4 $_{-0.05}^{-0.02}$)이 데이텀 D와 수직하므로 직각도 공차(⊥)가 들어가야 하지만 완전 밀봉을 하기 위해 직각도보다 더 정밀한 기하 형체인 온 흔들림 공차(↗↗)가 표기되어야 합니다. 공차 값은 흔들림의 기준 치수가 ∅56이므로 IT공차 5등급의 50~80 범위 13 값을 적용하여 0.013mm로 적용되었습니다.

치수 4 $_{-0.05}^{-0.02}$ 화살표에 기하 공차를 표기하였기 때문에 공차 값의 기준 치수가 ∅44와 ∅56이 됩니다. 이럴 땐 온 흔들림 자체가 정밀하기 때문에 큰 값(∅56)을 기준 치수로하여 공차 값을 적용하는 것이 좋습니다.

이것으로서 모든 부품들의 기하 공차 표기가 완료되었습니다.

※ V-벨트 풀리는 벨트(합성 고무)로 연결하여 구동하기 때문에 정밀도가 높은 부품이 아니므로 기하 공차 기입을 생략해도 수검 시 문제가 안 됩니다.

⑥ 주서(Note) 작성하기

부품 표제란 위에 표기해야 하는 주서는 꼭 수검 도면과 관련되어 있는 내용만을 기재해야 합니다. KS규격집 '주서 (예)' 항목을 주서 작성 시 참조하고 없는 내용들은 수검자가 수검 전에 미리 암기하여 시험에 임해야 합니다.

01 현재 도면의 주서 기재 내용과 KS규격집 '주서 (예)' 항목을 비교해 보겠습니다.

현재 도면(동력전달장치)에 적용된 주서

주서

1. 일반공차-가) 가공부 : KS B ISO 2768-m
   　　　　　나) 주조부 : KS B 0250 CT-11
   　　　　　다) 주강부 : KS B 0418 보통급
2. 도시되고 지시없는 모떼기는 1×45°, 필렛과 라운드는 R3
3. 일반 모떼기는 0.2×45°
4. ▽부위 외면 명녹색 도장처리 (품번①, ⑤)
5. 기어 치부 열처리 HRC55±2 (품번④)
6. 표면 거칠기

KS규격집'주서 (예)'항목

주서

1. 일반공차-가)가공부:KS B ISO 2768-m
   　　　　　나)주조부:KS B 0250-CT11
2. 도시되고 지시없는 모떼기는 1×45° 필렛과 라운드는 R3
3. 일반 모떼기는 0.2×45°
4. ▽부위 외면 명녹색 도장
   　　　 내면 광명단 도장
5. 파커라이징 처리
6. 전체 열처리 HRC 50±2
7. 표면 거칠기

해설▶ 1항 일반 공차의 '가) 가공부'는 모든 도면에 필히 들어가며 '나) 주조부'는 부품 재질이 GC200(회주철)일 경우에만 표기되며 '다) 주강부'는 SC480(탄소주강품)인 부품 재질이 있을 때만 표기하므로 현재 도면의 스퍼 기어 재질이기 때문에 꼭 표기해야 합니다.

2항과 3항은 모든 부품에 기본적으로 들어가는 항목입니다.

※ 단, '필렛과 라운드는 R3' 대목은 수검 도면이 클램프, 바이스, 지그일 때는 주서에서 빼야 합니다. 참고로 클램프, 바이스, 지그 도면에서는 주물(GC200)이 안 들어가기 때문에 1항의 일반 공차의 '주조부' 줄을 삭제해야 하며 4항은 전부 삭제해야 하고 6항에서는 ▽기호와 ⌿기호줄만 삭제하여 주서를 작성해야만 합니다.

4항은 부품 재질에 GC200(회주철)이나 SC480(탄소 주강품)이 있을 경우에만 표기가 되므로 현재 도면에 꼭 표기해야 합니다.

5항 '기어 치부 열처리'는 스퍼 기어를 수검 도면에 그렸으면 반드시 추가되어야 할 항목입니다.

6항 '표면거칠기'는 부품에 적용된 기호들만 표기해야 하기 때문에 현재 도면은 모두 다 적용되어 표기되었습니다.

Tip >>
- 4항과 5항처럼 항목에 해당 부품의 품번을 표기해 주는 것이 좋습니다.
- 파커라이징(parkerizing)은 강의 표면에 인산염의 피막을 형성시켜 녹스는 것을 방지하는 방청작업으로 알루미늄, 구리, 황동과 같은 비철금속에는 사용할 수가 없으며 수검 시 바이스나 지그 부품 중 SCM430(크롬 몰리브덴강)의 재질을 갖는 부품이 있을 경우에만 표기합니다.
- '전체 열처리 $H_RC\ 50_{\pm2}$'는 수검 도면이 클램프, 바이스, 지그일 때 표기됩니다.

주서 입력하는 방법

① Command 명령어 입력줄에 'MTEXT'를 입력합니다. [단축키 : T 또는 MT]
그림과 같이 부품란 왼쪽 상단(P1)과 오른쪽 중심 마크(P2)를 클릭하여 글자를 쓸 영역을 설정합니다.
나타난 입력창에 다음과 같이 입력합니다.

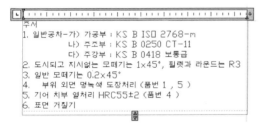

주서
1. 일반공차-가) 가공부 : KS B ISO 2768-m
   나) 주조부 : KS B 0250 CT-11
   다) 주강부 : KS B 0418 보통급
2. 도시되고 지시없는 모떼기는 1×45°, 필렛과 라운드는 R3
3. 일반 모떼기는 0.2×45°
4. 부위 외면 명녹색 도장처리 (품번 1 , 5)
5. 기어 치부 열처리 HRC55±2 (품번 4)
6. 표면 거칠기

※ 특수문자 : %%D는 °, %%P는 ±입니다.
  곱하기 기호는 키보드의 소문자 x키로 입력합니다.

② 드래그(Drag)하여 모든 글자를 선택한 후 대화상자의 (Line Spacing)을 클릭하여 줄 간격을 1.5x를 선택합니다.

다시 주서 글자만 드래그(Drag)하여 선택하고 글자 높이는 5mm로 색상은 초록색(굵은선)으로 변경하여 줍니다. 다른 글자들은 모두 높이가 3.15에 색상은 노란색이어야 합니다.

5번 항목의 HRC55±2에서 R을 드래그하여 글자 높이 2.5에, 색상은 빨간색(가는선)으로 변경합니다. 똑같은 방법으로 '±2'만 드래그하여 변경합니다.

4.   부위 외면 명녹색 도장처리 (품번 1 , 5)
5. 기어 치부 열처리 HRC55±2 (품번 4)
6. 표면 거칠기

대화창의 〈OK〉 버튼을 클릭하여 MTEXT를 종료합니다.

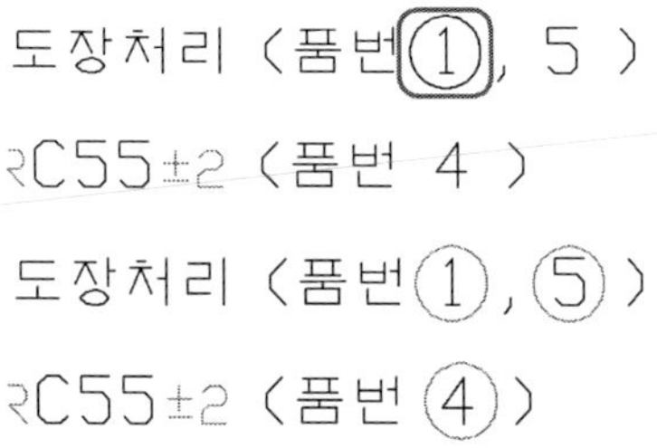

③ Command 명령어 입력줄에 CIRCLE을 입력합니다. [단축키 : C]

도장처리〈품번①, 5 〉

주서 4번 항 품번 1 숫자 중심에 대략적으로 클릭합니다.

RC55±2〈품번 4 〉

반경 '2.5'를 입력하고 Enter를 합니다.

원의 색상은 빨간색(가는선)으로 변경해야 합니다.

도장처리〈품번①,⑤ 〉

나머지 숫자에는 COPY(CP)명령을 사용하여 원을 만들어 줍니다.

RC55±2〈품번 ④ 〉

④ Command 명령어 입력줄에 'COPY'를 입력합니다. [단축키 : CP]

이미 만들어놓은 거칠기 기호 중 부품 안에 표기한 ₩/ 를 선택하여 빈 공간에 복사합니다.

⑤ F8(Ortho)을 On시킨 상태에서 ₩/ 기호를 오른쪽에 나란히 1개를 복사(COPY)시킵니다.

F8(Ortho)을 Off시킨 상태에서 글자 'W'만 따로 복사하여 그림과 같이 3개를 복사시킵니다.

복사한 'W'를 DDEDIT(ED)로 오른쪽 그림과 같이 글자를 편집합니다.

N10만 따로 선택하여 단축키 PR이나 Ctrl+1을 입력한 상태에서 노란색(중간 굵기선)에 높이 3.15mm로 변경합니다. 나머지 기호나 글자는 빨간색(가는선)으로 두어야 합니다.

⑥ Command 명령어 입력줄에 '–ARRAY'를 입력합니다. [단축키 : –AR]

표면거칠기 기호를 모두 선택하고 Enter를 합니다.

'R'를 입력하고 Enter를 합니다.

'5'를 입력하고 Enter를 합니다.

'1'를 입력하고 Enter를 합니다.

'–10'을 입력하고 Enter를 합니다.

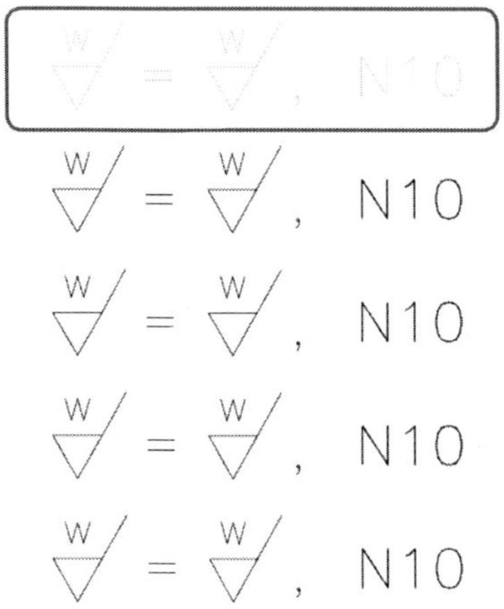

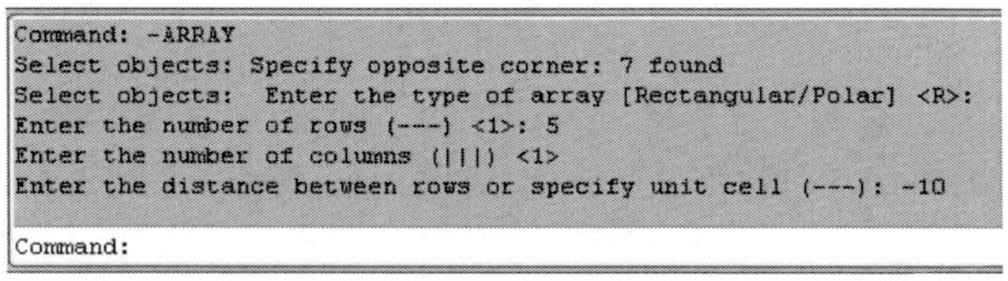

```
Command: -ARRAY
Select objects: Specify opposite corner: 7 found
Select objects:  Enter the type of array [Rectangular/Polar] <R>:
Enter the number of rows (---) <1>: 5
Enter the number of columns (|||) <1>
Enter the distance between rows or specify unit cell (---): -10

Command:
```

⑦ 맨 처음 기호는 EXPLODE(X)로 분해한 후 CIRCLE(C) 명령의 3P를 사용하여 주물 기호로 변경해 주고 필요 없는 글자를 Del키나 ERASE(E) 명령으로 지웁니다.

마지막으로 DDEDIT(ED) 명령으로 나머지 글자를 그림과 같이 수정합니다.

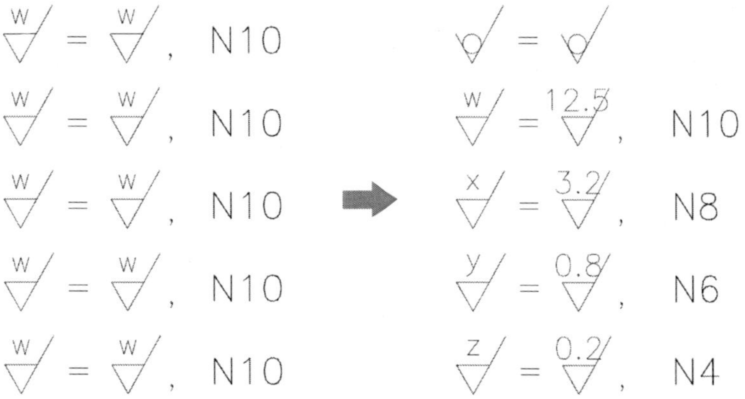

⑧ Command 명령어 입력줄에 'MOVE'를 입력합니다. [단축키 : M]

완성된 모든 표면거칠기 기호를 선택해서 주서의 적당한 위치에 옮겨 놓습니다.

주서가 최종적으로 완성이 되었으면 MOVE(M) 명령으로 표제란에 가깝게 이동시켜야 합니다.

동력전달장치의 2차원 도면 작업이 최종적으로 완성이 되었으니 저장을 한 후 AutoCAD상에서 출력하는 방법을 배워 보겠습니다.

02 Command 명령어 입력줄에 'SAVE'를 입력합니다. [단축키 : Ctrl+S]

※ 도면 작성 시 중간에 한 번이라도 저장을 하였다면 SAVE(Ctrl+S) 명령은 자동으로 업어쓰기가 됩니다. 다른 이름으로 저장하기 위해서는 SAVEAS(Ctrl+Shift+S) 명령을 사용해야 합니다.

03 Save Drawing As(다른 이름으로 저장) 창에서

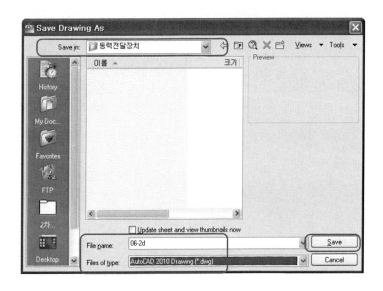

> **Tip** >>
> USB는 수검장에서 나눠주며, 파일 이름은 절대 아무 이름을 쓰면 안 됩니다. 꼭 비번호가 들어가며 감독원이 지시하는 방법대로 저장해야만 합니다.

* Save in(저장위치)에서 인식된 USB 드라이브의 수검자의 비번호 폴더를 지정해야 합니다.
* File name(파일 이름)을 수검자의 비번호로 입력합니다.
* Files of type(파일 형식)을 가급적 AutoCAD버전 중 낮은 2000 버전으로 저장할 것을 권장합니다.
* Save(저장)를 클릭합니다.

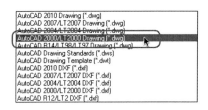

⑦ 2차원 도면 출력하기

완성된 도면이 저장되어 있는 USB를 시험 감독 위원이 출력 전용 컴퓨터에 삽입을 하면 수 검자 본인이 감독 위원 입회 하에 직접 출력을 해야만 합니다. 단, 출력 소요시간은 시험시간에 포함되지 않습니다.

AutoCAD에서 출력하는 방법을 배워보도록 하겠습니다.

01 Command 명령어 입력줄에 'PLOT'을 입력합니다. [단축키 : Ctrl+P]

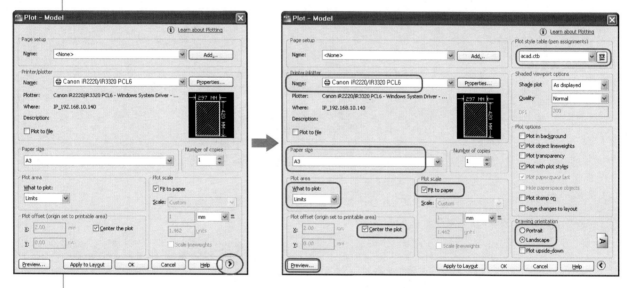

※ 왼쪽 그림과 같이 대화창이 표시될 경우에는 대화창 오른쪽 밑의 ⊙버튼을 클릭하여 대화창의 오른쪽 부분도 나타 나게 해야 합니다.

02 Plot(인쇄) 대화창에서

• Printer/plotter 항목의 〈Name〉에서 자격증 검정 장소에 설치된 프린터 기종을 선택해야 합니다.

• Paper size 항목에서 출력 시 사용되는 용지 크기인 〈A3〉를 찾아 선택합니다.

• Plot area 항목에서 출력하는 범위를 〈Limits〉로 지정합니다.

• Plot offset (origin set to printable area) 항목의 〈Center the plot〉을 체크하여 출력 중 심과 도면의 중심을 일치시켜야 합니다.

• Plot scale 항목의 〈Fit to paper〉를 체크하여 A3용지 크기에 자동으로 도면의 비율을 알맞 게 맞추어 주어야 합니다.

• Plot style table (pen assignments) 항목에서 출력 유형을 〈acad.ctb〉로 지정한 후 Edit

▣ 버튼을 클릭하여 나타난 대화창(오른쪽 그림)에서 색상에 알맞는 선두께를 다음과 같이 지정해야 합니다.

분 류	출력 시 선굵기	색 상
굵은선	0.35mm	초록색(Green)
중간선	0.25mm	노란색(Yellow)
가는선	0.18mm	흰색(White), 빨강(Red)

• 각각의 색상(빨간색, 노란색, 초록색)을 선택한 후 Lineweight에서 선두께를 지정합니다.

Tip >>

흰색(White)도 사용했다면 〈Color 7〉번의 선굵기를 0.18mm로 변경해 주어야 합니다. 대화창에서는 Color 7번이 검정색으로 되어 있지만 실제는 흰색이 됩니다. 이유는 AutoCAD에서 도면을 그리는 그래픽 영역과 서로 반전이 되기 때문입니다.

중요 ▶ 출력 시 사용되는 모든 색상을 선택하여 Black(검정색)으로 변경해 주어야 합니다.
변경해 주는 방법은 다음과 같습니다.

① Plot styles 항목의 〈Color 1〉을 클릭하고 Shift 키를 누른 상태에서 〈Color 7〉를 선택합니다. 그러면 그림과 같이 1에서 7까지의 색상이 모두 선택이 됩니다.

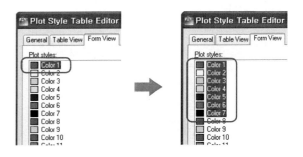

② 대화창 오른쪽 Properties 항목의 Color에서 '■ Black'을 찾아 선택해 주면 됩니다.

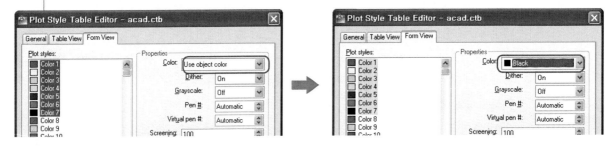

※ 위와 같이 검정색으로 변경을 하지 않을 경우 선이 흐리게 출력이 됩니다.

03 〈Save & Close〉 버튼을 클릭하여 acad.ctb편집을 완료합니다.

04 다시 Plot 대화창에서 대화창 왼쪽 밑에 있는 〈Preview〉 버튼을 클릭하여 출력 전에 미리보기를 합니다.

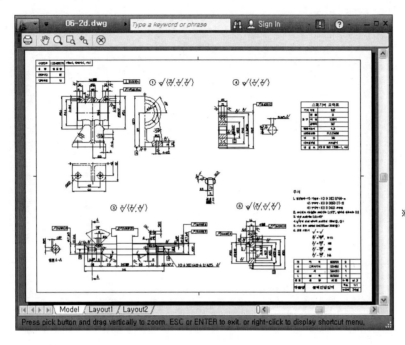

※ 미리보기 시 반드시 출력물이 단색(흑백)으로만 표시가 되어야 합니다. 절대 컬러로 보이면 안 됩니다. 컬러로 보인다면 선두께 지정 시 색상을 '■ Black'으로 변경을 하지 않아서 그렇습니다.

05 Esc키를 한 번 눌러 미리보기를 종료하고 문제가 없다면 〈OK〉 버튼을 클릭하여 출력을 합니다.

출력(PLOT) 시 알아두어야 할 사항

① 미리보기(Preview) 시 출력 용지의 방향이 세로 방향으로 표시될 경우에는 Plot대화창 오른쪽 밑에 있는 Drawing orientation 항목에서 Portrait가 아닌 Landscape를 체크하여 가로 방향으로 변경해 주어야 합니다.

② Plot area 항목에서 출력하는 범위를 Limits로 지정을 했는데도 제대로 미리보기가 표시가 안 될 경우에는 Window를 선택하여 수검자가 직접 출력 범위를 지정해 주는 것이 좋습니다.

※ F3(OSNAP) 키를 눌러 OFF를 시킨 상태에서 Window로 출력 범위를 잡아주는 것이 편합니다. 왜냐하면 반드시 중심마크까지 출력되도록 범위를 어느 정도 정확하게 설정해야 하기 때문입니다.

③ 기본적으로 Plot scale 항목의 Fit to paper는 항상 체크되어 있어야만 합니다. 그래야 출력 용지 크기에 알맞게 자동으로 도면 배율을 조정해 줍니다.

　출력 시 정확히 배율에 맞게 1:2(A2→A3) 출력을 하지 않아도 채점에서 감점이 전혀 없습니다.

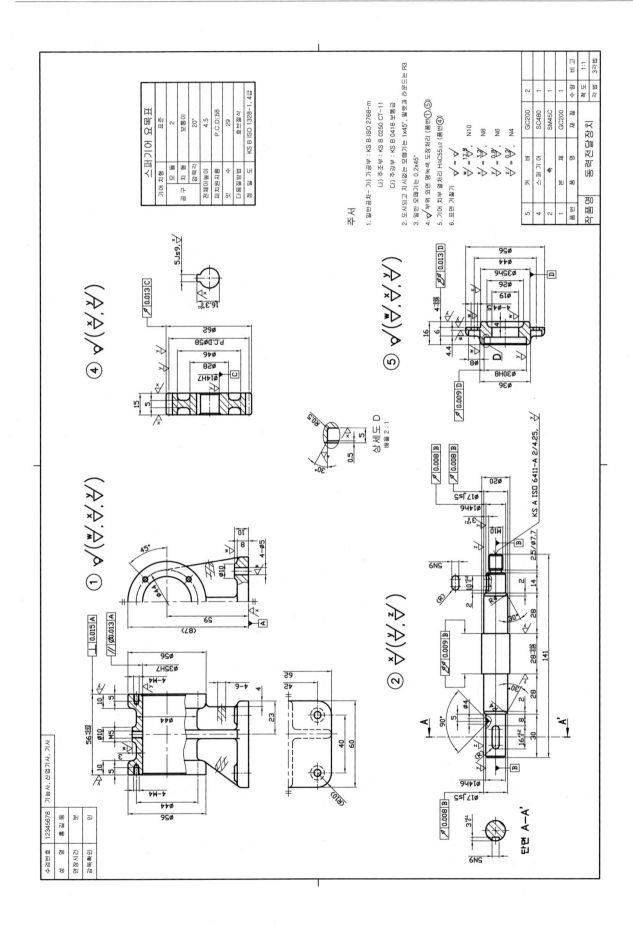

나사 바이스

- SolidWorks에서 나사 바이스 3차원 모델링하기
- SolidWorks에서 나사 바이스 3차원 도면화 작업하기
- AutoCAD에서 나사 바이스 2차원 도면화 작업하기

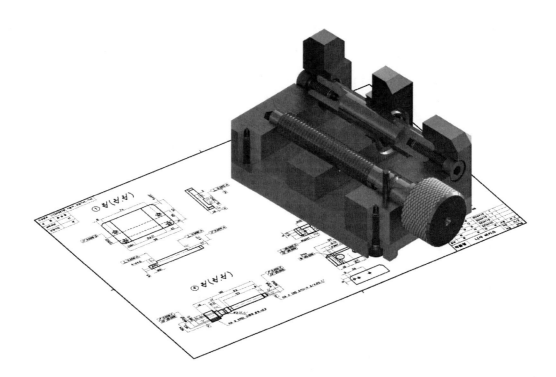

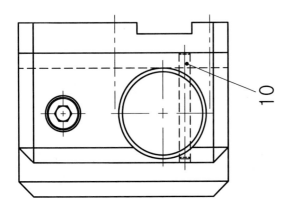

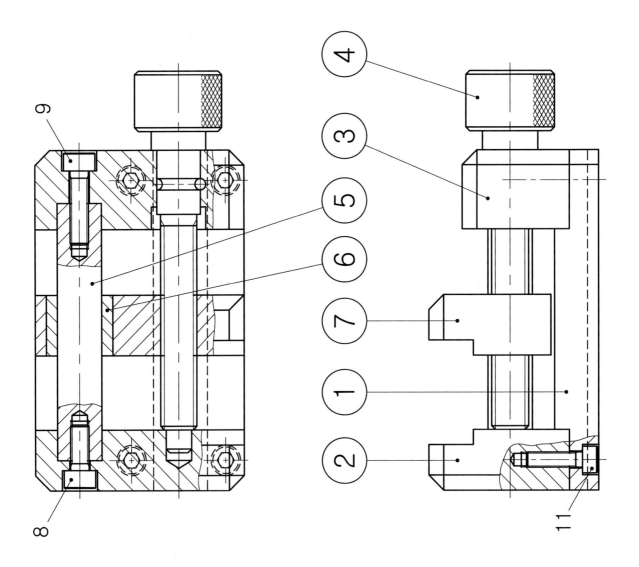

나사 바이스의 등각 투상도

나사 바이스 부품들의 조립되는 순서 이해하기

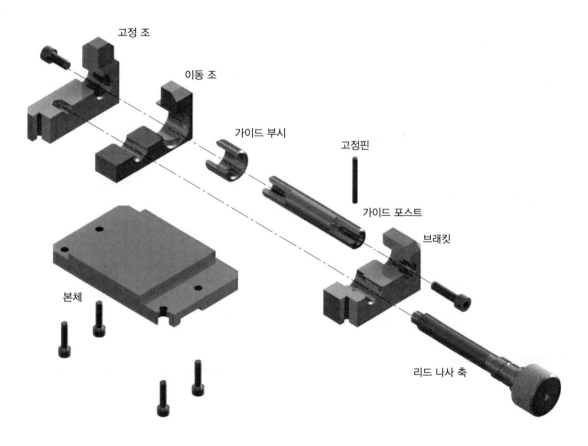

① 본체(Body) 모델링하기

본체를 모델링하는 방법은 정면에서 형상 스케치를 하여 돌출시켜 제품의 윤곽을 완성한 후 나머지 부분(자리파기, 모따기 등)을 마무리하는 작업으로 진행합니다.

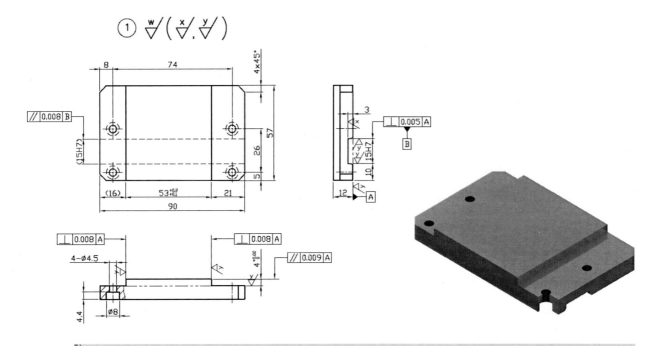

네비게이터 navigator

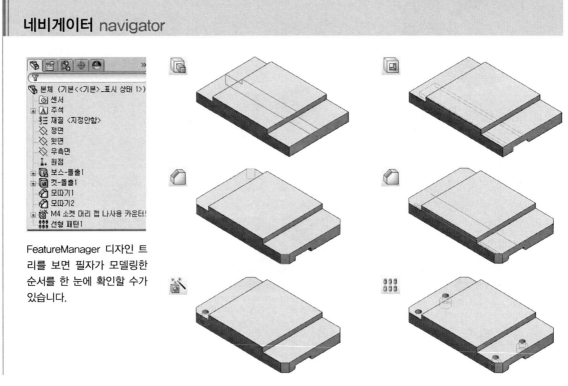

FeatureManager 디자인 트리를 보면 필자가 모델링한 순서를 한 눈에 확인할 수가 있습니다.

본체(Body) 모델링의 첫 번째 피처는 정면에 스케치된 프로파일에서 돌출 피처로 생성된 본체의 윤곽 형상이 됩니다.

01 표준 도구 모음에서 새 문서를 클릭합니다. [단축키 : Ctrl+N]

초보 모드 창   고급 모드 창

[SolidWorks 새 문서] 대화상자가 나타납니다.

02 파트를 선택한 후 확인을 클릭합니다.

03 FeatureManager 디자인 트리의 〈정면〉을 선택하고 스케치 도구 모음에서 스케치를 클릭합니다.

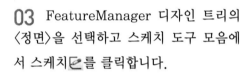

04 스케치 도구 모음에서 선을 클릭한 후 마우스 포인터를 원점으로 가져갑니다.

마우스 포인터 모양이 으로 바뀝니다. (선의 시작점과 원점 사이에 일치 구속 조건이 부여된다는 것을 의미합니다.)

05 클릭하여 그림과 같이 대략적으로 스케치합니다.

Tip ››
대략적으로 스케치를 할 경우라도 어느 정도 부품 크기에 근접하게 스케치를 해야 치수 기입 시 스케치가 꼬이지 않습니다.

06 스케치 도구 모음에서 지능형 치수를 클릭합니다.
오른쪽 그림과 같이 치수값을 입력합니다.

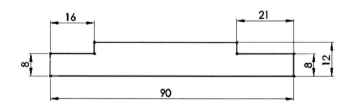

Tip ››
처음에는 스케치가 파란색이었지만 치수를 빠짐없이 모두 준 경우에는 검정색으로 변경이 되며 이것은 완전 정의가 되었다는 것을 의미합니다.

07 피처 도구 모음에서 돌출 보스/베이스를 클릭합니다.

그래픽 영역의 도형을 바라보는 시점이 자동으로 등각 보기로 변경이 되면서 왼쪽 구역 창이 돌출 설정 옵션을 입력할 수 있는 PropertyManager창으로 표시가 됩니다.

08 PropertyManager창의 방향1 아래에서
① 마침 조건으로 〈중간 평면〉을 선택합니다.
② 깊이를 '57'로 입력합니다.

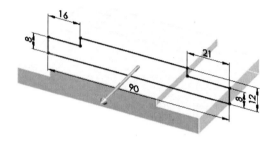

깊이를 입력하고 Enter를 누르면 지정한 깊이로 정확하게 돌출 음영 미리보기가 표시됩니다.

09 ✔(확인)을 클릭합니다.

첫 피처가 완성이 되었으며 왼쪽에 있는 FeatureManager 디자인 트리창에 〈보스-돌출1〉이 표시됩니다.

10 본체의 오른쪽 면을 선택하고 스케치 도구 모음에서 스케치를 클릭합니다.

11 표준 보기 방향 도구 모음에서 (우측면)을 클릭합니다. [단축키 : Ctrl+4]

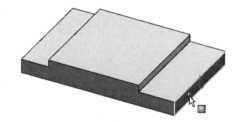

12 스케치 도구 모음에서 코너 사각형을 클릭합니다.

13 오른쪽 그림과 같이 사각형을 대략적인 크기로 스케치합니다.

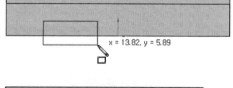

14 스케치 도구 모음에서 지능형 치수를 클릭합니다.

오른쪽 그림과 같이 치수 값을 입력합니다.

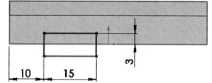

15 표준 보기 방향 도구 모음에서 ●(등각보기)를 클릭합니다. [단축키 : Ctrl+7]

16 피처 도구 모음에서 돌출 컷▣을 클릭합니다.

17 PropertyManager
창의 방향1 아래에서 : 마
침 조건으로 〈다음까지〉
를 선택합니다.

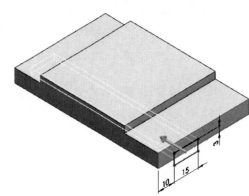

18 ✔(확인)을 클릭합니다.
    두 번째 피처가 완성이 되었으며 왼쪽에 있는
FeatureManager 디자인 트리창에 〈컷-돌출1〉이 표
시됩니다.

19 피처 도구 모음에서 모따기◇
를 클릭합니다.

20 PropertyManager창의 모따기 변수 아래에서
　① 각도-거리를 선택합
　　 니다.
　② 거리◇를 '4'로 입력
　　 합니다.
　③ 각도◻를 '45'도로 입
　　 력합니다.

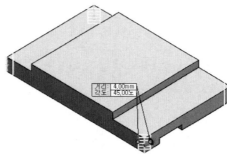

21 그림과 같이 본체 바
깥쪽 모서리 4개를 선택합니다.

22 ✔(확인)을 클릭합니다.

왼쪽에 있는 FeatureManager 디자인 트리창에 〈모따기1〉이 표시됩니다.

23 다시 한 번 모따기를 하기 위해 Enter 를 하거나 피처 도구 모음에서 모따기 를 클릭합니다.

24 PropertyManager창의 모따기 변수 아래에서

① 거리 를 '1'로 입력합니다.

② 각도 를 '45'도로 입력합니다.

25 본체의 밑면이 보이도록 회전시키고 나서 그림과 같이 외측 모서리 2개를 선택합니다.

26 (확인)을 클릭합니다.

오른쪽에서 바라본 모습

왼쪽에 있는 FeatureManager 디자인 트리창에 〈모따기2〉가 표시됩니다.

27 피처 도구 모음에서 구멍 가공 마법사 를 클릭합니다.

28 PropertyManager창의 유형 탭에 있는 구멍 유형 아래에서
구멍 유형으로 카운터 보어 를 선택합니다.

● **구멍 스팩 아래에서** : 사용자 정의 크기 표시를 체크합니다.

① 탭 드릴 지름 을 '4.5'로 입력합니다.

② 카운터 보어 지름 을 '8'로 입력합니다.

③ 카운터 보어 깊이 를 '4.4'로 입력합니다.

● **마침 조건 아래에서** : 마침 조건을 〈다음까지〉로 선택합니다.

옵션 아래의 4가지 옵션은 모두 체크 해제해야 합니다.

29 PropertyManager창의 〈위치〉 탭을 선택합니다.

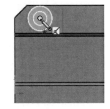

30 표준 보기 방향 도구 모음에서 ▦(아랫면)을 클릭합니다.

[단축키 : Ctrl+6]

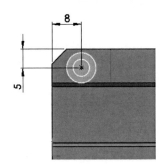

31 자리파기(카운터 보어) 구멍을 내기 위해 그림과 같이 왼쪽 윗부분 대략적인 위치에 1개를 클릭합니다.

32 키보드의 Esc키를 한 번 눌러서 구멍 삽입을 종료합니다.

33 스케치 도구 모음에서 지능형 치수◇를 클릭합니다.

마우스 포인터 모양이 ↖으로 바뀝니다.

포인트를 가로에 '8', 세로는 '5'로 치수구속합니다.

34 ✔(확인)을 클릭하여 구멍 가공 마법사 PropertyManager 창을 닫습니다.

왼쪽에 있는 FeatureManager 디자인 트리창에 〈M4 소켓 머리 캡 나사용 카운터보어1〉이 표시됩니다.

35 1개의 자리파기 구멍을 배열하기 위해 PropertyManager창에서 〈M4 소켓 머리 캡 나사용 카운터보어1〉를 클릭합니다.

36 피처 도구 모음에서 선형 패턴▦ 을 클릭합니다.

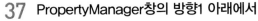

37 PropertyManager창의 **방향1 아래에서**

① 패턴 방향↗ 모서리선<1> 을 그림과 같이 수평 모서리를 선택합니다.

② 간격↧을 '74'로 입력합니다.

③ 인스턴스 수↗를 '2'개로 입력합니다.

● **방향2 아래에서**

① 패턴 방향↗ 모서리선<2> 을 그림과 같이 수직 모서리를 선택합니다.

② 간격↧을 '26'으로 입

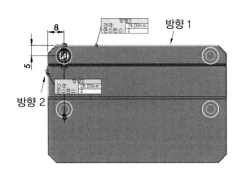

력합니다.

③ 인스턴스 수 를 '2'개로 입력합니다.

38 ✅(확인)을 클릭합니다.

왼쪽에 있는 FeatureManager 디자인 트리창에 〈선형 패턴1〉이 표시됩니다.

39 표준 보기 방향 도구 모음에서 📦(등각보기)를 클릭합니다. [단축키 : Ctrl+7]

> **Tip** >>
> 선형 패턴 작업 시 패턴 방향이 맞지 않을 경우에는 반대 방향 🔀이나 도형에 표시된 화살표 를 클릭하여 방향을 변경해야 합니다.

전체적인 본체(Body) 모델링이 완성되었습니다.

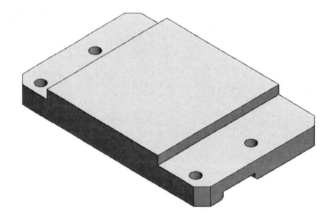

> **Tip** >>
> 기계 기사를 뺀 다른 종목 수검 시 본체의 단면 처리하는 방법은 아래 그림을 참고하면 됩니다.
> 코너 사각형□으로 스케치한 후 돌출 컷🔳으로 완성한 모습입니다.

이제 완성된 파트를 저장합니다.

40 메뉴 모음에서 저장💾을 클릭하거나 메뉴 바에서 '파일-저장'을 클릭합니다.

[단축키 : Ctrl +S]

41 대화 상자에서 적당한 경로에 파트를 저장할 폴더를 만듭니다. 폴더명은 '나사 바이스'라고 명명합니다.

42 파일 이름을 '본체'라고 명명하고 〈저장〉을 클릭합니다.

파일 이름에 확장명 .sldprt가 추가되어 '본체.sldprt'로 저장됩니다.

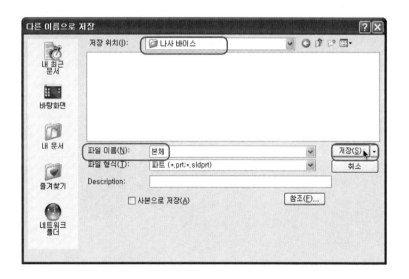

② 고정 조(Fixed Jaw) 모델링하기

고정 조를 모델링하는 방법은 정면에서 형상 스케치를 하여 돌출시켜 제품의 윤곽을 완성한 후 나머지 부분(자리파기, 구멍, 모따기 등)을 마무리하는 작업으로 진행합니다.

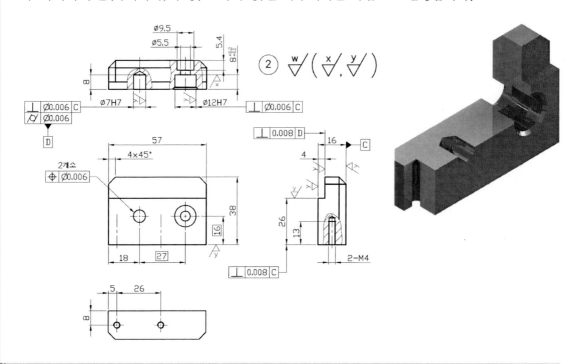

네비게이터 navigator

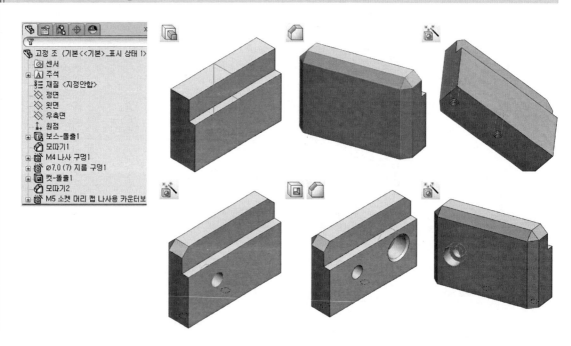

○ 고정 조(Fixed Jaw) 모델링의 첫 번째 피처는 정면에 스케치된 프로파일에서 돌출 피처로 생성된 고정 조의 윤곽 형상이 됩니다.

01 표준 도구 모음에서 새 문서□를 클릭합니다. [단축키 : Ctrl+N]

초보 모드 창　　　　　　고급 모드 창

[SolidWorks 새 문서] 대화상자가 나타납니다.

02 파트를 선택한 후 확인을 클릭합니다.

03 FeatureManager 디자인 트리의 〈정면〉을 선택하고 스케치 도구 모음에서 스케치✎를 클릭합니다.

04 스케치 도구 모음에서 선\을 클릭한 후 마우스 포인터를 원점└으로 가져갑니다.

마우스 포인터 모양이 ✎으로 바뀝니다. (선의 시작점과 원점 사이에 일치 구속 조건이 부여된다는 것을 의미합니다.)

05 클릭하여 오른쪽 그림과 같이 대략적으로 스케치합니다.

Tip >>
대략적으로 스케치를 할 경우라도 어느 정도 부품 크기에 근접하게 스케치를 해야 치수 기입 시 스케치가 꼬이지 않습니다.

06 스케치 도구 모음에서 지능형 치수⌀를 클릭합니다.
마우스 포인터 모양이 ✎으로 바뀝니다.
오른쪽 그림과 같이 치수값을 입력합니다.

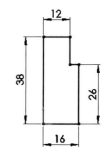

Tip >>
처음에는 스케치가 파란색이었지만 치수를 빠짐없이 모두 준 경우에는 검정색으로 변경이 되며 이것은 완전 정의가 되었다는 것을 의미합니다.

07 피처 도구 모음에서 돌출 보스/베이스🗔를 클릭합니다.

그래픽 영역의 도형을 바라보는 시점이 자동으로 등각 보기로 변경이 되면서 왼쪽 구역 창이 돌출 설정 옵션을 입력할 수 있는 PropertyManager창으로 표시가 됩니다.

08 PropertyManager창의 방향1 아래에서

① 마침 조건으로 〈중간 평면〉을 선택합니다.

② 깊이를 '57'로 입력합니다.

깊이를 입력하고 Enter를 누르면 지정한 깊이로 정확하게 돌출 음영 미리보기가 표시됩니다.

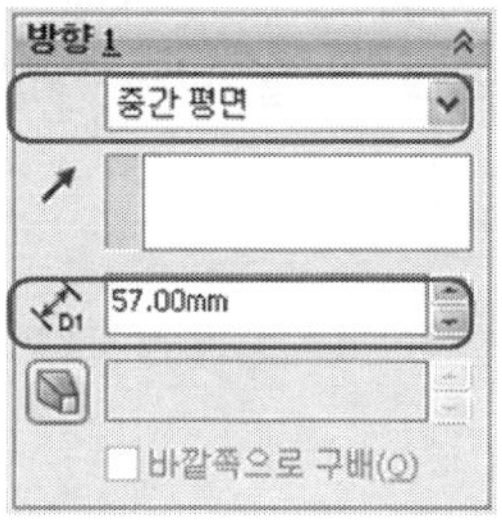

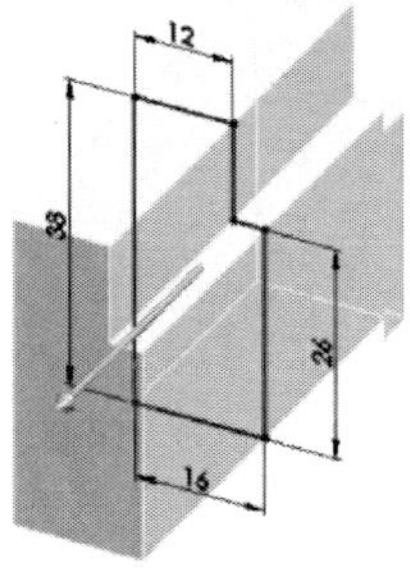

09 ✔(확인)을 클릭합니다.

첫 피처가 완성이 되었으며 왼쪽에 있는 FeatureManager 디자인 트리창에 〈보스-돌출1〉이 표시됩니다.

10 피처 도구 모음에서 모따기를 클릭합니다.

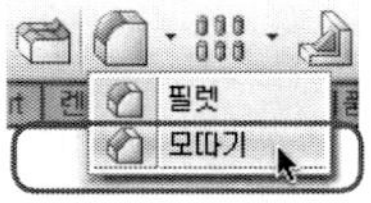

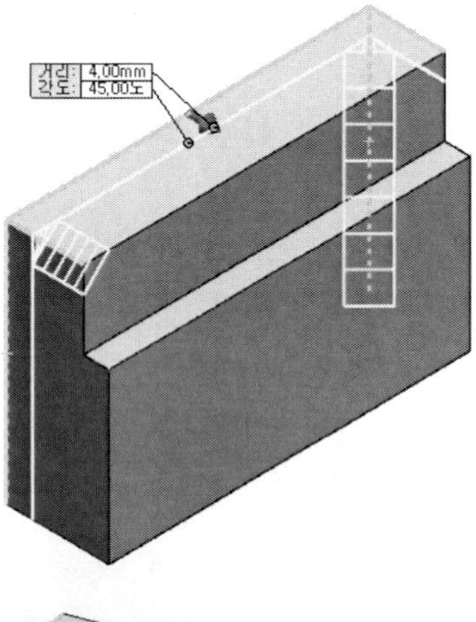

11 PropertyManager창의 모따기 변수 아래에서

① 각도-거리를 선택합니다.

② 거리를 '4'로 입력합니다.

③ 각도를 '45'도로 입력합니다.

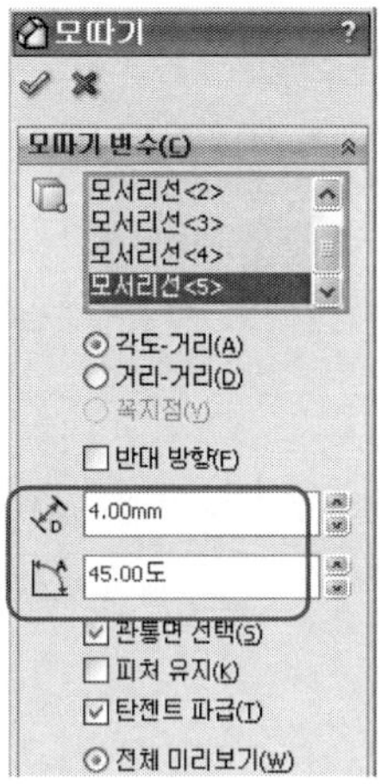

12 부품을 회전해 가며 순서에 상관없이 모서리 5개를 선택합니다.

13 ✔(확인)을 클릭합니다.

왼쪽에 있는 FeatureManager 디자인 트리창에 〈모따기1〉이 표시됩니다.

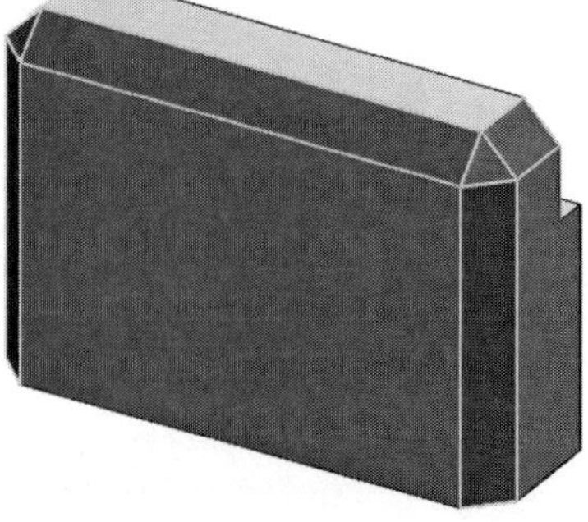

14 표준 보기 방향 도구 모음에서 (아랫면)을 클릭합니다. [단축키 : Ctrl+6]

15 피처 도구 모음에서 구멍 가공 마법사를 클릭합니다.

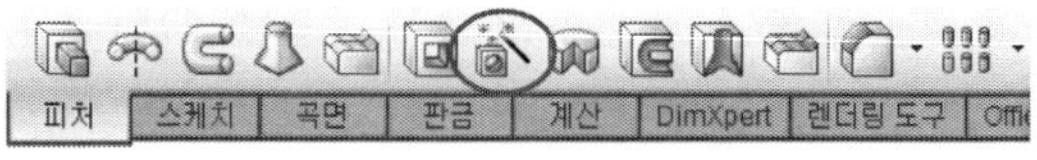

16 PropertyManager창의 유형 탭에 있는 구멍 유형 아래에서

① 구멍 유형으로 직선 탭 █을 선택합니다.

② 표준 규격은 〈KS〉로 선택하고 유형은 〈탭 구멍〉으로 선택합니다.

● **구멍 스팩 아래에서** : 크기를 〈M4〉로 선택합니다.

● **마침 조건 아래에서**

① 마침 조건을 〈블라인드 형태〉로 선택합니다.

② 블라인드 구멍 깊이 █를 '15'로 입력합니다.

③ 탭 나사선 깊이 █를 '13'으로 입력합니다.

※ 탭 나사선 깊이 값을 먼저 입력하고 블라인드 구멍 깊이 값을 입력하거나 자동 계산 █을 체크 해제해야 작업자가 입력한 값을 그대로 적용할 수가 있습니다.

● **옵션 아래에서**

① 나사산 표시 █를 선택합니다.

② 속성 표시기 표시만 체크하고 나머지 2개는 체크 해제합니다.

17 PropertyManager창의 위치 탭을 선택합니다.

18 탭 구멍을 내기 위해 오른쪽 그림과 같이 윗부분 대략적인 위치에 2개를 클릭합니다.

19 키보드의 Esc키를 한번 눌러서 구멍 삽입을 종료합니다.

20 삽입한 2개의 포인트를 Ctrl키를 누른 상태에서 선택한 후 █ 수직(V) 구속조건을 부가합니다.

21 스케치 도구 모음에서 지능형 치수 ◇를 클릭합니다.

마우스 포인터 모양이 ◈으로 바뀝니다.

오른쪽 그림과 같이 치수 값을 입력합니다. 단, 가급적 세로치수는 '5'를 먼저 기입해야 편하며, '26'을 먼저 기입 시 범위를 벗어날 수가 있기 때문입니다.

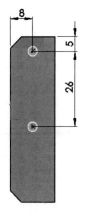

22 ✓(확인)을 클릭하여 구멍 가공 마법사 PropertyManager창을 닫습니다.

왼쪽에 있는 FeatureManager 디자인 트리창에 〈M4 나사 구멍1〉이 표시됩니다.

Tip >>

● 나사산 음영을 표시하기 위해서는 FeatureManager 디자인 트리의 주석에서 마우스 오른쪽 버튼 클릭 시 나오는 〈세부 사항...〉에 들어가 주석 속성창에서 〈음영 나사산〉을 체크해 주어야 합니다.

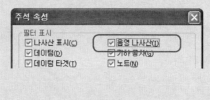
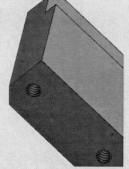

※ 음영 표시가 나타나지 않을 경우에는 '세부 사항...' 밑에 〈주석 표시〉가 체크 되어 있는지 확인해야 합니다.

● 빠른 보기 도구 모음에서 전체 보기🔍를 클릭하거나 단축키 'F'를 누르면 가까이 보거나 멀리 바라본 모델링 제품을 그래픽 영역 내에서 알맞은 크기로 빠르게 바라볼 수가 있습니다.

23 다시 피처 도구 모음에서 구멍 가공 마법사를 클릭합니다.

24 PropertyManager창의 유형 탭에 있는 구멍 유형 아래에서 구멍 유형으로 구멍을 선택합니다.

● **구멍 스팩 아래에서 :** 크기를 〈φ7.0〉로 선택합니다.

● **마침 조건 아래에서**

① 마침 조건을 〈블라인드 형태〉로 선택합니다.

② 블라인드 구멍 깊이를 '8'로 입력합니다.

25 PropertyManager창의 위치 탭을 선택합니다.

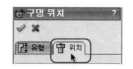

26 표준 보기 방향 도구 모음에서 ⊞(우측면)을 클릭합니다.
[단축키 : Ctrl +4]

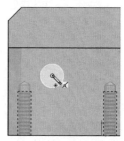

27 드릴 구멍을 내기 위해 그림과 같이 대략적인 왼쪽 한 곳을 클릭합니다.

28 키보드의 Esc 키를 한 번 눌러서 구멍 삽입을 종료합니다.

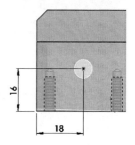

29 스케치 도구 모음에서 지능형 치수를 클릭합니다.
마우스 포인터 모양이 🔧으로 바뀝니다.
오른쪽 그림과 같이 치수 값(18, 16)을 입력합니다.

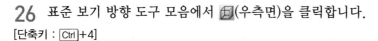

30 (확인)을 클릭하여 구멍 가공 마법사 PropertyManager창을 닫습니다.
왼쪽에 있는 FeatureManager 디자인 트리창에 ⟨∅7.0 (7) 지름 구멍1⟩이 표시됩니다.

31 그림과 같이 앞쪽에 보이는 면을 선택하고 스케치 도구 모음에서 스케치를 클릭합니다.

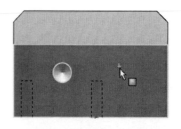

32 스케치 도구 모음에서 원을 클릭합니다.

33 그림과 같이 오른쪽에 대략적인 크기로 스케치를 한 후 지능형 치수로 그림과 같이 치수값을 입력합니다.

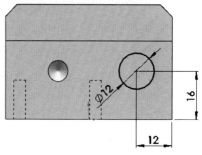

34 표준 보기 방향 도구 모음에서 (등각보기)를 클릭합니다. [단축키 : Ctrl+7]

35 피처 도구 모음에서 돌출 컷을 클릭합니다.

36 PropertyManager창의 방향 1 아래에서

① 마침 조건으로 ⟨블라인드 형태⟩로 선택합니다.

② 깊이를 '8'로 입력합니다.

37 (확인)을 클릭합니다.

네 번째 피처가 완성이 되었으며 왼쪽에 있는 FeatureManager 디자인 트리창에 ⟨컷-돌출1⟩이 표시됩니다.

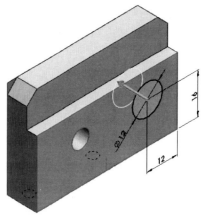

38 피처 도구 모음에서 모따기를 클릭합니다.

39 PropertyManager창의 모따기 변수 아래에서

① 거리를 '1'로 입력합니다.

② 각도를 '45'도로 입력합니다.

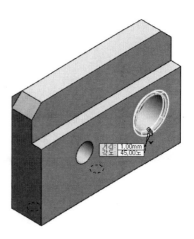

40 방금 작업했던 구멍 모서리 1개를 선택합니다.

41 ✅(확인)을 클릭합니다.
왼쪽에 있는 FeatureManager 디자인 트리창에 〈모따기2〉가 표시됩니다.

42 피처 도구 모음에서 구멍 가공 마법사📷
를 클릭합니다.

43 PropertyManager창의 유형 탭에 있는 **구멍 유형** 아래에서
구멍 유형으로 카운터 보어 ⬜를 선택합니다.

● **구멍 스팩 아래에서** : 사용자 정의 크기 표시를 체크합니다.
① 탭 드릴 지름📏을 '5.5'로 입력합니다.
② 카운터 보어 지름📏을 '9.5'로 입력합니다.
③ 카운터 보어 깊이📏를 '5.4'로 입력합니다.

● **마침 조건 아래에서** : 마침 조건을 〈다음까지〉로 선택합니다.

옵션 아래의 4가지 옵션은 모두 체크 해제해야 합니다.

44 PropertyManager창의 〈위치〉 탭을 선택
합니다.

45 표준 보기 방향 도구 모음에서 🔲(좌측면)
을 클릭합니다. [단축키 : Ctrl+3]

46 자리파기(카운터 보어) 구멍을 내기 위해 그림과 같
이 왼쪽 중간 대략적인 위치에 1개를 클릭합니다.

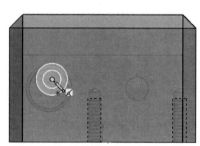

47 키보드의 Esc키를 한 번 눌러서 구멍 삽입을 종료합
니다.

48 보기 도구 모음의 표시 유형🔲·에서 실선 표시🔲를 선택합니다.

49 오른쪽 그림과 같이 포인트와 뒤에 보이는 구멍 모서리를 Ctrl키
를 누른 상태에서 선택한 후 ◎동심(N) 구속조건을 부가합니다.

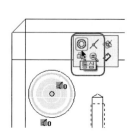

50 그래픽 영역 빈 공간을 마우스를 클릭하거나 ✅을 클릭하여 형
상 구속조건 부가 정의를 종료합니다.

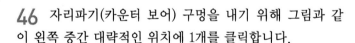

51 ✔(확인)을 클릭하여 구멍 가공 마법사 PropertyManager창을 닫습니다.

왼쪽에 있는 FeatureManager 디자인 트리창에 〈M5 소켓 머리 캡 나사용 카운터보어1〉이 표시됩니다.

52 보기 도구 모음에서 표시 유형🔲▾을 모서리 표시 음영🔲으로 선택합니다.

53 표준 보기 방향 도구 모음에서 🔷(등각보기)를 클릭합니다. [단축키 : Ctrl+7]

전체적인 고정 조(Fixed Jaw) 모델링이 완성되었습니다.

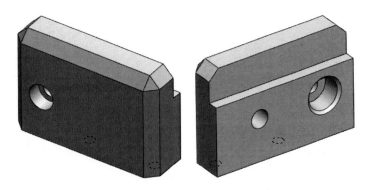

> **Tip** ››
>
> 기계 기사를 뺀 다른 종목 수검 시 고정 조의 단면 처리하는 방법은 오른쪽 그림을 참고하면 됩니다.
>
> 코너 사각형🔲으로 스케치한 후 돌출 컷🔲으로 완성한 모습입니다. 다른 부품과 결합되는 부분을 보여주어야 하기 때문에 개별적으로 2곳을 단면하는 것이 좋습니다.
>
>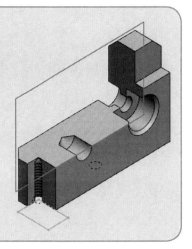

이제 완성된 파트를 저장합니다.

54 메뉴 모음에서 저장💾을 클릭하거나 메뉴 바에서 '파일-저장'을 클릭합니다.
[단축키 : Ctrl+S]

55 나사 바이스 폴더 안에 파일 이름을 '고정 조'라고 명명하고 〈저장〉을 클릭합니다.
파일 이름에 확장명 .sldprt가 추가되어 '고정 조.sldprt'로 저장됩니다.

③ 브래킷(Bracket) 모델링하기

브래킷을 모델링하는 방법은 정면에서 코너 사각형으로 스케치를 하여 돌출시켜 제품의 윤곽을 완성한 후 나머지 부분(모따기, 자리파기, 구멍 등)을 마무리하는 작업으로 진행합니다.

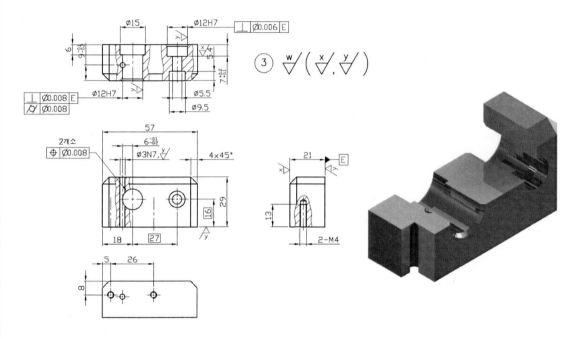

네비게이터 navigator

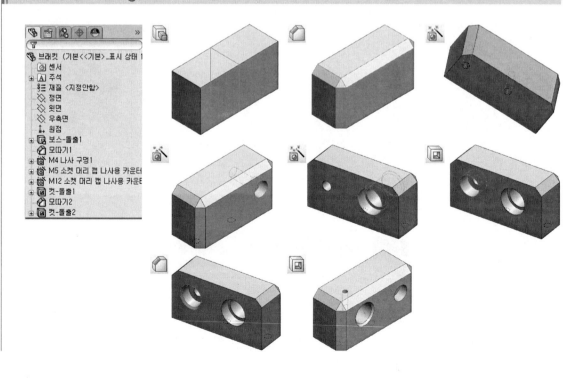

◯ 브래킷(Bracket) 모델링의 첫 번째 피처는 정면에 코너 사각형으로 스케치된 프로파일에서 돌출 피처로 생성된 박스 형상이 됩니다.

01 표준 도구 모음에서 새 문서☐를 클릭합니다. [단축키 : Ctrl+N]

[SolidWorks 새 문서] 대화상자가 나타납니다.

초보 모드 창   고급 모드 창

02 파트를 선택한 후 확인을 클릭합니다.

03 FeatureManager 디자인 트리의 〈정면〉을 선택하고 스케치 도구 모음에서 스케치☑를 클릭합니다.

04 스케치 도구 모음에서 코너 사각형☐을 클릭한 후 원점에 그림과 같이 직사각형을 대략적인 크기로 스케치합니다.

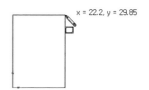

x = 22.2, y = 29.85

05 스케치 도구 모음에서 지능형 치수☑를 클릭합니다.

마우스 포인터 모양이 ➘으로 바뀝니다.
가로 선에 '21', 세로 선은 '29'로 치수구속합니다.

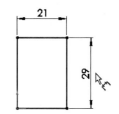

21

29

06 피처 도구 모음에서 돌출 보스/베이스☐를 클릭합니다.

그래픽 영역의 도형을 바라보는 시점이 자동으로 등각 보기로 변경이 되면서 왼쪽 구역 창이 돌출 설정 옵션을 입력할 수 있는Property-Manager창으로 표시가 됩니다.

07 PropertyManager창의 방향1 아래에서
① 마침 조건으로 〈중간 평면〉을 선택합니다.
② 깊이 ☐를 '57'로 입력합니다.

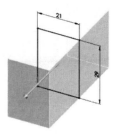

방향1
중간 평면
57.00mm
바깥쪽으로 구배(O)

21

깊이를 입력하고 Enter 를 누르면 지정한 깊이로 정확하게 돌출 음영 미리보기가 표시됩니다.

08 ✅(확인)을 클릭합니다.

첫 피처가 완성이 되었으며 왼쪽에 있는 FeatureManager 디자인 트리창에 〈보스-돌출1〉
이 표시됩니다.

09 피처 도구 모음에서 모따기🗀를 클
릭합니다.

10 PropertyManager창의 모따기 변수
아래에서
   ① 각도-거리를 선택합니다.
   ② 거리🖋를 '4'로 입력합니다.
   ③ 각도🖉를 '45'도로 입력합니다.

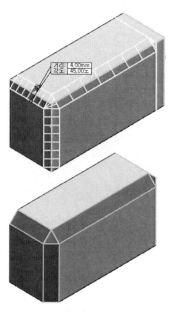

11 부품을 회전해 가며 순서에 상관없이
모서리 5개를 선택합니다.

12 ✅(확인)을 클릭합니다.

왼쪽에 있는 FeatureManager 디자인
트리창에 〈모따기1〉이 표시됩니다.

13 표준 보기 방향 도구 모음에서 🗗(아랫면)을 클릭합니다.
[단축키 : Ctrl +6]

14 피처 도구 모음에서 구멍 가공 마법사🗿를 클릭합니다.

15 PropertyManager창의 유형 탭에 있는 구멍 유형 아래에서
   ① 구멍 유형으로 직선 탭 🔟을 선택합니다.
   ② 표준 규격은 〈KS〉로 선택하고 유형은 〈탭 구멍〉으로 선택합니다.
● 구멍 스팩 아래에서 : 크기를 〈M4〉로 선택합니다.
● 마침 조건 아래에서
   ① 마침 조건을 〈블라인드 형태〉로 선택합니다.
   ② 블라인드 구멍 깊이🔟를 '15'로 입력합니다.

③ 탭 나사선 깊이🔧를 '13'으로 입력합니다.

> ※ 탭 나사선 깊이 값을 먼저 입력하고 블라인드 구멍 깊이 값을 입력하거나 자동 계산🔘을 체크 해제해야 작업자가 입력한 값을 그대로 적용할 수가 있습니다.

● **옵션 아래에서**

① 나사산 표시 🔩를 선택합니다.

② 속성 표시기 표시만 체크하고 나머지 2개는 체크 해제합니다.

16 PropertyManager창의 위치 탭을 선택합니다.

17 탭 구멍을 내기 위해 오른쪽 그림과 같이 윗부분 대략적인 위치에 2개를 클릭합니다.

18 키보드의 Esc키를 한 번 눌러서 구멍 삽입을 종료합니다.

19 삽입한 2개의 포인트를 Ctrl키를 누른 상태에서 선택한 후 | 수직(V) 구속조건을 부가합니다.

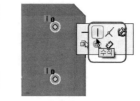

20 스케치 도구 모음에서 지능형 치수◇를 클릭합니다.

마우스 포인터 모양이 ⌀️으로 바뀝니다.

오른쪽 그림과 같이 치수 값을 입력합니다. 단, 가급적 세로치수는 5를 먼저 기입해야 편하며, 26을 먼저 기입 시 범위를 벗어날 수가 있기 때문입니다.

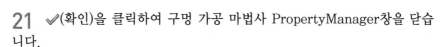

21 ✔(확인)을 클릭하여 구멍 가공 마법사 PropertyManager창을 닫습니다.

왼쪽에 있는 FeatureManager 디자인 트리창에 〈M4 나사 구멍1〉이 표시됩니다.

> **Tip** ››
> 나사산 음영을 표시하기 위해서는 FeatureManager 디자인 트리의 주석에서 마우스 오른쪽 버튼 클릭 시 나오는 〈세부 사항...〉에 들어가 주석 속성창에서 〈음영 나사산〉을 체크해 주어야 합니다.
>
>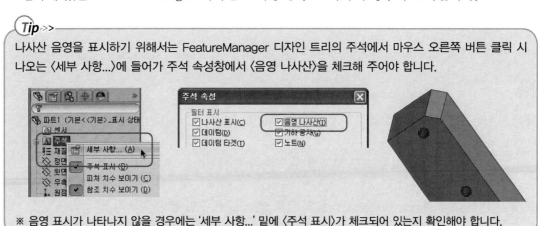
>
> ※ 음영 표시가 나타나지 않을 경우에는 '세부 사항...' 밑에 〈주석 표시〉가 체크되어 있는지 확인해야 합니다.

22 다시 피처 도구 모음에서 구멍 가공 마법사를 클릭합니다.

23 PropertyManager창의 유형 탭에 있는 구멍 유형 아래에서
구멍 유형으로 카운터 보어 를 선택합니다.

● **구멍 스팩 아래에서** : 사용자 정의 크기 표시를 체크합니다.

① 탭 드릴 지름을 '5.5'로 입력합니다.

② 카운터 보어 지름을 '9.5'로 입력합니다.

③ 카운터 보어 깊이를 '5.4'로 입력합니다.

● **마침 조건 아래에서** : 마침 조건을 〈다음까지〉로 선택합니다.

옵션 아래의 4가지 옵션은 모두 체크 해제해야 합니다.

24 PropertyManager창의 위치 탭을 선택합니다.

25 표준 보기 방향 도구 모음에서 (우측면)을 클릭합니다. [단축키 : Ctrl+4]

26 자리파기(카운터 보어)구멍을 내기 위해 그림과 같이 오른쪽 중간 대략적인 위치에 1개를 클릭합니다.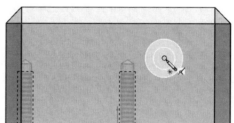

27 키보드의 Esc키를 한 번 눌러서 구멍 삽입을 종료합니다.

28 스케치 도구 모음에서 지능형 치수를 클릭합니다.
마우스 포인터 모양이 으로 바뀝니다.
오른쪽 그림과 같이 치수 값(12, 16)을 입력합니다.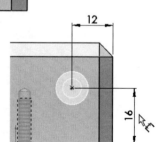

29 (확인)을 클릭하여 구멍 가공 마법사 PropertyManager창을 닫습니다.

왼쪽에 있는 FeatureManager 디자인 트리창에 〈M5 소켓 머리 캡 나사용 카운터보어1〉이 표시됩니다.

30 다시 피처 도구 모음에서 구멍 가공 마법사를 클릭합니다.

31 PropertyManager창의 유형 탭에 있는 구멍 유형 아래에서
구멍 유형으로 카운터 보어 를 선택합니다.

● **구멍 스펙 아래에서** : 사용자 정의 크기 표시를 체크합니다.

 ① 탭 드릴 지름⚙을 '12'로 입력합니다.

 ② 카운터 보어 지름⚙을 '15'로 입력합니다.

 ③ 카운터 보어 깊이⚙를 '6'으로 입력합니다.

● **마침 조건 아래에서** : 마침 조건을 〈다음까지〉로 선택합니다.

● **옵션 아래에서** : 바깥쪽 카운터싱크만 체크합니다.

 ① 바깥쪽 카운터 싱크 지름⚙을 '14'로 입력합니다.

 ② 바깥쪽 카운터 싱크 각도⚙를 '90'도로 입력합니다.

> **Tip** >>
>
> 바깥쪽 카운터 싱크는 카운터 보어 구멍 반대편 '리드 나사 축'이 결합되는 부분에 모따기를 하는 것으로 따로 모따기 작업을 할 필요가 없기 때문에 편리합니다.
>
> 지름이 14인 이유는 카운터 보어 안쪽 구멍지름이 12이므로 12+(1×2)=14가 됩니다. 여기서 1은 모따기 거리 값으로 양쪽이 적용되므로 2가 됩니다.

32 PropertyManager창의 위치 탭을 선택합니다.

33 표준 보기 방향 도구 모음에서 🔲(좌측면)을 클릭합니다. [단축키 : Ctrl+3]

34 자리파기(카운터 보어) 구멍을 내기 위해 그림과 같이 오른쪽 중간 대략적인 위치에 1개를 클릭합니다.

35 키보드의 Esc키를 한 번 눌러서 구멍 삽입을 종료합니다.

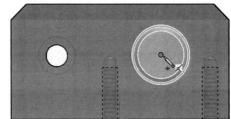

36 스케치 도구 모음에서 지능형 치수⚙를 클릭합니다.
 오른쪽 그림과 같이 치수 값(18, 16)을 입력합니다.

37 ✓(확인)을 클릭하여 구멍 가공 마법사를 종료합니다.

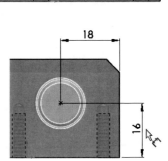

 왼쪽에 있는 FeatureManager 디자인 트리창에 〈M12 소켓 머리 캡 나사용 카운터 보어1〉이 표시됩니다.

38 그림과 같이 앞쪽에 보이는 면을 선택하고 스케치 도구 모음에서 스케치 를 클릭합니다.

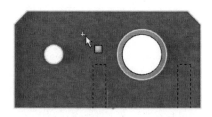

39 스케치 도구 모음에서 원 을 클릭합니다.

40 그림과 같이 왼쪽 구멍 중심에 정확히 클릭 하여 스케치를 한 후 지능형 치수 로 지름 치수 값 ∅12를 입력합니다.

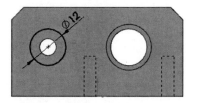

> **Tip** >>
> 원을 스케치 시 스냅을 정확히 사용하지 않았을 경우에는 지름 치수 ∅12를 입력해도 완전 정의(검정색)가 되지 않는데 이때는 ◎ 동심(N) 구속조건을 따로 부가해 주어야 합니다.

41 표준 보기 방향 도구 모음에서 (등각보기)를 클릭합니다. [단축키 : Ctrl+7]

42 피처 도구 모음에서 돌출 컷 을 클릭합니다.

43 PropertyManager창의 방향1 아래에서

① 마침 조건으로 〈블라인드 형태〉로 선택합니다.

② 깊이 를 '7'로 입력합니다.

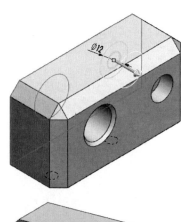

44 (확인)을 클릭합니다.

다섯 번째 피처가 완성이 되었으며 왼쪽에 있는 FeatureManager 디자인 트리창에 〈컷-돌출1〉이 표시됩니다.

45 피처 도구 모음에서 모따기⬡를 클릭합니다.

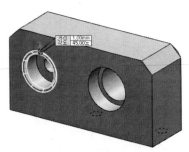

46 PropertyManager창의 모따기 변수 아래에서

① 거리⬠를 '1'로 입력합니다.
② 각도⬠를 '45'도로 입력합니다.

47 왼쪽 부분이 보이도록 물체를 회전시켜 방금 작업했던 구멍 모서리 1개를 선택합니다.

48 ✅(확인)을 클릭합니다.

왼쪽에 있는 FeatureManager 디자인 트리창에 〈모따기2〉가 표시됩니다.

49 오른쪽 그림과 같이 물체의 윗면을 선택하고 스케치 도구 모음에서 스케치⬚를 클릭합니다.

50 스케치 도구 모음에서 원◎을 클릭합니다.

51 표준 보기 방향 도구 모음에서 ⬚(윗면)을 클릭합니다. [단축키 : Ctrl+5]

52 그림과 같이 아래쪽에 대략적인 크기로 스케치를 합니다.

53 보기 도구 모음의 표시 유형⬚·에서 실선 표시⬚를 선택합니다.

54 아래 그림과 같이 스케치한 원의 중심과 카운터 보어 구멍 아래쪽 모서리선을 Ctrl키를 누른 상태에서 선택한 후 ⬚ 일치(D) 구속조건을 부가하고 지능형 치수⬚로 치수 값(∅3, 9)을 입력하여 완전 정의(검정색)합니다.

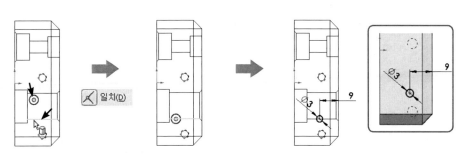

55 보기 도구 모음에서 표시 유형📦·을 모서리 표시 음영📦으로 선택합니다.

56 표준 보기 방향 도구 모음에서 📦(등각보기)를 클릭합니다. [단축키 : Ctrl+7]

57 피처 도구 모음에서 돌출 컷📦을 클릭합니다.

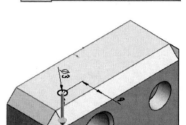

58 PropertyManager창의 방향1 아래에서 : 마침 조건으로 〈다음까지〉를 선택합니다.

59 ✅(확인)을 클릭합니다.

Tip >>
지금 작업한 ∅3홀은 핀(Pin)이 들어가는 구멍으로 '리드 나사 축'의 정지 상태에서 회전운동을 하기 위해 필요합니다.

여섯 번째 피처가 완성이 되었으며 왼쪽에 있는 FeatureManager 디자인 트리창에 〈컷-돌출2〉가 표시됩니다.

전체적인 브래킷(Bracket) 모델링이 완성되었습니다.

Tip >>
기계 기사를 뺀 다른 종목 수검 시 브래킷의 단면 처리하는 방법은 오른쪽 그림을 참고하면 됩니다.
코너 사각형□으로 스케치한 후 돌출 컷📦으로 완성한 모습입니다. 다른 부품과 결합되는 부분을 보여주어야 하기 때문에 개별적으로 2곳을 단면하는 것이 좋습니다.

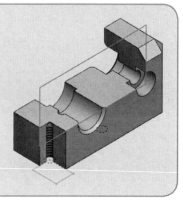

이제 완성된 파트를 저장합니다.

60 메뉴 모음에서 저장🖫을 클릭하거나 메뉴 바에서 '파일−저장'를 클릭합니다.
[단축키 : Ctrl+S]

61 나사 바이스 폴더 안에 파일 이름을 '브래킷'이라고 명명하고 〈저장〉을 클릭합니다.
파일 이름에 확장명 .sldprt가 추가되어 '브래킷.sldprt'로 저장됩니다.

④ 리드 나사 축(Lead Screw Shaft) 모델링하기

리드 나사 축을 모델링하는 방법은 회전체를 먼저 완성한 후 나머지 부분(센터 구멍, 모따기 등)을 마무리하는 작업으로 진행합니다.

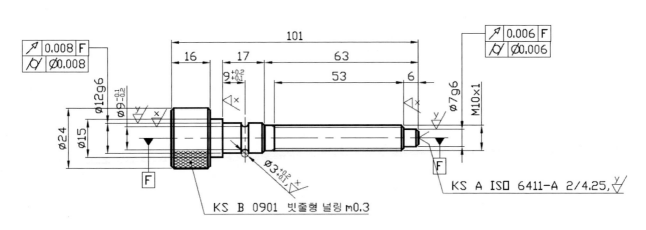

네비게이터 navigator

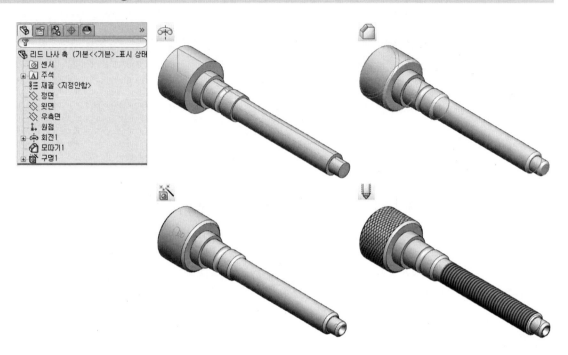

리드 나사 축(Lead Screw Shaft) 모델링의 첫 번째 피처는 정면에서 축 단면 형상으로 스케치된 프로파일에서 회전 피처로 생성된 원통 형태입니다.

01 표준 도구 모음에서 새 문서를 클릭합니다. [단축키 : Ctrl+N]

[SolidWorks 새 문서] 대화상자가 나타납니다.

초보 모드 창

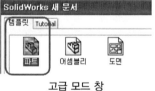

고급 모드 창

02 파트를 선택한 후 확인을 클릭합니다.

03 FeatureManager 디자인 트리의 〈정면〉을 선택하고 스케치 도구 모음에서 스케치를 클릭합니다.

04 스케치 도구 모음에서 선\을 클릭한 후 마우스 포인터를 원점 으로 가져갑니다.

마우스 포인터 모양이  으로 바뀝니다. (선의 시작점과 원점 사이에 일치 ⟨⟩ 구속조건이 부여된다는 것을 의미합니다.)

05 클릭하여 그림과 같이 대략적으로 스케치합니다.

> **Tip** >>
> 대략적으로 스케치를 할 경우라도 어느 정도 부품 크기에 근접하게 스케치를 해야 합니다. 그렇지 않을 경우 치수 기입 시 스케치가 꼬이게 됩니다. 근접하게 스케치 하는 방법은 스케치 시 ✎ 포인터 옆에 길이가 표시가 되는데 그것을 참조로 스케치하면 편합니다.

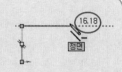

스케치 작성 시 스케치 피드백의 활용

✎_ **수평 피드백**

▨| **수직 피드백**

수평 피드백과 수직 피드백을 사용하여 스케치를 하면 선을 그리는 동시에 ─ 수평(H), │ 수직(V) 구속조건이 자동으로 부가되므로 편리합니다.

06 회전시키는 축으로 사용할 수평선을 선택하여 보조선 ⊟으로 변경합니다.
마우스 오른쪽(왼쪽) 버튼으로 클릭 시 나타나는 '상황별 도구 모음'에서 보조선 ⊟을 선택합니다.

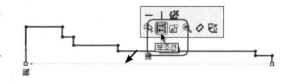

> **Tip** >>
> 회전 보스/베이스 ⊛ 작업을 할 경우에는 가급적 보조선(중심선)을 사용하는 것이 편리합니다. 자동적으로 보조선이 회전축이 되며 보조선이 있을 경우에 한해서만 지능형 치수 ⌀를 사용하여 지름 치수 기입을 할 수가 있기 때문입니다.

07 스케치 도구 모음에서 지능형 치수 ⌀를 클릭합니다.
그림과 같이 치수 값을 입력합니다.

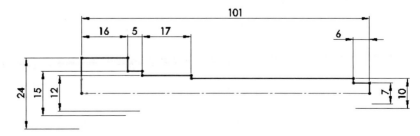

08 스케치 도구 모음에서 원◔을 클릭
합니다.

09 그림과 같은 위치에 일치 구속🗡으로 대략적인 크기로 원을 스케치한 후 지능형 치수⬦
로 치수 값(∅3, 9)을 입력하여 완전 정의(검정색)시킵니다.

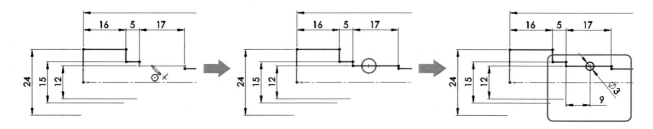

10 피처 도구 모음에서 회전 보스/베이스🜨를
클릭합니다.

11 자동적으로 선택 프로파일🗹 상태가 되며 이때 회전할 1개의 내측 영역을 그림과 같이
클릭합니다.

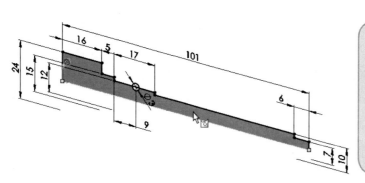

> **Tip >>**
> 스케치가 한 개의 폐구간 형태가
> 아닌 여러 개의 폐구간으로 스케치
> 가 되어 있을 경우에는 선택 프로
> 파일🗹 상태가 되며 이때는 폐구
> 간 스케치 영역 안쪽을 클릭하거나
> 스케치한 도형 요소를 클릭할 수도
> 있습니다.

12 PropertyManager창의 얇은 피처를 체크 해제합니다. 얇은 피처는 부품 속을 빈 상태로
만들어주기 때문에 사용하면 안 됩니다.

13 PropertyManager창의
방향1 아래에서

① 회전 유형을 〈블라인드
형태〉로 선택합니다.
② 각도🜨를 '360'도로 입력
합니다.

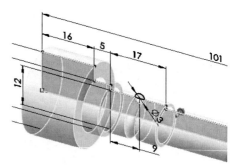

14 ✔(확인)을 클릭합니다.

첫 번째 피처가 완성이 되었으며 왼쪽에 있는 FeatureManager 디자인 트리창에 〈회전1〉
이 표시됩니다.

15 피처 도구 모음에서 모따기▱를 클릭합니다.

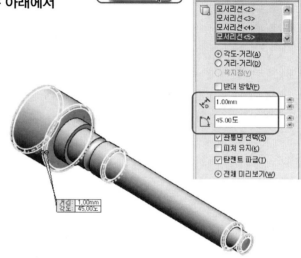

16 PropertyManager창의 모따기 변수 아래에서
① 각도–거리를 선택합니다.
② 거리▱를 '1'로 입력합니다.
③ 각도▱를 '45'도로 입력합니다.

17 그림과 같이 모서리 5개를 선택합
니다.

18 ✔(확인)을 클릭합니다.

왼쪽에 있는 FeatureManager 디자
인 트리창에 〈모따기1〉이 표시됩니다.

19 피처 도구 모음에서 구멍 가공 마법사▱를 클릭합니다.

20 PropertyManager창의 유형 탭에 있는 구멍 유형 아래에서
① 구멍 유형으로 이전 버전용 구멍▱을 선택합
니다.
② 유형은 〈카운터 싱크 드릴〉로 선택합니다.
③ 단면 치수 값을 그림과 같이 입력합니다.
④ 마침 조건을 〈블라인드 형태〉로 선택합니다.

단면 치수(D)	
값	치수
2	지름
4	깊이
4.25	카운터-싱크 지름
60	카운터-싱크 각도
118도	드릴 각도

Tip ››
단면 치수에 깊이 값을 변경 시에는 마침 조건이 〈블라인드 형태〉로 되어 있어야
만 합니다.

21 PropertyManager창의 위치 탭을 선택합
니다.

22 위치 탭의 3D Sketch 버튼을 클릭합니다.

※ 리드 나사 축 양쪽 끝부분에 센터 구멍 작업을 하기 위해서
는 3D Sketch 버튼을 클릭하고 해야만 합니다.

23 센터 구멍을 내고자 하는 리드 나사 축의 오른쪽 끝 측면과 물체를 회전시켜 왼쪽 끝 측면 임의의 위치 2곳에 포인트를 클릭합니다.

> **Tip** >>
> 정확하게 구멍의 위치를 클릭할 필요는 없습니다.

24 키보드의 Esc 키를 한 번 눌러서 구멍 삽입을 종료합니다.

25 물체를 회전시켜가며 포인트와 축 원통 모서리를 Ctrl 키를 누른 상태에서 선택한 후 ◎ 동심(N) 구속조건을 부가합니다.

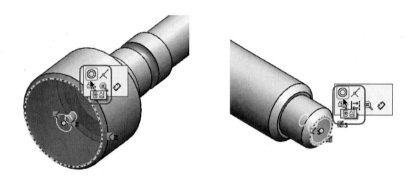

> **Tip** >>
> 구속조건을 계속적으로 적용하기 위해서는 그래픽 영역 빈 공간을 마우스를 클릭하거나 ✔을 클릭하여 방금 전의 구속 부가 정의를 종료해야 합니다.

26 그래픽 영역 빈 공간을 마우스를 클릭하거나 ✔을 클릭하여 형상 구속조건 부가 정의를 종료합니다.

27 ✔(확인)을 클릭하여 구멍 가공 마법사 PropertyManager창을 닫습니다.

두 번째 피처가 완성이 되었으며 왼쪽에 있는 FeatureManager 디자인 트리창에 〈구멍1〉이 표시됩니다.

28 나사산 표시 ∪를 클릭합니다.

29 나사산이 표시될 축경(φ10)의 바깥쪽 모서리 1개를 그림과 같이 클릭합니다.

나사산 표시 아이콘 불러오기

기본적으로 나사산 표시 아이콘이 화면에 없기 때문에 '사용자 정의'에서 불러와야 합니다.

메뉴 바의 〈도구-사용자 정의〉를 클릭하여 '명령' 탭에서 '카테고리'의 〈주석〉을 클릭하면 주석과 관련된 아이콘들이 오른쪽에 나열되며 그 아이콘 중에 〈나사산 표시〉 아이콘을 찾아 드래그(Drag)하여 적당한 도구 모음에 넣어서 사용합니다.

30 PropertyManager창의 나사산 표시 설정 아래에서

① 표준 규격을 〈KS〉로 선택합니다.

② 유형은 〈기계 나사산〉으로 선택합니다.

③ 크기 값을 〈M10〉으로 선택합니다.

④ 마침 조건을 〈블라인드〉로 선택합니다.

⑤ 깊이 값을 '53'으로 입력합니다.

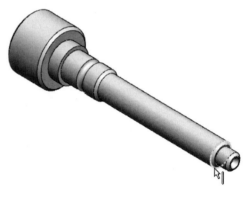

31 (확인)을 클릭합니다.

> **Tip** >>
>
> 나사산 음영을 표시하기 위해서는 FeatureManager 디자인 트리의 〈주석〉에서 마우스 오른쪽 버튼 클릭 시 나오는 〈세부 사항...〉에 들어가 〈주석 속성〉창에서 〈음영 나사산〉을 체크해 주어야 합니다.
>
>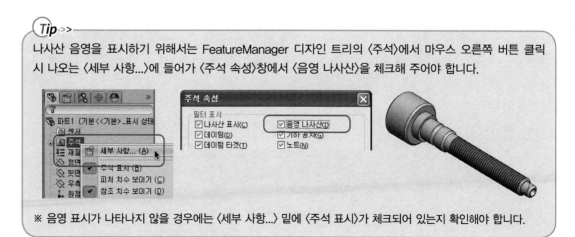
>
> ※ 음영 표시가 나타나지 않을 경우에는 〈세부 사항...〉 밑에 〈주석 표시〉가 체크되어 있는지 확인해야 합니다.

리드 나사 축의 손잡이(handle)에 돌릴 때 미끄러지지 않도록 널링(knurl)을 만들어 주어야 하며 나사산 표시처럼 음영으로 널링을 표시하는 방법을 배워보겠습니다.

32 SolidWorks 화면 오른쪽 상단에 있는 작업 창의 '표현, 화면 및 데칼' 🔘를 선택합니다.

33 표현(color) / legacy / metals / miscellaneous 경로 안으로 차례대로 찾아 들어갑니다.

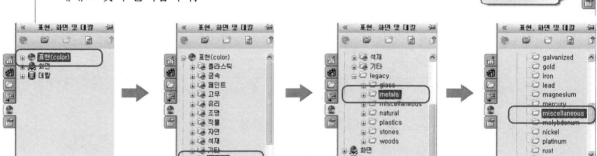

34 작업 창 밑에 나타난 매핑 이미지 중 스크롤 바를 내려서 〈knurl small〉이나 〈mesh fine〉을 찾습니다.

※ 필자는 mesh fine을 손잡이에 널링 이미지로 매핑하겠습니다.

35 mesh fine 이미지를 마우스로 드래그(Drag)하여 리드 나사 축 손잡이에 떨어뜨립니다.

36 표시된 4가지 아이콘 중에서 면🔲을 선택합니다.

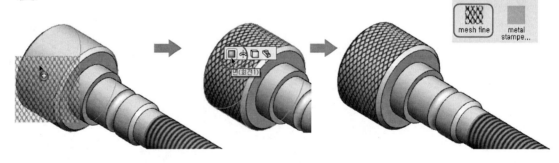

전체적인 리드 나사 축(Lead Screw Shaft) 모델링이 완성되었습니다.

Tip >>
축은 3차원 등각도(입체도)를 표시할 때 절대 단면 처리를 하지 않습니다.

이제 완성된 파트를 저장합니다.

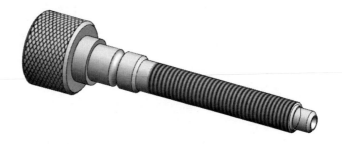

37 메뉴 모음에서 저장📁을 클릭하거나 메뉴 바에서 '파일–저장'을 클릭합니다.
[단축키 : Ctrl+S]

38 나사 바이스 폴더 안에 파일 이름을 '리드 나사 축'으로 명명하고 〈저장〉을 클릭합니다.
파일 이름에 확장명 .sldprt가 추가되어 '리드 나사 축.sldprt'로 저장됩니다.

⑤ 가이드 포스트(Guide Post)와 가이드 부시(Guide Bush) 모델링하기

가이드 포스트를 모델링하는 방법은 정면에서 원을 스케치하여 돌출시켜 제품의 윤곽을 완성한 후 나머지 부분(모따기, 탭 구멍)을 마무리하는 작업으로 진행합니다.

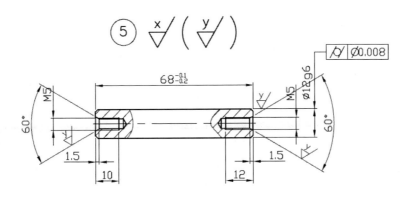

네비게이터 navigator

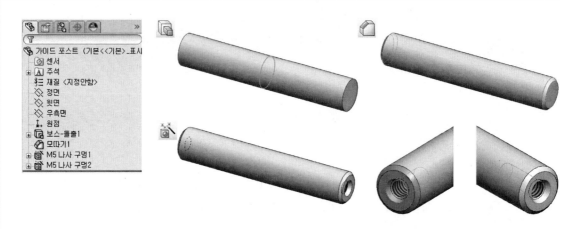

가이드 부시를 모델링하는 방법은 우측면에서 원을 스케치하여 돌출시켜 파이프 형상을 완성한 후 모따기 작업으로 마무리합니다.

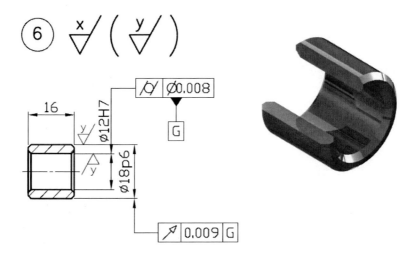

네비게이터 navigator

가이드 포스트(Guide Post) 모델링의 첫 번째 피처는 우측면에 스케치된 프로파일에서 돌출 피처로 생성된 원통 형상이 됩니다.

01 표준 도구 모음에서 새 문서  를 클릭합니다. [단축키 : Ctrl+N]

초보 모드 창　　　　　　고급 모드 창

[SolidWorks 새 문서] 대화상자 가 나타납니다.

02 파트를 선택한 후 확인을 클릭합니다.

03 FeatureManager 디자인 트리의 〈우측면〉을 선택하고 스케치 도구 모음 에서 스케치  를 클릭합니다.

04 스케치 도구 모음에서 원 을 클릭 합니다.

05 마우스 포인터를 원점 을 클릭하여 대략적인 크기로 원 1개를 스케 치합니다.

06 스케치 도구 모음에서 지능형 치수 를 클릭합니다.
오른쪽 그림과 같이 치수 값(ϕ 12)을 입력하여 완전 정의시킵니다.

07 피처 도구 모음에서 돌출 보스/베이스 를 클릭합니다.

그래픽 영역의 도형을 바라보는 시점이 자동으로 등각 보기로 변경이 되면서 왼쪽 구역 창이 돌출 설정 옵션을 입력할 수 있는 PropertyManager창으로 표 시가 됩니다.

08 **PropertyManager창의 방향1 아래에서**
① 마침 조건으로 〈중간 평면〉을 선택합니다.
② 깊이 를 '68'로 입 력합니다.

깊이를 입력하고 Enter를 누르면 지정한 깊이로 정확하게 돌출 음영 미리보기가 표시됩니다.

09 ✓(확인)을 클릭합니다.

첫 피처가 완성이 되었으며 왼쪽에 있는 FeatureManager 디자인 트리창에 〈보스−돌출1〉이 표시됩니다.

10 피처 도구 모음에서 모따기를 클릭합니다.

11 PropertyManager창의 모따기 변수 아래에서
① 각도−거리를 선택합니다.
② 거리를 '1'로 입력합니다.
③ 각도를 '45'도로 입력합니다.

12 그림과 같이 원통면 1개를 선택합니다.

> **Tip** >>
> 면을 선택 시 면의 모든 끝단 모서리를 동시에 작업을 할 수가 있지만, 필요가 없는 부분도 선택될 수가 있으니 주의해야 합니다.

13 ✓(확인)을 클릭합니다.

왼쪽에 있는 FeatureManager 디자인 트리창에 〈모따기1〉이 표시됩니다.

14 피처 도구 모음에서 구멍 가공 마법사를 클릭합니다.

15 PropertyManager창의 유형 탭에 있는 구멍 유형 아래에서
① 구멍 유형으로 직선 탭을 선택합니다.
② 표준 규격은 〈KS〉로 선택하고 유형은 〈탭 구멍〉으로 선택합니다.

● **구멍 스팩 아래에서 :** 크기를 〈M5〉로 선택합니다.
● **마침 조건 아래에서**
① 마침 조건을 〈블라인드 형태〉로 선택합니다.
② 블라인드 구멍 깊이를 '14'로 입력합니다.
③ 탭 나사선 깊이를 '12'로 입력합니다.

※ 탭 나사선 깊이 값을 먼저 입력하고 블라인드 구멍 깊이 값을 입력하거나 자동 계산을 체크 해제해야 작업자가 입력한 값을 그대로 적용할 수가 있습니다.

● **옵션 아래에서**

① 나사산 표시 🔲를 선택합니다.

② 〈속성 표시기 표시〉를 체크합니다.

③ 〈안쪽 카운터 싱크〉를 체크합니다.

● **안쪽 카운터 싱크 값을 다음과 같이 입력합니다.**

① 가까운 쪽 카운터 싱크 지름🔲을 '6'으로 입력합니다.

② 안쪽 카운터 싱크 각도🔲를 '60'도로 입력합니다.

Tip ≫

안쪽 카운터 싱크는 탭 구멍에 센터를 만들기 위해서 사용합니다. 지름 6은 탭(M5)에 1를 더한 값으로 센터 구멍 크기를 정하며 센터 각도는 무조건 60°를 사용해야 합니다.

16 PropertyManager창의 위치 탭을 선택합니다.

17 가이드 포스트 오른쪽 끝 측 면 임의의 위치에 그림과 같이 포인트를 클릭합니다.

18 키보드의 Esc 키를 한 번 눌러서 구멍 삽입을 종료합니다.

19 아래 그림과 같이 포인트와 원통 모서리를 Ctrl 키를 누른 상태에서 선택한 후 ◎ 동심(N) 구속조건을 부가합니다.

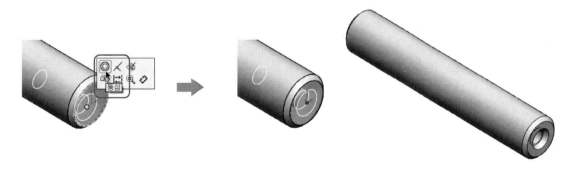

20 그래픽 영역 빈 공간을 마우스를 클릭하거나 ✔을 클릭하여 형상 구속조건 부가 정의를 종료합니다.

21 ✔(확인)을 클릭하여 구멍 가공 마법사 PropertyManager창을 닫습니다.

두 번째 피처가 완성이 되었으며 왼쪽에 있는 FeatureManager 디자인 트리창에 〈M5 나사 구멍1〉이 표시됩니다.

Tip >>

나사산 음영을 표시하기 위해서는 FeatureManager 디자인 트리의 주석에서 마우스 오른쪽 버튼 클릭 시
나오는 〈세부 사항...〉에 들어가 주석 속성창에서 〈음영 나사산〉을 체크해 주어야 합니다.

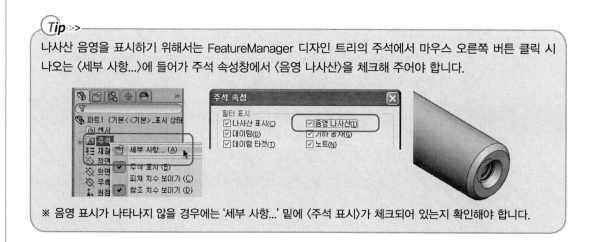

※ 음영 표시가 나타나지 않을 경우에는 '세부 사항...' 밑에 〈주석 표시〉가 체크되어 있는지 확인해야 합니다.

22 다시 한 번 구멍 가공 마법사 를 클릭하여
가이드 포스트 왼쪽 끝에도 방금 전 작업한 'M5' 크
기의 탭 구멍을 똑같은 방법으로 만들어 줍니다.

단, 마침 조건의 블라인드 구멍 깊이 를 '12'로
탭 나사선 깊이 는 '10'으로 변경해서 작업해야 합
니다.

세 번째 피처가 완성이 되었다면 왼쪽에 있는
FeatureManager 디자인 트리창에 〈M5 나사
구멍2〉가 표시됩니다.

단면도 로 절단한 모습

전체적인 가이드 포스트(Guide Post) 모델링이 완성되었습니다.

Tip >>

축 종류들은 3차원 등각도(입체도)를 표시할 때 절대 단면 처리를 하지 않습니다.

이제 완성된 파트를 저장합니다.

23 메뉴 모음에서 저장 을 클릭하거나 메뉴 바에서 '파일-저장'을 클릭합니다.
 [단축키 : Ctrl+S]

24 나사 바이스 폴더 안에 파일 이름을 '가이드 포스트'로 명명하고 저장을 클릭합니다. 파일 이름에 확장명 .sldprt가 추가되어 '가이드 포스트.sldprt'로 저장됩니다.

다음으로 가이드 부시(Guide Bush) 모델링하는 방법을 배워보겠습니다.

25 표준 도구 모음에서 새 문서 📄를 클릭하여 파트를 엽니다.

26 FeatureManager 디자인 트리의 〈우측면〉을 선택하고 스케치 도구 모음에서 스케치✏를 클릭합니다.

27 스케치 도구 모음에서 원⊘을 클릭하여 원점 🔘에 대략적인 크기로 2개의 원을 스케치하고 지능형 치수⊘로 그림과 같이 입력합니다.

28 피처 도구 모음에서 돌출 보스/베이스 🔲를 클릭하여 마침 조건을 〈중간 평면〉으로, 깊이 🖉를 '16'으로 입력하고 ✔(확인)을 클릭합니다.

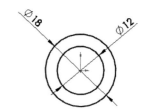

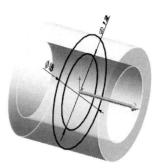

29 피처 도구 모음에서 모따기🔲를 클릭하여 거리🖉를 '1'로, 각도🔲를 '45'도로 하여 아래 그림과 같이 바깥쪽 면과 안쪽 면을 선택하고 ✔(확인)을 클릭합니다.

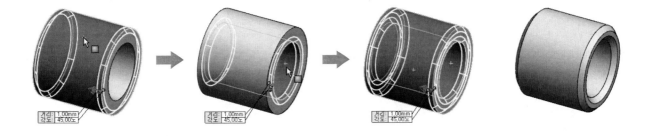

> **Tip** >>
> 기계 기사를 뺀 다른 종목 수검 시 본체의 단면 처리하는 방법은 오른쪽 그림을 참고하면 됩니다.
> 코너 사각형🔲으로 스케치한 후 돌출 컷🔲으로 완성한 모습입니다.

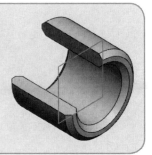

이제 완성된 파트를 저장합니다.

30 메뉴 모음에서 저장📄을 클릭하거나 메뉴 바에서 '파일-저장'를 클릭합니다.
[단축키 : Ctrl+S]

31 나사 바이스 폴더 안에 파일 이름을 '가이드 부시'로 명명하고 〈저장〉을 클릭합니다.
파일 이름에 확장명 .sldprt가 추가되어 '가이드 부시.sldprt'로 저장됩니다.

⑥ 이동 조(Sliding Jaw) 모델링하기

이동 조를 모델링하는 방법은 정면에서 형상 스케치를 하여 돌출시켜 제품의 윤곽을 완성한 후 나머지 부분(탭, 구멍, 모따기 등)을 마무리하는 작업으로 진행합니다.

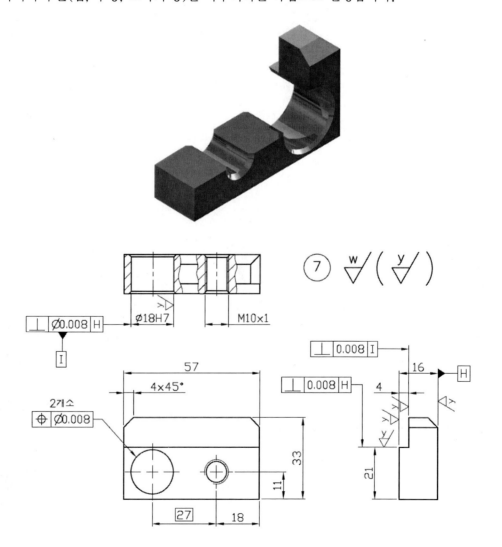

네비게이터 navigator

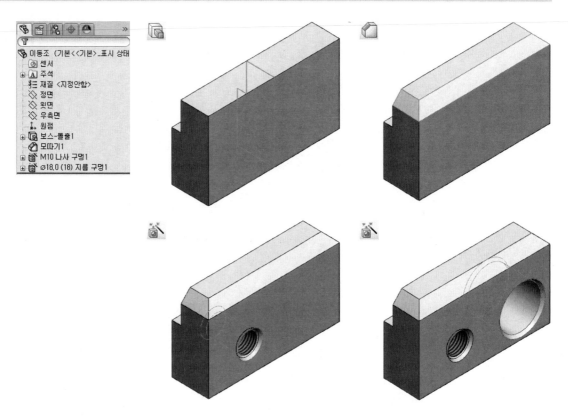

이동 조(Sliding Jaw) 모델링의 첫 번째 피처는 정면에 스케치된 프로파일에서 돌출 피처로 생성된 이동 조의 윤곽 형상이 됩니다.

01 표준 도구 모음에서 새 문서 를 클릭합니다. [단축키 : Ctrl+N]

[SolidWorks 새 문서] 대화상자가 나타납니다.

초보 모드 창

고급 모드 창

02 파트를 선택한 후 확인을 클릭합니다.

03 FeatureManager 디자인 트리의 〈정면〉을 선택하고 스케치 도구 모음에서 스케치 를 클릭합니다.

04 스케치 도구 모음에서 선\을 클릭한 후 마우스 포인터를 원점 ∟으로 가져갑니다.

마우스 포인터 모양이 🖋️ 으로 바뀝니다. (선의 시작점과 원점 사이에 일치⟋ 구속조건이 부여된다는 것을 의미합니다.)

05 클릭하여 오른쪽 그림과 같이 대략적으로 스케치합니다.

> **Tip** >>
> 대략적으로 스케치를 할 경우라도 어느 정도 부품 크기에 근접하게 스케치를 해야 치수 기입 시 스케치가 꼬이지 않습니다.

06 스케치 도구 모음에서 지능형 치수◇를 클릭합니다.
마우스 포인터 모양이 🖋️으로 바뀝니다.
오른쪽 그림과 같이 치수 값을 입력합니다.

> **Tip** >>
> 처음에는 스케치가 파란색이었지만 치수를 빠짐없이 모두 준 경우에는 검정색으로 변경이 되며 이것은 완전 정의가 되었다는 것을 의미합니다.

07 피처 도구 모음에서 돌출 보스/베이스🗔를 클릭합니다.

그래픽 영역의 도형을 바라보는 시점이 자동으로 등각 보기로 변경이 되면서 왼쪽 구역 창이 돌출 설정 옵션을 입력할 수 있는 PropertyManager창으로 표시가 됩니다.

08 **PropertyManager창의 방향1 아래에서**
① 마침 조건으로 〈중간 평면〉을 선택합니다.
② 깊이 ⟋를 '57'로 입력합니다.

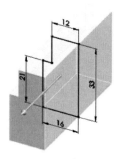

깊이를 입력하고 Enter를 누르면 지정한 깊이로 정확하게 돌출 음영 미리보기가 표시됩니다.

09 ✔(확인)을 클릭합니다.

첫 피처가 완성이 되었으며 왼쪽에 있는 FeatureManager 디자인 트리창에 〈보스-돌출1〉이 표시됩니다.

10 피처 도구 모음에서 모따기⬡를 클릭합니다.

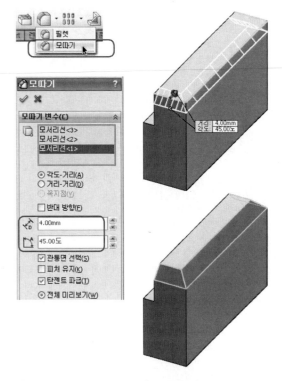

11 PropertyManager창의 모따기 변수 아래에서

　① 각도-거리를 선택합니다.

　② 거리🔧를 '4'로 입력합니다.

　③ 각도🔺를 '45'도로 입력합니다.

12 그림과 같이 상단 모서리 3개를 순서에 상관없이 선택합니다.

13 ✓(확인)을 클릭합니다.

　왼쪽에 있는 FeatureManager 디자인 트리창에 〈모따기1〉이 표시됩니다.

14 피처 도구 모음에서 구멍 가공 마법사🔩를 클릭합니다.

15 PropertyManager창의 유형 탭에 있는 구멍 유형 아래에서

　① 구멍 유형으로 직선 탭 🔩을 선택합니다.

　② 표준 규격은 〈KS〉로 선택하고, 유형은 〈탭 구멍〉으로 선택합니다.

● **구멍 스팩 아래에서** : 크기를 〈M10〉으로 선택합니다.

● **마침 조건 아래에서** : 마침 조건을 〈다음까지〉로 선택합니다.

● **옵션 아래에서**

　① 나사산 표시 🔩를 선택합니다.

　② 안쪽 카운터 싱크와 바깥쪽 카운터 싱크를 체크합니다.

　　안쪽🔧과 바깥쪽🔧 카운터 싱크 지름을 '11'로 입력합니다.

　　안쪽🔧과 바깥쪽🔧 카운터 싱크 각도를 '90'도로 입력합니다.

> **Tip** ››
> 안쪽 카운터 싱크와 바깥쪽 카운터 싱크는 탭 구멍 양 끝부분에 모따기를 하는 것으로 따로 모따기 작업을 할 필요가 없기 때문에 편리합니다.

16 PropertyManager창의 위치 탭을 선택합니다.

17 표준 보기 방향 도구 모음에서 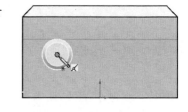(우측면)을 클릭합니다. [단축키 : Ctrl+4]

18 탭 구멍을 내기 위해 그림과 같이 대략적인 왼쪽 한 곳을
클릭합니다.

19 키보드의 Esc키를 한 번 눌러서 구멍 삽입을 종료합니다.

20 스케치 도구 모음에서 지능형 치수◇를 클릭합니다.
마우스 포인터 모양이 ᵏ으로 바뀝니다.
오른쪽 그림과 같이 치수 값(18, 11)을 입력합니다.

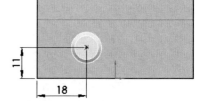

21 ✔(확인)을 클릭하여 구멍 가공 마법사 Property-
Manager창을 닫습니다.
왼쪽에 있는 FeatureManager 디자인 트리창에 〈M10 나사 구멍1〉이 표시됩니다.

Tip >>
나사산 음영을 표시하기 위해서는 FeatureManager 디자인 트리의 주석에서 마우스 오른쪽 버튼 클릭 시
나오는 〈세부 사항...〉에 들어가 주석 속성창에서 〈음영 나사산〉을 체크해 주어야 합니다.

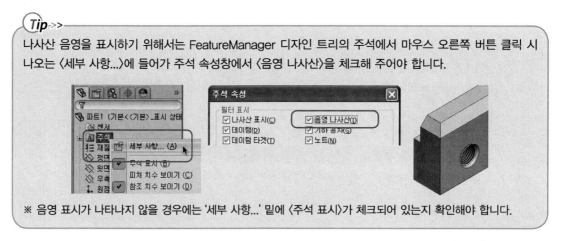

※ 음영 표시가 나타나지 않을 경우에는 '세부 사항...' 밑에 〈주석 표시〉가 체크되어 있는지 확인해야 합니다.

22 다시 피처 도구 모음에서 구멍 가공 마법사❋를 클릭합니다.

23 PropertyManager창의 유형 탭에 있는 구멍 유형 아래에서
구멍 유형으로 구멍🔲을 선택합니다.

● **구멍 스팩 아래에서** : 크기를 〈φ18.0〉로 선택합니다.

● **마침 조건 아래에서** : 마침 조건을 〈다음까지〉로 선택합니다.

● **옵션 아래에서** : 안쪽 카운터 싱크와 바깥쪽 카운터 싱크를 체크합니다.
안쪽🔧과 바깥쪽🔧 카운터 싱크 지름을 '20'으로 입력합니다.
안쪽🔧과 바깥쪽🔧 카운터 싱크 각도를 '90'도로 입력합니다.

24 PropertyManager창의 위치 탭을 선택합니다.

25 드릴 구멍을 내기 위해 그림과 같이 대략적인 오른쪽 한 곳을 클릭합니다.

> **Tip** ››
>
> 가급적 우측면이 보이는 상태에서 작업을 하는 것이 좋습니다. [🔲(우측면) 또는 Ctrl+4]

26 키보드의 Esc 키를 한번 눌러서 구멍 삽입을 종료합니다.

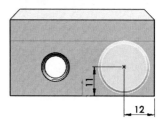

27 스케치 도구 모음에서 지능형 치수◇를 클릭합니다.
오른쪽 그림과 같이 치수 값(12, 11)을 입력합니다.

28 ✓(확인)을 클릭하여 구멍 가공 마법사 PropertyManager창을 닫습니다.
왼쪽에 있는 FeatureManager 디자인 트리창에 〈∅18.0 (18) 지름 구멍1〉이 표시됩니다.

29 표준 보기 방향 도구 모음에서 🔷 (등각보기)를 클릭합니다. [단축키 : Ctrl+7]

전체적인 이동 조(Sliding Jaw) 모델링이 완성되었습니다.

> **Tip** ››
>
> 기계 기사를 뺀 다른 종목 수검 시 이동 조의 단면 처리하는 방법은 오른쪽 그림을 참고하면 됩니다.
> 코너 사각형□으로 스케치한 후 돌출 컷🔲으로 완성한 모습입니다.

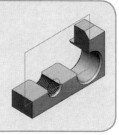

이제 완성된 파트를 저장합니다.

30 메뉴 모음에서 저장🖫을 클릭하거나 메뉴 바에서 '파일-저장'를 클릭합니다.
[단축키 : Ctrl+S]

31 나사 바이스 폴더 안에 파일 이름을 '이동 조'라고 명명하고 〈저장〉을 클릭합니다.
파일 이름에 확장명 .sldprt가 추가되어 '이동 조.sldprt'로 저장됩니다.

3차원 도면화 작업

솔리드 모델링 후 형상이 잘 나타나도록 1개의 부품에 2곳의 방향에서 바라다본 등각투상도로 나타내야 합니다.

기계 기사를 뺀 다른 종목들은 수검 시 나누어 주는 유인물에 모델링 부품들 중 몇 개의 부품들은 단면 처리를 하라고 표기를 해주며 표기된 부품은 한쪽단면(1/4단면)으로 나타내야 합니다. 렌더링(음영) 처리를 하지 않고 출력할 경우에는 단면 처리된 부품의 단면 부위에는 해칭 처리를 해주어야 합니다.

수검 시 유인물에 비중이 주어지며 주어진 비중을 이용하여 부품들의 중량(kg 또는 g)을 구해서 부품란의 비고란에 기입을 해주어야 합니다. 단, 중량을 구할 때는 부품이 단면 상태가 아닌 완전한 형상에서 해야 합니다.

도면의 크기는 A2에 등각투상도를 배치해야 하며 출력할 때는 A3로 수검자가 직접 프린터해야 합니다. 부품들의 척도는 NS(none scale)로 실물의 형상과 배치를 고려하여 적당한 크기로 정하면 됩니다.

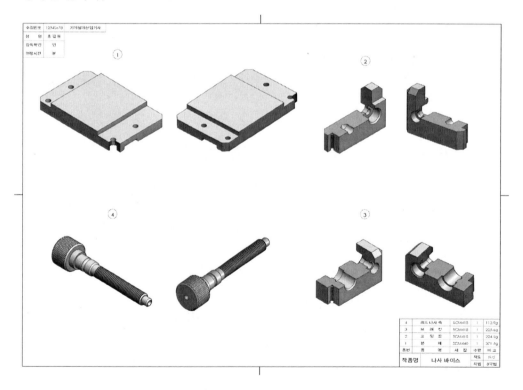

※ 수검 시 기본적으로 4~5개의 부품 투상으로 출제가 되기 때문에 여기서는 4개 부품만 배치하겠습니다.
(① 본체, ② 고정 조, ③ 브래킷, ④ 리드 나사 축)

SolidWorks에서 그림과 같이 3차원 모델링 제품을 도면화하는 작업을 배워보겠습니다.

① 부품 중량을 계산하여 표기하기

SolidWorks에서 윤곽선과 표제란 등을 만드는 작업은 동력전달장치에서 학습을 하였기 때문에 그 부분을 참조하길 바라며 여기서는 부품들의 중량을 구해서 부품란에 표기하는 방법만 다시 배워보도록 하겠습니다.

◯ 중량(=물성치)을 알아내기 위해 먼저 '본체'를 불러옵니다.

01 표준 도구 모음에서 열기 를 클릭합니다. [단축키 : Ctrl+O]

> **Tip** ››
> 불러올 모델이 이미 SolidWorks상에 열려 있을 경우에는 Ctrl+Tab을 눌러 전환할 수가 있습니다.

02 [열기] 대화상자의 파일 형식에서 'SolidWorks 파일 (*.sldprt; *.sldasm; *.slddrw)'을 선택한 후 나열된 모델링 중 '본체'를 클릭하고 열기를 클릭합니다.

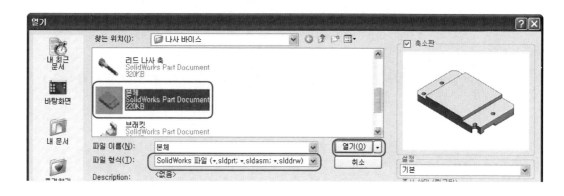

03 본체가 단면 처리된 상태라면 단면된 상태를 잠시 보류시킵니다.

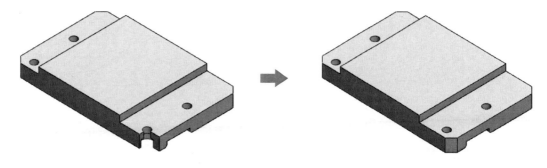

중요 ▶ 절대 단면 처리한 상태에서 중량을 계산하지 않도록 주의를 해야 합니다.

FeatureManager 디자인 트리에서 단면을 잠시 해제하는 2가지 방법

● **롤백 바 사용** : FeatureManager 디자인 트리창 맨 밑에 있는 파란선을 롤백 바라 부르며 여기에 마우스를 갖다놓으면 로 변경이 됩니다. 이 때 마우스를 위쪽으로 드래그(Drag)하여 단면에 사용된 피처를 숨길 수가 있습니다.

● **기능 억제 사용** : 단면에 사용된 피처(컷-돌출2)를 클릭하면 나타나는 상황별 도구 모음 중에 기능 억제 를 선택하여 숨길 수가 있습니다.

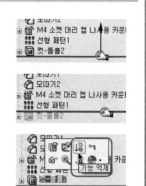

04 도구 도구 모음에서 물성치를 클릭합니다.

05 [물성치] 대화상자가 나타나며 항목 중 〈옵션〉을 클릭합니다.

06 물성치/단면 속성 옵션 아래에서 단위, 재질 속성, 정확도를 그림과 같이 변경합니다.
- 단위 : 사용자 설정 사용, 소수 자릿수 – 1, 질량 – g
- 재질 속성 : 밀도 – 0.0078 g/mm^3
- 정확도 : 바(bar)를 오른쪽 끝으로 옮겨 '고(느린 속도)'를 사용

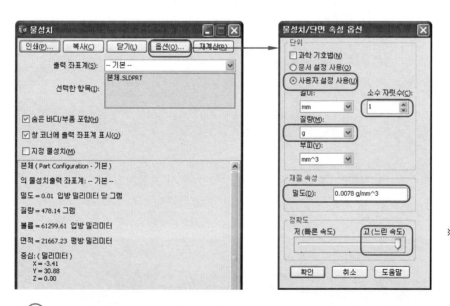

※ 수검 시 비중이 7.8 로 주어졌을 때를 가정 하에 중량을 계산하였습니다.

Tip >>

비중은 수검 시 수검 유인물에 주어지며 만약 비중이 7.8로 주어졌다면 밀도는 7.8g/cm^{3}이지만 '재질 속성' 란 단위가 g/mm^{3}이기 때문에 비중/1000으로 계산해서 0.0078로 입력하여야 합니다.

07 확인을 클릭하여 물성치/단면 속성 옵션창을 닫습니다.

본체 (Part Configuration - 기본)
의 물성치출력 좌표계: -- 기본 --
밀도 = 0.0 입방 밀리미터 당 그램
질량 = 371.4 그램
볼륨 = 47614.3 입방 밀리미터
면적 = 14214.3 평방 밀리미터

08 물성치 대화창에서 질량(중량)을 다음과 같이 확인할 수가 있습니다. 본체의 중량이 371.4g으로 계산되었습니다.

※ 수검 시 유인물에 중량의 단위(㎏ 또는 g)와 소수점 자릿수 몇 자리까지 해야 한다고 표기가 되므로 필히 유인물을 읽어 확인해야 합니다. 여기서는 단위는 g(그램)으로 소수점 자릿수는 1자리까지 해야 한다는 가정 하에 부품란에 기재하겠습니다.

09 윤곽선과 표제란을 스케치한 도면이 SolidWorks에 열려있다면 Ctrl + Tab 을 눌러 열려 있는 도면으로 전환합니다.

10 주석 도구 모음에서 노트**A**를 클릭합니다.

계산된 값을 비고란에 단위(g)와 함께 입력합니다.

품번	품명	재질	수량	비고
2	고 정 조	SCM415	1	
1	본 체	SCM440	1	371.4g

11 다른 부품들(고정 조, 브래킷, 리드 나사 축)도 지금까지 배운 방법으로 중량을 구해 비고란에 입력합니다.

글자 위치는 정확하게 할 필요는 없습니다.

도면에 빠진 부품의 중량은 가이드 포스트(56.6g), 가이드 부시(16.9g), 이동 조(169.0g)입니다.

품번	품명	재질	수량	비고
4	리드 나사 축	SCM415	1	112.9g
3	브 래 킷	SCM415	1	225.6g
2	고 정 조	SCM415	1	224.5g
1	본 체	SCM440	1	371.4g

Tip >>
부품 재질의 내용은 AutoCAD에서 도면화 작업 시 설명하도록 하겠습니다.

12 크로싱 박스로 '비고' 주위를 그림과 같이 드래그하고 선 사이에 맞춤⟨⟩을 클릭합니다.

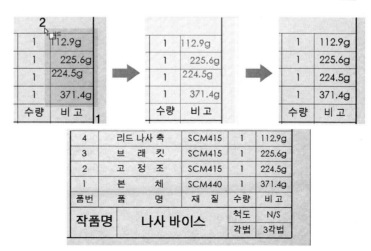

선 사이에 맞춤 ⊷ 아이콘 불러오기

기본 맞춤 도구 모음에는 선 사이에 맞춤 아이콘이 없기 때문에 '사용자 정의'에서 불러와야 사용할 수가 있습니다.
메뉴 바의 '도구-사용자 정의'를 클릭하여 '명령' 탭에서 '카테고리'의 〈정렬〉을 클릭하면 오른쪽에 나열된 아이콘 중에 〈선 사이에 맞춤〉 아이콘을 찾아 맞춤 도구 모음에 드래그(Drag)하여 넣어서 사용합니다.

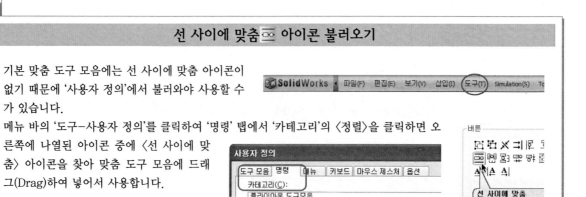

13 시트지에서 마우스 오른쪽 버튼을 눌러 〈시트 편집〉을 클릭하거나 화면 오른쪽 상단에 있는 확인 코너의 아이콘을 클릭하여 시트 편집을 종료합니다.

시트 편집 확인 코너 ◀

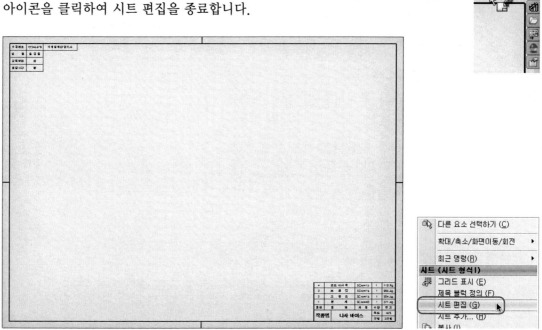

시트(sheet) 작성이 완료되었습니다.

여기까지 완성된 시트(sheet)를 저장합니다.

14 메뉴 모음에서 저장을 클릭하거나 메뉴 바에서 '파일-저장'을 클릭합니다.
[단축키 : Ctrl+S]

15 나사 바이스 폴더 안에 파일 이름을 '등각도'라고 명명하고 저장을 합니다.

② 시트지에 등각 투상도 배치하기

등각 투상도를 시트지에 불러와 배치하는 방법을 배워보겠습니다.

주의할 점은 기계 기사 종목을 뺀 나머지 종목 시험에서 한쪽 단면(1/4단면)을 처리한 모델링한 부품을 등각투상 배치할 경우 단면 부위가 정확히 보이도록 배치해야 한다는 것입니다.

여기서는 간단하게 시트지에서 등각 투상도 방향을 설정하는 방법만을 다루고자 하며, SolidWork 2010 버전 이상부터 사용이 가능한 작업이므로 2010 이하 버전을 사용하는 수검자라면 앞에서 학습한 동력전달장치나 동력변환장치의 등각 투상도 배치하는 방법을 참고해야 합니다.

01 표준 도구 모음에서 열기 를 클릭합니다. [단축키 : Ctrl+O]

02 도면 시트(sheet)인 〈등각도〉를 불러옵니다.

> **Tip** ››
> 불러올 시트가 이미 SolidWorks상에 열려 있을 경우에는 Ctrl+Tab 을 눌러 전환할 수가 있습니다.

이번에는 동력전달장치나 동력변환장치의 등각 투상도 배치 작업 시 사용한 도면 도구 모음의 모델 뷰 가 아닌 다른 방법인 작업창의 뷰 팔레트 를 사용하여 배치하겠습니다.

03 SolidWorks 화면 오른쪽 상단에 있는 작업창의 뷰 팔레트를 클릭합니다.

04 아래 그림과 같이 ⬜⬜⬜⬜⬜ 란을 클릭하여 표시된 파트들 중 '본체'를 선택합니다.

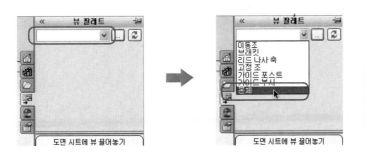

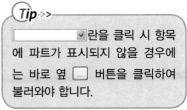

> **Tip** ››
> ⬜⬜⬜⬜⬜ 란을 클릭 시 항목에 파트가 표시되지 않을 경우에는 바로 옆 ⬜ 버튼을 클릭하여 불러와야 합니다.

05 계속적으로 파트를 불러와야 하기 때문에 창이 자동으로 닫히는 것을 방지하기 위해 창 오른쪽 상단에 있는 ▦버튼을 클릭하여 창을 고정 📌 시킵니다.

06 뷰 팔레트 창 밑에 나열된 본체 투상들 중 등각 보기를 드래그(Drag)하여 시트지 상단 왼쪽 적당한 위치에 떨어뜨립니다.

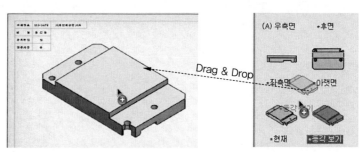

Drag & Drop

07 화면 왼쪽에 나타난 PropertyManager창에서
• 표시 유형에서 ▦(모서리 표시 음영)을 클릭합니다.
• 배율을 사용자정의 배율로 1.5:1로 입력합니다.

08 시트지를 클릭하거나 ✔(확인)을 클릭하여 본체 배치를 종료합니다.

> **Tip >>**
> 투상도 배율은 사용자 정의 배율 사용을 체크하고 〈사용자 지정〉으로 선택하여 시트지 크기에 알맞은 적당한 배율을 입력하면 됩니다.
> 여기서는 '1.5:1'로 지정하도록 하겠습니다.
>
> 등각도에서 부품들의 비율은 1:1이 아니라 A2 용지 크기에 알맞게 적당한 배율을 사용해야 합니다. 단, 주의할 점은 모든 부품들의 비율이 어느 정도 동일하게 설정되어 있어야 합니다.

※ 방금 학습한 방법으로 나머지 파트들도 시트지 안에 배치합니다.

09 시트지에 배치한 본체를 선택하고 키보드의 Ctrl+C (복사하기)를 누른 다음 곧장 Ctrl+V (붙여넣기)를 누릅니다. 그림과 같이 바로 밑에 똑같은 본체 한 개가 복사됩니다.
　복사된 본체의 점선 테두리에 마우스를 갖다놓으면 포인터 모양이 🔀변경이 되며 이때 드래그(Drag)하여 적당히 원본 오른쪽에 배치하여 줍니다.

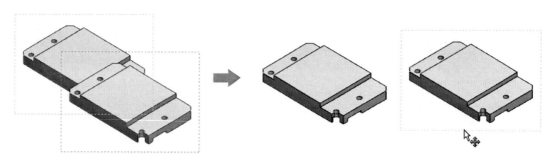

10 SolidWorks 그래픽 영역 상단 중앙에 있는 빠른 보기 도구의 3D 도면뷰🔁를 클릭합니다.

11 오른쪽 복사본을 선택하면 선택된 물체에서만 시트지 안에서도 3차원적으로 회전🔄시킬 수가 있으며, 아래의 그림과 같은 방향으로 회전시켜 주어야 합니다.

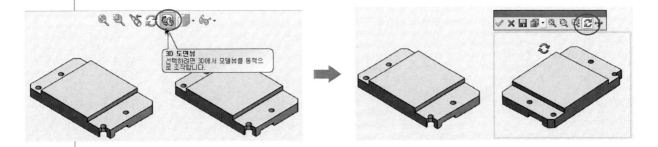

12 ✔️(확인)을 클릭합니다.

※ 방금 학습한 방법으로 나머지 파트들도 회전시켜 주어야 하며 회전 방향은 아래 그림을 참고하기 바랍니다.

Tip >>

● 모든 파트의 배율을 1.5:1로 적용하여 배치하였습니다.

● 나사가 있는 부품들을 배치 시에는 가급적 PropertyManager창의 나사산 표시 항목의 고품질를 체크하길 바랍니다.

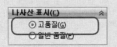

● 등각도의 탭 구멍에 나사산 음영이 표시되어 있지 않을 경우에는 FeatureManager 디자인 트리의 주석에서 마우스 오른쪽 버튼 클릭 시 나오는 〈세부 사항...〉에 들어가 주석 속성창에서 〈음영 나사산〉을 체크해 주면 됩니다.

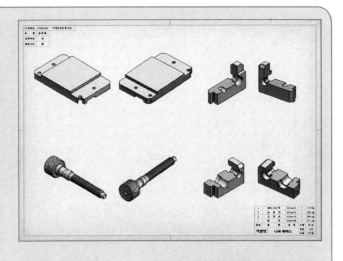

● 파트를 드래그(Drag)하여 시트지에 배치 시 기존의 파트에 의해 자동으로 구속이 되어 자유자재로 수검자가 원하는 위치에 배치를 못할 경우가 발생할 수가 있습니다.

이때는 자유자재로 움직이고 싶은 파트에서 마우스 오른쪽 버튼를 클릭합니다.

오른쪽 그림과 같이 정렬의 〈배열 분리〉를 클릭하면 수검자가 원하는 위치로 자유자재로 파트를 움직일 수가 있습니다.

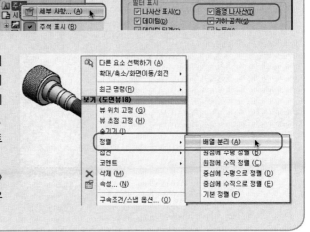

13 동력전달장치나 동력변환장치에서 학습한 내용을 참고하여 각각의 부품마다 품번을 아래 그림과 같이 기재해야 합니다.

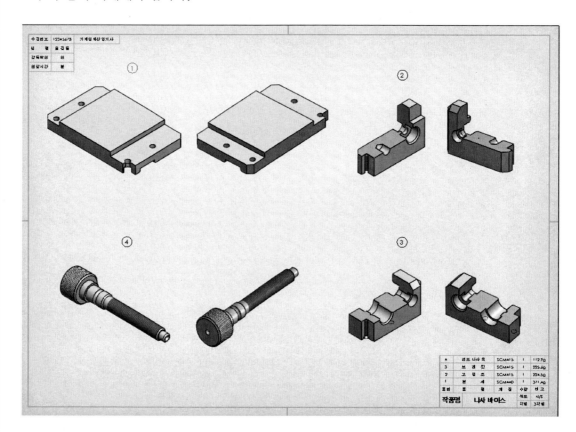

학습 내용을 참고하여 표준 도구 모음에서 옵션▤의 부품 번호 작업환경을 먼저 설정한 후 주석 도구 모음의 부품 번호⑨로 추가합니다.

각 부품들의 품번은 본체 ①, 고정 조 ②, 브래킷 ③, 리드 나사 축 ④입니다.

③ 3차원 등각도 도면 출력하기

SolidWorks에서 그린 3차원 도면을 AutoCAD로 불러와 출력을 하면 렌더링(음영)된 상태 가 아닌 형태로 프린트가 되기 때문에 가급적 3차원 모델링 도면은 SolidWorks에서 출력하는 것을 권장합니다. SolidWorks에서 출력하는 방법을 배워보도록 하겠습니다.

01 표준 도구 모음에서 인쇄🖨를 클릭합니다.

[단축키 : Ctrl+P]

02 인쇄 대화창에서

① 문서 프린터 항목의 〈이름〉에서 자격증 검정 장소에 설치된 프린터 기종을 선택해야 합니다.

② 〈페이지 설정〉을 클릭하여 그림(용지에 맞춤, 고해상도, A3, 흑백, 가로방향)과 같이 설정합니다.

③ 확인을 클릭하여 [페이지 설정] 대화창을 닫습니다.

④ 문서 옵션 항목의 〈선 두께〉를 클릭하여 제대로 시험 규격에 맞게 굵기가 설정되어 있는지 확인합니다.

⑤ 확인을 클릭하여 [문서 속성] 대화창을 닫습니다.

선 두께는 다음과 같이 설정되어 있어야 합니다.

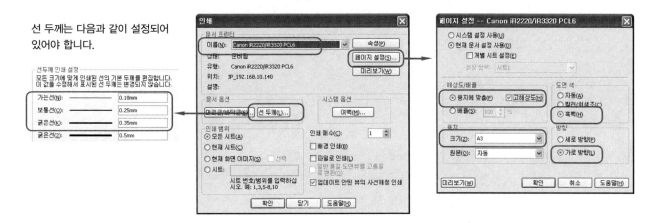

03 〈미리보기〉를 클릭하여 인쇄 전에 출력 상태를 점검합니다.

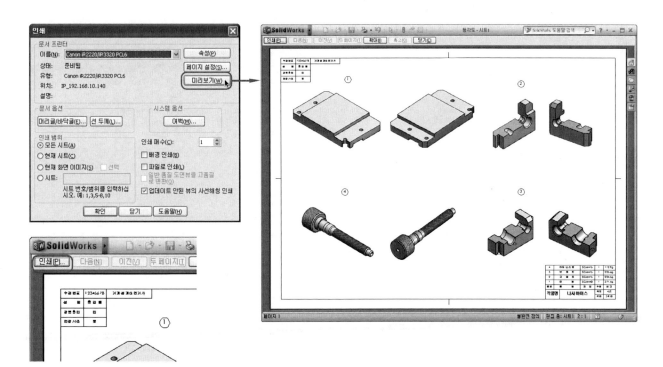

04 출력 상태가 문제가 없다면 미리보기창 왼쪽 상단의 〈인쇄〉를 클릭하고 확인을 눌러 출력을 합니다.

　　자격증 시험 시 인쇄물과 파일도 제출해야 합니다. 단, SolidWorks의 자체 파일로 저장해서 파일을 제출할 경우 다른 소프트웨어와 파일 교환이 되지 않으므로 문제가 됩니다. 그렇다고 해서 AutoCAD 파일인 dwg나 dxf로 저장해서 제출해도 안 됩니다. 왜냐하면 AutoCAD 파일로 저장 시 음영처리(렌더링)가 없어지며 음영이 없는 등각도는 단면부위에 해칭 표시를 해야 하기 때문입니다. 해결 방법은 아크로벳 PDF 파일로 저장하면 모든 문제가 해결됩니다.

PDF 파일로 저장하는 방법을 배워보겠습니다.

05 표준 도구 모음에서 다른 이름으로 저장 💾을 클릭합니다.

06 **다른 이름으로 저장 창에서**
① 저장 위치를 인식된 USB드라이브를 지정해 줍니다.
② 파일이름을 감독원이 지정해 준 이름으로 입력합니다.

> **Tip** >>
> 수검장에서 USB를 나눠주며 파일 이름은 절대 아무 이름을 쓰면 안 됩니다. 꼭 비번호가 들어가며 감독원이 지시하는 방법대로 저장해야만 합니다.

③ 파일 형식을 'Adobe Portable Document Format (*.pdf)'로 선택합니다.
④ 〈옵션〉을 클릭합니다.
⑤ [내보내기 옵션] 창에서 그림과 같이 PDF 파일 저장 조건을 설정합니다.

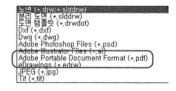

※ 옵션에서 그림과 같이 PDF 저장 조건설정한 후 저장해야 합니다.

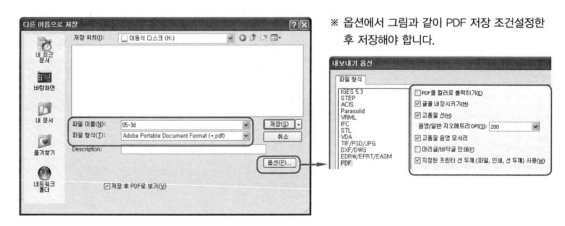

⑥ 〈확인〉을 클릭하여 내보내기 옵션 창을 닫습니다.

⑦ 〈저장〉을 클릭합니다.

Tip ››

저장 전 ☑저장 후 PDF로 보기(V) 를 체크하고 저장하면 저장된 화면 결과를 확인할 수가 있습니다. 단, Adobe Acrobat 소프트웨어가 컴퓨터 상에 설치되어 있어야 합니다.

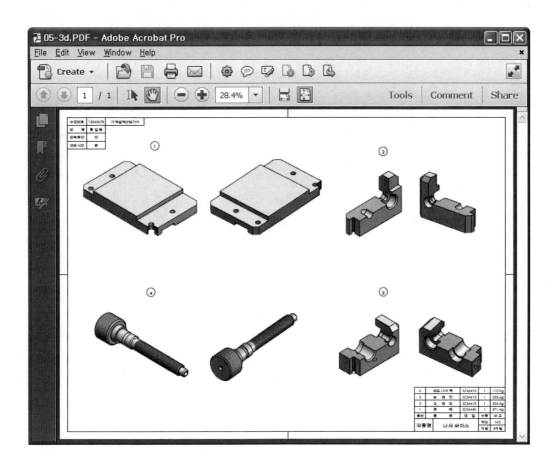

Adobe Acrobat 소프트웨어에서 저장된 결과물의 최종 상태를 확인합니다.

2차원 도면화 작업

　제3각법에 의해 A2 크기 영역 내에 1:1로 제도해야 하며 부품의 기능과 동작을 정확히 이해하여 투상도, 치수, 일반 공차와 끼워맞춤 공차, 표면거칠기 기호, 기하 공차 기호 등 부품 제작에 필요한 모든 사항을 기입하여 A3 용지에 출력해야 합니다.

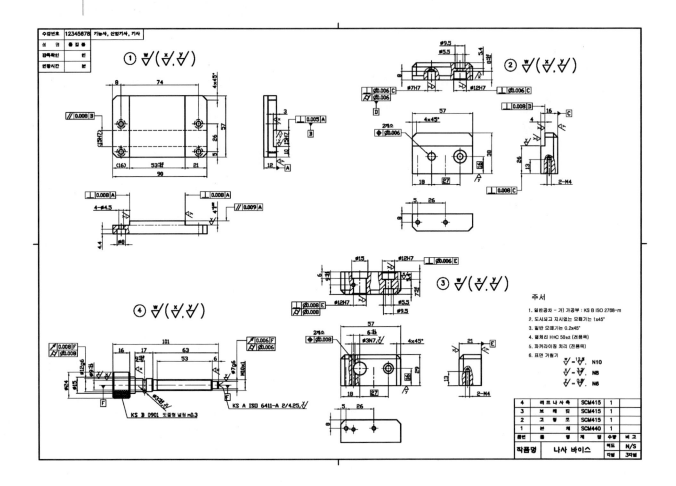

　SolidWorks에서 모델링한 제품을 AutoCAD로 보내 최종적으로 2차원 도면화하는 작업을 배워보겠습니다.

1 SolidWorks에서 AutoCAD로 보내기 위한 준비 단계

SolidWorks에서 작업한 모델링 부품을 AutoCAD로 보내기 위해서는 투상법과 단면도 법을 정확히 이해하여 SolidWorks에서 각각의 부품투상도 배치와 단면을 미리 한 상태에서 AutoCAD로 보내는 것이 좋습니다.

01 표준 도구 모음에서 새 문서□를 클릭합니다.

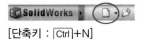

[단축키 : Ctrl+N]

[SolidWorks 새 문서] 대화상자가 나타납니다.

02 도면을 선택한 후 확인을 클릭합니다.

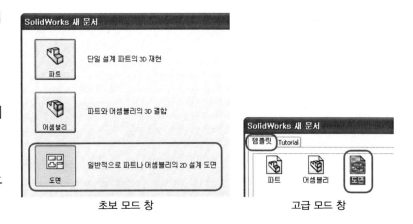

초보 모드 창   고급 모드 창

03 [시트 형식/크기] 대화상자에서 사용자 정의 시트 크기 항목을 체크합니다.

04 시트 크기를 A2 규격의 크기로 입력한 후 확인 버튼을 누릅니다.

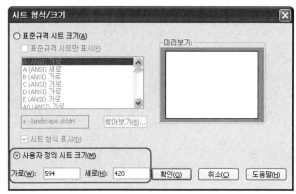

> **Tip** >>
> A2 규격은 가로 594mm에 세로 420mm입니다.

05 PropertyManager창의 시트1이나 그래픽 영역의 작업 시트지에서 마우스 오른쪽 버튼을 눌러 〈속성〉을 클릭합니다.

[시트 속성] 대화상자에서 배율은 '1 : 1'로, 투상법 유형은 '제3각법'을 체크하고 확인을 클릭합니다.

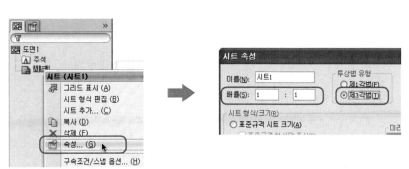

이번에는 동력전달장치나 동력변환장치의 등각 투상도 배치 작업 시 사용한 도면 도구 모음의 모델 뷰 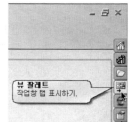가 아닌 다른 방법인 작업창의 뷰 팔레트를 사용하여 불러와 편집하겠습니다.

06 SolidWorks 화면 오른쪽 상단에 있는 작업창의 〈뷰 팔레트〉를 클릭합니다.

07 아래 그림과 같이 ⬛란을 클릭하여 표시된 파트들 중 '본체'를 선택합니다.

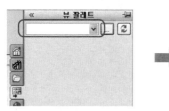

off

> **Tip >>**
> ⬛란을 클릭 시 항목에 파트가 표시되지 않을 경우에는 바로 옆 ⬜ 버튼을 클릭하여 불러와야 합니다.

08 계속적으로 파트를 불러와야 하기 때문에 창이 자동으로 닫히는 것을 방지하기 위해 창 오른쪽 상단에 있는 🔲버튼을 클릭하여 창을 고정 🔲시킵니다.

09 뷰 팔레트 창 밑에 나열된 본체 투상들 중 〈윗면〉을 드래그(Drag)하여 시트지 상단 왼쪽 적당한 위치에 떨어뜨립니다.

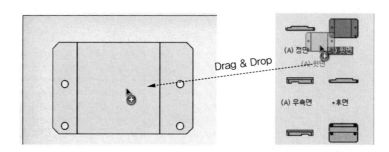

Drag & Drop

10 마우스를 오른쪽으로 끌어 우측면도를 배치하고 다시 아래쪽으로 끌어 저면도를 배치해야 합니다.

> **중요▶** 등각투상도 때문에 한쪽 단면도가 되어 있는 경우라면 해당 부품 파트를 열어 기능 억제 🔲를 한 후 불러와야 합니다.

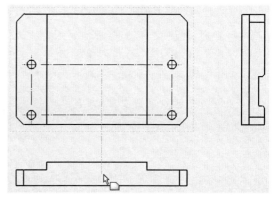

> **Tip >>**
> 음영이 된 상태에서 표시될 경우에는 Property-Manager창의 표시 유형에서 '🔲(은선 제거)'를 클릭합니다.

11 ✔(확인)을 클릭하여 본체 배치를 종료합니다.

※ 2차원 도면은 부품들의 배율이 정확히 1:1이어야 합니다.

현재 배치한 본체의 배율이 틀릴 경우에는 그래픽 영역의 작업 시트지에서 마우스 오른쪽 버튼을 눌러 〈속성〉을 클릭하여 배율 값을 다시 한 번 1:1로 변경해 주어야 합니다.

12 다른 부품(고정 조, 브래킷, 리드 나사 축)들도 위와 같이 실행하여 아래 그림과 같이 시트지 적당한 위치에 배치하여 줍니다.

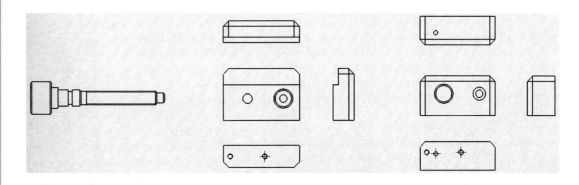

> **Tip** ››
> '리드 나사 축'은 정면을, '고정 조'와 '브래킷'은 우측면을 드래그하여 배치해야 합니다.
> 이 부품들을 어떤 공작기계에서 제작하느냐에 따라 주투상도를 배치해야 하기 때문입니다. 일반적으로 봉 종류는 선반에서, 각형 종류는 밀링이란 공작기계에서 제작합니다.

⭕ 지금부터는 2차원 제도법에 맞게 투상이 표현되도록 편집하는 것을 배워보겠습니다.

13 빠른 보기 도구의 영역 확대🔍로 본체 부분만을 확대합니다.

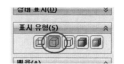

14 본체의 주투상도(윗면)를 클릭하여 나타난 PropertyManager창의 표시 유형에서 '🔲(은선 표시)'를 클릭합니다.

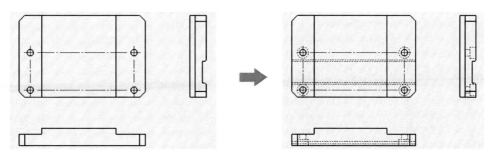

15 도면 도구 모음에서 부분 단면도⬚를 클릭합니다. 마우스 포인터가 ✎모양으로 바뀝니다.

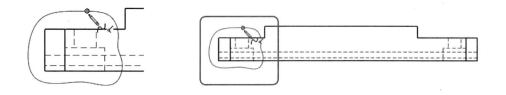

16 아래 그림과 같이 본체 정면 왼쪽에만 자리파기 부분에 폐구간 형태로 스케치합니다.

닫힌 형태⬚로 스케치가 완료됨과 동시에 부분 단면 PropertyManager창이 표시됩니다.

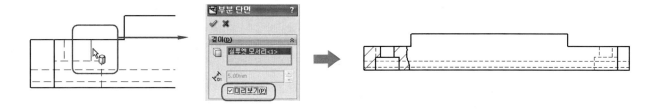

17 그림과 같이 자리파기 구멍 모서리에 마우스를 위치시켜 마우스 포인터가 ⬚모양일 때 클릭하고 PropertyManager창의 〈미리보기〉를 체크합니다.

18 ✔(확인)을 클릭하여 부분 단면 PropertyManager창을 닫습니다.

19 주석 도구 모음에서 중심선⬚을 클릭합니다.

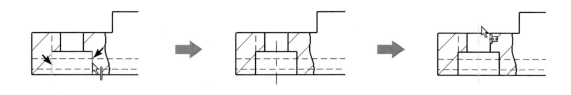

20 자리파기 구멍 모서리를 좌우로 클릭하면 그 중간에 중심선이 생기며 드래그(Drag)하여 길이를 맞추어 줍니다.

21 그림과 같이 나머지 정면과 우측면 자리파기 구멍에도 중심선⊞으로 중심선을 추가합니다. 중심선을 추가하고 나서 정면과 우측면을 개별적으로 선택하여 나타난 PropertyManager 창의 표시 유형에서 '▣(은선 제거)'를 클릭하여 숨은선을 숨겨줍니다.

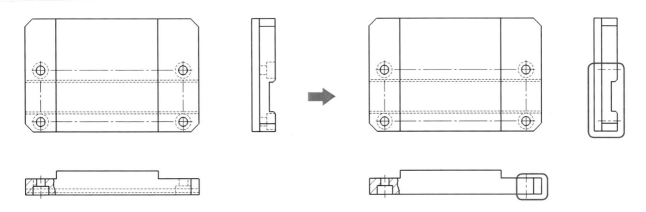

22 아래 그림과 같이 윗면의 바깥쪽 모따기 숨은선을 클릭하여 모서리 숨기기/표시⮐로 숨겨주어야 합니다.

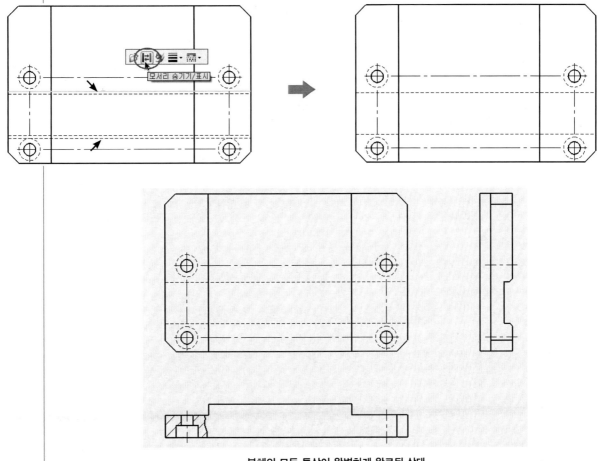

본체의 모든 투상이 완벽하게 완료된 상태

다음으로 고정 조 투상을 2차원 제도법에 맞게 편집하는 것을 배워보겠습니다.

23 고정 조의 주투상도(정면)를 클릭하여 나타난 PropertyManager창의 표시 유형에서 (은선 표시)를 클릭합니다.

고정 조의 4개의 투상도에 숨은선이 일괄적으로 표시가 됩니다.

24 도면 도구 모음에서 부분 단면도 를 클릭합니다. 마우스 포인터가 ✎ 모양으로 바뀝니다.

25 아래 그림과 같이 윗면 왼쪽 구멍에 폐구간 형태로 스케치합니다. 닫힌 형태로 스케치가 완료됨과 동시에 부분 단면 PropertyManager창이 표시됩니다.

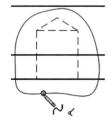
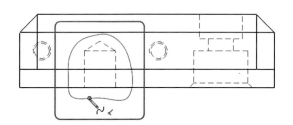

26 그림과 같이 자리파기 구멍 모서리에 마우스를 위치시켜 마우스 포인터가 ▣ 모양일 때 클릭하고 PropertyManager창의 〈미리보기〉를 체크합니다.

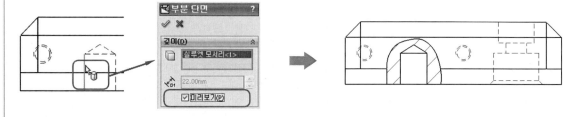

27 ✔(확인)을 클릭하여 부분 단면 PropertyManager창을 닫습니다.

28 다시 도면 도구 모음에서 부분 단면도 를 클릭합니다.

29 같은 방법으로 오른쪽에 있는 자리파기 구멍에도 부분 단면을 아래 그림과 같이 완성합니다.

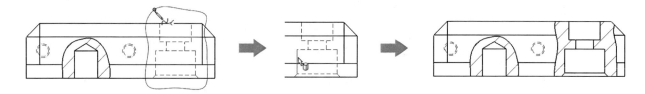

30 다시 도면 도구 모음에서 부분 단면도를 클릭합니다.

31 같은 방법으로 오른쪽 투상도에 있는 탭 구멍에도 부분 단면을 그림과 같이 완성합니다.

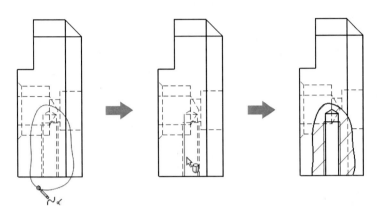

32 탭 구멍과 자리파기 구멍에 중심선으로 중심선을 추가합니다.

주투상도(정면)의 원으로 표시된 구멍에는 주석 도구 모음의 중심 표시로 중심선을 추가해 주어야 합니다.

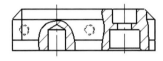

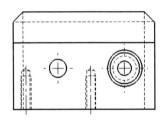

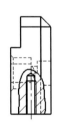

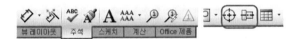

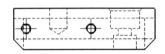

33 주투상도(정면)를 선택하여 나타난 PropertyManager창의 표시 유형에서 (은선 제거)를 클릭하여 숨은선을 숨겨줍니다.

고정 조의 4개의 투상도에 숨은선이 일괄적으로 제거가 됩니다.

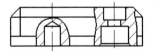

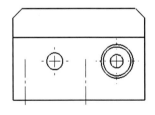

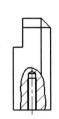

34 아래 그림과 같이 주투상도의 오른쪽 구멍의 모따기선을 클릭하여 모서리 숨기기/표시로 숨겨주어야 합니다.

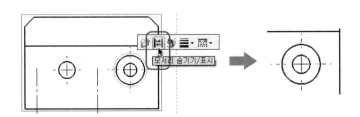

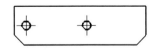

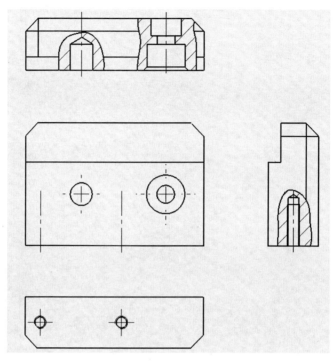

고정 조의 모든 투상이 완벽하게 완료된 상태

다음은 브래킷 투상을 2차원 제도법에 맞게 편집하는 것을 배워보겠습니다.

35 브래킷의 주투상도(정면)을 클릭하여 나타난 PropertyManager창의 표시 유형에서 ▣(은선 표시)를 클릭합니다.

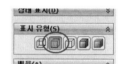

브래킷의 4개의 투상도에 숨은선이 일괄적으로 표시가 됩니다.

36 도면 도구 모음에서 부분 단면도🔲를 클릭합니다.
마우스 포인터가 ✎ 모양으로 바뀝니다.

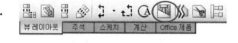

37 아래 그림과 같이 윗면 왼쪽 구멍에 폐구간 형태로 스케치합니다. 닫힌 형태 로 스케치가 완료됨과 동시에 부분 단면 PropertyManager창이 표시됩니다.

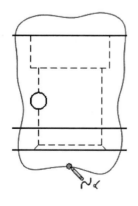
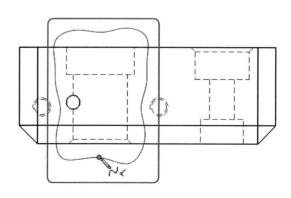

38 그림과 같이 구멍 모서리에 마우스를 위치시켜 마우스 포인터가 모양일 때 클릭하고 PropertyManager창의 미리보기를 체크합니다.

39 ✓(확인)을 클릭하여 부분 단면 PropertyManager창을 닫습니다.

40 다시 도면 도구 모음에서 부분 단면도를 클릭합니다.

41 같은 방법으로 오른쪽에 있는 자리파기 구멍에도 부분 단면을 아래 그림과 같이 완성합니다.

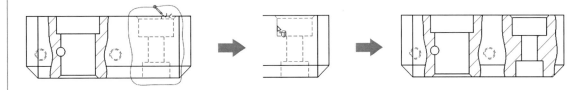

42 다시 도면 도구 모음에서 부분 단면도를 클릭합니다.

43 같은 방법으로 주투상도의 핀 구멍에도 부분 단면을 아래 그림과 같이 완성합니다.

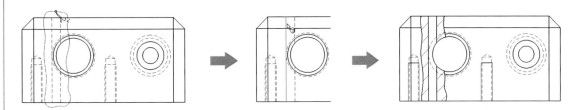

44 다시 도면 도구 모음에서 부분 단면도를 클릭합니다.

45 같은 방법으로 오른쪽 투상도에 있는 탭 구멍에도 부분 단면을 그림과 같이 완성합니다.

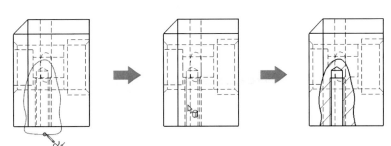

46 탭 구멍과 자리파기 구멍에 중심선⊞으로 중심선을 추가합니다.

원으로 표시된 구멍에는 주석 도구 모음의 중심 표시⊕로 중심선을 추가해 주어야 합니다.

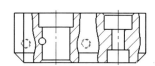

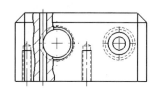

47 주투상도(정면)를 선택하여 나타난 PropertyManager창의 표시 유형에서 ▣(은선 제거)를 클릭하여 숨은선을 숨겨줍니다.

브래킷의 4개의 투상도에 숨은선이 일괄적으로 제거가 됩니다.

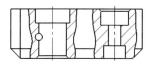

48 아래 그림과 같이 주투상도의 왼쪽 구멍의 모따기선을 클릭하여 모서리 숨기기/표시뢰로 숨겨주어야 합니다.

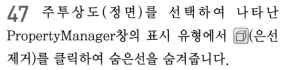

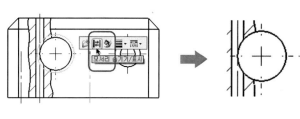

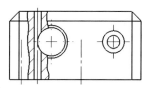

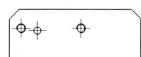

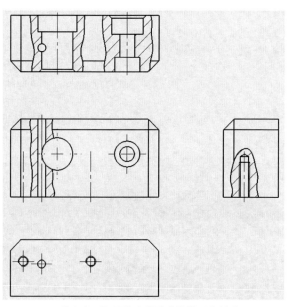

브래킷의 모든 투상이 완벽하게 완료된 상태

※ 리드 나사 축은 중심선⊞으로 그림과 같이 축의 중심만 추가하면 더 이상 편집할 부분이 없습니다.

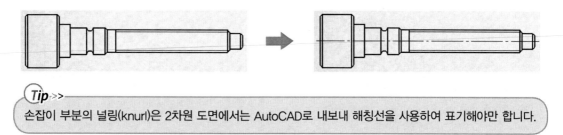

Tip >>
손잡이 부분의 널링(knurl)은 2차원 도면에서는 AutoCAD로 내보내 해칭선을 사용하여 표기해야만 합니다.

다음은 별도로 나머지 부품인 가이드 포스트와 가이드 부시, 그리고 이동 조를 2차원 제도법에 맞게 편집하는 것을 배워보겠습니다.

49 가이드 포스트의 정면을 불러오고 PropertyManager창의 표시 유형에서 ▣(은선 표시)를 클릭합니다.

50 도면 도구 모음에서 부분 단면도📷를 클릭합니다.

51 탭 구멍에 부분 단면을 그림과 같이 완성합니다.

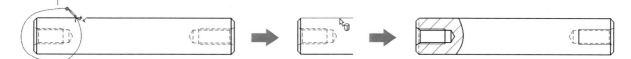

52 같은 방법으로 오른쪽 탭 구멍에도 부분 단면을 그림과 같이 완성합니다.

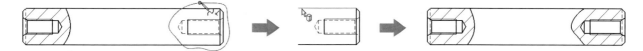

53 투상도를 선택하여 나타난 PropertyManager창의 표시 유형에서 ▣(은선 제거)를 클릭하여 숨은선을 숨겨줍니다.

54 가이드 포스트 축에 중심선⊞으로 중심선을 추가합니다.

Tip >>
축 모양의 부품은 중심선⊞ 클릭 후 마우스 커서를 중심선이 생성될 위치에 갖다놓고 커서 모양▨일 때 클릭하면 중심선이 한 번에 생성이 됩니다.

55 이번에는 '가이드 부시'의 우측면을 불러옵니다.

56 도면 도구 모음에서 단면도 ↕를 클릭합니다.

57 그림과 같이 정확히 절반으로 수직 절단선을 그린 다음 마우스를 오른쪽으로 옮겨 적당한 위치에 정면도가 될 단면도를 배치합니다.

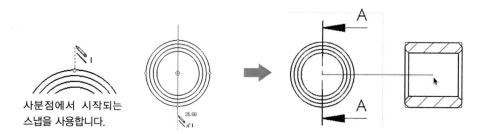

사분점에서 시작되는
스냅을 사용합니다.

58 가이드 부시에 중심선━━으로 중심
선을 추가합니다.

※ 가이드 부시 2차원 도면 작업 시 필요없는 측면
부위는 AutoCAD로 보내서 삭제를 해야 합니다.

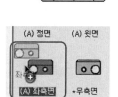

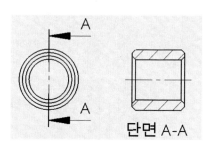

단면 A-A

59 마지막 투상으로 '이동 조'의
좌측면을 불러와 대략적인 위치에
배치하고 마우스를 위쪽으로 끌어
평면도를 배치하고 다시 오른쪽으로
끌어 우측면도를 배치해야 합니다.

60 이동 조의 평면을 클릭하여 나타난 PropertyManager
창의 표시 유형에서 ▣(은선 표시)를 클릭합니다.

61 도면 도구 모음에서 부분 단면도▨를 클릭합니다.

62 왼쪽 구멍에 부분 단면을 그림과 같이 완성합니다.

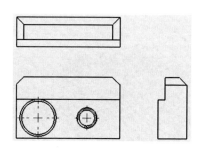

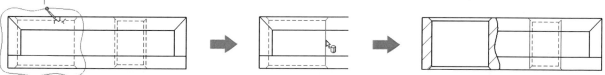

63 같은 방법으로 오른쪽 탭 구멍에도 부분 단면을 그림과 같이 완성합니다.

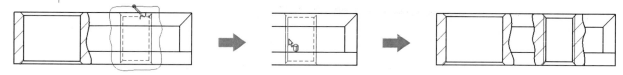

64 부분 단면한 2개의 구멍에 중심선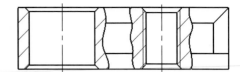으로 중심
선을 추가합니다.

Tip >>
구멍의 양쪽 모서리를 클릭하여야 중심선이 생성됩니다.

65 아래 그림과 같이 주투상도의 왼쪽 구멍과 오른쪽 탭 구멍의 모따기선을 클릭하여 모서리
숨기기/표시로 숨겨주어야 합니다.

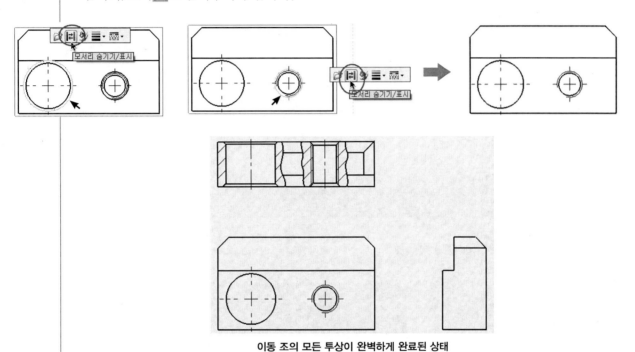

이동 조의 모든 투상이 완벽하게 완료된 상태

다음 장에서는 모든 투상이 SolidWorks에서 완료가 되었기 때문에 3차원 등각 투상도
에서 작업한 윤곽선과 표제란 등을 현재 2차원 도면에 삽입하는 방법과 AutoCAD로 내
보내기 위해 저장하는 방법을 배워보겠습니다.

01 SolidWorks에서 작업한 3차원 등각도 파일을 불러옵니다.

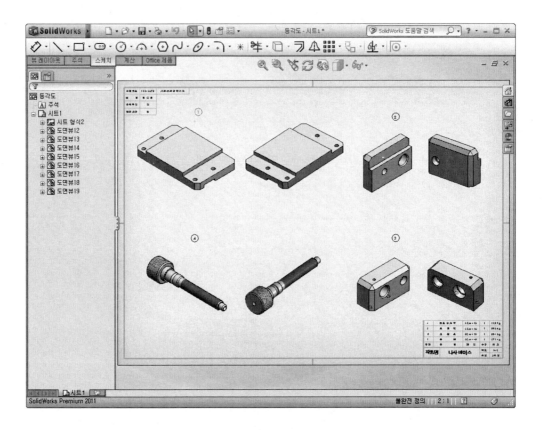

02 메뉴 바에서 파일의 〈시트 형식 저장〉을 클릭합니다.

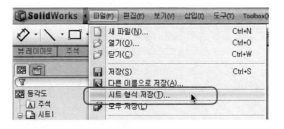

03 [시트 형식 저장] 대화상자에서 파일 이름만 〈테두리〉라고 입력하고 저장을 클릭합니다.

※ 파일 이름은 아무 이름이나 입력해도 되지만 가급적 현재 저장 위치인 sheetformat 폴더를 변경하지 않는 것이 좋습니다.

04 2차원 도면이 작업된 시트지로 이동합니다.

이미 시트지가 열려 있을 경우에는 Ctrl + Tab 으로 이동할 수가 있으며 열려 있지 않을 경우에는 표준 도구 모음에서 열기 [단축키 : Ctrl + O]를 클릭하여 시트지를 불러와야 합니다.

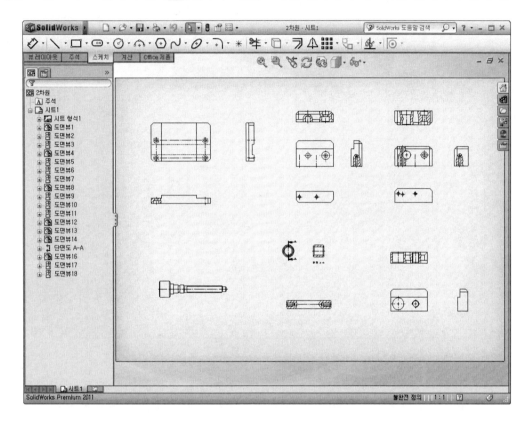

05 PropertyManager창의 〈시트1〉이나 그래픽 영역의 작업 시트지에서 마우스 오른쪽 버튼을 눌러 〈속성〉을 클릭합니다.

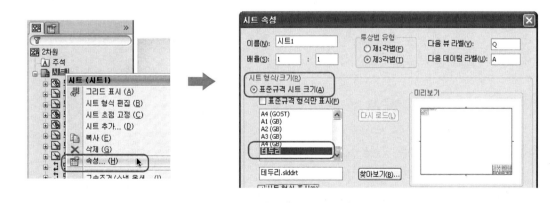

[시트 속성] 대화상자에서 시트 형식/크기 항목의 표준규격 시트 크기의 오른쪽 스크롤 바를 내려 마지막에 있는 〈테두리〉를 선택하고 확인을 클릭합니다.

06 그림과 같이 수검란과 표제란 등이 2차원 도면에 삽입되는 것을 확인할 수가 있습니다.

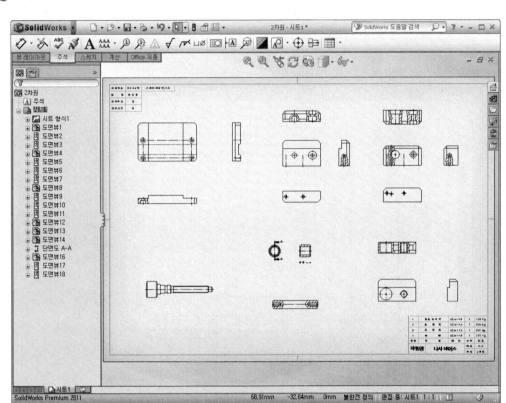

    단, SolidWorks에서 작업한 도면을 AutoCAD로 불러오면 모든 선들의 색상이 흰색으로 들어오기 때문에 선 굵기를 다시 AutoCAD에서 재지정해 주어야 합니다. AutoCAD에서는 선 굵기를 일반적으로 색상으로 지정하며 방법은 뒤에서 설명하도록 하겠습니다.

다음은 AutoCAD로 내보내기 위해 저장하는 방법을 배워보겠습니다.

07 표준 도구 모음에서 다른 이름으로 저장 █을 클릭합니다.

08 다른 이름으로 저장 창에서
① 저장 위치를 '나사바이스' 폴더로 지정해 줍니다.
② 파일이름을 '2d투상도'라고 입력합니다.
③ 파일 형식을 〈Dxf〉로 선택합니다.
④ 〈옵션〉을 클릭합니다.
⑤ 내보내기 옵션 창에서 그림과 같이 DXF/DWG 파일 저장 조건을 설정합니다.

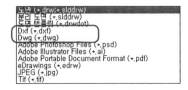

⑥ 확인을 클릭하여 '내보내기 옵션' 창을 닫습니다.
⑦ 〈저장〉을 클릭합니다.

※ 옵션에서 그림과 같이 DXF/DWG 파일 저장 조건으로 설정되어 있는지 확인하고 저장합니다.

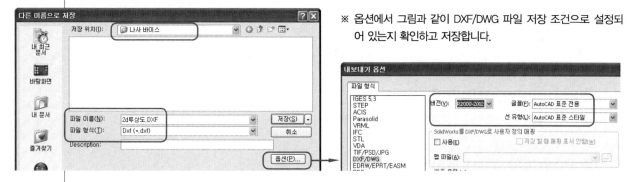

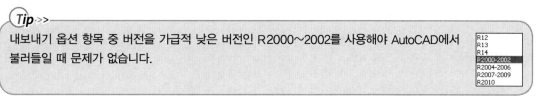

※ 최대한 SolidWorks에서 투상과 단면 작업을 한 다음 KS 제도법에 맞게 AutoCAD에서 필요없는 형상은 지우고 필요한 형상은 수정하거나 추가하여 완성해야 작업이 수월해집니다.

② AutoCAD에서 투상도의 수정 및 편집

SolidWorks에서 도면화 작업 시 KS 제도법에 맞지 않는 불필요한 형상이 존재하는데 이것을 AutoCAD로 불러와 수정해서 2차원 도면을 완성해야 합니다.

01 AutoCAD를 실행합니다.

02 Command 명령어 입력줄에 〈OPEN〉을 입력합니다.
     [단축키 : Ctrl+O]

[Select File] 대화상자가 나타납니다.

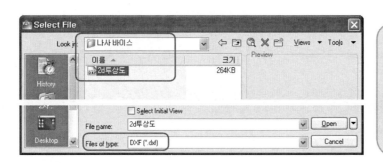

Tip>>
SolidWorks에서 파일 형식을 DXF로 저장했기 때문에 대화상자에 보이질 않습니다. 대화상자 아래쪽에 있는 Files of type:을 DXF(*.dxf)로 변경해주어야 저장된 파일이 나타납니다.

03 Look in: 항목에서 '나사 바이스' 폴더가 아닌 경우에는 있는 위치로 찾아가야 합니다.

04 SolidWorks에서 저장한 '2d투상도.dxf'를 불러옵니다.

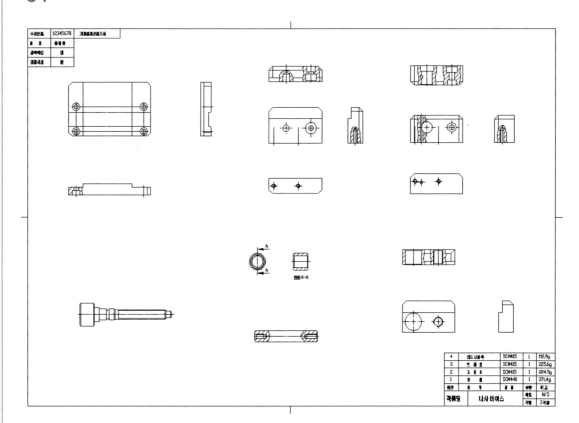

Tip>>
SolidWorks에서 3차원 도면화 작업 시 작업한 윤곽선과 표제란를 2차원 도면과 함께 작업하여 AutoCAD로 불러오는 것이 수검 시간을 줄일 수 있는 방법입니다.

05 불러온 도면에서 '가이드 부시'의 필요없는 좌측면도와 문자를 지워줍니다.

필요없는 도형을 윈도 박스(Window Box)로 선택하고 키보드의 Del키를 누르거나 ERASE [단축키 : E]를 입력하고 Enter를 하여 지웁니다.

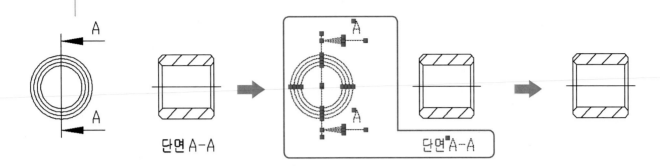

단면 A-A   단면 A-A

나머지 부품들의 투상은 SolidWorks에서 완벽하게 끝냈으므로 그대로 사용하면 됩니다.

　타 소프트웨어(SolidWorks)에서 불러온 도면은 모든 도형 요소의 색상이 기본 값인 흰색이
됩니다.

　AutoCAD에서는 도형의 색상을 사용하여 출력할 때 선의 굵기를 정하기 때문에 색상을 정
확히 변경해 주어야 합니다. 이때 레이어(Layer)를 사용하는 것이 좋으며 앞에서 학습한 동력
전달장치나 동력변환장치를 참조하여 3개(외형선-초록색, 숨은선-노란색, 중심선-빨간색)의
레이어를 만들고나서 다음 장을 진행하기 바랍니다.

다음으로 SolidWorks에서 불러온 부품들을 각각의 레이어로 분류하는 작업을 하겠습니다.

06 Command 명령어 입력줄에 〈FILTER〉를 입력합니다. [단축키 : FI]

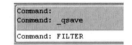

07 필터 대화상자에서 'Add Selected Object〈'를 클릭하고 도면에서 외형선 한 개를 선택하
여 줍니다.

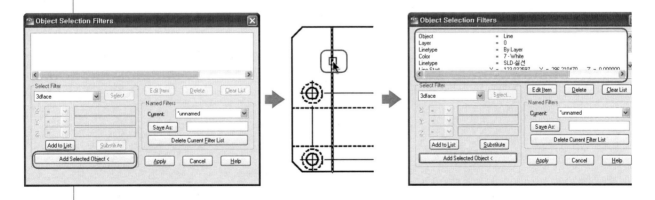

Tip ≫

　필터(Filter) 명령을 사용하여 선택하고 싶은 도형 요소들을 한꺼번에 손쉽게 선택할 수가 있습니다. 'Add
Selected Object〈'로 특정 도형 요소를 선택하면 선택된 도형의 모든 정보들이 해당 창 LIST 안에 나열
됩니다.

08 LIST 안에 나열된 정보 중에 필요한 정보만을 오른쪽과 같이 남기고 나머지는 지워버립니다. LIST 안에서 필요 없는 정보를 선택하고 해당 창의 Delete 버튼을 클릭하여 지웁니다.

Tip >>
● LIST 안에 다른 값들이 들어 있으면 원하는 도형만을 선택할 수가 없습니다.
● 만약 잘못 지웠다면 해당 창 〈Clear List〉 버튼을 클릭하여 모두 지우고 다시 'Add Selected Object〈'로 도형을 선택하고 필요 없는 정보를 지우면 됩니다.

09 〈Apply〉를 클릭하여 필터 대화상자를 닫습니다. ALL입력하고 Enter, Enter를 합니다.

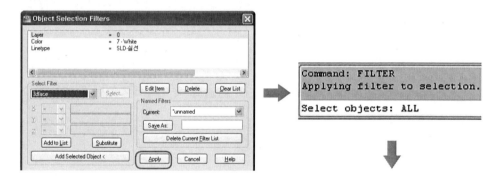

결과는 LIST 안의 내용과 일치한 도형들이 모두 선택되고 숨은선과 중심선만 선택에서 제외가 됩니다. 단, 원에 있는 중심선은 AutoCAD에서는 실선으로 인식하므로 나중에 개별적으로 변경해 주어야 합니다.

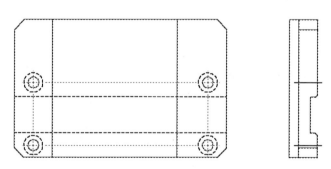

10 AutoCAD 화면 위쪽에 있는 Layer 툴 바에서 외형선을 선택합니다.
레이어에 설정된 조건을 사용하기 위해선 Properties 툴 바의 조건 3가지가 모두 ByLayer로 되어 있어야만 합니다.

레이어를 〈외형선〉으로 선택하고 나서 꼭 해당 툴 바 오른쪽의 조건 3가지도 모두 ByLayer로 변경해 주어야 합니다.

필터(Filter) 명령으로 선택된 모든 도형들이 레이어 도면층인 외형선의 속성으로 모두 변경된 것을 화면상에서 확인할 수가 있습니다.

Tip >>
필터(Filter) 명령을 사용하더라도 정확히 원하는 도형만을 선택하는 것은 쉽지가 않기 때문에 해칭선 등 변경이 안되는 도형들은 따로 개별적으로 변경해 주어야만 합니다.

이번에는 필터(Filter) 명령으로 화면상에서 중심선을 모두 선택하여 레이어 도면층인 '중심선'으로 변경하도록 하겠습니다.

11 Command 명령어 입력줄에 〈FILTER〉를 입력합니다. [단축키 : FI]

12 필터 대화상자에서 〈Clear List〉버튼을 눌러 기존의 내용을 모두 지워 버린 후 'Add Selected Object〈'를 클릭하고 도면에서 중심선 한 개를 선택합니다.

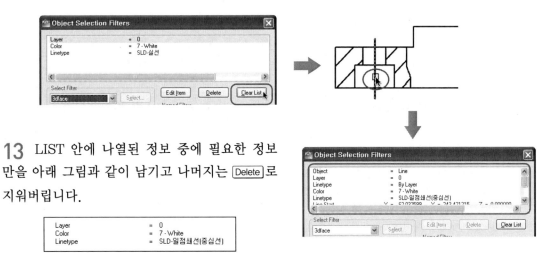

13 LIST 안에 나열된 정보 중에 필요한 정보만을 아래 그림과 같이 남기고 나머지는 Delete로 지워버립니다.

Layer	= 0
Color	= 7 - White
Linetype	= SLD-일점쇄선(중심선)

14 〈Apply〉를 클릭하여 필터 대화상자를 닫습니다. ALL입력하고 Enter, Enter를 합니다.

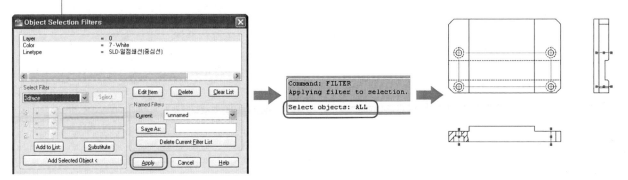

　　결과는 LIST 안의 내용과 일치한 도형들이 모두 선택되고 외형선과 숨은선만 선택에서 제외가 됩니다. 단, 원에 있는 중심선은 AutoCAD에서는 실선으로 인식하므로 나중에 개별적으로 변경해 주어야 합니다.

15 AutoCAD 화면 위쪽에 있는 Layer 툴 바에서 〈중심선〉을 선택합니다.

　　레이어를 〈중심선〉으로 선택하고 나서 꼭 해당 툴 바 오른쪽의 조건 3가지도 모두 〈ByLayer〉로 변경해 주어야 합니다.
　　필터(Filter) 명령으로 선택된 모든 도형들이 레이어 도면층인 중심선의 속성으로 모두 변경된 것을 화면상에서 확인할 수가 있습니다.

마지막으로 필터(Filter) 명령으로 화면상에서 숨은선을 모두 선택하여 레이어 도면층인 '숨은선'으로 변경하도록 하겠습니다.

16 Command 명령어 입력줄에 〈FILTER〉를 입력합니다. [단축키 : FI]

17 필터 대화상자에서 〈Clear List〉 버튼을 눌러 기존에 내용을 모두
지워 버린 후 'Add SelectedObject〈'를 클릭하고 도면에서 숨은선 한 개를 선택합니다.

18 LIST 안에 나열된 정보 중에 필요한 정보만을 아래 그림과 같이 남기고 나머지는 Delete 로 지워버립니다.

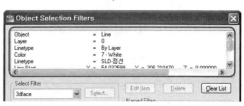

19 〈Apply〉를 클릭하여 필터 대화상자를 닫습니다. ALL입력하고 [Enter], [Enter]를 합니다.

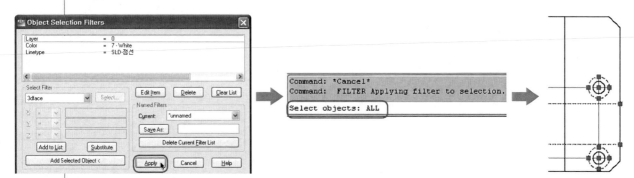

결과는 LIST 안의 내용과 일치한 도형들이 모두 선택되고 외형선과 중심선만 선택에서 제외가 됩니다.

20 AutoCAD 화면 위쪽에 있는 Layer 툴 바에서 〈숨은선〉을 선택합니다.

레이어를 〈숨은선〉으로 선택하고 나서 꼭 해당 툴 바 오른쪽의 조건 3가지도 모두 〈ByLayer〉로 변경해 주어야 합니다.

필터(Filter) 명령으로 선택된 모든 도형들이 레이어 도면층인 숨은선의 속성으로 모두 변경된 것을 화면상에서 확인할 수가 있습니다.

다음은 필터(Filter) 명령으로 변경이 안된 도형들을 개별적으로 수정하는 방법을 배워 보겠습니다.

본체(Body)를 먼저 수정하겠습니다.

21 정면도에서 자리파기 구멍의 변경이 안된 중심선을 지워버리고 Layer 툴 바에서 〈중심선〉으로 변경한 후 LINE[단축키 : L] 명령으로 개별적으로 중심선을 그려줍니다.

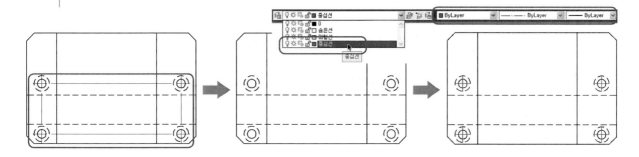

Tip >>
- 레이어를 〈중심선〉으로 선택하고 나서 꼭 해당 툴 바 오른쪽의 조건 3가지도 모두 〈ByLayer〉로 변경해 주어야 합니다.
- Osnap의 QUAdrant(사분점)를 사용하여 직선을 그려주어야 합니다.

22 Command 명령어 입력줄에 〈LENGTHEN〉를 입력합니다. [단축키 : LEN]

23 'DE'입력하고 Enter, 연장할 길이 값 '2'를 입력하고 Enter를 하고나서 연장할 중심선 양쪽 끝 부분을 한 번씩만 클릭해 줍니다.

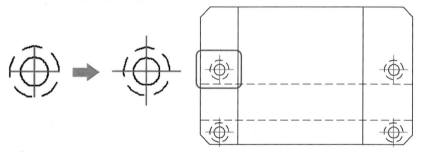

```
Command: LENGTHEN
Select an object or [DElta/Percent/Total/DYnamic]: DE
Enter delta length or [Angle] <2.00>: 2
Select an object to change or [Undo]:
```

24 중심선의 선 유형 비율이 맞질 않아 실선으로 보이는 중심선은 비율을 개별적으로 조절해 주어야 합니다.

비율을 조절하고자 하는 중심선을 선택하고 Ctrl+1을 누르거나 Command 명령어 입력줄에 PROPERTIES [단축키 : PR]를 입력합니다.

25 왼쪽에 나타난 PROPERTIES 대화상자에서 Linetype scale란의 1를 0.3으로 변경하고 Enter를 하고 마우스 커서를 도형으로 이동한 후 Esc키를 눌러 선택된 선들을 해제시킵니다.

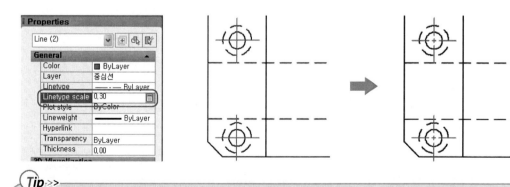

Tip >>
그림과 같이 중심선에 일점쇄선이 나타난 것을 확인할 수가 있습니다.

※ 실선으로 보이는 나머지 중심선들도 일점쇄선이 보이도록 변경해줍니다. 이때는 MATCHPROP[단축키 : MA] 명령을 사용하는 것이 편합니다.

26 저면도의 부분단면도 파단선과 해칭선을 모두 가는선(빨간색)으로 변경해야 합니다.

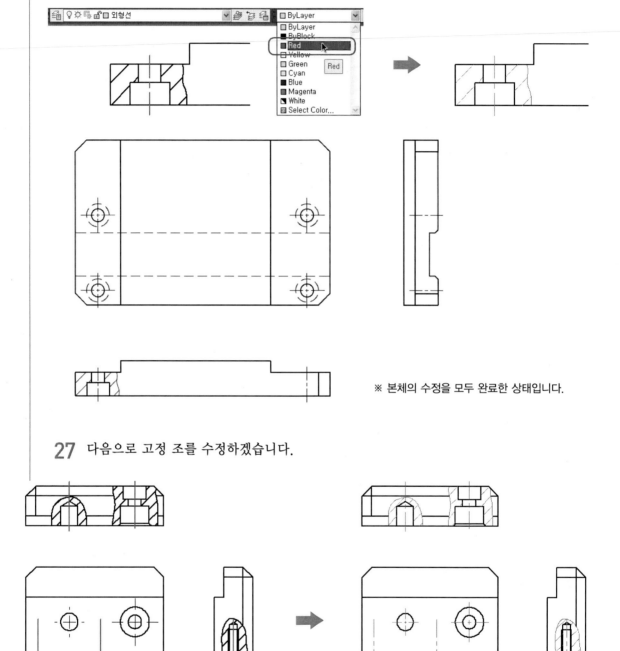

※ 본체의 수정을 모두 완료한 상태입니다.

27 다음으로 고정 조를 수정하겠습니다.

① FILTER 명령으로 변경이 안 된 중심선을 MATCHPROP [단축키 : MA]나 PROPERTIES [단축키 : PR] 명령으로 변경해 줍니다.

② 부분단면도의 파단선과 해칭선을 빨간색(가는색)으로 변경해야 하며 1개만 변경한 후 MATCHPROP [단축키 : MA]로 변경할 수도 있습니다.

③ 탭 구멍의 골지름 색상을 빨간색(가는선)으로 MATCHPROP [단축키 : MA]로 변경해 줍니다.

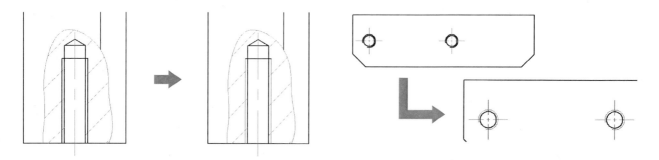

④ 측면도에 있는 탭(TAP)을 그림과 같이 불완전 나사부를 추가시켜 주어야 하며 이때 선의 굵기는 가는선(빨간색)입니다.

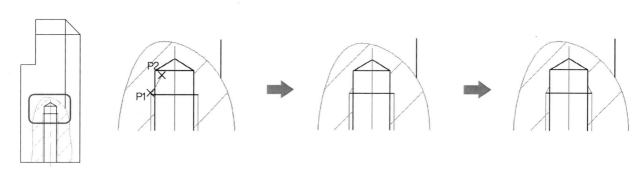

Command 명령어 입력줄에 〈LINE〉를 입력합니다. [단축키 : L]

그림과 같이 P1을 클릭한 후 '〈60'입력하고 Enter를 하고 마우스를 움직이면 60°방향으로만 움직이며 이때 적당한 위치(P2)에 클릭합니다. Enter를 하여 LINE 명령을 종료합니다.

TRIM[단축키 : TR]으로 필요없는 부분을 자르고 반대편으로 MIRROR[단축키 : MI]하여 완성합니다. 또한 완전나사부와 불완전 나사부의 직선을 선택하여 빨간색으로 변경해야 합니다.

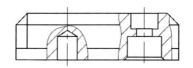

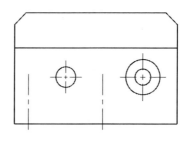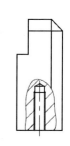

※ 고정 조의 수정을 모두 완료한 상태입니다.

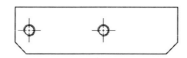

28 다음으로 브래킷을 수정하겠습니다.

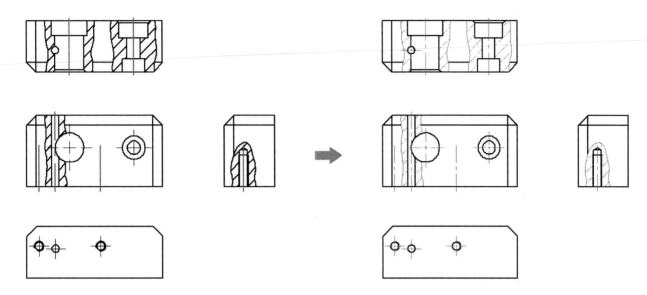

① FILTER 명령으로 변경이 안 된 중심선을 MATCHPROP[단축키 : MA]나 PROPERTIES [단축키 : PR] 명령으로 변경해 줍니다.

② 부분단면도의 파단선과 해칭선을 빨간색(가는색)으로 변경해야 하며 1개만 변경한 후 MATCHPROP [단축키 : MA]로 변경할 수도 있습니다.

③ 탭 구멍의 골지름 색상을 빨간색(가는선)으로 MATCHPROP[단축키 : MA]로 변경해 줍니다.

④ 측면도에 있는 탭(TAP) 구멍에 불완전 나사부를 고정 조에서 학습한 내용을 참조하여 추가시켜 주어야 합니다.

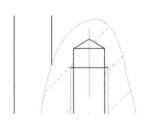

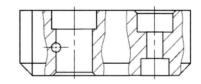

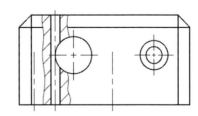

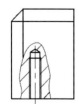

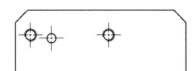

※ 브래킷의 수정을 모두 완료한 상태입니다.

29 다음으로 리드 나사 축을 수정하겠습니다.

① 수나사에 불완전 나사부를 고정 조에서 학습한 내용을 참조하여 추가시켜 주고 나사부(완전 나사와 불완전 나사)를 모두 가는선(빨간색)으로 변경해 주어야 합니다.

② 손잡이 아래쪽 부분에 일부분만 널링 표시를 해주어야 합니다.

2차원 도면상에 널링(knurl)을 표시하는 방법

① Command 명령어 입력줄에 〈LINE〉을 입력합니다. [단축키 : L]
오른쪽 그림과 같이 손잡이가 3/4 정도되는 부분에 수평선을 그립니다.

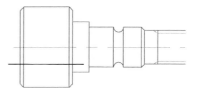

② Command 명령어 입력줄에 〈BHATCH〉를 입력합니다.
[단축키 : H, BH]

Type	: User defined
Color	: Red
Angle	: 30
Spacing	: 1

왼쪽 표와 같이 해칭 조건을 설정 후 〈⊞ Add: Pick points〉를 클릭하고 그림과 같이 안쪽(P1)을 선택하여 해칭을 합니다.

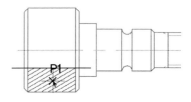

③ Enter를 하여 다시 〈BHATCH〉를 실행시킵니다.

Type	: User defined
Color	: Red
Angle	: −30
Spacing	: 1

왼쪽 표와 같이 해칭 조건을 설정 후 〈⊞ Add: Pick points〉를 클릭하고 다시 한 번 똑같은 위치(P1)를 선택하여 해칭을 합니다.

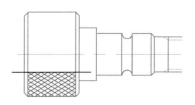

④ ERASE 나 Del 키로 해칭을 하기 위해 그렸던 직선을 지워 마무리를 합니다.

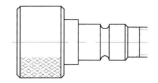

※ 널링은 30°각도로 가는선(빨간색)으로 손잡이 일부분만 표기해야 합니다.

※ 리드 나사 축의 수정을 모두 완료한 상태입니다.

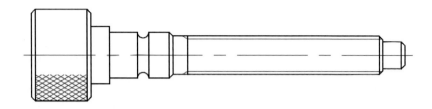

30 나머지 부품들도 앞에 학습한 내용을 참조하여 아래 그림과 같이 수정합니다.

[가이드 포스트]

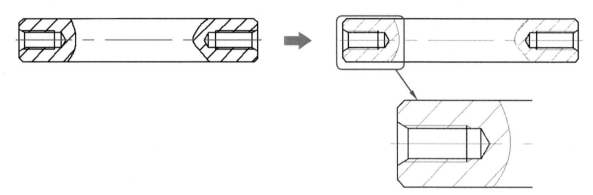

[가이드 부시]

[이동 조]

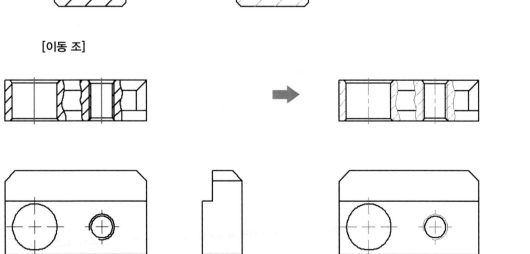

AutoCAD에서 모든 부품들의 투상도 편집이 완성되었습니다.

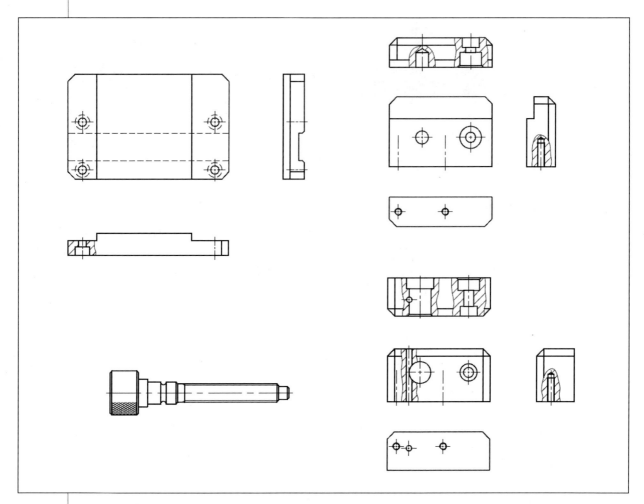

※ 수검 시 일반적으로 4개의 부품만 투상하기 때문에 가이드 포스트와 가이드 부시, 이동 조는 제외시켰습니다.

③ 완성된 투상도에 치수 기입하기

치수 기입을 하면서 부품간의 결합되는 부위에 KS 규격에 알맞는 끼워맞춤 공차와 일반 공차를 기입해야 하며 KS 규격에 없는 공차는 자격증 시험 시 일반적으로 적용되는 범위의 공차를 기입해야 합니다.

치수 기입 전에 치수 환경이 먼저 설정되어 있어야 합니다. 앞에서 학습한 동력전달장치에서 설정한 치수 환경을 참조하여 DIMSTYLE [단축키 : D 또는 DDIM]를 설정합니다.

01 치수 기입에서 부품간의 결합 시 가장 중요한 치수를 먼저 기입하겠습니다. 본체와 연관된 부품인 고정 조와 브래킷 간에 연관된 치수는 다음과 같습니다.

[본체]

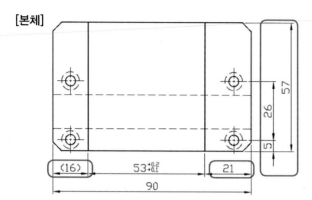

- DIMLINEAR [단축키 : DLI] : 수평 및 수직 치수 기입만 가능합니다.
- DDEDIT [단축키 : ED] : 치수 문자 등 모든 문자를 편집합니다.

(Tip)>>
가급적 치수 기입은 레이어 0층을 활성화하여 기입하는 것이 좋습니다.

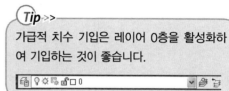

해설 그림과 같이 모든 치수를 스케일로 실척하여 기입해야 하며 본체 왼쪽에 결합되는 고정 조와 실척한 치수가 서로 정확히 일치해야 합니다. 또한 본체 오른쪽에 결합되는 브래킷도 본체에 기입된 치수와 일치하게 적용해야만 합니다.

치수 53은 고정 조와 브래킷 사이에 결합되는 부품인 가이드 포스트와 리드 나사 축과 연관된 치수로 나사 바이스를 작동시킬 때 중요한 거리 치수이기 때문에 $^{+0.2}_{+0.1}$일반 공차가 들어갑니다. $53^{+0.2}_{+0.1}$치수의 $^{+0.2}_{+0.1}$공차는 수검 시 적용되는 일반 공차로 $^{+0.2}_{+0.1}$가 아닌 다른 공차 값으로도 기입될 수가 있으며 단, 꼭 +값 공차만을 적용해야만 합니다.

치수 (16)에서 괄호의 의미는 참고 치수임을 뜻하며 참고 치수를 한 이유는 전체 길이 치수 90이 나머지 치수와 중복[16+53+21=90]이 되기 때문이며 이때 중요도가 낮은 치수에 참고 치수를 기입하는 것입니다.

(Tip)>>
일반 공차를 기입하는 방법은 앞에서 학습한 동력전달장치나 동력변환장치의 치수 기입 부분을 참고하길 바랍니다.

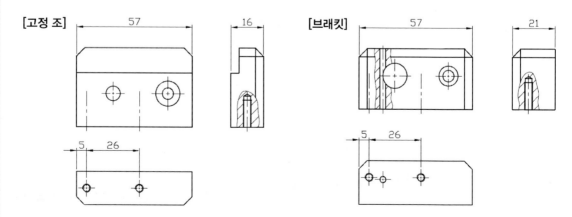

해설 본체의 정면도에 스케일로 실척한 치수와 정확히 일치해야 합니다.

02 본체의 깊은 자리파기(카운터 보링) 구멍이 고정 조, 브래킷의 탭(TAP) 구멍과 연관이 됩니다.

[고정 조, 브래킷]

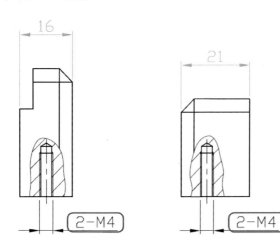

Tip >>

탭 구멍의 골지름(호칭경)을 실척하여 깊은 자리파기 구멍을 KS 규격에서 찾아 치수를 기입해야 합니다.

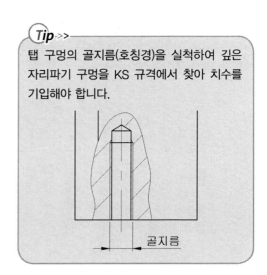

[본체]

KS규격집 '6각 구멍 붙이 볼트 자리파기' 항목

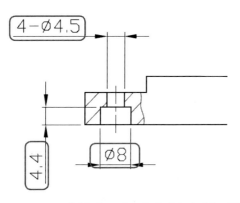

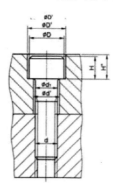

나사 호칭 (d)	M3	M4
d1	3	4
d'	3.4	4.5
D	5.5	7
D'	6.5	8
H	3	4
H'	2.7	3.6
H"	3.3	4.4

• DIMLINEAR [단축키 : DLI] – 수평 및 수직 치수 기입
• ∅ 는 특수문자 %%C를 입력합니다.

해설 ▶ 고정 조나 브래킷에서 탭(TAP) 구멍을 스케일로 실척하여 나온 값(M4)을 치수 기입한 후 KS 규격에서 나사 호칭 M4열의 d'(4.5), D'(8), H"(4.4) 값을 찾아 본체의 저면도 자리파기 구멍에 치수 기입을 합니다.

고정 조와 브래킷의 탭 구멍 치수 기입 시 구멍 개수(2개)도 같이 써주어야 합니다. 본체는 깊은 자리파기 치수 기입 시 ∅4.5구멍에만 구멍 개수(4개)를 같이 써주어야 합니다. 실제 제품 가공 시 제일 먼저 가공하는 부분(드릴가공)에만 개수를 입력해 주어야 하기 때문입니다.

03 나사 바이스를 작동 시 제일 중요한 치수를 기입하겠습니다. 가장 중요한 부분이므로 정확히 숙지하기 바랍니다.

[고정 조]   [브래킷]   [이동 조]

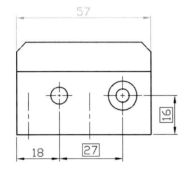   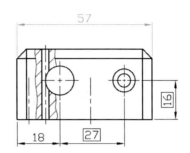   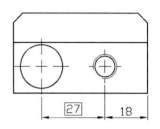

해설 ▶ 3개의 부품(고정 조, 브래킷, 이동 조)이 나사 바이스를 조립 시 정확히 일치가 되어야 조립 후 구동 시 이동 조가 간섭이 없이 직선운동을 할 수가 있으므로 그림과 같이 기입된 치수가 꼭 있어야 합니다. 치수(27, 16) 문자에 사각형 테두리를 한 이유는 공차가 없는 '이론적으로 정확한 치수'임을 의미한 것으로써 사각형 테두리가 아닌 일반 공차(+, −값)로 표기를 하면 3개의 부품을 실제 가공시 기입된 공차 범위 안에서 제각각 다르게 가공이 되므로 조립 후 작동 시 문제가 될 소지가 있습니다. 그 이유로 일반 공차 대신 치수 문자에 사각형 테두리를 만들어 공차가 없는 이론적으로 정확한 치수임을 나타내며 나중에 기하공차의 위치도 ⊕ 로 정밀하게 공차를 적용해야 합니다.

　구멍 간의 치수 27이 대칭이 아니기 때문에 기준이 되는 치수 18이 기입되어 있어야 하며 3개 부품 모두 일치가 되어야 합니다.

Tip ››

● 이론적으로 정확한 치수를 나타내는 사각형 테두리를 표시하는 방법은 치수 변수인 DIMGAP을 사용하면 됩니다.

① Command 명령어 입력줄에 DIMGAP를 입력합니다.

② '−1'을 입력합니다.

③ 이제부터 DIMLINEAR [단축키 : DLI]로 치수 기입을 하면 치수에 테두리가 같이 표시됩니다.

```
Command: DIMGAP
Enter new value for DIMGAP <1.00>: -1
Command: DIMLINEAR
```

④ 테두리가 없는 원래대로 치수 기입을 하고자 할 경우에는 DIMGAP 변수 값을 다시 1로 변경하고 치수 기입을 하면 됩니다.

● 치수 변수는 치수 명령어 안에서도 같이 사용할 수가 있으며 이때는 치수 변수 앞의 DIM을 뺀 'GAP'만 입력해도 가능합니다.

```
Command: DIMLINEAR
Specify first extension line origin or <select object>: GAP
Enter new value for dimension variable <1.00>: -1
```

04 다음은 리드 나사 축과 연관된 부품들의 치수를 개별적으로 하나하나 기입하겠습니다.

[리드 나사 축과 고정 조와의 연관된 치수]

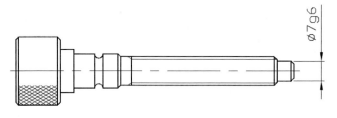
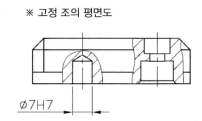

※ 고정 조의 평면도

해설▶ 고정 조에 리드 나사 축이 결합되는 구멍을 스케일로 실척하여 ∅7이 기입되었으며 결합부 구멍이기 때문에 일반적인 구멍공차 H7 끼워맞춤 공차가 들어갑니다.

상대 부품인 리드 나사 축은 구멍에 결합되어 회전 운동을 하므로 원활한 운동을 할 수 있도록 헐거움 끼워맞춤(g6)을 적용하여 ∅7g6이 기입되어야 합니다.

Tip >>

기본적인 끼워맞춤 공차는 다음과 같습니다.

	구멍	축	적용하는 곳
헐거움 끼워맞춤		g6	운동과 마찰이 있는 결합부
중 간 끼워맞춤	H7	h6	정지나 고정된 모든 결합부
억 지 끼워맞춤		p6	탈선이 우려가 되는 결합부

[리드 나사 축과 이동 조와의 연관된 치수]

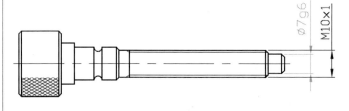
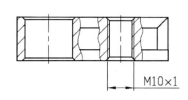

※ 이동 조의 평면도

해설▶ 이동 조에 운동을 전달하는 리드 나사 축의 나사 부분을 스케일로 실척하여 M10이 기입되었으며 정밀한 거리로 이동 조를 제어하기 위해 나사산 거리가 촘촘히 있는 미터 가는나사를 사용해야만 합니다. 도면상 나사 호칭경(M10)만 표기하면 미터 보통나사이므로 호칭경(M10) 뒤에 나사의 피치(1)를 같이 기입하여 미터 가는나사(M10×1)임을 나타내야 합니다.

Tip >>

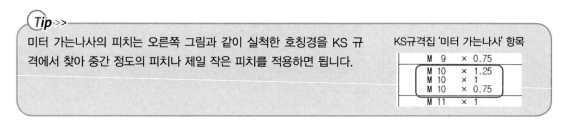

미터 가는나사의 피치는 오른쪽 그림과 같이 실척한 호칭경을 KS 규격에서 찾아 중간 정도의 피치나 제일 작은 피치를 적용하면 됩니다.

[리드 나사 축과 브래킷의 연관된 치수]

※ 리드 나사 축과 브래킷의 연관된 부분도 중요도가 높은 부분이
므로 정확히 숙지하기 바랍니다.

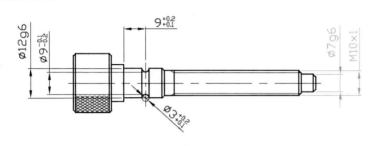

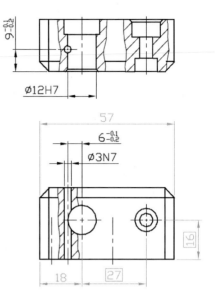

- DIMLINEAR [단축키 : DLI] : 수평 및 수직 치수 기입만 가능합니다.
- DIMDIAMETER [단축키 : DDI] : 지름(∅)으로 치수 기입합니다.

해설▶ 브래킷과 리드 나사 축이 결합되는 구멍을 스케일로 실척하여 $\phi 12$가 기입되었으며 결합부 구멍이기 때문에 일반적인 구멍 공차 H7끼워맞춤 공차가 들어갑니다.

상대 부품인 리드 나사 축은 구멍에 결합되어 회전 운동을 하므로 원활한 운동을 할 수 있도록 헐거움 끼워맞춤(g6)을 적용하여 $\phi 12g6$이 기입되어야 합니다.

브래킷에 리드 나사 축을 결합하고 리드 나사 축이 제자리 회전 운동을 하기 위해 필요한 핀(PIN)을 꽂는 핀 구멍을 스케일로 실척하여 $\phi 3$이 기입되었으며 핀 구멍에는 반드시 N7끼워맞춤 공차가 들어가야 합니다. 리드 나사 축에 핀이 걸치는 홈 부위에 가는실선(빨간색)으로 원을 그리고 중심선을 그려 $\phi 3$ 치수와 일반 공차 $^{+0.2}_{+0.1}$를 기입해야만 합니다. 핀이 걸치는 부분이므로 꼭 +값 공차만을 적용해야 합니다.

나머지 리드 나사 축 치수($\phi 9^{-0.1}_{-0.2}$, $9^{+0.2}_{+0.1}$)와 브래킷 치수($9^{-0.1}_{-0.2}$, $6^{-0.1}_{-0.2}$)도 핀에 정확히 걸쳐 리드 나사 축이 제자리 회전 운동을 하기 위해 중요한 치수이므로 빠짐없이 기입해야만 합니다.

브래킷의 치수 $6^{-0.1}_{-0.2}$는 리드 나사 축 치수 $\phi 9^{-0.1}_{-0.2}$와 $\phi 3^{+0.2}_{+0.1}$에서 계산[($\phi 9+ \phi 3)/2=6$]되어 기입된 치수입니다.

05 다음은 가이드 포스트와 연관된 부품들의 치수를 개별적으로 하나하나 기입하겠습니다.

[가이드 포스트와 고정 조]

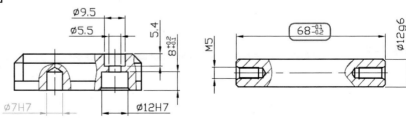

※ 고정 조의 평면도

해설▶ 가이드 포스트가 결합되는 고정 조의 구멍을 스케일로 실척하여 ⌀12가 기입되었으며 결합부 구멍이기 때문에 일반적인 구멍 공차 H7끼워맞춤 공차가 들어갑니다.

상대 부품인 가이드 포스트는 고정 조에 결합만 되기 때문에 중간 끼워맞춤인 h6으로 적용되어야 하나 이동 조에 결합된 가이드 부시의 미끄럼 운동이 더 중요함으로 헐거움 끼워맞춤(⌀12g6)이 적용되었습니다.

가이드 포스트의 탭(TAP) 구멍을 스케일로 실척하여 나온 값(M5)을 치수 기입한 후 KS규격에서 나사 호칭 M5열의 d'(5.5), D'(9.5), H"(5.4) 값을 찾아 본체의 저면도 자리파기 구멍에 치수 기입을 합니다.

KS규격집 '6각 구멍 붙이 볼트 자리파기' 항목

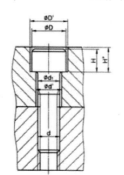

나사 호칭 (d)	M3	M4	M5
d1	3	4	5
d'	3.4	4.5	5.5
D	5.5	7	8.5
D'	6.5	8	9.5
H	3	4	5
H'	2.7	3.6	4.6
H"	3.3	4.4	5.4

가이드 포스트 길이 치수($68^{-0.1}_{-0.2}$)는 고정 조와 브래킷 사이에 가이드 포스트를 결합했을 때 정확히 일치해야 하는 길이로 반드시 $^{-0.1}_{-0.2}$ 일반 공차가 기입되어야 합니다.

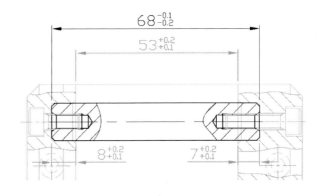

[가이드 포스트와 브래킷]

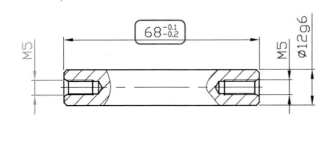

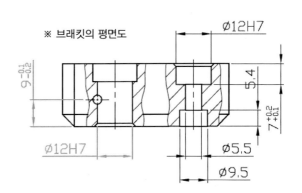

※ 브래킷의 평면도

해설▶ 방금 전 학습한 '가이드 포스트와 고정 조' 내용과 같습니다.

[가이드 포스트와 가이드 부시]

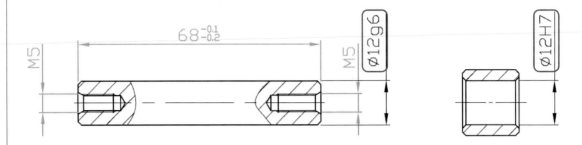

> **해설 ▶** 가이드 부시 안쪽 지름을 가이드 포스트 축경과 같은 φ12로 기입해야만 하며 결합부 구멍이기 때문에 일반적인 구멍 공차 H7끼워맞춤 공차가 들어갑니다.
>
> 상대 부품인 가이드 포스트는 가이드 부시 안에서 미끄럼 운동이 일어남으로 헐거움 끼워맞춤 g6이 적용되어야 합니다.

06 다음은 가이드 부시와 이동 조의 연관된 치수를 기입하겠습니다.

※ 이동 조의 평면도와 우측면도

> **해설 ▶** 가이드 부시가 결합되는 이동 조의 구멍을 스케일로 실척하여 φ18이 기입되었으며 결합부 구멍이기 때문에 일반적인 구멍 공차 H7끼워맞춤 공차가 들어갑니다.
>
> 상대 부품인 가이드 부시는 이동 조에 결합되어 나사 바이스 작동 시 절대 빠지면 안 되기 때문에 반드시 억지 끼워맞춤인 p6이 적용되어야 합니다.
>
> 이동 조의 폭(16)을 스케일로 실척하여 기입하고 그 값을 동일하게 가이드 부시의 길이에도 기입하여야 합니다.

모든 부품 간의 연관된 치수가 끝났습니다.

07 다음으로는 부품마다의 개별적인 치수 기입을 하여 치수를 완성하겠습니다. 나머지 치수 들은 대부분 스케일로 실척해서 기입되는 일반적인 치수들이며 몇 개는 연관된 치수도 있으니 유념해서 기입을 해야 합니다.

[본체]

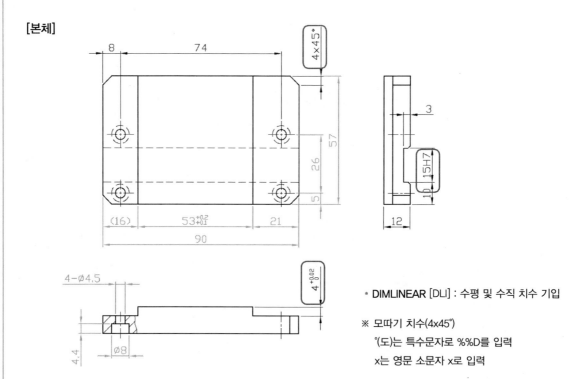

• DIMLINEAR [DLI] : 수평 및 수직 치수 기입

※ 모따기 치수(4x45°)
　°(도)는 특수문자로 %%D를 입력
　x는 영문 소문자 x로 입력

해설 ▶ 치수 $4^{+0.02}_{0}$은 본체 왼쪽에 고정 조와 본체 오른쪽 브래킷을 결합 시 정확히 구멍 간의 높이 차가 일치해야 하기 때문에 필히 일반 공차를 $^{+0.02}_{0}$로 기입하는 것이 좋으며 기준 치수 4는 스케일로 실척해서 적용합니다.

측면도 치수 15H7에서 기준 치수(15)에 끼워맞춤 공차 H7이 적용된 이유는 나사 바이스를 작동 시 본체와 결합된 부품들이 움직이지 않도록 테이블 위의 돌출 부위에 끼워 작동하기 위해서입니다.

클램프나 바이스에서 모따기 치수는 지시선 치수(C4)가 아닌 'DIMLINEAR'로 직접 표기(4×45°)하는 것을 원칙으로 합니다. 여기에서 치수 4는 가로 세로 모따기 길이 값으로 실척해서 입력합니다.

본체의 나머지 치수는 위 그림처럼 모두 스케일로 실척해서 기입하면 됩니다.

[가이드 포스트]

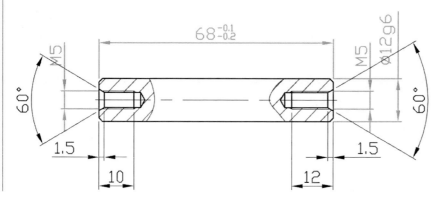

• DIMLINEAR [단축키 : DLI] : 수평 및 수직 치수를 기입합니다.
• DIMANGULAR [단축키 : DAN] : 각도 치수를 기입합니다.

해설▶ 가이드 포스트의 탭 구멍이 축의 중심 끝에 제작되는 경우에는 센터 구멍에 대한 치수를 직접 구멍상에 기입해 주어야 합니다. 축을 가공하는 공작기계가 선반이기 때문이며 이때 모따기의 길이 치수는 일반적으로 그림과 같이 1.5로 하며 각도는 무조건 60°로 기입합니다.

[고정 조] [브래킷]

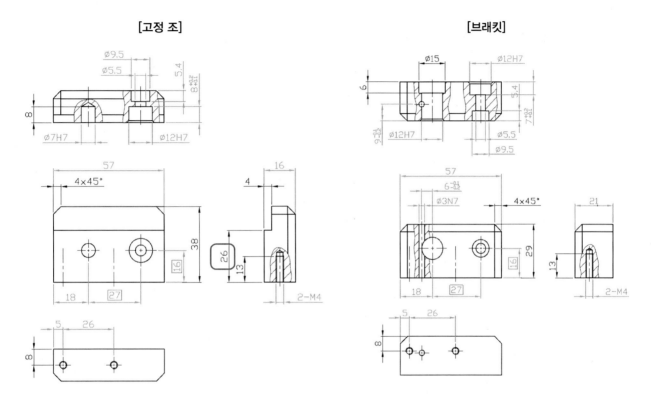

해설▶ 고정 조와 브래킷의 나머지 치수는 위 그림처럼 모두 스케일로 실척해서 기입하면 됩니다.

고정 조에서 공작물이 물리는 부분의 높이 치수는 고정 조 윗부분을 기준으로 치수 기입하는 것보다 우측면도 그림과 같이 바닥을 기준으로 치수 26을 기입하는 것이 더 바람직합니다.

[리드 나사 축]

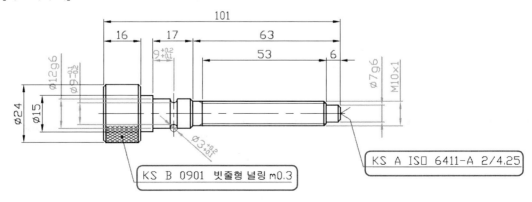

해설 ▶ 리드 나사 축의 나머지 치수는 위 그림처럼 모두 스케일로 실척해서 기입하면 됩니다. 축 길이 방향 치수 기입을 빠짐없이 해주어야 하며 축을 가공하는 공작기계가 선반이기 때문에 센터 구멍에 대한 치수(KS A ISO 6411-A 2/4.25)를 축 크기에 상관없이 그대로 기입해야 합니다.

리드 나사 축을 돌려서 이동조가 움직이는 구조이므로 돌릴 때 미끄러지지 않도록 손잡이 부분에 널링을 하였으며 그림과 같이 치수(KS B 0901 빗줄형 널링 m0.3)를 그대로 기입해야 합니다.

센터 구멍 치수 기입하는 방법

① Command 명령어 입력줄에 〈POLYGON〉를 입력합니다. [단축키 : POL]
'3'을 입력하고 [Enter]를 합니다.
'E'를 입력하고 [Enter]를 합니다.
그림과 같이 기준점(P1)을 클릭합니다.
'@4〈0'을 입력하고 [Enter]를 합니다.

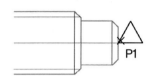

```
Command: POLYGON
Enter number of sides <6>: 3
Specify center of polygon or [Edge]: E
Specify first endpoint of edge: Specify second endpoint of edge: @4<0
```

② Command 명령어 입력줄에 ROTATE를 입력합니다. [단축키 : RO]
삼각형을 선택하고 [Enter]를 합니다.
회전축을 삼각형을 만들 때 기준이 되었던 점(P1)을 클릭합니다.
'-30'도를 입력하고 [Enter]를 합니다.

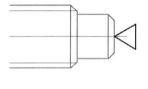

③ Command 명령어 입력줄에 〈EXPLODE〉를 입력합니다. [단축키 : X]
삼각형을 분해한 후 오른쪽 수직선을 [ERASE]나 [Del]키로 지웁니다.

④ Command 명령어 입력줄에 〈LEADER〉를 입력합니다. [단축키 : LEAD]
그림과 같이 삼각형 아래 끝점에 클릭합니다.
Ortho모드가 해제[F8]된 상태에서 대각선 방향으로 클릭합니다.
'F'를 입력하고 [Enter]를 합니다.
'N'을 입력하고 [Enter]를 합니다. (※ 화살표를 숨깁니다.)
[Enter]를 하고 나서 〈KS A ISO 6411-A 2/4.25〉를 입력하고 [Enter],
하여 종료합니다.

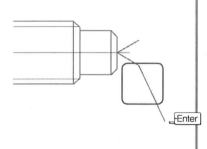

※ 삼각형과 지시선 색상은 빨간색(가는색)이며 지시선 앞의 화살표는 반드시 지워야 합니다.

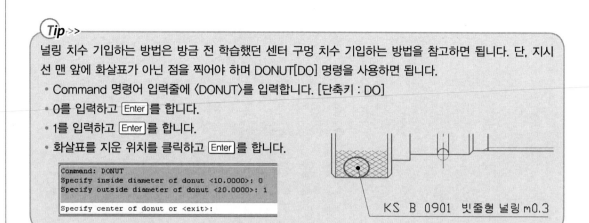

Tip ››

널링 치수 기입하는 방법은 방금 전 학습했던 센터 구멍 치수 기입하는 방법을 참고하면 됩니다. 단, 지시
선 맨 앞에 화살표가 아닌 점을 찍어야 하며 DONUT[DO] 명령을 사용하면 됩니다.

- Command 명령어 입력줄에 〈DONUT〉를 입력합니다. [단축키 : DO]
- 0를 입력하고 Enter 를 합니다.
- 1를 입력하고 Enter 를 합니다.
- 화살표를 지운 위치를 클릭하고 Enter 를 합니다.

```
Command: DONUT
Specify inside diameter of donut <10.0000>: 0
Specify outside diameter of donut <20.0000>: 1

Specify center of donut or <exit>:
```

KS B 0901 빗줄형 널링 m0.3

[이동 조]

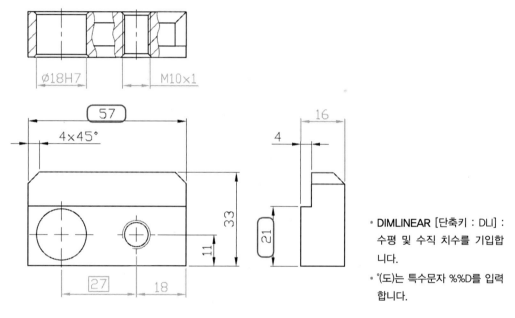

- DIMLINEAR [단축키 : DLI] : 수평 및 수직 치수를 기입합니다.
- °(도)는 특수문자 %%D를 입력합니다.

해설 ▶ 이동 조의 나머지 치수는 위 그림처럼 모두 스케일로 실척해서 기입하면 됩니다. 정
면도의 길이 치수 57은 본체나 고정 조, 그리고 브래킷의 길이 치수와 동일해야만 합
니다.

공작물이 물리는 부분의 높이 치수는 이동 조 윗부분을 기준으로 치수 기입하는 것보
다 우측면도 그림과 같이 바닥을 기준으로 치수 21를 기입하는 것이 더 바람직합니다.

이것으로써 모든 부품들의 치수 기입이 완료되었습니다.

투상도 배치 시 유념해야 할 것은 기본적으로 본체와 축은 자리가 정해져 있다는 것으로서 본체는 도면 왼쪽 상단에 배치하고, 축은 도면 왼쪽 하단에 배치해야만 합니다. 나머지 부품들은 적당히 오른쪽 빈 공간에 배치하면 됩니다.

Tip >>

● 윤곽선과 수검란, 표제란 및 부품란의 색상(선의 굵기)은 앞에서 학습한 동력전달장치를 참조하여 변경해야 합니다.
● 수검 시 수검도면의 부품을 4개 정도만 그리기 때문에 도면 상에 4개의 부품들(본체, 고정 조, 브래킷, 리드 나사 축)만 나열하였습니다.

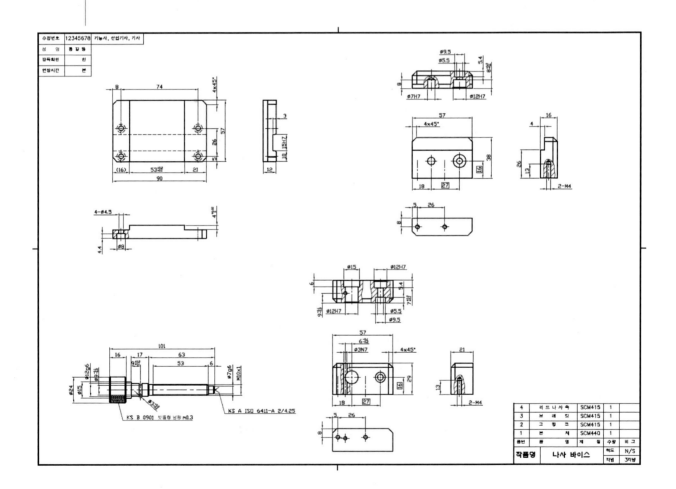

④ 완성된 치수에 표면거칠기 기호 기입하기

부품들 표면의 매끄러운 정도(조도)를 나타내는 기호를 표면거칠기 기호(다듬질 기호)라고 부르며 수검자가 각 부품들의 재질에 맞는 기호를 정확한 위치에 표기해야 합니다. 각 부품들의 재질도 수검자가 시험 보기 전 미리 숙지하여 수검 도면의 제품 용도에 따라 적당한 재질을 부품란에 기입해야 합니다.

표면거칠기 기호 기입 전 알아 두어야 할 내용과 거칠기 기호를 AutoCAD 상에서 그리는 방법은 동력전달장치에서 학습한 내용을 참조하길 바랍니다.

> **Tip** ››
> KS규격집 '기계재료 기호 예시' 항목의 재질을 참조하여 부품마다 적절한 재료을 적용하면 됩니다. 부품에 알맞은 재료라면 다른 재료 기호를 사용해도 무방합니다.

4	리드나사축	SCM415	1	
3	브래킷	SCM415	1	
2	고정조	SCM415	1	
1	본체	SCM440	1	
품번	품명	재질	수량	비고
작품명	나사 바이스	척도	N/S	
		각법	3각법	

해설▶ 부품란에 부품들의 재질을 수검자가 수검 도면의 제품 용도에 알맞은 재질로 기입해야 하며 이것을 바탕으로 각각의 부품들의 표면거칠기 기호를 결정해야 합니다.

표면거칠기 기호를 도면 상에 표기하는 방법을 배워보겠습니다.

01 본체에 표면거칠기 기호를 표기하도록 하겠습니다.
바이스의 본체는 재질이 SCM440(크롬몰리브덴강)이기 때문에 본체를 다듬질 시 가장 많이 가공되는 다듬질 기호인 거친 다듬질 기호가 맨 앞에 표기됩니다.

> **Tip** ››
> ● 이동 조가 움직일 때 정밀하게 이동할 수 있도록 휘어짐이 없이 평행해야 하기 때문에 본체의 재질을 강도가 높은 합금강인 SCM440을 사용합니다.
> ● ARRAY(배열)한 다듬질 기호를 COPY[CO, CP]하여 NEArest 스냅으로 표기하면 됩니다.

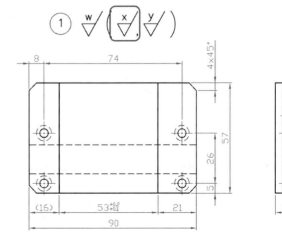

해설▶ ✗̌/기호는 나사 바이스를 작동 시 본체와 결합된 부품들이 움직이지 않도록 테이블 위의 돌출 부위에 끼워 닿는 홈 부위 윗면에만 적용합니다.

Tip>>
● 부품 안에 표기하는 표면거칠기 기호는 꼭 제품 가공 방향에 맞게 표기해야 합니다. 외측 가공면은 바깥쪽에, 내측 가공면은 안쪽에 다듬질 기호를 표기해야만 합니다.
● 표면거칠기 기호를 부품에 표기 시 우선적으로 치수 보조선에 표기해야 합니다. 치수 보조선이 없을 경우에 한해서만 물체의 면에다 직접 표기하며 치수 보조선에도 물체의 면에도 표기할 수 없는 사항에서는 치수선에 표기할 수도 있습니다.

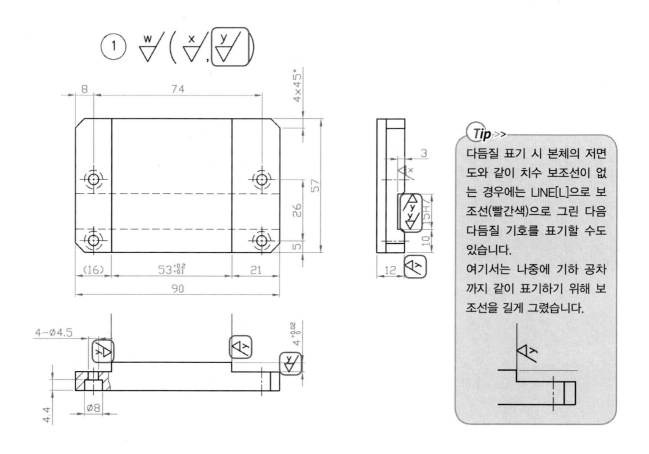

Tip>>
다듬질 표기 시 본체의 저면도와 같이 치수 보조선이 없는 경우에는 LINE[L]으로 보조선(빨간색)으로 그린 다음 다듬질 기호를 표기할 수도 있습니다.
여기서는 나중에 기하 공차까지 같이 표기하기 위해 보조선을 길게 그렸습니다.

해설▶ ✓/기호는 공작물을 정확히 물리기 위해서는 본체의 바닥면과 고정 조와 브래킷의 접촉부의 평행과 직각이 중요하므로 접촉부 면에 모두 기입되어야 합니다. 또한 본체 바닥 홈 부위(15H7)를 테이블 돌출 부위에 끼워 평행해야 하므로 홈 측면 2곳에도 기입되어야 합니다.

Tip>>
✓/가 들어가는 본체의 모든 부분이 운동(마찰)이 없는 정지된 접촉면이지만 나사 바이스를 작동 시 평행과 직각이 정확히 이루어지기 위해서는 면의 조도 또한 중요하기 때문에 ✓/가 들어가는 것입니다.

02 다음은 고정 조에 표면거칠기 기호를 표기하도록 하겠습니다.

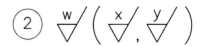

고정 조 또한 재질이 SCM415(크롬몰리브덴강)이기 때문에 고정 조를 다듬질 시 가장 많이 가공되는 다듬질 기호인 거친 다듬질 기호 $\overset{w}{\forall}$ 가 맨 앞에 표기됩니다.

※ 고정 조의 평면도

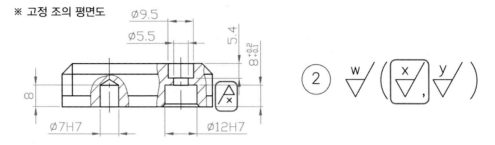

해설 ▶ $\overset{x}{\forall}$ 기호는 위 그림과 같이 가이드 포스트가 결합되는 구멍의 바닥면 한 곳에만 기입됩니다. 일반적으로 부품과 부품 간의 결합 시 바닥면보다는 측면의 조도가 더욱 중요합니다.

Tip ≫
반드시 제품 가공 방향에 맞게 다듬질 기호를 표기해야 합니다. 다듬질 공구를 구멍 안에 집어 넣어 다듬질해야 하므로 부품이 결합되는 방향쪽으로 다듬질 기호를 표기하면 됩니다.

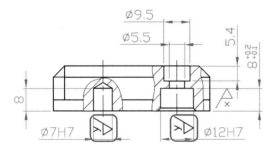

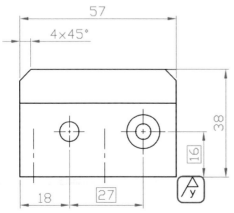

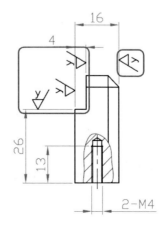

Tip ≫
고정 조의 우측면도 오른쪽 면에는 물체가 닿지는 않지만 기하공차의 데이텀이 적용되는 부분이기 때문에 $\overset{y}{\forall}$ 가 기입되어야 합니다.

해설▶ 기호는 모두 접촉부로 평행과 직각이 중요하므로 본체에 접촉되는 고정 조의 바닥면과 측면에 기입되며 공작물이 물리는 부위의 면에도 기입되어야 합니다.

리드 나사 축이 결합(ϕ7H7)되어 마찰이 있는 부분과 가이드 포스트(ϕ12H7)가 결합되어 고정된 구멍에도 기입됩니다.

03 다음은 브래킷에 표면거칠기 기호를 표기하도록 하겠습니다.

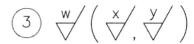

브래킷 또한 재질이 SCM415(크롬몰리브덴강)이기 때문에 브래킷을 다듬질 시 가장 많이 가공되는 다듬질 기호인 거친 다듬질 기호가 맨 앞에 표기됩니다.

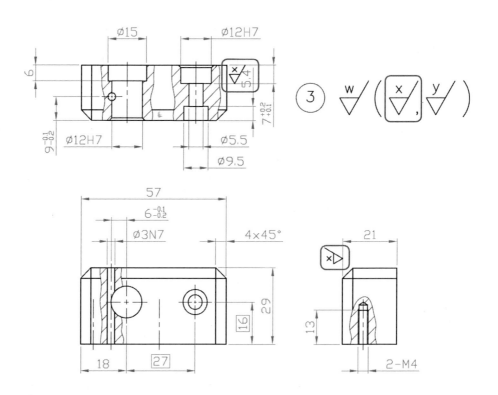

해설▶ 기호는 위 그림과 같이 가이드 포스트가 결합되는 구멍의 바닥면 한 곳과 리드 나사축 측면이 닿는 오른쪽 면에도 기입됩니다.

리드 나사 축이 닿는 오른쪽 면은 리드 나사 축을 돌릴 때 마찰이 일어나는 면이기 때문에 가 기입되어야 하나 닿는 면이 적고 토크만 적용되기 때문에 다듬질 조도가 만 적용해도 적당합니다.

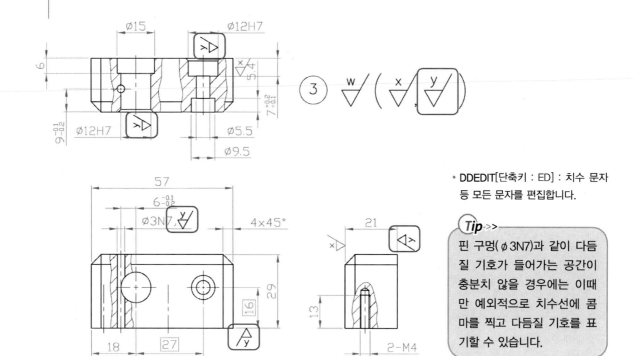

• DDEDIT[단축키 : ED] : 치수 문자
등 모든 문자를 편집합니다.

Tip >>
핀 구멍(φ3N7)과 같이 다듬
질 기호가 들어가는 공간이
충분치 않을 경우에는 이때
만 예외적으로 치수선에 콤
마를 찍고 다듬질 기호를 표
기할 수 있습니다.

해설 ▶ 기호는 접촉부의 평행과 직각이 중요하므로 본체에 접촉되는 브래킷의 바닥면과 측면에 기입되며 핀(Pin)이 끼워지는 구멍(φ3N7)에도 기입되어야 합니다. 핀 구멍은 리드 나사 축을 결합하고 회전 시 핀도 같이 축 방향으로는 움직이지 않으면서 회전이 되기 때문입니다.

리드 나사 축이 결합(φ12H7)되어 마찰이 있는 부분과 가이드 포스트(φ12H7)가 결합되어 고정된 구멍에도 기입됩니다.

04 다음은 리드 나사 축에 표면거칠기 기호를 표기하도록 하겠습니다.

리드 나사 축도 재질이 SCM415(크롬몰리브덴강)이기 때문에 리드 나사 축을 다듬질 시 가장 많이 가공되는 다듬질 기호인 거친 다듬질 기호가 맨 앞에 표기됩니다.

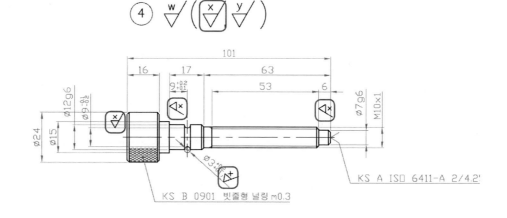

해설▶ $\overset{x}{\underset{}{\forall}}$기호는 앞 그림과 같이 핀(Pin)이 끼워지는 홈 부위($\phi 9^{-0.1}_{-0.2}$, $\phi 3^{+0.2}_{+0.1}$)와 고정 조와 브래킷이 닿는 면에 기입됩니다. 고정 조와 브래킷이 닿는 면은 리드 나사 축을 돌릴 때 마찰이 일어나는 면이기 때문에 $\overset{y}{\underset{}{\forall}}$가 기입되어야 하나 닿는 면이 극히 적기 때문에 다듬질 조도가 $\overset{x}{\underset{}{\forall}}$만 적용해도 적당합니다.

Tip >>

- 치수 $\phi 3^{+0.2}_{+0.1}$은 호에서 치수가 기입되었기 때문에 물체 안에 다듬질 기호를 표기를 못하므로 앞에서 학습한 것과 같이 예외적으로 치수선에 콤마를 찍고 다듬질 기호를 표기합니다.
- 치수 $\phi 3^{+0.2}_{+0.1}$처럼 치수선이 기울어져 있는 곳에 다듬질 기호를 표기할 때는 COPY[CO, CP]나 MOVE [M]로 $\overset{}{\forall}$기호를 치수선에 옮긴 다음 ROTATE[RO]로 회전시켜 경사진 치수선에 직각으로 표기되도록 해야 합니다. 정확히 직각으로 표기하는 것이 좋으나 어느 정도 근사하게 표현해도 무방합니다.

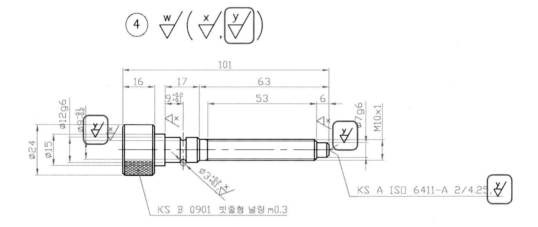

해설▶ $\overset{y}{\underset{}{\forall}}$기호는 리드 나사 축을 돌릴 때 마찰이 발생하는 축경($\phi 12g6$, $\phi 7g6$)에 기입되며 축 가공 시 선반의 심압대를 장착하는 센터 구멍(KS A ISO 6411-A 2/4.25)에도 표기되어야 합니다.

Tip >>

센터에 다듬질 기호 표기 시에는 'KS A ISO 6411-A 2/4.25' 치수 뒤에 꼭 콤마(,)를 찍고 표기해야 합니다.

05 가이드 포스트에 표면거칠기 기호를 표기하는 방법도 학습하겠습니다.

가이드 포스트의 재질이 SCM440(크롬몰리브덴강)이며 다듬질 시 가장 많이 가공되는 다듬질 기호인 중간 다듬질 기호$\overset{x}{\underset{}{\forall}}$가 맨 앞에 표기됩니다.

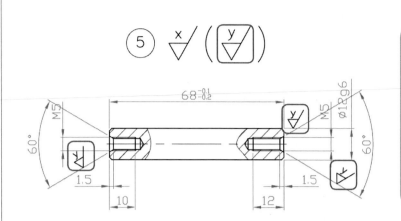

⑤

Tip >>
60° 경사진 곳에 다듬질 기호를 표기할 때는 COPY[CO, CP]나 MOVE[M]로 기호를 보조선에 옮긴 다음 ROTATE[RO]로 회전시켜 경사진 보조선에 직각으로 표기되도록 해야 합니다.
어느 정도 근사하게 직각으로 표현해도 무방합니다.

해설 ▶ 기호를 가이드 부시가 결합되어 미끄럼 운동이 일어나는 축경(∅12g6)에 표기해야 하며, 축 가공 시 선반의 심압대를 장착하는 센터 구멍(60°) 양쪽에도 표기되어야 합니다.

06 가이드 부시에 표면거칠기 기호를 표기하는 방법을 학습하겠습니다.

⑥ $\frac{x}{\triangledown}$ ($\frac{y}{\triangledown}$)

가이드 부시의 재질도 SCM440(크롬몰리브덴강)이므로 다듬질 시 가장 많이 가공되는 다듬질 기호인 중간 다듬질 기호 $\frac{y}{\triangledown}$ 가 맨 앞에 표기됩니다.

⑥

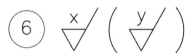

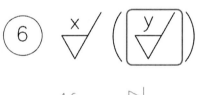
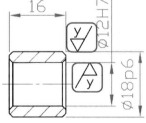

Tip >>
다른 물체와 전혀 닿지가 않는 면은 기호가 기입되어야 하겠지만 선반에서 제품을 가공 시 기본적으로 면의 조도가 정도가 나오기 때문에 선반 가공 부품들은 를 생략합니다.

해설 ▶ 기호를 가이드 부시의 내·외경에 표기해야 합니다. 부시의 외경은 이동 조에 결합되어 고정이 되며, 내경은 가이드 포스트에 결합되어 미끄럼 운동이 일어나는 부위입니다.

07 마지막으로 이동 조에 표면거칠기 기호를 표기하도록 하겠습니다.

이동 조는 재질이 SCM415(크롬몰리브덴강)이기 때문에 이동 조를 다듬질 시 가장 많이 가공되는 다듬질 기호인 거친 다듬질 기호가 맨 앞에 표기됩니다.

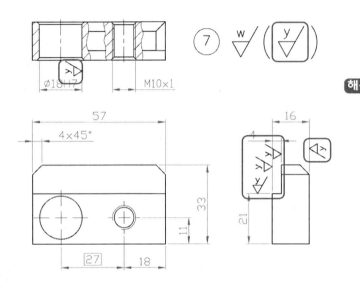

해설 ▶ 기호는 이동 조의 평행과 직각이 중요하므로 공작물이 물리는 부위의 면에 기입되어야 합니다. 가이드 부시가 결합되어 고정된 구멍(∅18H7)에도 기입됩니다. 이동 조의 우측면도 오른쪽 면에는 물체가 닿지는 않지만 기하공차의 데이텀이 적용되는 부분이기 때문에 기입되어야 합니다.

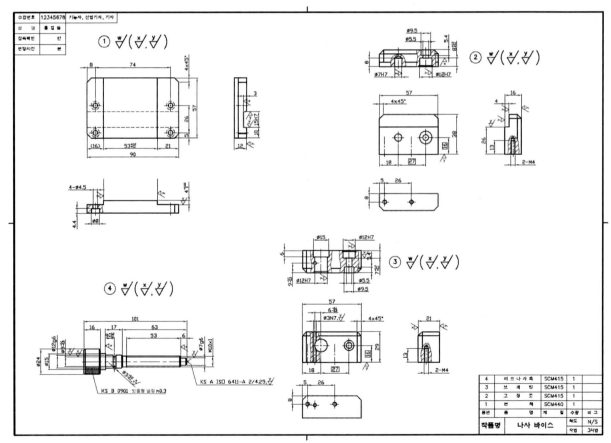

⑤ 기하 공차(형상 기호) 기입하기

기계 부품의 용도와 경제적이고 효율적인 생산성 등을 고려하여 기하 공차를 기입함으로써 부품들 간의 간섭을 줄여 결합 부품 상호간에 호환성을 증대시키고 결합 상태가 보증이 되므로 정확하고 정밀한 제품을 생산할 수가 있습니다.

기하 공차를 기입 전 알아두어야 할 내용과 데이텀(DATUM) 그리는 방법 및 형상 기호를 AutoCAD 상에서 입력하는 방법은 동력전달장치에서 학습한 내용을 참조하길 바랍니다.

KS규격집 'IT공차' 항목

치수 등급		IT4 4급	IT5 5급	IT6 6급
초과	이하			
–	3	3	4	6
3	6	4	5	8
6	10	4	6	9
10	18	5	8	11
18	30	6	9	13
30	50	7	11	16
50	80	8	13	19
80	120	10	15	22
120	180	12	18	25
180	250	14	20	29
250	315	16	23	32
315	400	18	25	36
400	500	20	27	40

※ 수검 시 공차 값은 부품마다의 기준 치수를 학습하여 IT공차 5등급에서 찾아 기입해야 합니다.

Tip ≫
KS규격집의 IT 공차 값은 단위가 μm이며 수검 도면의 기하 공차 값은 mm 단위로 기입해야 합니다.
예 8μm=0.008mm

수검 시 나사 바이스나 클램프에서는 단독 형체의 원통도(공차) ⌀ 와 관련 형체의 평행도(공차) //, 직각도(공차) ⊥, 위치도(공차) ⊕ 만을 알고 있으면 됩니다.

01 본체에 기하 공차를 표기하도록 하겠습니다.
우선 제일 먼저 데이텀(DATUM)을 정해야 합니다. 데이텀(DATUM)이란 자세 공차, 위치 공차, 흔들림 공차의 편차(공차) 값을 설정하기 위한 이론적으로 정확한 기하학적인 기준을 말합니다.

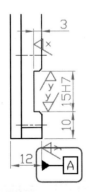

※ 데이텀을 지시하는 문자 기호는 가나다 순이나 알파벳 순으로 사용할 수가 있으며 알파벳 순서대로 표기할 때는 대문자만 가능합니다.

Tip ≫
PLINE[단축키 : PL]과 TOLERANCE[단축키 : TOL] 명령을 사용하여 데이텀을 그릴 수가 있습니다.

해설 ▶ 본체에서는 우측면도 베이스 바닥에 데이텀을 표기해야 합니다. 세워져 있는 본체는 베이스 바닥에 데이텀을 표기하고, 눕혀져 있는 본체는 베이스 측면에 데이텀을 표기해야만 합니다.

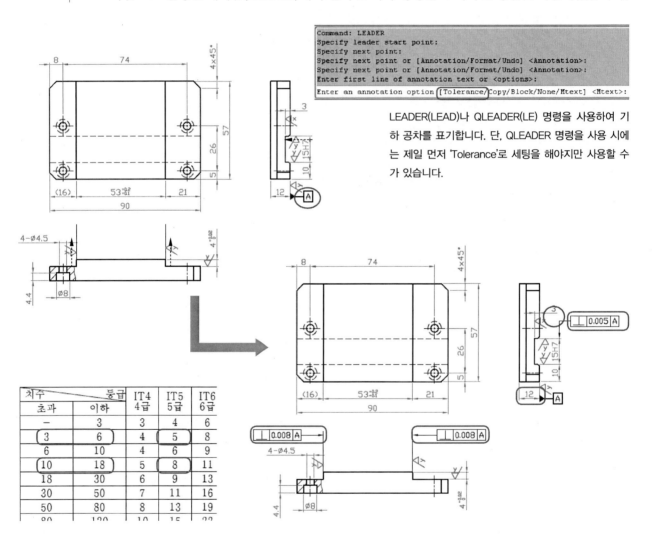

Tip >>

● 본체는 기본적으로 데이텀을 전체 높이 치수가 있는 치수 보조선에 표기해야 하기 때문에 우측면도에 표기해야 합니다.

● 수검 시 기하 공차 기호를 1개라도 기입하지 않았거나 기입된 모든 기하 공차 기호가 아무 관계도 없는 위치에 기입한 수검 도면은 채점 대상에서 제외가 되므로 주의하길 바랍니다.

다음으로 설정된 데이텀(DATUM)에서 올바른 기하 형상을 표기하는 방법을 학습하겠습니다.

```
Command: LEADER
Specify leader start point:
Specify next point:
Specify next point or [Annotation/Format/Undo] <Annotation>:
Specify next point or [Annotation/Format/Undo] <Annotation>:
Enter first line of annotation text or <options>:
Enter an annotation option [Tolerance/Copy/Block/None/Mtext] <Mtext>:
```

LEADER(LEAD)나 QLEADER(LE) 명령을 사용하여 기하 공차를 표기합니다. 단, QLEADER 명령을 사용 시에는 제일 먼저 'Tolerance'로 세팅을 해야지만 사용할 수가 있습니다.

치수		IT4	IT5	IT6
초과	이하	4급	5급	6급
−	3	3	4	6
3	6	4	5	8
6	10	4	6	9
10	18	5	8	11
18	30	6	9	13
30	50	7	11	16
50	80	8	13	19
80	120	10	15	22

해설 ▶ 본체 왼쪽에 '고정 조'와 오른쪽 '브래킷' 결합부가 데이텀 지시 기호 A에 대해 직각이므로 직각도(⊥) 공차가 적용되어야 하며 높이 치수 12에 직각이 이루어져야 하기 때문에 IT공차 5등급에서 찾아 기준 치수가 10~18일 때 8이므로 공차 값 0.008mm가 적용되었습니다. 또한 테이블에 끼워 나사 바이스를 고정시키는 홈(15H7)에도 데이텀 A에 대해 직각이며 이때 기준 치수는 3이 되어 공차 값 0.005mm가 적용되었습니다.

  저면도와 같이 기하 공차가 들어가야 할 곳에 치수선이 없어 기하 공차를 표기할 수가 없을 경우에는 따로 보조선(빨간색)을 그려 표기할 수가 있으며 이때 보조선 끝이 아닌 약간 아래쪽에 표기해 주어야 합니다.

Tip ›››
● 치수 보조선에서 약간 떨어뜨려 기하 공차를 표기할 때는 NEArest 스냅을 사용하면 됩니다.
● 형상 기호 선정 시 꼭 치수 보조선을 기준으로 수검자가 판단하여 기하 형상을 표기해야 합니다. 기본적으로 기하 공차 표기 시 지시선의 화살표를 치수선의 화살표와 일치하게 해야 하며 가급적 치수 보조선에 직각으로 지시선을 표기해야 합니다.

※ 치수선 화살표 끝에 기하 공차를 표시하면 한쪽만 지시해도 해당 치수선 양쪽으로 기하 공차가 적용이 되며 기하 공차를 지시한 한쪽 면에만 적용시키고자 할 경우에는 치수선 화살표가 아닌 치수 보조선 아래나 치수 보조선에 선을 더 연장하여 기하 공차를 표기하면 됩니다.

적용 예

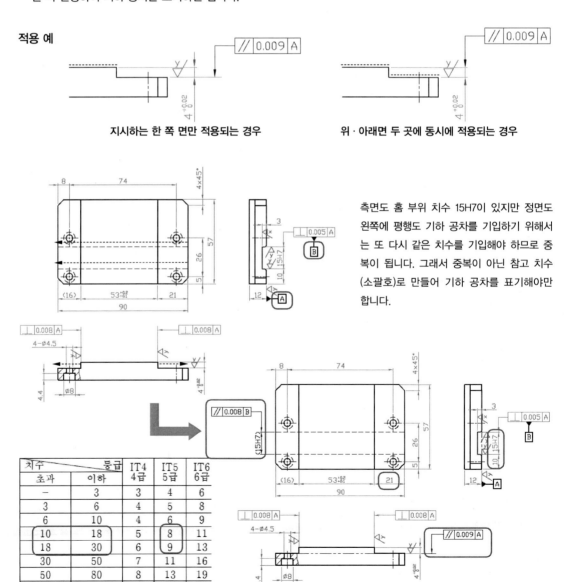

지시하는 한 쪽 면만 적용되는 경우   위 · 아래면 두 곳에 동시에 적용되는 경우

측면도 홈 부위 치수 15H7이 있지만 정면도 왼쪽에 평행도 기하 공차를 기입하기 위해서는 또 다시 같은 치수를 기입해야 하므로 중복이 됩니다. 그래서 중복이 아닌 참고 치수(소괄호)로 만들어 기하 공차를 표기해야만 합니다.

치수 등급		IT4 4급	IT5 5급	IT6 6급
초과	이하			
–	3	3	4	6
3	6	4	5	8
6	10	4	6	9
10	18	5	8	11
18	30	6	9	13
30	50	7	11	16
50	80	8	13	19
80	120	10	15	22

해설▶ 저면도 왼쪽에 고정 조와 오른쪽 브래킷 결합부 바닥이 데이텀 지시 기호 A에 대해 평행하므로 평행도(//) 공차가 적용되어야 하며, 바닥 치수 21 안에 평행이 이루어져야 하기 때문에 IT공차 5등급에서 찾아 기준 치수가 18~30일 때 9이므로 공차 값 0.009mm가 적용되었습니다. 고정 조가 결합되는 왼쪽에도 적용되어야 하기 때문에 위 그림처럼 가상선(PHANTOM : 가는 이점쇄선)을 그려 오른쪽에 지시한 평행도 공차가 같은 연장선상에 있다는 것을 나타내 주어야 합니다.

측면도 홈 부위 직각도 공차에 데이텀 지시 기호 B를 추가하여 정면도 왼쪽에 위 그림과 같이 평행도(//) 공차를 표기해야만 하며 이때 기준 치수는 15이므로 공차 값 0.008mm가 적용됩니다.

02 고정 조에 기하 공차를 표기하도록 하겠습니다.

고정 조는 밀링 공작기계에서 눕혀서 제작을 하기 때문에 데이텀을 눕혀 있을 부분에 표기합니다.

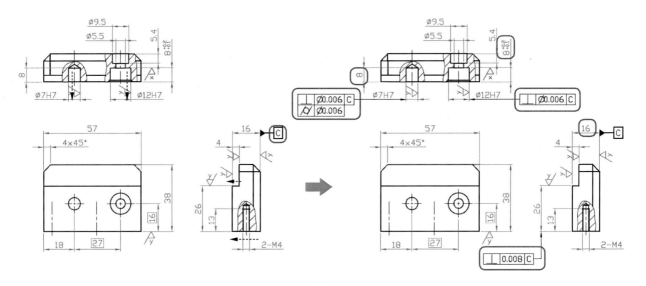

해설▶ 고정 조가 본체와 결합되었을 때 정밀하게 세워져야 하므로 데이텀 지시 기호 C에 대해 측면도 바닥에 직각도(⊥) 공차가 적용되어야 하며, 이때 기준 치수가 16이므로 IT 공차 5등급에서 찾아 8(기준 치수가 10~18 범위)이 되어 공차 값 0.008mm가 적용되었습니다.

평면도의 리드 나사 축이 결합되는 구멍(ϕ7H7)과 가이드 포스트가 결합되는 구멍(ϕ12H7)에도 데이텀 C에 직각이 되므로 직각도(⊥) 공차가 적용되어야 하며 각각 기준 치수가 8과 $8^{+0.2}_{+0.1}$이므로 공차 값이 0.006mm가 적용되었습니다. 또한 리드 나사 축이 결합되는 구멍(ϕ7H7)은 회전마찰도 발생하므로 직각도 공차와 더불어 원통도($\oslash$) 공차까지 적용해야 합니다. 원통도 기하 공차는 기준 치수가 구멍경(ϕ7H7)이므로 IT 공차 5등급의 6에 해당되어 직각도 공차와 똑같은 0.006mm가 공차 값으로 적용되었습니다.

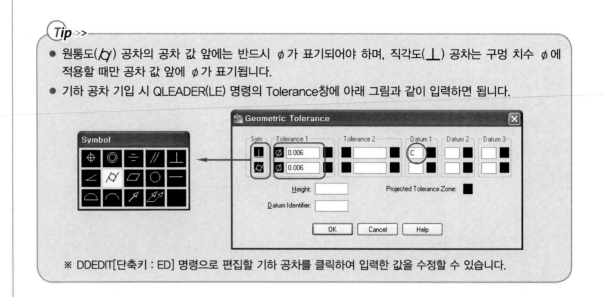

Tip ››

- 원통도($\circ$) 공차의 공차 값 앞에는 반드시 ϕ 가 표기되어야 하며, 직각도($\perp$) 공차는 구멍 치수 ϕ 에 적용할 때만 공차 값 앞에 ϕ 가 표기됩니다.
- 기하 공차 기입 시 QLEADER(LE) 명령의 Tolerance창에 아래 그림과 같이 입력하면 됩니다.

※ DDEDIT[단축키 : ED] 명령으로 편집할 기하 공차를 클릭하여 입력한 값을 수정할 수 있습니다.

직각도 기하 공차를 지시한 한 쪽 면에만 적용시키기 위해 치수 보조선에 LINE[L]으로 선을 더 연장하여 기하 공차를 표기합니다.
이때 선은 가는선(빨간색)으로 그려야 합니다.

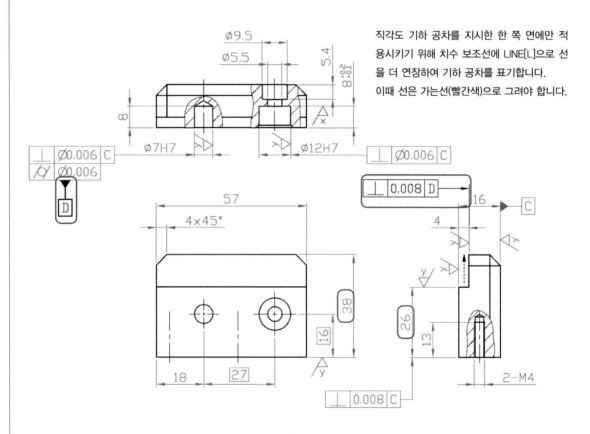

해설 ▶ 고정 조의 공작물(피삭재)이 물리는 면의 직각이 중요하므로 따로 리드 나사 축이 결합되는 구멍에 데이텀 지시 기호 D를 추가하여 측면도에 그림과 같이 직각도($\perp$) 공차를 적용해야 합니다.

　　이때 기준 치수는 38-26=12이므로 IT공차 5등급에서 찾아 8(기준 치수가 10~18 범위)이 되어 공차 값 0.008mm가 적용되었습니다.

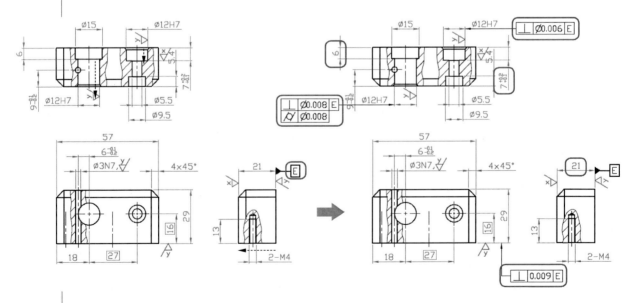

해설▶ 정면도의 이론적으로 정확한 치수(27, 16)가 있는 구멍에 위치도(⊕) 공차를 반드시 적용해야 하며, 공차 값은 리드 나사 축이 결합되는 구멍(⌀7H7)을 기준 치수로 0.006이 적용됩니다. 오른쪽 구멍에도 적용해야 하므로 '2개소'라고 기입해야 합니다.

Tip >>
위치도 공차 위나 아래쪽에 '2개소'라고 DTEXT [단축키 : DT] 명령으로 기입하면 됩니다. 이때 글자 높이는 3.15이며 색상은 노란색으로 해야 합니다.

03 브래킷에 기하 공차를 표기하도록 하겠습니다.

브래킷도 고정 조와 마찬가지로 밀링 공작기계에서 눕혀서 제작을 하기 때문에 데이텀 지시 기호 E를 눕혀 있을 부분에 표기합니다.

해설▶ 브래킷이 본체와 결합됐을 때 정밀하게 세워져야 하므로 데이텀 E에 대해 정면도 바닥에만 직각도(⊥) 공차가 적용되어야 하며 이때 기준 치수가 21이므로 IT공차 5등급에서 찾아 9(기준 치수가 18~30 범위)가 되어 공차 값 0.009mm가 적용되었습니다.

평면도의 리드 나사 축이 결합되는 구멍(⌀12H7)과 가이드 포스트가 결합되는 구멍

(ϕ12H7)에도 데이텀 E에 직각이 되므로 직각도($\perp$) 공차가 적용되며 각각 기준 치수가 21-6=15와 $7^{+0.2}_{+0.1}$이므로 공차 값이 0.008과 0.006이 적용되었습니다. 또한 리드 나사 축이 결합되는 구멍(ϕ12H7)은 회전 마찰도 발생하므로 직각도 공차와 더불어 원통도($\diagup$) 공차까지 적용해야 합니다. 원통도 기하 공차는 기준 치수가 구멍경(ϕ12H7)이므로 IT공차 5등급의 8에 해당하므로 공차 값이 직각도 공차와 똑같이 0.008이 적용되었습니다.

Tip 〉〉

원통도($\diagup$) 공차의 공차 값 앞에는 반드시 ϕ가 표기되어야 하며, 직각도($\perp$) 공차는 구멍 치수 ϕ에 적용할 때만 공차 값 앞에 ϕ가 표기됩니다.

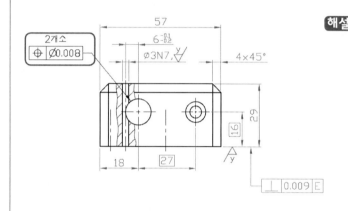

해설 ▶ 고정 조의 정면도와 마찬가지로 이론적으로 정확한 치수(27, 16)가 있는 구멍에 위치도($\bigoplus$) 공차를 반드시 적용해야 하며, 공차 값은 리드 나사 축이 결합되는 구멍(ϕ12H7)을 기준 치수로 0.008이 적용됩니다. 오른쪽 구멍에도 적용해야 하므로 '2개소'라고 기입해야 합니다.

04 리드 나사 축에 기하 공차를 표기하도록 하겠습니다.

리드 나사 축은 선반 공작기계에서 제작을 하기 때문에 데이텀 지시 기호 F를 센터 구멍이 있는 중심선 양쪽 끝에 표기해야 합니다.

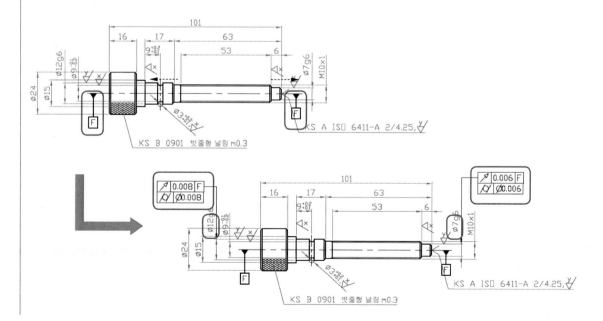

해설▶ 브래킷 결합부(ϕ12g6)와 고정 조 결합부(ϕ7g6)가 데이텀 F를 기준으로 평행하지만 기하 공차는 평행도(//) 공차가 아닌 원주 흔들림(✓) 공차가 표기되어야 합니다. 이유는 축은 중심보다는 축경 바깥지름의 기울기가 더 중요하기 때문입니다. 또한 회전마찰도 발생하므로 원주 흔들림 공차와 더불어 원통도(◇) 공차까지 적용해야 하며 원통도는 단독 형체이기 때문에 데이텀을 표기하면 안 됩니다.

흔들림 공차는 축 바깥지름 기울기를 측정하기 때문에 기하 공차 값 앞에 절대 ϕ를 표기하면 안 되며 흔들림과 원통도는 기준 치수가 축경이므로 각각 기준 치수가 ϕ12g6과 ϕ7g6이므로 공차 값이 0.008과 0.006이 적용되었습니다.

05 다음으로 가이드 포스트에 기하 공차를 표기하도록 하겠습니다.
가이드 포스트는 아래 그림과 같이 원통도 공차만 적용하면 됩니다.

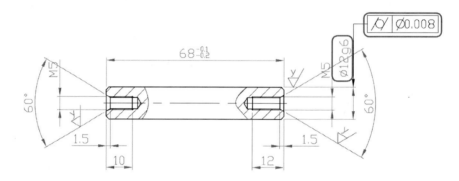

해설▶ 가이드 부시와 미끄럼 운동이 발생하는 부분인 치수 ϕ12g6에 원통도(◇) 공차를 적용하며 기준 치수가 ϕ12g6이므로 IT공차 5등급에서 10~18 범위의 공차 값인 0.008이 적용됩니다.

06 다음으로 가이드 부시에 기하 공차를 표기하도록 하겠습니다.
원통 부품이면서 중심 부위에 구멍이 있는 경우에는 데이텀을 안쪽 지름에 표기해야 합니다.

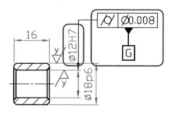

해설▶ 가이드 부시는 반드시 안쪽 지름(ϕ12H7)에 원통도(◇)공차를 적용한 후 그곳에 그림과 같이 데이텀을 적용해야만 합니다. 가이드 포스트가 미끄럼 운동 시 가이드 부시 안에서 마찰계수를 최소화하기 위해 원통도가 꼭 필요합니다. 원통도의 기준 치수가 ϕ12H7이므로 IT공차 5등급에서 10~18 범위의 공차 값인 0.008이 적용됩니다.

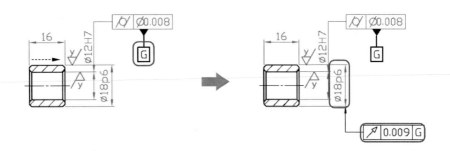

해설▶ 가이드 부시는 중심보다는 바깥지름의 기울기가 더 중요하기 때문에 필히 원주 흔들림
(⟋)공차를 표기해야 하며, 공차 값은 기준 치수가 ∅18p6이므로 IT공차 5등급의
18~30 범위인 9 값을 적용하여 0.009mm로 기입되었습니다.

07 마지막으로 이동 조에 기하 공차를 표기하도록 하겠습니다.
　이동 조도 브래킷과 고정 조와 마찬가지로 밀링 공작기계에서 눕혀서 제작을 하기 때문에
데이텀 지시기호 H를 눕혀 있을 부분에 표기합니다.

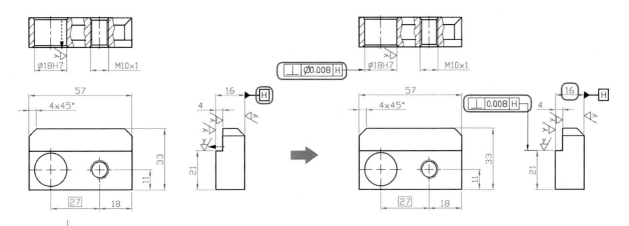

해설▶ 이동 조의 공작물(피삭재)이 물리는 면의 직각이 중요하므로 데이텀 지시 기호 H에 대
해 측면도의 그림과 같이 직각도(⊥) 공차를 적용해야 합니다. 이때 바닥면은 이동 조
가 움직일 때 전혀 마찰이 없는 부분이기 때문에 따로 선을 연장하여 해당 면만을 지시
해야 합니다. 기준 치수가 16이므로 IT공차 5등급에서 찾아 8(기준 치수가 10~18 범
위)이 되어 공차 값 0.008mm가 적용되었습니다.
　평면도의 가이드 부시가 결합되는 구멍(∅18H7)도 데이텀 H에 대해 직각이 되므로
직각도(⊥) 공차가 적용되어야 하며 기준 치수가 16이므로 공차 값이 0.008이 적용됩니
다.

Tip ››
직각도 기하 공차를 지시한 한쪽 면에만 적용시키기 위해 치수 보조선에 LINE[L]으로 선을 더 연장하여 기
하 공차를 표기합니다. 이때 선은 가는선(빨간색)으로 그려야 합니다.

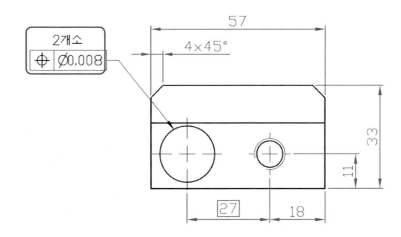

해설▶ 이동 조의 공작물(피삭재)이 물리는 면의 직각이 중요하므로 따로 가이드 부시가 결합
되는 구멍에 데이텀 지시 기호 I 를 추가하여 측면도에 그림과 같이 직각도(⊥) 공차를
적용해야 합니다. 이때 기준 치수는 33-21=12이므로 IT공차 5등급에서 찾아 8(기준
치수가 10~18 범위)이 되어 공차 값 0.008이 적용됩니다.

해설▶ 정면도의 이론적으로 정확한 치수(27)가 있는 구멍에 위치도(⊕) 공차를 반드시 적용
해야 하며 공차 값은 가이드 부시가 결합되는 구멍(∅18H7)이 기준 치수가 되므로
0.008이 적용됩니다.
오른쪽 구멍에도 적용해야 하므로 '2개소'라고 기입해야 합니다.

Tip▶▶
위치도 공차 위나 아래쪽에 '2개소'라고 DTEXT [단축키 : DT] 명령으로 기입하면 됩니다. 이때 글자 높이
는 3.15이며 색상은 노란색으로 해야 합니다.

이것으로써 모든 부품들의 기하 공차 표기가 완료되었습니다.

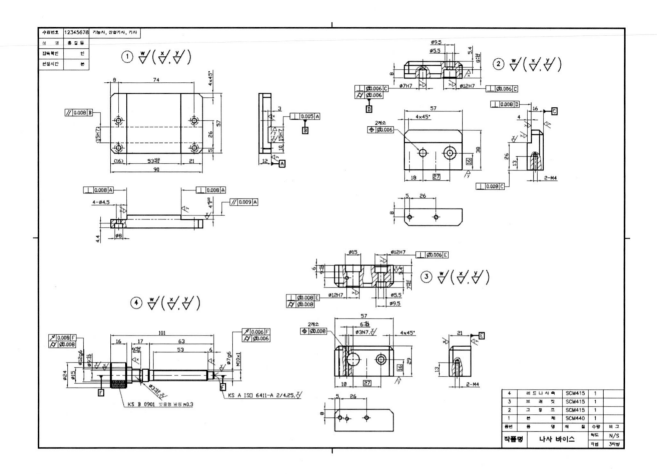

⑥ 주서(NOTE) 작성하기

부품 표제란 위에 표기해야 하는 주서는 꼭 수검 도면과 관련되어 있는 내용만을 기재해야 합니다. KS규격집 '주서 (예)' 항목을 주서 작성 시 참조하고 없는 내용들은 수검자가 수검 전에 미리 암기하여 시험에 임해야 합니다.

주서(NOTE)를 AutoCAD 상에서 입력하는 방법은 동력전달장치에서 학습한 내용을 참조하길 바랍니다.

01 현재 도면의 주서 기재 내용과 KS규격집 '주서 (예)' 항목을 비교해 보겠습니다.

현재 도면(나사 바이스)에 적용된 주서

주서

1. 일반공차 – 가) 가공부 : KS B ISO 2768-m
2. 도시되고 지시없는 모떼기는 1x45°
3. 일반 모떼기는 0.2x45°
4. 열처리 HRC 50±2 (전품목)
5. 파커라이징 처리 (전품목)
6. 표면 거칠기

$\dfrac{w}{\bigtriangledown} = \dfrac{12.5}{\bigtriangledown}$, N10

$\dfrac{x}{\bigtriangledown} = \dfrac{3.2}{\bigtriangledown}$, N8

$\dfrac{y}{\bigtriangledown} = \dfrac{0.8}{\bigtriangledown}$, N6

KS규격집 '주서 (예)' 항목

주서

1. 일반공차-가)가공부:KS B ISO 2768-m
    나)주조부:KS B 0250-CT11
2. 도시되고 지시없는 모떼기는 1x45° 필렛과 라운드는 R3
3. 일반 모떼기는 0.2x45°
4. $\bigvee$ 부위 외연 명녹색 도장
    내면 광명단 도장
5. 파커라이징 처리
6. 전체 열처리 HRC 50±2
7. 표면 거칠기 $\dfrac{\bigvee}{} = \bigvee$

$\dfrac{w}{\bigtriangledown} = \dfrac{12.5}{\bigtriangledown}$, N10

$\dfrac{x}{\bigtriangledown} = \dfrac{3.2}{\bigtriangledown}$, N8

$\dfrac{y}{\bigtriangledown} = \dfrac{0.8}{\bigtriangledown}$, N6

$\dfrac{z}{\bigtriangledown} = \dfrac{0.2}{\bigtriangledown}$, N4

해설 ▶ 1항 일반 공차의 '가) 가공부'는 모든 도면에 필히 들어 가며 '나) 주조부'는 부품 재질이 GC200(회주철)일 경우에만 표기되므로 현재 도면에서는 반드시 **빼야** 합니다.

2항과 3항은 모든 부품에 기본적으로 들어가는 항목입니다.

※ 단, 2항의 '필렛과 라운드는 R3' 대목은 수검 도면이 클램프, 바이스, 지그일 때는 필요가 없으므로 현재 주서에서는 빼야 합니다.

4항의 방청작업을 하는 도장 처리는 부품 재질에 GC200(회주철)이나 SC480(탄소주강품)이 있을 경우에만 표기가 되므로 현재 도면에서는 반드시 **빼야** 합니다.

※ SCM(크롬몰리브덴강) 재질은 파커라이징 처리로 방청작업(녹스는 것을 방지)을 해야만 합니다.

5항 '파커라이징 처리'는 클램프, 바이스, 지그 부품에 방청작업을 할 때 적용하는 것으로써 현재 도면에 꼭 표기해야 합니다.

6항 '전체 열처리'는 클램프, 바이스, 지그 부품에 필히 해야 할 작업으로 꼭 표기해야 합니다.

Tip ››
5항과 6항은 해당 부품의 품번을 항목 맨 뒤에 표기해 주는 것이 좋으며 현재 나사 바이스 도면에 그려놓은 4개의 부품 모두 적용해야 하므로 '전품목'으로 표기했습니다.

7항 '표면 거칠기'는 부품에 적용된 기호들만 표기해야 하기 때문에 현재 도면에서 ∨̸, ∻̸기호 줄만 삭제하여 표기해야 합니다.

※ 다듬질 ∨̸기호는 수검 시 주물 재질(GC, SC)이 있을 경우에만 적용되며, 다듬질 ∻̸기호는 수검 시 오일실이나 O링이 들어가는 도면에만 사용되는 초정밀한 거칠기 기호입니다.

　　나사 바이스의 2차원 도면 작업이 최종적으로 완성이 되었으니 저장을 한 후 AutoCAD에서 출력을 하면 됩니다.

02 Command 명령어 입력줄에 SAVE를 입력합니다. [단축키 : Ctrl+S]

※ 도면 작성 시 중간에 한 번이라도 저장을 하였다면 SAVE(Ctrl+S) 명령은 자동으로 업어쓰기가 됩니다. 다른 이름으로 저장하기 위해서는 SAVEAS(Ctrl+Shift+S) 명령을 사용해야 합니다.

03 Save Drawing As(다른 이름으로 저장) 창에서

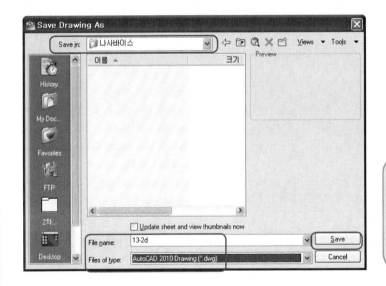

Tip ››
수검장에서 USB를 나눠주며 파일 이름은 절대 아무 이름을 쓰면 안 됩니다. 꼭 비번호가 들어가며 감독원이 지시하는 방법대로 저장해야만 합니다.

① Save in(저장 위치)에서 인식된 USB 드라이브의 수검자의 비번호 폴더를 지정해야 합니다.
② File name(파일 이름)을 수검자의 비번호로 입력합니다.
③ Files of type(파일 형식)을 가급적 AutoCAD버전 중 낮은 2000 버전으로 저장할 것을 권장합니다.
④ Save(저장)를 클릭합니다.

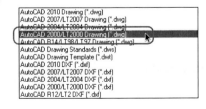

　　AutoCAD에서 도면 출력하는 방법은 앞에서 학습한 동력전달장치 부분을 참조하길 바랍니다.

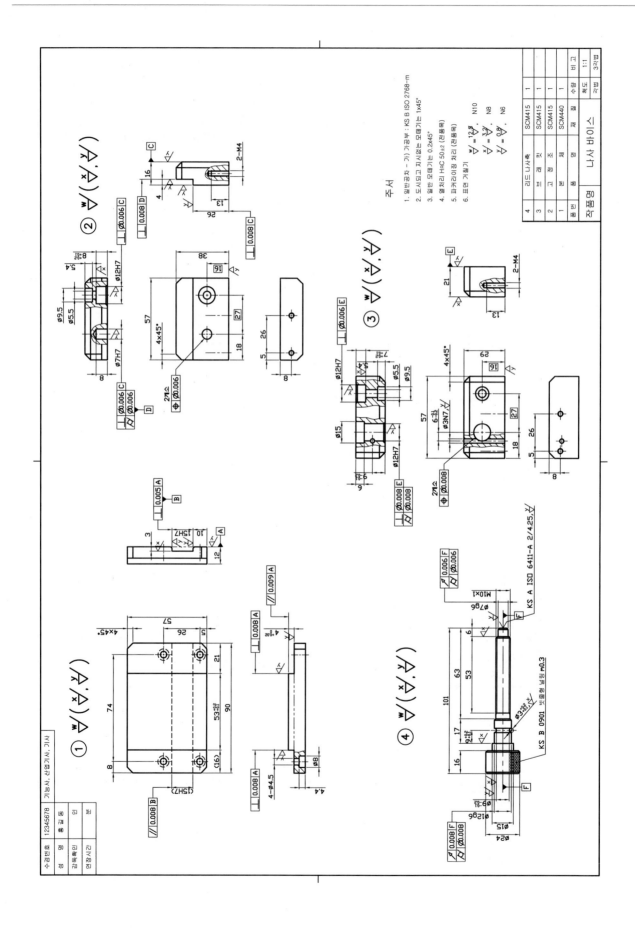

Chapter **4**

SolidWorks 3차원 모델링 & AutoCAD 2차원 도면 그리기

편심 구동 장치

- SolidWorks에서 편심 구동 장치 3차원 모델링하기
- SolidWorks에서 편심 구동 장치 3차원 도면화 작업하기
- AutoCAD에서 편심 구동 장치 2차원 도면화 작업하기

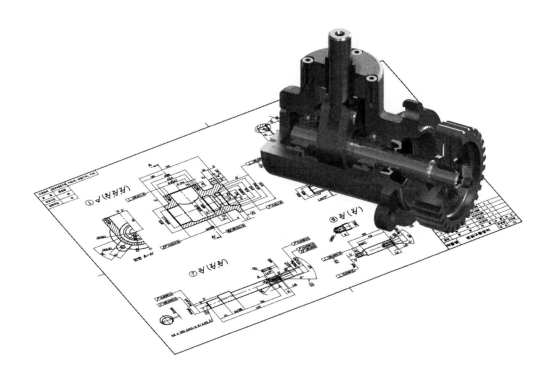

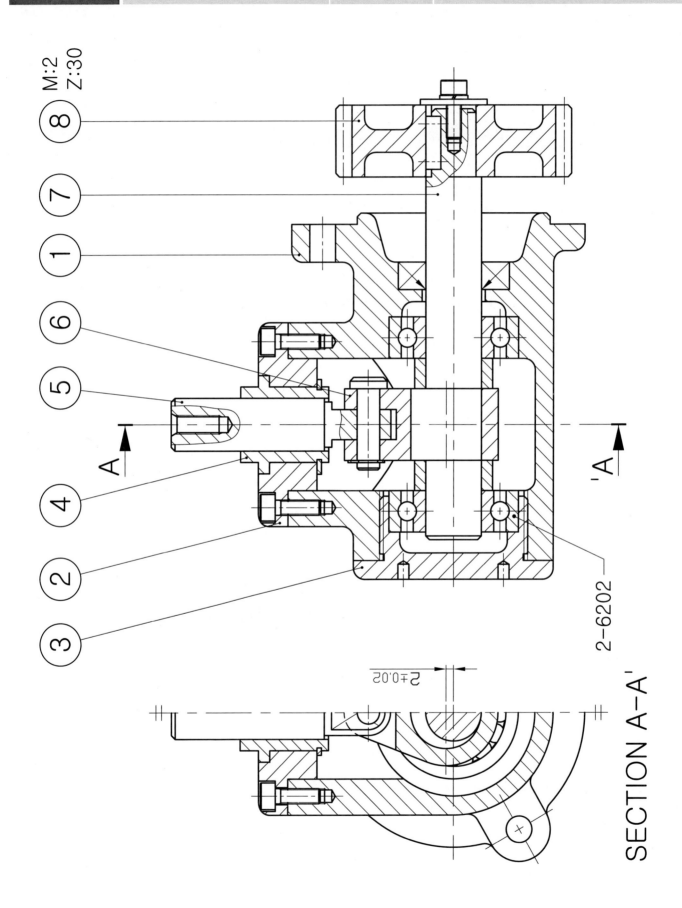

M:2
Z:30

⑧ ⑦ ① ⑥ ⑤ ④ ② ③

A

'A'

2-6202

2±0.02

SECTION A-A'

편심 구동 장치의 등각 투상도

편심 구동 장치 부품들의 조립되는 순서 이해하기

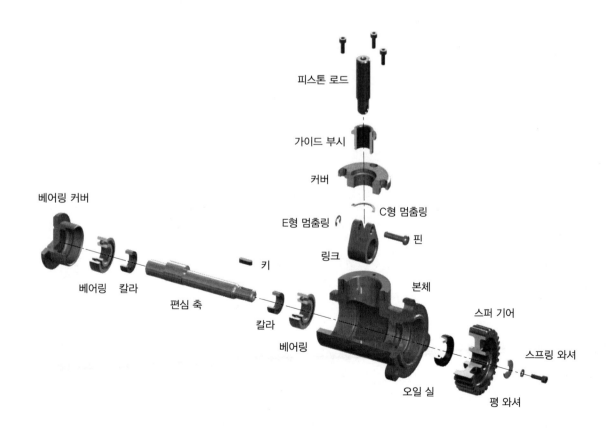

① 본체(Body) 모델링하기

본체를 모델링하는 방법은 우측면에 원기둥을 먼저 만들고 나서 벽에 본체를 고정시키는 구멍이 있는 부분과 피스톤 로드가 결합되는 방향의 돌출 원기둥을 만들어 본체의 외관을 먼저 완성한 다음 나머지 본체 내부 구멍들을 완성하여 마무리하는 방법으로 모델링을 진행합니다.

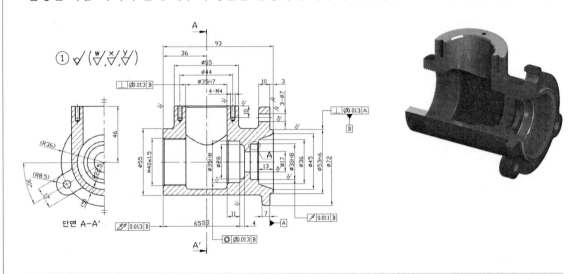

네비게이터 navigator

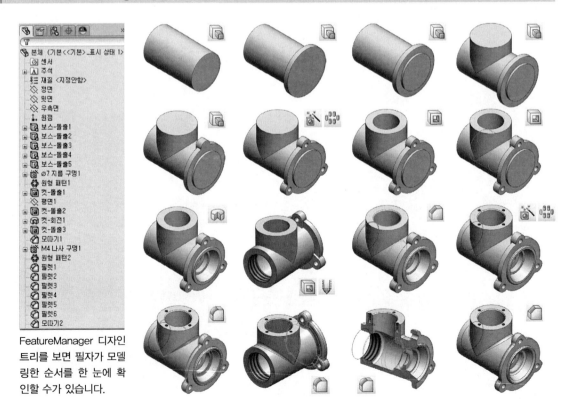

FeatureManager 디자인 트리를 보면 필자가 모델링한 순서를 한 눈에 확인할 수가 있습니다.

본체(Body) 모델링의 첫 번째 피처는 스케치된 원형 프로파일에서 돌출 피처로 생성된 원기둥(Cylinder)으로 본체의 바디(Body)가 됩니다.

01 표준 도구 모음에서 새 문서를 클릭합니다. [단축키 : Ctrl+N]

초보 모드 창

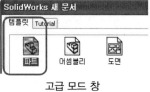
고급 모드 창

[SolidWorks 새 문서] 대화상자가 나타납니다.

02 파트를 선택한 후 확인을 클릭합니다.

03 FeatureManager 디자인 트리의 〈우측면〉을 선택하고 스케치 도구 모음에서 스케치🖉를 클릭합니다.

04 스케치 도구 모음에서 원⊘을 클릭한 후 마우스를 원점 ┗으로 가져갑니다.

마우스 포인터 모양이 🖉으로 바뀝니다. (원의 중심과 원점 사이에 일치🗹 구속조건이 부여된다는 것을 의미합니다.)

05 클릭하여 원점에 원를 대략적인 크기로 스케치하고 스케치 도구 모음에서 지능형 치수⊘를 클릭합니다.

마우스 포인터 모양이 🖉으로 바뀝니다.

원의 지름을 55로 치수구속합니다.

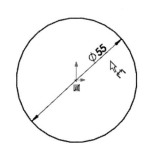

06 피처 도구 모음에서 돌출 보스/베이스📷를 클릭합니다.

그래픽 영역의 도형을 바라보는 시점이 자동으로 등각 보기로 변경이 되면서 왼쪽 구역 창이 돌출 설정 옵션을 입력할 수 있는 PropertyManager창으로 표시가 됩니다.

07 PropertyManager창의 **방향1** 아래에서
① 마침 조건으로 〈블라인드 형태〉
를 선택합니다.
② 깊이 🔧를 '90'으로 입력합니다.

깊이를 지정하고 Enter를 누르면 지
정한 깊이로 정확하게 돌출 음영 미리
보기가 표시됩니다.

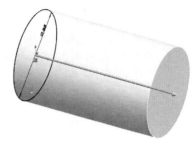

08 ✔(확인)을 클릭합니다.

첫 피처가 완성이 되었으며 왼쪽에 있는 FeatureManager 디자인 트리창에 〈보스-돌출1〉
이 표시됩니다.

09 그림과 같이 원기둥 오른쪽 면을 선택하고 스케치 도구
모음에서 스케치🖉를 클릭합니다.

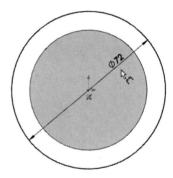

10 표준 보기 방향 도구 모음에서 🔲(우측면)을 클릭합니
다. [단축키 : Ctrl+4]

11 스케치 도구 모음에서 원🔵을 클릭합니다.

원점 🔵에 클릭하고 대략적인 크기로 원을 스케치합니다.

12 스케치 도구 모음에서 지능형 치수◇를 클릭합니다.
원의 지름을 72로 치수구속합니다.

13 표준 보기 방향 도구 모음에서 🔷(등각보기)를 클릭합니다. [단축키 : Ctrl+7]

14 피처 도구 모음에서 돌출 보스/베이스🔳를 클릭합니다.

15 PropertyManager창의 **방향1** 아
래에서
① 마침 조건으로 〈블라인드 형태〉
를 선택합니다.
② 깊이 🔧를 '7'로 입력합니다.
③ 반대 방향🔄 버튼을 클릭하여 왼
쪽으로 돌출 방향을 변경합니다.

16 ✔(확인)을 클릭합니다.

두 번째 피처가 완성이 되었으며 왼쪽에 있는 FeatureManager 디자인 트리창에 〈보스-돌출2〉가 표시됩니다.

17 다시 한 번 원기둥 오른쪽 면을 선택하고 스케치 도구 모음에서 스케치 를 클릭합니다.

18 표준 보기 방향 도구 모음에서 (우측면)을 클릭합니다. [단축키 : Ctrl+4]

19 스케치 도구 모음에서 원 을 클릭합니다.

원점 에 클릭하고 대략적인 크기로 원을 스케치합니다.

20 스케치 도구 모음에서 지능형 치수 를 클릭합니다.
원의 지름을 53으로 치수구속합니다.

21 표준 보기 방향 도구 모음에서 (등각보기)를 클릭합니다. [단축키 : Ctrl+7]

22 피처 도구 모음에서 돌출 보스/베이스 를 클릭합니다.

23 PropertyManager창의 방향1 아래에서

① 마침 조건으로 〈블라인드 형태〉를 선택합니다.

② 깊이 를 3으로 입력합니다.

24 ✔(확인)을 클릭합니다.

세 번째 피처가 완성이 되었으며 왼쪽에 있는 FeatureManager 디자인 트리창에 〈보스-돌출3〉이 표시됩니다.

25 FeatureManager 디자인 트리의 〈윗면〉을 선택하고 스케치 도구 모음에서 스케치 를 클릭합니다.

26 표준 보기 방향 도구 모음에서 ⬜(윗면)을 클릭합니다. [단축키 : Ctrl+5]

27 스케치 도구 모음에서 원⊙을 클릭합니다.

28 그림과 같은 위치에 대략적인 크기로 스케치를 한 후 Esc 키를 한 번 누르고, 스케치한 원의 중심과 Ctrl 키를 누른 상태에서 원점을 클릭합니다.

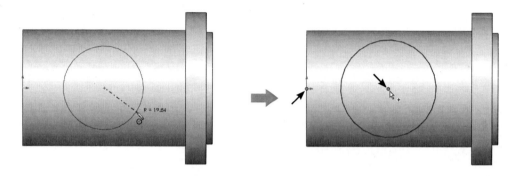

29 PropertyManager창의 구속조건 부가 아래에서
─ 수평(H) 구속조건을 선택합니다.

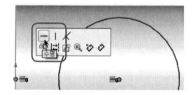

30 스케치 도구 모음에서 지능형 치수◇를 클릭합니다.
원의 지름을 55, 왼쪽에서 떨어진 중심까지의 거리를
36으로 치수구속합니다.

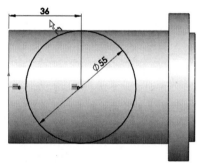

31 표준 보기 방향 도구 모음에서 🔲(등각보기)를 클릭
합니다. [단축키 : Ctrl+7]

32 피처 도구 모음에서 돌출 보스/베이스🔲를 클릭합니다.

33 PropertyManager창의 방
향1 아래에서
① 마침 조건으로 〈블라인드
형태〉를 선택합니다.
② 깊이⬚를 '46'으로 입력합
니다.

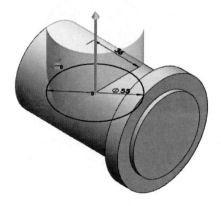

34 ✅(확인)을 클릭합니다.

네 번째 피처가 완성이 되었으며 왼쪽에 있는 FeatureManager 디자인 트리창에 〈보스-돌출4〉가 표시됩니다.

35 그림과 같이 원기둥 오른쪽 면을 선택하고 스케치 도구 모음에서 스케치 ✐ 를 클릭합니다.

36 표준 보기 방향 도구 모음에서 🔲 (우측면)을 클릭합니다. [단축키 : Ctrl+4]

37 스케치 도구 모음에서 선 ╲ 을 클릭합니다.

38 그림과 같이 윗쪽 대략적인 위치에 아래에서 위로 수직선을 스케치를 하고 곧장 키보드의 A키를 눌러 호로 전환하여 180도 호를 스케치한 후 다시 아래쪽으로 수직선을 스케치한 후 왼쪽 끝점에 선을 이어 붙여 폐구간을 만든 후 Esc 키를 한 번 눌러 명령을 종료합니다.

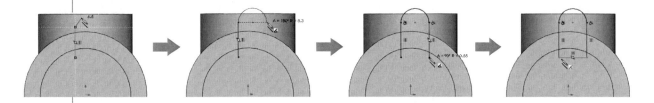

39 3개의 점(호의 양끝점과 호의 중심)을 Ctrl 키를 누른 상태에서 선택하고 ➖ 수평(H) 구속조건을 부가합니다.

그리고 다시 호의 중심과 원점을 Ctrl 키를 누른 상태에서 선택하고 ❘ 수직(V) 구속조건을 부가해야 합니다.

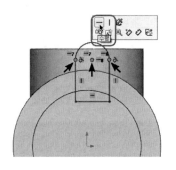
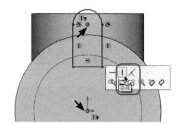

40 스케치 도구 모음에서 지능형 치수 ✐ 를 클릭합니다.
오른쪽 그림과 같이 치수 값(R8.5, 36, 20)을 입력합니다.

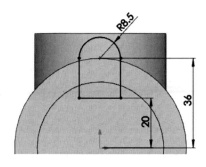

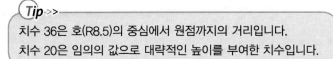

Tip ››
치수 36은 호(R8.5)의 중심에서 원점까지의 거리입니다.
치수 20은 임의의 값으로 대략적인 높이를 부여한 치수입니다.

41 피처 도구 모음에서 돌출 보스/베이스⬚를 클릭합니다.

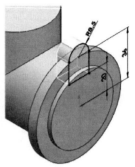

42 표준 보기 방향 도구 모음에서 ◈(등각보기)를 클릭합니다. [단축키 : Ctrl+7]

43 PropertyManager창의 방향1 아래에서
① 마침 조건으로 〈블라인드 형태〉를 선택합니다.
② 깊이 🔧를 '10'으로 입력합니다.
③ 반대 방향🔄 버튼을 클릭하여 왼쪽으로 돌출 방향을 변경합니다.

44 ✅(확인)을 클릭합니다.

다섯 번째 피처가 완성이 되었으며 왼쪽에 있는 FeatureManager 디자인 트리창에 〈보스-돌출5〉가 표시됩니다.

45 피처 도구 모음에서 구멍 가공 마법사⬚를 클릭합니다.

46 PropertyManager창의 유형 탭에 있는 구멍 유형 아래에서
① 구멍 유형으로 구멍 ⬚을 선택합니다.
② 표준 규격은 〈KS〉로 선택하고 유형은 〈드릴 크기〉로 선택합니다.

● 구멍 스팩 아래에서
① 〈사용자 정의 크기 표시〉를 체크합니다.
② 관통 구멍 지름🔧값에 '7'를 입력합니다.

● 마침 조건 아래에서 : 마침 조건을 〈다음까지〉로 선택합니다.

47 PropertyManager창의 위치 탭을 선택합니다.

48 구멍을 내기 위해 그림과 같이 돌출된 상단면 한 곳을 클릭합니다.

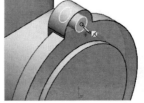

49 키보드의 Esc키를 한 번 눌러서 구멍 삽입을 종료합니다.

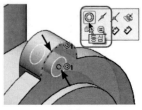

50 포인트와 돌출된 상단 모서리를 Ctrl키를 누른 상태에서 선택한 후 ◎ 동심(N) 구속조건을 부가합니다.

51 그래픽 영역 빈 공간을 마우스를 클릭하거나 ✔을 클릭하여 형상 구속조건 부가 정의를 종료합니다.

52 ✔(확인)을 클릭하여 구멍 가공 마법사 PropertyManager창을 닫습니다.
왼쪽에 있는 FeatureManager 디자인 트리창에 〈ϕ7 지름 구멍1〉이 표시됩니다.

53 피처 도구 모음에서 원형 패턴을 클릭합니다.

54 **PropertyManager창의 패턴할 피처 아래에서 :**
PropertyManager창 위 오른쪽에 있는 ⊞를 누르면 FeatureManager 디자인 트리가 나타나며 여기에서 패턴할 피처인 〈보스-돌출5〉와 〈ϕ7 지름 구멍1〉을 선택합니다.

● **파라미터 아래에서**

① 패턴 축 ⟳ [   ]란을 클릭한 후 회전 중심축이 되는 바깥쪽 원통면(ϕ55)을 선택합니다.
② 인스턴스 수를 '3'개로 입력합니다.
③ ☑동등 간격(E) 동등 간격을 체크합니다.

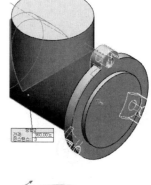

55 ✔(확인)을 클릭합니다.

왼쪽에 있는 FeatureManager 디자인 트리창에 〈원형 패턴1〉이 표시됩니다.

56 그림과 같이 원기둥 윗면을 선택하고 스케치 도구 모음에서 스케치를 클릭합니다.

57 표준 보기 방향 도구 모음에서 ▣(윗면)을 클릭합니다.
[단축키 : Ctrl+5]

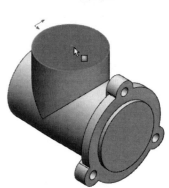

58 스케치 도구 모음에서 원⊙을 클릭합니다.

59 그림과 같은 위치에 대략적인 크기로 스케치를 한 후 Esc 키를 한 번 누르고, 스케치한 원과 Ctrl 키를 누른 상태에서 상단 모서리를 클릭하여 ⊚ 동심(N) 구속조건을 부가합니다.

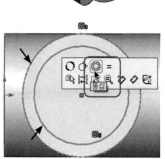

60 스케치 도구 모음에서 지능형 치수 ✎를 클릭합니다. 원의 지름을 35로 치수구속합니다.

61 표준 보기 방향 도구 모음에서 ▦(등각보기)를 클릭합니다. [단축키 : Ctrl+7]

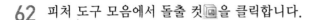

62 피처 도구 모음에서 돌출 컷 ▦을 클릭합니다.

63 PropertyManager창의 방향1 아래에서
① 마침 조건으로 〈블라인드 형태〉를 선택합니다.
② 깊이 ⟨를 '46'으로 입력합니다.

64 ✓(확인)을 클릭합니다.

일곱 번째 피처가 완성이 되었으며 왼쪽에 있는 FeatureManager 디자인 트리창에 〈컷-돌출1〉이 표시됩니다.

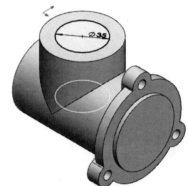

65 FeatureManager 디자인 트리에서 〈우측면〉을 선택합니다.

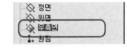

66 피처 도구 모음에서 참조 형상 ▦의 기준면 ▦을 클릭합니다.

67 PropertyManager창의 제1참조 아래에서 : 오프셋 거리 ▦를 '36'으로 입력합니다.

68 ✓(확인)을 클릭합니다.

왼쪽에 있는 FeatureManager 디자인 트리창에 〈평면1〉이 표시됩니다.

69 FeatureManager 디자인 트리에서 ▦ 평면1를 선택합니다.

스케치 도구 모음에서 스케치 ▦를 클릭합니다.

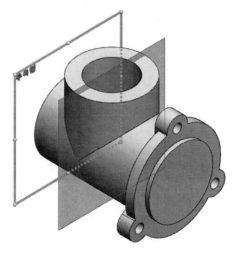

70 표준 보기 방향 도구 모음에서 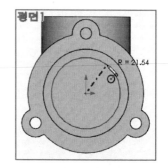(우측면)을 클릭합니다.
[단축키 : Ctrl+4]

71 스케치 도구 모음에서 원을 클릭합니다.

원점에 클릭하고 대략적인 크기로 원을 스케치합니다.

72 스케치 도구 모음에서 지능형 치수를 클릭합니다.
원의 지름을 45로 치수구속합니다.

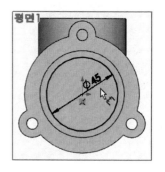

73 표준 보기 방향 도구 모음에서 (등각보기)를 클릭합니다.
[단축키 : Ctrl+7]

74 피처 도구 모음에서 돌출 컷을 클릭합니다.

75 PropertyManager창의 방향1 아래에서

① 마침 조건으로 〈중간 평면〉을 선택합니다.

② 깊이를 '35'로 입력합니다.

76 (확인)을 클릭합니다.

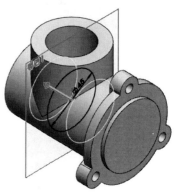

여덟 번째 피처가 완성이 되었으며
왼쪽에 있는 FeatureManager 디자인 트리창에 〈컷-돌출2〉가 표시됩니다.

77 작업이 끝난 기준면으로 생성된 평면1을 숨겨줍니다.
FeatureManager 디자인 트리창에서 평면1을 선택하거나 모델에 표시된 〈평면1〉을 클릭하면 나타나는 상황별 도구 모음 중에 숨기기로 숨겨줍니다.

78 FeatureManager 디자인 트리에서 〈정면〉을 선택합니다.
스케치 도구 모음에서 스케치를 클릭합니다.

79 표준 보기 방향 도구 모음에서 (정면)을 클릭합니다.
[단축키 : Ctrl+1]

80 보기 도구 모음에서 표시 유형을 실선 표시로 선택합니다.

81 스케치 도구 모음에서 선 \ 을 클릭합니다.

82 그림과 같이 대략적으로 폐구간 형태로 스케치를 합니다.

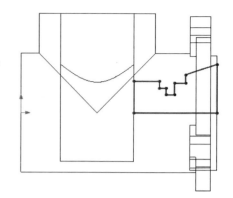

> **Tip >>**
> ● 왼쪽 끝과 오른쪽 끝의 수직선을 정확히 물체의 모서리와 일치시켜 스케치를 해야 하며 만약 일치가 안 된 경우에는 ☑ 동일선상(L) 구속조건을 부가하여 일치시켜야 합니다.
> ● 아래쪽 수평선은 원점과 정확히 일치해야 하며 만약 일치가 안된 경우에는 ☒ 일치(D) 구속조건을 부가하여야 합니다.

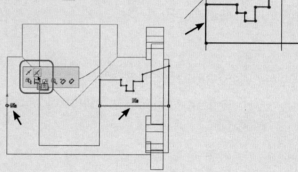

83 회전시키는 축으로 사용할 수평선을 선택하여 보조선 🔁으로 변경합니다.

84 스케치 도구 모음에서 지능형 치수 ◇를 클릭합니다.
오른쪽 그림과 같이 지름 치수 값(35, 28, 17, 30, 36, 45)을 입력합니다.
지름 치수가 끝나면 길이 치수 값(11, 4, 7.3, 13)을 빠짐없이 입력하여 스케치를 완전 정의(검정색)시켜야 합니다.

> **Tip >>**
> 지름 치수 기입을 하기 위해서는 지능형 치수로 치수 기입할 선과 보조선을 선택한 후 마우스 포인터의 위치를 보조선보다 먼 곳으로 위치시켜야 합니다.

85 피처 도구 모음에서 회전 컷 을 클릭합니다.

Tip ››
닫힌 형태의 스케치에서 보조선으로 변경한 경우에는 다음과 같은 메시지가 표시됩니다. 〈예(Y)〉를 클릭하여 닫힌 형태의 스케치로 자동으로 만들어 주어야 회전시킬 수가 있습니다.

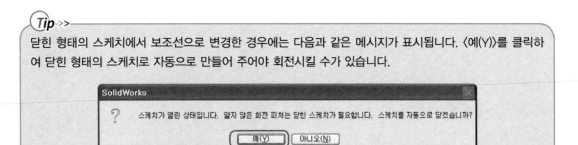

86 표준 보기 방향 도구 모음에서 🔲(등각보기)를 클릭합니다. [단축키 : Ctrl+7]

87 **PropertyManager창의 방향1 아래에서**
① 회전 유형을 〈블라인드 형태〉로 선택합니다.
② 방향1의 각도🔲를 '360' 도로 입력합니다.

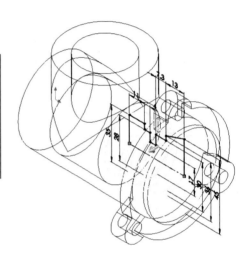

88 ✔(확인)을 클릭합니다.

아홉 번째 피처가 완성이 되었으며 왼쪽에 있는 FeatureManager 디자인 트리창에 〈컷-회전1〉이 표시됩니다.

89 보기 도구 모음에서 표시 유형🔲·을 모서리 표시 음영🔲으로 선택합니다.

Tip ››
마우스 휠(가운데 버튼)을 누른 상태에서 움직여 본체의 왼쪽 부분이 보이도록 회전시킵니다.

90 그림과 같이 본체 왼쪽 면을 선택하고 스케치 도구 모음에서 스케치🔲를 클릭합니다.

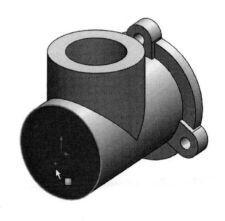

91 표준 보기 방향 도구 모음에서 🔲(좌측면)을 클릭합니다. [단축키 : Ctrl+3]

92 스케치 도구 모음에서 원◯을 클릭합니다.

원점🔲에 클릭하고 대략적인 크기로 원을 스케치합니다.

93 스케치 도구 모음에서 지능형 치수✏️를 클릭합니다.

원의 지름을 38.5로 치수구속합니다.

※ M40×1.5나사이므로 안지름은 나사 호칭경 40에서 나사 피치 1.5를 뺀 38.5가 됩니다.

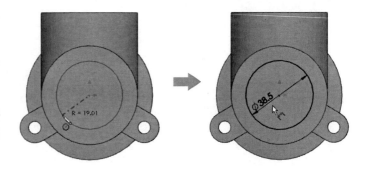

94 피처 도구 모음에서 돌출 컷🔳을 클릭합니다.

> *Tip* >>
> 마우스 휠(가운데 버튼)을 누른 상태에서 움직여 본체의 왼쪽 부분이 보이도록 회전시킵니다.

95 PropertyManager창의 방향1 아래에서 : 마침 조건으로 〈다음까지〉를 선택합니다.

96 ✔(확인)을 클릭합니다.

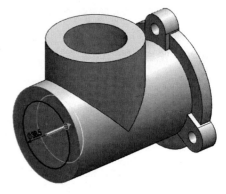

열 번째 피처가 완성이 되었으며 왼쪽에 있는 FeatureManager 디자인 트리창에 〈컷-돌출3〉이 표시됩니다.

본체(Body) 모델링의 전체적인 형상이 완성되었으며, 다음 장에서 탭 구멍과 모따기 및 필렛 작업을 추가하는 방법을 배우도록 하겠습니다.

다음으로 모따기를 먼저 실행 후 나사를 표시하고 마지막 작업으로 탭 구멍 및 필렛 작업을 추가하여 본체 모델링을 최종적으로 완성하겠습니다.

01 피처 도구 모음에서 모따기⬜를 클릭합니다.

02 PropertyManager창의 모따기 변수 아래에서
① 거리✏️를 '1'로 입력합니다.
② 각도✏️를 '45'도로 입력합니다.

03 그림과 같이 모서리 4개를 물체를 회전해 가면서 선택합니다.

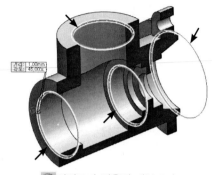

04 ✓(확인)을 클릭합니다.

왼쪽에 있는 FeatureManager 디자인 트리창에 〈모따기1〉이 표시됩니다.

🔲 단면도가 적용된 내부 모습

05 앞에서 학습할 때 추가한 나사산 표시 ☟를 클릭합니다.

06 나사산이 표시될 내경(38.5mm)의 바깥쪽 모서리 1개를 클릭합니다.

07 PropertyManager창의 나사산 표시 설정 아래에서
  ① 표준 규격을 〈없음〉으로 선택합니다.
  ② ⊘작은 지름에 '40'을 입력합니다.
  ③ 마침 조건을 〈다음면까지〉로 선택합니다.

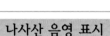

08 ✓(확인)을 클릭합니다.

나사산 음영 표시

탭 구멍을 만들고 나사산 음영을 표시하기 위해서는 FeatureManager 디자인 트리의 주석에서 마우스 오른쪽 버튼 클릭 시 나오는 〈세부 사항...〉에 들어가 주석 속성창에서 〈음영 나사산〉을 체크해 주어야 합니다.

※ 음영 표시가 나타나지 않을 경우에는 '세부 사항...'밑에 〈주석 표시〉가 체크되어 있는지 확인해야 합니다.

09 피처 도구 모음에서 구멍 가공 마법사를 클릭합니다.

10 PropertyManager창의 유형 탭에 있는 구멍 스팩 아래에서 크기를 〈M4〉로 선택합니다.

● **마침 조건 아래에서**

① 마침 조건을 〈블라인드 형태〉로 선택합니다.

② 블라인드 구멍 깊이를 '12'로 입력합니다.

③ 탭 나사선 깊이를 '10'으로 입력합니다.

● **옵션 아래에서**

① 나사산 표시를 선택합니다.

② 〈속성 표시기 표시〉만 체크하고 나머지 2개는 체크 해제합니다.

11 PropertyManager창의 위치 탭을 선택합니다.
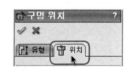

12 탭 구멍을 내기 위해 그림과 같이 돌출된 상단면 한 곳을 클릭합니다.

13 키보드의 [Esc]키를 한 번 눌러서 구멍 삽입을 종료합니다.

14 PropertyManager창 위 오른쪽에 있는 ⊞를 누르면 FeatureManager 디자인 트리가 나타나며 여기에서 〈정면〉을 클릭하고 [Ctrl]키를 누른 상태에서 물체 상에 삽입된 포인트를 선택한 후 일치(D) 구속 조건을 부가합니다.
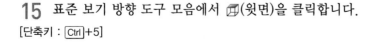

15 표준 보기 방향 도구 모음에서 (윗면)을 클릭합니다.
[단축키 : [Ctrl]+5]
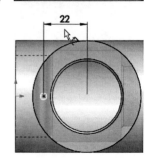

16 스케치 도구 모음에서 지능형 치수를 클릭합니다.
오른쪽 그림과 같이 중심에서 포인트 거리 치수 값(22)을 입력합니다.

17 ✅(확인)을 클릭하여 구멍 가공 마법사 PropertyManager창을 닫습니다.

왼쪽에 있는 FeatureManager 디자인 트리창에 〈M4 나사 구멍1〉이 표시됩니다.

18 피처 도구 모음에서 원형 패턴⊞를 클릭합니다.

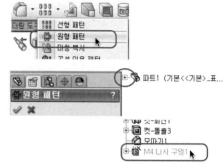

19 **PropertyManager창의 패턴할 피처 아래에서**
PropertyManager창 위 오른쪽에 있는 ⊞를 누르면 FeatureManager 디자인 트리가 나타나며 여기에서 패턴할 피처인 〈M4 나사 구멍1〉을 선택합니다.

● **파라미터 아래에서**

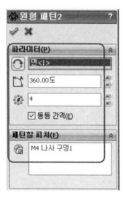

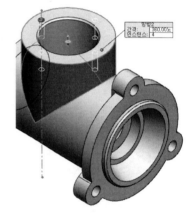

① 패턴 축🔄[⬜⬜⬜⬜⬜⬜⬜]란을 클릭하고 🔷(등각보기) [단축키 : Ctrl+7]를 한 후 회전 중심축이 되는 수직 원통면(ϕ55)을 선택합니다.

② 인스턴스 수❇를 '4'개로 입력합니다.

③ ☑동등 간격(E) 동등 간격을 체크합니다.

20 ✅(확인)을 클릭합니다.

왼쪽에 있는 FeatureManager 디자인 트리창에 〈원형 패턴2〉가 표시됩니다.

21 피처 도구 모음에서 필렛◯를 클릭합니다.

22 **PropertyManager창의 필렛할 항목 아래에서**
반경⋋을 '3'으로 입력합니다.

23 그림과 같이 현재 시점에서 보이는 모서리 4개를 선택합니다.

24 ✅(확인)을 클릭합니다.

왼쪽에 있는 FeatureManager 디자인 트리창에 〈필렛1〉이 표시됩니다.

25 피처 도구 모음에서 필렛🔘을 클릭합니다.

26 그림과 같이 오른쪽 돌출 부위 6개 모서리를 선택합니다.

> **Tip** >>
> 모서리가 잘 보이는 쪽으로 마우스 휠(가운데 버튼)을 누른 상태에서 움직여 물체를 회전시켜 가며 선택합니다.

27 ✅(확인)을 클릭합니다.

왼쪽에 있는 FeatureManager 디자인 트리창에 〈필렛2〉가 표시됩니다.

28 피처 도구 모음에서 필렛🔘를 클릭합니다.

29 그림과 같이 오른쪽 돌출 코너 부위 6개 모서리를 선택합니다.

> **Tip** >>
> 모서리가 잘 보이는 쪽으로 마우스 휠(가운데 버튼)을 누른 상태에서 움직여 물체를 회전시켜가며 선택합니다.

30 ✅(확인)을 클릭합니다.

왼쪽에 있는 FeatureManager 디자인 트리창에 〈필렛3〉이 표시됩니다.

31 피처 도구 모음에서 필렛🔘를 클릭합니다.

32 그림과 같이 1개의 모서리를 선택합니다.

33 ✅(확인)을 클릭합니다.

왼쪽에 있는 FeatureManager 디자인 트리창에 〈필렛4〉가 표시됩니다.

34 피처 도구 모음에서 필렛🔘를 클릭합니다.

35 그림과 같이 본체 내부 모서리 3개를 선택합니다.

36 ✓(확인)을 클릭합니다.

왼쪽에 있는 Feature-Manager 디자인 트리창에 〈필렛5〉가 표시됩니다.

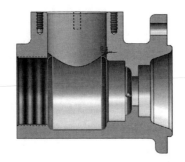

🗇 단면도가 적용된 내부 모습

37 피처 도구 모음에서 필렛🗀를 클릭합니다.

38 PropertyManager창의 필렛할 항목 아래에서 : 반경⟋을 '0.5'로 입력합니다.

39 그림과 같이 오일 실 결합 구멍 내측 모서리 1개를 선택합니다.

40 ✓(확인)을 클릭합니다.

왼쪽에 있는 FeatureManager 디자인 트리창에 〈필렛6〉이 표시됩니다.

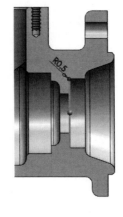

41 피처 도구 모음에서 모따기🗀를 클릭합니다.

42 PropertyManager창의 모따기 변수 아래에서

① 거리⟋를 '0.7'로 입력합니다.
② 각도⟍를 '30'도로 입력합니다.

43 그림과 같이 오일 실 결합 구멍 모서리 1개를 선택합니다.

Tip >>

거리 0.7mm를 길이 방향(X축)으로 반드시 맞추어 주어야 합니다. 방향이 직경 방향(Y축)일 경우에는 분홍색 화살표를 클릭하거나 PropertyManager의 〈반대 방향〉을 체크하여 방향을 변경해야만 합니다.

44 ✅(확인)을 클릭합니다.

왼쪽에 있는 FeatureManager 디자인 트리창에 〈모따기2〉가 표시됩니다.

전체적인 본체(Body) 모델링이 완성되었습니다.

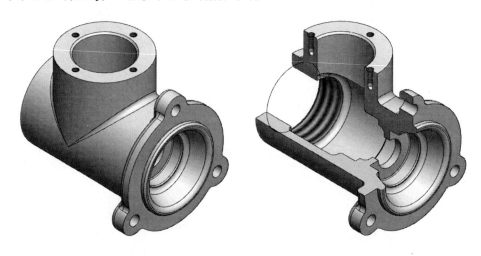

> **Tip** >>
> 자격증 시험 종목 중 기계 기사를 뺀 다른 종목에서는 단면 처리를 해야 합니다.

이제 완성된 파트를 저장합니다.

45 메뉴 모음에서 저장🖫을 클릭하거나 메뉴 바에서 '파일−저장'을 클릭합니다.
[단축키 : Ctrl+S]

46 대화상자에서 적당한 경로에 파트를 저장할 폴더를 만듭니다. 폴더명은 '편심구동장치'라고 명명합니다.

47 파일 이름을 '본체'라고 명명하고 저장을 클릭합니다.
파일 이름에 확장명 .sldprt가 추가되어 '본체.sldprt'로 저장됩니다.

② 피스톤 로드(Piston rod) 모델링하기

피스톤 로드를 모델링하는 가장 쉬운 방법은 앞에서 학습한 축을 모델링하는 것처럼 축 단면을 그린 다음 회전을 시키면 됩니다. 그러나 여기서는 다른 방식인 원을 그려 돌출하는 방식으로 모델링 작업을 진행하겠습니다.

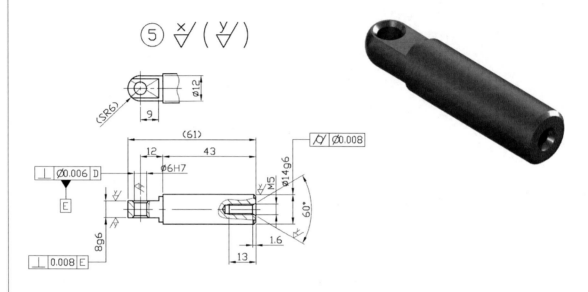

네비게이터 navigator

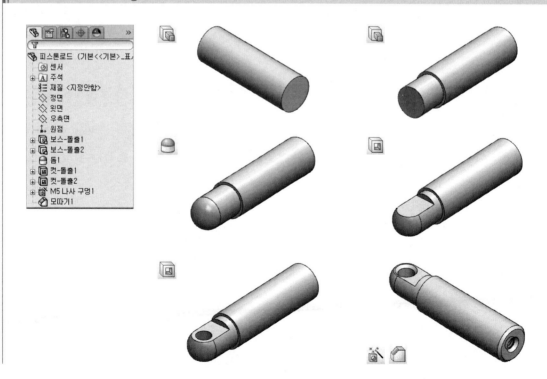

피스톤 로드(Piston rod) 모델링의 첫 번째 피처는 우측면도에서 원을 스케치하여 돌출시켜 생성된 원통 형태입니다.

01 표준 도구 모음에서 새 문서를 클릭합니다. [단축키 : Ctrl+N]

초보 모드 창

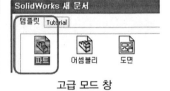
고급 모드 창

[SolidWorks 새 문서] 대화상자가 나타납니다.

02 파트를 선택한 후 확인을 클릭합니다.

03 FeatureManager 디자인 트리의 〈우측면〉을 선택하고 스케치 도구 모음에서 스케치를 클릭합니다.

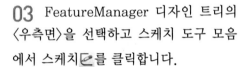

04 스케치 도구 모음에서 원을 클릭합니다.

05 원점에 마우스 포인터를 클릭하여 대략적인 크기로 스케치합니다.

06 스케치 도구 모음에서 지능형 치수를 클릭합니다.
원의 지름을 14로 치수구속합니다.

07 피처 도구 모음에서 돌출 보스/베이스를 클릭합니다.

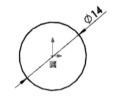

그래픽 영역의 도형을 바라보는 시점이 자동으로 등각 보기로 변경이 되면서 왼쪽 구역 창이 돌출 설정 옵션을 입력할 수 있는 PropertyManager창으로 표시가 됩니다.

08 PropertyManager창의 방향1 아래에서
① 마침 조건으로 〈블라인드 형태〉를 선택합니다.
② 깊이를 '43'으로 입력합니다.

깊이를 지정하고 Enter를 누르면 지정한 깊이로 정확하게 돌출 음영 미리보기가 표시됩니다.

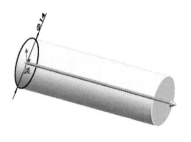

09 ✅(확인)을 클릭합니다.

첫 피처가 완성이 되었으며 왼쪽에 있는 FeatureManager 디자인 트리창에 〈보스-돌출1〉
이 표시됩니다.

> **Tip** >>
> 마우스 휠(가운데 버튼)을 누른 상태에서 움직여 왼쪽 부분이 보이도록 회전시킵니다.

10 그림과 같이 원통 왼쪽 면을 선택하고 스케치 도구 모음에
서 스케치를 클릭합니다.

11 표준 보기 방향 도구 모음에서 (좌측면)을 클릭합니다.
[단축키 : Ctrl+3]

12 스케치 도구 모음에서 원
을 클릭합니다.

원점에 클릭하고 대략적
인 크기로 원을 스케치합니다.

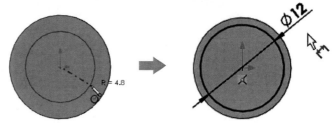

13 스케치 도구 모음에서 지능형 치수를 클릭합니다.
원의 지름을 12로 치수구속합니다.

14 표준 보기 방향 도구 모음에서 (등각보기)를 클릭합니다. [단축키 : Ctrl+7]

15 피처 도구 모음에서 돌출 보스/베이스를 클릭합니다.

16 PropertyManager창의 방향1 아
래에서
① 마침 조건으로 〈블라인드 형태〉
를 선택합니다.
② 깊이를 '12'로 입력합니다.

17 ✅(확인)을 클릭합니다.

두 번째 피처가 완성이 되었으며 왼쪽에 있는 FeatureManager 디자인 트리창에 〈보스-돌
출2〉가 표시됩니다.

18 마우스로 물체를 회전시켜 방금 돌출시킨 원통 왼쪽
면을 선택합니다.

19 피처 도구 모음에서 돔을
클릭합니다

20 PropertyManager창의 파라미터 아래에서
거리를 '6'으로 입력합니다.
※ 여기서 6은 구의 반경이 됩니다.

21 ✅(확인)을 클릭합니다.

세 번째 피처가 완성이 되었으며 왼쪽에 있는 FeatureManager 디자
인 트리창에 〈돔1〉이 표시됩니다.

22 FeatureManager 디자인 트리의 〈정면〉을 선택하고 스케치 도구
모음에서 스케치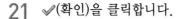를 클릭합니다.

23 표준 보기 방향 도구 모음에서 🔲(정면)을 클릭합니다.
[단축키 : Ctrl+1]

24 스케치 도구 모음에서
중심선 ┃ 을 클릭합니다.

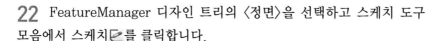

25 원점을 먼저 클릭하고 그림과 같이 수평 방향으로 대략적
인 길이로 중심선을 스케치합니다.

26 스케치 도구 모음에서 코너 사각형□을 클릭합니다.

27 그림과 같이 물체 중심선 위 왼쪽 부분에 사각형을 대략적
인 크기로 스케치합니다.

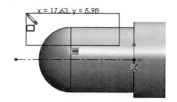

28 드래그(Drag)하여 스케치한 사각형과 중심선을 모두 선택합니다.
그 다음 스케치 도구 모음에서 요소 대칭 복사△를 클릭합니다.

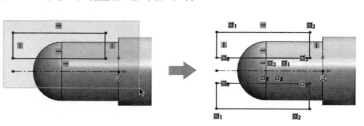

29 스케치 도구 모음에서 지능형 치수◇를 클릭합니다. 오른쪽 그림과 같이 지름 치수 값(8, 3)을 입력합니다.

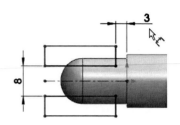

> **Tip** ››
> 치수가 덜 기입되어 스케치가 불완전 정의(파란색)로 되었지만 이 상태에서 피처를 만들어도 전혀 문제가 없습니다.

30 표준 보기 방향 도구 모음에서 ●(등각보기)를 클릭합니다. [단축키 : Ctrl+7]

31 피처 도구 모음에서 돌출 컷圓을 클릭합니다.

32 PropertyManager창의 방향1 아래에서
① 마침 조건으로 〈중간 평면〉을 선택합니다.
② 깊이◇를 '20'으로 입력합니다.
※여기서 치수 20은 임의의 값입니다.

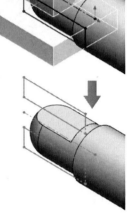

33 ◇(확인)을 클릭합니다.

네 번째 피처가 완성이 되었으며 왼쪽에 있는 FeatureManager 디자인 트리창에 〈컷-돌출1〉이 표시됩니다.

34 그림과 같이 방금 작업한 컷-돌출된 평평한 윗면을 선택하고 스케치 도구 모음에서 스케치◇를 클릭합니다.

35 표준 보기 방향 도구 모음에서 圓(윗면)을 클릭합니다. [단축키 : Ctrl+5]

36 스케치 도구 모음에서 원◇을 클릭합니다.

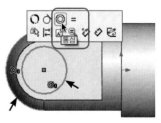

37 그림과 같은 위치에 대략적인 크기로 스케치를 한 후 Esc키를 한 번 누르고, 스케치한 원과 Ctrl키를 누른 상태에서 왼쪽 모서리를 클릭하여 ◎동심(N) 구속조건을 부가합니다.

38 스케치 도구 모음에서 지능형 치수◇를 클릭합니다. 원의 지름을 6으로 치수구속합니다.

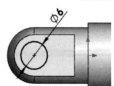

39 표준 보기 방향 도구 모음에서 ●(등각보기)를 클릭합니다. [단축키 : Ctrl+7]

40 피처 도구 모음에서 돌출 컷▤을 클릭합니다.

41 PropertyManager창의 **방향1 아래에서**
마침 조건으로 〈다음까지〉을 선택합니다.

42 ✅(확인)을 클릭합니다.

다섯 번째 피처가 완성이 되었으며 왼쪽에 있는 FeatureManager 디자인 트리창에 〈컷–돌출2〉가 표시됩니다.

43 피처 도구 모음에서 구멍 가공 마법사▤를 클릭합니다.

44 PropertyManager창의 유형 탭에 있는 **구멍 유형 아래에서**
① 구멍 유형으로 직선 탭 ▤을 선택합니다.
② 표준 규격은 〈KS〉로 선택하고, 유형은 〈탭 구멍〉으로 선택합니다.

● **구멍 스팩 아래에서** : 크기를 〈M5〉로 선택합니다.

● **마침 조건 아래에서**
① 마침 조건을 〈블라인드 형태〉로 선택합니다.
② 블라인드 구멍 깊이▤를 '16'으로 입력합니다.
③ 탭 나사산 깊이▤를 '13'으로 입력합니다.
※ 탭 나사산 깊이 값을 먼저 입력하고 블라인드 구멍 깊이 값을 입력하거나 자동 계산▤을 체크 해제해야 작업자가 입력한 값을 그대로 적용할 수가 있습니다.

● **옵션 아래에서**
① 나사산 표시 ▤를 선택합니다.
② 속성 표시기 표시를 체크합니다.
③ 안쪽 카운터 싱크를 체크합니다.

● **안쪽 카운터 싱크 값을 다음과 같이 입력합니다.**
① 가까운 쪽 카운터 싱크 지름▤을 '6'으로 입력합니다.
② 안쪽 카운터 싱크 각도▤를 '60'도로 입력합니다.

45 PropertyManager창의 위치 탭을 선택합니다.

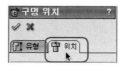

46 탭 구멍을 내기 위해 그림과 같이 오른쪽 측면 한 곳을 클릭합니다.

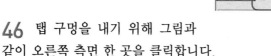

47 키보드의 [Esc]키를 한 번 눌러서 구멍 삽입을 종료합니다.

48 그림과 같이 포인트와 원통 모서리를 [Ctrl]키를 누른 상태에서 선택한 후 ◎ 동심(N) 구속조건을 부가합니다.

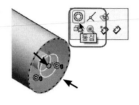

49 그래픽 영역 빈 공간을 마우스를 클릭하거나 ✔을 클릭하여 형상 구속조건 부가 정의를 종료합니다.

50 ✔(확인)을 클릭하여 구멍 가공 마법사 PropertyManager창을 닫습니다.

왼쪽에 있는 FeatureManager 디자인 트리창에 〈M5 나사 구멍1〉이 표시됩니다.

나사산 음영 표시

탭 구멍을 만들고 나사산 음영을 표시하기 위해서는 FeatureManager 디자인 트리의 주석에서 마우스 오른쪽 버튼 클릭 시 나오는 〈세부 사항...〉에 들어가 주석 속성창에서 〈음영 나사산〉을 체크해 주어야 합니다.

※ 음영 표시가 나타나지 않을 경우에는 '세부 사항...'밑에 〈주석 표시〉가 체크되어 있는지 확인해야 합니다.

---

51 피처 도구 모음에서 모따기를 클릭합니다.

52 PropertyManager창의 모따기 변수 아래에서
① 거리를 '1'로 입력합니다.
② 각도를 '45'도로 입력합니다.

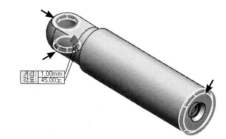

53 그림과 같이 구멍 모서리 2개와 오른쪽 끝단 모서리 1개를 선택합니다.

> **Tip** ››
> 왼쪽 구멍은 모서리가 아닌 구멍 면을 선택하면 자동으로 위 아래 모서리가 선택됩니다.

54 ✔(확인)을 클릭합니다.

왼쪽에 있는 FeatureManager 디자인 트리창에 〈모따기1〉이 표시됩니다.

전체적인 피스톤 로드(Piston rod) 모델링이 완성되었습니다.

Tip >>
축과 같은 분류의 부품은 3차원 등각도(입체도)를 표시할 때 절대 단면 처리를 하지 않습니다.

이제 완성된 파트를 저장합니다.

55 메뉴 모음에서 저장🖫을 클릭하거나 메뉴 바에서 '파일-저장'를 클릭합니다.
[단축키 : Ctrl+S]

56 편심구동장치 폴더 안에 파일 이름을 '피스톤로드'로 명명하고 저장을 클릭합니다.
파일 이름에 확장명 .sldprt가 추가되어 '피스톤로드.sldprt'로 저장됩니다.

③ 편심 축(Eccentric Shaft) 모델링하기

편심 축을 모델링하는 방법은 회전체를 먼저 완성한 다음 편심된 부분만 따로 회전시킵니다. 그리고 나서 나머지 키 홈, 탭 등을 완성하는 순으로 작업을 진행합니다.

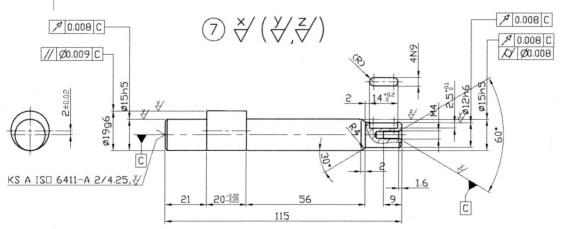

네비게이터 navigator

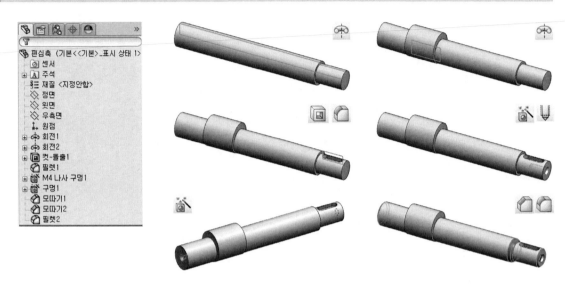

편심 축(Eccentric Shaft) 모델링의 첫 번째 피처는 축 단면 형상으로 스케치된 프로파일에서 회전 피처로 생성된 원통 형태입니다.

01 표준 도구 모음에서 새 문서를 클릭합니다. [단축키 : Ctrl+N]

[SolidWorks 새 문서] 대화상자가 나타납니다.

초보 모드 창

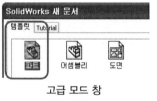

고급 모드 창

02 파트를 선택한 후 확인을 클릭합니다.

03 FeatureManager 디자인 트리의 〈정면〉을 선택하고 스케치 도구 모음에서 스케치를 클릭합니다.

04 스케치 도구 모음에서 선을 클릭한 후 마우스 포인터를 원점으로 가져갑니다.

마우스 포인터 모양이 으로 바뀝니다. (선의 시작점과 원점 사이에 일치 구속조건이 부여된다는 것을 의미합니다.)

05 클릭하여 그림과 같이 대략적으로 스케치합니다.

> **Tip** >>
> 대략적으로 스케치를 할 경우라도 어느 정도 부품 크기에 근접하게 스케치를 해야 치수 기입 시 스케치가 꼬이지 않습니다.

06 회전시키는 축으로 사용할 원점에 있는 수평선을 선택하여 보조선🔲으로 변경합니다.

마우스 오른쪽(왼쪽) 버튼으로 클릭 시 나타나는 '상황별 도구 모음'에서 보조선🔲을 선택합니다.

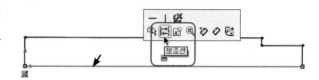

07 스케치 도구 모음에서 지능형 치수◇를 클릭합니다.

그림과 같이 치수 값을 입력합니다.

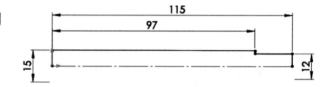

> **Tip** >>
> 처음에는 스케치가 파란색이었지만 치수를 빠짐없이 모두 준 경우에는 검정색으로 변경이 되며 이것은 완전 정의가 되었다는 것을 의미합니다.

08 피처 도구 모음에서 회전 보스/베이스🌀를 클릭합니다.

가운데 수평선을 보조선으로 변경했기 때문에 다음과 같은 대화창이 뜹니다.

〈예(Y)〉를 클릭하여 닫힌 형태의 스케치로 자동으로 만들어 주어야 회전시킬 수가 있습니다.

09 PropertyManager창의 방향1 아래에서
① 회전 유형을 〈블라인드 형태〉로 선택합니다.
② 방향1의 각도🔼를 '360'도로 입력합니다.

10 ✔(확인)을 클릭합니다.

첫 번째 피처가 완성이 되었으며 왼쪽에 있는 FeatureManager 디자인 트리창에 〈회전1〉이 표시됩니다.

11 FeatureManager 디자인 트리에서 〈정면〉을 선택합니다.
스케치 도구 모음에서 스케치🖉를 클릭합니다.

12 표준 보기 방향 도구 모음에서 📄(정면)을 클릭합니다.
[단축키 : Ctrl + 1]

13 스케치 도구 모음에서 코너 사각형□을 클릭합니다.

14 그림과 같은 위치에 사각형을 대략적
인 크기로 스케치합니다. 단, 축의 아래쪽
모서리에 반드시 일치🗡 구속이 되도록 스
케치해야만 합니다.

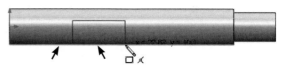

※ 축 아래쪽 모서리에 꼭 일치🗡 구속이 부가되도록 해야
합니다.

15 회전축으로 사용할 사각형 위쪽 수평선을 선택하여
보조선📏으로 변경합니다.
마우스 오른쪽(왼쪽) 버튼으로 클릭 시 나타나는 '상황
별 도구 모음'에서 보조선📏을 선택합니다.

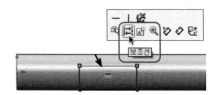

16 스케치 도구 모음에서 지능형 치수◇를 클릭합니다.
오른쪽 그림과 같이 길이 치수 값(21, 20)을 입력합니
다.
지름 치수 값(19)까지 빠짐없이 입력하여 스케치를 완
전 정의(검정색)시켜야 합니다.

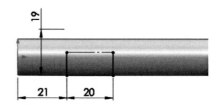

17 피처 도구 모음에
서 회전 보스/베이스🕸
를 클릭합니다.
〈예(Y)〉를 클릭하여
닫힌 형태의 스케치로 만들어 줍니다.

18 표준 보기 방향 도구 모음에서 🟦(등각보
기)를 클릭합니다. [단축키 : Ctrl + 7]

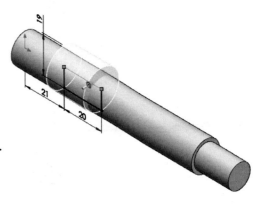

19 PropertyManager창의 **방향1** 아래에서
① 회전 유형을 〈블라인드 형태〉로 선택합니다.
② 방향1의 각도📐를 '360'도로 입력합니다.

20 ✅(확인)을 클릭합니다.

두 번째 피처가 완성이 되었으며 왼쪽에 있는 FeatureManager 디자인 트리창에 〈회전2〉가 표시됩니다.

21 FeatureManager 디자인 트리의 〈정면〉을 선택하고 스케치 도구 모음에서 스케치🖉를 클릭합니다.

22 표준 보기 방향 도구 모음에서 🔲 (정면)을 클릭합니다. [단축키 : Ctrl+1]

23 스케치 도구 모음에서 코너 사각형🔲을 클릭합니다.

24 축 오른쪽 끝 부분에 그림과 같이 대략적으로 스케치를 합니다.

25 스케치 도구 모음에서 지능형 치수◇를 클릭합니다.
그림과 같이 치수 값(14, 2.5, 2)을 입력합니다.

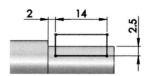

26 표준 보기 방향 도구 모음에서 🔷(등각보기)를 클릭합니다.
[단축키 : Ctrl+7]

27 피처 도구 모음에서 돌출 컷🔲을 클릭합니다.

28 PropertyManager창의 방향1 아래에서
① 마침 조건으로 〈중간 평면〉을 선택합니다.
② 깊이🔧를 '4'로 입력합니다.

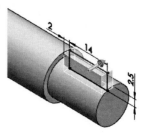

29 ✅(확인)을 클릭합니다.

세 번째 피처가 완성이 되었으며 왼쪽에 있는 FeatureManager 디자인 트리창에 〈컷-돌출1〉이 표시됩니다.

30 피처 도구 모음에서 필렛🔲를 클릭합니다.

31 PropertyManager창의 **필렛할 항목 아래에서 :** 반경 을 '2'로 입력 합니다.

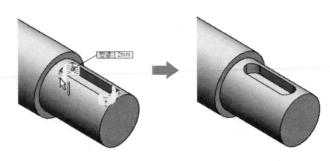

32 물체를 회전시키면서 키 홈 라 운드가 될 모서리 4개를 그림과 같이 선택합니다.

33 ✅(확인)을 클릭합니다.

왼쪽에 있는 FeatureManager 디자인 트리창에 〈필렛1〉이 표시됩니다.

34 피처 도구 모음에서 구멍 가공 마법사 를 클릭합니다.

35 PropertyManager창의 **유형 탭에 있는 구멍 유형 아래에서**
  ① 구멍 유형으로 직선 탭 을 선택합니다.
  ② 표준 규격은 〈KS〉로 선택하고, 유형은 〈탭 구멍〉으로 선택합니다.

● **구멍 스팩 아래에서 :** 크기를 〈M4〉로 선택합니다.

● **마침 조건 아래에서**
  ① 마침 조건을 〈블라인드 형태〉로 선택합니다.
  ② 블라인드 구멍 깊이 를 '11'으로 입력합니다.
  ③ 탭 나사산 깊이 를 '9'로 입력합니다.
  ※ 탭 나사산 깊이 값을 먼저 입력하고 블라인드 구멍 깊이 값을 입력하거나 자동 계산
  을 체크 해제해야 작업자가 입력한 값을 그대로 적용할 수가 있습니다.

● **옵션 아래에서**
  ① 나사산 표시 를 선택합니다.
  ② 〈속성 표시기 표시〉를 체크합니다.
  ③ 〈안쪽 카운터 싱크〉를 체크합니다.

● **안쪽 카운터 싱크 값을 다음과 같이 입력합니다.**
  ① 가까운 쪽 카운터 싱크 지름 을 '5'로 입력합니다.
  ② 안쪽 카운터 싱크 각도 를 '60'도로 입력합니다.

36 PropertyManager창의 위치 탭을 선택합니다.

37 탭 구멍을 내기 위해 그림과 같이 오른쪽 측면 한 곳을 클릭합니다.

38 키보드의 Esc키를 한 번 눌러서 구멍 삽입을 종료합니다.

39 그림과 같이 포인트와 원통 모서리를 Ctrl키를 누른 상태에서 선택한 후 ◎ 동심(N) 구속조건을 부가합니다.

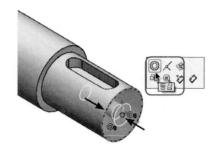

40 그래픽 영역 빈 공간을 마우스를 클릭하거나 ✔을 클릭하여 형상 구속조건 부가 정의를 종료합니다.

41 ✔(확인)을 클릭하여 구멍 가공 마법사 PropertyManager창을 닫습니다.

왼쪽에 있는 FeatureManager 디자인 트리창에 〈M4 나사 구멍1〉이 표시됩니다.

나사산 음영 표시

탭 구멍을 만들고 나사산 음영을 표시하기 위해서는 FeatureManager 디자인 트리의 주석에서 마우스 오른쪽 버튼 클릭 시 나오는 〈세부 사항...〉에 들어가 주석 속성창에서 〈음영 나사산〉을 체크해 주어야 합니다.

※ 음영 표시가 나타나지 않을 경우에는 '세부 사항...'밑에 〈주석 표시〉가 체크되어 있는지 확인해야 합니다.

---

42 다시 한 번 피처 도구 모음에서 구멍 가공 마법사🔩를 클릭합니다.

43 PropertyManager창의 유형 탭에 있는 구멍 유형 아래에서

① 구멍 유형으로 이전 버전용 구멍🔩을 선택합니다.

② 유형은 〈카운터 싱크 드릴〉로 선택합니다.

③ 단면 치수 값을 그림과 같이 입력합니다.

④ 마침 조건을 〈블라인드 형태〉로 선택합니다.

값	치수
2	지름
4	깊이
4.25	카운터-싱크 지름
60	카운터-싱크 각도
118도	드릴 각도

Tip>>
단면 치수에 깊이 값을 변경 시에는 마침 조건이 〈블라인드 형태〉로 되어 있어야만 합니다.

44 PropertyManager창의 위치 탭을 선택합니다.

45 센터 구멍을 내고자 하는 축의 왼쪽 끝 측면이 보이도록 축을 회전시켜 오른쪽 그림과 같이 임의의 위치에 포인트를 클릭합니다.

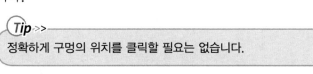

Tip >>
정확하게 구멍의 위치를 클릭할 필요는 없습니다.

46 키보드의 Esc 키를 한 번 눌러서 구멍 삽입을 종료합니다.

47 포인트와 축 원통 모서리를 Ctrl 키를 누른 상태에서 선택한 후 ◎ 동심(N) 구속조건을 부가합니다.

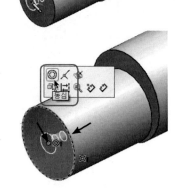

48 그래픽 영역 빈 공간을 마우스를 클릭하거나 ✅을 클릭하여 형상구속조건 부가 정의를 종료합니다.

49 ✅(확인)을 클릭하여 구멍 가공 마법사 PropertyManager창을 닫습니다.

　다섯 번째 피처가 완성이 되었으며 왼쪽에 있는 FeatureManager 디자인 트리창에 〈구멍 1〉이 표시됩니다.

50 표준 보기 방향 도구 모음에서 ◆(등각보기)를 클릭합니다. [단축키 : Ctrl +7]

51 피처 도구 모음에서 모따기⬜를 클릭합니다.

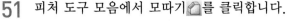

52 **PropertyManager창의 모따기 변수 아래에서**
　① 거리⬟를 '1'로 입력합니다.
　② 각도⬜를 '45'도로 입력합니다.

53 그림과 같이 축의 양쪽 끝 모서리 2개를 선택합니다.

54 ✅(확인)을 클릭합니다.

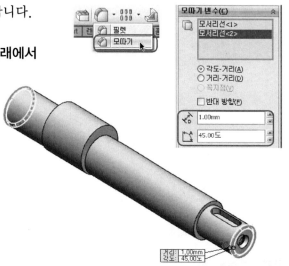

　왼쪽에 있는 FeatureManager 디자인 트리창에 〈모따기1〉이 표시됩니다.

55 다시 피처 도구 모음에서 모따기⬜를 클릭합니다.

56 **PropertyManager창의 모따기 변수 아래에서**

① 거리를 '2'로 입력합니다.

② 각도를 '30'도로 입력합니다.

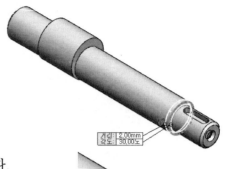

57 오일 실 삽입 모서리 1개를 그림과 같이 선택합니다.

> **Tip** >>
> 거리 2mm를 길이 방향(X축)으로 반드시 맞추어 주어야 합니다.
> 방향이 직경 방향(Y축)일 경우에는 분홍색 화살표를 클릭하거나
> PropertyManager의 반대 방향을 체크하여 방향을 변경해야만
> 합니다.

58 ✓(확인)을 클릭합니다.

왼쪽에 있는 FeatureManager 디자인 트리창에 〈모따기2〉가 표시됩니다.

59 피처 도구 모음에서 필렛을 클릭합니다.

60 **PropertyManager창의 필렛할**
항목 아래에서 : 반경을 '4'로 입력합
니다.

61 오일 실 삽입 모따기 상단 모서
리 1개를 그림과 같이 선택합니다.

> **Tip** >>
> 윤활유가 누유되는 것을 방지하는 오일 실 삽입 부위에 해당되는 축경에는 꼭 2mm의 30° 모따기와 반경
> 4mm의 필렛 작업을 해주어야 합니다.

62 ✓(확인)을 클릭합니다.

왼쪽에 있는 FeatureManager 디자인 트리창
에 〈필렛2〉가 표시됩니다.

전체적인 편심 축(Eccentric Shaft) 모델링이
완성되었습니다.

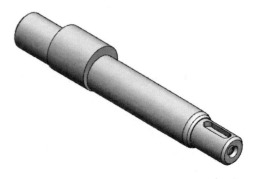

> **Tip** ››
>
> 축과 같은 분류의 부품은 3차원 등각도(입체도)를 표시할 때 절대 단면 처리를 하지 않습니다.

이제 완성된 파트를 저장합니다.

63 메뉴 모음에서 저장📁을 클릭하거나 메뉴 바에서 '파일−저장'를 클릭합니다.
　　[단축키 : Ctrl+S]

64 편심구동장치 폴더 안에 파일 이름을 '편심축'으로 명명하고 저장을 클릭합니다.
　　파일 이름에 확장명 .sldprt가 추가되어 '편심축.sldprt'로 저장됩니다.

※ 편심구동장치 품번④(가이드 부시)와 품번⑥(링크)은 간단한 부품이므로 모델링 작업 방법을 생략하겠습니다. 앞서
　 학습한 내용을 참조하여 독자분들이 직접 모델링해 보길 바랍니다.

네비게이터 navigator

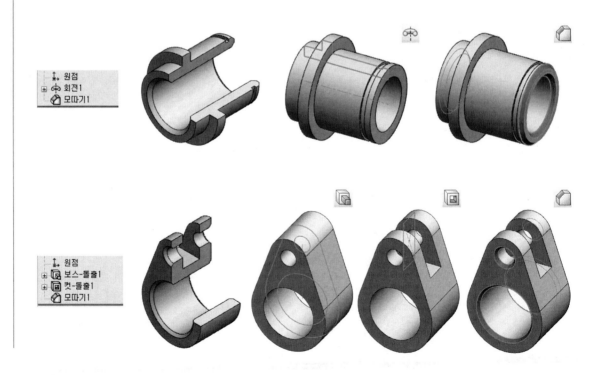

3차원 도면화 작업

여기서의 3차원 도면화 작업은 앞서 여러 수검 도면으로 학습한 내용과 중복되기 때문에 생략하고 결과만 보여드리고자 합니다. 독자분들이 결과를 보고 앞에서 학습한 내용을 참조하여 직접 3차원 도면화 작업을 하길 바랍니다.

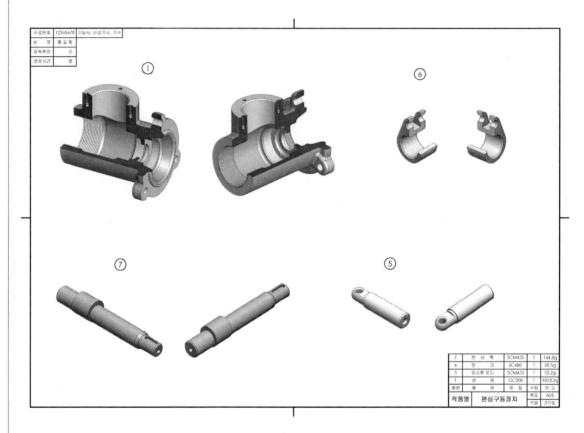

※ 수검 시 기본적으로 4~5개의 부품 투상으로 출제가 되기 때문에 여기서는 4개 부품만 배치하겠습니다. (① 본체,
  ⑤ 피스톤 로드, ⑥ 링크, ⑦ 편심 축)

기계 기사를 뺀 다른 종목들은 수검 시 유인물에 비중이 주어지며 주어진 비중을 이용하여 부품들의 중량(kg 또는 g)을 구해서 부품란 비고란에 기입을 해주어야 합니다. 단, 중량을 구할 때는 부품이 단면 상태가 아닌 반드시 완전한 형상에서 해야 합니다.

7	편 심 축	SCM435	1	144.8g
6	링 크	SC480	1	59.5g
5	피스톤 로드	SCM435	1	52.2g
1	본 체	GC200	1	1012.3g
품번	품 명	재 질	수량	비 고

작품명	편심구동장치	척도	N/S
		각법	3각법

자격증 시험 시 인쇄물과 파일도 제출해야 합니다. 단, SolidWorks의 자체 파일로 저장해서 파일을 제출할 경우 다른 소프트웨어와 파일 교환이 되지 않으므로 문제가 됩니다. 앞서 학습한 내용을 참조하여 아크로벳 PDF 파일로 저장하길 바랍니다.

2차원 도면화 작업

제3각법에 의해 A2 크기 영역 내에 1:1로 제도해야 하며 부품의 기능과 동작을 정확히 이해하여 투상도, 치수, 일반 공차와 끼워맞춤 공차, 표면거칠기 기호, 기하 공차 기호 등 부품 제작에 필요한 모든 사항을 기입하여 A3 용지에 출력해야 합니다.

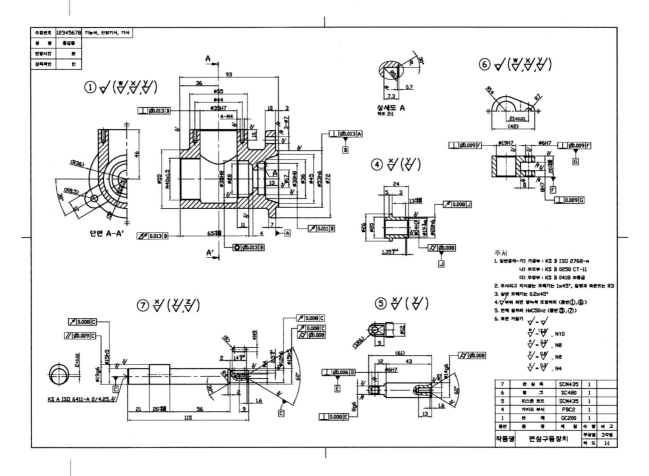

SolidWorks에서 모델링한 제품을 AutoCAD로 보내 최종적으로 2차원 도면화하는 작업을 배워보겠습니다.

① SolidWorks에서 AutoCAD로 보내기 위한 준비 단계

SolidWorks에서 작업한 모델링 부품을 AutoCAD로 보내기 위해서는 투상법과 단면도법을 정확히 이해하여 SolidWorks에서 각각의 부품투상도 배치와 단면을 미리 한 상태에서 AutoCAD로 보내는 것이 좋습니다.

01 표준 도구 모음에서 새 문서□를 클릭합니다.
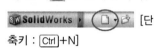 [단축키 : Ctrl+N]

[SolidWorks 새 문서] 대화상자가 나타납니다.

02 도면을 선택한 후 확인을 클릭합니다.

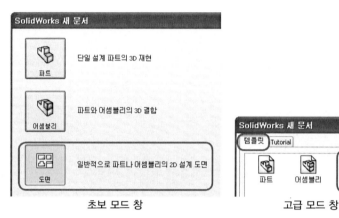

초보 모드 창   고급 모드 창

03 [시트 형식/크기] 대화상자에서 〈사용자 정의 시트 크기〉 항목을 체크합니다.

04 시트 크기를 A2 규격의 크기로 입력한 후 확인 버튼을 누릅니다.

> **Tip** >>
> A2 규격은 가로 594mm, 세로 420mm입니다.

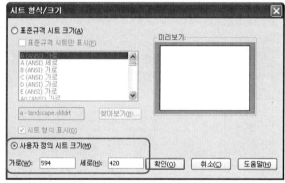

05 PropertyManager창의 시트1이나 그래픽 영역의 작업 시트지에서 마우스 오른쪽 버튼을 눌러 속성을 클릭합니다.

[시트 속성] 대화상자에서 배율은 1:1로, 투상법 유형은 〈제3각법〉을 체크하고 확인을 클릭합니다.

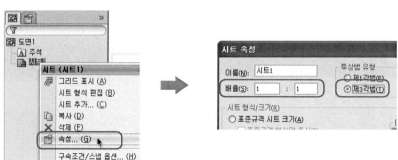

06 도면 도구 모음에서 모델 뷰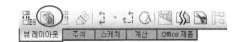를 클릭합니다.

07 삽입할 파트/어셈블리 항목의 '본체'를 더블클릭하거나 본체를 클릭하고 창 왼쪽 상단의 다음⊙을 클릭하여 다음 창으로 넘어갑니다.

Tip »

모델 뷰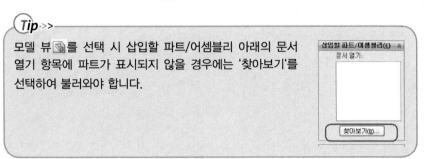를 선택 시 삽입할 파트/어셈블리 아래의 문서 열기 항목에 파트가 표시되지 않을 경우에는 '찾아보기'를 선택하여 불러와야 합니다.

08 다음 PropertyManager창에서
① 방향의 표준 보기를 (윗면)으로 클릭합니다.
② 표시 유형에서 (은선 제거)를 클릭합니다.
③ 배율을 〈시트 배율 사용〉으로 체크합니다.

09 시트지 상단 왼쪽 적당한 위치에 클릭하여 본체의 평면도만을 배치합니다.

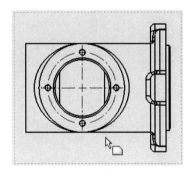

중요▶ 등각투상도 때문에 한쪽 단면도가 되어 있는 경우라면 해당 부품 파트를 열어 기능 억제↓를 한 후 불러와야 합니다.

배율 항목에서 기본 값인 시트 배율 사용이 1:1 경우에는 그대로 사용해도 되지만 1:1 설정이 안 된 경우에는 〈사용자 정의 배율 사용〉을 체크하고 반드시 1:1로 선택해야 합니다.

10 ✔(확인)을 클릭하여 PropertyManager창을 닫습니다.

11 다른 부품(가이드 부시, 피스톤 로드, 링크, 편심축)들도 작업 6번~작업 10번과 같이 실행하여 아래 그림과 같이 시트지 적당한 위치에 배치하여 줍니다.

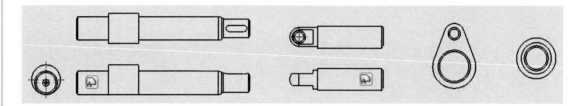

Tip>>
편심축은 🔲(정면)을 배치한 후 마우스를 위쪽으로 끌어 평면도를 배치하고 또 마우스를 좌측으로 끌어 좌측면도를 배치해야 합니다. 같은 방법으로 피스톤 로드도 🔲(정면)을 배치 후 마우스를 위쪽으로 끌어 평면도를 배치합니다. 나머지 링크와 가이드 부시는 독자가 직접 모델링한 방향을 기준으로 그림과 같이 배치해 주어야 합니다.

링크와 가이드 부시는 SolidWorks에서 단면도 ‡를 사용하여 정면도를 전단면도(=온단면도)로 생성해야 하기 때문에 우선적으로 윗 그림과 같이 배치하였습니다.

Tip>>
만약 편심축 배치 시 평면도나 좌측면도를 배치하지 못했다면 도면 도구 모음이나 뷰 레이아웃 매니저에서 투상도 ‡를 사용하여 배치할 수가 있습니다.

지금부터는 2차원 제도법에 맞게 투상이 표현되도록 편집하는 것을 배워보겠습니다.

12 빠른 보기 도구의 영역 확대🔍로 '본체' 부분만을 확대합니다.

13 도면 도구 모음에서 단면도 ‡를 클릭합니다.

14 그림과 같이 정확히 절반으로 수평 절단선을 그린 다음 마우스를 아래쪽으로 옮겨 적당한 위치에 정면도가 될 단면도를 배치합니다.

※ 왼쪽 중간점 스냅에서 약간 바깥쪽으로 포인트를 떨어뜨려 수평으로 스케치하는 것이 좋습니다.

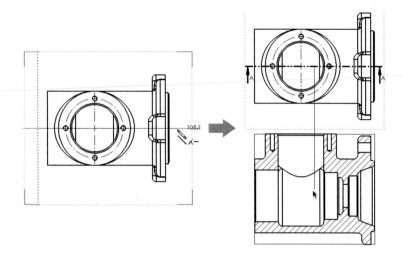

Tip ＞＞

● 절단선을 정확히 스냅(중간점)에서부터 시작하였을 경우에는 다음 과 같은 대화창이 뜹니다. 〈예(Y)〉를 클릭하여 계속 진행해도 문제 가 생기질 않습니다.

● 절단된 단면도가 거꾸로 나올 경우에는 절단선을 스케치하면 나타 나는 PropertyManager창에서 〈반대 방향〉을 체크하여 절단된 방 향을 변경할 수가 있습니다.

15 도면 도구 모음에서 단면도 ↕를 클릭합니다.

16 이번에는 본체 정면도에서 그림과 같은 위치에 수직 절 단선을 그린 다음 마우스를 왼쪽으로 옮겨 적당한 위치에 좌측 면도가 될 단면도를 배치합니다.

※ 윗쪽 중간점 스냅에서 약간 바깥 쪽으로 포인트를 떨어뜨려 수직 으로 스케치하는 것이 좋습니다.

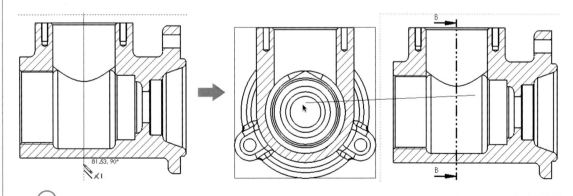

Tip ＞＞

절단된 단면도가 거꾸로 나올 경우에는 절단선을 스케치하면 나타나는 PropertyManager창에서 〈반대 방 향〉을 체크하여 절단된 방향을 변경할 수가 있습니다.

17 스케치 도구 모음에서 코너 사각형□을 클릭합니다.

18 절반만 보이게 될 본체의 좌측면도 왼쪽에 그림과 같이 그립니다.

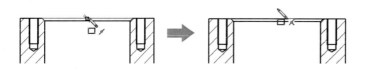

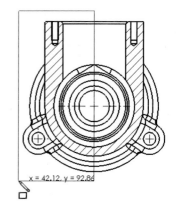

> **Tip** >>
> 정확히 절반에 스케치를 해야 하기 때문에 중간점 스냅에서 커서를 위쪽으로 약간 떨어뜨려 코너 사각형을 스케치합니다.

19 도면 도구 모음에서 부분도를 클릭합니다.

코너 사각형 테두리 안쪽 부분만 남게 됩니다.

본체 좌측면도가 좌우 대칭이므로 절반만 도시하여야 투상도 배치와 치수 기입 시 유리합니다.

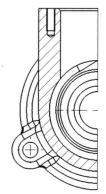

20 정면도에서 마우스 오른쪽 클릭 후 접선의 접선 숨기기로 필요없는 접선은 숨겨줍니다.

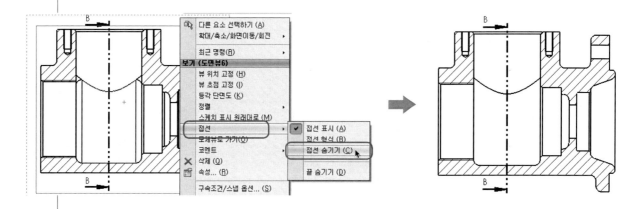

21 선 형식 도구 모음에서 모서리 숨기기/표시를 클릭합니다.

22 접선을 숨길 대상인 본체의 좌측면도를 선택하면 모서리 숨기기/표시 PropertyManager 창이 표시됩니다.

23 PropertyManager창의 접선 모서리 필터 항목
아래에서

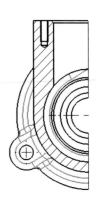

① 비평면 모서리 숨기기 버튼을 클릭합니다.

② 블렌드 모서리 숨기기 버튼을 클릭합니다.

※ 그림과 같이 숨겨질 모서리가 주황색으로 미리보기 됩니다. 그
러나 문제는 필요한 모서리도 같이 숨겨져 없어지기 때문에 이
럴 때는 마우스 커서🖱로 남기고자 하는 모서리를 여러 번 클
릭하여 주황색에서 다시 검정색으로 표시되게 해야 합니다.

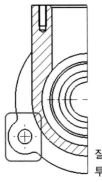

잘못된
투상도 모습

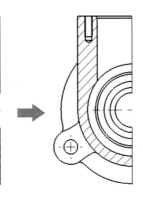

그림과 같이 총6군데 필요한 모
서리를 마우스 커서🖱로 클릭하
여 표시된 올바른 투상도 모습

24 ✔(확인)을 클릭하거나 마우스 오른쪽 버튼을 클릭하여 모서리 숨기기/표시 Property-
Manager창을 닫습니다.

Tip ››

선 형식 도구 모음의 모서리 숨기기/표시🔲는 SolidWorks 2010버전부터 추가된 기능이므로 전 버전 소프
트웨어를 사용할 경우에는 **20**번 작업처럼 접선을 모두 숨기거나 접선이 있는 상태로 AutoCAD로 불러와서
선을 따로 추가하거나 불필요한 접선을 지우는 것이 더 빠른 작업이 될 수가 있습니다.

25 좌측면도 베어링 삽입부 구멍의 모따기 선과 필렛 작업으로 생긴 접선은 투상도 작업 시
필요없는 선이므로 숨겨 주어야 합니다. 숨길 선을 마우스 왼쪽 버튼으로 클릭 시 나타나는 상
황별 도구 모음 중 모서리 숨기기/표시🔲로 숨겨 줍니다.

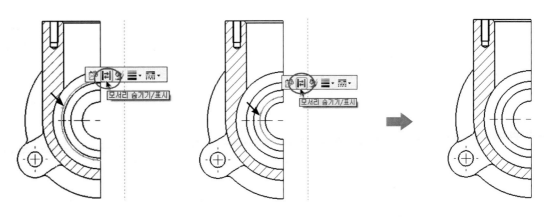

26 주석 도구 모음에서 중심선을 클릭합니다.

27 그림과 같이 본체 정면도와 좌측면도에 중심선을 추가합니다.

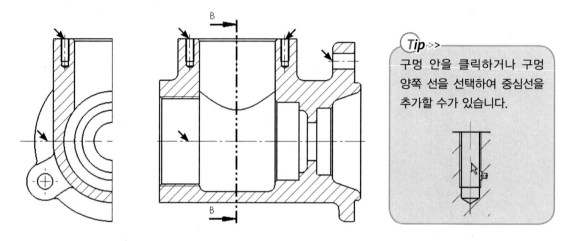

Tip >>
구멍 안을 클릭하거나 구멍 양쪽 선을 선택하여 중심선을 추가할 수가 있습니다.

중심선 길이가 짧으면 생성된 중심선을 드래그(Drag)하여 길이를 맞추어 줍니다. 본체의 평면도는 2차원 도면화 작업 시 필요가 없는 부분이므로 AutoCAD에서 지워야 합니다.

● **본체의 투상이 완료되었으며 다음으로 가이드 부시를 2차원 제도법에 맞게 편집하는 것을 배워보겠습니다.**

28 빠른 보기 도구의 영역 확대로 가이드 부시 부분만을 확대합니다.

29 도면 도구 모음에서 단면도를 클릭합니다.

30 위쪽 사분점을 기준으로 수직 절단선을 그린 다음 마우스를 오른쪽으로 옮겨 적당한 위치에 정면도가 될 단면도를 배치합니다.

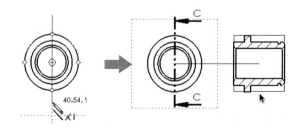

31 주석 도구 모음에서 중심선을 클릭하여 그림과 같이 정면도에만 중심선을 추가합니다. 가이드 부시 측면도는 필요가 없으므로 AutoCAD에서 지워야 합니다.

가이드 부시의 투상이 완료되었으며, 다음으로 피스톤 로드를 2차원 제도법에 맞게 편집하는 것을 배워보겠습니다.

32 빠른 보기 도구의 영역 확대🔍로 피스톤 로드 부분만을 확대합니다.

33 도면 도구 모음에서 부분 단면도🖼를 클릭합니다.

마우스 포인터가 ✎모양으로 바뀝니다.

34 오른쪽 그림과 같이 피스톤 로드 정면도 왼쪽 부위에 폐구간 형태로 스케치합니다.

닫힌 형태───✎로 스케치가 완료됨과 동시에 부분 단면 PropertyManager창이 표시됩니다.

35 평면도 안쪽 구멍 모서리를 클릭하고 PropertyManager창의 미리보기를 체크합니다.

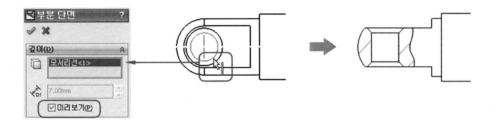

36 ✔(확인)을 클릭하여 부분 단면 PropertyManager창을 닫습니다.

37 다시 한 번 도면 도구 모음에서 부분 단면도🖼를 클릭하여 이번에는 정면도 오른쪽 부위에 그림과 같이 폐구간 형태로 스케치합니다.

38 정면도 원통 상단 모서리를 클릭하고 PropertyManager창의 〈미리보기〉를 체크합니다.

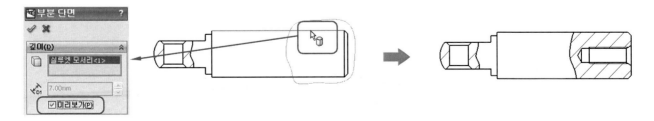

Tip >>

가급적 도형을 선택하면 나타나는 보기 도구 모음에서 표시 유형📦·을 실선 표시⬜로 선택하여 내부 위
치를 확인하면서 부분 단면도를 스케치하는 것이 좋습니다.

39 ✔(확인)을 클릭하여 부분 단면 PropertyManager창을
닫습니다.

40 평면도에서 마우스 오른쪽 클릭 후 접선의 접선 숨기기
로 필요없는 접선은 숨겨줍니다.

41 평면도 구멍의 모따기 선은 필요없는 선이므로 숨겨주어
야 합니다.

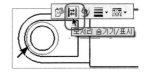

숨길 선을 마우스 왼쪽 버튼으로 클릭 시 나타나는 상황별
도구 모음 중 모서리 숨기기/표시🔲로 숨겨 줍니다.

42 스케치 도구 모음에서 자유곡선∿을 클릭합니다.

43 평면도를 부분투상도로 만들기 위해 그림과 같이 폐구간으로 스케치합니다.

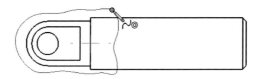

44 도면 도구 모음에서 부분도🔖를 클릭합니다.
자유곡선 테두리 안쪽 부분만 남게 됩니다.

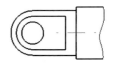

45 주석 도구 모음에서 중심선⊞과 중심 표시⊕를 클릭하여 그림과 같이 정면도와 평면도
에 중심선을 추가합니다.

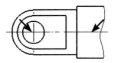

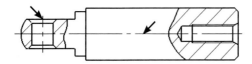

Tip >>

원통 부위를 클릭하여 중심선이 추가가 안 될 경우에
는 원통의 양쪽 선을 선택하여 중심선을 추가할 수가
있습니다. 중심선 길이가 짧으면 생성된 중심선을 드
래그(Drag)하여 길이를 맞추어 줍니다.

피스톤 로드의 투상이 완료되었으며 나머지 부품인 링크와 편심 축은 학습한 내용을 참조하여 아래 그림과 같이 완성하길 바랍니다.

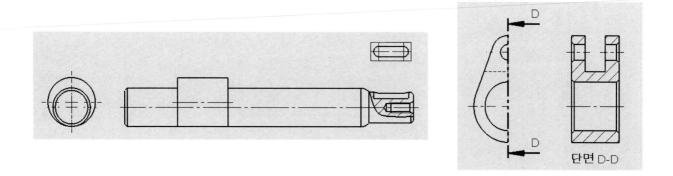

46 표준 도구 모음에서 다른 이름으로 저장 📠을 클릭합니다.

47 다른 이름으로 저장 창에서
① 저장 위치를 편심구동장치 폴더로 지정해 줍니다.
② 파일이름을 '2d투상도'라고 입력합니다.
③ 파일 형식을 'Dxf'로 선택합니다.
④ 저장을 클릭합니다.

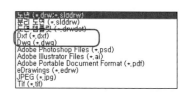

Tip 〉〉
가급적 AutoCAD 파일로 저장 시 다른 이름으로 저장 창의 〈옵션〉 버튼을 클릭하여 내보내기 옵션 항목 중 버전을 낮은 R2000~2002를 사용할 것을 권장합니다.

② AutoCAD에서 투상도의 수정 및 편집

SolidWorks에서 도면화 작업 시 KS제도법에 맞지 않는 불필요한 형상이 존재하는데 이것을 AutoCAD로 불러와 수정해서 2차원 도면을 완성해야 합니다.

01 AutoCAD를 실행합니다.

02 Command 명령어 입력줄에 〈OPEN〉을 입력합니다.
[단축키 : Ctrl+O]

Select File 대화상자가 나타납니다.

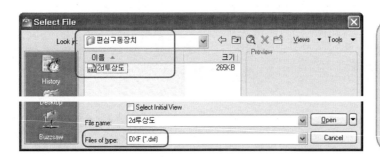

03 Look in: 항목에서 편심구동장치 폴더가 아닌 경우에는 있는 위치로 찾아가야 합니다.

04 SolidWorks에서 저장한 '2d투상도.dxf'를 불러옵니다.

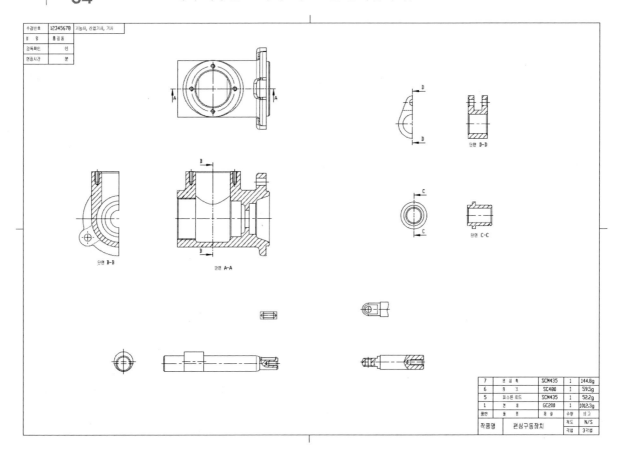

윤곽선과 표제란 등과 같이 불러온 화면

05 불러온 도면에서 우선적으로 각각의 부품마다 그림과 같이 필요 없는 형상을 지워줍니다.
필요없는 도형을 클릭하고 키보드의 [Del]키를 누르거나 [ERASE][단축키:E]를 입력하고 [Enter]를
하여 지웁니다.

[본체]

필요없는 평면도를 지웁니다.

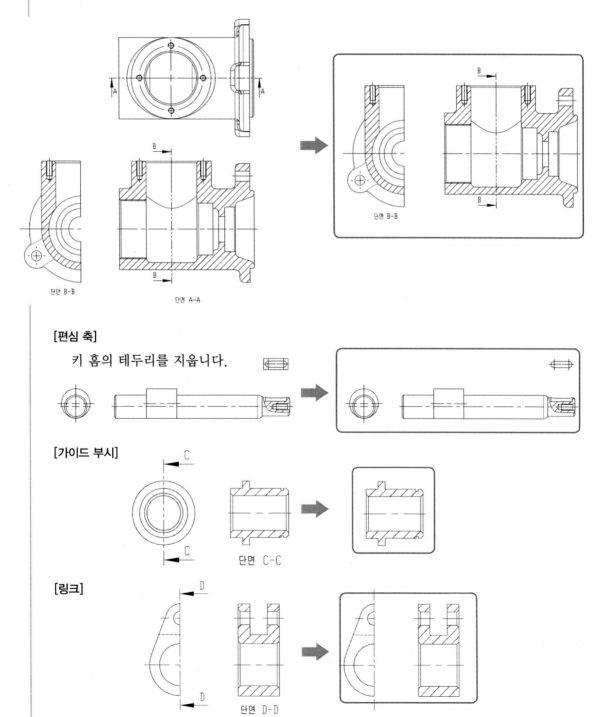

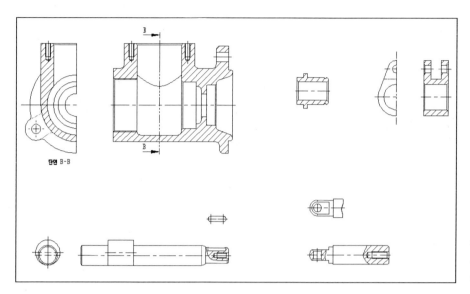

AutoCAD에서 필
요 없는 투상도를
모두 제거한 상태

다음으로 AutoCAD에서는 도형의 색상을 사용하여 출력할 때 선의 굵기를 정하기 때문
에 흰색으로 정의된 부품들의 색상을 변경해 주어야 합니다.

06 Command 명령어 입력줄에 〈LAYER〉를 입력합니다. [단축키 : LA]
앞에서 학습한 내용을 참조하여 3개(외형선–초록색, 숨은선–노란색, 중심선–빨간색)의 레
이어를 만듭니다.

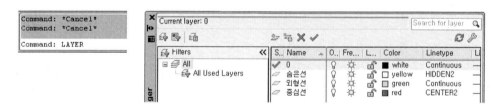

07 Command 명령어 입력줄에 〈FILTER〉를 입력합니다. [단축키 : FI]

08 필터 대화상자에서 'Add Selected Object〈'를 클릭하고, 도면에서 외형선 한 개를 선택
하여 줍니다.

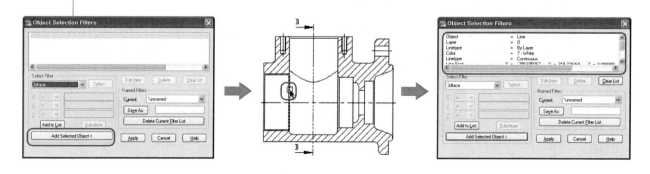

09 LIST 안에 나열된 정보 중에 필요한 정보만을 오른쪽과 같이 남기고 나머지는 지워버립니다.

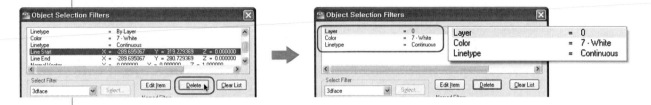

LIST 안에서 필요 없는 정보를 선택하고 해당창의 Delete 버튼을 클릭하여 지웁니다.

10 〈Apply〉를 클릭하여 필터 대화상자를 닫습니다. ALL입력하고 Enter, Enter 를 합니다.

결과는 LIST 안의 내용과 일치한 도형들이 모두 선택되고 숨은선과 중심선만 선택에서 제외가 됩니다.

11 AutoCAD 화면 위쪽에 있는 Layer 툴 바에서 〈외형선〉을 선택합니다.

레이어에 설정된 조건을 사용하기 위해선 Properties 툴 바의 조건 3가지가 모두 ByLayer로 되어 있어야만 합니다.

필터(Filter) 명령으로 선택된 모든 도형들이 레이어 도면층인 외형선의 속성으로 모두 변경된 것을 화면상에서 확인할 수가 있습니다.

12 Command 명령어 입력줄에 〈FILTER〉를 입력합니다. [단축키 : FI]

필터 대화상자에서 〈Clear List〉 버튼을 눌러 기존에 내용을 모두 지워 버린 후 'Add Selected Object〈'를 클릭하고 도면에서 중심선 한 개를 선택하고 LIST 안에 나열된 정보 중에 필요한 정보만을 다음 그림과 같이 남기고 나머지는 Delete 로 지워버립니다.

13 〈Apply〉를 클릭하여 필터 대화상자를 닫습니다. ALL입력하고 Enter, Enter를 한 후 AutoCAD 화면 위쪽에 있는 Layer 툴 바에서 중심선을 선택합니다.

레이어에 설정된 조건을 사용하기 위해선 Properties 툴 바의 조건 3가지가 모두 ByLayer 로 되어 있어야만 합니다.

필터(Filter) 명령으로 선택된 모든 도형들이 레이어 도면층인 중심선의 속성으로 모두 변경 된 것을 화면상에서 확인할 수가 있습니다.

14 Command 명령어 입력줄에 〈FILTER〉를 입력합 니다. [단축키 : FI]

필터 대화상자에서 〈Clear List〉 버튼을 눌러 기존의 내용을 모두 지워 버린 후 'Add Selected Object〈'를 클릭하고 도면에서 해칭선 한 개를 선택하고 LIST 안에 나열된 정보 중에 필요한 정보만을 그림과 같이 남기고 나머지는 Delete로 지워버립니다.

15 Apply를 클릭하여 [필터] 대화상자를 닫습니다.

ALL입력하고 Enter, Enter를 한 후 AutoCAD 화면 위쪽에 있는 Properties 툴 바의 색상 선 택 항목에서 빨간색(가는선)을 선택합니다.

필터(Filter) 명령으로 선택된 모든 해칭선이 빨간색으로 변경된 것을 화면상에서 확인할 수 가 있습니다.

Tip>>
> 필터(Filter) 명령으로 변경이 안 된 외형선, 중심선, 해칭선, 파단선은 개별적으로 수정해 주어야하며 이때 MATCHPROP[단축키 : MA] 명령을 사용하면 편합니다.

앞에서 학습한 내용을 참조하여 변경이 안 된 부분들을 다음과 같이 수정하여 투상도를
완성해야 합니다.

[본체]

탭(TAP)에 불완전 나사
부를 추가시켜 주어야 하
며 나사부(완전나사와 불
완전 나사)를 모두 가는선
(빨간색)으로 변경해 주어
야 합니다.

좌측 면도 중심선을 그
림과 같이 편집한 후 수직
중심선 위아래에 대칭 표
시(빨간색)를 추가해야 합
니다.

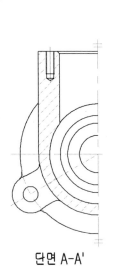
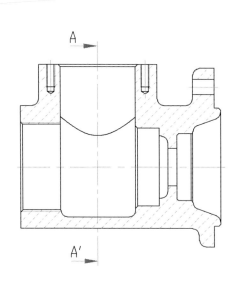

단면 A-A'

본체 투상도 주요 부위 편집하는 방법

① 불완전 나사부 그리는 방법

Command 명령어 입력줄에 〈LINE〉을 입력합니다. [단축키 : L]

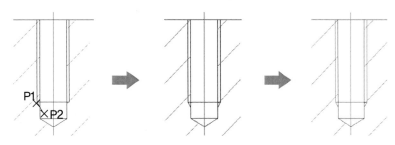

그림과 같이 P1을 클릭한 후 '〈-60'를 입력하고 Enter를 하고 마우스를 움직이면 -60°방향으로만 움직이며 이
때 적당한 위치(P2)에 클릭합니다. Enter를 하여 LINE 명령을 종료합니다.
TRIM [단축키 : TR]으로 필요 없는 부분을 자르고 반대편으로 MIRROR [단축키 : MI]하여 완성합니다. 또한
완전나사부와 불완전 나사부의 직선을 선택하여 빨간색으로 변경해야 합니다.

② 대칭 표시를 그리는 방법

RECTANGLE [단축키 : REC]로 빈 공간에 @4,1.5 사각형을 그립니다.
MOVE [단축키 : M]로 사각형을 대칭이 되는 중심선에 NEArest(임의점)
으로 이동시킵니다. 색상을 빨간색(가는선)으로 변경한 후 EXPLODE [단
축키 : X]시켜 사각형의 수직선 2개를 지웁니다.
COPY [단축키 : CO]로 반대편으로 복사하여 완성합니다.

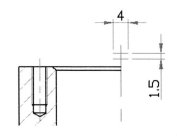

[피스톤 로드]

본체에서와 같이 탭(TAP)에 불완전 나사부를 추가시켜 주어야 하며 나사부(완전나사와 불완전 나사)를 모두 가는선(빨간색)으로 변경해 주어야 합니다.

부분단면도 파단선을 가는선(빨간색)으로 변경해 주어야 하며 평면도에 평평한 부분에 평면 표시(가는선)를 해야 합니다.

피스톤 로드 평평한 부분에 평면 표시하는 방법

축과 같은 부품 일부분에 평평한 부분이 있을 경우에는 반드시 가는선(빨간색)으로 평면 표시를 해주어야 하며 그 방법은 다음과 같습니다.

첫 번째 그림처럼 LINE [단축키 : L]으로 원의 사분점에 수평선과 수직선을 교차되게 그려줍니다. 두 번째 그림처럼 교차점에 대각선 2개를 그립니다. Del 키를 누르거나 ERASE [단축키 : E]로 수평선과 수직선을 지우고 나서 네 번째 그림처럼 TRIM [단축키 : TR]을 하고 대각선을 초록색으로 그렸다면 반드시 빨간색으로 변경해 주어야 합니다.

[링크]

가급적 링크는 오른쪽 그림처럼 ROTATE [단축키 : RO]로 회전시켜 주어야 하며 중심선을 그림과 같이 편집한 후 평면도 수평 중심선 양 옆에 대칭 표시(빨간색)를 추가해야 합니다.

평면도의 숨은선은 레이어 도면층인 숨은선으로 속성을 변경해 주어야 합니다.

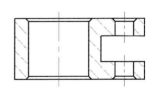

[편심 축]

탭(TAP)에 불완전 나사부를 추가시켜 주어야 하며 나사부(완전나사와 불완전 나사)를 모두 가는선(빨간색)으로 변경해 주어야 합니다.

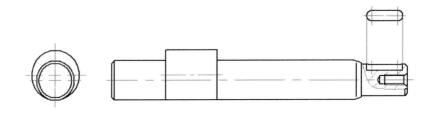

키 홈에 중심선을 추가하고 가는실선(빨간색)으로 키 홈의 양쪽 끝을 이어주어야 합니다. 부분단면도의 파단선을 가는실선(빨간색)으로 변경해 주어야 하며 좌측면도의 센터 구멍은 2차원에서는 생략을 하므로 지워주어야 합니다.

오일 실이 삽입되는 축 오른쪽 모따기 접선을 다음 그림과 같이 편집해 주어야 합니다.

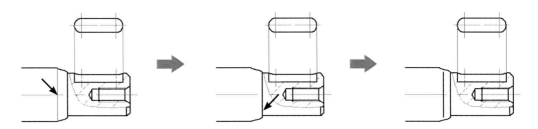

첫 번째 그림의 기존의 접선을 Del 키를 누르거나 ERASE[단축키 : E]로 지우고 OFFSET [단축키 : O]으로 두 번째 그림의 수직선을 선택하여 왼쪽 방향으로 2mm를 오프셋시켜 세 번째 그림처럼 접선을 완성해야 합니다.

AutoCAD에서 모든 부품들의 투상도 편집이 완성되었습니다.

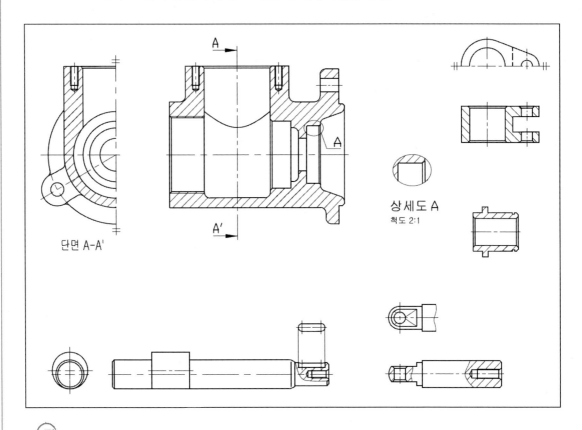

상세도 A
척도 2:1

단면 A-A'

Tip ››

앞에서 학습한 동력전달장치를 참조하여 본체의 오일 실 삽입부에 상세도를 추가해 주어야 합니다. 스케치 도구 모음의 타원⌀으로 오일 실 삽입 구멍 부위에 스케치를 한 후 도면 도구 모음의 상세도 Ⓐ로 배율 2:1로 지정하여 추가하면 됩니다.

③ 완성된 투상도에 치수 기입하기

치수 기입을 하면서 부품 간의 결합되는 부위에 KS규격에 알맞은 끼워맞춤 공차와 일반 공차를 기입해야 하며 KS규격에 없는 공차는 자격증 시험 시 일반적으로 적용되는 범위의 공차를 기입해야 합니다.

치수 기입 전에 치수 환경이 먼저 설정되어 있어야 합니다. 앞에서 학습한 동력전달장치에서 설정한 치수 환경을 참조하여 DIMSTYLE [단축키 : D 또는 DDIM]를 설정합니다.

01 치수 기입 시 가장 중요한 부분이 베어링 삽입부이기 때문에 수검 도면에서 베어링 계열 번호를 확인하고 KS규격집에서 베어링의 안지름(d)×바깥지름(D)×폭(B) 치수를 찾습니다.

수검 도면의 깊은 홈 볼 베어링의 계열 번호가 6202 이므로 [안지름 15×바깥지름 35×폭 11] 입니다.

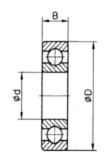

KS규격집 '깊은 홈 볼 베어링' 항목

호칭 번호 (62계열)	치수			
	d	D	B	r
6200	10	30	9	0.6
6201	12	32	10	0.6
6202	15	35	11	0.6
6203	17	40	12	0.6
6204	20	47	14	1
6205	25	52	15	1

02 베어링과 연관된 부품들에 대한 치수 기입을 하겠습니다.

[본체]

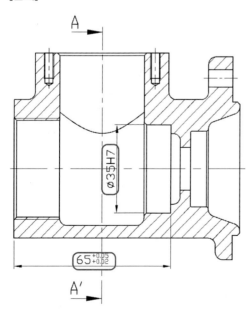

- DIMLINEAR [단축키 : DLI] : 수평 및 수직 치수 기입만 가능합니다.
- 치수 문자 앞에 ∅ 는 특수 문자인 %%C를 입력하면 됩니다.
- 일반 공차(허용한계 치수)를 AutoCAD에서 적용하는 방법은 앞에서 학습한 동력전달장치 부분을 참조하면 됩니다.

Tip >>
가급적 치수 기입은 레이어 0층을 활성화하여 기입하는 것이 좋습니다.

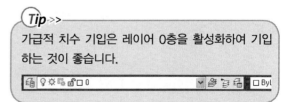

해설▶ 베어링 삽입부에 베어링 바깥지름인 $\phi 35$가 기입되어야 하며 외륜 정지 하중이므로 H7 끼워맞춤 공차가 들어갑니다.

KS규격집 '베어링의 끼워맞춤' 항목

하우징 구멍 공차		
외륜 정지 하중	모든 종류의 하중	H7
외륜 회전 하중	보통하중 또는 중하중	N7

길이 치수 65는 스케일로 실척하여 기입되었으며 일반 공차 $^{+0.05}_{+0.02}$가 들어간 이유는 윤활유가 밖으로 새지 않게 품번3번(커버)과 완전 밀착시켜 밀봉시켜야 하는 중요 치수이기 때문입니다. 치수 $65^{+0.05}_{+0.02}$의 $^{+0.05}_{+0.02}$ 공차는 수검 시 적용되는 일반 공차로 $^{+0.05}_{+0.02}$가 아닌 다른 공차 값으로도 기입될 수가 있으며, 꼭 +값 공차만을 적용해야 합니다.

[축]

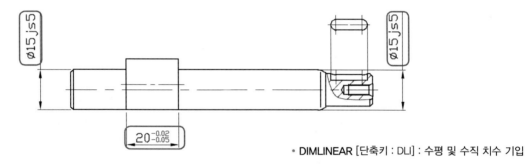

• DIMLINEAR [단축키 : DLI] : 수평 및 수직 치수 기입

해설▶ 베어링 삽입부에 베어링 안지름인 $\phi 15$가 기입되어야 하며, 축경이 $\phi 18$ 이하이므로 js5 끼워맞춤 공차가 들어갑니다.

KS규격집 '베어링의 끼워맞춤' 항목

내륜회전 하중 또는 방향 부정 하중(보통 하중)			
볼 베어링	원통, 테이퍼 롤러 베어링	자동조심 롤러 베어링	허용차 등급
축 지름			
18 이하	–	–	js5
18 초과 100 이하	40 이하	40 이하	k5

$20^{-0.02}_{-0.05}$ 치수는 본체의 길이 치수 $65^{+0.05}_{+0.02}$와 연관된 치수이므로 중요 치수가 됩니다. 윤활유가 밖으로 새지 않게 완전 밀봉시키기 위해 $^{-0.02}_{-0.05}$ 일반 공차가 들어갑니다. 비유하자면 $65^{+0.05}_{+0.02}$는 바구니가 되며 그 안에 들어 있는 20mm는 바구니 안에 들어가기 위해서 바구니보다 작아야 하기 때문에 – 값 공차가 적용되는 것입니다.

$20^{-0.02}_{-0.05}$ 치수의 $^{-0.02}_{-0.05}$ 공차는 수검 시 적용되는 일반 공차로 $^{-0.02}_{-0.05}$가 아닌 다른 공차 값으로도 기입할 수가 있으며, 꼭 – 값 공차만을 적용해야 합니다.

[링크]

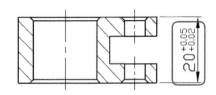

• DIMLINEAR [단축키 : DLI] : 수평 및 수직 치수 기입

해설▶ 편심 축의 치수 $20_{-0.05}^{-0.02}$ 부분과 정확히 맞아떨어져야 윤활유가 밖으로 새지 않게 완전 밀봉시킬 수가 있으므로 기준 치수 20mm에 일반 공차 $_{+0.02}^{+0.05}$가 적용됩니다.

03 베어링 못지않게 중요한 오일 실과 연관된 부품들의 치수 기입을 하겠습니다.

[본체]

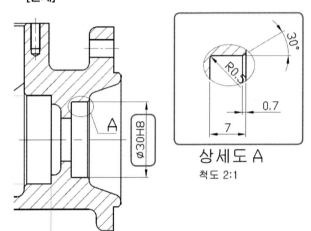

상세도 A
척도 2:1

• DIMLINEAR [단축키 : DLI] : 수평 및 수직 치수를 기입합니다.
• DIMANGULAR [단축키 : DAN] : 각도 치수를 기입합니다.
• DIMRADIUS [단축키 : DRA] : 원호의 반지름 치수를 기입합니다.

해설▶ 오일 실 안지름과 접촉되는 축경(ϕ15)을 먼저 찾은 다음 KS규격에서 바깥지름(D)과 폭(B) 값을 찾아 본체 정면도와 상세도에 치수 기입을 해야 합니다. 오일 실 바깥지름과 결합되는 본체에 ϕ30 치수를 기입하고 반드시 오일 실 바깥지름에 삽입되는 구멍에는 H8 끼워맞춤 공차를 적용해야 합니다.

상세도 치수에서 7은 오일 실 폭(B)이며, 0.7은 오일 실 폭(7)×0.1=0.7로 계산해서 기입해야 합니다. 각도 30°와 R0.5는 오일 실 크기에 상관없이 상세도에 그대로 적용해서 기입하면 됩니다.

KS규격집 '오일 실' 항목

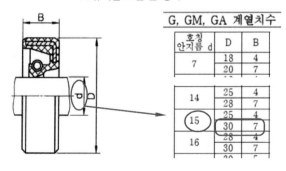

호칭 안지름 d	D	B
7	18	4
	20	7
14	25	4
	28	7
15	25	4
	30	7
16	28	4
	30	7

G, GM, GA 계열치수

※ 수검 시 오일 실은 G계열만을 사용하며 바깥지름(D)과 폭(B) 값을 기본적으로 작은 값으로 찾아 치수 기입을 해야 하지만 지금과 같이 수검 도면 상에 크기와 비교하여 차이가 클 때는 큰 값을 적용해 주어야 합니다.

[편심 축]

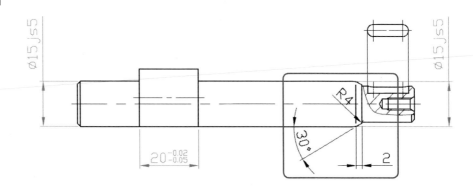

> **해설** ›› 오일 실 안지름 부위가 축과 접촉하여 밀봉을 해주므로 축에 오일 실 결합 시 오일 실
> 이 파손되는 것을 방지하기 위해 오일 실이 결합되는 축경 부위에 그림과 같이 모따기
> 와 필렛 처리를 해야 합니다. 치수 기입은 그림과 같이 각도 30°, R4, 2를 그대로 기입
> 하면 됩니다.

Tip ››
오일 실 바깥지름과 결합되는 커버 구멍의 끼워맞춤은 H8이며, 오일 실 안지름과 결합되는 축의 끼워맞춤
은 h8입니다. 그러나 현재 축경 ∅15에 베어링도 결합되기 때문에 공차가 중복된 경우에는 정밀한 공차를
우선적으로 적용합니다. 그래서 축에는 h8이 아닌 js5가 적용되었습니다.

04 다음은 피스톤 로드와 연관된 부품들의 치수 기입을 하겠습니다.

[피스톤 로드]

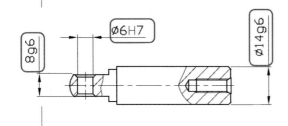

Tip ››
기본적인 끼워맞춤 공차는 다음과 같습니다.

	구멍	축	적용하는 곳
헐거움 끼워맞춤		g6	운동과 마찰이 있는 결합부
중 간 끼워맞춤	H7	h6	정지나 고정된 모든 결합부
억 지 끼워맞춤		p6	탈선이 우려가 되는 결합부

> **해설** ›› 링크(품번⑥)와 결합되는 부분 2곳을 스케일로 실척하여 8, ∅6이 기입되었으며 구멍
> (∅6)은 핀 결합부이므로 일반적인 구멍 공차 H7 끼워맞춤 공차가 들어갑니다. 링크
> 안에 결합되는 치수(8)는 편심구동장치를 작동시킬 때 링크와 마찰 운동이 일어나므로
> 헐거움 끼워맞춤 공차 g6이 적용됩니다.
>   가이드 부시(품번④)와 결합되는 축경을 스케일로 실척하여 ∅14가 기입되었으며 작
> 동 시 가이드 부시 안에서 미끄럼 운동(직선 운동)이 발생하므로 헐거움 끼워맞춤 공차
> g6이 적용됩니다.

[링크]

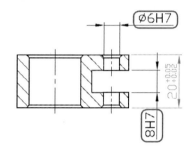

• DIMLINEAR [단축키 : DLI] : 수평 및 수직 치수를 기입합니다.

해설▶ 피스톤 로드(품번⑤)와 결합되는 2곳의 기준 치수(8, ∅6)가 정확히 그림과 같이 링크에서도 일치해야만 하며, 2곳 모두 결합부 구멍에 해당되므로 일반적인 구멍 공차 H7 끼워맞춤 공차가 표기됩니다.

[가이드 부시]

해설▶ 피스톤 로드(품번⑤)와 결합되는 기준 치수(∅14)가 정확히 그림과 같이 가이드 부시에서도 일치해야만 하며 결합부 구멍이기 때문에 일반적인 구멍 공차 H7 끼워맞춤 공차가 표기됩니다.

05 편심 축과 링크, 두 부품 간에 연관된 치수 기입을 하겠습니다.

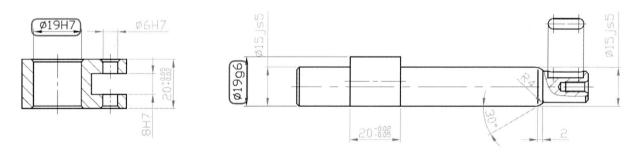

해설▶ 두 부품 간에 결합되는 곳을 스케일로 실척하여 ∅19가 기입되었으며 링크의 치수(∅19)는 구멍 결합부이므로 일반적인 구멍 공차 H7 끼워맞춤 공차가 들어가며 편심축의 치수(∅19)는 링크 안에 결합되어 편심구동장치를 작동시킬 때 서로 간에 마찰 운동이 일어나므로 헐거움 끼워맞춤 공차 g6이 적용됩니다.

투상된 모든 부품들 간의 연관된 치수가 끝났습니다.

06 다음으로는 KS규격집에서 찾아 기입해야 하는 부품들의 치수 기입을 하겠습니다.

[편심 축]

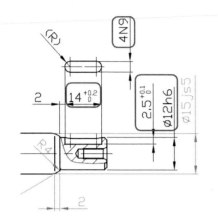

KS규격집 '평행 키 (키 홈)' 항목

b₁ 및 b₂의 기준 치수	활동형		보통형		t₁의 기준 치수	t₂의 기준 치수	t₁ 및 t₂의 허용차	적용하는 축지름 d (초과~이하)
	b₁ 허용차	b₂ 허용차	b₁ 허용차	b₂ 허용차				
2					1.2	1.0		6~8
3					1.8	1.4		8~10
4	H9	D10	N9	Js9	2.5	1.8	+0.1 0	10~12
5					3.0	2.3		12~17
6					3.5	2.8		17~22

해설 ▶ 스퍼 기어(품번⑧)와 결합되는 축경이 스케일로 실척하여 기준치수가 ϕ 12가 되었으며 그 축경에 일반적인 중간 끼워맞춤인 h6이 적용됩니다.

　　KS규격 범위 10~12에서 키 홈의 b1을 찾아 키 홈 폭 4를, 끼워맞춤 공차는 N9를 기입하였습니다. 같은 범위에서 키 홈의 깊이 t1 값인 2.5와 공차 $^{+0.1}_{0}$를 규격에서 찾아서 기입합니다.

Tip ››
- 스케일로 실척한 기준 치수가 ϕ 12이므로 KS 규격 범위 10~12와 12~17 두 곳에 걸쳐 겹쳐 있습니다. 이럴 경우에는 가급적 낮은 범위에 속한 값을 기준으로 적용합니다.
- 축의 키 홈 길이 14는 스케일로 실척해서 나온 값이며 공차는 시험 시 적용되는 일반 공차로 키 홈의 크기에 상관없이 $^{+0.2}_{0}$을 무조건 기입합니다.

- 키 홈 국부투상도의 라운드진 곳에 반지름 치수 기입을 해야 하며 (R)으로 변경해서 기입해야만 합니다.
  ※ R 치수 양쪽의 소괄호( )는 참고 치수를 의미합니다.
- 키 홈 국부투상도는 3차원 모델링하여 도면화시켰기 때문에 원호가 아닌 스플라인으로 되어 반지름 치수를 기입할 수가 없습니다. 이럴 때는 그 부분만 지우고 다시 그리든지 아니면 따로 옆에다가 똑같은 치수의 원을 그린 다음 치수 기입 후 실제 도형에다 옮겨 사용해야만 합니다.

[가이드 부시]

KS규격집 '멈춤링' 항목

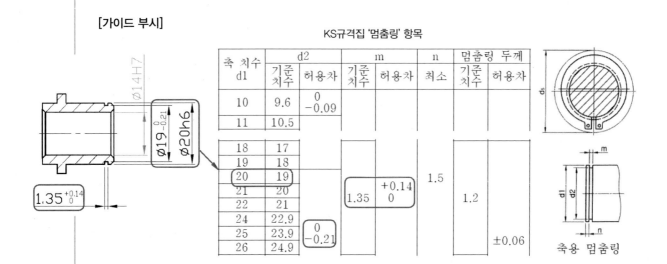

축 치수 d1	d2		m		n	멈춤링 두께	
	기준치수	허용차	기준치수	허용차	최소	기준치수	허용차
10	9.6	0 −0.09					
11	10.5						
18	17						
19	18				1.5	1.2	
20	19		1.35	+0.14 0			
21	20						
22	21						
24	22.9	0 −0.21					±0.06
25	23.9						
26	24.9						

축용 멈춤링

해설 ▶ 편심구동장치를 작동 시 커버(품번②)에서 가이드 부시가 이탈되는 것을 방지하기 위해 멈춤링(스냅링)을 사용한 것으로써 C형 멈춤링을 안장시키는 홈 부위를 KS 규격에서 찾아 치수를 기입하여야 합니다.

우선 커버(품번②)와 결합되는 축경을 스케일로 실척하여 기준 치수가 ϕ20이 되었으며 그 축경이 커버와 결합되는 부분이므로 일반적인 중간 끼워맞춤인 h6이 적용됩니다.

기준 치수(d1)가 20mm이므로 KS 규격에서 d2를 찾아 ϕ19를, 끼워맞춤 공차는 $^{0}_{-0.21}$를 기입하였으며 홈 폭 m은 1.35와 공차 $^{+0.14}_{0}$를 규격에서 찾아서 기입합니다.

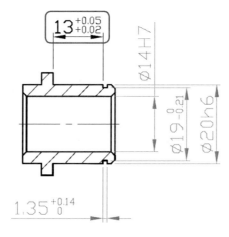

해설 ▶ 치수 13은 스케일로 실척하여 나온 치수이며 공차 $^{+0.05}_{+0.02}$를 기입한 이유는 커버(품번②)에 가이드 부시를 결합한 후 멈춤링을 안장시키기 위해 필수적으로 +값 공차가 나와야 하는 중요 치수이기 때문입니다.

07 다음으로는 부품마다의 개별적인 치수 기입을 하여 치수를 완성하겠습니다.

　나머지 치수들은 대부분 스케일로 실척해서 기입되는 일반적인 치수들이며 몇 개는 연관된 치수도 있으니 유념해서 기입을 해야 합니다.

[본체]

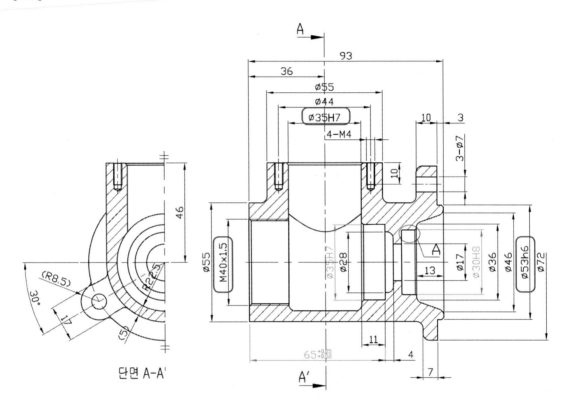

단면 A-A'

※ 부품들의 전체 길이와 전체 높이도 중요 치수이므로 빠짐없이 기입하도록 합니다.

• **DIMLINEAR** [단축키 : DLI] : 수평 및 수직 치수 기입
• **DIMRADIUS** [단축키 : DRA] : 원호 반지름 치수 기입
• **DIMALIGNED** [단축키 : DAL] : 평행 치수 기입
• **DIMANGULAR** [단축키 : DAN] : 각도 치수 기입

해설▶ 치수 ϕ35H7는 커버(품번②)와 결합되는 부분이므로 일반적인 구멍 공차 H7 끼워맞춤 공차가 기입되어야 하며, ϕ35는 스케일로 실척해야 합니다.

　치수 ϕ53h6은 편심구동장치를 작동 시 벽에 있는 구멍에 결합하여 고정시켜 사용하는 제품이므로 ϕ53은 스케일로 실척하고 공차는 중간 끼워맞춤 h6을 적용시켜야 합니다.

　치수 M40×1.5는 미터 삼각 가는나사를 의미하는 것으로써 윤활유가 새는 것을 방지하기 위해 보통나사보다는 나사산 사이가 조밀한 가는나사를 사용해야만 합니다.

[편심 축]

±는 특수문자 %%P를 입력합니다.

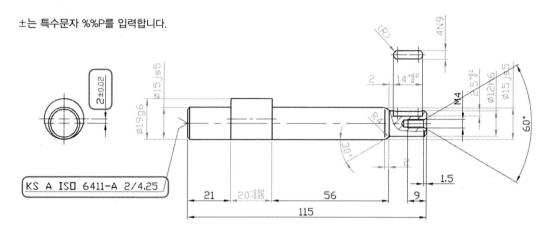

해설▶ 치수 2±0.02는 편심된 중심거리 치수이기 때문에 중요 치수에 해당되며 2는 스케일로 실척하고 공차 ±0.02는 수검 시 적용되는 범위의 공차이므로 그대로 적용하여 사용합니다.

축의 오른쪽 끝에는 탭 구멍이 뚫어져 있기 때문에 탭 구멍에 직접 센터에 대한 치수를 기입하였으므로 축 왼쪽에 센터 구멍에 대한 규격 치수(KS A ISO 6411-A 2/4.25)를 기입해야 합니다.

Tip ▷▷
센터 구멍 치수 기입하는 방법은 앞에서 학습한 동력전달장치 부분을 참조하길 바랍니다.

[피스톤 로드]

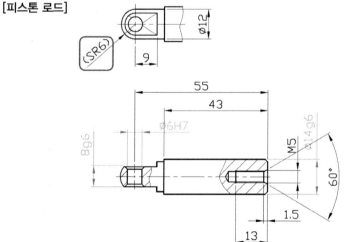

- **DIMLINEAR** [단축키 : DLI] : 수평 및 수직 치수 기입
- **DIMRADIUS** [단축키 : DRA] : 원호 반지름 치수 기입
- **DIMANGULAR** [단축키 : DAN] : 각도 치수 기입

해설▶ 치수 (SR6)에 S는 구(Sphere)를 의미하므로 필히 기입되어야 하며, 소괄호( )는 참고 치수로 ∅12와 중복이 되는 치수이기 때문입니다.

피스톤 로드도 축에 해당되므로 오른쪽 탭구멍에 센터에 대한 치수(1.5, 60°)를 기입해야만 합니다.

[가이드 부시]　　　　　　　　　　　　　　　[링크]

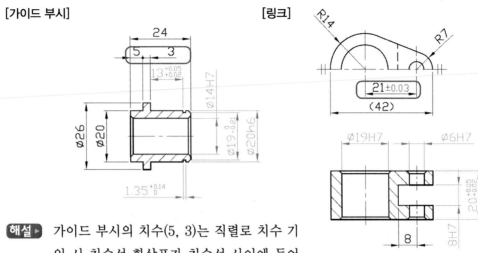

해설 ▶ 가이드 부시의 치수(5, 3)는 직렬로 치수 기
입 시 치수선 화살표가 치수선 사이에 들어
갈 수가 없어 표기가 잘못된 화살표로 치수 기입이 되는데 이때는 치수를 EXPLODE
[X]시킨 후 잘못 표기된 가운데 화살표를 지우고, 'DONUT[DO] : 안지름은 0, 바깥지
름은 1'로 점을 찍어 주어야 합니다.
　　링크의 치수 $21_{\pm 0.03}$은 구멍 간의 중심거리 치수이기 때문에 중요 치수에 해당되므로
21은 스케일로 실척하고 공차 $_{\pm 0.03}$은 수검 시 적용되는 범위의 공차이므로 그대로 적
용하여 사용합니다.

이것으로써 투상된 모든 부품들의 치수 기입이 완료되었습니다.
MOVE [단축키 : M]를 이용하여 아래 그림과 같이 각각의 부품들을 배치하여 주어야 합니다.

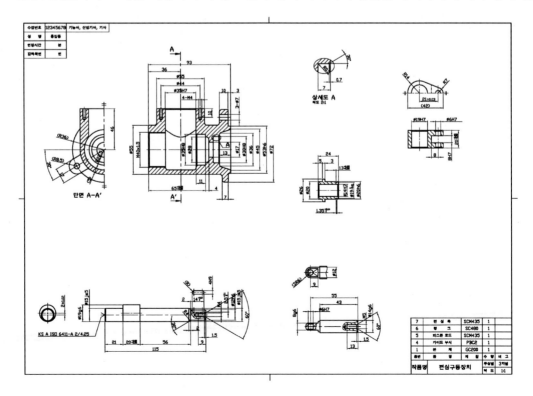

④ 완성된 치수에 표면거칠기 기호 기입하기

부품들 표면의 매끄러운 정도(조도)를 나타내는 기호를 표면거칠기 기호(다듬질 기호)라고 부르며 수검자가 각 부품들의 재질에 맞는 기호를 정확한 위치에 표기해야 합니다. 각 부품들의 재질도 수검자가 시험 보기 전 미리 숙지하여 수검 도면의 제품 용도에 따라 적당한 재질을 부품란에 기입해야 합니다.

표면거칠기 기호 기입 전 알아 두어야 할 내용과 거칠기 기호를 AutoCAD 상에서 그리는 방법은 동력전달장치에서 학습한 내용을 참조하길 바랍니다.

> **Tip**>>
> KS규격집 '기계재료 기호 예시' 항목의 재질을 참조하여 부품마다 적절한 재료를 적용하면 됩니다. 부품에 알맞은 재료라면 다른 재료 기호를 사용해도 무방합니다.

7	편 심 축	SCM435	1	
6	링 그	SC480	1	
5	피스톤 로드	SCM435	1	
4	가이드 부시	PBC2	1	
1	본 체	GC200	1	
품번	품 명	재 질	수 량	비 고

작품명	편심구동장치	투상법	3각법
		척 도	1:1

해설 부품란에 부품들의 재질을 수검자가 수검 도면의 제품 용도에 알맞은 재질로 기입해야 하며 이것을 바탕으로 각각의 부품들의 표면거칠기 기호를 결정해야 합니다.

● **표면거칠기 기호를 도면 상에 표기하는 방법을 배워보겠습니다.**

01 본체에 표면거칠기 기호를 표기하도록 하겠습니다.
본체는 재질이 GC200(회주철품)이기 때문에 맨 앞에 주
물 기호 ✓ 가 표기됩니다.

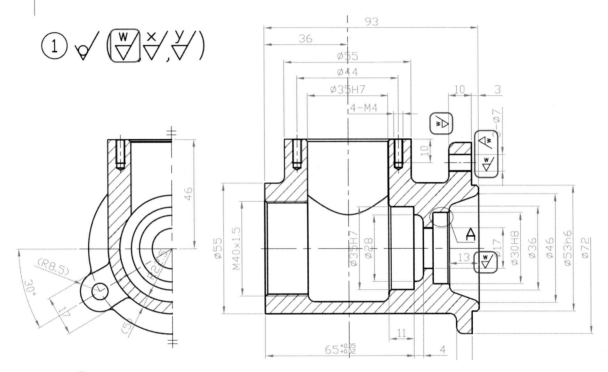

(Tip) ≫
ARRAY(배열)한 다듬질 기호를 COPY[CO, CP]하여 NEArest 스냅으로 표기하면 됩니다.

해설 ▷ ✓ 기호는 볼트와 결합되는 구멍이나 볼트 머리가 닿는 면에 적용합니다.

단, 탭(TAP) 구멍에는 절대 표면거칠기 기호를 표기할 수 없습니다. 이유는 다듬질
은 우선적으로 제품을 가공하고 작업하는 후(後) 작업이기 때문이며 탭(TAP)은 후 작
업을 할 수가 없습니다.

구멍 ∅17은 축이 구멍 안에 삽입은 되지만 축경이 ∅15로 접촉이 없으므로 ✓ 가 들
어갑니다.

(Tip) ≫
● 부품 안에 표기하는 표면거칠기 기호는 꼭 제품 가공 방향에 맞게 표기해야 합니다.
외측 가공면은 바깥쪽에, 내측 가공면은 안쪽에 다듬질 기호를 표기해야만 합니다.

● 표면거칠기 기호를 부품에 표기 시 우선적으로 치수 보조선에 표기해야 합니다.
치수 보조선이 없을 경우에 한해서만 물체의 면에다 직접 표기하며 치수 보조선에도 물체의 면에도 표
기할 수 없는 상황에서는 치수선에 표기할 수도 있습니다.

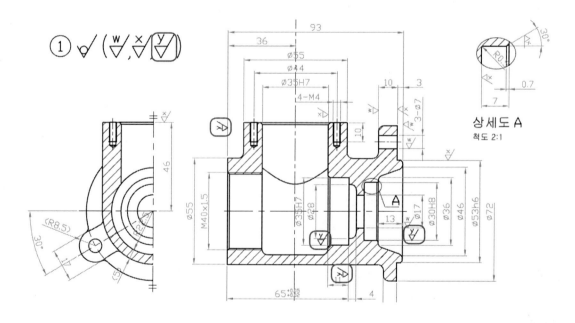

해설▶ 기호는 면과 면의 결합부나 접촉부이면서 부품간에 운동이 없는 정지된 면에 적용이 됩니다. 오일 실이 닿는 측면과 30° 모따기되어 있는 부분에도 기호가 들어가야 하기 때문에 상세도에 표기하는 것이 좋습니다.

해설▶ 기호는 베어링 바깥지름 결합부의 구멍과 베어링이 닿는 측면에 반드시 표기해야 하며 오일 실 바깥지름과 결합되는 구멍(φ30H8)에도 완전 밀봉하여 윤활유가 새는 것을 방지하기 위해 필히 가 적용되어야 합니다. 왼쪽 커버(품번③) 측면과 접촉하는 면은 원래는 기호가 들어가야 하지만 윤활유가 밖으로 새지 않게 하기 위해선 완전 밀봉을 시켜야 하기 때문에 커버 접촉부인 왼쪽 측면에도 가 들어가야 합니다.

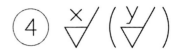

02 가이드 부시에 표면거칠기 기호를 표기하도록 하겠습니다. 가이드 부시는 재질이 비철금속인 PBC2(인청동)이며 주로 선반에서 가공하기 때문에 가장 많이 가공되는 다듬질 기호인 중간 다듬질 기호 $\frac{x}{\nabla}$가 맨 앞에 표기됩니다.

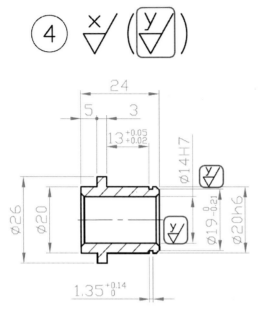

> **Tip** ≫
> 다른 물체와 전혀 닿지가 않는 면은 $\frac{x}{\nabla}$기호가 기입되어야 하겠지만 선반에서 제품을 가공 시 기본적으로 면의 조도가 $\frac{x}{\nabla}$기호 정도가 나오기 때문에 선반 가공 부품들은 $\frac{w}{\nabla}$를 생략합니다.

> **해설** ▶ $\frac{x}{\nabla}$기호를 가이드 부시의 내·외경에 표기해야 합니다. 부시의 내경은 미끄럼 운동이 일어나는 부분이며 외경은 커버(품번②)와 결합되어 고정되는 부분이지만 기하 공차가 적용되어야 하기 때문에 외경에도 $\frac{x}{\nabla}$가 들어가야 합니다.

03 피스톤 로드에 표면거칠기 기호를 표기하도록 하겠습니다. 피스톤 로드는 재질이 SCM435(크롬몰리브덴강재)이며 주로 선반에서 가공하기 때문에 가장 많이 가공되는 다듬질 기호인 중간 다듬질 기호 $\frac{x}{\nabla}$가 맨 앞에 표기됩니다.

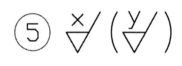

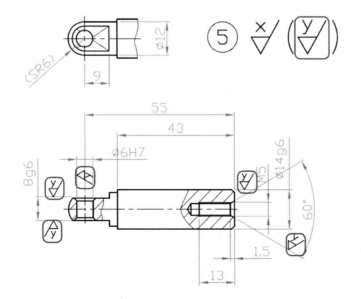

> **Tip** ≫
> 60° 경사진 곳에 다듬질 기호를 표기할 때는 COPY [CO, CP]나 MOVE[M]로 $\frac{x}{\nabla}$기호를 보조선에 옮긴 다음 ROTATE[RO]로 회전시켜 경사진 보조선에 직각으로 표기되도록 해야 합니다.
> 정확히 직각으로 표기하는 것이 좋으나 어느 정도 근사하게 표현해도 무방합니다.

해설▶ ✓기호를 링크(품번⑥)와 결합되어 운동이 일어나는 치수 8g6의 위·아래와 구멍 ∅6H7에 표기해야 하며, 가이드 부시(품번④)에 결합되어 미끄럼 운동이 일어나는 ∅14g6에도 표기해야 합니다. 또한 축 가공 시 선반의 심압대를 장착하는 센터 구멍 (60°)에도 표기되어야 합니다.

04 링크에 표면거칠기 기호를 표기하도록 하겠습니다.

링크는 재질이 SC480(탄소 주강품)이기 때문에 맨 앞에 주물 기호✓가 표기됩니다.

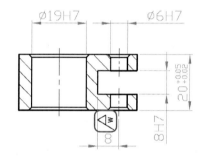

해설▶ ᵂ✓기호를 가공한 면이지만 상대 부품이 전혀 닿지 않는 면에 그림과 같이 적용합니다.

가공된 면과 가공 안 된 면을 간단하게 구별하는 방법은 제품 모서리가 각이 졌는지 라운드가 있는지에 따라 판별할 수가 있습니다. 모서리가 라운드가 있으면 가공이 안 된 면이며, 라운드가 없는 면은 가공한 면을 의미합니다.

해설▶ ˣ✓기호는 링크 양 옆 측면에 칼라가 맞닿아 있으므로 오른쪽 그림과 같이 링크 측면에 표기됩니다.

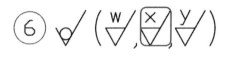

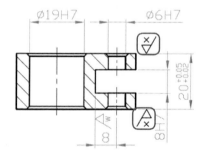

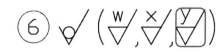

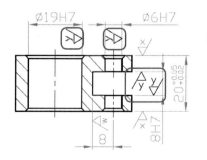

해설▶ ʸ✓기호는 피스톤 로드(품번⑤)와 결합되어 운동이 일어나는 치수 8H7의 위·아래와 핀 구멍 ∅6H7에 표기해야 하며, 편심 축(품번⑦)의 편심된 부분과 결합되는 구멍 ∅19H7에도 표기해야 합니다.

05 마지막으로 편심 축에 표면거칠기 기호를 표기하도록 하겠습니다. 편심 축은 재질이 SCM435(크롬몰리브덴 강재)이며 주로 선반에서 가공하기 때문에 가장 많이 가공되는 다듬질 기호인 중간 다듬질 기호 $\overset{x}{\nabla}$가 맨 앞에 표기됩니다.

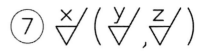

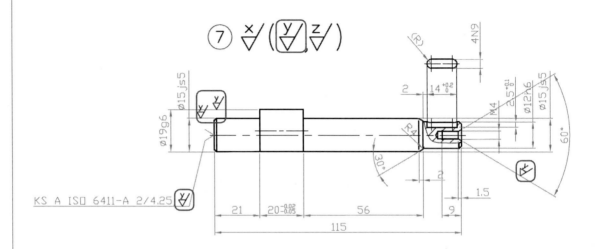

해설▶ $\overset{y}{\nabla}$ 기호를 베어링 안지름과 결합되는 축경 ϕ15js5와 편심된 지름 ϕ19g6에 상대 부품과 운동이 일어나므로 표기해야 합니다. 단, 오른쪽에 베어링과 결합되는 축경에는 오일 실이 함께 들어가므로 중복 시 정밀한 것을 우선 순위로 하여 표기해야 하므로 $\overset{y}{\nabla}$를 표기하면 안 됩니다. 또한 축 가공 시 선반의 심압대를 장착하는 센터 구멍 60°와 KS A ISO 6411-A 2/4.25에도 표기해야 합니다.

Tip ››
KS A ISO 6411-A 2/4.25에 다듬질 기호를 표기 시에는 치수 뒤에 꼭 콤마(,)를 찍고 표기해야 합니다.

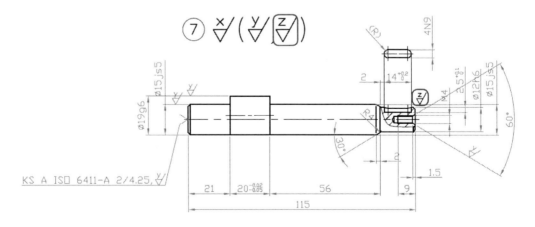

해설▶ $\overset{z}{\nabla}$ 기호를 오일 실이 결합되는 오른쪽 축경 ϕ15js5에만 표기해야 합니다. 원래는 베어링과 접촉하는 부품에는 $\overset{z}{\nabla}$가 표기되어야 하지만 오일 실도 같이 그 축경에 결합되기 때문에 다듬질 기호가 서로 중복 됐을 때 우선 순위가 정밀도가 높은 순이므로 $\overset{z}{\nabla}$가 표

기되는 것입니다.

※ 수검 시 오일 실이나 O링이 접촉되는 축경 부위(밀봉이 되면서 구동이 되기 때문)에만 ⚯ 가 들어가므로 다른 부품에는 절대 ⚯ 를 사용하면 안 됩니다.

이것으로써 투상된 모든 부품들의 표면거칠기 기호(다듬질 기호)가 완료되었습니다.

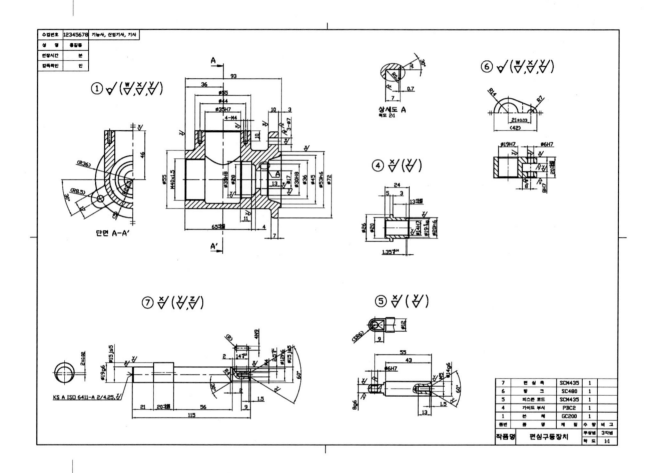

⑤ 기하 공차(형상 기호) 기입하기

기계 부품의 용도와 경제적이고 효율적인 생산성 등을 고려하여 기하 공차를 기입함으로써 부품들 간의 간섭을 줄여 결합 부품 상호 간에 호환성을 증대시키고 결합 상태가 보증이 되므로 정확하고 정밀한 제품을 생산할 수가 있습니다.

기하 공차를 기입 전 알아 두어야 할 내용과 데이텀(DATUM) 그리는 방법 및 형상 기호를 AutoCAD 상에서 입력하는 방법은 동력전달장치에서 학습한 내용을 참조하길 바랍니다.

01 본체에 기하 공차를 표기하도록 하겠습니다.

우선 제일 먼저 데이텀(DATUM)을 정해야 합니다. 데이텀(DATUM)이란 자세 공차, 위치 공차, 흔들림 공차의 편차(공차) 값을 설정하기 위한 이론적으로 정확한 기하학적인 기준을 말합니다.

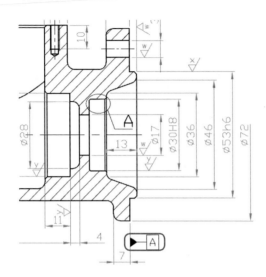

※ 데이텀을 지시하는 문자 기호는 가나다 순이나 알파벳 순으로 사용할 수가 있으며 알파벳 순서대로 표기할 때는 대문자만 가능합니다.

Tip ››

PLINE[단축키 : PL]과 TOLERANCE[단축키 : TOL] 명령을 사용하여 데이텀을 그릴 수가 있습니다. 그리는 방법은 앞에서 학습한 동력전달장치 부분을 참조하면 됩니다.

해설 ▶ 바닥에 고정하는 것이 아니라 벽에 고정하여 편심구동장치를 작동시키는 구조이므로 데이텀을 그림과 같이 벽에 맞닿는 면에 표기해야 합니다.

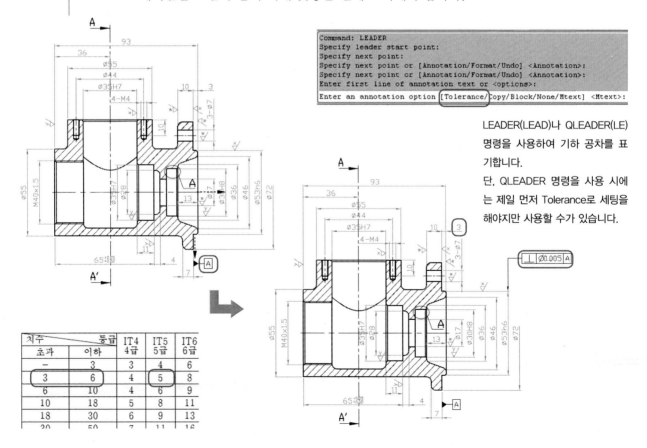

```
Command: LEADER
Specify leader start point:
Specify next point:
Specify next point or [Annotation/Format/Undo] <Annotation>:
Specify next point or [Annotation/Format/Undo] <Annotation>:
Enter first line of annotation text or <options>:
Enter an annotation option [Tolerance/Copy/Block/None/Mtext] <Mtext>:
```

LEADER(LEAD)나 QLEADER(LE) 명령을 사용하여 기하 공차를 표기합니다.
단, QLEADER 명령을 사용 시에는 제일 먼저 Tolerance로 세팅을 해야지만 사용할 수가 있습니다.

치수	등급	IT4 4급	IT5 5급	IT6 6급
초과	이하			
–	3	3	4	6
3	6	4	5	8
6	10	4	6	9
10	18	5	8	11
18	30	6	9	13
30	50	7	11	16

해설▶ 본체를 벽에 뚫어져 있는 구멍과 결합하여 고정시켜 사용합니다. 끼워맞춤으로 결합되는 ∅53h6 부분이 데이텀 지시 기호 A에 대해 수직하므로 직각도(⊥) 공차가 적용되어야 하며 데이텀 A에서 수직이므로 치수 3이 기준 치수로 IT공차 5등급에서 3~6 범위에서 5를 찾아 공차 값 0.005mm가 적용되었습니다. 또한 구멍이므로 공차역 (0.005) 앞에 ∅를 추가하여 정밀도를 높여 주어야 합니다.

Tip >>
형상 기호 선정 시 꼭 치수 보조선을 기준으로 수검자가 판단하여 기하 형상을 표기해야 합니다. 기하 공차 표기 시 지시선의 화살표를 치수선의 화살표와 일치하게 해야 하며 가급적 치수 보조선에 직각으로 지시선을 표기해야 합니다.

LEADER(LEAD)나 QLEADER(LE) 명령을 사용하여 기하 공차를 표기합니다.

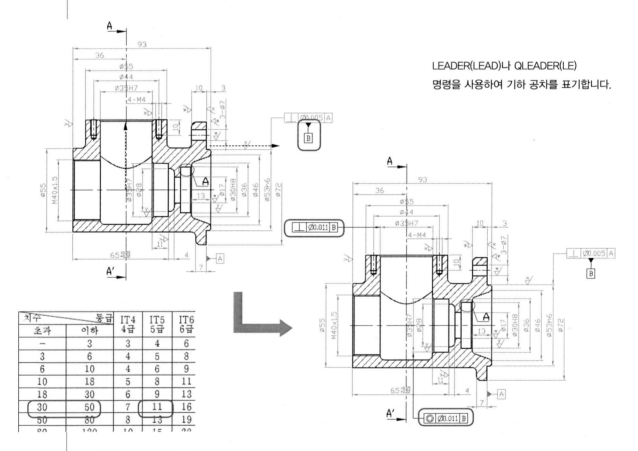

치수	등급	IT4 4급	IT5 5급	IT6 6급
초과	이하			
-	3	3	4	6
3	6	4	5	8
6	10	4	6	9
10	18	5	8	11
18	30	6	9	13
30	50	7	11	16
50	80	8	13	19
80	120	10	15	22

해설▶ 피스톤 로드(품번⑤)가 직선운동하는 곳의 치수 ∅35H7에 직각도(⊥) 공차를 부여하기 위해 벽과 결합되는 ∅53h6에 그림과 같이 새롭게 데이텀 B를 만들어야 합니다. 데이텀 B에 대한 수직이므로 중심에서 상단까지의 치수 46이 기준 치수가 되며, IT공차 5등급에서 30~50 범위에서 11를 찾아 공차 값 0.011mm가 적용되었습니다. 또한 구멍이므로 공차역(0.011) 앞에 ∅를 추가하여 정밀도를 높여 주어야 합니다.

또한 베어링 바깥지름이 결합되는 구멍 ∅35H7에는 데이텀 B에 대해 반드시 동심도(◎) 공차를 표기해야만 합니다. 동심도 공차는 데이텀 B가 적용된 치수 ∅53h6

과 베어링 구멍 치수 ϕ35H7의 중심 편차를 측정하는 것으로써 편심구동장치를 작동시킬 때 없어서는 안 될 매우 중요한 형상 기호가 됩니다. 기준 치수는 ϕ53h6과 ϕ35H7 두 원 사이의 거리 값인 40이 되며, IT공차 5등급에서 30~50 범위이므로 공차값 0.011mm가 적용되었습니다. 또한 구멍이므로 공차역(0.011) 앞에 ϕ를 추가하여 정밀도를 높여 주어야 합니다.

> **Tip** ››
>
> 편심구동장치는 편심 축(품번⑦)의 회전 운동을 피스톤 로드(품번⑥)에 직선 운동으로 변경하여 전달해주므로 반드시 피스톤 로드가 운동하는 곳(ϕ35H7)에 직각도($\perp$) 공차가 표기되어야 하며 그러기 위해서는 데이텀 B가 꼭 있어야만 합니다. 왜냐하면 데이텀 A에 대해서는 ϕ35H7 구멍이 직각이 아닌 평행이 되기 때문입니다.

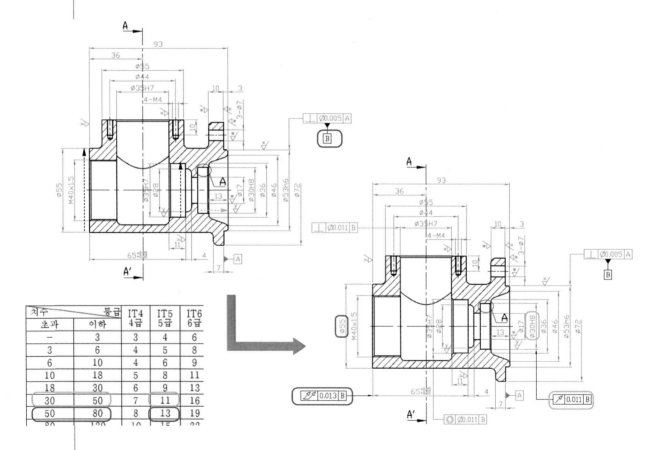

치수	등급	IT4 4급	IT5 5급	IT6 6급
초과	이하			
–	3	3	4	6
3	6	4	5	8
6	10	4	6	9
10	18	5	8	11
18	30	6	9	13
30	50	7	11	16
50	80	8	13	19
80	120	10	15	22

해설 ▶ 윤활유가 외부로 유출되는 것을 방지하기 위해 왼쪽과 오른쪽 구멍을 완전 밀봉을 시키기 위해서 그림과 같이 기하 공차를 기입하여야만 합니다. 오른쪽 오일 실이 결합되는 구멍(ϕ30H8)은 데이텀 B에 대해 평행하지만 평행도 공차(//)가 아닌 원주 흔들림 공차(/)가 표기되어야 합니다. 이유는 오일 실은 구멍의 중심보다는 구멍경(ϕ30H8)의 기울기가 더 중요하기 때문입니다. 공차 값은 흔들림의 기준 치수가 ϕ30이므로 IT 공차 5등급의 30~50 범위 11 값을 적용하여 0.011mm로 적용되었습니다.

왼쪽은 커버(품번③)나 베어링이 닿는 측면이 데이텀 B에 대해 수직하지만 직각도(⊥) 공차가 아닌 더욱 정밀한 온 흔들림(⫽) 공차가 표기되어야 합니다. 기준 치수가 ϕ55이므로 IT공차 5등급의 50~80 범위 13값을 적용하여 0.013mm로 적용되었습니다.

Tip >>

● 절대 흔들림(↗, ⫽) 공차에는 공차 값 앞에 ϕ를 붙일 수가 없습니다. 이유는 흔들림 공차는 구멍의 중심이 아닌 바깥지름 표면의 기울기를 측정하기 때문입니다.

● 일반적으로 원주 흔들림(↗) 공차는 선 접촉으로 축경 지름 부위에 적용하고, 온 흔들림(⫽) 공차는 면 접촉으로 축의 측면 부위에 적용됩니다.

02 다음으로 가이드 부시에 기하 공차를 표기하도록 하겠습니다.

원통 부품이면서 중심 부위에 구멍이 있는 경우에는 데이텀을 안쪽 지름에 표기해야 합니다.

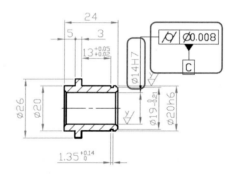

해설 ▶ 가이드 부시는 반드시 안쪽 지름(ϕ14H7)에 원통도(⌭) 공차를 적용한 후 그곳에 그림과 같이 데이텀을 적용해야만 합니다. 피스톤 로드가 미끄럼 운동 시 가이드 부시 안에서 마찰계수를 최소화하기 위해 원통도가 꼭 필요합니다. 원통도의 기준 치수가 ϕ14H7이므로 IT공차 5등급에서 10~18 범위의 공차 값 0.008mm로 적용되었습니다.

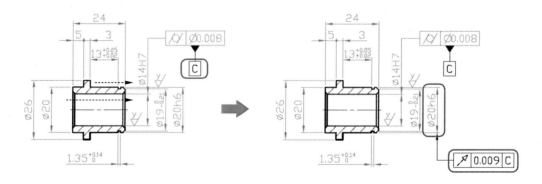

해설 ▶ 가이드 부시는 중심보다는 바깥지름의 기울기가 더 중요하기 때문에 필히 원주 흔들림(↗) 공차를 표기해야 하며, 공차 값은 기준 치수가 ϕ20이므로 IT공차 5등급의 18~30 범위인 9값을 적용하여 0.009mm로 기입되었습니다.

03 다음으로 피스톤 로드에 기하 공차를 표기하도록 하겠습니다.

피스톤 로드도 가이드 부시와 마찬가지로 원통 바깥지름에 데이텀을 표기해야 합니다.

치수 ＼ 등급		IT4 4급	IT5 5급	IT6 6급
초과	이하			
–	3	3	4	6
3	6	4	5	8
6	10	4	6	9
10	18	5	8	11
18	30	6	9	13
20	50	7	11	16

해설▶ 피스톤 로드가 가이드 부시(품번④) 안에서 미끄럼 운동이 일어나 닿는 면적이 많기 때문에 φ14g6에 원통도(◯/) 공차를 필히 적용해야 하며 그 다음 그림과 같이 데이텀을 적용합니다.

원통도의 기준 치수가 φ14이므로 IT공차 5등급에서 10~18 범위의 공차 값 0.008mm로 적용되었습니다.

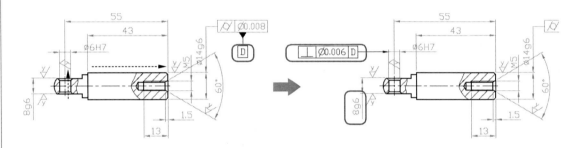

해설▶ 피스톤 로드와 링크(품번⑥)가 결합되어 고정되는 핀 구멍(φ6H7)은 회전운동을 직선운동으로 변경 시 정밀도에 영향을 미치므로 기하 편차를 정해주어야 합니다. 데이텀 D에 대해 φ6H7 구멍이 수직하므로 직각도(⊥) 공차를 부여하며, 기준 치수가 8이므로 IT공차 5등급의 6~10 범위인 6값을 적용하여 0.006mm로 기입되었습니다. 또한 구멍이므로 공차역(0.006) 앞에 φ를 추가하여 정밀도를 높여 주어야 합니다.

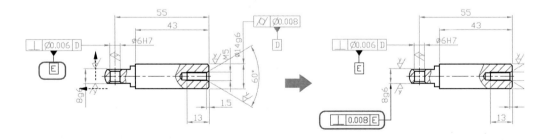

해설▶ 피스톤 로드와 링크(품번⑥)가 결합되어 편심구동장치를 작동 시 마찰이 일어나는 부분이며 회전운동을 직선운동으로 변경 시 정밀도에 영향을 미치므로 기하 편차가 필요합니다. 데이텀 D에는 8g6이 평행하지만 평행도 공차(∥)보다는 기계를 작동 시 직각

도(⊥)가 더욱 중요하기 때문에 따로 그림과 같이 데이텀 E를 만들어 직각도(⊥) 공차를 부여하여야만 합니다.

　평평한 부분의 길이가 15이므로 기준 치수가 되어 IT공차 5등급의 10~18 범위인 0.008mm로 공차가 적용되었습니다.

04 다음은 링크에 기하 공차를 표기하도록 하겠습니다.

링크를 가공 시 사용하는 공작기계가 밀링이므로 링크 측면에 데이텀을 표기해야 합니다.

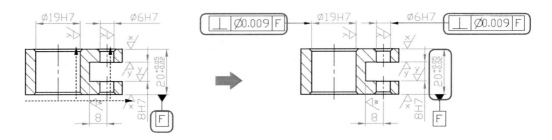

해설▶ 링크와 편심 축(∅19H7), 링크와 피스톤 로드(∅6H7)가 결합되는 2개의 구멍이 회전운동을 직선운동으로 변경 시 정밀도에 영향을 미치므로 기하 편차를 반드시 정해주어야 합니다.

　데이텀 F에 대해 ∅19H7, ∅6H7 구멍이 수직하므로 직각도(⊥) 공차를 부여하며 기준 치수가 20이므로 IT공차 5등급의 18~30 범위인 0.009mm로 공차가 기입되었습니다. 또한 구멍이므로 공차역(0.009) 앞에 ∅를 추가하여 정밀도를 높여 주어야 합니다.

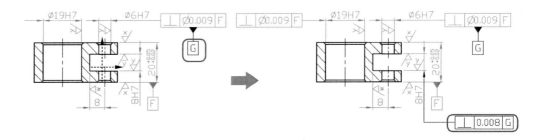

해설▶ 링크와 피스톤 로드(품번⑤)가 결합되어 편심구동장치를 작동 시 마찰이 일어나는 부분이며 회전운동을 직선운동으로 변경 시 정밀도에 영향을 미치므로 기하 편차가 필요합니다.

　데이텀 F에는 8H7이 평행하지만 평행도 공차(//)보다는 기계를 작동 시 직각도(⊥)가 더욱 중요하기 때문에 따로 그림과 같이 데이텀 G를 만들어 직각도(⊥) 공차를 부여하여야만 합니다.

　평평한 부분의 길이가 15이므로 기준 치수가 되어 IT공차 5등급의 10~18 범위인 0.008mm로 공차가 적용되었습니다.

05 마지막으로 편심 축에 기하 공차를 표기하도록 하겠습니다.

편심 축 왼쪽에는 센터 구멍이 표시가 되어 있지 않으므로 중심선에 데이텀을 표기하며, 편심 축 오른쪽은 센터 구멍이 표시가 되어 있으므로 아래 그림과 같이 데이텀을 치수 60°의 치수 보조선에 평행하게 표기해야만 합니다.

> **Tip** ≫
> 편심 축 왼쪽 부위와 같은 부위에 데이텀을 표시할 때 대부분의 수검자들이 치수 기입을 모두 한 후 치수 맨 뒤에 표기하는데 그것은 좋지 않은 방식이며, 그림과 같이 처음 치수 기입 시 치수선 간격을 더 띄어 축 부품에 가깝게 표기하는 것이 옳은 방식입니다.

해설▶ 축은 데이텀을 축의 끝부분 중심에 양 쪽으로 표기해야 합니다. 왜냐하면 축을 선반에서 가공 후 기울기 측정을 축의 양 끝을 센터에 고정한 후 측정하기 때문입니다.

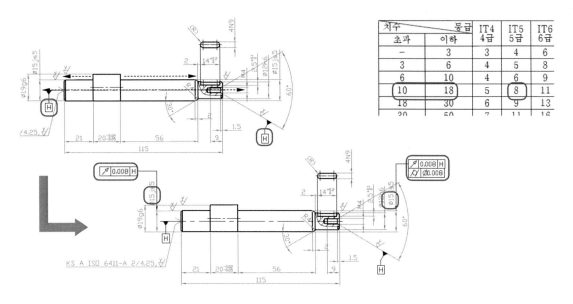

치수		등급	IT4 4급	IT5 5급	IT6 6급
초과	이하				
-	3		3	4	6
3	6		4	5	8
6	10		4	6	9
10	18		5	8	11
18	30		6	9	13
30	50		7	11	16

해설▶ 가장 중요한 베어링 결합부 왼쪽과 오른쪽 축경(∅15jS5)이 데이텀 H를 기준으로 평행하지만 기하 공차는 평행도(//) 공차가 아닌 원주 흔들림(↗) 공차가 표기되어야 합니다. 이유는 축은 중심보다는 축경 바깥지름의 기울기가 더 중요하기 때문입니다. 또한 오른쪽 축경(∅15jS5)에는 2개(베어링과 오일 실)의 부품이 결합되므로 원통도(∅) 공차도 같이 표기해야 하며 원통도는 단독 형체이기 때문에 데이텀을 표기하면 안 됩니다.

흔들림 공차(↗, ↗↗)는 축 바깥지름 기울기를 측정하기 때문에 기하 공차 값 앞에 절대 ∅를 표기하면 안 됩니다. 흔들림과 원통도의 기준 치수가 ∅15이므로 IT공차 5등급에서 10~18 범위에서 찾아 공차 값이 0.008mm로 적용되었습니다. 원통도는 공차역(0.008) 앞에 ∅를 추가해야 합니다.

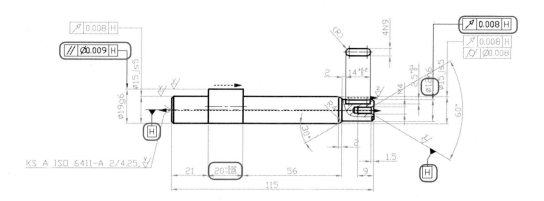

해설▶ 축에서 편심된 부분(ϕ19g6)에는 반드시 평행도(//) 공차가 적용이 되어야만 합니다. 축경 바깥지름 기울기보다는 편심은 중심과 중심의 기울기가 더욱 중요하기 때문입니다. 평행도의 기준 치수가 20이므로 IT공차 5등급에서 18~30 범위에서 찾아 공차 값이 0.009mm로 적용되며 공차역(0.009) 앞에 ϕ를 추가해야 합니다.

오른쪽 축경(ϕ12h6)에는 스퍼 기어(품번⑧)가 결합되므로 원주 흔들림(/) 공차가 표기됩니다. 흔들림의 기준 치수가 12이므로 IT공차 5등급에서 10~18 범위에서 찾아 공차 값이 0.008mm로 적용되었습니다.

이것으로써 모든 부품들의 기하 공차 표기가 완료되었습니다.

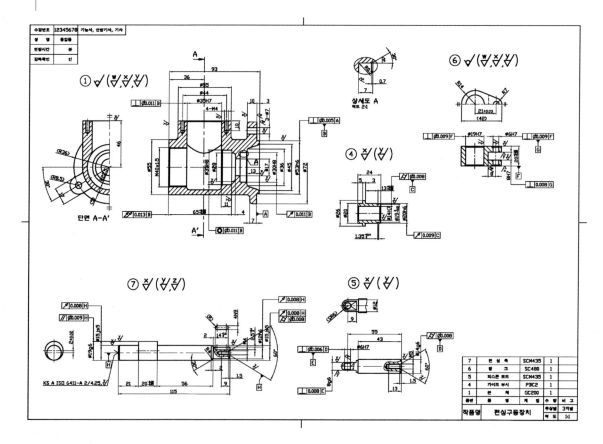

⑥ 주서(NOTE) 작성하기

부품 표제란 위에 표기해야 하는 주서는 꼭 수검 도면과 관련되어 있는 내용만을 기재해야 합니다. KS규격집 '주서 (예)' 항목을 주서 작성 시 참조하고 없는 내용들은 수검자가 수검 전에 미리 암기하여 시험에 임해야 합니다.

주서(NOTE)를 AutoCAD 상에서 입력하는 방법은 동력전달장치에서 학습한 내용을 참조하길 바랍니다.

01 현재 도면의 주서 기재 내용과 KS규격집 '주서 (예)' 항목을 비교해 보겠습니다.

현재 도면(편심구동장치)에 적용된 주서

주서
1. 일반공차-가) 가공부 : KS B ISO 2768-m
   나) 주조부 : KS B 0250 CT-11
   다) 주강부 : KS B 0418 보통급
2. 도시되고 지시없는 모떼기는 1x45˚, 필렛과 라운드는 R3
3. 일반 모떼기는 0.2x45˚
4. ∀ 부위 외면 명녹색 도장처리 (품번①,⑥)
5. 전체 열처리 HRC50±2 (품번⑤,⑦)
6. 표면 거칠기 ∀ = ∀

   ∀ʷ = 12.5/∀ , N10

   ∀ˣ = 3.2/∀ , N8

   ∀ʸ = 0.8/∀ , N6

   ∀ᶻ = 0.2/∀ , N4

KS규격집 '주서 (예)' 항목

주 서
1. 일반공차-가)가공부:KS B ISO 2768-m
   나)주조부:KS B 0250-CT11
2. 도시되고 지시없는 모떼기는 1x45˚ 필렛과 라운드는 R3
3. 일반 모떼기는 0.2x45˚
4. ∀ 부위 외면 명녹색 도장
   내면 광명단 도장
5. 파커라이징 처리
6. 전체 열처리 HRC 50±2
7. 표면 거칠기 ∀ = ∀

   ∀ʷ = 12.5/∀ , N10

   ∀ˣ = 3.2/∀ , N8

   ∀ʸ = 0.8/∀ , N6

   ∀ᶻ = 0.2/∀ , N4

해설 ▶ 1항 일반공차의 '가) 가공부'는 모든 도면에 필히 들어가며 '나) 주조부'는 부품 재질이 GC200(회주철)일 경우에만 표기됩니다. '다) 주강부'는 SC480(탄소 주강품)인 부품 재질이 있을 때만 표기하므로 현재 도면에서 링크(품번⑥) 재질이기 때문에 꼭 표기해야 합니다.

2항과 3항은 모든 부품에 기본적으로 들어가는 항목입니다.

※ 단, 2항의 '필렛과 라운드는 R3' 대목은 수검 도면이 클램프, 바이스, 지그일 때는 주서에서 빼야 합니다.

4항은 부품 재질이 GC200(회주철)이나 SC480(탄소주강품)이 있을 경우 주물 부위에 녹스는 것을 방지하는 방청 작업이므로 현재 도면에는 꼭 표기해야 합니다.

5항 '전체 열처리'는 편심구동장치에서는 피스톤 로드(품번⑤)와 편심 축(품번⑦)에 강도를 높이기 위해서 반드시 추가되어야 할 항목입니다.

6항 '표면 거칠기'는 부품에 적용된 기호들만 표기해야 하기 때문에 현재 도면에서는 모두 다 적용되어 표기되었습니다.

Tip >>
4항과 5항처럼 항목에 해당 부품의 품번을 표기해 주는 것이 좋습니다.

편심구동장치의 2차원 도면 작업이 최종적으로 완성이 되었으니 저장을 한 후 AutoCAD에서 출력을 하면 됩니다.

02 Command 명령어 입력줄에 SAVE를 입력한 후 저장합니다. [단축키 : Ctrl+S]

AutoCAD에서 도면 출력하는 방법은 앞에서 학습한 동력전달장치 부분을 참조하길 바랍니다.

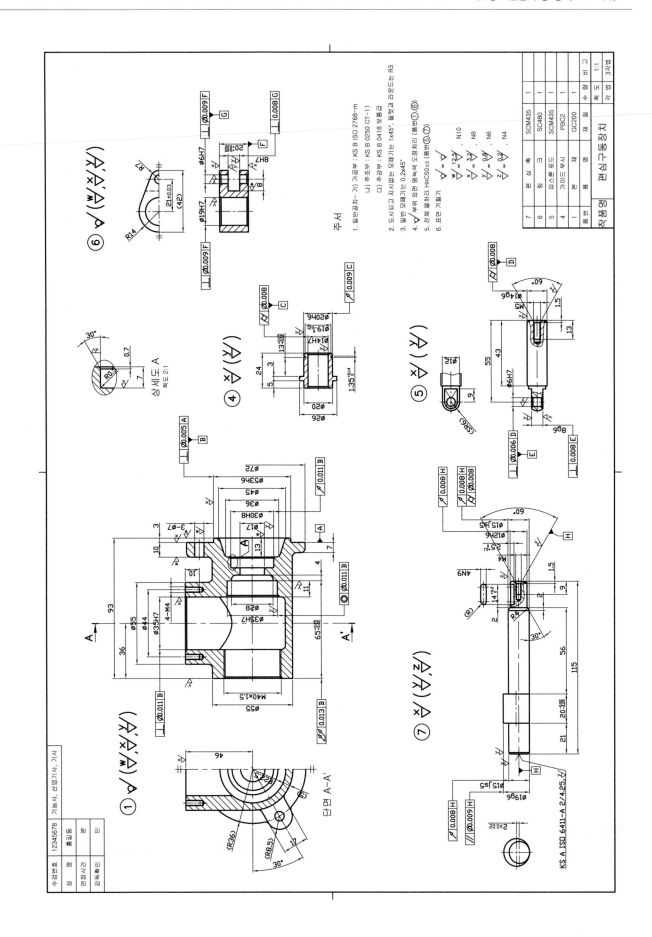

기어 박스

- SolidWorks에서 기어 박스 3차원 모델링하기

- SolidWorks에서 기어 박스 3차원 도면화 작업하기

- AutoCAD에서 기어 박스 2차원 도면화 작업하기

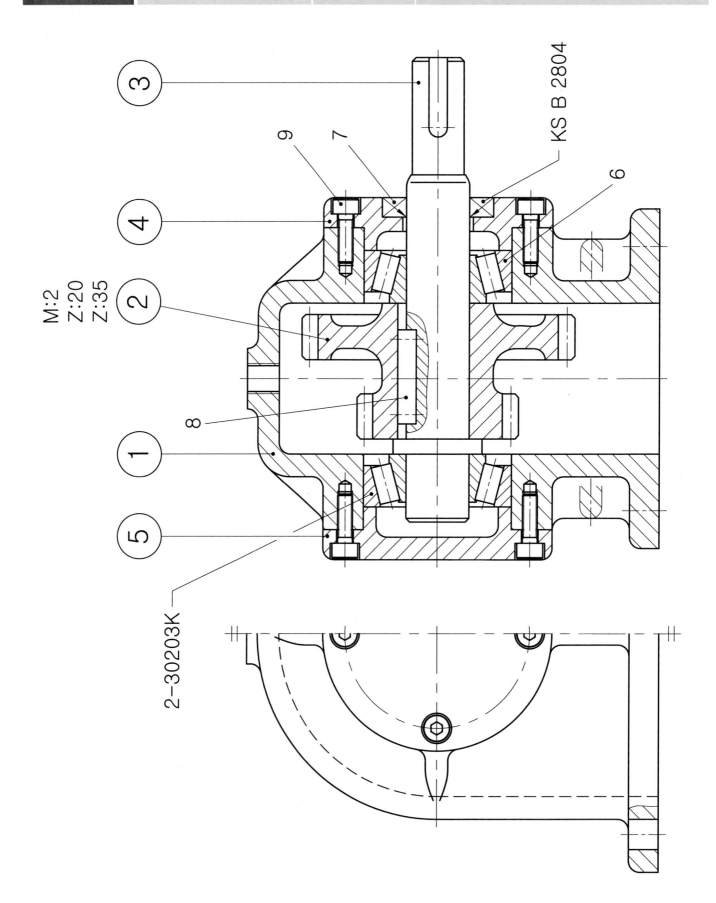

학습과제　작품명 : 기어 박스　척도 1:1　요구 부품 : 부품 번호 ①, ②, ③, ④　표준 시간 : 5시간

KS B 2804

M:2
Z:20
Z:35

2-30203K

기어 박스의 등각 투상도

기어 박스 부품들의 조립되는 순서 이해하기

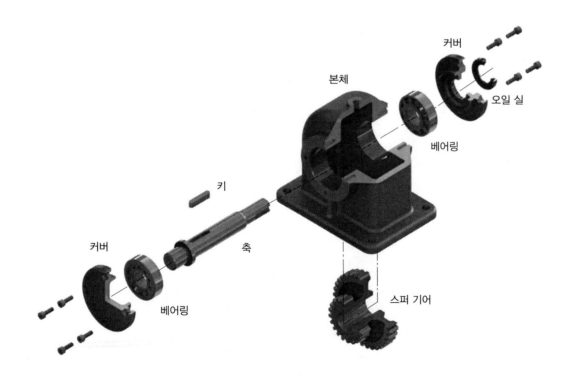

① 본체(Body) 모델링하기

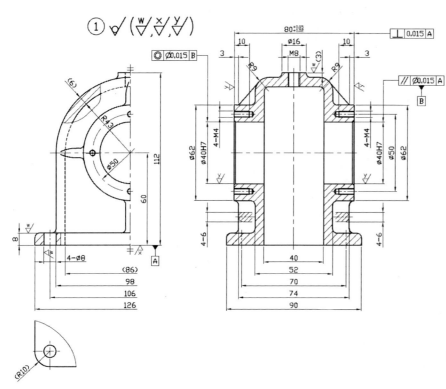

본체를 모델링하는 방법은 돌출로 바디(Body)와 베이스(Base)를 만들어 본체의 외형을 먼저 완성한 다음 쉘로 물체 내부를 빼내고나서 절반으로 절단한 후 나머지 부분을 완성하여 최종적으로 대칭 복사하여 마무리하는 작업으로 진행합니다.

네비게이터 navigator

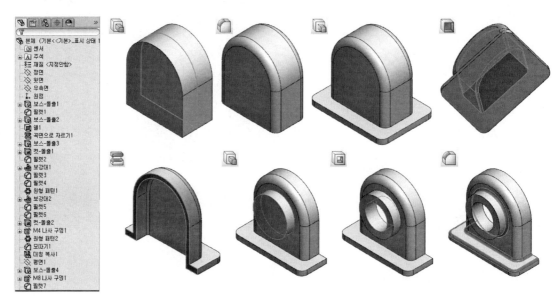

FeatureManager 디자인 트리를 보면 필자가 모델링한 순서를 한 눈에 확인 할 수가 있습니다.

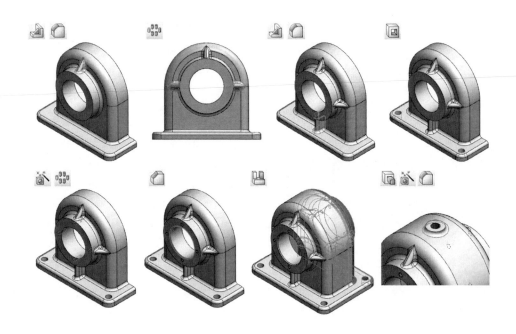

본체(Body) 모델링의 첫 번째 피처는 정면에서 스케치된 프로파일에서 돌출 피처로 생성된 보스(Boss)로 본체의 바디(Body)가 됩니다.

01 표준 도구 모음에서 새 문서□를 클릭합니다. [단축키 : Ctrl+N]

[SolidWorks 새 문서] 대화상자가 나타납니다.

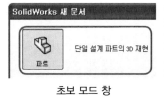

초보 모드 창

고급 모드 창

02 파트를 선택한 후 확인을 클릭합니다.

03 FeatureManager 디자인 트리의 〈정면〉을 선택하고 스케치 도구 모음에서 스케치를 클릭합니다.

04 스케치 도구 모음에서 선\을 클릭합니다.

05 그림과 같이 윗쪽 대략적인 위치에 아래에서 위로 수직선을 스케치하고 곧장 키보드의 A 키를 눌러 호로 전환하여 180도 호를 스케치한 후 다시 아래쪽으로 수직선을 스케치한 후 왼쪽 끝점에 선을 이어 붙여 폐구간을 만든 후 Esc키를 한 번 눌러 명령을 종료합니다.

06 3개의 점(호의 양 끝점과 호의 중심)을 Ctrl키를 누른 상태에서 선택하고 ─ 수평(H) 구속조건을 부가합니다. 그리고 다시 호의 중심과 원점을 Ctrl키를 누른 상태에서 선택하고 ⟨ 일치(D) 구속조건을 부가합니다.

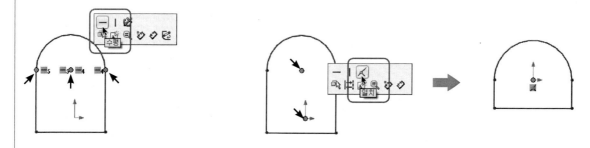

07 스케치 도구 모음에서 지능형 치수◇를 클릭합니다.

오른쪽 그림과 같이 치수 값(98, 60)을 입력하여 스케치를 완전 정의 (검정색)시킵니다.

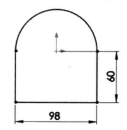

08 피처 도구 모음에서 돌출 보스/베이스◐를 클릭합니다.

그래픽 영역의 도형을 바라보는 시점이 자동으로 등각 보기로 변경이 되면서 왼쪽 구역 창이 돌출 설정 옵션을 입력할 수 있는 PropertyManager창으로 표시가 됩니다.

09 PropertyManager창의 방향1 아래 에서

① 마침 조건으로 〈중간 평면〉을 선택 합니다.

② 깊이◈를 '52'로 입력합니다.

10 ✓(확인)을 클릭합니다.

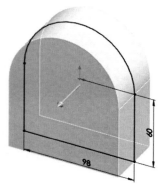

첫 피처가 완성이 되었으며 왼쪽에 있는 FeatureManager 디자인 트리창에 〈보스-돌출1〉
이 표시됩니다.

11 피처 도구 모음에서 필렛⬜를 클릭합니다.

12 **PropertyManager창의 필렛할 항목 아래에서 : 반경**📐**을**
'9'로 입력합니다.

13 그림과 같이 앞과 뒤, 모서리 2개를 선택합니다.

14 ✔(확인)을 클릭합니다.

왼쪽에 있는 FeatureManager 디자인 트리창에 〈필렛1〉이
표시됩니다.

15 그림과 같이 본체 바닥면을 선택하고 스케치 도구 모음에서
스케치✏를 클릭합니다.

Tip ››
마우스 휠(가운데 버튼)을 누른 상태에서 움직여 본체의 바닥면이 보이도록
회전시켜 선택합니다.

16 표준 보기 방향 도구 모음에서 ⬜(아랫면)을 클릭합
니다. [단축키 : Ctrl +6]

17 스케치 도구 모음에서 중심 사각형⬜을 클릭합니다.

18 마우스 포인터를 원점⌐ 에 클릭하고 대략적인 크기
로 사각형을 스케치합니다.

19 스케치 도구 모음에서 지능형 치수◇를 클릭합니다.
오른쪽 그림과 같이 치수 값(126, 90)을 입력하여 스케
치를 완전 정의(검정색)시킵니다.

20 스케치 도구 모음에서 스케치 필렛⬜을 클릭합니다.

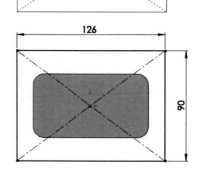

126

90

21 PropertyManager창의 필렛 변수 아래에서 : 반경🗘에 '10'을 입력합니다.

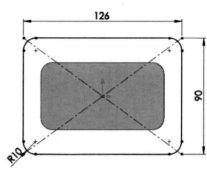

22 그림과 같이 사각형 4군데 모서리를 선택하고 ✔(확인)을 클릭하고 다시 ✔(확인)을 클릭하여 스케치 필렛을 종료합니다.

23 표준 보기 방향 도구 모음에서 🗘(등각보기)를 클릭합니다. [단축키 : Ctrl+7]

24 피처 도구 모음에서 돌출 보스/베이스🗘를 클릭합니다.

25 PropertyManager창의 방향1 아래에서
　① 마침 조건으로 〈블라인드 형태〉를 선택합니다.
　② 깊이🗘를 '8'로 입력합니다.
　③ 반대 방향🗘 버튼을 클릭하여 위로 돌출 방향을 변경합니다.

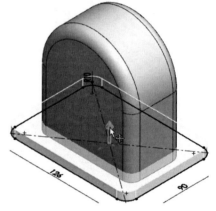

26 ✔(확인)을 클릭합니다.

　두 번째 피처가 완성이 되었으며 왼쪽에 있는 FeatureManager 디자인 트리창에 〈보스-돌출2〉가 표시됩니다.

27 피처 도구 모음에서 쉘🗘을 클릭합니다.

28 PropertyManager창의 파라미터 아래에서
　① 깊이🗘를 '6'으로 입력합니다.
　② 본체를 회전시켜 [제거할 면]에서 바닥면을 선택합니다.

● PropertyManager창의 다중 두께 세팅 아래의 '다중 두께 지정면' 란을 선택 후

　③ 깊이🗘를 '8'로 입력합니다.
　④ 본체를 회전시켜 [다중 두께 지정면]에서 베이스 윗면을 선택합니다.

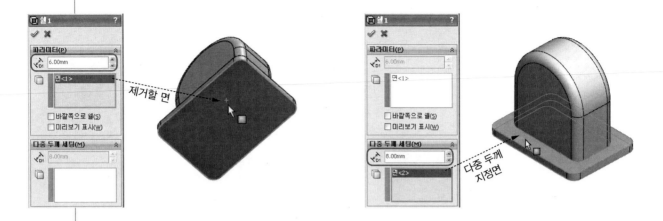

29 ✔(확인)을 클릭합니다.

※ 아래쪽에서 본체를 바라보면 속이 파져 있는 것을 알 수 있습니다.

왼쪽에 있는 FeatureManager 디자인 트리창에 〈쉘1〉이 표시됩니다.

30 표준 보기 방향 도구 모음에서 ◉(등각보기)를 클릭합니다. [단축키 : Ctrl+7]

31 FeatureManager 디자인 트리에서 〈정면〉을 선택합니다.

32 메뉴바의 [삽입-잘라내기-곡면으로 자르기▤]를 선택합니다.

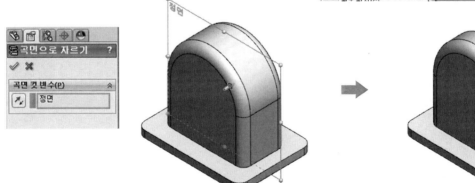

33 자르고자 하는 방향을 뒷면으로 맞추고 ✔(확인)을 클릭합니다.

왼쪽에 있는 FeatureManager 디자인 트리창에 〈곡면으로 자르기1〉이 표시됩니다.

Tip ››

본체를 절반으로 절단하는 이유는 필렛 작업이 편리하며 반복되는 작업의 작업 시간을 단축할 수가 있고 시스템 메모리 관리도 할 수가 있어 유용하기 때문입니다.

34 그림과 같이 본체의 앞쪽 면을 선택하고 스케치 도구 모음에서 스케치☞를 클릭합니다.

35 표준 보기 방향 도구 모음에서 🔲(정면)을 클릭합니다.
[단축키 : Ctrl+1]

36 스케치 도구 모음에서 원◯을 클릭합니다.

원점 ☞,에 클릭하고 대략적인 크기로 원을 스케치합니다.

37 스케치 도구 모음에서 지능형 치수◇를 클릭합니다.
원의 지름을 '62'로 치수구속합니다.

38 표준 보기 방향 도구 모음에서 🔷(등각보기)를 클릭합니다. [단축키 : Ctrl+7]

39 피처 도구 모음에서 돌출 보스/베이스☞를 클릭합니다.

40 PropertyManager창의 방향1 아래에서
① 마침 조건으로 〈블라인드 형태〉를 선택합니다.
② 깊이☞를 '14'로 입력합니다.

41 ✓(확인)을 클릭합니다.

세 번째 피처가 완성이 되었으며 왼쪽에 있는 Feature-Manager 디자인 트리창에 〈보스-돌출3〉이 표시됩니다.

42 그림과 같이 본체의 돌출된 앞쪽 면을 선택하고 스케치 도구 모음에서 스케치☞를 클릭합니다.

43 표준 보기 방향 도구 모음에서 🔲(정면)을 클릭합니다.
[단축키 : Ctrl+1]

44 스케치 도구 모음에서 원◉을 클릭합니다.

원점 ✐ 에 클릭하고 대략적인 크기로 원을 스케치합
니다.

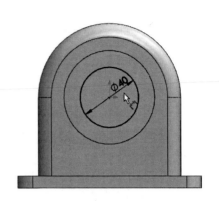

45 스케치 도구 모음에서 지능형 치수◈를 클릭합니다.
원의 지름을 '40'으로 치수구속합니다.

46 표준 보기 방향 도구 모음에서 ◈(등각보기)를 클릭합니다. [단축키 : Ctrl+7]

47 피처 도구 모음에서 돌출 컷◉을 클
릭합니다.

48 **PropertyManager창의 방향1 아**
래에서 : 마침 조건으로 〈다음까지〉를
선택합니다.

49 ◈(확인)을 클릭합니다.

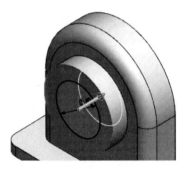

네 번째 피처가 완성이 되었으며 왼쪽에 있는 Feature-
Manager 디자인 트리창에 〈컷−돌출1〉이 표시됩니다.

50 피처 도구 모음에서 필렛◉를 클릭합니다.

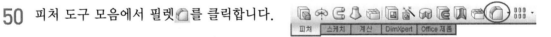

51 **PropertyManager창의 필렛할 항목 아래에서 : 반경**
◈을 '3'으로 입력합니다.

52 오른쪽 그림과 같이 모서리 3개를 선택합니다.

53 ◈(확인)을 클릭합니다.

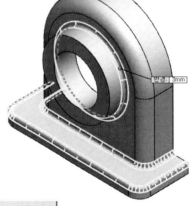

왼쪽에 있는 FeatureManager 디자인 트리창에 〈필렛
2〉가 표시됩니다.

54 FeatureManager 디자인 트리에서 〈우측
면〉을 선택한 후 스케치 도구 모음에서 스케치
◈를 클릭합니다.

55 스케치 도구 모음에서 선╲을 클릭합니다.

56 표준 보기 방향 도구 모음에서 ▣(우측면)를 클릭합니다. [단축키 : Ctrl+4]

57 아래 왼쪽 그림과 같이 왼쪽 상단에 리브(Rib) 작업에 필요한 선을 대략적으로 스케치를 한 후 Esc 키를 누르고 나서 위쪽 부분만 ⚬탄젠트(A)와 ◢일치(D)로 구속조건을 부가합니다.

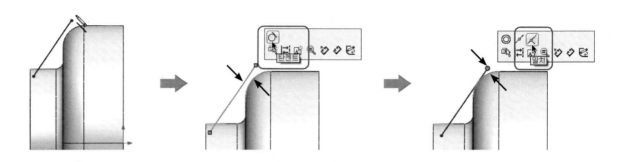

> **Tip** >>
> ⚬탄젠트(A)는 선과 물체의 모서리 선을 선택하고 ◢일치(D)는 선의 끝점과 물체의 모서리 선을 선택해야만 구속조건을 부가할 수가 있습니다.

58 스케치 도구 모음에서 선╲을 클릭합니다.

59 그림과 같이 구속된 선의 끝점을 클릭하여 수평선을 회전체 (Body) 안쪽으로 대략적으로 그립니다.

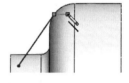

> **Tip** >>
> 수평선을 그리는 이유는 위쪽이 원통(=회전체)이므로 보강대◢ 피처 작업 시 빈 공간이 생겨 에러가 발생 되기 때문입니다. 원통 부위에 보강대가 완전하게 파묻힐 수 있도록 선을 빼주어야 문제가 해결됩니다.

60 스케치 도구 모음에서 점 ✳을 클릭합니다.

61 아래 왼쪽 그림과 같이 대각선 아래쪽 대략적인 위치에 일치◢ 구속조건이 부여되도록 점을 찍은 후 Esc 키를 누르고 나서 점과 물체의 모서리 선 Ctrl 키를 누른 상태에서 선택하여 ◢일치(D) 구속조건을 부가합니다.

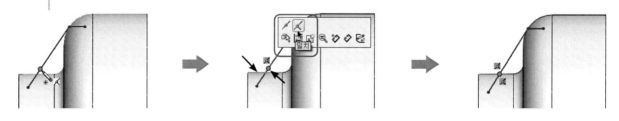

> **Tip** ››
> 원통 부위에 완전하게 파묻힐 수 있도록 선을 빼주어야 보강대 작업 시 문제가 해결됩니다.

62 스케치 도구 모음에서 지능형 치수 ◇ 를 클릭합니다.
왼쪽 끝 모서리에서 점까지의 거리를 '3'으로 치수구속합니다.

63 피처 도구 모음에서 보강대 🖾 를 클릭합니다.

64 표준 보기 방향 도구 모음에서 🔷 (등각보기)를 클릭합니다. [단축키 : Ctrl +7]

65 PropertyManager창의 파라미터 아래에서
① 두께를 양면 ▤ 으로 선택합니다.
② 보강대 두께 ⚒ 를 '6'으로 입력합니다.
③ 돌출 방향을 스케치에 평행 ⬛ 으로 선택합니다.

66 ✅(확인)을 클릭합니다.

다섯 번째 피처가 완성이 되었으며 왼쪽에 있는 FeatureManager 디자인 트리창에 〈보강대1〉이 표시됩니다.

67 피처 도구 모음에서 필렛 🖾 을 클릭합니다.

68 PropertyManager창의 필렛할 항목 아래에서 : 반경 ⚒ 을 '3'으로 입력합니다.

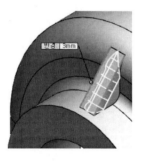

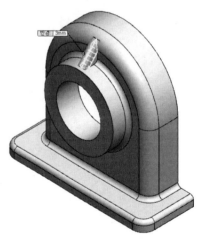

69 오른쪽 그림과 같이 리브(Rib) 모서리 2개를 선택합니다.

70 ✅(확인)을 클릭합니다.

왼쪽에 있는 FeatureManager 디자인 트리창에 〈필렛3〉이 표시됩니다.

71 피처 도구 모음에서 필렛 🖾 을 클릭합니다.

72 그림과 같이 리브(Rib) 모서리 1
개를 선택합니다.

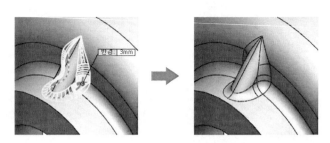

73 ✔(확인)을 클릭합니다.

왼쪽에 있는 FeatureManager 디
자인 트리창에 〈필렛4〉가 표시됩니다.

74 피처 도구 모음에서 원형 패턴을 클릭합니다.

75 PropertyManager창의 패턴할 피처 아래에서 :
PropertyManager창 위 오른쪽에 있는 ⊞를 누르
면 FeatureManager 디자인 트리가 나타나며 여
기에서 원형 패턴시킬 〈보강대1〉과 〈필렛3〉, 〈필
렛4〉를 선택합니다.

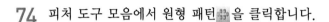

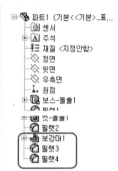

● **파라미터 아래에서**

① 패턴 축 란을 클릭한 후 회전 중심축
이 되는 원통면을 선택합니다.

② 각도 합계를 '360'도로 입력합니다.

※ ☑동등 간격(E) 체크

③ 인스턴스 수를 '4'개로 입력합니다.

● **인스턴스 건너뛰기 아래에서** : 인스턴스 건너뛰기 항목을
선택 후 건너뛸 본체 아래쪽 분홍색 점을 선택합니다.

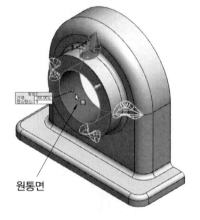

원통면

76 ✓(확인)을 클릭합니다.

왼쪽에 있는 FeatureManager 디자인 트리창에 〈원형 패턴1〉이 표시됩니다.

77 FeatureManager 디자인 트리에서 〈우측면〉을 선택한 후 스케치 도구 모음에서 스케치 를 클릭합니다.

78 스케치 도구 모음에서 선 을 클릭합니다.

79 표준 보기 방향 도구 모음에서 (우측면)를 클릭합니다.
[단축키 : Ctrl + 4]

80 그림과 같은 위치에 리브(Rib) 작업에 필요한 수직선을 스케치를 합니다.

81 스케치 도구 모음에서 지능형 치수 를 클릭 합니다.

그림과 같이 거리를 '37'로 치수구속합니다.

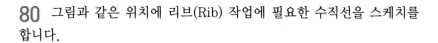

82 표준 보기 방향 도구 모음에서 (등각보기) 를 클릭합니다. [단축키 : Ctrl + 7]

83 피처 도구 모음에서 보강대 를 클릭합니다.

84 PropertyManager창의 파라 미터 아래에서

① 두께를 양면 으로 선택합 니다.

② 보강대 두께 를 '6'으로 입 력합니다.

③ ☑뒤집기(F) 체크하여 물체쪽으 로 방향을 변경합니다.

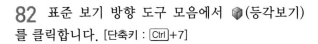

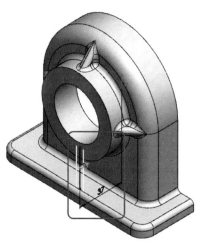

85 ✓(확인)을 클릭합니다.

여섯 번째 피처가 완성이 되었으며 왼쪽에 있는 FeatureManager 디자인 트리창에 〈보강 대2〉가 표시됩니다.

86 피처 도구 모음에서 필렛 을 클릭합니다.

87 PropertyManager창의 필렛할 항목 아래에서 : 반경⚲을 '3'으로 입력합니다.

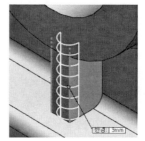

88 오른쪽 그림과 같이 리브(Rib) 모서리 2개를 선택합니다.

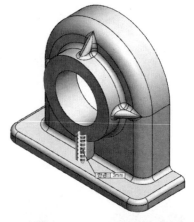

89 ✓(확인)을 클릭합니다.

왼쪽에 있는 FeatureManager 디자인 트리창에 〈필렛5〉가 표시됩니다.

90 피처 도구 모음에서 필렛⬀을 클릭합니다.

91 그림과 같이 리브(Rib) 모서리 1개를 선택합니다.

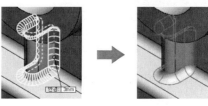

92 ✓(확인)을 클릭합니다.

왼쪽에 있는 FeatureManager 디자인 트리창에 〈필렛6〉이 표시됩니다.

93 베이스 윗면을 선택하고 스케치 도구 모음에서 스케치⬀를 클릭합니다.

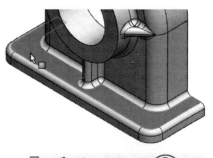

94 표준 보기 방향 도구 모음에서 ⬀(윗면)을 클릭합니다. [단축키 : Ctrl+5]

95 스케치 도구 모음에서 원⬀을 클릭합니다.

96 베이스 라운드 모서리 두 곳의 중심에 동심으로 원을 대략적인 크기로 스케치를 합니다.

97 두 개의 원을 Ctrl 키를 누른 상태에서 선택한 후 = 동등(W) 구속조건을 부가합니다.

Tip >>
베이스 라운드 모서리 중심에 정확히 원을 스케치를 하지 않았을 경우에는 따로 모서리와 원을 선택한 후 ◎ 동심(N) 구속조건을 부가해야 합니다.

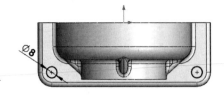

98 스케치 도구 모음에서 지능형 치수 ◇ 를 클릭합니다. 둘 중 한 개의 원을 선택하여 '8'로 치수구속합니다.

99 표준 보기 방향 도구 모음에서 ▣(등각보기)를 클릭합니다. [단축키 : Ctrl+7]

100 피처 도구 모음에서 돌출 컷 ▣ 을 클릭합니다.

101 PropertyManager창의 방향1 아래에서 : 마침 조건으로 〈다음까지〉를 선택합니다.

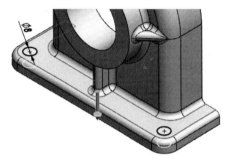

102 ◇(확인)을 클릭합니다.

일곱 번째 피처가 완성이 되었으며 왼쪽에 있는 FeatureManager 디자인 트리창에 〈컷-돌출2〉가 표시됩니다.

103 피처 도구 모음에서 구멍 가공 마법사 ☜ 를 클릭합니다.

104 PropertyManager창의 유형 탭에 있는 구멍 스팩 아래에서 : 크기를 〈M4〉로 선택합니다.

● **마침 조건 아래에서**

① 마침 조건을 〈블라인드 형태〉로 선택합니다.

② 블라인드 구멍 깊이 ▯ 를 '12'로 입력합니다.

③ 탭 나사선 깊이 ▯ 를 '10'으로 입력합니다.

● **옵션 아래에서**

① 나사산 표시 ▯ 를 선택합니다.

② 속성 표시기 표시만 체크하고 나머지 2개는 체크 해제합니다.

105 PropertyManager창의 위치 탭을 선택합니다.

106 탭 구멍 포인트를 배치하고자 하는 돌출된 앞쪽면 한 곳을 클릭한 후 그림과 같이 원점에 수직으로 적당한 한 곳에 클릭합니다.

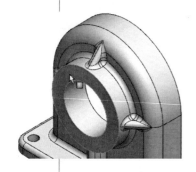 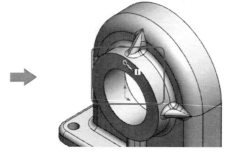 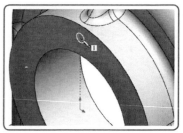

107 키보드의 Esc키를 한 번 눌러서 구멍 삽입을 종료합니다.

108 표준 보기 방향 도구 모음에서 🗔(정면)을 클릭합니다. [단축키 : Ctrl+1]

109 원점과 Ctrl키를 누른 상태에서 물체상에 삽입된 포인트를 선택한 후 │수직(V) 구속조건을 부가합니다.

110 스케치 도구 모음에서 지능형 치수◇를 클릭합니다.
오른쪽 그림과 같이 원점에서 포인트 거리 치수 값(25)을 입력합니다.

111 ✔(확인)을 클릭하여 구멍 가공 마법사 Property-Manager창을 닫습니다.

왼쪽에 있는 FeatureManager 디자인 트리창에 〈M4 나사 구멍1〉이 표시됩니다.

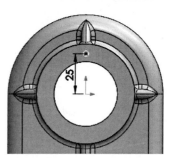

나사산 음영 표시

탭 구멍을 만들고 나사산 음영을 표시하기 위해서는 FeatureManager 디자인 트리의 주석에서 마우스 오른쪽 버튼 클릭 시 나오는 〈세부 사항...〉에 들어가 주석 속성창에서 〈음영 나사산〉을 체크해 주어야 합니다.

  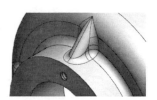

※ 음영 표시가 나타나지 않을 경우에는 '세부 사항...'밑에 〈주석 표시〉가 체크되어 있는지 확인해야 합니다.

112 피처 도구 모음에서 원형 패턴을 클릭합니다.

113 PropertyManager창의 패턴할 피처 아래에서 :
PropertyManager창 위 오른쪽에 있는 ⊞를 누르면 FeatureManager 디자인 트리가 나타나며 여기에서 패턴할 피처인 〈M4 나사 구멍1〉을 선택합니다.

● **파라미터 아래에서**

① 패턴 축 란을 클릭하고 (등각보기) [단축키 : Ctrl+7]를 한 후 회전 중심축이 되는 베어링 구멍(∅40)을 선택합니다.

② 인스턴스 수를 〈4〉개로 입력합니다.

③ ☑동등 간격(E) 동등 간격을 체크합니다.

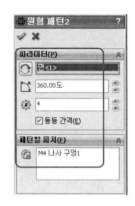

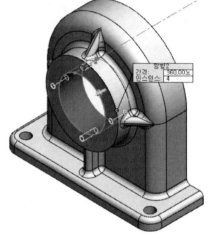

114 ✓(확인)을 클릭합니다.

왼쪽에 있는 FeatureManager 디자인 트리창에 〈원형 패턴2〉가 표시됩니다.

115 피처 도구 모음에서 모따기를 클릭합니다.

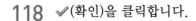

116 PropertyManager창의 모따기 변수 아래에서

① 거리를 '1'로 입력합니다.
② 각도를 '45'도로 입력합니다.

117 그림과 같이 베어링 삽입 구멍 모서리 1개를 선택합니다.

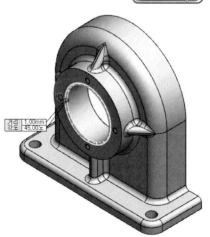

118 ✓(확인)을 클릭합니다.

왼쪽에 있는 FeatureManager 디자인 트리창에 〈모따기1〉이 표시됩니다.

본체(Body)의 절단된 절반 모델링이 만들어졌습니다. 단, 완전한 형상은 아니므로 다음 장에서 배울 작업까지 추가하여 본체(Body) 모델링을 완료해야 합니다.

이번 장에서는 절반만 모델링된 본체를 대칭복사와 윤활유 투입 구멍까지 작업하여 최종적으로 본체 모델링을 완성하도록 하겠습니다.

01 피처 도구 모음에서 대칭 복사🔲를 클릭합니다.

02 물체를 회전시켜 대칭 시 기준이 되는 면인 절단된 면을 선택합니다.

03 PropertyManager창의 대칭 복사할 바디를 클릭 후 본체를 선택합니다.

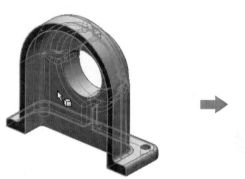

04 ✔(확인)을 클릭합니다.

왼쪽에 있는 FeatureManager 디자인 트리창에 〈대칭 복사1〉이 표시됩니다.

05 오른쪽 그림과 같이 물체를 회전시켜 베이스(Base) 바닥면을 선택합니다.

06 피처 도구 모음에서 참조 형상🐦의 기준면🐦를 클릭합니다.

07 PropertyManager창의 제1참조 아래에서

① 오프셋 거리🔲를 '112'로 입력합니다.

② 뒤집기를 체크하여 오프셋 방향을 본체 위쪽으로 맞춰 줍니다.

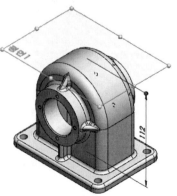

08 ✔(확인)을 클릭합니다.

왼쪽에 있는 FeatureManager 디자인 트리창에 〈평면1〉이 표시됩니다.

09 FeatureManager 디자인 트리에서 ◈ 평면1를 선택한 후 스케치 도
구 모음에서 스케치 ⬔를 클릭합니다.

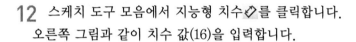

10 표준 보기 방향 도구 모음에서 ⬚(윗면)을 클릭합니다.
[단축키 : Ctrl+5]

11 스케치 도구 모음에서 원 ⊘을 선택한 후 원점 ⌐ 에 클릭하
여 대략적인 크기로 스케치합니다.

12 스케치 도구 모음에서 지능형 치수 ◇를 클릭합니다.
오른쪽 그림과 같이 치수 값(16)을 입력합니다.

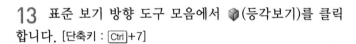

13 표준 보기 방향 도구 모음에서 ▥(등각보기)를 클릭
합니다. [단축키 : Ctrl+7]

14 피처 도구 모음에서 돌출 보스/베이스 ⬚를 클릭합
니다.

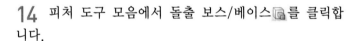

15 **PropertyManager창의 방향1 아래에서** : 마침 조건으로 〈다음
까지〉를 선택합니다.

Tip ››
돌출 방향이 물체가 있는 쪽을 향하고 있어야만 마침 조건에 〈다음까지〉가 나타납니다. 돌출 방향이 틀릴
경우에는 반대 방향 ⬆을 클릭하여 돌출 방향을 아래쪽을 향하게 해야 합니다.

16 ✔(확인)을 클릭합니다.

17 FeatureManager 디자인 트리창에서 ◈ 평면1을 선택하거
나 모델에 표시된 〈평면1〉을 클릭하면 나타나는 상황별 도구 모
음 중에 숨기기 ⬚로 평면1을 숨겨줍니다.

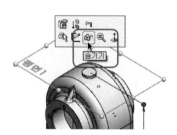

아홉 번째 피처가 완성이 되었으며 왼쪽에 있는 FeatureManager 디자인 트리창에 〈보스-
돌출4〉가 표시됩니다.

18 피처 도구 모음에서 구멍 가공 마법사를 클릭합니다.

19 **PropertyManager창의 유형 탭에 있는 구멍 유형 아래에서**
 ① 구멍 유형으로 직선 탭 ▣을 선택합니다.
 ② 표준 규격은 〈KS〉로 선택하고 유형은 〈탭 구멍〉으로 선택합니다.
● **구멍 스팩 아래에서** : 크기를 〈M8〉로 선택합니다.
● **마침 조건 아래에서** : 마침 조건을 〈다음까지〉로 선택합니다.
● **옵션 아래에서**
 ① 나사산 표시 ▣를 선택합니다.
 ② 속성 표시기 표시만 체크하고 나머지 3개는 체크 해제합니다.

20 PropertyManager창의 위치 탭을 선택합 니다.

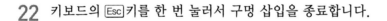

21 탭 구멍 포인트를 배치하고자 하는 돌출된 상단면 한 곳을 클릭한 후 다시 해당 위치를 클릭하여 포인트 1개를 오른쪽 그림과 같이 배치합니다.

22 키보드의 Esc키를 한 번 눌러서 구멍 삽입을 종료합니다.

23 포인트와 돌출된 모서리를 Ctrl키를 누른 상태에서 선택한 후 ◎ 동심(N) 구속조건을 부가합니다.

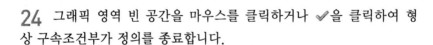

24 그래픽 영역 빈 공간을 마우스를 클릭하거나 ✔을 클릭하여 형 상 구속조건부가 정의를 종료합니다.

25 ✔(확인)을 클릭하여 구멍 가공 마법사 PropertyManager창을 닫습니다.
 왼쪽에 있는 FeatureManager 디자인 트리창에 〈M8 나사 구멍1〉이 표시됩니다.

26 피처 도구 모음에서 필렛◻를 클릭합니다.

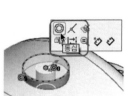

27 **PropertyManager창의 필렛할 항목 아래에서 :**
 반경◹을 '3'으로 입력합니다.

28 그림과 같이 상단 중간에 돌출된 내측 모서리 1개를 선택합니다.

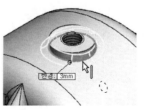

29 ✔(확인)을 클릭합니다.

왼쪽에 있는 FeatureManager 디자인 트리창에 〈필렛7〉이 표시됩니다.

전체적인 본체(Body) 모델링이 완성되었습니다.

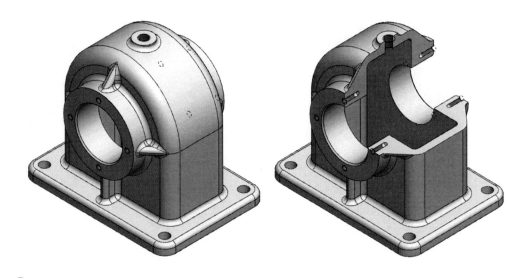

Tip >>
자격증 시험 종목 중 기계 기사를 뺀 다른 종목에서는 단면 처리를 해야 합니다.

이제 완성된 파트를 저장합니다.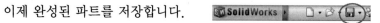

30 메뉴 모음에서 저장🖫을 클릭하거나 메뉴 바에서 '파일-저장'를 클릭합니다.
[단축키 : Ctrl+S]

31 기어 박스 폴더를 만들고 그 안에 파일 이름을 '본체'로 명명하고 저장을 클릭합니다.
파일 이름에 확장명 .sldprt가 추가되어 '본체.sldprt'로 저장됩니다.

② 스퍼 기어(Spur gear) 모델링하기

스퍼 기어를 모델링하는 방법은 기어 이 1개를 만든 후 잇수만큼 회전시켜 기어 형태를 먼저 완성한 다음 똑같은 방법으로 나머지 기어를 연결하여 완성하는 작업 순서로 진행합니다.

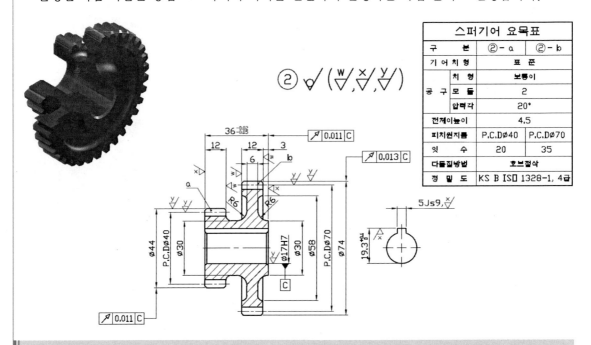

스퍼기어 요목표		
구 분	②-a	②-b
기 어 치 형	표 준	
공 구 / 치 형	보통이	
공 구 / 모 듈	2	
공 구 / 압력각	20°	
전체이높이	4.5	
피치원지름	P.C.D∅40	P.C.D∅70
잇 수	20	35
다듬질방법	호브절삭	
정 밀 도	KS B ISO 1328-1, 4급	

네비게이터 navigator

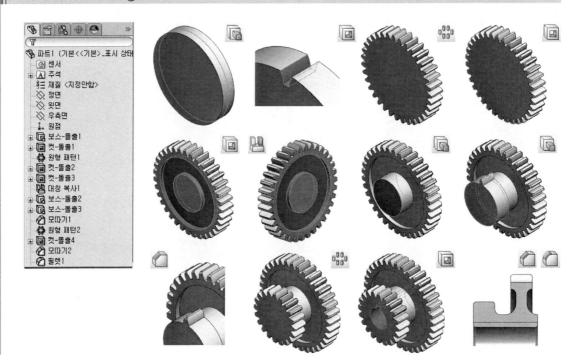

 스퍼 기어(Spur gear) 모델링의 첫 번째 피처는 이끝원(바깥지름)을 스케치한 프로파일을 돌출시켜 만든 원통 형태로 오른쪽 큰 기어 먼저 완성하겠습니다.

01 표준 도구 모음에서 새 문서□를 클릭합니다. [단축키 : Ctrl+N]

[SolidWorks 새 문서] 대화상자가 나타납니다.

초보 모드 창 　　고급 모드 창

02 파트를 선택한 후 확인을 클릭합니다.

03 FeatureManager 디자인 트리의 〈정면〉을 선택하고 스케치 도구 모음에서 스케치를 클릭합니다.

04 스케치 도구 모음에서 원◯을 클릭합니다.

05 마우스 포인터를 원점◯을 클릭하여 대략적인 크기로 원을 스케치합니다.

06 스케치 도구 모음에서 지능형 치수◇를 클릭합니다.
　오른쪽 그림과 같이 치수 값(74)을 입력합니다.

Tip ››
치수 74는 이끝원 값으로 피치원 지름 70[모듈(2)×잇수(35)=70]에서 모듈 값 4[모듈(2)×양쪽(2)]를 더해 계산되어야 합니다. 모듈(M)과 잇수(Z)는 수검 도면 스퍼 기어 품번 옆에 표기가 되어 있습니다.

07 피처 도구 모음에서 돌출 보스/베이스를 클릭합니다.

　그래픽 영역의 도형을 바라보는 시점이 자동으로 등각 보기로 변경이 되면서 왼쪽 구역 창이 돌출 설정 옵션을 입력할 수 있는 PropertyManager창으로 표시가 됩니다.

08 PropertyManager창의 방향1 아래에서
① 마침 조건으로 〈중간 평면〉으로 선택합니다.
② 깊이를 '12'로 입력합니다.

09 (확인)을 클릭합니다.

첫 번째 피처가 완성이 되었으며 왼쪽에 있는 FeatureManager 디자인 트리창에 〈보스-돌출 1〉이 표시됩니다.

10 작업한 피처의 정면을 선택하고 스케치 도구 모음에서 스케치를 클릭합니다.

11 표준 보기 방향 도구 모음에서 (정면)을 클릭합니다. [단축키 : Ctrl+1]

12 그림과 같이 원통 바깥쪽 모서리를 선택한 다음 스케치 도구 모음에서 요소 변환을 클릭합니다.

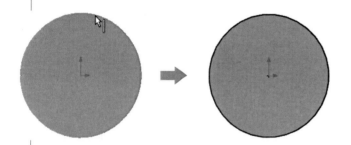

※ SolidWorks 2012부터는 모서리를 먼저 선택하고 요소 변환을 하면 명령어가 자동으로 종료됩니다.

13 (확인)을 클릭하여 〈요소 변환〉 명령을 종료합니다.

14 스케치 도구 모음에서 요소 오프셋을 클릭합니다.

15 PropertyManager창의 파라미터 아래에서 : 오프셋 거리를 '2'로 입력합니다.

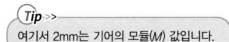

Tip >>
여기서 2mm는 기어의 모듈(M) 값입니다.

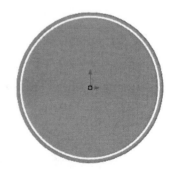

16 원통 바깥지름을 클릭합니다.

오프셋 방향은 안쪽으로 PropertyManager창의 〈반대 방향〉을 체크하여 안쪽으로 방향을 변경합니다.

17 ✓(확인)을 클릭합니다.

18 Enter 를 누르거나 스케치 도구 모음에서 요소 오프셋⫞을 다시 클릭합니다.

19 **PropertyManager창의 파라미터 아래에서 :** 오프셋 거리⫞를 '4.5'로 입력합니다.

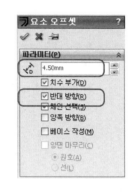
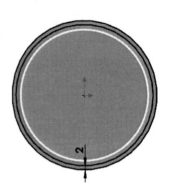

> **Tip** >>
>
> 여기서 4.5mm는 기어의 전체 이 높이 값 입니다. 전체 이 높이는 '2.25×모듈(2) =4.5'로 계산되어야 하며 식에서 2.25는 상수입니다.

20 원통 바깥지름 원을 다시 한 번 선택합니다. 오프셋 방향은 안쪽입니다.

오프셋 방향은 안쪽으로 PropertyManager창의 〈반대 방향〉을 체크하여 안쪽으로 방향을 변경합니다.

21 ✓(확인)을 클릭합니다.

22 피치원 지름(∅70)을 선택하여 PropertyManager창의 〈보조선〉을 체크하거나 스케치를 선택하면 나타나는 상황별 도구 모음에서 보조선⫞을 클릭합니다.

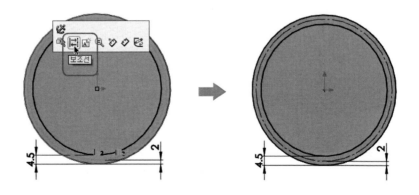

23 스케치 도구 모음에서 원⊘을 클릭합니다.

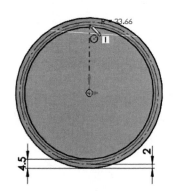

24 마우스 포인터를 원점 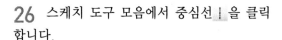 에 클릭하여 피치원과 이뿌리원 사이에 원을 오른쪽 그림과 같이 스케치합니다.

> **Tip >>**
> 지금 스케치한 원은 기어의 기초원이 됩니다.

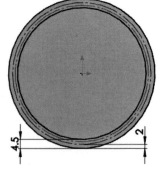

25 PropertyManager창의 〈보조선〉을 체크하거나 스케치를 선택하면 나타나는 상황별 도구 모음에서 보조선을 클릭하여 기초원을 보조선으로 변경합니다.

26 스케치 도구 모음에서 중심선 을 클릭 합니다.

27 원점 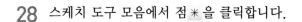 을 클릭하여 수직 선과 임의의 선을 그림과 같이 수 직선 왼쪽에 스케치합니다.

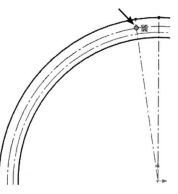

28 스케치 도구 모음에서 점 을 클릭합니다.

29 피치원과 대각선의 교차된 곳 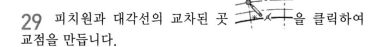 을 클릭하여 교점을 만듭니다.

30 스케치 도구 모음에서 중심선 을 클릭합니다.

31 아래 왼쪽 그림과 같은 방향으로 대략적인 위치에 단일 선으로 〈중심선〉을 스케치를 한 후 방금 스케치한 중심선과 점을 Ctrl 키를 누른 상태에서 선택 하여 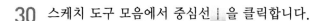 일치(D) 구속조건을 부가합니다.

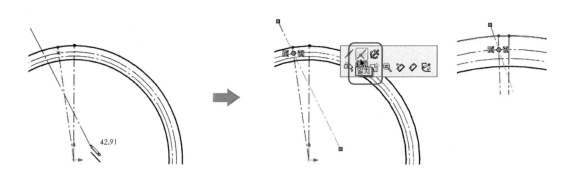

32 스케치 도구 모음에서 지능형 치수◇를 클릭합니다.

오른쪽 그림과 같이 치수 값(2.57°, 20°)을 입력합니다.

> **Tip** >>
> 여기서 2.57°는 90°/잇수(35)≒2.57°로 계산되어야 하며 20°는 기어의 압력각입니다.

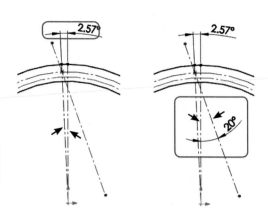

33 스케치 도구 모음에서 3점호⌒를 클릭합니다.

34 3점호의 시작점과 끝점을 이끝원과 이뿌리원에 일치✗로 클릭하고 중간은 그림과 같이 대략적으로 클릭하여 스케치합니다.

> **Tip** >>
> 3점호⌒ 사용은 호의 양쪽 끝을 먼저 찍고, 중간점을 나중에 찍어야 합니다.

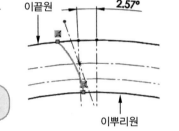

35 그림과 같이 작업 31번에서 스케치한 중심선과 방금 그린 3점호를 Ctrl키를 누른 상태에서 선택하여 ⬠ 탄젠트(A) 구속조건을 부가합니다.

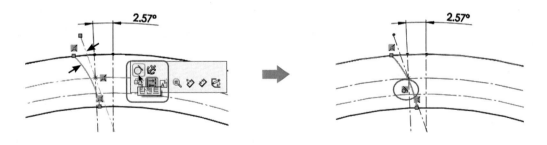

36 그림과 같이 3점호와 점을 Ctrl키를 누른 상태에서 선택하여 ✗ 일치(D) 구속조건을 부가합니다.

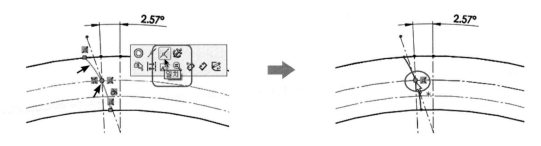

37 그림과 같이 3점호의 중심점과 기초원을 [Ctrl]키를 누른 상태에서 선택하여 🗡일치(D) 구속 조건을 부가합니다.

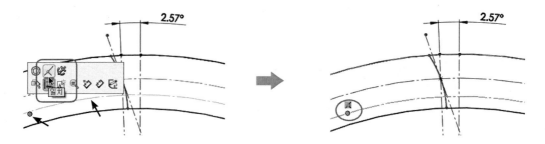

38 스케치 도구 모음에서 지능형 치수◈를 클릭합니다.
오른쪽 그림과 같이 치수 값(9)을 입력하여 3점호를 완전 정의 시킵니다.

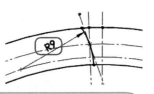

(*Tip* >>
여기서 9mm는 전체 이 높이(4.5)×2=9로 계산되어야 합니다.

39 3점호와 수직 중심선을 [Ctrl]키를 누른 상태에서 선택한 후 스케치 도구 모음에서 요소 대칭 복사⚠를 클릭합니다.

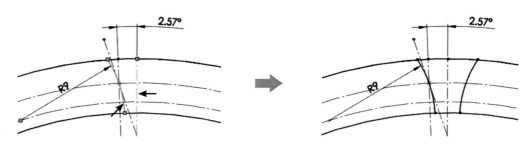

40 피처 도구 모음에서 돌출 컷▣을 클릭합니다.

41 자동적으로 선택 프로파일▧ 상태가 되며, 이때 돌출 컷 할 1개의 내측 영역을 그림과 같이 클릭합니다.

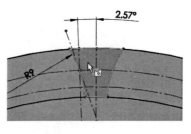

42 표준 보기 방향 도구 모음에서 ▣(등각보기)를 클릭합니다. [단축키 : [Ctrl]+7]

43 PropertyManager창의 **방향1 아래에서 :** 마침 조건으로 〈다음까지〉 를 선택합니다.

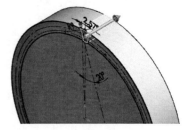

44 ✅(확인)을 클릭합니다.

두 번째 피처가 완성이 되었으며 왼쪽에 있는 FeatureManager 디자인 트리창에 〈컷−돌출1〉이 표시됩니다.

45 피처 도구 모음에서 원형 패턴🔡를 클릭합니다.

46 PropertyManager창의 패턴할 피처 아래에서 : PropertyManager창 위 오른쪽에 있는 ⊞를 누르면 FeatureManager 디자인 트리가 나타나며 여기에서 원형 패턴시킬 〈컷−돌출1〉를 선택합니다.

● **파라미터 아래에서**

① 패턴 축🔄 ⬚⬚⬚⬚⬚란을 클릭한 후 회전 중심축이 되는 원통면을 선택합니다.

② 각도 합계⬚를 '360'도로 입력합니다.

③ 인스턴스 수🔲를 '35'개로 입력합니다.

47 ✅(확인)을 클릭합니다.

왼쪽에 있는 FeatureManager 디자인 트리창에 〈원형 패턴1〉이 표시됩니다.

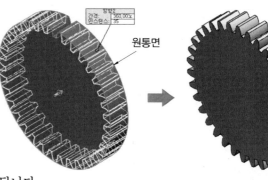

원통면

48 기어의 정면에 해당되는 면을 선택하고 스케치 도구 모음에서 스케치⬚를 클릭합니다.

49 표준 보기 방향 도구 모음에서 🔲(정면)을 클릭합니다.
[단축키 : Ctrl+1]

50 스케치 도구 모음에서 원⬚을 클릭합니다.

51 마우스 포인터를 원점⬚에 클릭하여 1개의 원을 대략적으로 스케치합니다.

52 스케치 도구 모음에서 지능형 치수⬚를 클릭합니다.

오른쪽 그림과 같이 치수 값(72)을 입력합니다.

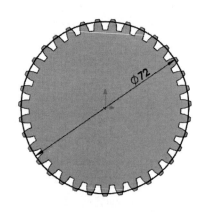

53 표준 보기 방향 도구 모음에서 🔷(등각보기)를 클릭합
니다. [단축키 : Ctrl+7]

54 피처 도구 모음에서 돌출 컷📷을 클릭합니다.

55 **PropertyManager창의 방향1 아래에서**
① 마침 조건으로 〈다음까지〉를 선택합니다.
② 자를 면 뒤집기를 체크합니다.
③ 구배 켜기/끄기📷 버튼을 선택합니다.
④ 구배 각도를 '45'도로 입력합니다.
⑤ 바깥쪽으로 구배를 체크합니다.

56 ✅(확인)을 클릭합니다.

세 번째 피처가 완성이 되었으며 왼쪽에 있는 FeatureManager 디자인 트리창에 〈컷−돌출
2〉가 표시됩니다.

57 기어의 정면에 해당되는 면을 선택하고 스케치 도구 모음에
서 스케치📝를 클릭합니다.

58 표준 보기 방향 도구 모음에서 📷(정면)을 클릭합니다.
[단축키 : Ctrl+1]

59 스케치 도구 모음에서 원⭕을 클릭합니다.

60 마우스 포인터를 원점📍에 클릭하여 크기가 다른 2
개의 원을 대략적으로 스케치합니다.

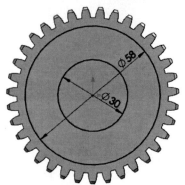

61 스케치 도구 모음에서 지능형 치수✏를 클릭합니다.
오른쪽 그림과 같이 치수 값(30, 58)을 입력합니다.

62 표준 보기 방향 도구 모음에서 📦 (등각보기)를 클릭합니다. [단축키 : Ctrl +7]

63 피처 도구 모음에서 돌출 컷🔲을 클릭합니다.

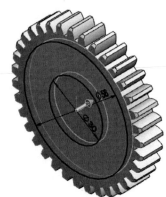

64 PropertyManager창의 방향1 아래 에서

① 마침 조건으로 〈블라인드 형태〉를 선택합니다.

② 깊이 📏를 '3'으로 입력합니다.

65 ✅(확인)을 클릭합니다.

네 번째 피처가 완성이 되었으며 왼쪽에 있는 FeatureManager 디자인 트리창에 〈컷-돌출 3〉이 표시됩니다.

반대쪽 모따기와 컷-돌출은 대칭 복사를 해서 완성하겠습니다.

66 FeatureManager 디자인 트리에서 〈정면〉을 선택합니다.

67 피처 도구 모음에서 대 칭 복사🔳를 클릭합니다.

68 PropertyManager창의 대칭 복사 피처 아 래에서 : PropertyManager창 위 오른쪽에 있는 ⊞를 누르면 FeatureManager디자인 트리가 나 타나며 여기에서 원형 패턴시킬 〈컷-돌출2〉와 〈컷-돌출3〉을 선택합니다.

69 ✅(확인)을 클릭합니다.

왼쪽에 있는 FeatureManager 디자인 트 리창에 〈대칭 복사1〉이 표시됩니다.

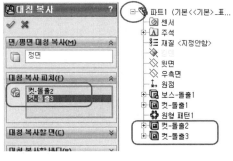
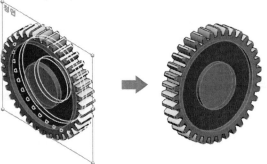

오른쪽 큰 기어가 완성이 되었으며 이번 장에서는 반대쪽 작은 기어를 앞에서 학습한 동력전달장치에서 스퍼 기어를 모델링하는 방법으로 완성하겠습니다.

01 기어의 정면 돌출된 면을 선택하고 스케치 도구 모음에서 스케치🗐를 클릭합니다.

02 그림과 같이 돌출된 면이 선택된 상태에서 스케치 도구 모음에서 요소 변환🗐을 클릭합니다.

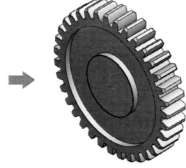

03 ✔(확인)을 클릭하여 〈요소 변환〉 명령을 종료합니다.

04 피처 도구 모음에서 돌출 보스/베이스🗐를 클릭합니다.

05 PropertyManager창의 방향1 아래에서
① 마침 조건으로 〈블라인드 형태〉를 선택합니다.
② 깊이🗐를 '9'로 입력합니다.

● PropertyManager창의 방향2를 체크하고 나서
① 마침 조건으로 〈블라인드 형태〉를 선택합니다.
② 깊이🗐를 '15'로 입력합니다.

(Tip>>)
여기서 방향2의 15는 오른쪽 기어 두께(12)+돌출 부위(3)=15입니다.

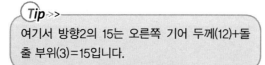

06 ✔(확인)을 클릭합니다.

다섯 번째 피처가 완성이 되었으며 왼쪽에 있는 FeatureManager 디자인 트리창에 〈보스-돌출2〉가 표시됩니다.

07 기어의 정면 돌출된 면을 선택하고 스케치 도구 모음에서 스케치 를 클릭합니다.

08 표준 보기 방향 도구 모음에서 (정면)을 클릭합니다.
[단축키 : Ctrl+1]

09 스케치 도구 모음에서 원 을 클릭합니다.

10 마우스 포인터를 원점 에 클릭하여 대략적인 크기로 원을 스케치합니다.

11 스케치 도구 모음에서 지능형 치수 를 클릭합니다. 오른쪽 그림과 같이 치수 값(40)을 입력합니다.

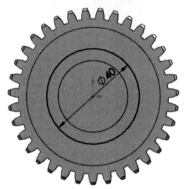

> **Tip** >>
> 치수 40은 피치원 지름 값으로 모듈(2)×잇수(20)=40로 계산되어야 합니다.

12 스케치한 원을 선택하여 PropertyManager창에서 〈보조선〉을 체크하여 스케치한 원을 보조선으로 변경합니다.

13 스케치 도구 모음에서 요소 오프셋 을 클릭합니다.

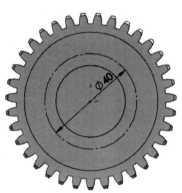

14 PropertyManager창의 파라미터 아래에서 : 오프셋 거리 를 '2'로 입력합니다.

> **Tip** >>
> 여기서 2mm는 기어의 모듈(M) 값입니다

15 보조선 원(∅40)을 클릭합니다. 오프셋 방향은 바깥쪽이며 기본적으로 바깥쪽으로 설정됩니다.

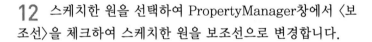

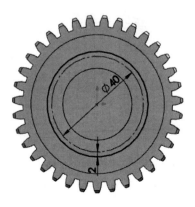

> **Tip** >>
> 요소 오프셋 PropertyManager창의 〈반대 방향〉을 체크하면 안쪽으로 방향이 변경됩니다.

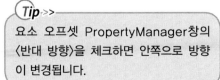

16 ✅(확인)을 클릭합니다.

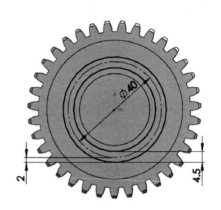

17 [Enter]를 누르거나 스케치 도구 모음에서 요소 오프셋 ⵊ을 다시 클릭합니다.

18 PropertyManager창의 파라미터 아래에서
① 오프셋 거리ⵊ를 '4.5'로 입력합니다.
② 〈반대 방향〉을 체크하여 오프셋 방향을 안쪽으로 변경합니다.

> **Tip** >>
> 여기서 4.5mm는 기어의 전체 이 높이 값입니다.

19 작업 13번에서 오프셋한 바깥쪽 원을 선택합니다. 오프셋 방향은 안쪽입니다.

20 ✅(확인)을 클릭합니다.

21 스케치 도구 모음에서 원ⵊ을 클릭합니다.

22 마우스 포인터를 원점 ⵊ에 클릭하여 피치원과 이뿌리원 사이에 원을 스케치한 후 PropertyManager창의 〈보조선〉을 체크하여 스케치한 원을 보조선으로 변경합니다.

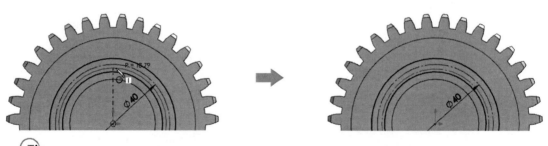

> **Tip** >>
> 지금 그린 원은 기어의 기초원이 됩니다.

23 스케치 도구 모음에서 중심선ⵊ을 클릭합니다.

24 원점ⵊ을 클릭하여 수직선과 임의의 선을 그림과 같이 수직선 오른쪽에 스케치합니다.

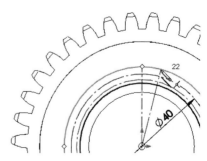

25 스케치 도구 모음에서 점 ✳ 을 클릭합니다.

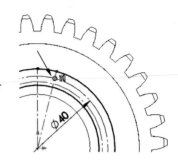

26 피치원과 대각선의 교차된 곳 을 클릭하여 교점을 만듭니다.

27 스케치 도구 모음에서 중심선 ┆ 을 클릭합니다.

28 아래 왼쪽 그림과 같은 방향으로 대략적인 위치에 단일 선으로 〈중심선〉을 스케치한 후 방금 스케치한 중심선과 점을 Ctrl 키를 누른 상태에서 선택하여 ⾧ 일치(D) 구속조건을 부가합니다.

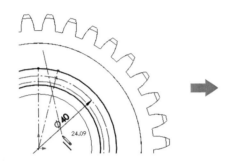
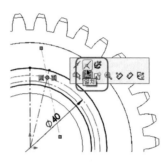
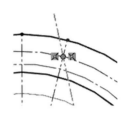

29 스케치 도구 모음에서 지능형 치수 ◇ 를 클릭합니다.

오른쪽 그림과 같이 치수 값(4.5°, 20°)을 입력합니다.

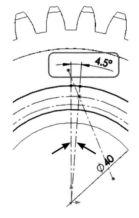
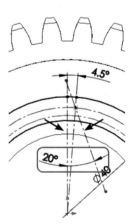

Tip ≫

여기서 4.5°는 90°/잇수(20)=4.5°로 계산되어야 하며 20°는 기어의 압력각입니다.

30 스케치 도구 모음에서 3점호 ⌒ 를 클릭합니다.

31 3점호의 시작점과 끝점을 이끝원과 이뿌리원에 일치 ⾧ 로 클릭하고 중간은 그림과 같이 대략적으로 클릭합니다.

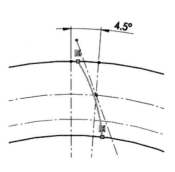

Tip ≫

3점호 ⌒ 사용은 호의 양 쪽 끝 먼저 찍고, 중간점을 나중에 찍어야 합니다.

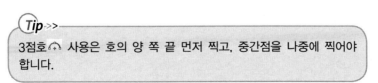

32 그림과 같이 작업 28번에서 스케치한 중심선과 방금 그린 3점호를 Ctrl 키를 누른 상태에서 선택하여 ⬡ 탄젠트(A) 구속조건을 부가합니다.

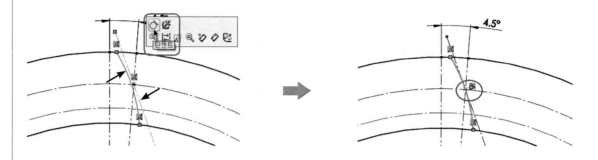

33 그림과 같이 3점호와 점을 Ctrl 키를 누른 상태에서 선택하여 ⬡ 일치(D) 구속조건을 부가합니다.

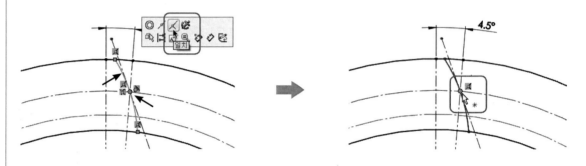

34 그림과 같이 3점호의 중심점과 기초원을 Ctrl 키를 누른 상태에서 선택하여 ⬡ 일치(D) 구속조건을 부가합니다.

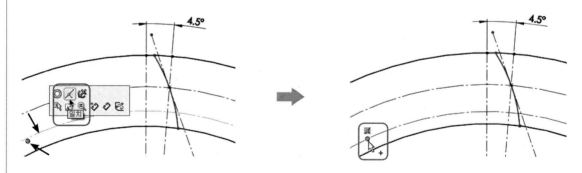

35 스케치 도구 모음에서 지능형 치수 ⬡ 를 클릭합니다.

오른쪽 그림과 같이 치수 값(9)을 입력하여 3점호를 완전 정의시킵니다.

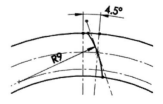

Tip >>
여기서 9mm는 전체 이 높이(4.5)×2=9로 계산되어야 합니다.

36 3점호와 수직 중심선을 Ctrl키를 누른 상태에서 선택한 후 스케치 도구 모음에서 요소 대칭 복사△를 클릭합니다.

37 피처 도구 모음에서 돌출 보스/베이스 를 클릭합니다.

38 자동적으로 선택 프로파일 상태가 되며 이때 돌출할 2개(이뿌리원 모서리와 기어 이 단면)의 내측 영역을 그림과 같이 클릭합니다.

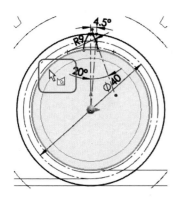
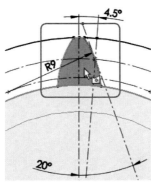
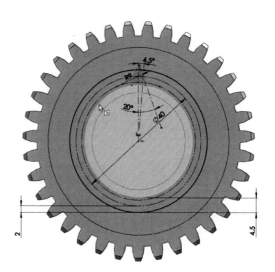

39 PropertyManager창의 방향1 아래에서

① 마침 조건으로 〈블라인드 형태〉를 선택합니다.

② 깊이 를 '12'로 입력합니다.

Tip ››
(등각보기)를 클릭하여 돌출방향을 확인합니다. [단축키 : Ctrl+7]

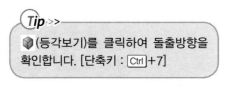

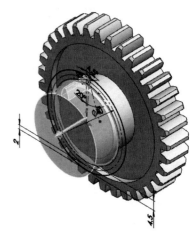

40 (확인)을 클릭합니다.

여섯 번째 피처가 완성이 되었으며 왼쪽에 있는 FeatureManager 디자인 트리창에 〈보스-돌출3〉이 표시됩니다.

41 피처 도구 모음에서 모따기 를 클릭합니다.

42 PropertyManager창의 모따기 변수 아래에서
① 거리 를 '1'로 입력합니다.
② 각도 를 '45'도로 입력합니다.

43 그림과 같이 기어 이 양쪽 모서리 2개를 선택합니다.

44 (확인)을 클릭합니다.

왼쪽에 있는 FeatureManager 디자인 트리창에 〈모따기1〉이 표시됩니다.

45 피처 도구 모음에서 원형 패턴 을 클릭합니다.

46 PropertyManager창의 패턴할 피처 아래에서 :
PropertyManager 창 위 오른쪽에 있는 ⊞를 누르면 FeatureManager 디자인 트리가 나타나며 여기에서 원형 패턴 시킬 〈보스-돌출3〉과 〈모따기1〉을 선택합니다.

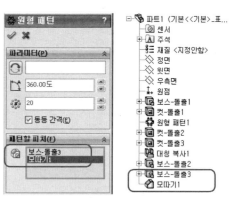

● 파라미터 아래에서
① 패턴 축 란을 클릭한 후 회전 중심축이 되는 원통면을 선택합니다.
② 각도 합계 를 '360'도로 입력합니다.
③ 인스턴스 수 를 '20'개로 입력합니다.

47 (확인)을 클릭합니다.

왼쪽에 있는 FeatureManager 디자인 트리창에 〈원형 패턴2〉가 표시됩니다.

○ 키 홈과 필렛, 모따기 작업을 추가하여 최종적으로 완성하겠습니다.

48 정면에 해당되는 물체의 면을 그림과 같이 선택
하고 스케치 도구 모음에서 스케치⬚를 클릭합니다.

49 표준 보기 방향 도구 모음에서 ⬚(정면)을 클릭
합니다. [단축키 : Ctrl+1]

50 스케치 도구 모음에서 원⊘을 클릭합니다.

51 마우스 포인터를 원점 ⬚ 에 클릭하여 1개의
원을 대략적으로 스케치를 한 후 스케치 도구 모음에
서 지능형 치수⊘를 클릭하여 지름 치수 17로 치수구
속시킵니다.

52 스케치 도구 모음에서 중심 사각형⬚을 클릭합
니다.

53 그림과 같이 원(∅17)의 위쪽에 중심 사각형을 대략적으로 스케치합니다.
　Esc키를 한 번 누르고 스케치한 중심 사각형의 중심과 원점을 Ctrl키를 누른 상태에서 선택
한 후 | 수직(V) 구속조건을 부가합니다.

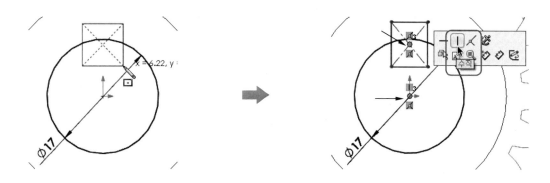

54 스케치 도구 모음에서 지능형 치수⊘를 클릭합니다.
　오른쪽 그림과 같이 치수 값(5, 19.3)을 입력합니다.

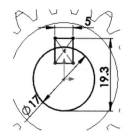

Tip »
치수 19.3을 입력할 때는 위쪽 선을 클릭한 후 Shift키를 누른 상태에서 원의 아
래 사분점 부분에 해당되는 모서리 근처를 클릭해야 합니다.

55 피처 도구 모음에서 돌출 컷을 클릭합니다.

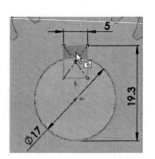

56 폐구간이 2개이기 때문에 자동적으로 선택 프로파일 상태가 되며 이때 돌출할 3개의 내측 영역을 그림과 같이 클릭합니다.

Tip >>

선택 프로파일 선택 시 폐구간 스케치 영역 안쪽을 클릭하지 않고 스케치한 도형 요소(원과 사각형)를 클릭할 수도 있습니다.

57 PropertyManager창의 방향1 아래에서 :
마침 조건으로 〈다음까지〉를 선택합니다.

Tip >>

(등각보기)를 클릭하여 돌출방향을 확인합니다. [단축키 : Ctrl+7]

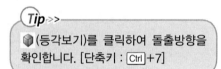

58 (확인)을 클릭합니다.

일곱 번째 피처가 완성이 되었으며 왼쪽에 있는 FeatureManager 디자인 트리창에 〈컷-돌출4〉가 표시됩니다.

59 피처 도구 모음에서 모따기를 클릭합니다.

60 PropertyManager창의 거리를 '1'로, 각도를 '45'도로 입력한 후 그림과 같이 축과 결합되는 구멍 양쪽 모서리 2개를 선택합니다.

61 (확인)을 클릭합니다.

왼쪽에 있는 FeatureManager 디자인 트리창에 〈모따기2〉가 표시됩니다.

62 피처 도구 모음에서 필렛을 클릭합니다.

63 PropertyManager창의 필렛할 항목 아래에서
① 반경을 '3'으로 입력합니다.
② 다중 반경 필렛을 체크합니다.

> **Tip** ≫
> 다중 반경 필렛을 사용하여 반경 값을 다르게 변경할 수가 있습니다.

64 그림과 같이 물체를 회전해 가며 내측에 있는 총 모서리 5개를 선택합니다. 선택한 5개 모서리 중 2개는 그림과 같이 라벨 반경: 3mm 의 숫자를 클릭하여 반경 값을 6으로 변경해 줍니다.

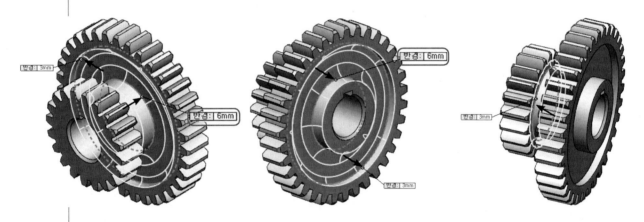

65 ✓(확인)을 클릭합니다.

왼쪽에 있는 FeatureManager 디자인 트리창에 〈필렛1〉이 표시됩니다.

전체적인 스퍼 기어(Spur gear) 모델링이 완성되었습니다.

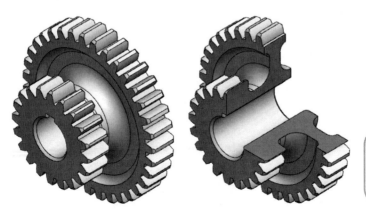

> **Tip** ≫
> 자격증 시험 종목 중 기계 기사를 뺀 다른 종목에서는 단면 처리를 해야 합니다.

이제 완성된 파트를 저장합니다.

66 메뉴 모음에서 저장 🖫을 클릭하거나 메뉴 바에서 '파일-저장'을 클릭합니다.
[단축키 : Ctrl +S]

67 기어 박스 폴더 안에 파일 이름을 '스퍼기어'로 명명하고 저장을 클릭합니다.
파일 이름에 확장명 .sldprt가 추가되어 '스퍼기어.sldprt'로 저장됩니다.

※ 기어 박스 품번③축과 품번④커버는 간단한 부품이므로 모델링 작업 방법을 생략하겠습니다. 앞서 학습한 내용을
참조하여 독자분들이 직접 모델링 해 보길 바랍니다.

[품번③] 축(Shaft) 모델링

네비게이터 navigator

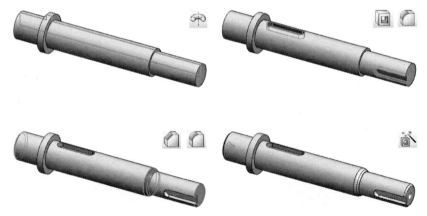

[품번④] 커버(Cover) 모델링

네비게이터 navigator

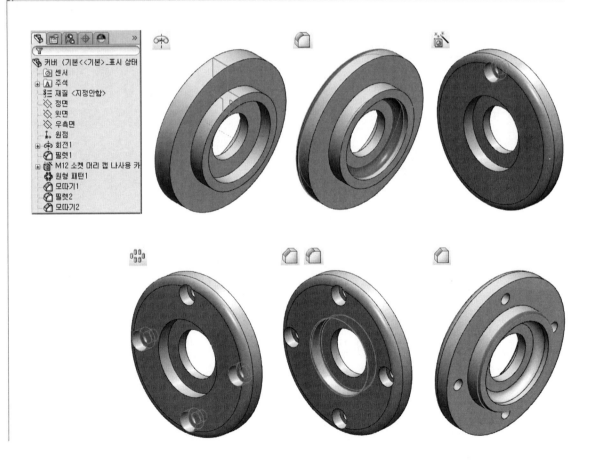

3차원 도면화 작업

　여기서의 3차원 도면화 작업은 앞에서 여러 수검 도면으로 학습한 내용과 중복되기 때문에 생략하고 결과만 보여드리고자 합니다. 독자분들이 결과를 보고 앞에서 학습한 내용을 참조하여 직접 3차원 도면화 작업을 하길 바랍니다.

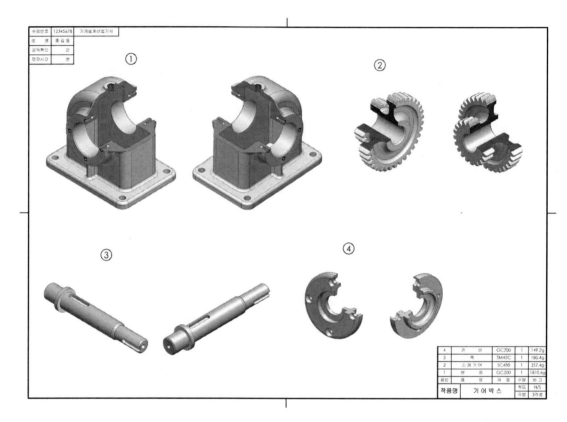

※ 수검 시 기본적으로 4~5개의 부품 투상으로 출제가 되기 때문에 여기서는 4개 부품만 배치하겠습니다. (① 본체 , ② 스퍼 기어 , ③ 축 , ④ 커버)

　기계 기사를 뺀 다른 종목들은 수검 시 유인물에 비중이 주어지며 주어진 비중을 이용하여 부품들의 중량(kg 또는 g)을 구해서 부품란 비고란에 기입을 해주어야 합니다. 단, 중량을 구할 때는 부품이 단면 상태가 아닌 반드시 완전한 형상에서 해야 합니다.

4	커　　버	GC200	1	149.2g
3	축	SM45C	1	180.4g
2	스퍼기어	SC480	1	357.4g
1	본　　체	GC200	1	1810.6g
품번	품　　명	재　질	수량	비 고
작품명	**기어박스**		척도	N/S
			각법	3각법

　자격증 시험 시 인쇄물과 파일도 제출해야 합니다. 단, SolidWorks의 자체 파일로 저장해서 파일을 제출할 경우 다른 소프트웨어와 파일 교환이 되지 않으므로 문제가 됩니다. 앞서 학습한 내용을 참조하여 아크로벳 PDF 파일로 저장하길 바랍니다.

2차원 도면화 작업

 제3각법에 의해 A2 크기 영역 내에 1:1로 제도해야 하며 부품의 기능과 동작을 정확히 이해하여 투상도, 치수, 일반 공차와 끼워맞춤 공차, 표면거칠기 기호, 기하 공차 기호 등 부품 제작에 필요한 모든 사항을 기입하여 A3 용지에 출력해야 합니다.

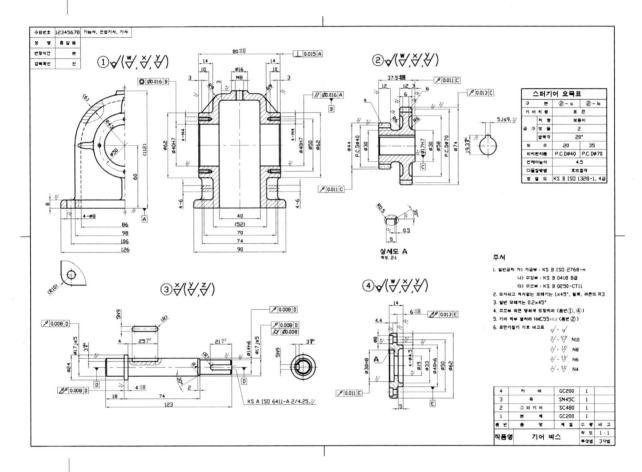

 SolidWorks에서 모델링한 제품을 AutoCAD로 보내 최종적으로 2차원 도면화하는 작업을 배워보겠습니다.

① SolidWorks에서 AutoCAD로 보내기 위한 준비 단계

SolidWorks에서 작업한 모델링 부품을 AutoCAD로 보내기 위해서는 투상법과 단면도법을 정확히 이해하여 SolidWorks에서 각각의 부품투상도 배치와 단면을 미리 한 상태에서 AutoCAD로 보내는 것이 좋습니다.

01 표준 도구 모음에서 새 문서⬜를 클릭합니다.
[단축키 : Ctrl+N]

[SolidWorks 새 문서] 대화상자가 나타납니다.

02 〈도면〉을 선택한 후 확인을 클릭합니다.

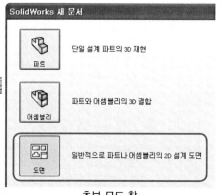

초보 모드 창   고급 모드 창

03 [시트 형식/크기] 대화상자에서 사용자 정의 시트 크기 항목을 체크합니다.

04 시트 크기를 A2 규격의 크기로 입력한 후 확인 버튼을 누릅니다.

> **Tip** >>
> A2 규격은 가로 594mm에 세로 420mm입니다.

05 PropertyManager창의 시트1이나 그래픽 영역의 작업 시트지에서 마우스 오른쪽 버튼을 눌러 속성을 클릭합니다.

[시트 속성] 대화상자에서 배율은 1:1로, 투상법 유형은 〈제3각법〉을 체크하고 확인을 클릭합니다.

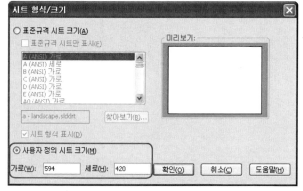

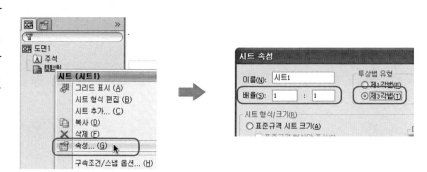

06 도면 도구 모음에서 모델
뷰 를 클릭합니다.

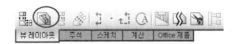

07 삽입할 파트/어셈블리 항목의 〈본체〉를 더블클릭하거나 본체를 클
릭하고 창 왼쪽 상단의 다음 을 클릭하여 다음 창으로 넘어갑니다.

> **Tip** »
> 모델 뷰 를 선택 시 삽입할 파트/어셈블리 아래의 문서
> 열기 항목에 파트가 표시되지 않을 경우에는 〈찾아보기〉를
> 선택하여 불러와야 합니다.

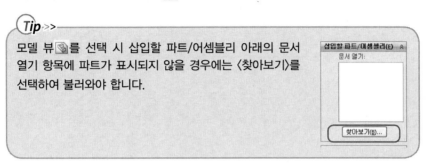

08 다음 PropertyManager 창에서
 ① 방향의 표준 보기를 (정면)으로 클릭합니다.
 ② 표시 유형에서 (은선 제거)를 클릭합니다.
 ③ 배율을 〈시트 배율 사용〉으로 체크합니다.

09 시트지 상단 왼쪽 적당한 위치에 클릭하여 본체의 정면도만을 배치
합니다.

> **중요** ▶ • 등각투상도 때문에 한쪽 단면도가 되어 있는 경우라면 해당 부품 파트를 열어 기능 억
> 제 를 한 후 불러와야 합니다.
> • 배율 항목에서 기본 값인 시트 배율 사용이 1:1 경우에는 그대로 사용해도 되지만, 1:1
> 설정이 되지 않은 경우에는 사용자 정의 배율 사용을 체크하고 반드시 〈1:1〉로 선택해
> 야 합니다.

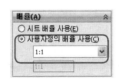

10 (확인)을 클릭하여 PropertyManager 창을 닫습니다.

11 다른 부품(스퍼 기어, 축, 커버)들도 작업 6번~작업 10번과 같이 실행하여 아래 그림과 같이 시트지 적당한 위치에 배치하여 줍니다.

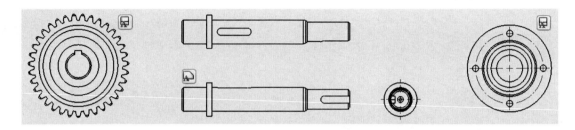

> **Tip** >>
> 축(품번③)은 ▣(정면)을 배치한 후 마우스를 위쪽으로 끌어 평면도를 배치하고 또 마우스를 우측으로 끌어 우측면도를 배치해야 합니다. 나머지 스퍼 기어(품번②)와 커버(품번④)는 그림과 같이 ▣(우측면)만 배치하면 됩니다.

스퍼 기어와 커버는 SolidWorks에서 단면도 ▮를 사용하여 정면도를 전단면도(=온단면도)로 생성해야 하기 때문에 우선적으로 윗 그림과 같이 배치하였습니다.

> **Tip** >>
> 만약 축(품번③) 배치 시 평면도나 좌측면도를 배치하지 못했다면 도면 도구 모음이나 뷰 레이아웃 매니저에서 투상도 ▦를 사용하여 배치할 수가 있습니다.
>
>

지금부터는 2차원 제도법에 맞게 투상이 표현되도록 편집하는 것을 배워보겠습니다.

12 빠른 보기 도구의 영역 확대🔍로 본체 부분만을 확대합니다.

13 도면 도구 모음에서 단면도 ▮를 클릭합니다.

14 그림과 같이 정확히 절반으로 수직 절단선을 그리고 나면 다음과 같이 대화창이 뜹니다.

※ 위쪽 중간점 스냅에서 약간 바깥쪽으로 포인트를 떨어 뜨려 수직으로 스케치하는 것이 좋습니다.

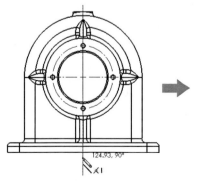

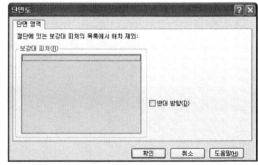

※ 온단면도(=전단면도) 시 단면하면 안 될 피처를 선택할 수가 있습니다.

15 본체 정면도에서 그림과 같이 단면하면 안 될 보강대 피처 2개를 선택합니다.

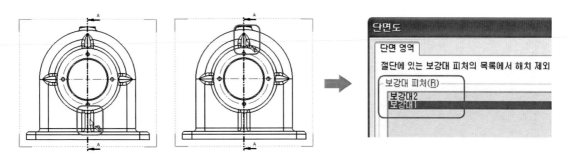

16 확인 버튼을 클릭하여 단면도 대화창을 닫는 다음 마우스를 오른쪽으로 옮겨 적당한 위치에 정면도가 될 단면도를 배치합니다.

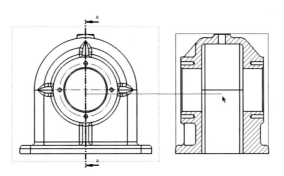

Tip >>
오른쪽 보강대는 보강대 🖼 피처가 아닌 대칭 복사 🖼로 작업하였기 때문에 단면에서 제외가 안 됩니다. 나중에 AutoCAD에서 편집을 따로 해야 합니다.

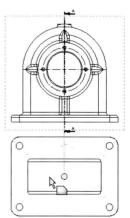

17 도면 도구 모음에서 투상도 🖼를 클릭합니다.

18 본체의 좌측면도를 클릭한 후 마우스를 아래로 내려 저면도를 추가합니다.

Tip >>
베이스(Base)의 모서리 라운드 부분을 투상하기 위해 저면도가 필요합니다.

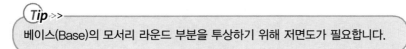

19 스케치 도구 모음에서 자유곡선 ∿을 클릭합니다.

20 그림과 같이 저면도 왼쪽 아래 부위에 폐구간 형태로 스케치를 합니다.

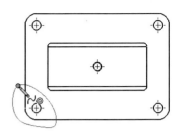

21 도면 도구 모음에서 부분도 🖼를 클릭합니다.
스케치한 자유곡선 안쪽 부분만 남게 됩니다.

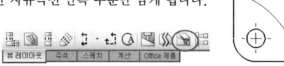

22 스케치 도구 모음에서 코너 사각형□을 클릭합니다.

23 절반만 보이게 될 본체의 좌측면도 왼쪽에 그림과 같이 그립니다.

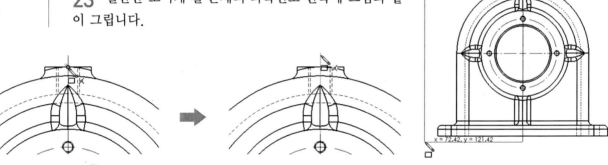

> **Tip** >>
> 정확히 절반에 스케치를 해야 하기 때문에 중간점 스냅에서 커서를 위쪽으로 약간 떨어뜨려 코너 사각형을 스케치합니다.

24 도면 도구 모음에서 부분도 🖼를 클릭합니다.
코너 사각형 테두리 안쪽 부분만 남게 됩니다.

본체 좌측면도가 좌우 대칭이므로 절반만 도시하여야 투상도 배치와 치수 기입 시 유리합니다.

25 본체의 좌측면도를 클릭하여 왼쪽에 나타나는 PropertyManager창에서 표시 유형 항목의 은선 표시🖼를 체크합니다.

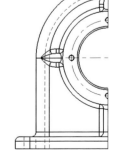

> **Tip** >>
> 본체의 나머지 투상(정면도와 저면도)은 따로 선택하여 숨은선이 나타나지 않도록 은선 제거🖼를 체크해야만 합니다.

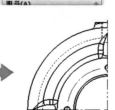

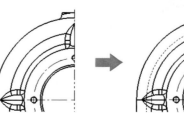

26 도면 도구 모음에서 부분 단면도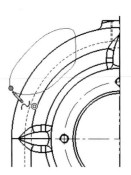를 클릭한 후 좌측면도 왼쪽에 그림과 같이 폐구간 형태로 스케치합니다.

27 표시된 PropertyManager창의 깊이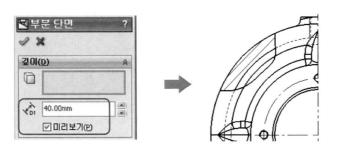 값을 대략 '40'으로 입력 하고 〈미리보기〉를 체크합니다.

28 ✓(확인)을 클릭합니다.

29 정면도에서 마우스 오른쪽 클릭 후 접선의 접선 숨기기로 필요없는 접선을 숨겨줍니다.

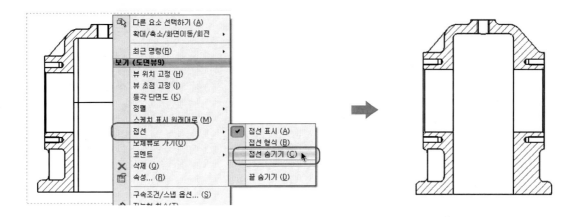

30 선 형식 도구 모음에서 모서리 숨기기/표시를 클릭합니다.

31 접선을 숨길 대상인 본체의 좌측면도를 선택하 면 모서리 숨기기/표시 PropertyManager창이 표시 됩니다.

32 PropertyManager창의 접선 모서리 필터 항목 아래에서

① 〈비평면 모서리 숨기기〉 버튼을 클릭합니다.
② 〈블렌드 모서리 숨기기〉 버튼을 클릭합니다.

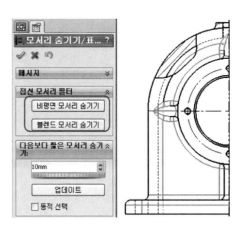

※ 그림과 같이 숨겨질 모서리가 주황색으로 미리보기 됩니다. 그러나 문제는 필요한 모서리도 같이 숨겨져 없어지기 때문에 이럴 때는 마우스 커서🖱로 남기고자 하는 모서리를 여러 번 클릭하여 주황색에서 다시 검정색으로 표시되게 해야 합니다.

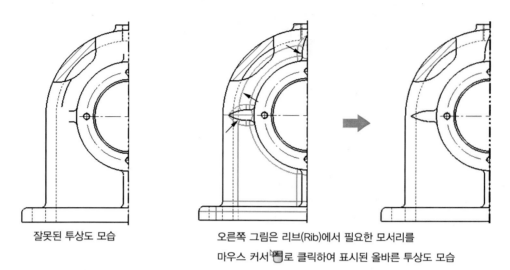

잘못된 투상도 모습   오른쪽 그림은 리브(Rib)에서 필요한 모서리를 마우스 커서🖱로 클릭하여 표시된 올바른 투상도 모습

33 ✔(확인)을 클릭하거나 마우스 오른쪽 버튼을 클릭하여 모서리 숨기기/표시 Property-Manager창을 닫습니다.

> **Tip** >>
>
> 선 형식 도구 모음의 모서리 숨기기/표시🔲는 SolidWorks 2010버전부터 추가된 기능이므로 전 버전 소프트웨어를 사용할 경우에는 29번 작업처럼 접선을 모두 숨기거나 접선이 있는 상태로 AutoCAD로 불러와서 선을 따로 추가하거나 불필요한 접선을 지우는 것이 더 빠른 작업이 될 수가 있습니다.

34 도면 도구 모음에서 부분 단면도🔲를 클릭한 후 좌측 면도 왼쪽 아래 구멍에 그림과 같이 폐구간 형태로 스케치합니다.

35 구멍 모서리(숨은선)에 마우스를 위치시켜 마우스 포인터가 🔲 모양일 때 클릭하고 PropertyManager창의 〈미리보기〉를 체크합니다.

36 ✔(확인)을 클릭하여 부분 단면 PropertyManager창을 닫습니다.

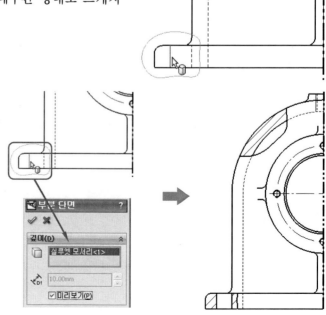

37 주석 도구 모음에서 중심선⊞을 클릭합니다.

38 그림과 같이 본체 정면도와 좌측면도에 중심선을 추가합니다.

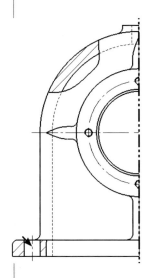
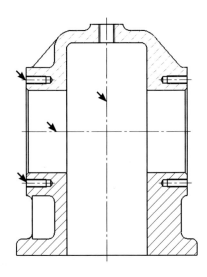

> **Tip** ››
> 중심선 길이가 짧으면 생성된 중심선 끝부분을 드래그(Drag)하여 길이를 맞추어 줍니다.

본체의 투상이 완료되었으며 다음으로 스퍼 기어(품번②)를 2차원 제도법에 맞게 편집하는 것을 배워보겠습니다.

39 도면 도구 모음에서 단면도↕를 클릭합니다.

40 그림과 같이 정확히 절반으로 수직 절단선을 그린 다음 마우스를 왼쪽으로 옮겨 적당한 위치에 정면도가 될 단면도를 배치합니다.

> **Tip** ››
> 스퍼 기어 사분점에서부터 시작되는 스냅 점선을 이용하여 커서를 위쪽으로 약간 떨어뜨려 절단선을 그립니다.

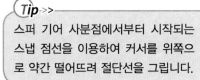

41 주석 도구 모음에서 중심선⊞과 중심 표시⊕를 사용하여 그림과 같이 정면도와 측면도에 중심선을 추가합니다.

> **Tip** ››
> 중심선⊞은 정면도 구멍 안쪽을 클릭하여 사용하고 중심 표시⊕는 우측면도 바깥쪽 원을 클릭하여 중심선을 추가할 수가 있습니다.

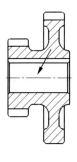
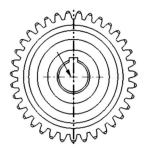

스퍼 기어의 투상이 완료 되었으며 다음으로 '축(품번③)'을 2차원 제도법에 맞게 편집하는 것을 배워보겠습니다.

42 도면 도구 모음에서 부분 단면도  를 클릭합니다.

43 축을 클릭하고 나타난 PropertyManager창에서 표시 유형 항목의 은선 표시 를 클릭한 후 그림과 같이 왼쪽 키 홈 부위에 폐구간 형태로 스케치합니다.

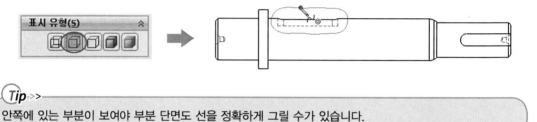

> **Tip** >>
> 안쪽에 있는 부분이 보여야 부분 단면도 선을 정확하게 그릴 수가 있습니다.

44 축 원통 상단 모서리에 마우스를 위치시켜 마우스 포인터가 모양일 때 클릭하고 PropertyManager창의 〈미리보기〉를 체크합니다.

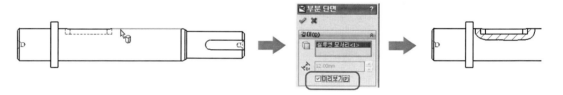

45 ✅(확인)을 클릭합니다.

46 축의 정면과 측면에서 마우스 오른쪽 클릭 후 접선의 접선 숨기기를 선택하여 접선을 모두 숨깁니다. PropertyManager창에서 은선 제거 를 클릭하여 숨은선도 숨깁니다.

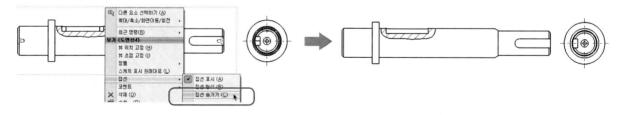

47 2차원 도면화 작업 시 측면도의 센터 구멍을 생략하므로 숨길 선을 클릭하면 나타나는 상황별 도구 모음에서 모서리 숨기기/표시 를 클릭하여 센터 구멍에 해당되는 2개의 원을 숨깁니다.

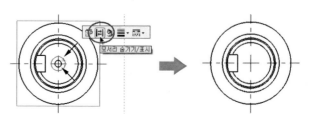

48 스케치 도구 모음에서 코너 사각형□을 클릭합니다.

49 축 평면도의 왼쪽 키 홈에 그림과 같이 사각형을 그립니다.

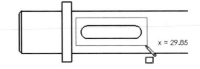

50 도면 도구 모음에서 부분도를 클릭합니다.
코너 사각형 테두리 안쪽 부분만 남게 되며 주석 도구 모음에서 중심 표시⊕를 클릭하여 중심선을 추가합니다.

51 주석 도구 모음에서 중심선과 중심 표시⊕를 사용하여 축의 정면도에도 그림과 같이 중심선을 추가합니다.

축의 투상이 완료되었으며 나머지 부품인 커버는 학습한 내용을 참조하여 아래 그림과 같이 완성하길 바랍니다.

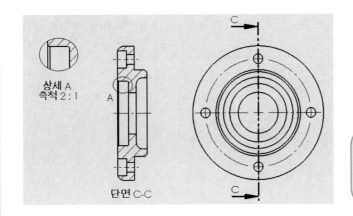

Tip ››
앞에서 학습한 동력전달장치 부분을 참조하여 오일 실 부분에 상세도Ⓐ도 추가해 주어야 합니다.

52 표준 도구 모음에서 다른 이름으로 저장을 클릭합니다.

53 **다른 이름으로 저장 창에서**
① 저장 위치를 기어 박스 폴더로 지정해 줍니다.
② 파일 이름을 '2d투상도'라고 입력합니다.
③ 파일 형식을 〈Dxf〉로 선택합니다.
④ 저장을 클릭합니다.

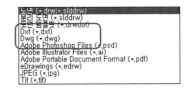

Tip ››
가급적 AutoCAD 파일로 저장 시 〈다른 이름으로 저장〉 창의 옵션 버튼을 클릭하여 내보내기 옵션 항목 중 버전을 낮은 R2000~2002를 사용할 것을 권장합니다.

② AutoCAD에서 투상도의 수정 및 편집

SolidWorks에서 도면화 작업 시 KS제도법에 맞지 않는 불필요한 형상이 존재하는데 이것을 AutoCAD로 불러와 수정해서 2차원 도면을 완성해야 합니다.

01 AutoCAD를 실행합니다.

02 Command 명령어 입력줄에 〈OPEN〉을 입력합니다.
[단축키 : Ctrl+O]

```
Command: *Cancel*
Command: *Cancel*

Command: OPEN
```

[Select File] 대화상자가 나타납니다.

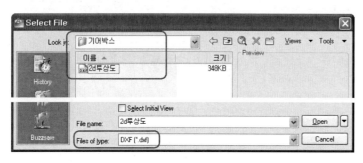

> **Tip** >>
> SolidWorks에서 파일 형식을 DXF로 저장했기 때문에 대화상자에 보이질 않습니다. 대화상자 아래쪽에 있는 Files of type:을 DXF(*.dxf)로 변경해 주어야 저장된 파일이 나타납니다.

03 Look in: 항목에서 기어박스 폴더가 아닌 경우에는 있는 위치로 찾아가야 합니다.

04 SolidWorks에서 저장한 〈2d투상도.dxf〉를 불러옵니다.

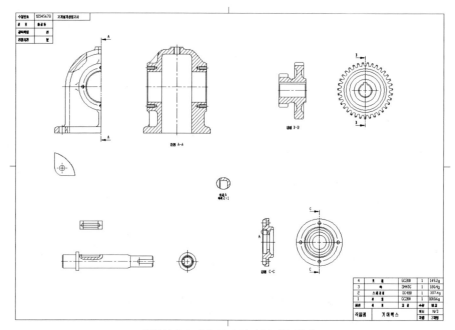

윤곽선과 표제란 등과 같이 불러온 화면

05 불러온 도면에서 우선적으로 각각의 부품마다 Del 키나 ERASE [단축키 : E] 명령으로 그림과 같이 필요 없는 형상을 지워줍니다.

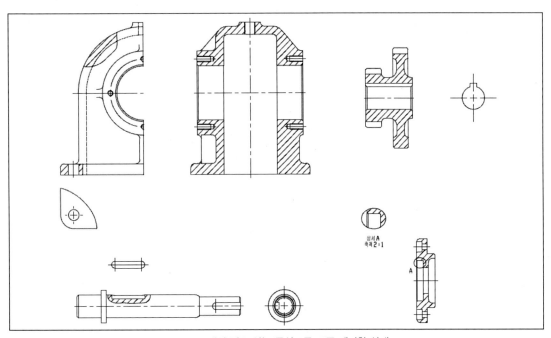

AutoCAD에서 필요 없는 투상도를 모두 제거한 상태

다음으로 AutoCAD에서는 도형의 색상을 사용하여 출력할 때 선의 굵기를 정하기 때문에 흰색으로 정의된 부품들의 색상을 변경해 주어야 합니다.

06 Command 명령어 입력줄에 LAYER를 입력합니다. [단축키 : LA]
앞에서 학습한 내용을 참조하여 3개(외형선-초록색, 숨은선-노란색, 중심선-빨간색)의 레이어를 만듭니다.

```
Command: *Cancel*
Command: *Cancel*
Command: LAYER
```

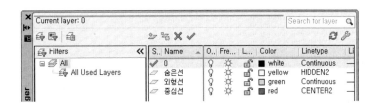

07 Command 명령어 입력줄에 FILTER를 입력합니다. [단축키 : FI]

```
Command:
Command: _qsave
Command: FILTER
```

08 필터 대화상자에서 'Add Selected Object〈'를 클릭하고 도면에서 외형선 한 개를 선택합니다.

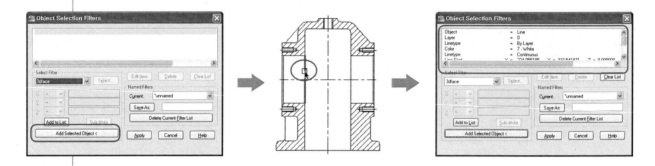

09 LIST 안에 나열된 정보 중에 필요한 정보만을 오른쪽과 같이 남기고 나머지는 지워버립니다.

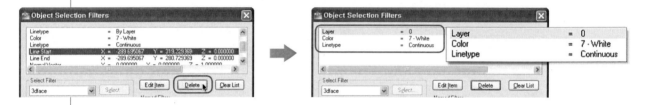

LIST 안에서 필요 없는 정보를 선택하고 해당 창의 Delete 버튼을 클릭하여 지웁니다.

10 〈Apply〉를 클릭하여 필터 대화상자를 닫습니다. ALL입력하고 Enter, Enter 를 합니다.

결과는 LIST 안의 내용과 일치한 도형들이 모두 선택되고 숨은선과 중심선만 선택에서 제외가 됩니다.

11 AutoCAD 화면 위쪽에 있는 Layer 툴 바에서 〈외형선〉을 선택합니다.

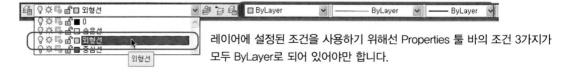

레이어에 설정된 조건을 사용하기 위해선 Properties 툴 바의 조건 3가지가 모두 ByLayer로 되어 있어야만 합니다.

필터(Filter) 명령으로 선택된 모든 도형들이 레이어 도면층인 〈외형선〉의 속성으로 모두 변경된 것을 화면상에서 확인할 수가 있습니다.

12 Command 명령어 입력줄에 FILTER를 입력합니다. [단축키 : FI]

필터 대화상자에서 〈Clear List〉버튼을 눌러 기존의 내용을 모두 지워 버린 후 'Add Selected Object〈'를 클릭하고 도면에서 중심선 한 개를 선택합니다. LIST 안에 나열된 정보 중에 필요한 정보만을 아래 그림과 같이 남기고 나머지는 Delete 로 지워버립니다.

13 〈Apply〉를 클릭하여 필터 대화상자를 닫습니다. ALL입력하고 Enter , Enter 를 한 후 AutoCAD 화면 위쪽에 있는 Layer 툴 바에서 〈중심선〉을 선택합니다.

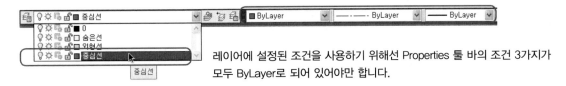

레이어에 설정된 조건을 사용하기 위해선 Properties 툴 바의 조건 3가지가 모두 ByLayer로 되어 있어야만 합니다.

필터(Filter) 명령으로 선택된 모든 도형들이 레이어 도면층인 〈중심선〉의 속성으로 모두 변경된 것을 화면상에서 확인할 수가 있습니다.

14 Command 명령어 입력줄에 〈FILTER〉를 입력합니다. [단축키 : FI]

필터 대화상자에서 〈Clear List〉버튼을 눌러 기존의 내용을 모두 지워 버린 후 'Add Selected Object〈'를 클릭하고 도면에서 숨은선 한 개를 선택합니다. LIST 안에 나열된 정보 중에 필요한 정보만을 아래 그림과 같이 남기고 나머지는 Delete 로 지워버립니다.

15 〈Apply〉를 클릭하여 필터 대화상자를 닫습니다. ALL입력하고 Enter , Enter 를 한 후 AutoCAD 화면 위쪽에 있는 Layer 툴 바에서 〈숨은선〉을 선택합니다.

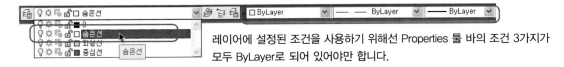

레이어에 설정된 조건을 사용하기 위해선 Properties 툴 바의 조건 3가지가 모두 ByLayer로 되어 있어야만 합니다.

필터(Filter) 명령으로 선택된 모든 도형들이 레이어 도면층인 〈숨은선〉의 속성으로 모두 변경된 것을 화면상에서 확인할 수가 있습니다.

16 Command 명령어 입력줄에 FILTER를 입력합니다. [단축키 : FI]

필터 대화상자에서 〈Clear List〉버튼을 눌러 기존의 내용
을 모두 지워 버린 후 'Add Selected Object〈'를 클릭합니다.

도면에서 〈해칭선〉 한 개를 선택하고 LIST 안에 나열된 정보 중에 필요한 정보만을 그림과 같
이 남기고 나머지는 Delete로 지워버립니다.

17 〈Apply〉를 클릭하여 필터 대
화상자를 닫습니다.

ALL입력하고 Enter, Enter를 한 후 AutoCAD 화면 위쪽에 있는
Properties 툴 바의 색상 선택 항목에서 빨간색(가는선)을 선택합니다.

필터(Filter) 명령으로 선택된 모든 해칭선이 '빨간색'으로 변경된 것을 화면상에서 확인할
수가 있습니다.

> **Tip** >>
> 필터(Filter) 명령으로 변경이 안 된 외형선, 중심선, 해칭선, 파단선은 개별적으로 수정해 주어야 하며 이때
> MATCHPROP[단축키 : MA] 명령을 사용하면 편합니다.

**앞에서 학습한 내용을 참조하여 변경이 안 된 부분들을 다음과 같이 수정하여 투상도를
완성해야 합니다.**

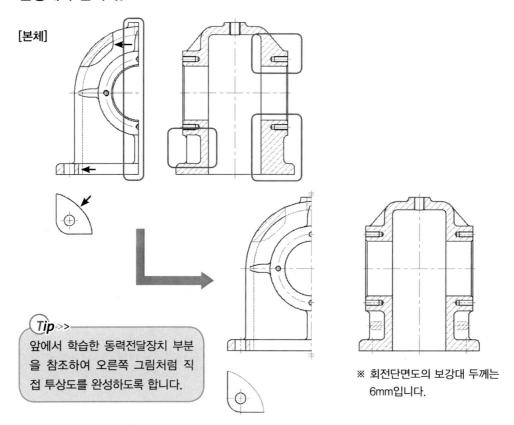

[본체]

> **Tip** >>
> 앞에서 학습한 동력전달장치 부분
> 을 참조하여 오른쪽 그림처럼 직
> 접 투상도를 완성하도록 합니다.

※ 회전단면도의 보강대 두께는
  6mm입니다.

- 정면도 오른쪽 보강대 부분을 왼쪽과 같이 수정해야 하며 회전 단면도를 추가해서 그려줘야 합니다.
- 탭 구멍에 불완전 나사부를 추가하고 나사부를 가는선으로 변경해야 합니다.
- 측면도의 중심선를 정리하고 수직 중심선 위 아래에 대칭표시를 해야 합니다.
- 측면도의 파단선과 해칭선을 가는선으로 변경해야만 합니다.

※ 나사부 투상도 　　　　　　　　　　　　　　　※ 대칭 표시

[스퍼 기어]

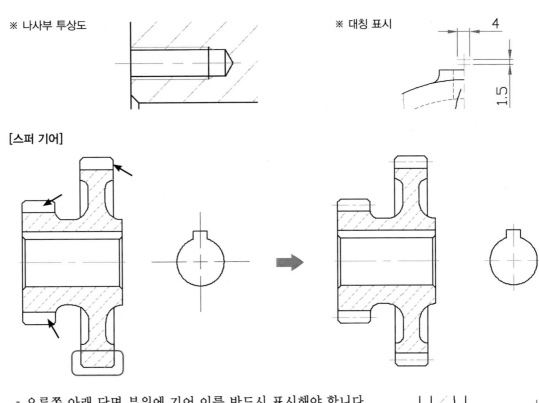

- 오른쪽 아래 단면 부위에 기어 이를 반드시 표시해야 합니다.
- 모든 기어 이에 피치원이 되는 중심선을 추가해야 합니다.
- 국부 투상도의 중심선을 정리합니다.

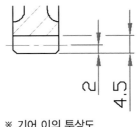

※ 기어 이의 투상도

[축]

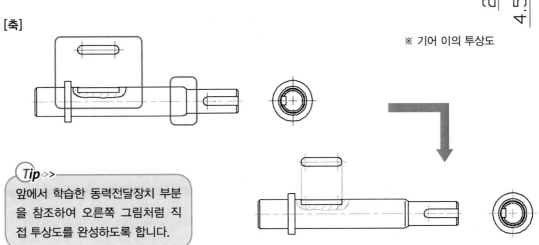

Tip ››
앞에서 학습한 동력전달장치 부분을 참조하여 오른쪽 그림처럼 직접 투상도를 완성하도록 합니다.

- 왼쪽 키 홈의 파단선을 가는선으로 변경해야 하며 중심선을 정리하고 키 홈 양쪽 끝을 가는 선으로 이어주어야 합니다.
- 오일 실 삽입 구간 모따기 부분에 접선을 추가해야 합니다.

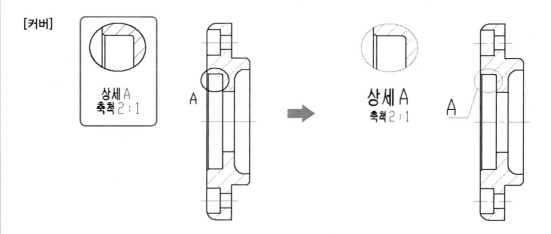

[커버]

- 상세 테두리선과 해칭선을 모두 레이어 도구상자 색상의 빨간색(가는선)으로 변경합니다.
- 상세도를 지시하는 문자 A를 지우고 지시선(LEADER) 명령으로 다시 A를 표시합니다.
- 커버에 사용된 글자 중 '축척2:1'을 뺀 나머지 문자의 크기를 5mm로, 굵기는 굵은선(초록색)으로 변경합니다.
- '축척2:1'의 문자 크기는 그대로 하고 중간굵기선(노란색)으로 변경해야 합니다.

AutoCAD에서 모든 부품들의 투상도 편집이 완성되었습니다. 편집하는 부분에서 시간이 많이 걸리므로 2차원 도면상에서 투상도 도시하는 방법을 정확히 이해를 하도록 노력하여야 합니다.

③ 완성된 투상도에 치수 기입하기

치수 기입을 하면서 부품 간의 결합되는 부위에 KS 규격에 알맞은 끼워맞춤 공차와 일반 공차를 기입해야 하며 KS 규격에 없는 공차는 자격증 시험 시 일반적으로 적용되는 범위의 공차를 기입해야 합니다.

치수 기입 전에 치수 환경이 먼저 설정되어 있어야 합니다. 앞에서 학습한 동력전달장치에서 설정한 치수 환경을 참조하여 DIMSTYLE [단축키 : D 또는 DDIM]를 설정합니다.

01 치수기입 시 가장 중요한 부분이 베어링 삽입부이기 때문에 수검 도면에서 베어링 계열번호를 확인하고 KS규격집에서 베어링의 안지름(d)×바깥지름(D)×폭(T) 치수를 찾습니다.

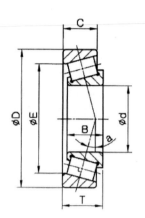

KS규격집 '테이퍼 롤러 베어링' 항목

호칭 번호 (302계열)	치수							
	d	D	T	B	C	r 내륜	r 외륜	r1
30203 K	17	40	13.25	12	11	1	1	0.3
30204 K	20	47	15.25	14	12	1	1	0.3
30205 K	25	52	16.25	15	13	1	1	0.3
30206 K	30	62	17.25	16	14	1	1	0.3
30207 K	35	72	18.25	17	15	1.5	1.5	0.6
30208 K	40	80	19.75	18	16	1.5	1.5	0.6

수검 도면(기어 박스)의 테이퍼 롤러 베어링의 계열번호가 30203K이므로 [안지름 17×바깥지름 40×폭 13.25] 입니다.

02 베어링과 연관된 부품들에 대한 치수 기입을 하겠습니다.

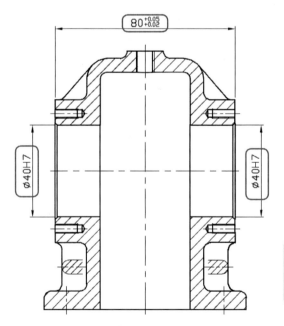

- DIMLINEAR [단축키 : DLI] : 수평 및 수직 치수 기입만 가능합니다.
- 치수문자 앞에 ∅ 는 특수문자인 %%C를 입력하면 됩니다.
- 일반 공차(허용한계 치수)를 AutoCAD에서 적용하는 방법은 앞에서 학습한 동력전달장치 부분을 참조하면 됩니다.

Tip ››
가급적 치수 기입은 레이어 0층을 활성화하여 기입하는 것이 좋습니다.

해설 ▶ 베어링 삽입부에 베어링 바깥지름인 ∅40이 기입되어야 하며 외륜 정지 하중이므로 H7 끼워맞춤 공차가 들어갑니다.

KS규격집 '베어링의 끼워맞춤' 항목

하우징 구멍 공차		
외륜 정지 하중	모든 종류의 하중	H7
외륜 회전 하중	보통하중 또는 중하중	N7

길이 치수 80은 스케일로 실척하여 기입되었으며 일반 공차 $^{+0.05}_{+0.02}$가 들어간 이유는 윤활유가 밖으로 새지 않게 베어링과 커버(품번④,⑤)를 완전 밀착시켜 밀봉시켜야 하는 중요 치수이기 때문입니다. 치수 $80^{+0.05}_{+0.02}$의 $^{+0.05}_{+0.02}$공차는 수검 시 적용되는 일반 공차로 $^{+0.05}_{+0.02}$가 아닌 다른 공차 값으로도 기입될 수가 있으며, 꼭 +값 공차만을 적용해야 합니다.

[축]

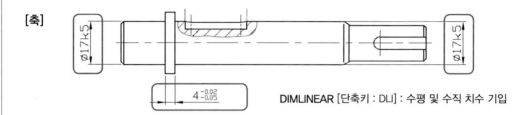

DIMLINEAR [단축키 : DLI] : 수평 및 수직 치수 기입

해설 ▶ 베어링 삽입부에 베어링 안지름인 ϕ17이 기입되어야 하며 축경이 테이퍼 롤러 베어링에서 ϕ40 이하이므로 k5 끼워맞춤 공차가 들어갑니다.

KS규격집 '베어링의 끼워맞춤' 항목

내륜회전 하중 또는 방향 부정 하중(보통 하중)			
볼 베어링	원통, 테이퍼 롤러 베어링	자동조심 롤러 베어링	허용차 등급
축 지름			
18 이하	–	–	js5
18 초과 100 이하	40 이하	40 이하	k5

$4^{-0.02}_{-0.05}$치수는 본체의 길이 치수 $80^{+0.05}_{+0.02}$와 연관된 치수로 윤활유가 밖으로 새지 않게 완전 밀봉시키기 위해 $^{-0.02}_{-0.05}$ 일반 공차가 들어갑니다. 비유하자면 $80^{+0.05}_{+0.02}$는 바구니가 되며 그 안에 들어 있는 4mm는 바구니 안에 들어가기 위해서 바구니보다 작아야 하기 때문에 – 값 공차가 적용되는 것입니다. $4^{-0.02}_{-0.05}$치수의 $^{-0.02}_{-0.05}$ 공차는 수검 시 적용되는 일반 공차로 $^{-0.02}_{-0.05}$가 아닌 다른 공차 값으로도 기입할 수가 있으며, 꼭 – 값 공차만을 적용해야 합니다.

[스퍼 기어]

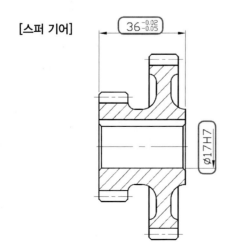

DIMLINEAR [단축키 : DLI] : 수평 및 수직 치수 기입

Tip >>

기본적인 끼워맞춤 공차는 다음과 같습니다.

	구멍	축	적용하는 곳
헐거움 끼워맞춤		g6	운동과 마찰이 있는 결합부
중 간 끼워맞춤	H7	h6	정지나 고정된 모든 결합부
억 지 끼워맞춤		p6	탈선이 우려가 되는 결합부

해설 ▶ 본체의 치수 $80^{+0.05}_{+0.02}$ 부분과 정확히 맞아떨어져야 윤활유가 밖으로 새지 않게 완전 밀봉시킬 수가 있으므로 기준 치수 36mm에 일반 공차 $^{-0.02}_{-0.05}$ 가 적용됩니다. 베어링이 삽입되는 축경에 결합되므로 베어링 안지름인 ϕ17이 기입되어야 하며 구멍이므로 일반적인 끼워맞춤 공차인 H7 공차가 들어갑니다.

[커버]

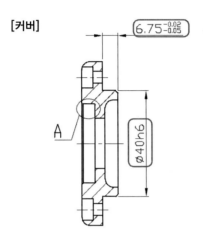

해설 ▶ 베어링 바깥지름 삽입부에 같이 결합되는 부분에 ϕ40이 기입되어야 하며 결합부이기 때문에 공차는 h6으로 중간 끼워맞춤이 적용됩니다.

$6.75^{-0.02}_{-0.05}$ 치수는 본체의 몸통 길이 치수 $80^{+0.05}_{+0.02}$ 와 연관된 치수(80−36−4−13.25−13.25=13.5)이므로 윤활유가 밖으로 새지 않게 완전 밀봉시키기 위해 $^{-0.02}_{-0.05}$ 일반 공차가 들어갑니다.

※ (80−36−4−13.25−13.25=13.5)에서 13.5는 커버의 결합부 6.75mm로 양쪽에 2개의 커버가 있기 때문입니다. [80mm(본체 길이), 36mm(스퍼 기어 길이), 4mm(축의 길이), 13.25mm(베어링의 폭)]

03 베어링 못지않게 중요한 스퍼 기어의 중요 치수를 기입하겠습니다.

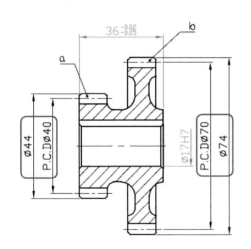

스퍼기어 요목표		
구 분	②−ⓐ	②−ⓑ
기 어 치 형	표 준	
공구	치 형	보통이	
	모 듈	2	
	압력각	20°	
전체이높이	4.5	
피치원지름	P.C.DØ40	P.C.DØ70
잇 수	20	35
다듬질방법	호브절삭	
정 밀 도	KS B ISO 1328−1, 4급	

- DIMLINEAR
  [단축키 : DLI] : 수평 및 수직 치수 기입
- LEADER
  [단축키 : LEAD] : 지시선 기입

해설 ▶ 수검 시 수검 도면에 스퍼 기어의 모듈(M)과 잇수(Z)가 주어집니다.
(현재 도면의 M : 2, Z : 20, Z : 35 입니다.)

피치원 지름(ϕ40)=M(2)×Z(20)	피치원 지름(ϕ70)=M(2)×Z(35)
이끝원 지름(ϕ44)=피치원(ϕ40)+M(2×2개)	이끝원 지름(ϕ74)=피치원(ϕ70)+M(2×2개)
전체 이 높이(4.5)=M(2)×2.25(※상수)	

기어들은 꼭 요목표를 도면에 표기해야 하며 KS규격집 '요목표'에 형식이 나와 있으므로 수검 시 참조하면 됩니다. 현재 스퍼 기어는 기어 이 개수가 다른 기어로 되어 있

기 때문에 요목표에 위 그림과 같이 '구분'란 칸을 추가하여 하나의 요목표 안에 표기해
야 하며 스퍼 기어 정면도에 지시선(LEADER)으로 구별하는 지시 기호인 라벨(a, b)를
붙여주어야 합니다.

 Tip >>
● 스퍼 기어 요목표를 그리는 방법은 앞에서 학습한 동력전달장치 부분을 참조하길 바랍니다.
● 기어의 피치원 지름 치수 앞에는 꼭 대문자로 P.C.D(Pitch Center Diameter)라고 표기해야 합니다.

04 다음은 오일 실과 연관된 부품들의 치수 기입을 하겠습니다.

[커버]

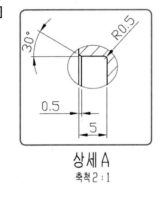

상세 A
축척 2 : 1

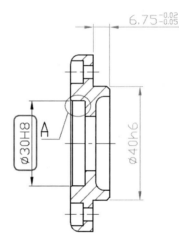

- **DIMLINEAR** [단축키 : DLI] : 수평
  및 수직 치수를 기입합니다.
- **DIMANGULAR** [단축키 : DAN] :
  각도 치수를 기입합니다.
- **DIMRADIUS** [단축키 : DRA] : 원호
  의 반지름 치수를 기입합니다.

해설 ▶ 오일 실 안지름과 접촉되는 축경(베어링 안지름 : ∅17)을 먼저 찾은 다음 KS 규격에
서 바깥지름(D)과 폭(B)값을 찾아 커버 정면도와 상세도에 치수 기입을 해야 합니다.
오일 실 바깥지름과 결합되는 커버에 ∅30 치수를 기입하고 반드시 오일 실 바깥지름
에 삽입되는 구멍에는 H8 끼워맞춤 공차를 적용해야 합니다.
　상세도 치수에서 5는 오일 실 폭(B)이며 0.5는 오일 실 폭(5)×0.1=0.5로 계산해서
기입해야 합니다. 각도 30°와 R0.5는 오일 실 크기에 상관없이 상세도에 그대로 적용
해서 기입하면 됩니다.

KS규격집 '오일 실' 항목

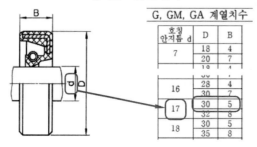

※ 수검 시 오일 실은 G계열만을 사용하며 커버
에 부착되는 오일 실은 바깥지름(D)과 폭(B)
값을 기본적으로 작은 값으로 찾아 치수 기입
을 해야 합니다.

[축]

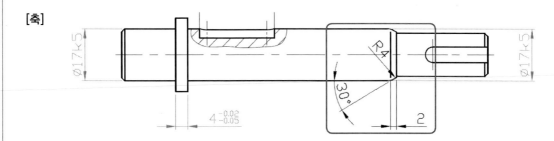

해설 ▶ 오일 실 안지름 부위가 축과 접촉하여 밀봉을 해주므로 축에 오일 실 결합 시 오일 실이 파손되는 것을 방지하기 위해 오일 실이 결합되는 축경 부위에 그림과 같이 모따기와 필렛 처리를 해야 합니다. 치수 기입은 그림과 같이 각도 30°, R4, 2를 그대로 기입하면 됩니다.

Tip ››
오일 실 바깥지름과 결합되는 커버 구멍의 끼워맞춤은 H8이며, 오일 실 안지름과 결합되는 축의 끼워맞춤은 h8입니다. 그러나 현재 축경 ∅17에 베어링도 결합되기 때문에 공차가 중복된 경우에는 정밀한 공차를 우선적으로 적용합니다. 그래서 축에는 h8이 아닌 k5가 적용되었습니다.

05 다음은 스퍼 기어와 축, 두 부품 간에 연관된 치수 기입을 하겠습니다.
가장 중요한 부위는 두 부품 간의 결합부 기준 치수이며 평행 키(key) 홈 또한 중요 치수에 해당 합니다.

[스퍼 기어]

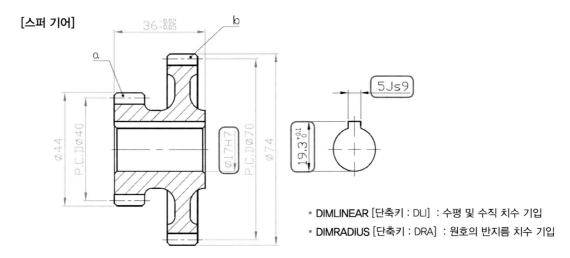

• **DIMLINEAR** [단축키 : DLI] : 수평 및 수직 치수 기입
• **DIMRADIUS** [단축키 : DRA] : 원호의 반지름 치수 기입

해설 ▶ 축과 결합되는 구멍이 ∅17이므로 KS 규격에서 키 홈의 b2을 찾아 키 홈 폭 5를, 끼워맞춤 공차는 Js9를 기입하였습니다. KS 규격의 키 홈의 높이 t2 값인 2.3에 구멍 지름(∅17)를 더해 19.3을 기입하고 공차 $^{+0.1}_{0}$를 규격에서 찾아서 기입합니다.

Tip ››
일반 공차인 $^{+0.1}_{0}$을 기입하는 방법은 앞의 내용을 참조해서 기입합니다. 단, 자릿수를 맞추기 위해서 아래치수 허용차 0 앞을 한 칸 띄어서 〈Stack〉 버튼을 클릭해야 합니다.

[축]

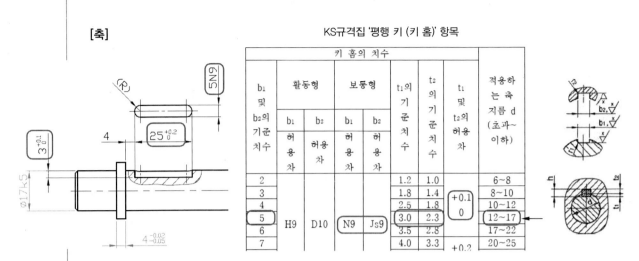

KS규격집 '평행 키 (키 홈)' 항목

	키 홈의 치수							
b₁ 및 b₂의 기준 치수	활동형		보통형		t₁의 기준 치수	t₂의 기준 치수	t₁ 및 t₂의 허용차	적용하는 축 지름 d (초과~이하)
	b_1 허용차	b_2 허용차	b_1 허용차	b_2 허용차				
2					1.2	1.0		6~8
3					1.8	1.4	+0.1 / 0	8~10
4					2.5	1.8		10~12
5	H9	D10	N9	Js9	3.0	2.3		12~17
6					3.5	2.8		17~22
7					4.0	3.3	+0.2	20~25

해설 ▶ 기준 치수가 ϕ17(베어링 안지름)이므로 KS 규격에서 키 홈의 b1을 찾아 키 홈 폭 5를, 끼워맞춤 공차는 N9를 기입하였습니다.

　　　　KS 규격의 키 홈의 깊이 t1 값인 3.0과 공차 $^{+0.1}_{0}$를 규격에서 찾아서 기입합니다.

Tip >>

● 키 홈의 규격을 찾는 기준 치수가 ϕ17이므로 KS 규격 범위 12~17과 17~22 두 곳에 걸쳐 겹쳐 있습니다. 이럴 경우에는 가급적 낮은 범위에 속한 값을 기준으로 적용합니다.

● 축의 키 홈 길이 25는 스케일로 실척해서 나온 값이며 공차는 시험 시 적용되는 일반 공차로 $^{+0.2}_{0}$을 무조건 기입합니다.

• 키 홈 국부투상도의 라운드진 곳에 반지름 치수 기입을 해야 하며 (R)로 변경해서 기입해야만 합니다.

※ R 치수 양쪽의 소괄호( )는 참고 치수를 의미합니다.

• 키 홈 국부투상도는 3차원 모델링하여 도면화시켰기 때문에 원호가 아닌 스플라인으로 되어 반지름 치수를 기입할 수가 없습니다. 이럴 때는 그 부분만 지우고 다시 그리든지 아니면 따로 옆에다가 똑같은 치수의 원을 그린 다음 치수 기입 후 실제 도형에다 옮겨 사용해야만 합니다.

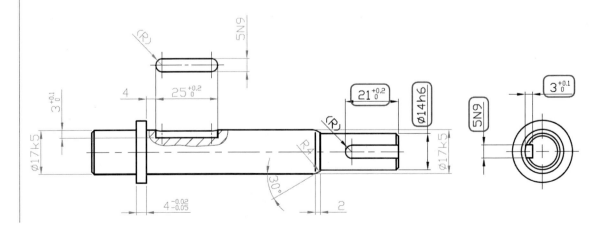

해설 ▶ 수검 도면상에 결합된 부품이 없지만 키 홈은 규격이므로 KS 규격에 찾아 치수를 기입해야 합니다. 우선 스케일로 축경을 실척하여 나온 기준 치수가 ϕ14이며 그 축경에 일반적인 중간 끼워맞춤인 h6이 적용됩니다.

　기준 치수 ϕ14가 KS 규격 범위 12~17에 속하므로 왼쪽 키 홈과 동일하게 b1(5N9)과 t1($3^{+0.1}_{0}$) 값을 기입합니다. 가급적 치수 5N9는 그림과 같이 측면도에 기입하는 것이 좋습니다.

　축의 키 홈 길이 21은 스케일로 실척해서 나온 값이며 공차는 시험 시 적용되는 일반 공차로 $^{+0.2}_{0}$을 기입해야 합니다.

06 물체 간의 연관된 치수 마지막으로 본체와 커버의 연관된 치수 기입을 하겠습니다.

　본체와 커버와 연관된 치수는 탭(TAP) 구멍과 관련된 부분이며 이 부분도 수검 시 가급적 실수없이 정확히 일치시켜 치수를 기입해야만 합니다.

[본체]

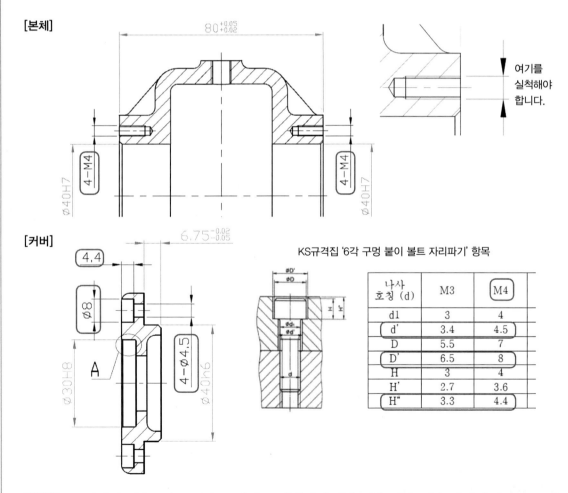

[커버]

KS규격집 '6각 구멍 붙이 볼트 자리파기' 항목

나사 호칭 (d)	M3	M4
d1	3	4
d'	3.4	4.5
D	5.5	7
D'	6.5	8
H	3	4
H'	2.7	3.6
H"	3.3	4.4

해설 ▶ 본체에서 탭(TAP) 구멍을 스케일로 실척하여 나온 값(M4)을 치수 기입한 후 KS 규격에서 나사 호칭 M4열의 d'(4.5), D'(8), H"(4.4)값을 찾아 커버 자리파기구멍에 왼쪽 그림과 같이 치수 기입을 합니다.

본체에 탭 구멍 치수 기입 시 구멍 개수도 같이 써 주어야 하며 커버가 개별적으로 결합되기 때문에 양쪽에 따로 치수 기입을 해 주어야 합니다.

커버에 깊은 자리파기 치수 기입 시 ∅4.5 구멍에만 구멍 개수를 같이 써주어야 합니다. 실제 제품 가공 시 제일 먼저 가공하는 부분(드릴 가공)에만 개수를 입력해 주어야 하기 때문입니다.

> **Tip** >>
> 2013년도에 산업인력공단에서 배포한 KS 규격엔 '6각 구멍 붙이 볼트 자리파기' 항목이 빠져 있는데 이럴 땐 SolidWorks의 '구멍 가공 마법사'로 작업한 치수로 바로 적용하여 사용하면 됩니다.

[본체]

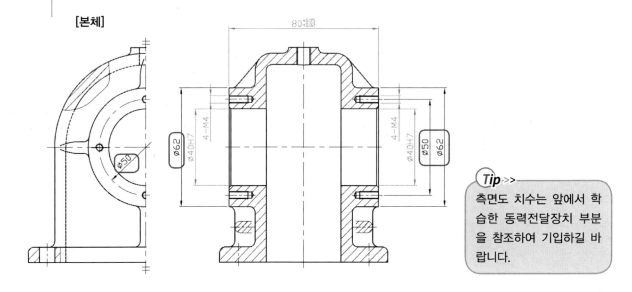

> **Tip** >>
> 측면도 치수는 앞에서 학습한 동력전달장치 부분을 참조하여 기입하길 바랍니다.

해설 ▶ 본체에서 스케일로 실척하여 그림과 같이 치수 ∅50, ∅62를 기입합니다. 커버가 개별적으로 결합되기 때문에 양쪽에 따로 치수 기입을 해 주어야 하며 구멍 피치원 지름(∅50)은 측면도가 있을 경우에는 반드시 측면도에 지름 치수(∅)로 치수 기입을 해야 합니다.

[커버]

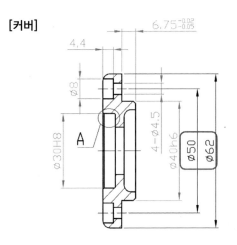

해설 ▶ 본체에서 스케일로 실척한 2개의 치수 ∅50, ∅62가 커버와 동일하게 맞아 떨어져야 합니다.

※ 부품 간의 연관된 치수들은 수검 시 아주 중요한 채점 포인트가 되므로 빠지거나 틀리지 않게 주의해야 합니다.

모든 부품 간의 연관된 치수가 끝났습니다.

07 다음으로는 부품마다의 개별적인 치수 기입을 하여 치수를 완성하겠습니다.

나머지 치수들은 대부분 스케일로 실척해서 기입되는 일반적인 치수들이며 몇 개는 연관된 치수도 있으니 유념해서 기입을 해야 합니다.

[본체]

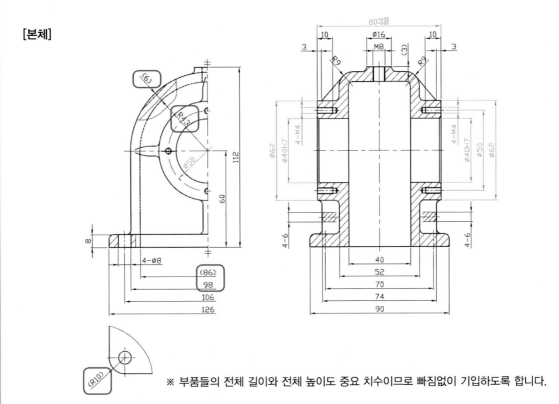

※ 부품들의 전체 길이와 전체 높이도 중요 치수이므로 빠짐없이 기입하도록 합니다.

해설▶ 좌측면도의 베이스 치수 86이 치수 R43과 중복이 되므로 참고 치수(86)로 해야 됩니다. 또한 치수 98과 본체 두께 치수 6도 중복이 되므로 참고 치수(6)로 만들어 주어야 합니다.

저면도의 R10도 좌측면도 치수 126과 106, 그리고 정면도 치수 90, 70과 중복이 되는 치수이므로 참고치수 (R10)로 기입해야 합니다.

[스퍼 기어]

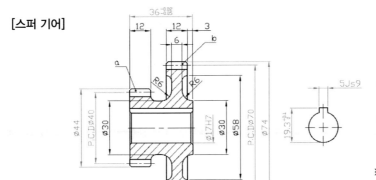

- DIMLINEAR [단축키 : DLI] : 수평 및 수직 치수 기입
- DIMRADIUS [단축키 : DRA] : 원호 의 반지름 치수 기입

※ 치수 문자 앞에 ϕ 는 특수 문자인 %%C를 입력하면 됩니다.

해설 ▶ 치수 ϕ 30, ϕ 58 부위는 스퍼 기어 중량을 줄이기 위해 공간을 만든 부분으로 꼭 지름 치수로 입력해야만 합니다. 간혹 이 부분을 지름이 아닌 거리 치수로 기입하는 수검자 도 있는데 그것은 완전 틀린 치수 기입법입니다. 중량을 줄이기 위한 공간 두께 치수 6 과 기어 이 길이 치수 12는 기본적으로 기입되어야 할 치수입니다.

[축]

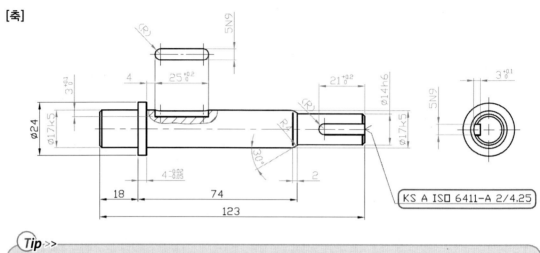

Tip >>
센터 구멍 치수 기입하는 방법은 앞에서 학습한 동력전달장치 부분을 참조하길 바랍니다.

해설 ▶ 축 길이 방향 치수 기입(123, 74, 18)을 빠짐없이 해주어야 하며 축을 가공하는 공작기 계가 선반이기 때문에 센터 구멍에 대한 치수(KS A ISO 6411-A 2/4.25)를 축 크기에 상관없이 그대로 기입해야 합니다.

[커버]

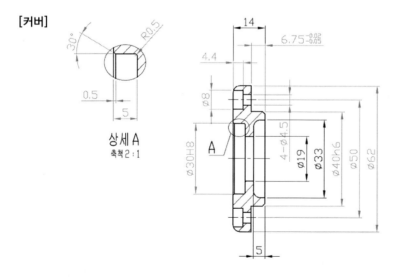

해설 ▶ 커버의 나머지 치수는 그렇게 중요 포인트가 없지만 전체 길이인 14는 반드시 기입해 야 합니다. 치수 ϕ 33, 5 부위는 기어 박스를 작동 시 베어링과 커버와 맞닿은 부분에 간섭을 없애기 위해 공간을 만든 곳입니다.

이것으로써 모든 부품들의 치수 기입이 완료되었습니다.

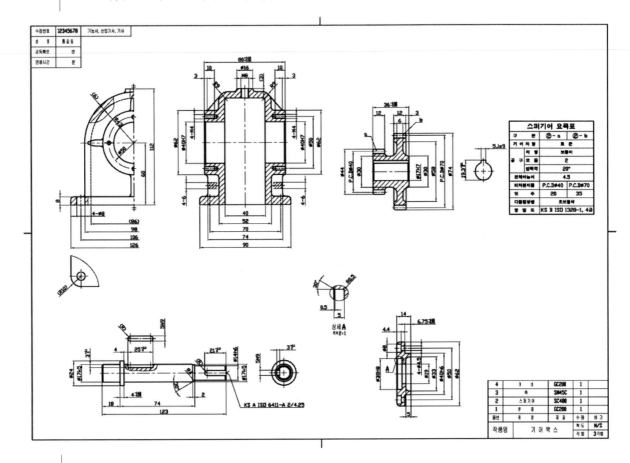

투상도 배치 시 유념해야 할 것은 기본적으로 본체와 축은 자리가 정해져 있다는 것으로써 본체는 도면 왼쪽 상단에 배치하고, 축은 도면 왼쪽 하단에 배치해야만 합니다. 나머지 부품들은 적당한 크기에 맞는 오른쪽 빈 공간에 배치하면 됩니다. MOVE[단축키 : M] 명령을 사용하여 그림과 같이 배치를 하길 바랍니다.

④ 완성된 치수에 표면거칠기 기호 기입하기

부품들 표면의 매끄러운 정도(조도)를 나타내는 기호를 표면거칠기 기호(다듬질 기호)라고 부르며 수검자가 각 부품들의 재질에 맞는 기호를 정확한 위치에 표기해야 합니다. 각 부품들의 재질도 수검자가 시험 보기 전 미리 숙지하여 수검 도면의 제품 용도에 따라 적당한 재질을 부품란에 기입해야 합니다.

표면거칠기 기호 기입 전 알아 두어야 할 내용과 거칠기 기호를 AutoCAD상에서 그리는 방법은 동력전달장치에서 학습한 내용을 참조하길 바랍니다.

Tip >>
KS규격집 '기계재료 기호 예시' 항목의 재질을 참조하여 부품마다 적절한 재료를 적용하면 됩니다. 부품에 알맞은 재료라면 다른 재료 기호를 사용해도 무방합니다.

품번	품 명	재 질	수 량	비 고
4	커 버	GC200	1	
3	축	SM45C	1	
2	스퍼기어	SC480	1	
1	본 체	GC200	1	
품번	품 명	재 질	수 량	비 고

작품명	기 어 박 스	척 도	N/S
		각 법	3각법

해설▶ 부품란에 부품들의 재질을 수검자가 수검 도면의 제품 용도에 알맞은 재질로 기입해야 하며 이것을 바탕으로 각각의 부품들의 표면거칠기 기호를 결정해야 합니다.

표면거칠기 기호를 도면 상에 표기하는 방법을 배워보겠습니다.

01 본체에 표면거칠기 기호를 표기하도록 하겠습니다.
  본체는 재질이 GC200(회주철품)이기 때문에 맨 앞에 주
물 기호∀가 표기됩니다.

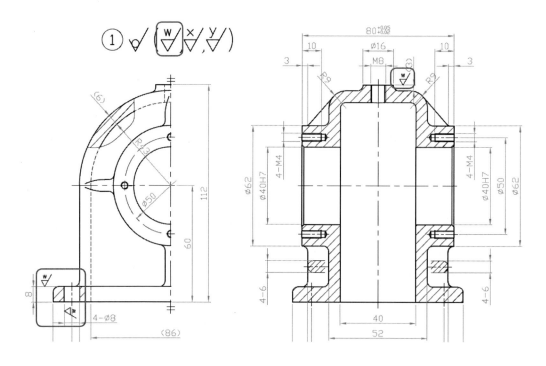

해설▶ 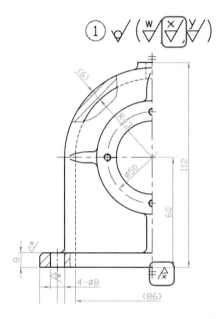 기호는 볼트와 결합되는 구멍이나 볼트 머리가 닿는 면에 적용합니다.

Tip›››
● 부품 안에 표기하는 표면거칠기 기호는 꼭 제품 가공 방향에 맞게 표기해야 합니다.
 외측 가공면은 바깥쪽에, 내측 가공면은 안쪽에 다듬질 기호를 표기해야만 합니다.
● 표면거칠기 기호를 부품에 표기 시 우선적으로 치수 보조선에 표기해야 합니다.
 치수 보조선이 없을 경우에 한해서만 물체의 면에다 직접 표기하며, 치수 보조선에도 물체의 면에도 표기할 수 없는 상황에서는 치수선에 표기할 수도 있습니다.

해설▶ 기호는 부품 간의 접촉면이나 결합부로 운동(마찰)이 없는 곳에만 적용되므로 본체를 작업장 바닥에 고정하고 사용하기 때문에 본체 베이스 밑바닥에 적용해야 합니다. 면과 면의 접촉부이므로 가공면이 울퉁불퉁하면 다른 부품에 동력을 전달 시 진동에 의해 문제가 되므로 꼭 기호가 들어가야 합니다.

 베이스 밑바닥은 아래에서 위로 다듬질을 해야 하기 때문에 그림과 같이 아래쪽에서 위 방향을 향하게 다듬질 기호를 배치해야 합니다.

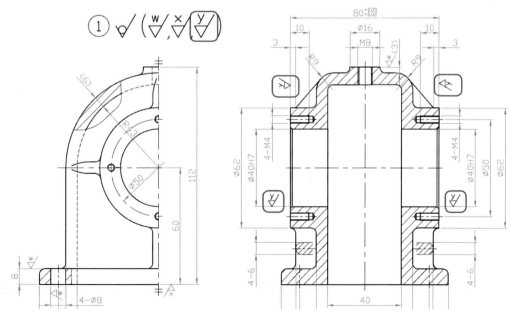

해설▶ 기호는 베어링 바깥지름 결합부의 구멍과 커버 측면의 접촉하는 양쪽 면에 적용합

니다.

　커버 측면과 접촉하는 면은 원래는 ✓기호가 들어가야 하지만 윤활유가 밖으로 새지 않게 하기 위해선 완전 밀봉을 시켜야 하기 때문에 현재 본체의 커버 접촉부에는 ✓가 들어가야 합니다.

02 스퍼 기어에 표면거칠기 기호를 표기하도록 하겠습니다. 스퍼 기어의 재질이 SC480(탄소주강품)이기 때문에 ✓기호가 맨 앞에 표기됩니다.

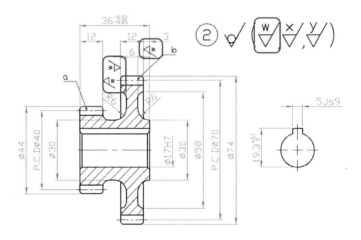

해설 ▶ ✓기호는 절삭 가공이 이루어졌지만 부품 간에 닿지 않는 면에 표기가 되므로 그림과 같이 기어 이 측면 부위에 적용됩니다.

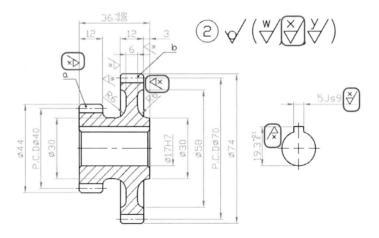

해설 ▶ ✓기호를 키(key)가 결합되는 키 홈 부위에 그림과 같이 표기해야 하며 기어 양쪽 측면이 다른 부품의 측면과 접촉이 되므로 그 부분도 표기해야 합니다.

Tip ▶▶
키 홈 치수 5Js9의 다듬질 기호는 치수 보조선 안쪽에 양쪽으로 들어가야 하지만 공간이 충분치 않으므로 이때만 예외적으로 치수선에 콤마를 찍고 표기하면 됩니다.

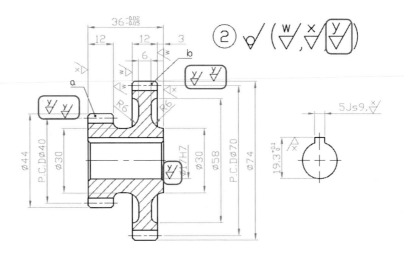

해설▶ ⩗기호는 축과 결합되는 구멍에 표기되며 스퍼 기어 피치원 지름과 이끝원 지름에도 표기되어야 합니다. 실제 스퍼 기어 구동 시 이끝원은 접촉이 되질 않지만 기하 공차를 적용하기 위해선 해당 면의 조도가 매끄러워야 하기 때문에 예외로 ⩗기호가 표기되는 것입니다.

03 축에 표면거칠기 기호를 표기하도록 하겠습니다.
축은 재질이 SM45C(기계구조용 탄소강재)이며 주로 선반에서 가공하기 때문에 가장 많이 가공되는 다듬질 기호인 중간 다듬질 기호⩗가 맨 앞에 표기됩니다.

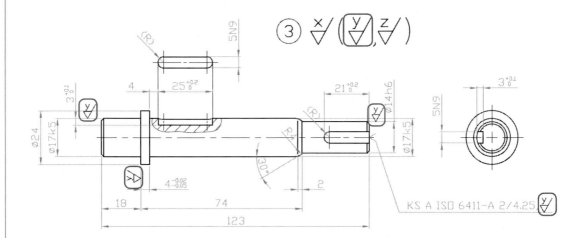

해설▶ ⩗기호를 베어링 안지름과 결합되는 축경 ∅17k5와 베어링 측면이 닿는 왼쪽 면에 표기해야 합니다. 단, 오른쪽에 베어링과 결합되는 축경에는 오일 실이 함께 들어가므로 중복 시 정밀한 것을 우선 순위로 하여 표기해야 하고, ⩗를 표기하면 안 됩니다. 치수 ∅14h6 축경에도 수검 도면에는 나타나 있지는 않지만 다른 부품과 결합되는 부분이므로 표기해야 하며, 또한 축 가공 시 선반의 심압대를 장착하는 센터 구멍(KS A

ISO 6411-A 2/4.25)에도 표기되어야 합니다.

센터에 다듬질 기호 표기 시에는 KS A ISO 6411-A 2/4.25 치수 뒤에 꼭 콤마(,)를 찍고 표기해야 합니다.

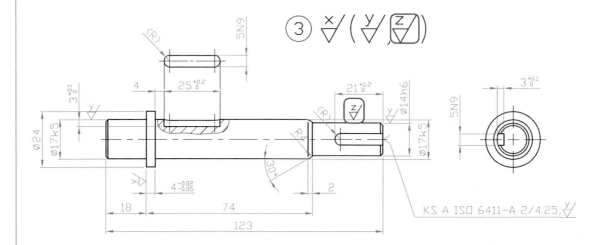

해설 ▶ 기호를 베어링 안지름 결합부인 오른쪽 축경(ϕ17k5)에 표기해야 합니다. 원래는 베어링과 접촉하는 부품에는 가 표기되어야 하지만 오일 실도 같이 그 축경에 결합되기 때문에 다듬질 기호가 서로 중복됐을 때 우선 순위가 정밀도가 높은 순이므로 가 표기되는 것입니다.

※ 수검 시 오일 실이나 오일 링이 접촉되는 축경 부위(밀봉이 되면서 구동이 되기 때문)에만 가 들어가므로 다른 부품에는 절대 를 사용하면 안 됩니다.

04 커버에 표면거칠기 기호를 표기하도록 하겠습니다. 커버의 재질이 GC200(회주철품)으로 주물로 제작하여 가공하는 부품이기 때문에 맨 앞에 주물 기호가 표기됩니다.

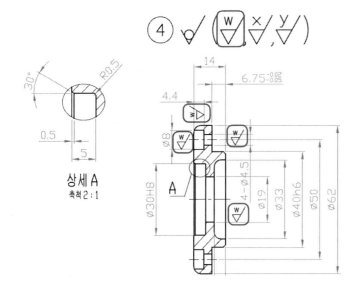

상세 A
축척2:1

Tip >>
볼트(Bolt)와 관련된 구멍은 모두 가 표기됩니다. 왜냐하면 볼트가 삽입되는 구멍은 항상 볼트 크기보다 크게 가공되어 만들어지기 때문입니다.

해설 ▶ 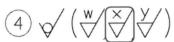기호는 볼트와 결합되는 구멍이나 볼트 머리가 닿는 면에 적용하기 때문에 깊은 자리파기 부위에 표기해야 합니다. 구멍 $\phi 19$는 축과 끼워맞춤이 아닌 그냥 축이 지나가는 구멍이므로 축과 전혀 닿지가 않기 때문에 기호가 표기되는 것입니다.

상세 A
축척 2 : 1

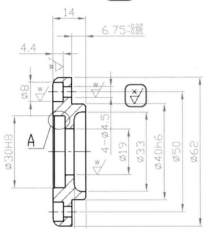

Tip >>
30°경사진 곳에 다듬질 기호를 표기할 때는
COPY[CO]나 MOVE[M]로 기호를 보조선에
옮긴 다음 ROTATE[RO]로 회전시켜 경사진 보조
선에 직각으로 표기해야 합니다.

해설 ▶ 기호는 오일 실이 닿는 측면과 30°경사진 곳에 들어가야 하기 때문에 상세도에 표기하는 것이 좋습니다. 커버의 $\phi 40h6$ 부위가 본체에 결합되므로 기호가 표기됩니다.

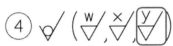

상세 A
축척 2 : 1

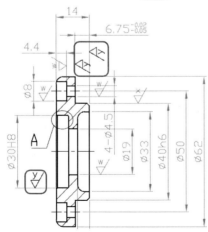

Tip >>
커버의 측면부는 구동부는 아니지만 밀봉을 하여
윤활유가 밖으로 새는 것을 방지하기 위해 접촉
면의 거칠기가 기호로 표기되어야 합니다.

해설 ▶ 기호를 오일 실 바깥지름과 결합되는 구멍($\phi 30H8$)에 표기하며 완전 밀봉하여 윤활유가 새는 것을 방지하기 위해 본체와 접촉되는 부분, 베어링과 접촉되는 부분인 커버 오른쪽 측면부에도 표기해야 합니다.

이것으로써 투상된 모든 부품들의 표면거칠기 기호(다듬질 기호)가 완료되었습니다.

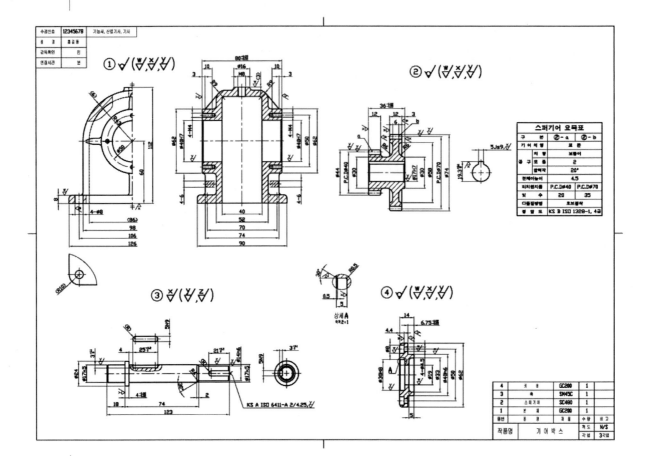

⑤ 기하 공차(형상 기호) 기입하기

기계 부품의 용도와 경제적이고 효율적인 생산성 등을 고려하여 기하 공차를 기입함으로써 부품들 간의 간섭을 줄여 결합 부품 상호 간에 호환성을 증대시키고 결합 상태가 보증이 되므로 정확하고 정밀한 제품을 생산할 수가 있습니다.

기하 공차를 기입 전 알아 두어야 할 내용과 데이텀(DATUM) 그리는 방법 및 형상 기호를 AutoCAD 상에서 입력하는 방법은 동력전달장치에서 학습한 내용을 참조하길 바랍니다.

01 본체에 기하 공차를 표기하도록 하겠습니다.

우선 제일 먼저 데이텀(DATUM)을 정해야 합니다. 데이텀(DATUM)이란 자세 공차, 위치 공차, 흔들림 공차의 편차(공차) 값을 설정하기 위한 이론적으로 정확한 기하학적인 기준을 말합니다.

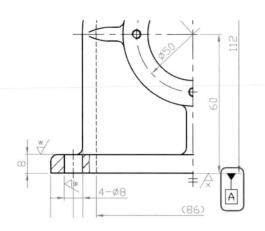

해설 ▶ 현재 수검 도면의 본체는 세워서 고정하여 기어 박스를 작동시키는 타입이므로 좌측면도 베이스 바닥에 데이텀을 표기해야 합니다. 본체는 기본적으로 데이텀을 전체 높이 치수가 있는 치수 보조선에 표기해야 하기 때문에 좌측면도에 표기했습니다.

Tip ››
PLINE[PL]과 TOLERANCE[TOL] 명령을 사용하여 데이텀을 그릴 수가 있습니다. 그리는 방법은 앞에서 학습한 동력전달장치 부분을 참조하면 됩니다.

LEADER(LEAD)나 QLEADER(LE) 명령을 사용하여 기하 공차를 표기합니다.

단, QLEADER 명령을 사용 시에는 제일 먼저 Tolerance로 세팅을 해야지만 사용할 수가 있습니다.

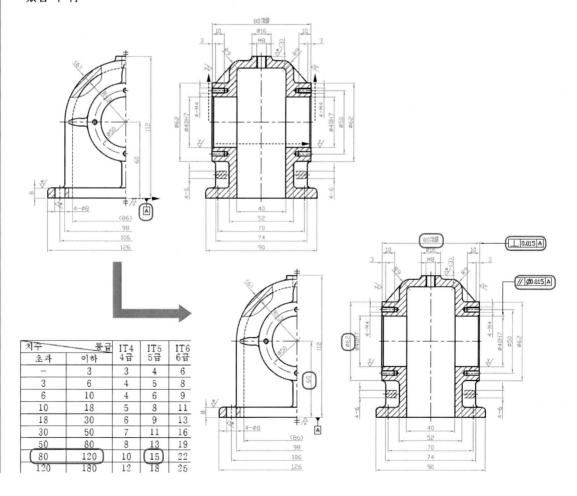

해설▶ 제일 중요한 베어링 결합부 구멍(ϕ40H7)이 데이텀 지시기호 A에 대해 평행하므로 평행도(//) 공차가 적용되어야 하며, 치수 $80^{+0.05}_{+0.02}$ 길이 안에 평행이 이루어져야 하기 때문에 IT공차 5등급에서 찾아 기준 치수가 80~120일 때 15이므로 공차 값 0.015mm이 적용되었습니다. 또한 구멍이므로 공차역(0.013) 앞에 ϕ를 추가하여 정밀도를 높여 주어야 합니다.

커버 측면과 접촉되는 본체의 치수 $80^{+0.05}_{+0.02}$ 부분의 양쪽 측면이 데이텀 지시 기호 A에 대해 수직하므로 직각도(⊥) 공차가 적용되어야 하며, 데이텀 A에서 수직이므로 기준 치수가 91mm(=60+31)가 되어 IT공차 5등급에서 80~120 범위의 공차 값 0.015mm가 적용되었습니다. 현재 직각도(⊥) 공차가 측면에 적용되기 때문에 공차 값 앞에 절대 ϕ를 추가하면 안 됩니다.

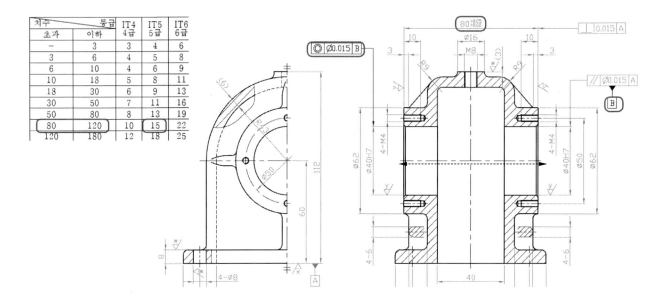

해설▶ 베어링 삽입 구멍이 현재 수검 도면과 같이 떨어져 있는 경우에는 반드시 반대쪽 구멍에는 평행도(//) 공차가 아닌 동심도(◎) 공차를 표기해야만 합니다. 구멍의 중심 편차를 측정하는 동심도(◎) 공차를 표기하기 위해선 그림과 같이 새롭게 데이텀 B를 만들어야 합니다.

동심도의 기준 치수는 80이 되며, IT공차 5등급에서 80~120 범위이므로 공차 값 0.015mm가 적용되었습니다. 또한 구멍이므로 공차역(0.015) 앞에 ϕ를 추가하여 정밀도를 높여 주어야 합니다.

02 다음으로 스퍼 기어에 기하 공차를 표기하도록 하겠습니다.

스퍼 기어처럼 중심 부위에 구멍이 있는 경우에는 그림과 같이 ϕ17H7 치수 보조선에 데이텀을 표기해야만 합니다.

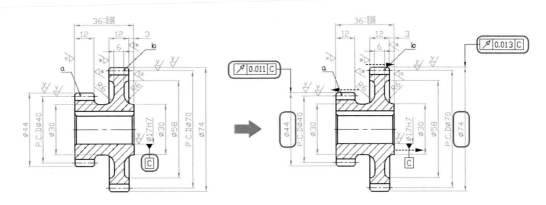

해설▶ 데이텀을 축이 결합되는 구멍(ϕ17H7)에 표기합니다. 데이텀 C를 기준으로 이끝원에 원주 흔들림($\nearrow$) 공차를 반드시 표기해야 하며, 공차 값은 기준 치수가 각각 ϕ44와 ϕ74이므로 IT공차 5등급에서 ϕ44는 0.011mm가 적용되고, ϕ74는 0.013mm로 적용되었습니다.

Tip ››
절대 흔들림($\nearrow$, $\underline{\nearrow}$)공차에는 공차 값 앞에 ϕ를 붙일 수가 없습니다. 이유는 흔들림 공차는 구멍의 중심이 아닌 바깥지름 표면의 기울기를 측정하기 때문입니다.

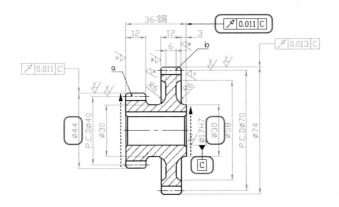

치수		등급	IT4 4급	IT5 5급	IT6 6급
초과	이하				
−	3		3	4	6
3	6		4	5	8
6	10		4	6	9
10	18		5	8	11
18	30		6	9	13
30	50		7	11	16
50	80		8	13	19
80	120		10	15	22

해설▶ 스퍼 기어 양쪽 측면의 치수($36_{-0.05}^{-0.02}$)가 축과 베어링 사이에 존재하므로 기어 박스를 작동 시 정밀도에 영향을 미치기 때문에 기하 편차를 정해주어야 합니다. 데이텀 C에 대해 기어 측면이 수직하므로 직각도($\perp$) 공차를 부여하여야 하지만 회전체에는 직각도 공차보다는 원주 흔들림($\nearrow$) 공차를 적용해야 합니다. 공차의 기준 치수가 ϕ30과 ϕ44로 두 곳에 적용되지만 이럴땐 가급적 큰 치수를 사용합니다. ϕ44가 IT공차 5등급에서 30~50 범위 사이이므로 공차는 0.011mm가 적용되었습니다.

03 다음은 축에 기하 공차를 표기하도록 하겠습니다.

대부분의 수검자들이 축에 데이텀 치수 기입을 모두 한 후 치수 맨 뒤에 표기하는데 그것은 좋지 않은 방식이며, 그림과 같이 치수선 간격을 더 띄어 축 부품에 가깝게 표기하는 것이 옳은 방식입니다.

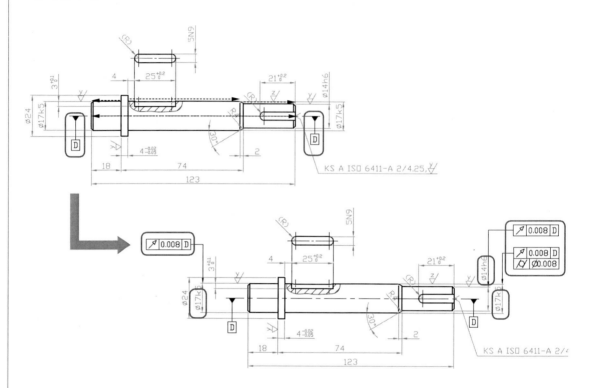

해설 ▶ 가장 중요한 베어링 결합부 왼쪽과 오른쪽 축경(ϕ17k5)이 데이텀 D를 기준으로 평행하지만 기하 공차는 평행도(//) 공차가 아닌 원주 흔들림(/) 공차가 표기되어야 합니다. 이유는 축은 중심보다는 축경 바깥지름의 기울기가 더 중요하기 때문입니다. 또한 오른쪽 축경(ϕ17k5)에는 2개(베어링과 오일 실)의 부품이 결합되므로 원통도(/⟋/) 공차도 같이 표기해야 하며 원통도는 단독 형체이기 때문에 데이텀을 표기하면 안 됩니다.

흔들림 공차(/, ⟋/)는 축 바깥지름 기울기를 측정하기 때문에 기하 공차 값 앞에 절대 ϕ를 표기하면 안 됩니다. 흔들림과 원통도의 기준 치수가 ϕ17이므로 IT공차 5등급에서 10~18 범위에서 찾아 공차 값이 0.008mm로 적용되었습니다. 원통도는 공차역(0.008) 앞에 ϕ를 추가해야 합니다.

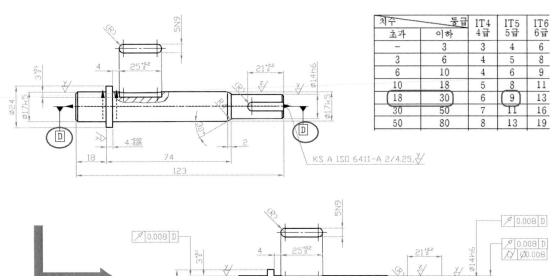

치수	등급	IT4 4급	IT5 5급	IT6 6급
초과	이하			
–	3	3	4	6
3	6	4	5	8
6	10	4	6	9
10	18	5	8	11
18	30	6	9	13
30	50	7	11	16
50	80	8	13	19

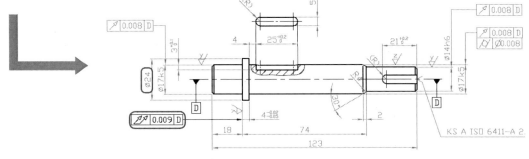

해설▶ 가장 중요한 베어링 측면이 접촉된 부위는 데이텀 D와 수직하므로 직각도(⊥) 공차가 들어가야 하지만 축에서는 직각도보다 더 정밀한 기하 형체인 온 흔들림(↗↗) 공차가 표기되어야 합니다. 치수 $4^{-0.02}_{-0.05}$의 왼쪽에는 베어링이, 오른쪽에는 스퍼 기어가 접촉되기 때문에 양쪽으로 흔들림 공차를 적용해야 합니다. 기준 치수가 ∅24이므로 IT공차 5등급에서 18~30 범위에서 찾아 9가 되어 공차 값이 0.009mm로 적용됩니다.

04 마지막으로 커버에 기하 공차를 표기하도록 하겠습니다.

커버의 데이텀 위치는 본체와 결합되는 부분(∅40h6)에 표기해야만 합니다. 기하 공차는 부품들 상호 간의 호환성을 주는 곳에만 적용되어야 하기 때문에 상대 부품과 아무런 상관도 없는 곳에 주면 수검 시 감점 대상이 됩니다.

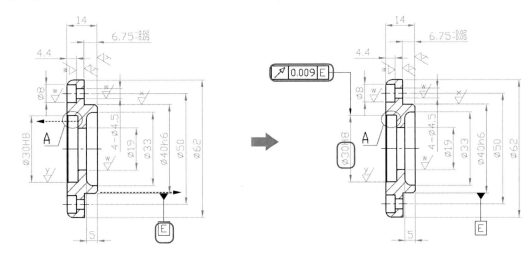

해설 ▶ 데이텀 E와 오일 실 결합부(ϕ30H8)가 평행하지만 형상 기호는 평행도 공차(//)가 아닌 원주 흔들림 공차(↗)가 표기되어야 합니다. 이유는 오일 실은 구멍의 중심보다는 구멍경(ϕ30H8)의 기울기가 더 중요하기 때문입니다. 그래야 윤활유가 외부로 유출되지 않게 밀봉할 수가 있습니다.

공차 값은 흔들림의 기준 치수가 ϕ30이므로 IT공차 5등급의 18~30 범위 9 값을 적용하여 0.009mm로 적용되었습니다.

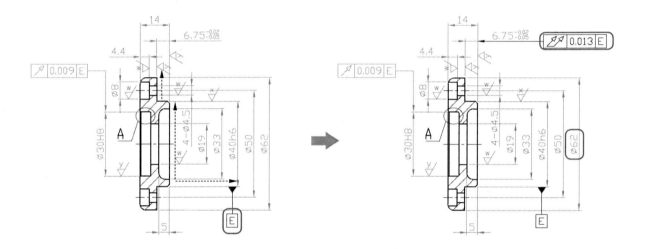

해설 ▶ 커버를 결합 시 본체의 측면 및 베어링 측면에 접촉하는 커버의 오른쪽 면($6.75^{-0.02}_{-0.05}$)이 데이텀 E와 수직하므로 직각도 공차(⊥)가 들어가야 하지만 완전 밀봉을 하기 위해 직각도보다 더 정밀한 기하 형체인 온 흔들림 공차(↗)가 표기되어야 합니다. 공차 값은 흔들림의 기준 치수가 ϕ62이므로 IT공차 5등급의 50~80 범위 13 값을 적용하여 0.013mm로 적용되었습니다.

치수 $6.75^{-0.02}_{-0.05}$ 화살표에 기하 공차를 표기하였기 때문에 공차 값의 기준 치수가 ϕ40와 ϕ62가 됩니다. 이럴 땐 온 흔들림 자체가 정밀하기 때문에 큰 값(ϕ62)을 기준 치수로 하여 공차 값을 적용합니다.

이것으로써 모든 부품들의 기하 공차 표기가 완료되었습니다.

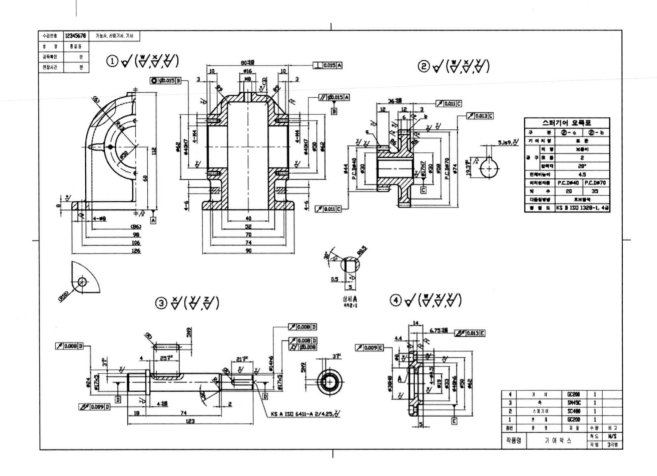

⑥ 주서(NOTE) 작성하기

부품 표제란 위에 표기해야 하는 주서는 꼭 수검 도면과 관련되어 있는 내용만을 기재해야 합니다. KS규격집 '주서 (예)' 항목을 주서 작성 시 참조하고 없는 내용들은 수검자가 수검 전에 미리 암기하여 시험에 임해야 합니다.

주서(NOTE)를 AutoCAD 상에서 입력하는 방법은 동력전달장치에서 학습한 내용을 참조하길 바랍니다.

01 현재 도면의 주서 기재 내용과 KS규격집 '주서(예)' 항목을 비교해 보겠습니다.

현재 도면(기어 박스)에 적용된 주서   KS규격집 '주서 (예)' 항목

주서

1. 일반공차 가) 가공부 : KS B ISO 2768-m
         나) 주조부 : KS B 0250-CT11
         다) 주강부 : KS B 0418 보통급
2. 도시되고 지시없는 모떼기는 1x45°, 필렛과 라운드는 R3
3. 일반 모떼기는 0.2x45°
4. ∀부위 외면 명회색 도장처리 (품번①,④)
5. 기어 치부 열처리 HRC55±0.2 (품번②)
6. 표면거칠기

주서

1. 일반공차-가)가공부 : KS B ISO 2768-m
         나)주조부 : KS B 0250-CT11
2. 도시되고 지시없는 모떼기는 1x45° 필렛과 라운드는 R3
3. 일반 모떼기는 0.2x45°
4. ∀ 부위 외면 명녹색 도장
         내연 광명단 도장
5. 파커라이징 처리
6. 전체 열처리 HRC 50±2
7. 표면 거칠기

해설▶ 1항 일반 공차의 '가) 가공부'는 모든 도면에 필히 들어가며 '나) 주조부'는 부품 재질이 GC200(회주철)일 경우에만 표기되며 '다) 주강부'는 SC480(탄소주강품)인 부품 재질이 있을 때만 표기하므로 현재 도면에서 스퍼 기어(품번②) 재질이기 때문에 꼭 표기해야 합니다.

     2항과 3항은 모든 부품에 기본적으로 들어가는 항목입니다.

     ※ 단, 2항의 '필렛과 라운드는 R3' 대목은 수검 도면이 클램프, 바이스, 지그일 때는 주서에서 빼야 합니다.

     4항은 부품 재질이 GC200(회주철)이나 SC480(탄소주강품)이 있을 경우 주물 부위에 녹스는 것을 방지하는 방청 작업이므로 현재 도면에는 꼭 표기해야 합니다.

     5항 '기어 치부 열처리'는 스퍼 기어를 수검 도면에 그렸다면 반드시 추가되어야 할 항목입니다.

     6항 '표면 거칠기'는 부품에 적용된 기호들만 표기해야 하기 때문에 현재 도면에서는 모두 다 적용되어 표기되었습니다.

Tip>>
4항과 5항처럼 항목에 해당 부품의 품번을 표기해 주는 것이 좋습니다.

     기어 박스의 2차원 도면 작업이 최종적으로 완성이 되었으니 저장을 한 후 Auto-CAD에서 출력을 하면 됩니다.

02 Command 명령어 입력줄에 SAVE를 입력한 후 저장합니다. [단축키 : Ctrl+S]

※ 도면 작성 시 중간에 한 번이라도 저장을 하였다면 SAVE(Ctrl+S) 명령은 자동으로 업어쓰기가 됩니다. 다른 이름으로 저장하기 위해서는 SAVEAS(Ctrl+Shift+S) 명령을 사용해야 합니다.

AutoCAD에서 도면 출력하는 방법은 앞에서 학습한 동력전달장치 부분을 참조하길 바랍니다.

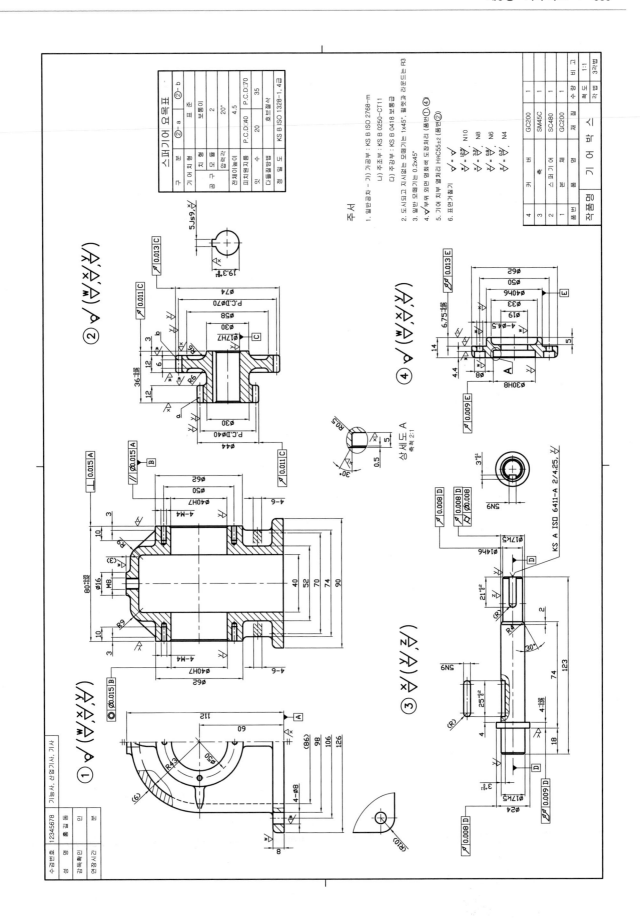

주서

1. 일반공차 - 가) 가공부 : KS B ISO 2768-m
   나) 주조부 : KS B 0250-CT11
   다) 주강부 : KS B 0418 보통급
2. 도시되고 지시없는 모떼기는 0.2x45°
3. 일반 모떼기는 0.2x45°
4. ▽부위 외면 명회색 도장처리 (품번① ④)
5. 기어 치부 열처리 HRC55±2 (품번②)
6. 표면거칠기

알아두기

- 나사산을 표현하는 방법
- SolidWorks에서 수나사 나사산 그리는 방법 익히기
- SolidWorks에서 암나사 나사산 그리는 방법 익히기
- 실제 나사산은 3차원 도면에, 음영 나사산은 2차원 도면에 사용하는 방법
- 수나사와 암나사를 쉽게 그리는 또 다른 방법
- 국가기술자격검정실기시험문제
- 실기출제도면

나사산을 표현하는 방법

SolidWorks에서 나사산을 표현하는 방법은 크게 아래 그림과 같이 2가지 방법이 있습니다.

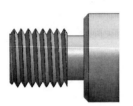

실물과 같이 표현

삼각나사의 형상 그대로 모델링을 할 수가 있습니다.

음영으로 표현

나사산 표시 로 음영처리하여 간단하게 표현할 수가 있습니다.

Tip >>

● 필자가 지금까지 나사산을 표현할 때 사용한 방법은 '나사산 표시 '나 '구멍 가공 마법사 '를 통한 음영 표현이었습니다.

● 2차원 도면화 작업시에는 절대로 나사산을 실물과 같이 표현하면 안 되며 아래 그림과 같이 제도법에 의해 간략하게 도시해야만 합니다.

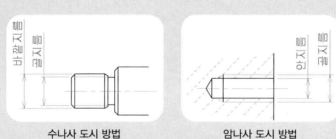

수나사 도시 방법   암나사 도시 방법

※ 수나사나 암나사의 골지름은 2차원 도면화 작업 시 반드시 가는선(빨간색)으로 표시해야 합니다.

수검 시 '나사산 표시 '나 '구멍 가공 마법사 '를 통한 음영으로 나사산을 표시하면 3차원 작업이나 2차원 도면화 작업 시 한 번에 간편하게 해결이 됩니다.

그러나 음영 나사산은 3차원 도면을 출력 시 문제가 발생할 경우가 생깁니다. 수검장의 SolidWorks 버전에 따라 음영 나사산이 출력이 안 될 경우가 있기 때문입니다. 이런 문제는 SolidWorks뿐만 아니라 타사 소프트웨어에서도 버전에 따라 발생될 수 있는 문제입니다.

그래서 수검 시 가급적 2가지 방법(실물과 같이 표현, 음영으로 표현)으로 나사산을 나타내는 방법을 모두 숙달하여 시험에 임하는 것이 좋습니다.

SolidWorks에서 수나사 나사산 그리는 방법 익히기

아래 그림의 2가지 수나사 종류를 그리는 방법을 배워보겠습니다.

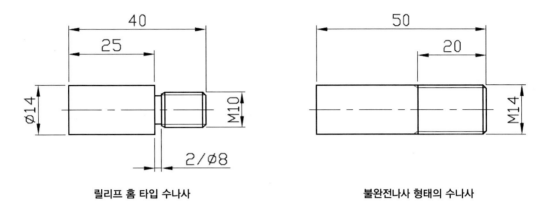

릴리프 홈 타입 수나사   불완전나사 형태의 수나사

체결용 미터 삼각나사는 나사산 각도가 60°이며 나사산 단면(정삼각형)과 나선형 곡선을 스케치하여 스윕-컷으로 만들 수가 있으며 방법은 다음과 같습니다.

① 릴리프 홈 타입 수나사 모델링

01 FeatureManager 디자인 트리의 〈정면〉를 선택하고 스케치 도구 모음에서 스케치 를 클릭합니다.

02 스케치 도구 모음에서 선\을 클릭합니다.

03 마우스 포인터를 원점 으로 가져간 후 마우스 포인터 모양이 일 때 클릭합니다.

04 아래 그림과 같이 대략적으로 스케치한 후 회전시키는 축으로 사용할 수평선을 선택하여 보조선 으로 변경하고 지능형 치수 로 치수구속을 부여합니다.

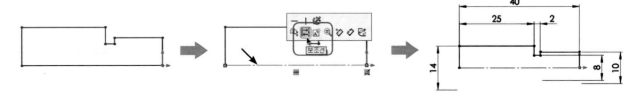

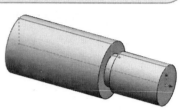

05 피처 도구 모음에서 회전 보스/베이스 ✿를 클릭하여 360도로 회전시킵니다.

06 피처 도구 모음에서 모따기 ☐를 클릭하여 거리 ✎ 1과 각도 ☐ 45도로 그림과 같이 수나사 양쪽 끝 모서리 2개를 모따기합니다.

다음 작업부터는 나사산을 만드는 방법입니다.

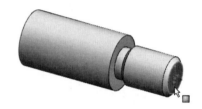

07 그림과 같이 축 오른쪽 면을 선택하고 피처 도구 모음에서 참조 형상 ✻의 기준면 ✻를 클릭합니다.

08 PropertyManager창의 제1참조 아래에서 : 오프셋 거리 ☐를 '1'로 입력합니다.

09 ✓(확인)을 클릭합니다.

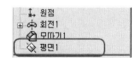

10 왼쪽에 있는 FeatureManager 디자인 트리창에서 방금 작업한 ✻ 평면1을 선택한 후 스케치 도구 모음에서 스케치 ✎를 클릭합니다.

11 그림과 같이 오른쪽 1개의 모서리를 선택한 후 스케치 도구 모음에서 요소 변환 ☐을 클릭합니다.

※ 선택된 외곽 라인이 스케치로 자동 생성됩니다.

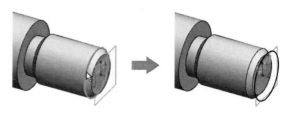

12 피처 도구 모음에서 곡선 ∪의 나선형 곡선 응를 클릭합니다.

13 PropertyManager창의 정의 기준 아래에서 : 높이와 피치를 선택합니다.

● **파라미터 아래에서**

① 높이 값을 '14'로 입력합니다.

② 피치를 '1.5'로 입력합니다.

③ 시작 각도를 '0'도로 입력합니다.

④ 반대 방향을 체크하여 방향을 변경합니다.

※ 높이 14는 나사의 대략적인 전체 길이 값이며 피치 1.5는 현재 나사 호칭경이 M10인 보통나사이므로 피치가 1.5가 됩니다.

14 ✓(확인)을 클릭합니다.

15 기준면으로 생성된 ◈ **평면1**이 더 이상 필요없으니 숨겨줍니다.

FeatureManager 디자인 트리창에서 ◈ **평면1**을 선택하거나 모델에 표시된 〈평면1〉을 클릭하면 나타나는 상황별 도구 모음 중에 숨기기 🐷 로 숨겨줍니다.

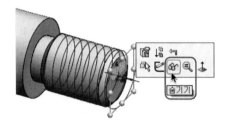

16 FeatureManager 디자인 트리의 〈윗면〉을 선택하고 스케치 도구 모음에서 스케치🖉를 클릭합니다.

17 표준 보기 방향 도구 모음에서 ☐ (윗면)을 클릭합니다. [단축키 : Ctrl+5]

18 스케치 도구 모음에서 다각형⊙을 클릭합니다.

19 PropertyManager창의 파라미터 아래에서 : 면의 수 ⬠를 '3'으로 입력합니다.

20 그림과 같이 오른쪽의 위쪽 빈 공간에 대략적인 크기로 역삼각형을 스케치하고 Esc키를 한 번 눌러 다각형 명령을 종료합니다.

21 역삼각형의 위쪽 선을 선택한 후 ─ 수평(H) 구속조건을 부가한 후 스케치 도구 모음에서

지능형 치수 ◇ 를 클릭합니다.

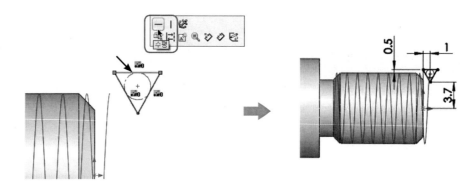

　　오른쪽 그림과 같이 치수구속을 하여 스케치를 완전 정의(검정색)시켜야 합니다. 치수 1은 원점에서 역삼각형 중심까지의 거리 값, 치수 0.5는 나사축 상단 모서리에서 역삼각형 상단까지의 높이 값, 치수 3.7은 원점에서 역삼각형 아래쪽 꼭지점까지의 높이 값입니다.

※ 치수 3.7은 나사 호칭경(M10)의 반경 5에서 피치 1.5를 뺀 값에 여유량 0.2를 더해서 적용된 치수입니다. 나머지 치수(1, 0.5)는 나사 호칭경 크기에 상관없이 그대로 적용하면 됩니다.

22 그래픽 영역 오른쪽 확인 코너의 스케치 종료 ⤴ 버튼을 클릭합니다.

> **Tip** >>
> 스케치 도구 모음에서 스케치 ✎ 를 한 번 더 클릭하여도 스케치가 종료됩니다.

23 표준 보기 방향 도구 모음에서 ▣ (등각보기)를 클릭합니다. [단축키 : Ctrl+7]

24 피처 도구 모음에서 스윕 컷 ▣ 을 클릭합니다.

25 PropertyManager창의 프로파일과 경로 아래에서

① 프로파일 ⌒ 항목을 선택하고 역삼각형 스케치를 선택합니다.

② 경로 ⌒ 항목을 선택하고 나선형 곡선 스케치를 선택합니다.

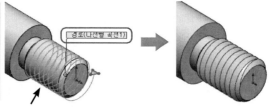

26 ✅(확인)을 클릭하여 나사산을 완성합니다.

② 불완전나사 형태의 수나사 모델링

01 FeatureManager 디자인 트리의 〈우측면〉을 선택하고 스케치 도구 모음에서 스케치🖉를 클릭합니다.

02 스케치 도구 모음에서 원⊙을 클릭합니다.

03 마우스 포인터를 원점으로 가져간 후 마우스 포인터 모양이 ⊙ᵪ일 때 클릭합니다.

04 아래 그림과 같이 대략적으로 스케치한 후 지능형 치수⬧로 치수구속을 부여하고 돌출 보스/베이스🖳를 클릭하여 깊이⬧ 50으로 돌출시킵니다.

05 피처 도구 모음에서 모따기🖳를 클릭하여 거리⬧ 1과 각도🖳 45도로 그림과 같이 수나사 오른쪽 끝 모서리를 선택하여 모따기합니다.

● **다음 작업부터는 나사산을 만드는 방법입니다.**

06 그림과 같이 축 오른쪽 면을 선택하고 피처 도구 모음에서 참조 형상🗲의 기준면🖳를 클릭합니다.

07 PropertyManager 창의 제1참조 아래에서 : 오프셋 거리⬚를 '1'로 입력합니다.

 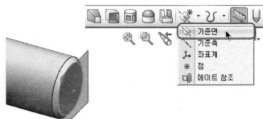

08 ✓(확인)을 클릭합니다.

09 왼쪽에 있는 FeatureManager 디자인 트리창에서 방금 작업한 ◇ 평면1을 선택한 후 스케치 도구 모음에서 스케치▣를 클릭합니다.

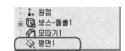

10 그림과 같이 오른쪽 1개의 모서리를 선택한 후 스케치 도구 모음에서 요소 변환▣을 클릭합니다.
※선택된 외곽 라인이 스케치로 자동 생성됩니다.

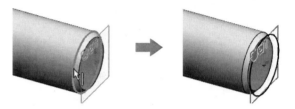

11 피처 도구 모음에서 곡선↺의 나선형 곡선▨을 클릭합니다.

Tip >>
나선형 곡선 PropertyManager창이 왼쪽에 나타나지 않으면 요소 변환시킨 스케치를 선택해 주어야 합니다.

12 PropertyManager창의 정의 기준 아래에서 : 〈높이와 피치〉를 선택합니다.
● 파라미터 아래에서
① 높이 값을 '21'로 입력합니다.
② 피치를 '2'로 입력합니다.
③ 시작 각도를 '0'도로 입력합니다.
④ 〈반대 방향〉을 체크하여 방향을 변경합니다.
※ 높이 21은 나사의 전체 길이 값 20과 기준면 오프셋 거리 1을 더한 값이며, 피치 2는 현재 나사 호칭경이 M14인 보통나사이므로 피치가 2가 됩니다.

13 ✓(확인)을 클릭합니다.

14 기준면으로 생성된 ◇ 평면1이 더 이상 필요없으니 숨겨줍니다.

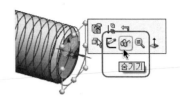

FeatureManager 디자인 트리창에서 ◇ 평면1을 선택하거나 모델에 표시된 〈평면1〉을 클릭하면 나타나는 상황별 도구 모음 중에 숨기기🖳로 숨겨줍니다.

15 FeatureManager 디자인 트리의 〈윗면〉을 선택하고 스케치 도구 모음에서 스케치📝를 클릭합니다.

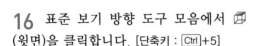

16 표준 보기 방향 도구 모음에서 🗗 (윗면)을 클릭합니다. [단축키 : Ctrl+5]

17 스케치 도구 모음에서 다각형⬡을 클릭합니다.

18 PropertyManager창의 파라미터 아래에서 : 면의 수⬡를 '3'으로 입력합니다.

19 그림과 같이 오른쪽의 위쪽 빈 공간에 대략적인 크기로 역삼각형을 스케치합니다.

20 Esc키를 한 번 눌러 다각형 명령을 종료합니다.

21 역삼각형의 위쪽 선을 선택한 후 ─ 수평(H) 구속조건을 부가한 후 스케치 도구 모음에서 지능형 치수◇를 클릭합니다.

오른쪽 그림과 같이 치수구속을 하여 스케치를 완전 정의(검정색)시켜야 합니다.

치수 1은 나사축 오른쪽 끝단 모서리에서 역삼각형 중심까지의 거리 값, 치수 0.5는 축 상단 모서리에서 역삼각형 상단까지의 높이

값, 치수 5.2는 원점에서 역삼각형 아래쪽 꼭지점까지의 높이 값입니다.

※ 치수 5.2는 나사 호칭경(M14)의 반경 7에서 피치 2를 뺀 값에 여유량 0.2를 더해서 적용된 치수입니다. 나머지 치수 (1, 0.5)는 나사 호칭경 크기에 상관없이 그대로 적용하면 됩니다.

22 그래픽 영역 오른쪽 확인 코너의 스케치 종료↩ 버튼을 클릭합니다.

Tip ››
스케치 도구 모음에서 스케치📝를 한 번 더 클릭하여도 스케치가 종료됩니다.

23 표준 보기 방향 도구 모음에서 🔲(등각보기)를 클릭합니다. [단축키 : Ctrl+7]

24 피처 도구 모음에서 스윕 컷🔲을 클릭합니다.

25 PropertyManager창의 프로파일과 경로 아래에서
① 프로파일🔲 항목을 선택하고 역삼각형 스케치를 선택합니다.
② 경로🔲 항목을 선택하고 나선형 곡선 스케치를 선택합니다.

26 ✔(확인)을 클릭합니다.

27 스케치 도구 모음에서 3D스케치🔲를 클릭합니다.

28 나사축을 회전시켜 그림과 같이 나사산이 아직 덜 완성된 부분을 선택한 후 스케치 도구
모음에서 요소 변환🔲을 클릭합니다.

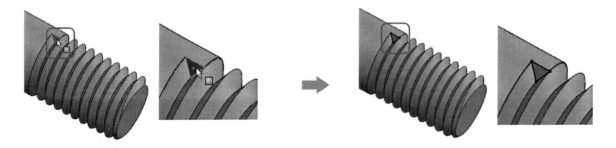

29 피처 도구 모음에서 돌출 컷🔲을 클릭합니다.

30 PropertyManager창의 방향1 아래에서

① 마침 조건으로 〈다음까지〉를 선택합니다.

② 돌출 방향 ↗ 에서 PropertyManager창 위 오른쪽에 있는 ⊞ 를 누르면 FeatureManager 디자인 트리가 나타나며 여기에서 〈윗면〉을 선택합니다.

31 ✔(확인)을 클릭하여 나사산을 완성합니다.

실제 미터삼각나사의 산 높이

필자가 나사산을 모델링할 때 나사 호칭경에서 나사 피치(Pitch)를 양쪽으로 빼서 골지름을 정했지만 이것은 어디까지나 모델링할 때만 사용되는 방식입니다.

예 호칭경 : M10 , 피치 : 1.5일 때 나사 골지름을 7(=10-1.5-1.5)로 정의했습니다.

하지만 정확한 나사의 골지름은 나사의 호칭경에서 피치(Pitch)를 한 쪽 부분만 **빼야** 합니다.

예 호칭경 : M10 , 피치 : 1.5일 때 나사 골지름이 8.5(=10-1.5)가 됩니다.

실제 나사산의 높이는 그림과 같이 나사 피치에서 2로 나눈 값이 됩니다.

예 피치가 1.5되는 나사산의 높이는 0.75가 됩니다.

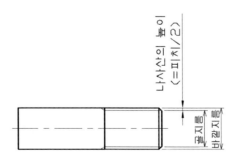

다음으로 암나사 나사산 그리는 방법을 배워보겠습니다.

SolidWorks에서 암나사 나사산 그리는 방법 익히기

아래 그림의 2가지 암나사 종류를 그리는 방법을 배워보겠습니다.

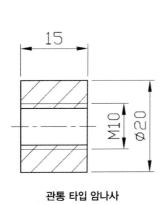

관통 타입 암나사

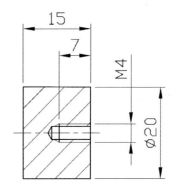

깊이가 있는 암나사

① 관통 타입 암나사

01 FeatureManager 디자인 트리의 〈우측면〉를 선택하고 스케치 도구 모음에서 스케치 를 클릭합니다.

02 스케치 도구 모음에서 원 을 클릭합니다.

03 마우스 포인터를 원점 으로 가져간 후 마우스 포인터 모양이 일 때 클릭합니다.

04 아래 그림과 같이 대략적으로 스케치한 후 지능형 치수 로 치수구속을 부여하고 돌출 보스/베이스 를 클릭하여 깊이 15로 돌출시킵니다.

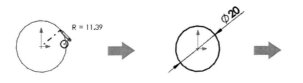

다음 작업부터는 나사산을 만드는 방법입니다.

05 그림과 같이 축 오른쪽 면을 선택하고 스케치 도구 모음에서 스케치 ✏️를 클릭합니다.

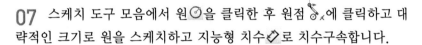

06 표준 보기 방향 도구 모음에서 🔲(우측면)을 클릭합니다.
[단축키 : Ctrl+4]

07 스케치 도구 모음에서 원⊘을 클릭한 후 원점 ⟋ᵪ에 클릭하고 대략적인 크기로 원을 스케치하고 지능형 치수◇로 치수구속합니다.

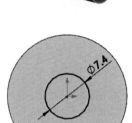

※ 치수 7.4는 나사 호칭경(M10)에 피치 양쪽 값 3(=1.5×2)을 뺀 값에 여유량 0.4를 더해서 적용된 치수입니다.

08 피처 도구 모음에서 돌출 컷▦을 클릭하고 마침 조건으로 〈다음까지〉를 선택한 후 ✅(확인)을 클릭합니다.

09 표준 보기 방향 도구 모음에서 ⬢(등각보기)를 클릭합니다.
[단축키 : Ctrl+7]

10 피처 도구 모음에서 모따기◻를 클릭하여 거리⟋ 1과 각도◻ 45도로 그림과 같이 구멍 양쪽 끝 모서리 2개를 모따기합니다.

11 그림과 같이 오른쪽 면을 선택하고 피처 도구 모음에서 참조 형상🔅의 기준면◇을 클릭합니다.

12 PropertyManager창의 제1참조 아래에서 : 오프셋 거리⊟를 '1'로 입력합니다.

13 ✅(확인)을 클릭합니다.

14 왼쪽에 있는 FeatureManager 디자인 트리창에서 방금 작업한 ◇ 평면1을 선택한 후 스케치 도구 모음에서 스케치✏️를 클릭합니다.

15 표준 보기 방향 도구 모음에서 🔲(우측면)을 클릭합니다. [단축키 : Ctrl+4]

16 스케치 도구 모음에서 원⊙을 클릭한 후 원점 ⊗ₓ에 클릭하고 대략적인 크기로 원을 스케치하고 지능형 치수⊘로 치수구속합니다.

※ 치수 10은 암나사 호칭경인 M10입니다.

17 피처 도구 모음에서 곡선ᘓ의 나선형 곡선ᘖ를 클릭합니다.

※ ⊞(등각보기)를 클릭하여 나선형 방향을 확인합니다.
　[단축키 : Ctrl+7]

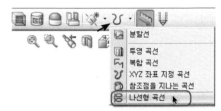

18 PropertyManager 창의 정의 기준 아래에서 : 〈높이와 피치〉를 선택합니다.

● **파라미터 아래에서**

　① 높이 값을 '17'로 입력합니다.

　② 피치를 '1.5'로 입력합니다.

　③ 시작 각도를 '0'도로 입력합니다.

　④ 〈반대 방향〉을 체크하여 방향을 변경합니다.

　※ 높이 17은 물체 두께 값 15와 오프셋 거리 2(양쪽)를 더한 값이며 피치 1.5는 현재 나사 호칭경이 M10인 보통나사이므로 피치가 1.5가 됩니다.

19 ✔(확인)을 클릭합니다.

20 기준면으로 생성된 ◇ 평면1이 더 이상 필요없으니 숨겨줍니다.

　FeatureManager 디자인 트리창에서 ◇ 평면1을 선택하거나 모델에 표시된 〈평면1〉을 클릭하면 나타나는 상황별 도구 모음 중에 숨기기☞로 숨겨줍니다.

21 FeatureManager 디자인 트리의 〈윗면〉을 선택하고 스케치 도구 모음에서 스케치ᘖ를 클릭합니다.

22 표준 보기 방향 도구 모음에서 ⊞ (윗면)을 클릭합니다. [단축키 : Ctrl+5]

23 스케치 도구 모음에서 다각형⊙을 클릭합니다.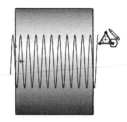

24 PropertyManager 창의 파라미터 아래에서 : 면의 수 ⬡를 '3'으로 입력합니다.

25 그림과 같이 오른쪽의 위쪽 빈 공간에 대략적인 크기로 삼각형을 스케치하고 Esc 키를 한 번 눌러 다각형 명령을 종료합니다.

26 삼각형의 아래쪽 선을 선택한 후 ─ 수평(H) 구속조건을 부가한 후 스케치 도구 모음에서 지능형 치수◇를 클릭합니다.

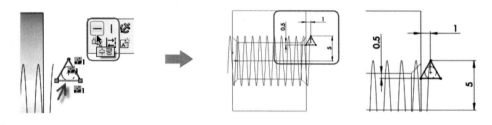

Tip>>
치수 0.5기입 시에는 보기 도구 모음에서 표시 유형▣· 을 실선 표시▥로 선택한 후 기입해야 합니다.

치수 1은 물체 오른쪽 끝단 모서리에서 삼각형 중심까지의 거리 값, 치수 0.5는 구멍 상단 모서리에서 삼각형 아래변까지의 높이 값, 치수 5는 원점에서 삼각형 위쪽 꼭지점까지의 높이 값입니다.
※ 치수 5는 나사 호칭경(M10)의 반경이며 나머지 치수(1, 0.5)는 나사 호칭경 크기에 상관없이 그대로 적용하면 됩니다.

27 그래픽 영역 오른쪽 확인 코너의 스케치 종료 버튼을 클릭합니다.

Tip>>
스케치 도구 모음에서 스케치를 한 번 더 클릭하여도 스케치가 종료됩니다.

28 표준 보기 방향 도구 모음에서 ◈(등각보기)를 클릭합니다. [단축키 : Ctrl+7]

29 피처 도구 모음에서 스윕 컷을 클릭합니다.

30 PropertyManager 창의 프로파일과 경로 아래에서
① 프로파일 항목을 선택하고 삼각형 스케치를 선택합니다.
② 경로 항목을 선택하고 나선형 곡선 스케치를 선택합니다.

31 ✓(확인)을 클릭하여 나사산을 완성합니다.

Tip >>
빠른 보기 도구 모음의 단면도 🗐 을 클릭해서 가상으로 절단하여 물체의 내부를
바라 볼 수가 있습니다.

② 깊이가 있는 암나사

①에서 학습한 내용을 참조하여 우측면을 기준으로 ∅20mm에 길이
15mm인 원통을 만들어 줍니다.

바로 나사산을 만드는 방법으로 들어갑니다.

01 피처 도구 모음에서 구멍 가공 마법사 🗐 를 클릭합니다

02 PropertyManager 창의 유형 탭에 있는 구멍 유형 아래에서
① 구멍 유형으로 구멍 🔲 을 선택합니다.
② 표준 규격은 〈KS〉로 선택하고 유형은 〈드릴 크기〉로 선택합니다.
● 구멍 스팩 아래에서
① 사용자 정의 크기 표시를 체크합니다.
② 관통 구멍 지름을 '2.8'로 입력합니다.

● 마침 조건 아래에서

① 마침 조건을 〈블라인드 형태〉로 선택합니다.

② 블라인드 구멍 깊이를 '8'로 입력합니다.

● 옵션 아래에서

① 안쪽 카운터싱크를 체크합니다.

② 가까운 쪽 카운터 싱크 지름을 '4'로 입력합니다.

- 관통 구멍 지름 2.8은 나사 호칭경(M4)에서 피치 양쪽 값 1.4(=0.7×2)를 뺀 값에 여유량 0.2를 더한 값입니다.
- 블라인드 구멍 깊이 8은 나사 깊이 7에 드릴 깊이 1을 더한 값입니다.
- 가까운 쪽 카운터 싱크 지름 4는 나사 호칭경(M4) 값을 그대로 적용한 값입니다.

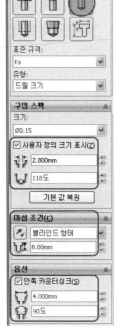

03 PropertyManager 창의 위치 탭을 선택합니다.

04 드릴 구멍을 내기 위해 그림과 같이 오른쪽 측면 한 곳을 클릭합니다.

05 키보드의 Esc 키를 한 번 눌러 구멍 삽입을 종료합니다.

06 포인트와 돌출된 모서리를 Ctrl 키를 누른 상태에서 선택한 후 ◎ 동심(N) 구속조건을 부가합니다.

07 그래픽 영역 빈 공간을 마우스를 클릭하거나 ✔을 클릭하여 형상 구속조건 부가 정의를 종료합니다.

08 ✔(확인)을 클릭하여 구멍 가공 마법사 PropertyManager창을 닫습니다.

09 그림과 같이 오른쪽 면을 선택하고 피처 도구 모음에서 참조 형상의 기준면을 클릭합니다.

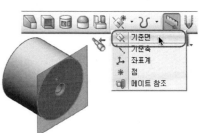

10 PropertyManager 창의 제1 참조 아래에서 : 오프셋 거리를 1로 입력합니다.

11 ✅(확인)을 클릭합니다.

12 왼쪽에 있는 FeatureManager 디자인 트리창에서 방금 작업한
◇ 평면1을 선택한 후 스케치 도구 모음에서 스케치 를 클릭합니다.

13 표준 보기 방향 도구 모음에서 (우측면)을 클릭합니다. [단축키 : Ctrl+4]

14 스케치 도구 모음에서 원을 클릭한 후 원점 에 클릭하고 대략
적인 크기로 원을 스케치하고 지능형 치수로 치수구속합니다.

※ 치수 4는 암나사 호칭경인 M4입니다.

15 피처 도구 모음에서 곡선의 나선형 곡선을
클릭합니다.

※ (등각보기)를 클릭하여 나선형 방향을 확인합니다.

　[단축키 : Ctrl+7]

16 PropertyManager 창의 정의 기준 아래에서
　높이와 피치를 선택합니다.

● 파라미터 아래에서

① 높이값을 '8'로 입력합니다.

② 피치를 '0.7'로 입력합니다.

③ 시작 각도를 '0'도로 입력합니다.

④ 〈반대 방향〉을 체크하여 방향을 변경합니다.

※ 높이 8은 나사 깊이 값 7에 기준면 오프셋 거리 1을 더한 값이며, 피치 0.7은 현재 나
　사 호칭경이 M4인 보통나사이므로 피치가 0.7이 됩니다.

17 ✅(확인)을 클릭합니다.

18 기준면으로 생성된 ◇ 평면1이 더 이상 필요없으니 숨겨줍
니다.

　FeatureManager 디자인 트리창에서 ◇ 평면1을 선택하거나
모델에 표시된 〈평면1〉을 클릭하면 나타나는 상황별 도구 모음
중에 숨기기로 숨겨줍니다.

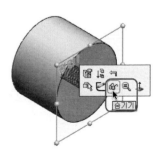

19 FeatureManager 디자인 트리의 〈윗면〉을 선택하고 스케치 도구 모음에서 스케치 를 클릭합니다.

20 표준 보기 방향 도구 모음에서 (윗면)을 클릭합니다. [단축키 : Ctrl+5]

21 스케치 도구 모음에서 다각형 을 클릭합니다.

22 PropertyManager 창의 파라미터 아래에서 : 면의 수 를 '3'으로 입력합니다.

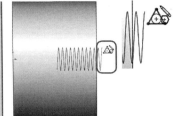

23 그림과 같이 오른쪽의 위쪽 빈 공간에 대략적인 크기로 삼각형을 스케치하고 Esc 키를 한 번 눌러 다각형 명령을 종료합니다.

24 삼각형의 아래쪽 선을 선택한 후, ─ 수평(H) 구속조건을 부가한 후 스케치 도구 모음에서 지능형 치수 를 클릭합니다.

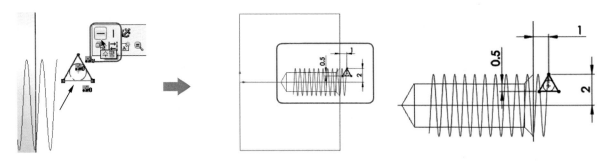

> **Tip** ››
> 치수 0.5 기입 시에는 보기 도구 모음에서 표시 유형 ·을 실선 표시 로 선택한 후 기입해야 합니다.

치수 1은 물체 오른쪽 끝단 모서리에서 삼각형 중심까지의 거리 값, 치수 0.5는 구멍 상단 모서리에서 삼각형 아래변까지의 높이 값, 치수 2는 원점에서 삼각형 위쪽 꼭지점까지의 높이 값입니다.

※ 치수 2는 나사 호칭경(M4)의 반경입니다.

25 그래픽 영역 오른쪽 확인 코너의 스케치 종료 버튼을 클릭합니다.

> **Tip** >>
> 스케치 도구 모음에서 스케치 ↗를 한 번 더 클릭하여도 스케치가 종료됩니다.

26 표준 보기 방향 도구 모음에서 ▩(등각보기)를 클릭합니다. [단축키 : Ctrl+7]

27 피처 도구 모음에서 스윕 컷 ▨을 클릭합니다.

28 PropertyManager 창의 프로파일과 경로 아래에서
　① 프로파일 ▨ 항목을 선택하고 삼각형 스케치를 선택합니다.
　② 경로 ▨ 항목을 선택하고 나선형 곡선 스케치를 선택합니다.

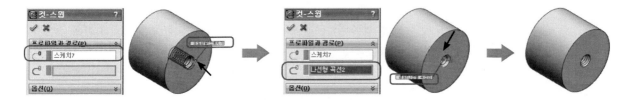

29 ✔(확인)을 클릭하여 나사산을 완성합니다.

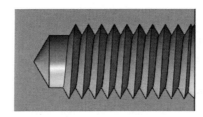

> **Tip** >>
> 빠른 보기 도구 모음의 단면도 ▨를 클릭해서 가상으로 절단하여 물체의
> 내부를 바라 볼 수가 있습니다.
>
>

실제 나사산은 3차원 도면에, 음영 나사산은 2차원 도면에 사용하는 방법

실물과 같이 모델링한 나사산은 3차원 도면 출력 시 사용하고 음영 처리한 나사산은 Auto-CAD로 내보낼 시 사용하는 방법을 불완전나사 형태의 수나사 모델링을 가지고 배워보겠습니다.

01 불완전나사 형태의 수나사 모델링을 불러옵니다.

02 나사산을 실물과 같이 모델링한 나사축이 있는 상태에서 SolidWorks 왼쪽 구역 창 상단에 있는 관리자 창 중에 ConfigurationManager🔧 창을 클릭합니다.

03 〈파트1 설정〉이란 항목에서 마우스 오른쪽 버튼을 클릭하여 표시된 팝업창에서 〈설정 추가〉를 선택한 후 설정명란에 '음영나사산'이라고 입력하고 ✔(확인)을 클릭합니다.

04 SolidWorks 관리자창 중에 FeatureManager 디자인 트리🔧창을 클릭합니다.

05 FeatureManager 디자인 트리 작업 중 〈컷-스윕1〉과 〈컷-돌출1〉을 [Ctrl]키를 누른 상태에서 선택한 후 나타난 상황별 도구 모음 중에 기능 억제🔧를 클릭합니다.

06 앞에서 학습 시 추가한 나사산 표시🔽를 클릭합니다.

07 나사산이 표시될 오른쪽 끝단 바깥쪽 모서리 1개를 클릭합니다.

08 PropertyManager 창의 나사산 표시 설정 아래에서

① 표준 규격을 〈KS〉로 선택합니다.

② 유형을 〈기계나사산〉으로 선택합니다.

③ 크기를 〈M14〉로 선택합니다.

④ 마침 조건을 〈블라인드〉로 선택한 후 깊이 I_D에 '20'을 입력합니다.

※ 깊이 20은 나사의 전체 길이 값이 됩니다.

09 ✔(확인)을 클릭합니다.

나사산 음영 표시

나사산 표시를 한 후 나사산 음영을 표시하기 위해서는 FeatureManager 디자인 트리의 주석에서 마우스 오른쪽 버튼 클릭 시 나오는 〈세부 사항...〉에 들어가 주석 속성창에서 〈음영 나사산〉을 체크해 주어야 합니다.

※ 음영 표시가 나타나지 않을 경우에는 세부 사항... 밑에 〈주석 표시〉가 체크되어 있는지 확인해야 합니다.

---

10 메뉴 모음에서 저장🖫을 클릭하거나 메뉴 바에서 '파일－저장'을 클릭하여 저장을 합니다. [단축키 : Ctrl+S]

다음 작업부터는 도면 작업(🖾)에서 나사산을 표시하는 방법으로 우선 2차원 도면화 작업 시 적용하는 방법을 소개합니다.

11 새 문서🗋를 클릭한 후 앞에서 학습한 동력전달장치 부분을 참조하여 A2 규격의 시트 크기로 배율은 1 : 1, 투상법 유형은 제3각법으로 하여 도면창을 만들어 줍니다.

12 도면 도구 모음에서 모델 뷰🖼를 클릭하여 방금 저장한 나사축을 불러와 정면🄰 방향을 기준으로 하여 아래 그림과 같이 배치합니다.

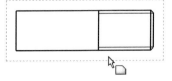

Tip >>
왼쪽의 그림은 음영나사산 작업 시 표시되는 방법으로 2차원 도면화 작업 시 사용하면 됩니다.

다음은 3차원 도면 작업 시 적용하는 방법을 소개합니다.

13 방금 전 학습한 11번 작업이 되어 있는 상태에서 도면 도구 모음에서 모델 뷰 를 클릭하고 나사축을 불러와 아래와 같은 조건을 주고 시트지 적당한 위치에 배치합니다.

- 방향의 표준 보기를 (등각 보기)로 클릭합니다.
- 표시 유형에서 (모서리 표시 음영)을 클릭합니다.
- 배율에서 〈시트 배율 사용〉을 클릭합니다.

14 나사 축 도면에서 마우스 오른쪽 버튼을 클릭하여 나타난 메뉴에서 속성 항목을 클릭합니다. 표시된 [도면 뷰 속성] 대화창의 '설정 정보-명명된 설정 사용' 항목에서 〈음영나사산〉을 〈기본〉으로 변경하고 〈확인〉 버튼을 클릭하여 대화창을 닫습니다.

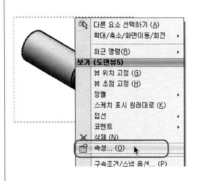 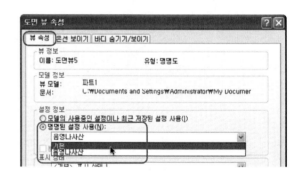

※ 앞서 학습한 ConfigurationManager 창에 여러 가지 형태로 설계 변경하고 설정 추가를 하면 변경된 형상으로 한 개의 도면 상에서 다양하게 나타낼 수가 있습니다.

Tip ››

- 오른쪽 그림의 결과를 3차원 도면화 작업 시 사용하여 AutoCAD로 내보내 AutoCAD에서 3차원 도면을 출력하면 됩니다.
- 다른 나사도 지금 학습한 방법으로 Configuration-Manager 창에 설정 추가하여 사용하면 출력 시 음영나사산의 문제를 해결할 수가 있습니다.
- 기본에서 음영나사산으로 다시 변경 시 음영이 나타나지 않을 경우에는 FeatureManager 디자인 트리의 주석에서 마우스 오른쪽 버튼 클릭 시 나오는 〈세부 사항...〉에 들어가 주석 속성창에서 〈음영 나사산〉을 체크해 주어야 합니다.

음영나사산 → 기본

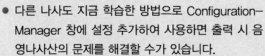

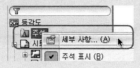 

수나사와 암나사를 쉽게 그리는 또 다른 방법

SolidWorks에서 실제 나사산을 표현하기 위해 지금까지는 나선형 곡선을 사용했지만 간단하게 수나사는 돌출 보스/베이스로, 암나사는 돌출 컷으로 나사산을 흉내만 내는 형태로도 나타낼 수가 있으며 그 방법을 배워보겠습니다.

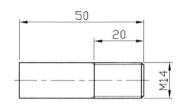

① 돌출 보스/베이스로 수나사 모델링을 간단하게 하기

01 FeatureManager 디자인 트리의 〈우측면〉를 선택하고 스케치 도구 모음에서 스케치 를 클릭합니다.

02 스케치 도구 모음에서 원 을 클릭합니다.

03 마우스 포인터를 원점 으로 가져간 후 마우스 포인터 모양이 일 때 클릭합니다.

04 아래 그림과 같이 대략적으로 스케치한 후 지능형 치수 로 치수구속을 부여하고 돌출 보스/베이스 를 클릭하여 깊이 30으로 돌출시킵니다.

다음 작업부터는 돌출 보스/베이스로 나사산을 만드는 방법입니다.

05 그림과 같이 축 오른쪽 면을 선택하고 스케치 도구 모음에서 스케치 를 클릭합니다.

06 바로 스케치 도구 모음에서 요소 변환 을 클릭합니다.
※ 외곽 라인이 스케치로 자동 생성됩니다.

07 피처 도구 모음에서 돌출 보스/베이스
를 클릭합니다.

08 PropertyManager 창의 방향1 아래에서
① 마침 조건으로 〈블라인드 형태〉를 선택합니다.
② 깊이 를 '1'로 입력합니다.
③ 구배 켜기/끄기 를 체크 후 '60'도로 입력합니다.

● 방향2를 체크하고 아래에서 : 위 방향1과 똑같은 조건(①, ②, ③)으로 입력합니다.

※ 나사 호칭경과 피치에 상관없이 돌출 보스/베이스 값을 지금과 같이 입력합니다.

09 (확인)을 클릭합니다.

10 피처 도구 모음에서 선형 패턴 을 클릭합니다.

11 빠른 보기 도구 모음의 항목 숨기기/보이기 에서 임시 축 보기 를 클릭합니다.

12 PropertyManager창의 방향1 아래에서
① 패턴 방향을 방금 보이게 한 '임시축(파란색 일점쇄선)'을 화면상에서 선택합니다.
② 간격 을 '2'로 입력합니다.
③ 인스턴스 수 를 '10'으로 입력합니다.

※ 간격 값 2는 M14 나사의 피치가 되며 인스턴스 수가 10인 이유는 전체 나사 길이가 20mm이지만 간격을 2mm로 주었기 때문입니다.

● **패턴할 피처 아래에서 :** 아래 빈 칸을 선택 후 그림과 같이 패턴할 피처를 선택합니다.

13 ✅(확인)을 클릭합니다.

14 빠른 보기 도구 모음의 항목 숨기기/보이기 🐿에서 임시 축 보기 🖍를 다시 한 번 클릭하여 임시 축을 숨겨 나사산을 완성합니다.

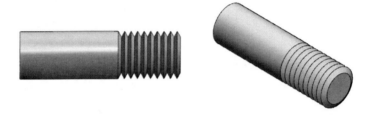

Tip >>

3차원 도면은 대략적인 나사산 모양만 나와도 수검 도면을 채점 시 감점이 없으므로 학습한 방법과 같이 나사산을 표현해도 문제가 없습니다.

② **돌출 컷으로 암나사 모델링을 간단하게 하기**

앞서 학습한 내용을 참조하여 우측면을 기준으로 ϕ 20mm에 길이 15mm인 원통을 만들어 줍니다.

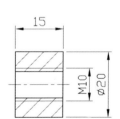

바로 나사산을 만드는 방법으로 들어갑니다.

01 그림과 같이 축 오른쪽 면을 선택하고 스케치 도구 모음에서 스케치 ✏를 클릭합니다.

02 표준 보기 방향 도구 모음에서 ⬜ (우측면)을 클릭합니다.
[단축키 : Ctrl+4]

03 스케치 도구 모음에서 원⊘을 클릭한 후 원점 ⊙ₓ에 클릭하고 대략적인 크기로 원을 스케치하고 지능형 치수 ✎로 치수구속합니다.

※ 치수 10은 암나사 호칭경인 M10입니다.

04 피처 도구 모음에 서 돌출 컷을 클릭합 니다.

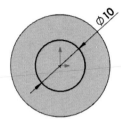

05 표준 보기 방향 도구 모음에서 (등각보기)를 클릭합니다.
[단축키 : Ctrl+7]

06 PropertyManager 창의 **방향1 아래에서**
① 마침 조건으로 〈블라인드 형태〉를 선택합니다.
② 깊이를 '1'로 입력합니다.
③ 구배 켜기/끄기를 체크 후 '60'도로 입 력합니다.

● **방향2를 체크하고 아래에서** : 위 방향1과 똑같 은 조건(①, ②, ③)으로 입력합니다.

07 (확인)을 클릭합니다.

※ 나사 호칭경과 피치에 상 관없이 돌출 보스/베이스 값을 지금과 같이 입력합 니다.

08 피처 도구 모음에서 선형 패턴을 클릭합니다.

09 PropertyManager 창의 **방향1 아래에서**
① 패턴 방향을 임시축을 화면 상에서 선택합니다.

Tip ››
빠른 보기 도구 모음의 항목 숨기기/보이기에서 임시 축 보기를 클릭해야 합니다.

② 간격을 '1'로 입력합니다.
③ 인스턴스 수를 '16'으로 입력합니다.

● **패턴할 피처 아래에서** : 아래 빈 칸을 선택 후 그림과 같이 패턴할 피처를 선택합니다.

10 (확인)을 클릭하여 나 사산을 완성합니다.

※ 간격 값 1은 M10나 사의 피치가 되며 인스턴스 수가 16 인 이유는 전체 나 사 길이 15mm에 관통이므로 여유 값 1mm를 더해 주 었기 때문입니다.

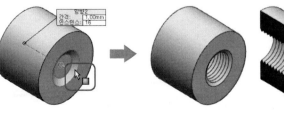

국가기술자격검정실기시험문제

자격종목	일반기계기사	작품명	도면 참조	형별	②

비번호

시험시간 : 표준시간 : 5시간

1. 요구사항

[2차원 부품도 작도]

(1) 지급된 조립 도면에서 부품 ①, ②, ③, ⑤번 부품제작도를 CAD 프로그램을 이용하여 제도한다.

(2) 제도는 제3각법에 의해 A2 크기 도면의 윤곽선 영역 내에 1:1로 제도한다.

(3) 부품제작도는 과제의 기능과 동작을 정확히 이해하여 투상도, 치수, 치수공차와 끼워맞춤 공차 기호, 기하 공차 기호, 표면 거칠기 기호 등 부품제작에 필요한 모든 사항을 기입한다.

(4) 제도는 KS규격에서 정한 바에 의하고, 규정되지 아니한 내용은 ISO규격과 관례에 따른다.

(5) 도면에 아래 양식에 맞추어 좌측 상단 A부에 수험번호, 성명을 먼저 작성하고, 오른쪽 하단 B부에는 표제란과 부품란을 작성한 후 부품제작도를 제도한다.

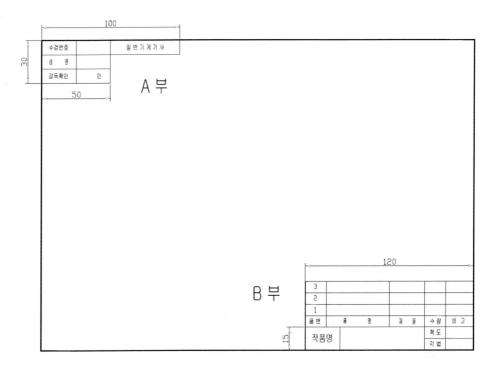

(6) 출력은 지급된 용지(A3 용지)에 본인이 직접 흑백으로 출력하여 제출한다.

자격종목	일반기계기사	작품명	도면 참조	형별	공통

2. 수험자 유의사항

(1) 미리 작성된 Part Program 또는 Block은 일체 사용할 수 없다.

(2) 시작 전 바탕화면에 본인 비번호로 폴더를 생성한 후 이 폴더에 비번호를 파일명으로 하여 작업 내용을 저장하고, 시험을 종료한 후 하드디스크의 작업 내용은 삭제한다.

(3) 출력물을 확인하여 다른 수험자와 동일 작품이 발견될 경우 모두 부정행위로 처리된다.

(4) 정전 또는 기계 고장으로 인한 자료 손실을 방지하기 위하여 10분에 1회 이상 저장(save) 한다.

(5) 제도 작업에 필요한 Data Book은 열람할 수 있으나, 출제문제의 해답 및 투상도와 관련된 설명이나 투상도가 수록되어 있는 노트 및 서적은 열람하지 못한다.

(6) 장비 조작 미숙으로 인해 파손 및 고장을 일으킬 염려가 있거나 출력시간이 30분을 초과할 경우는 시험위원 합의 하에 실격 처리된다.

(7) 과제에 표시되지 않은 표준 부품은 Data Book에서 가장 적당한 것을 선정하여 해당 규격으로 제도하고, 도면의 치수와 규격이 일치하지 않을 때에도 해당 규격으로 제도한다.

(8) 도면의 한계(Limits)와 선의 굵기와 문자의 크기를 구분하기 위한 색상을 다음과 같이 정한다.

  (가) 도면의 한계 설정(Limits)

     a와 b의 도면의 한계선(도면의 가장자리선)은 출력되지 않도록 한다.

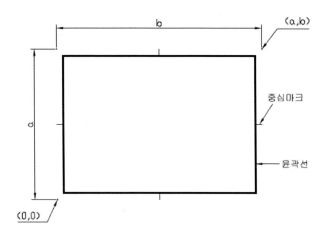

구 분	도면의 한계		중심마크
	a	b	c
도면 Size (A2 용지)	420	594	10

  (나) 선 굵기와 문자, 숫자 크기 구분을 위한 색상 지정

출력 시 선 굵기	색 상(color)	용 도
0.35mm	초록색(Green)	윤곽선, 부품 번호, 외형선, 개별 주서 등
0.25mm	노란색(Yellow)	숨은선, 치수 문자, 일반 주서 등
0.18mm	흰색(White), 빨강(Red)	해칭, 치수선, 치수 보조선, 중심선 등

(다) 사용 문자의 크기는 7.0, 5.0, 3.5, 2.5 중 적절한 것을 사용한다.

(9) 좌측 상단 A부에 감독위원 확인을 받아야 하며, 안전수칙을 준수해야 한다.

(10) 표제란 위에 있는 부품란에는 각 도면에서 제도하는 해당 부품만 기재한다.

(11) 작업이 끝나면 제공된 USB에 바탕화면의 비번호 폴더 전체를 저장하고, 출력 시에 시험위원이 USB를 삽입한 후 수험자 본인이 시험위원 입회 하에 직접 출력하며, 출력 소요시간은 시험시간에서 제외한다.

(12) 다음 사항에 해당하는 작품은 채점 대상에서 제외된다.

(가) 시험시간 내에 1개의 부품이라도 제도되지 않은 작품

(나) 요구한 각법을 지키지 않고 제도한 작품

(다) 요구한 척도를 지키지 않고 제도한 작품

(라) 요구한 도면 크기에 제도되지 않아 제시한 출력 용지에 크기가 맞지 않는 작품

(마) 끼워맞춤 공차 기호를 기입하지 않았거나 아무 위치에 기입하여 제도한 작품

(바) 기하공차 기호를 기입하지 않았거나 아무 위치에 기입하여 제도한 작품

(사) 표면 거칠기 기호가 기입되지 않았거나 아무 위치에 기입하여 제도한 작품

(아) 2D 부품도나 3D 등각투상도 중 하나라도 제출하지 않은 작품

(자) KS 제도 통칙을 준수하지 않고 제도한 작품

(13) 지급된 시험 문제는 비번호 기재 후 반드시 제출한다.

자격종목	일반기계기사	작품명	도면 참조	형별	②

[3차원 모델링도 작도]

(1) 지급된 조립 도면에서 부품 ①, ②, ③, ④번 부품들을 솔리드 모델링 후 흑백으로 출력 시 형상이 잘 나타나도록 등각투상도로 나타낸다.
  - 등각투상도를 렌더링 처리해서 나타낸다(렌더링 출력 시 형상이 잘 나타나도록 색상 및 그 외 사항을 적절히 지정한다).
(2) 도면의 크기는 A3로 하며 윤곽선 영역 내에 적절히 배치하도록 한다.
(3) 척도는 NS로 A3로 출력 시 형상이 잘 나타나도록 실물의 형상과 배치를 고려하여 임의로 한다.
(4) 부품마다 실물의 특징이 가장 잘 나타나는 등각 축을 2개 선택하여 등각 이미지를 2개씩 나타낸다.
(5) 좌측 상단 A부에 수험번호, 성명을 먼저 작성하고, 오른쪽 하단 B부에는 표제란과 부품란을 작성한 후 부품제작도를 제도한다.
(6) 출력은 등각투상도로 나타낸 도면을 지급된 용지에 본인이 직접 흑백으로 출력하여 제출한다.

[3차원 모델링도 작도 예시]

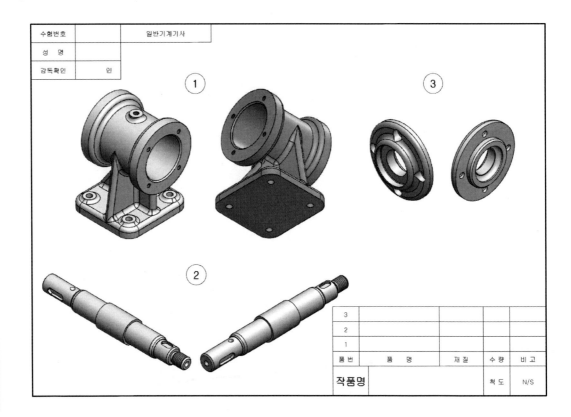

작품명 : 동력전달장치　　척도 1 : 1　　요구 부품 : 3D ①, ②, ③, ④　　표준 시간 : 5시간
　　　　　　　　　　　　　　　　　　　　　　2D ①, ②, ③, ④

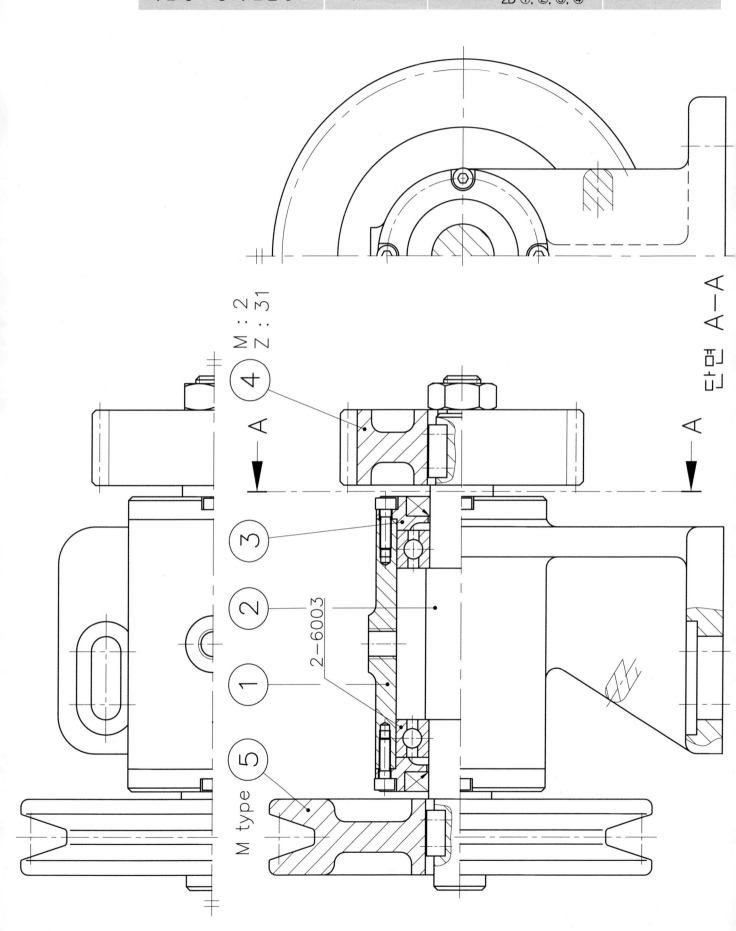

M : 2
Z : 31

단면 A-A

2-6003

M type

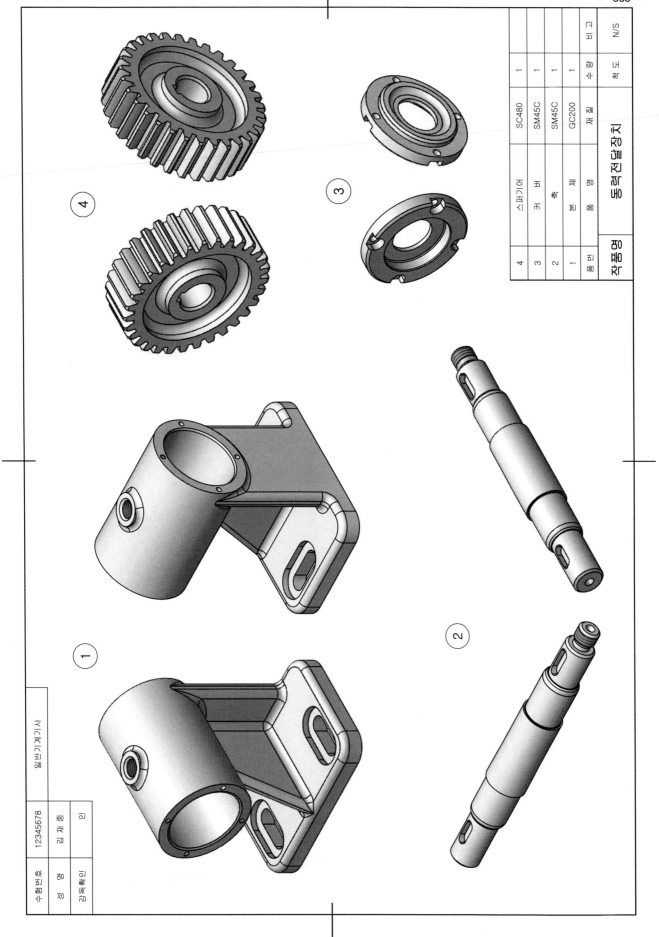

품번	품 명	재 질	수 량	비 고
4	스퍼기어	SC480	1	
3	커 버	SM45C	1	
2	축	SM45C	1	
1	본 체	GC200	1	
품번	품 명	재 질	수 량	척 도

작품명	동력전달장치	N/S

일반기계기사

수험번호	12345678
성 명	김 기 사
감독확인	인

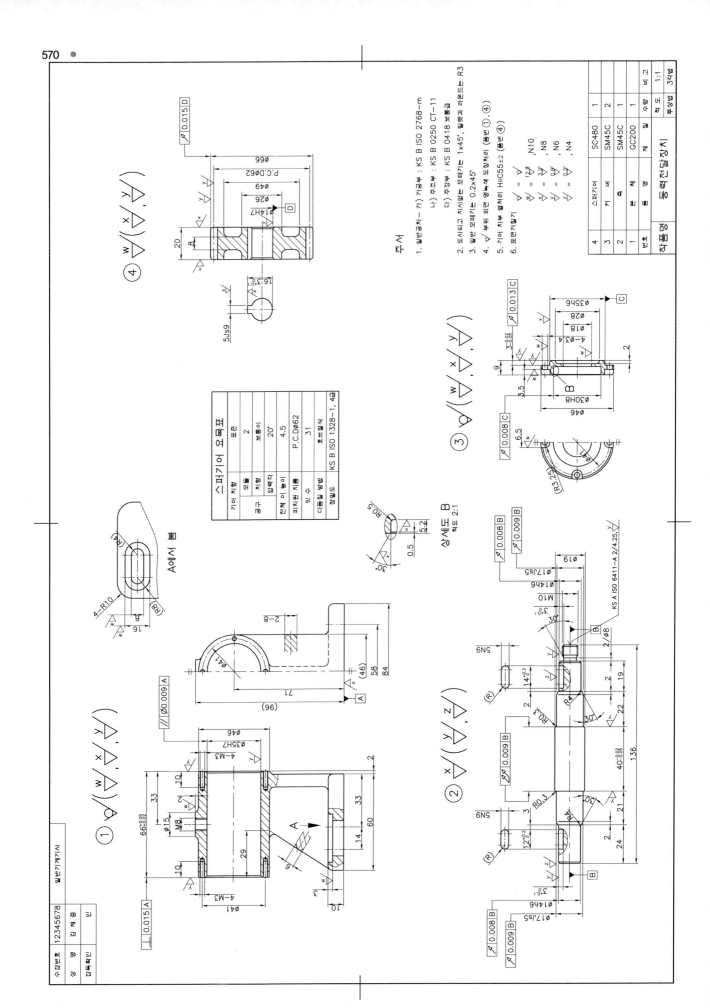

주서

1. 일반공차 - 가) 가공부 : KS B ISO 2768-m
   나) 주조부 : KS B 0250 CT-11
   다) 주강부 : KS B 0418 보통급
2. 도시되고 지시없는 모떼기는 1x45°, 필렛과 라운드는 R3
3. 일반 모떼기는 0.2x45°
4. ✓ 부위 외면 열처리 도장처리 (품번①, ④)
5. 기어 치부 열처리 HrC55±2 (품번④)
6. 표면거칠기

   ✓ = ⅛²⁵, N10
   ✓ = ⁶·³, N8
   ✓ = ¹·⁶, N6
   ✓ = ⁰·², N4

4	스퍼기어		SC480	1
3	커 버		SM45C	2
2	축		SM45C	1
1	본 체		GC200	1
번호	품 명	재 질	수량	비고

작품명 | 동력전달장치

척 도 | 1:1
투상법 | 3각법

스퍼기어 요목표

기어 치형		표준
공구	모듈	2
	치형	보통이
	압력각	20°
전체 이 높이		4.5
피치원 지름		P.C.DØ62
잇 수		31
다듬질 방법		호브절삭
정밀도		KS B ISO 1328-1, 4급

A에서 본

상세도 B
척도 2:1

수검번호	12345678	일반기계기사
성 명	김 제 중	
감독확인		인

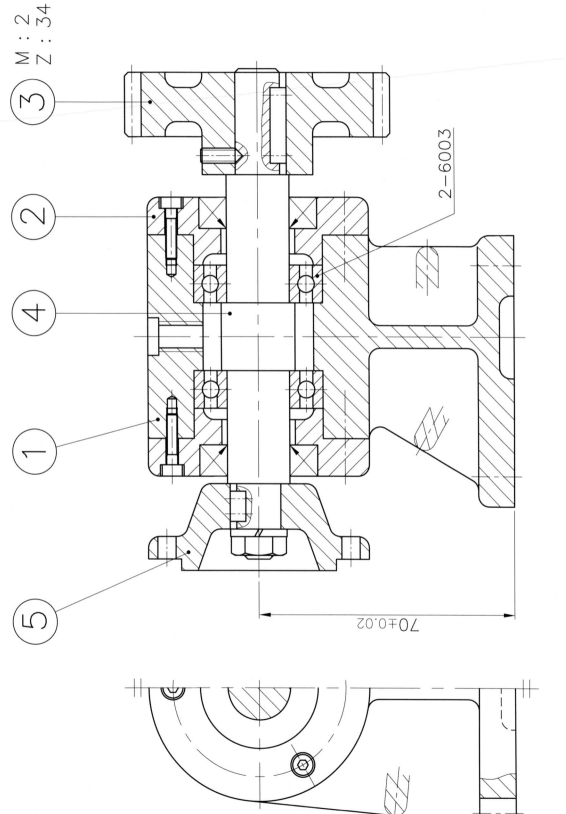

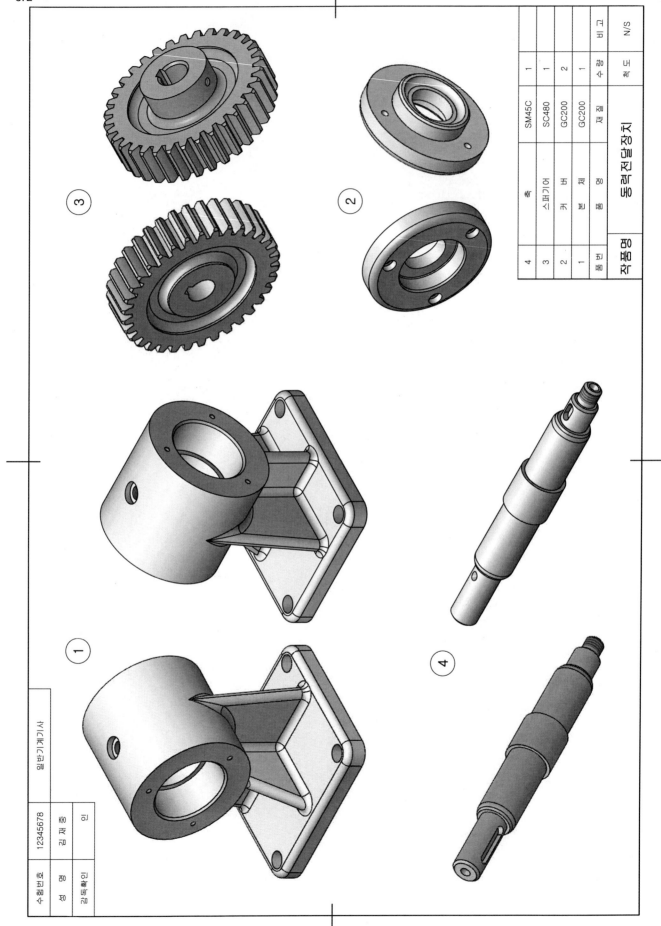

4	3	2	1	품번	품 명
	스퍼기어	커 버	본 체	품 명	동력전달장치
SM45C	SC480	GC200	GC200	재질	
1	1	2	1	수량	척 도
				비 고	N/S

일반기계기사

수험번호	12345678
성 명	김재종
감독확인	인

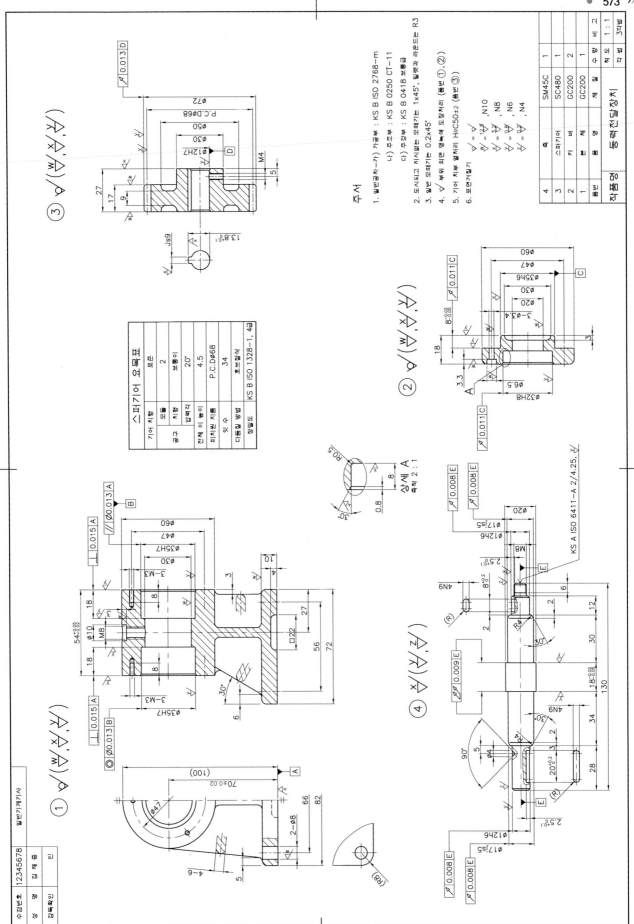

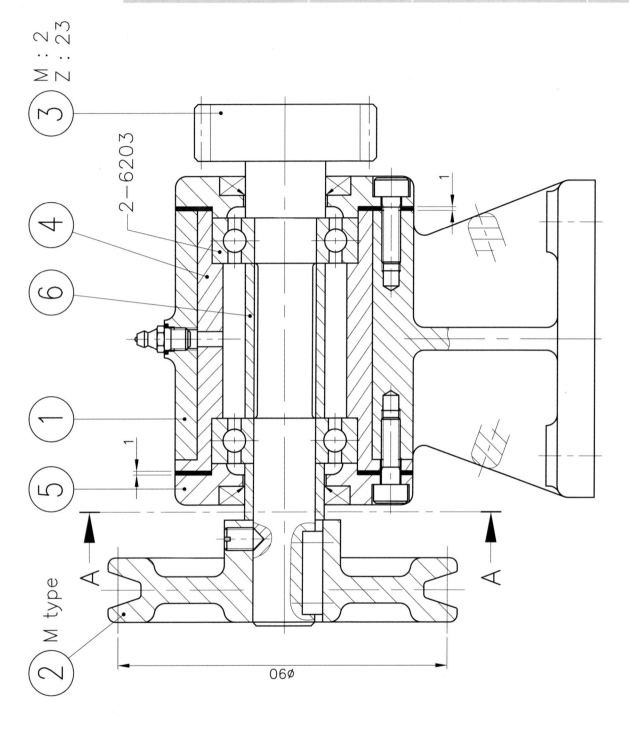

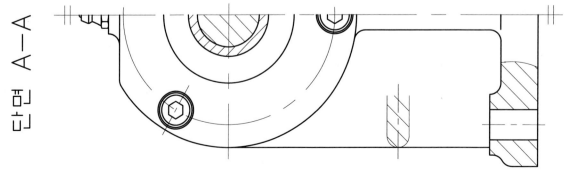

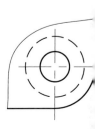

③ M : 2
   Z : 23

2-6203

④

⑥

①

⑤

② M type

06∅

단면 A—A

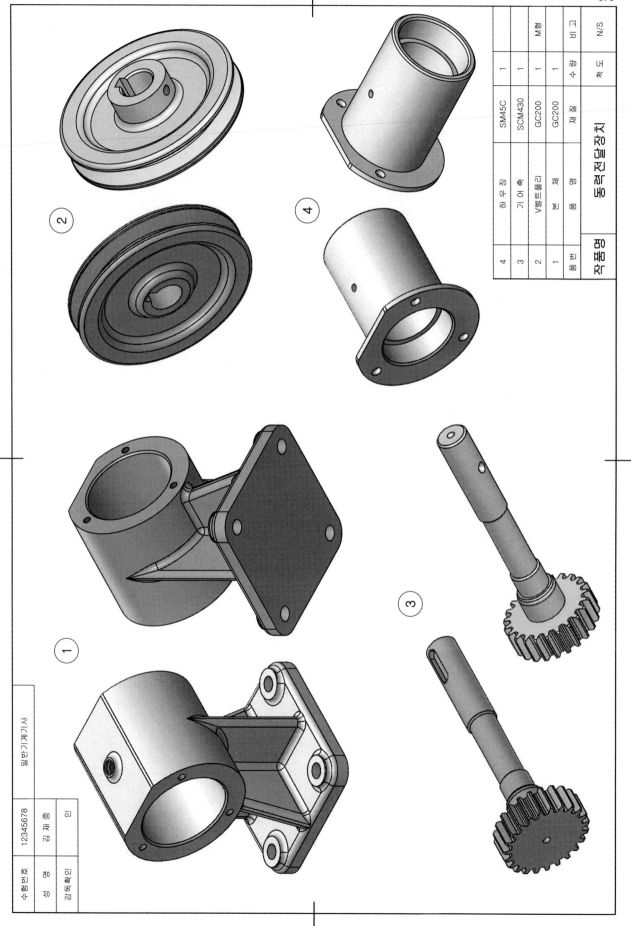

품번	품 명	재 질	수량	비 고
4	하 우 징	SM45C	1	N/S
3	기 어 축	SCM430	1	척도
2	V벨트풀리	GC200	1	M형
1	본 체	GC200	1	

작품명 : 동력전달장치

수험번호	12345678	일반기계기사
성 명	김 재 중	
감독확인	인	

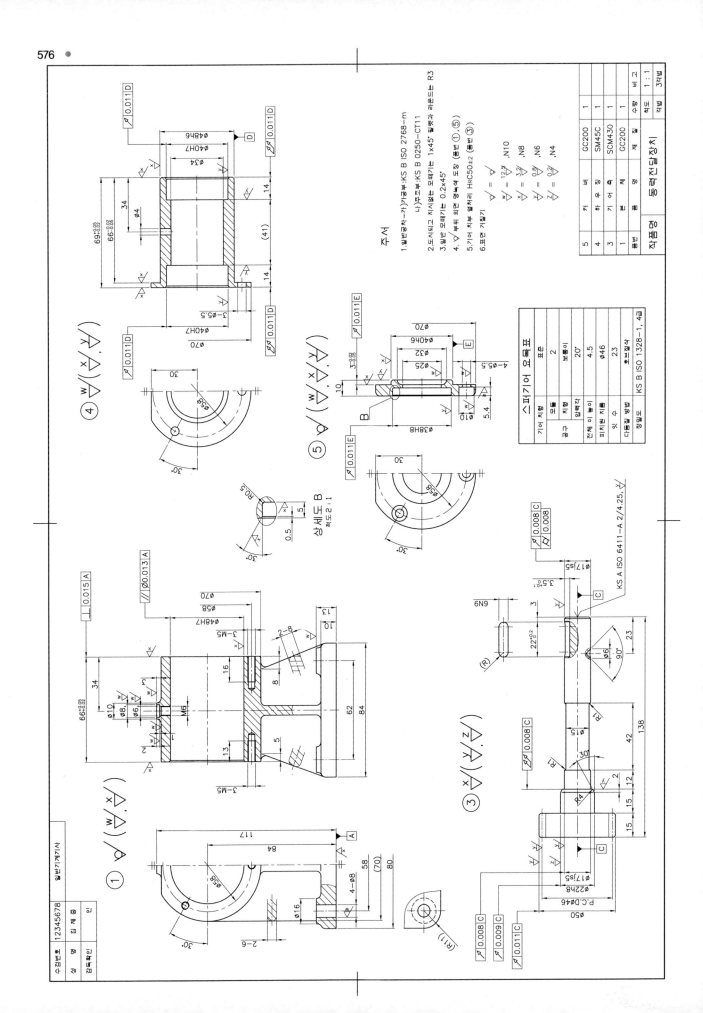

주 서

1.일반공차-가)가공부:KS B ISO 2768-m
　　나)주조부:KS B 0250-CT11
2.도시되고 지시없는 모떼기는 1x45° 필렛과 라운드는 R3
3.일반 모떼기는 0.2x45°
4.√부분 외면 명녹여 도장 (품번①,⑤)
5.기어 치부 열처리 HRC50±2 (품번③)
6.표면 거칠기

√ = √   w = 12.5 , N10
√ = √   x = 3.2 , N8
√ = √   y = 0.8 , N6
√ = √   z = 0.2 , N4

		스퍼기어 요목표	
기어 치형		표준	
공구	모듈	2	
	치형	보통이	
	압력각	20°	
전체 이 높이		4.5	
피치원 지름		ø46	
잇 수		23	
다듬질 방법		호브절삭	
정밀도		KS B ISO 1328-1, 4급	

품번			수량	재질	비 고
5	키	키	1	GC200	
4	하 우 징		1	SM45C	
3	기 어 축		1	SCM430	
1	본 체		1	GC200	
품번	품 명		수량	재질	비 고
작품명	동력전달장치		척도	1:1	
			각법	3각법	

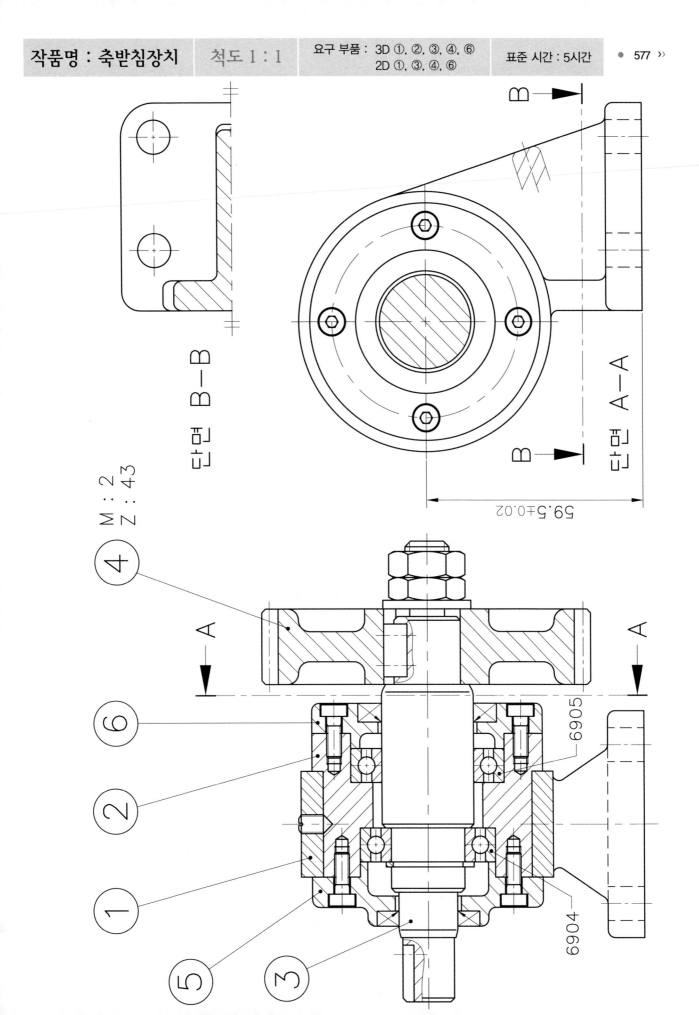

단면 B-B

단면 A-A

M : 2
Z : 43

59.5±0.02

6905

6904

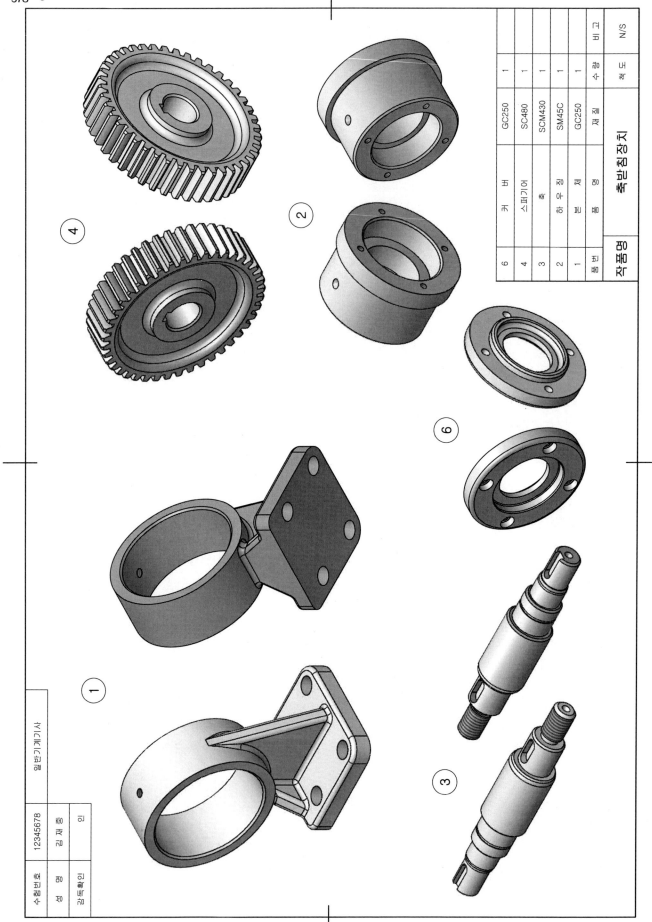

품번	품 명	재 질	수량	비 고
6	커 버	GC250	1	N/S
4	스퍼기어	SC480	1	
3	축	SCM430	1	
2	하 우 징	SM45C	1	
1	본 체	GC250	1	
품번	품 명	재 질	수량	비 고

작품명 : 축받침장치 척도 N/S

수험번호	1234 5678		
성 명	길 재 동	인	
감독확인		인	

일반기계기사

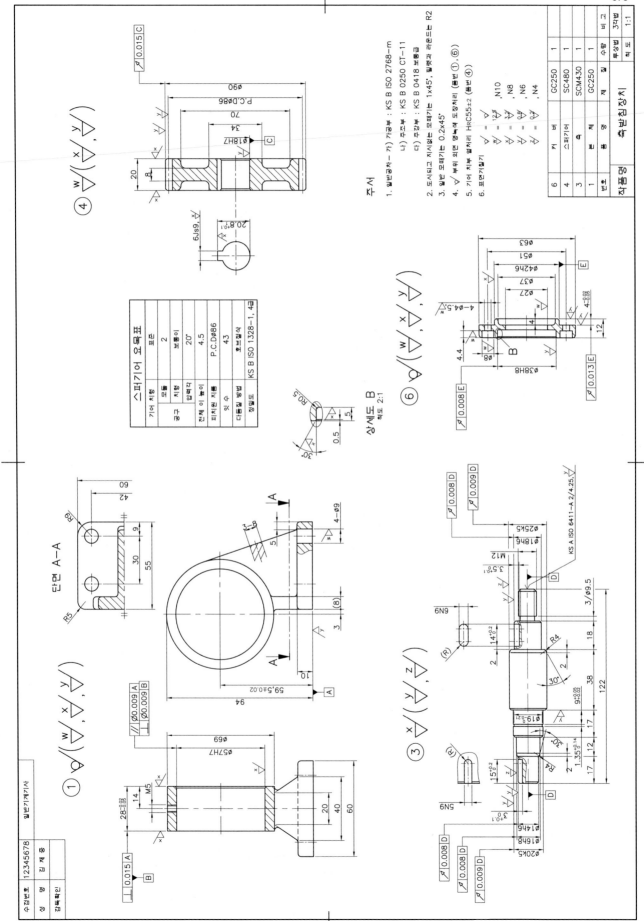

주서
1. 일반공차 - 가) 가공부 : KS B ISO 2768-m
   나) 주조부 : KS B 0250 CT-11
   다) 주강부 : KS B 0418 보통급
2. 도시되고 지시없는 모떼기는 1×45°, 필렛과 라운드는 R2
3. 일반 모떼기는 0.2×45°
4. ▽ 부의 외면 열처리 도장처리 (품번①,⑥)
5. 기어 치부 열처리 HRC55±2 (품번④)
6. 표면거칠기

			,N10
	▽	=	,N8
	▽▽	=	,N6
	▽▽▽	=	,N4

스퍼기어 요목표

기어 치형		표준
공구	모듈	2
	치형	보통이
	압력각	20°
전체 이 높이		4.5
피치원 지름		P.C.D∅86
잇 수		43
다듬질 방법		호브절삭
정밀도		KS B ISO 1328-1, 4급

상세도 B 척도 2:1

제품 명칭 축받침장치

6	커버	GC250	1
4	스퍼기어	SCM430	1
3	축	SCM430	1
1	본체	GC250	1
번호	품명	재질	수량	비고

척도 1:1 3각법

수검번호 12345678 일반기계기사
성 명 김제중
감독확인

작품명 : 편심구동장치

척도 1 : 1

요구 부품 : 3D ①, ②, ③, ⑥
2D ①, ②, ③, ⑥

표준 시간 : 5시간

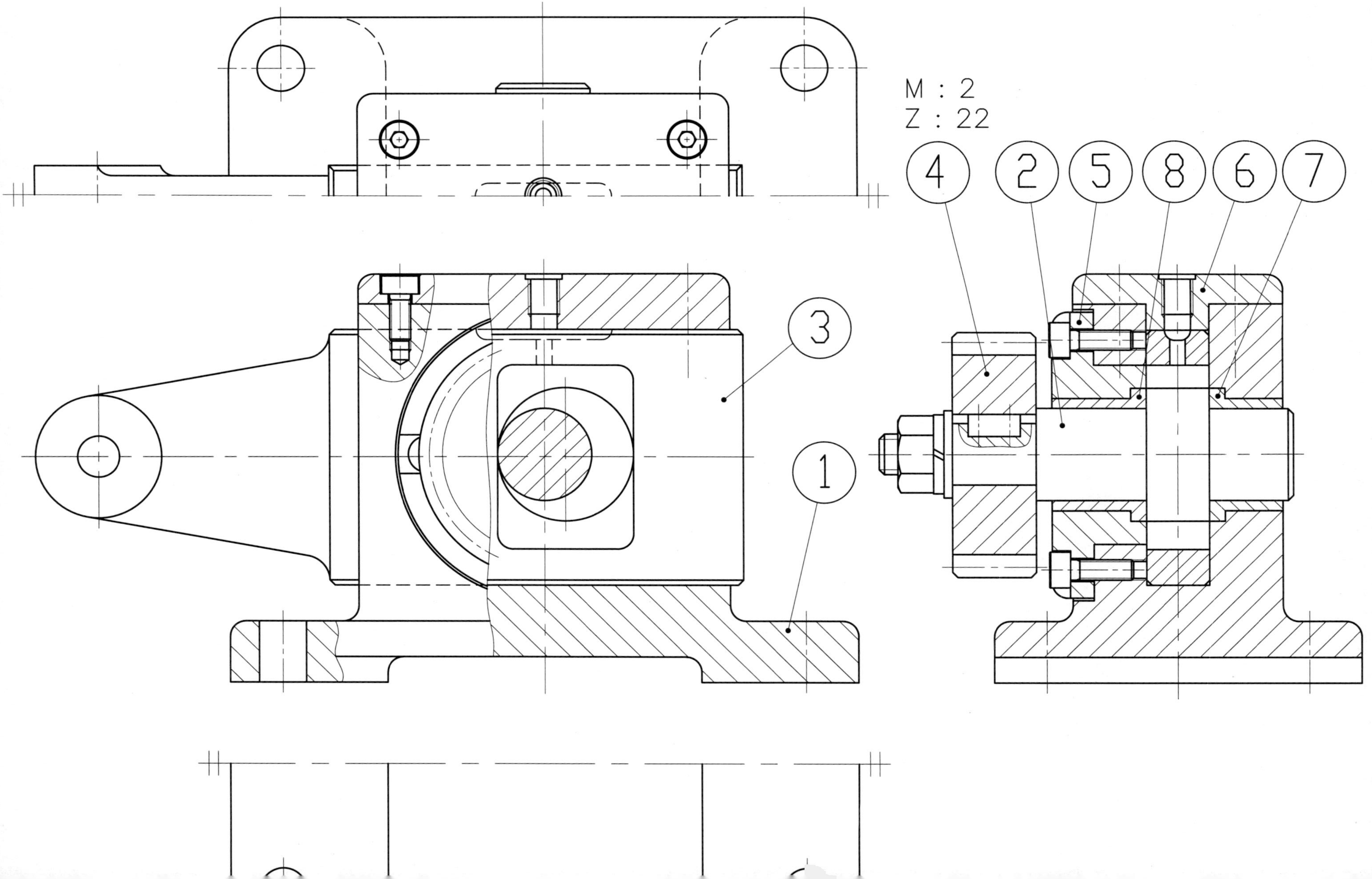

M : 2
Z : 22

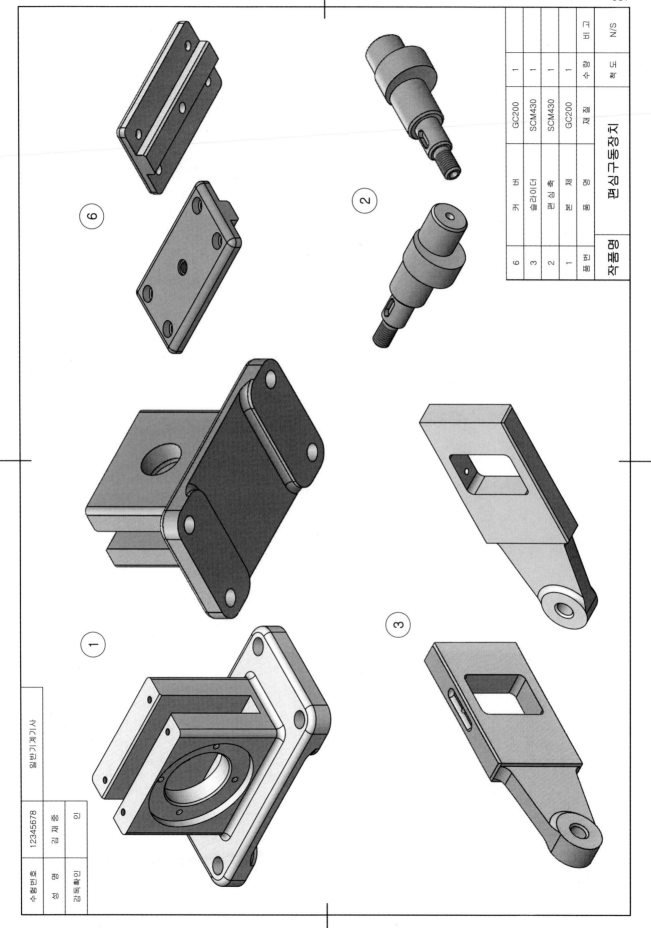

품번	품명	재질	수량	비고
6	커버	GC200	1	N/S
3	슬라이더	SCM430	1	
2	편심축	SCM430	1	
1	본체	GC200	1	

작품명	편심구동장치	척도

수험번호	12345678	일반기계기사
성	명	김재중	인
감독확인		인

주 서

1. 일반공차-가) 가공부:KS B ISO 2768-m
   나) 주조부:KS B 0150-CT11
2. 도시되고 지시없는 모떼기는 1x45° 필렛과 라운드는 R3
3. 일반 모떼기는 0.2x45°
4. ✓ 부위 외면 명녹색 도장 (품번 ①,⑥)
   내면 광명단 도장 (품번 ①)
5. 전체 열처리 H$_R$C 50±2 (품번 ②,③)
6. ---- 부위 열처리 H$_R$C 50±2 (품번 ①,⑥)
7. 표면 거칠기

작품명	편심구동장치	품번	품명	재질	수량	비고
		6	커 버	GC200	1	
		3	슬라이더	SCM430	1	
		2	편 심 축	SCM430	1	
		1	본 체	GC200	1	

작품명 : 랙과 피니언

척도 1 : 1

요구 부품 : 3D ①, ②, ③, ⑥
2D ①, ②, ④

표준 시간 : 5시간

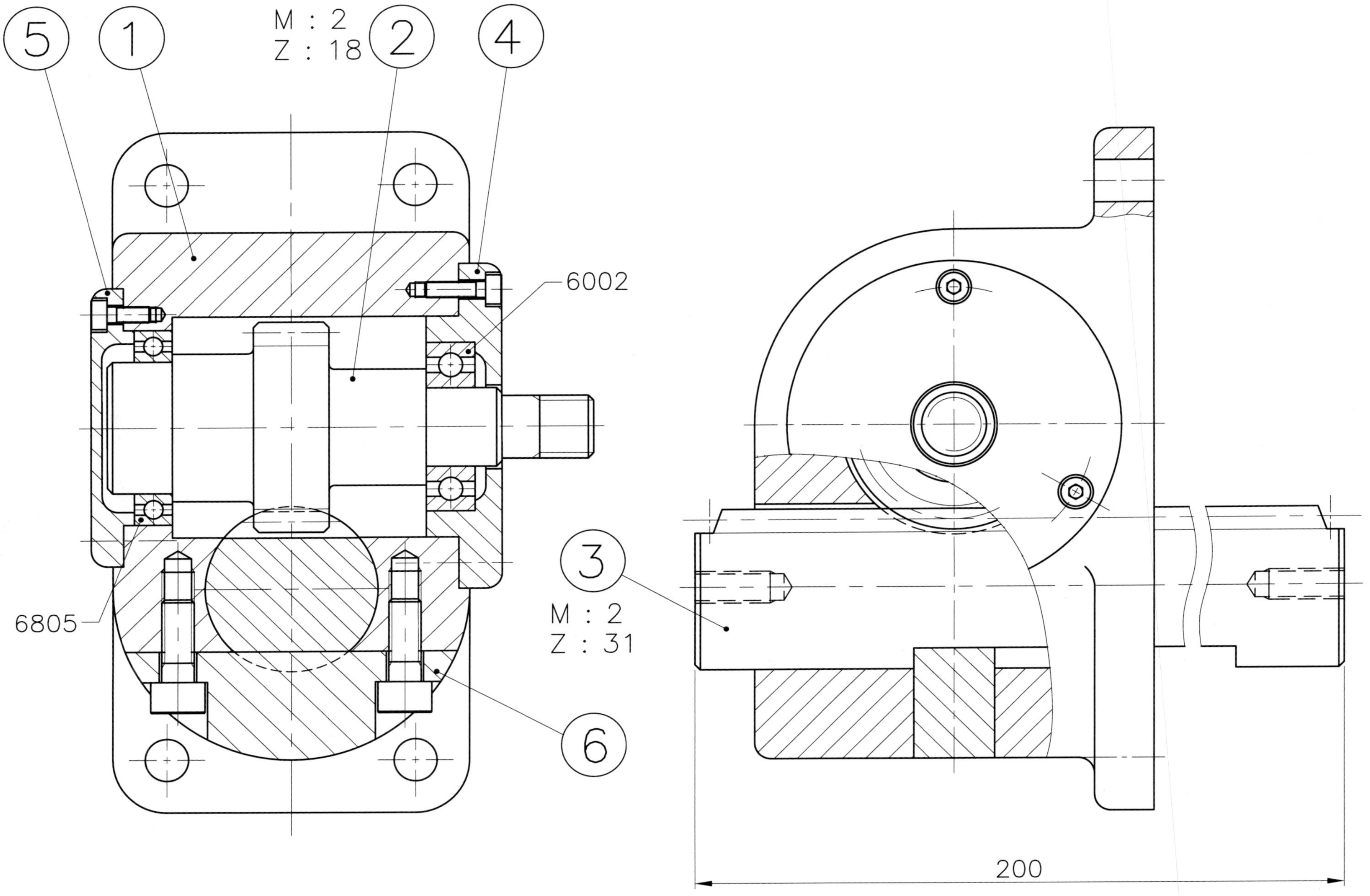

M : 2
Z : 18

M : 2
Z : 31

6002

6805

① ② ③ ④ ⑤ ⑥

200

584 ●

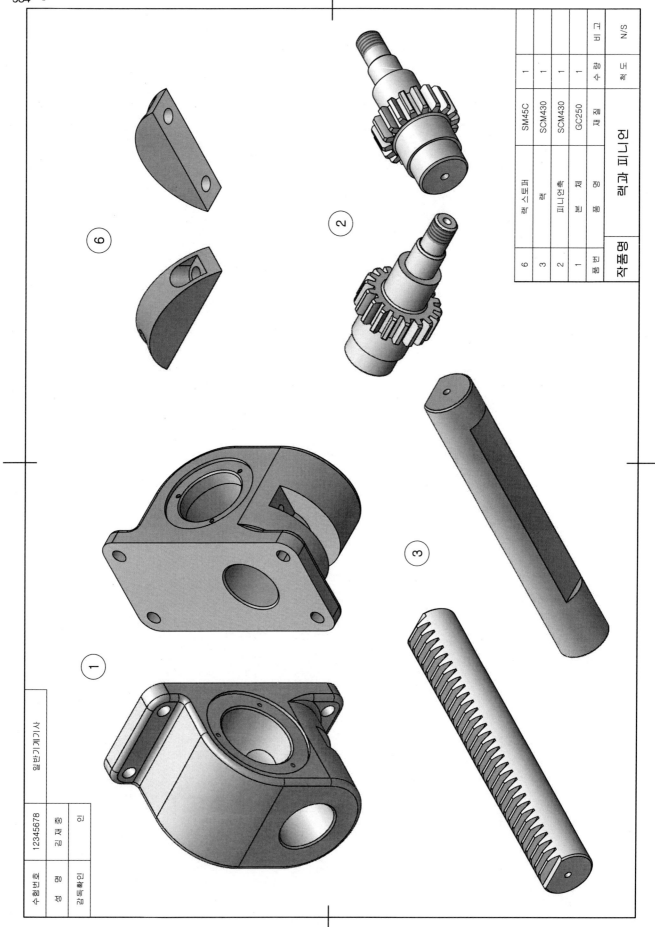

6	3	2	1	품번		
락스토퍼	랙	피니언축	본 체	품 명		피니언 랙
SM45C	SCM430	SCM430	GC250	재질		
1	1	1	1	수 량	척 도	
				비 고	N/S	

품명: 피니언 랙

① ② ③ ⑥

수험번호	12345678	일반기계기사
성 명	김재중	
감독확인	인	

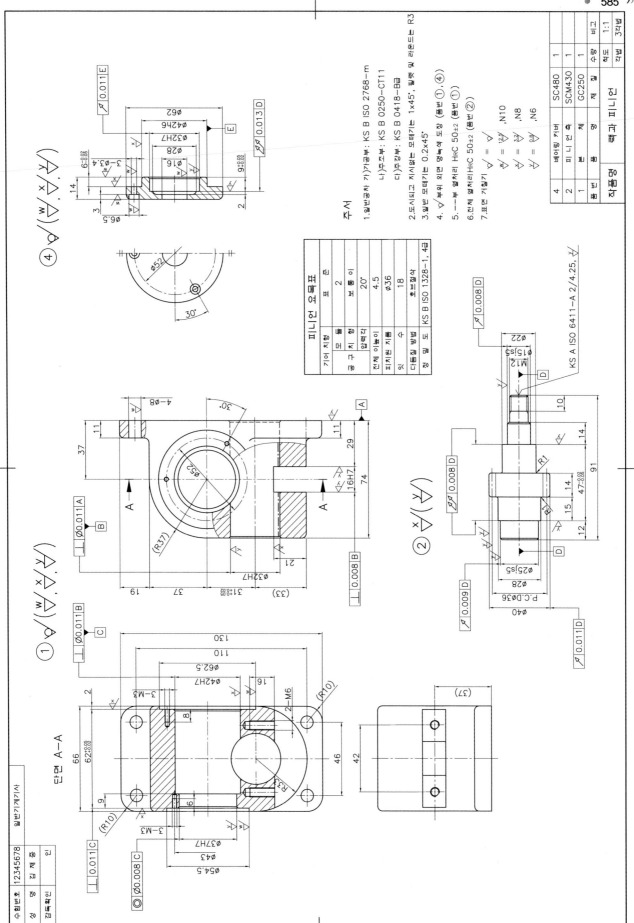

작품명 : 동력변환장치	척도 1 : 1	요구 부품 : 3D ①, ②, ③, ⑤, ⑥ 2D ①, ②, ③, ⑤	표준 시간 : 5시간

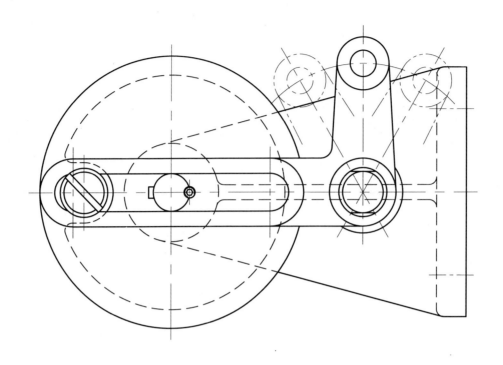

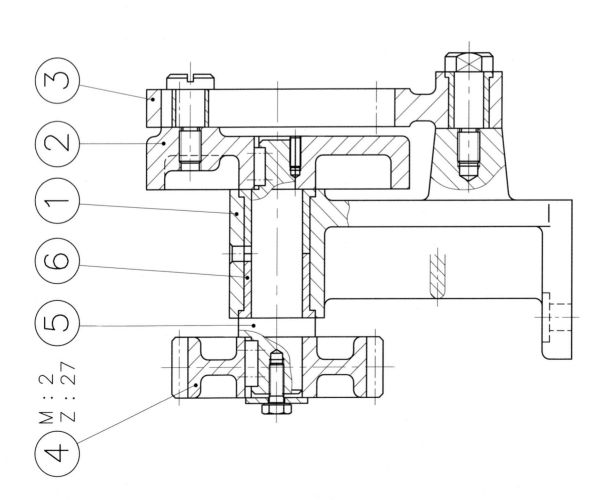

④ M : 2
  Z : 27

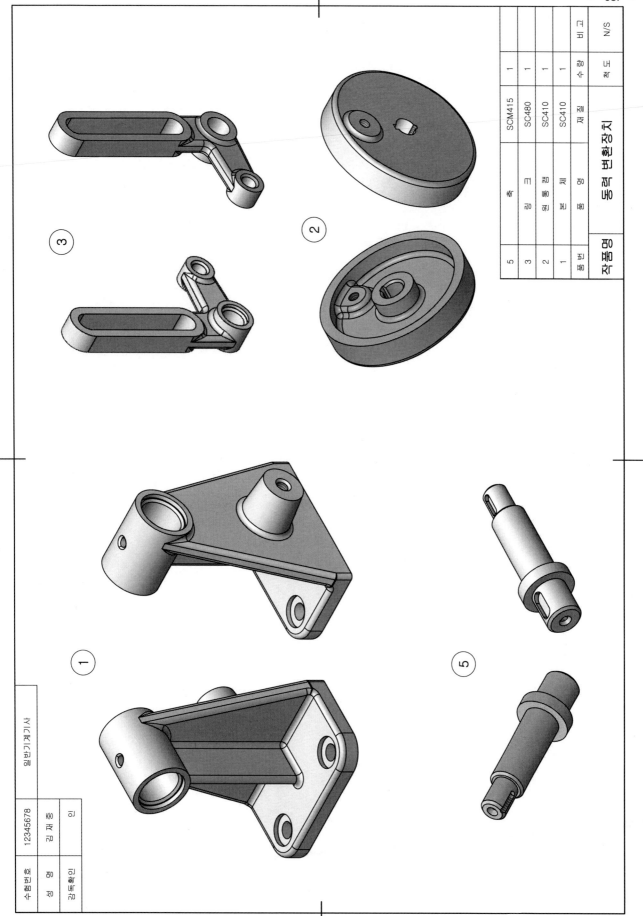

품번	품 명		재 질	수 량	비 고
1	본 체		SC410	1	
2	예 압 링		SC410	1	
3	크 랭 크		SC480	1	
5	축		SCM415	1	
품번	품 명		재 질	척 도	N/S

작품명 동력 변환장치

수험번호	12345678	일반기계기사
성 명	김 재 중	
감독확인	인	

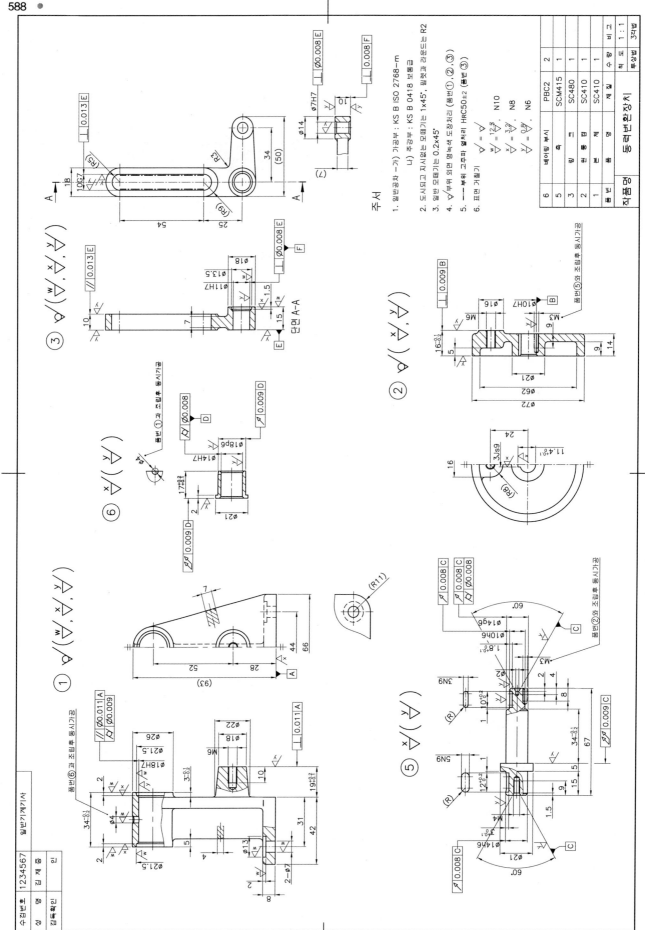

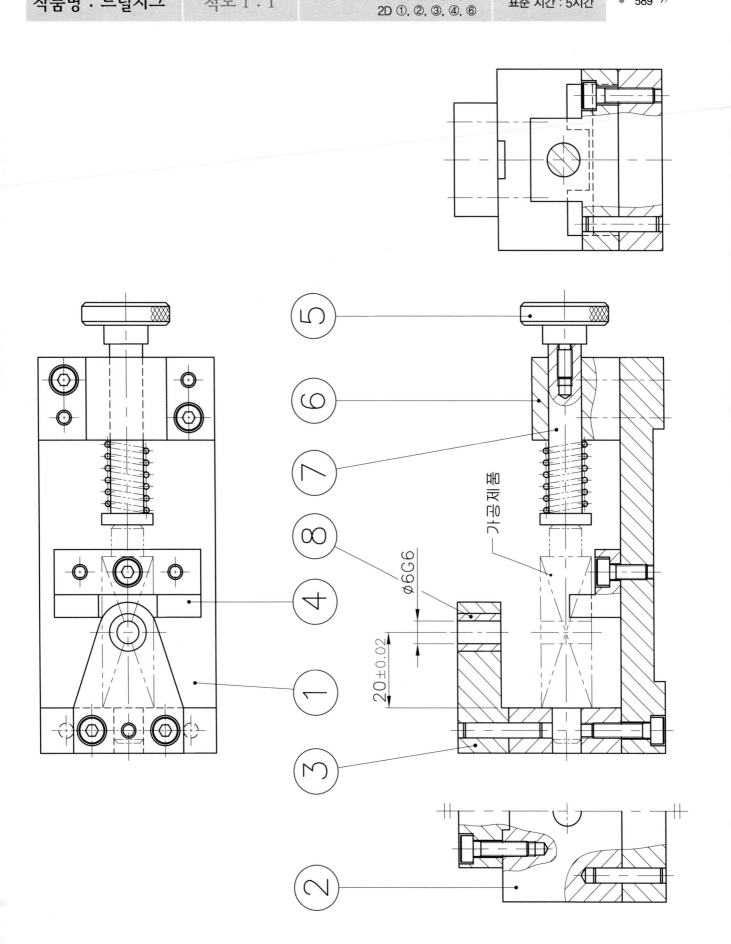

⑤

⑥

⑦

⑧

④

①

③

②

φ6G6

20±0.02

가공제품

품번	품 명	재 질	수 량	비 고
6	지 지 대	SCM415	1	
4	누 름	SCM415	1	
3	부시홀더	SM45C	1	
2	브래킷	SM45C	1	
1	베 이 스	SM45C	1	
품번	품 명	재 질	수 량	N/S

작품명	드릴지그	척 도	N/S

수험번호	12345678		일반기계기사
성 명	김 재 종	인	
감독확인			

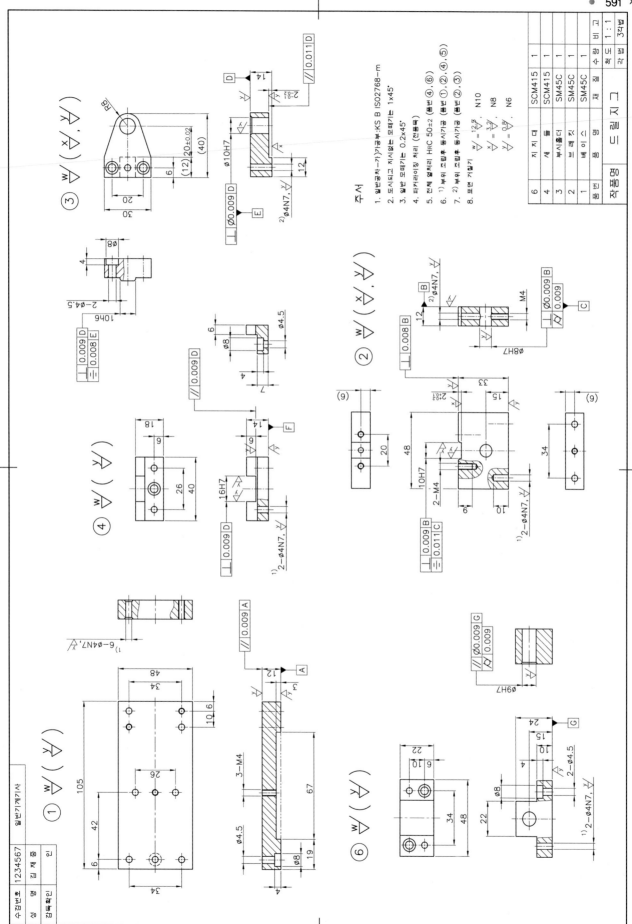

작품명 : 드릴지그 | **척도 1 : 1** | 요구 부품 : 3D ①, ②, ③, ④, ⑤ 2D ①, ②, ③, ④ | 표준 시간 : 5시간

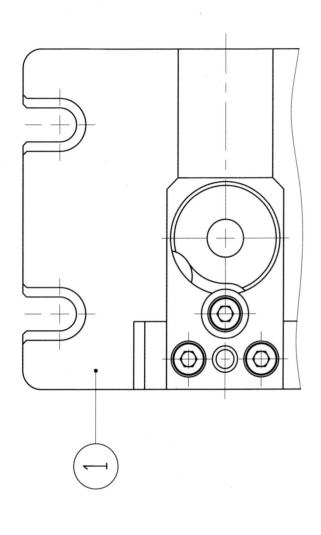

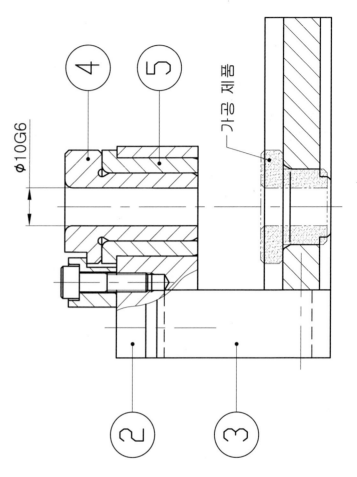

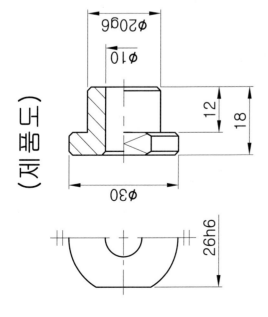

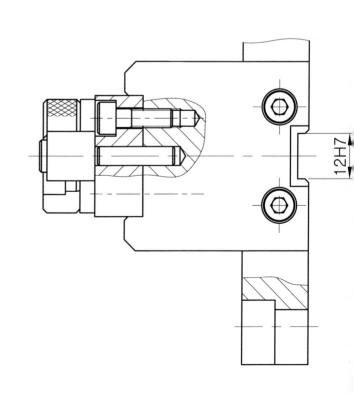

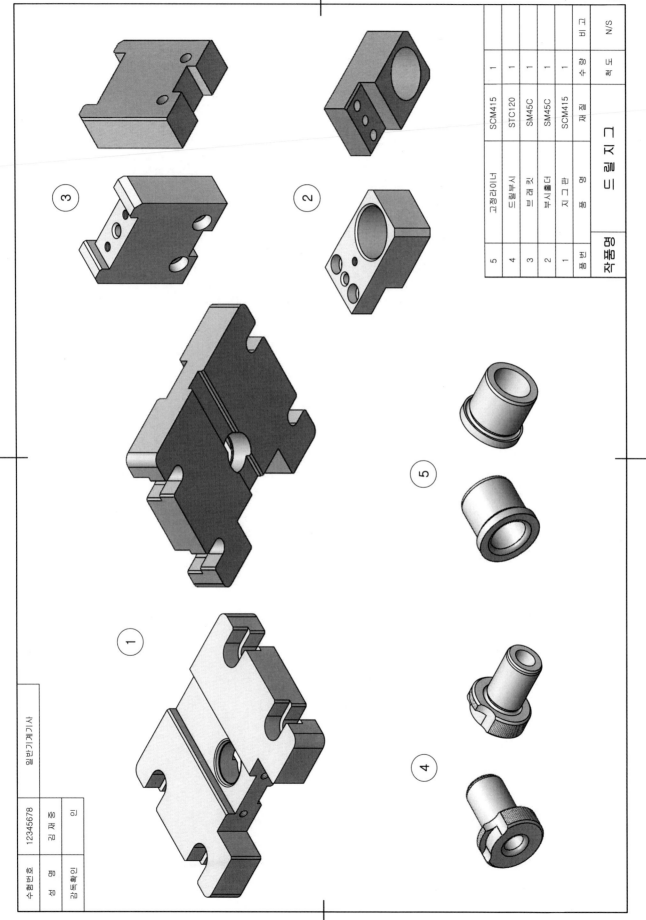

5	4	3	2	1	품번	
고정라이너	드릴부시	부 래 킷	부시홀더	지 그 판	품 명	작품명
SCM415	STC120	SM45C	SM45C	SCM415	재 질	드릴지그
1	1	1	1	1	수량	척도 N/S
					비고	

일반기계기사

수험번호	12345678
성 명	김 재 중
감독확인	인

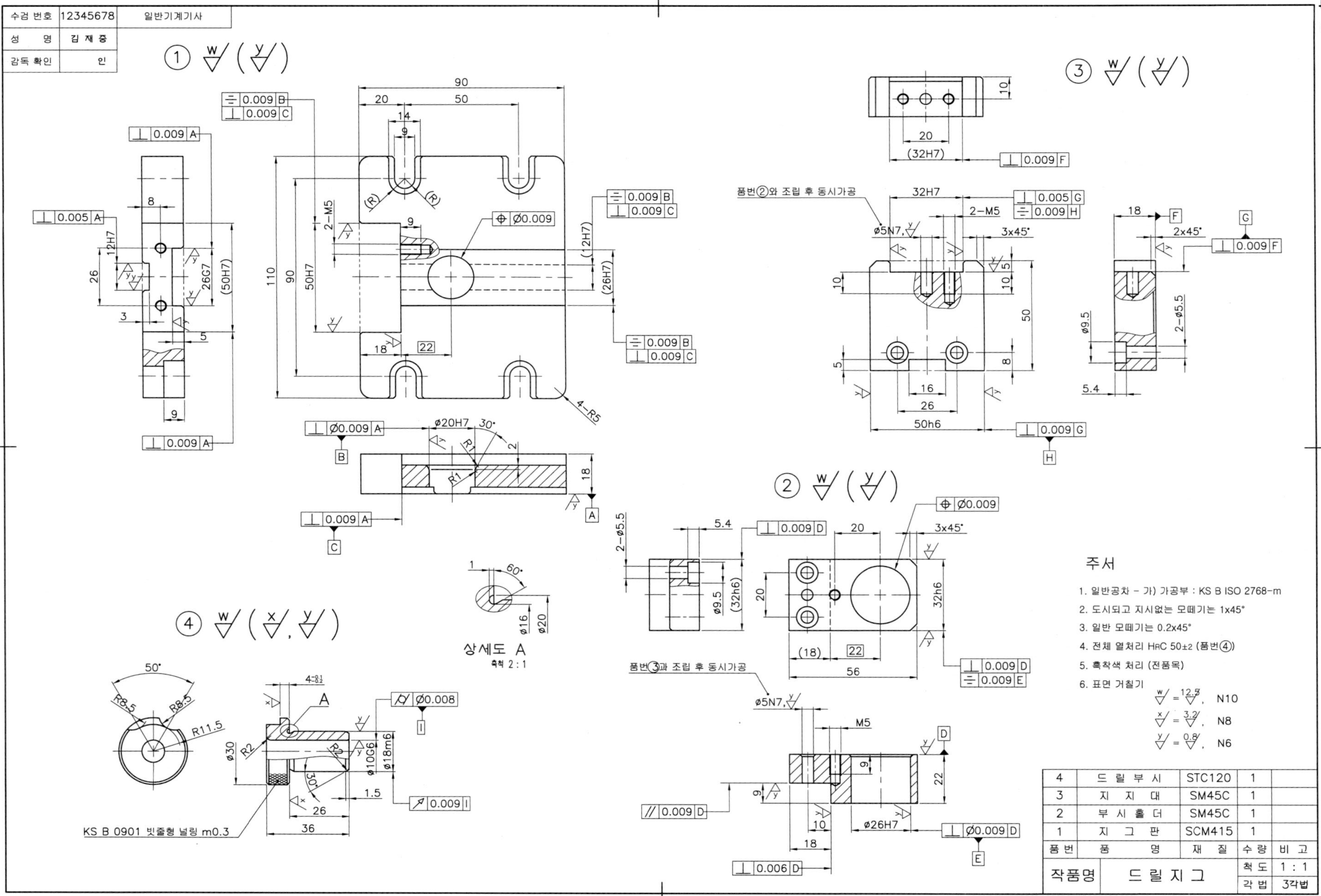

주서

1. 일반공차 - 가) 가공부 : KS B ISO 2768-m
2. 도시되고 지시없는 모떼기는 1x45°
3. 일반 모떼기는 0.2x45°
4. 전체 열처리 HRC 50±2 (품번④)
5. 흑착색 처리 (전품목)
6. 표면 거칠기

$\frac{w}{} = \frac{12.5}{}$ N10

$\frac{x}{} = \frac{3.2}{}$ N8

$\frac{y}{} = \frac{0.8}{}$ N6

4		STC120	1	
3		SM45C	1	
2		SM45C	1	
1		SCM415	1	
품번	품 명	재 질	수량	비고

작품명 드릴지그

| 척 도 | 1:1 |
| 각 법 | 3각법 |

상세도 A
척도 2:1

KS B 0901 빗줄형 널링 m0.3

일반기계기사

수검 번호	12345678		
성 명	김 제 품		
감독 확인		인	

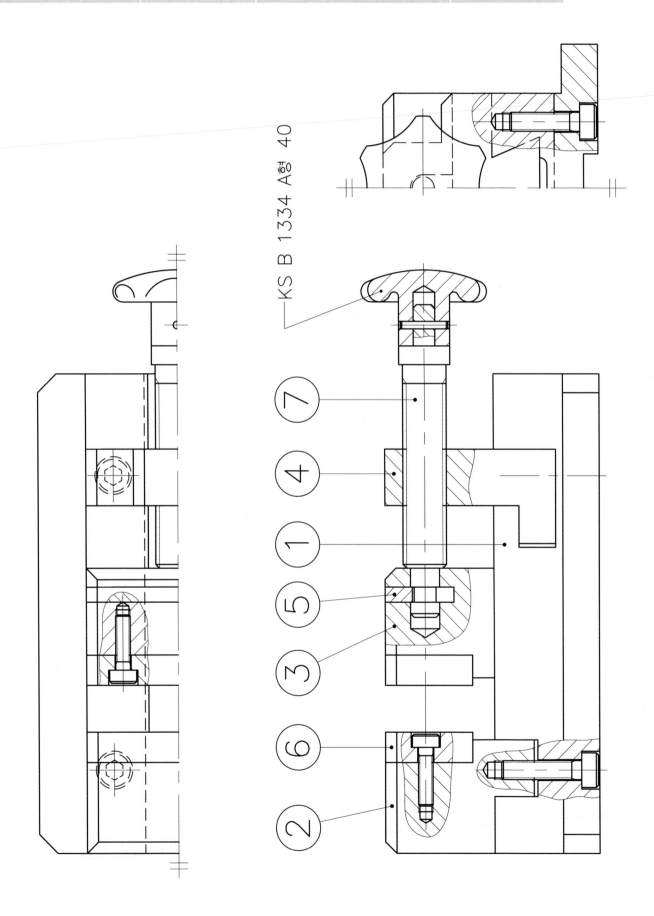

KS B 1334 A형 40

596

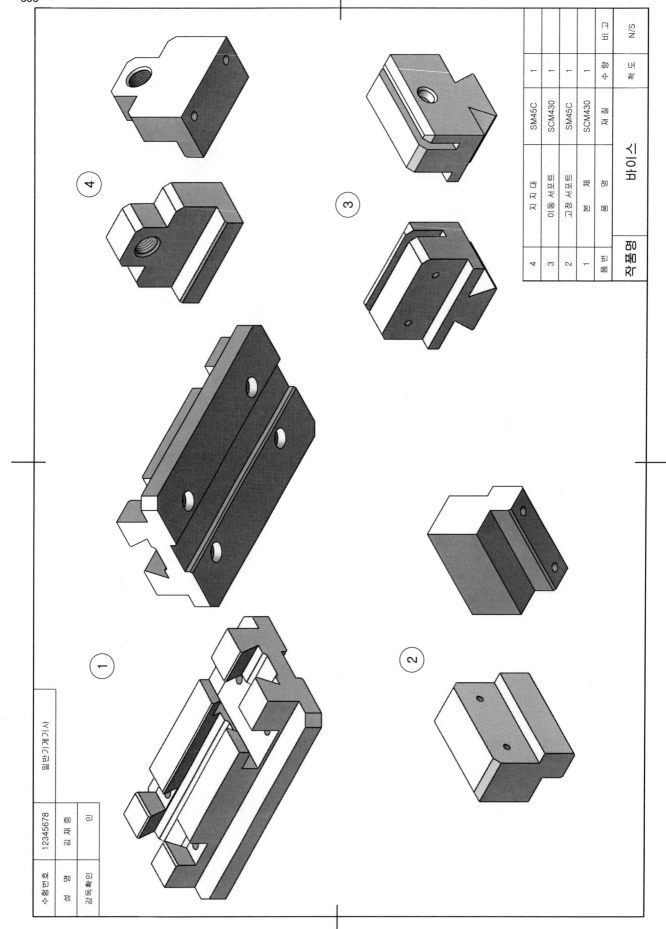

품번	품 명	재 질	수 량	비 고
4	지 지 대	SM45C	1	
3	이동 서포트	SCM430	1	
2	고정 서포트	SM45C	1	
1	본 체	SCM430	1	
품번	품 명	재 질	수 량	비 고
작품명	바이스		척 도	N/S

수험번호	12345678	일반기계기사
성 명	김 재 중	
감독확인	인	인

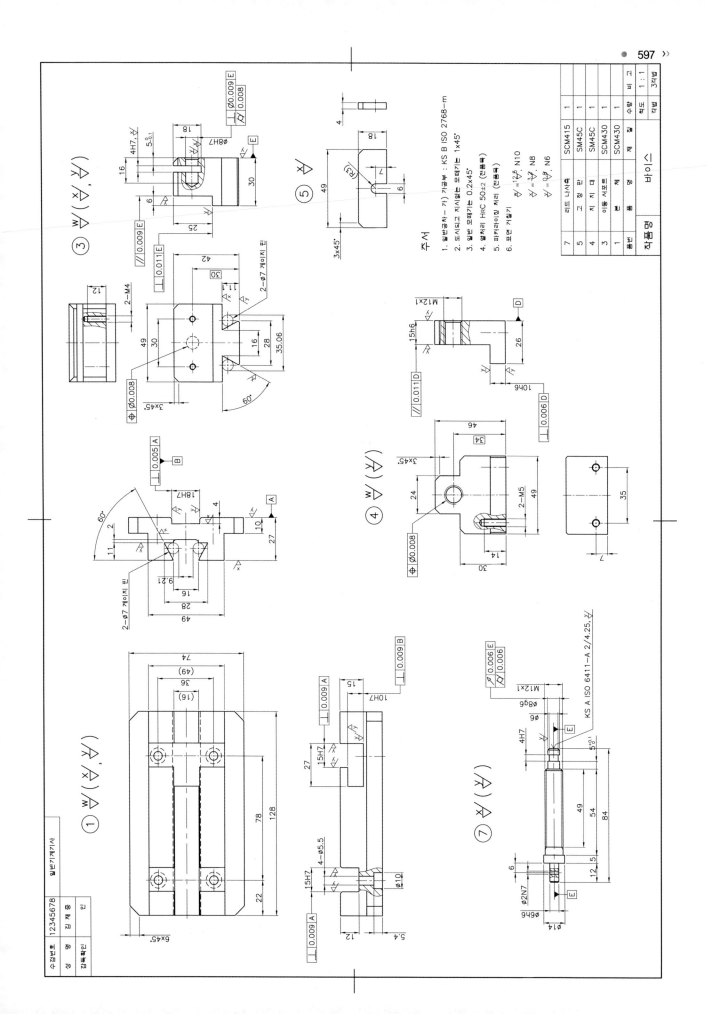

일반기계기사 실기 작업형

2019년 5월 15일 1판 1쇄
2021년 1월 15일 1판 2쇄

저자 : 김재중
펴낸이: 이정일

펴낸곳 : 도서출판 **일진사**
www.iljinsa.com
(우)04317 서울시 용산구 효창원로 64길 6
대표전화 : 704-1616, 팩스 : 715-3536
등록번호 : 제1979-000009호(1979.4.2)

값 **30,000원**

ISBN : 978-89-429-1588-0